光　学

（重排本）

赵凯华　　钟锡华　编著

北京大学出版社
PEKING UNIVERSITY PRESS

内 容 提 要

本书是根据作者在北京大学物理系讲授光学课程的讲义修改补充而成。本书内容丰富，以波动光学为重点，并以"波前"这一概念为纽带连接现代变换光学与传统光学，反映了本学科的现代面貌。书中附有较多的思考题和习题。

全书主要内容：几何光学、波动光学基本原理、干涉装置和光场的时空相干性、衍射光栅、傅里叶变换光学、全息照相、光在晶体中的传播、光的吸收、色散和散射、光的量子性和激光。

本书可作为高等院校物理专业光学课程教材，也可供其他专业有关师生及工程技术人员参考。

与本书习题思考题相应的配套教材《光学习题思考题解答》，已由北京大学出版社出版，可供读者参考。

图书在版编目(CIP)数据

光学：重排本/赵凯华，钟锡华编著．—北京：北京大学出版社，2017.10
ISBN 978-7-301-28752-1

Ⅰ．①光…　Ⅱ．①赵…②钟…　Ⅲ．①光学—高等学校—教材　Ⅳ．①O43
中国版本图书馆 CIP 数据核字(2017)第 220135 号

书　　　　名	光学（重排本）
著作责任者	赵凯华　钟锡华　编著
责 任 编 辑	顾卫宇
标 准 书 号	ISBN 978-7-301-28752-1
出 版 发 行	北京大学出版社
地　　　　址	北京市海淀区成府路 205 号　100871
网　　　　址	http://www.pup.cn
电 子 信 箱	zpup@pup.cn
新 浪 微 博	@北京大学出版社
电　　　　话	邮购部 62752015　发行部 62750672　编辑部 62764271
印 刷 者	北京鑫海金澳胶印有限公司
经 销 者	新华书店
	730 毫米×980 毫米　16 开本　32.25 印张　603 千字
	1984 年 1 月第 1 版
	2017 年 10 月第 2 版　2024 年 4 月第 8 次印刷
定　　　　价	78.00 元

常用物理常数

真空中光速（定义值）	$c = 2.997\ 924\ 58 \times 10^8\,\text{m/s}$
普朗克常数	$h = 6.626 \times 10^{-34}\,\text{J} \cdot \text{s}$
基本电荷	$e = 1.602 \times 10^{-19}\,\text{C}$
	$= 4.803 \times 10^{-10}\,\text{CGSE}$
玻尔兹曼常数	$k = 1.3806 \times 10^{-23}\,\text{J/K} = 8.617 \times 10^{-5}\,\text{eV/K}$
阿伏伽德罗常数	$N_A = 6.022 \times 10^{23}/\text{mol}$
电子质量	$m_e = 9.109 \times 10^{-28}\,\text{g} = 0.510\,\text{MeV}/c^2$
质子质量	$M_p = 1.6725 \times 10^{-24}\,\text{g} = 938.26\,\text{MeV}/c^2$
中子质量	$M_n = 1.6747 \times 10^{-24}\,\text{g} = 939.55\,\text{MeV}/c^2$
电子康普顿波长	$\lambda_C = h/m_e c = 2.426 \times 10^{-12}\,\text{m}$
玻尔半径	$a = \varepsilon_0 h^2/\pi m e^2 = 0.5292 \times 10^{-10}\,\text{m}$
电子经典半径	$r_e = e^2/4\pi\varepsilon_0 m_e c^2 = 2.8178 \times 10^{-15}\,\text{m}$
里德伯常数	$R_H = 109\ 677.576\,\text{cm}^{-1}$
	$R_\infty = 109\ 737.31\,\text{cm}^{-1}$
斯特藩-玻尔兹曼常数	$\sigma = 2\pi^5 k^4/15 c h^3 = 5.670 \times 10^{-8}\,\text{W/m}^2 \cdot \text{K}$
维恩位移常数	$b = 0.2014 hc/k = 2.898 \times 10^{-3}\,\text{m} \cdot \text{K}$
电子伏	$1\text{eV} = 1.602 \times 10^{-19}\,\text{J}$
	相当的温度　$1.1605 \times 10^4\,\text{K}$
	相当的频率　$2.418 \times 10^{14}\,\text{Hz}$
	相当的波数　$0.8066 \times 10^4\,\text{cm}^{-1}$
	$1\text{g} = 5.610 \times 10^{26}\,\text{MeV}/c^2$
最大光功当量（定义值）	$K_M = 683\text{lm/W}$
	$1\text{Å} = 10^{-10}\,\text{m}$

作者絮语

本书出版于 1984 年 1 月，首印 4 万册；第二次印于 1989 年，印数 6 千册。至 2016 年，本书重印 24 次。

在 1988 年全国高校首届优秀教材评选中，本书获国家级优秀奖。这是一次规模盛大的教材评选活动，有来自全国 22 部委呈送的教材参评，参评图书计有 7000 多册，它们出版或重版于 1978—1987 年期间。最终评选出国家级特别奖 22 套，国家级优秀奖 239 套；部委级一等奖 118 套，部委级二等奖 141 套。其中，获国家级优秀奖的物理教材有 6 套，本书乃其一。

本书共计 9 章，其中第一、第八和第九章等 3 章由赵凯华教授撰写，第二章至第七章等 6 章由钟锡华教授撰写。其间两位作者有过多次交流和认真讨论，全书由赵凯华先生审定。

本书出版至今逾三十年，未曾有过第二版，这一次是重排，而非改版，将原来上下两册合为一本，原来的 32 开本扩大为 16 开本；同时按现行的图书规范，对物理学名词与物理量符号作一些必要改动，这项工作由责任编辑承担。总之，这一次重排原则是不对原书内容和文句作改动。

这样一本在全国享有盛誉至今常青不老的光学教材，竟在长达三十多年间，未出第二版，此乃何故？现在回头想，其主要原因有二。一是自我感觉良好，二是两位作者各有所好。

作为一本基础光学教材，本书篇章结构完整，理论体系先进。首章为几何光学与光度学，末章为光的量子性和激光简介，而中间 6 章系本书主体内容即波动光学，其中确立了以波前分析为主脉络的现代波动光学理论体系，倡导了波前相因子判断法作为分析复杂波前的一种有效方法，从而将经典波动光学与现代变换光学，和谐地融合为一体系，而成为那个年代基础物理教材现代化的一个成功典范，至今依然闪耀着其先进学术理念的思想光辉。

本世纪初，本书两位作者先后出版了各自新的光学教材。分别为：2003 年，钟锡华，《现代光学基础》，北京大学出版社出版；2004 年，赵凯华，《新概念物理教程·光学》，高等教育出版社出版。有意思的是，这两本新作,前者剥离了几何光学、光度学和光的量子性,而专注于论述波动光学,承袭了本书波动光学的理论体系和篇章结构,并加以充实扩展和提高。后者保留了本书的首章和末章,而将波动光学的篇章结构回归到传统体系,按干涉、衍射、偏振之先后顺序予以论述。这两本新教材各有所取舍,分别体现了两位作者在基础光学教材认识上的一种教学理念。如此而已。

从科学层面考察,近60年光学学科的发展和成就,主要在两个方向或领域。一是经典波动光学得以综合和创新,进入了现代波动光学及其蓬勃发展的新时代,贯穿于或蕴含于其中的新概念新思想和新方法,就是波前概念和波前分析方法,以及对波前的改造而实现对光场的调控;二是量子光学理论的创立,及其卓有成效的广泛应用。2005年诺贝尔物理学奖授予三位光学家,其中一位是量子光学理论的奠基者,两位利用飞秒激光脉冲发明了光梳技术,实现了对可见光波段光频的直接测量。

2014年诺贝尔物理学奖授予蓝光发光二极管(LED)的三位发明者;同年诺贝尔化学奖,授予荧光分子显微镜的三位发明者。2015年被国际教科文组织确定为"光和光基技术国际年"(International Year of Light and Light-based Technologies)。千真万确,光与人类生活密切相关,眼睛与太阳息息相应。迄今为止,唯有光,这个精灵,像孙悟空那样神通广大本领高超,可以在宇观世界、宏观世界和微观世界中,自由穿梭左右逢源,成为人类探测无限大和无限小世界的一种最神速最机灵的载波,为我们带来无限丰富的信息,诸如显微图像、星体图样、光谱图和衍射图。

与精灵共舞,与天使对话。我们有理由相信,在未来岁月人类必将获得更多有助于认识物质世界乃至自我生命的宝贵光信息,人类必将发现光的更多奇异性,开拓出光的更多神奇应用,它们必将继续普惠人类生活,乃至深刻影响社会进步。

基于此等展望,我们信心十足走上讲台,满怀激情讲授光学课程,使大学生们感受到它是一门内容丰富、格调多样、充满活力且让自己感到亲切而振奋的基础物理课程。为达到这目标,让我们继续努力吧。

作者于2017年

前　　言

本书是我们 1981 年编写的一套讲义,这次公开出版之前只作了少量修改。它与我们六十年代和七十年代编写的讲义相比,在结构上有较大的变动,内容上也有相当的充实和提高。

按传统的眼光,这本《光学》教科书仍然大致可分为几何光学、波动光学和光与物质相互作用三大部分。第一章为几何光学(包括光度学),第二章到第七章为波动光学,第八、九章主要讨论光和物质的相互作用。我们认为,对大学基础课来说,波动光学应是光学课程的主体。这本书在结构上的最大变动,是将波动光学的基本原理集中到第二章优先予以介绍,而将干涉、衍射的各种装置和仪器中的具体问题和应用分离出来,留到较后的章节讨论。过去光学教学中常遇到这样的矛盾:讲波动光学现象,就离不开装置和仪器;一谈到装置和仪器,就出现许多综合性的问题。例如任何分波前的干涉装置中衍射现象都较突出;分振幅的干涉装置中总要涉及反射、透射光的振幅或强度分配问题;此外,半波损问题有时是不可回避的。如果让这些问题一开头都牵扯进来,就会使学生感到课程内容庞杂零乱。在过去的普通物理光学课中经常听到学生有这类反映。本教科书现在这种处理或许有助于克服上述缺点。这种尝试是否成功? 或者会不会带来什么新的矛盾? 尚有待于更多的教学实践来回答。

现在谈谈我们对几何光学部分的处理。从理论高度上看,几何光学三个基本定律只不过是光波衍射规律的短波近似行为。目前有不少教材把几何光学放在波动光学之中或之后讲解,我们也曾有过这样的想法。但考虑到几何光学的规律毕竟是比较简单的,而且它处理问题的方法有独立于波动光学之外的巨大实际意义,在讲解、分析和调节各种物理光学仪器装置的光路时,又常常要用到几何光学的术语、概念和规律。从循序渐进的观点出发,仍把几何光学放在最前边不无好处。至于它和波动光学的关系,通过以后各章节的多次强调,学生在学完全课程之后还是可以最终建立起完整概念的。此外,为了适应不同专业在课程要求和学时上的差异,我们将几何光学中相当一部分内容改用小字印刷[①]。教学时越过它们,仍可保证后面物理光学的基本需要。

有关光和物质相互作用的部分,本书新添的内容主要是激光。为了介绍激光,量子光学的有关章节作了相应的加强,例如我们在这里引入了能级和跃迁、粒子数的正则分布与反转、自发辐射与受激辐射等各种概念,传统上这些往往是原子物理课程的内容。当然,所有这些内容是否仍应放在原子物理课程中讲授,是有争议的。为了教材的完整性,我们还是将它们写在这里。好在它们是在最后的章节,对教学上无论怎样处置都不会有妨碍。

---

① 　为阅读方便,本版已不再使用小字。——编者注。

最后着重谈谈"现代光学"问题。"现代光学"是近三十年来兴起并得到蓬勃发展的。1948 年全息术的提出,1955 年作为像质评价的光学传递函数概念的建立,1960 年新型光源——激光器的诞生,这是现代光学发展中有重要意义的三件大事。现代光学已渗透到物理学和其他科学技术的许多领域,得到越来越广泛的应用。时至今日,在基础光学课程中已不能不对现代光学的新成就多少有所反映了。要做到这一点,就不可避免地要扩充教材的篇幅,增加课程的学时。现代光学的最重大进展之一是引入了傅里叶变换的概念,形成了"变换光学"。能否以尽量少的学时把现代变换光学的梗概介绍出来?我们体会,现代变换光学与传统波动光学的关系,犹如分析力学对牛顿力学的关系,而不是相对论力学对牛顿力学的关系。这就是说,现代变换光学的基本规律并未超出传统波动光学的范围。关键问题是如何把现代变换光学与普通物理光学课程的传统内容尽可能紧密地结合和衔接起来。如果能在讲授波动光学的传统内容时考虑到现代变换光学的需要,不时地加以某些引申和发挥,力求挖掘新意,讲出新水平,便可较自然地沟通现代变换光学和传统光学在概念上的联系,在教学上收到事半功倍的效果。

波动光学的基本问题是光波在各种条件下的传播问题,解决这个问题的基本原理就是惠更斯-菲涅耳原理。用现代变换光学的眼光来看,这个原理解决的是如何从光场中的一个波前导出另一个波前。从这种广泛的意义上说,波前的传播问题就是衍射问题,几何光学只不过是它在短波下的极限。因此,我们选择了"波前"这一概念作为连接传统光学和现代变换光学的纽带。如何描述波前、识别波前、分解波前和改造波前,乃至记录波前和再现波前,这一系列问题构成了贯穿波动光学部分的一条主线。普通物理中光学的传统讲法较多地用光线来分析问题,我们的意图是要训练学生善于与波前打交道。除了正文之外,例题、习题都与之配合。唯有这样,才能在讲授后来波动光学的传统内容时渗入现代变换光学的风格,使学生在复杂的波前面前处于主动地位。

现代光学的内容是放在基础课中讲授,还是应该另开选修课?这是个值得研究的问题。本书在这部分内容(主要是第五章和第六章)的写法上考虑了给教师以较大的选择余地。若想对现代光学的基本思想只作一个简单的介绍,第五章后四节的小字部分是可以删去的。即使将第五、六两章完全去掉,也不会影响其他各章中传统内容的教学。

以上是我们在编写这本《光学》时的一些想法。教科书内容的处理可以多种多样,而且往往很难说怎样处理就一定是最好的。把我们目前的认识提供出来,是为了听取广泛的批评和建议。

本书很多地方借鉴了我校任课教师的教学经验;陈熙谋、章立源二同志七十年代曾参加过本课的讲义编写工作;陈熙谋、张之翔、陈怀琳同志对这次的编写工作一直很关心,本书吸取了他们的一些建议;吴仲英和汪滨同志协助我们排出一些演示实验并拍摄了许多照片。作者谨此对他们一并表示感谢。

本书有错误和不妥之处,恳切希望广大教师和读者不吝批评指正。

赵凯华　钟锡华

一九八二年十一月于北京大学物理系

目　录

（带 * 号的章节为教学要求偏高的内容）

目 录

绪 论

1. 光的本性

光是一种重要的自然现象,我们所以能够看到客观世界中斑驳陆离、瞬息万变的景象,是因为眼睛接收物体发射、反射或散射的光.据统计,人类感官收到外部世界的总信息量中,至少有 90% 以上通过眼睛.由于光与人类生活和社会实践的密切联系,光学也和天文学、几何学、力学一样,是一门最早发展起来的学科.然而,在很长一个历史时期里,人类的光学知识仅限于一些现象和简单规律的描述.对光的本性的认真探讨,应该说是从十七世纪开始的.当时有两个学说并立,一方面,以牛顿为代表的一些人提出了微粒理论,认为光是按照惯性定律沿直线飞行的微粒流.这学说直接说明了光的直线传播定律,并能对光的反射和折射作一定的解释(见第一章 2.3 节).但是,用微粒说研究光的折射定律时,得出了光在水中的速度比空气中大的错误结论.不过这一点在当时的科学技术条件下还不能通过实验测定来鉴别.光的微粒理论差不多统治了十七、十八两个世纪.另一方面,和牛顿同时代的惠更斯提出了光的波动理论,认为光是在一种特殊弹性介质中传播的机械波.这理论也解释了光的反射和折射等现象(见第一章 2.3 节).然而惠更斯认为光是纵波,他的理论是很不完善的.十九世纪初,托马斯·杨和菲涅耳等人的实验和理论工作,把光的波动理论大大推向前进,解释了光的干涉、衍射现象,初步测定了光的波长,并根据光的偏振现象确认光是横波(有关光的波动理论,参见第二章).根据光的波动理论研究光的折射,得出的结论是光在水中的速度应小于在空气中的速度,这一点在1862 年为傅科的实验所证实.因此,到十九世纪中叶,光的波动说战胜了微粒说,在比较坚实的基础上确立起来.

惠更斯-菲涅耳旧波动理论的弱点,和微粒理论一样,在于它们都带有机械论的色彩,把光现象看成某种机械运动过程.认为光是一种弹性波,就必须臆想一种特殊的弹性介质(历史上叫做"以太")充满空间,为了不与观测事实抵触,还必须赋予以太极其矛盾的属性:密度极小和弹性模量极大.这不仅在实验上无法得到证实,理论上也显得荒唐.重要的突破发生在十九世纪六十年代.麦克斯韦在前人的基础上,建立起他著名的电磁理论.这个理论预言了电磁波的存在,并指出电磁波的速度与光速相同.因此麦克斯韦确信光是一种电磁现象,即波长较短的电磁波.1888 年赫兹实验发现了波长较长的电磁波——无线电波,它有反射、折射、干涉、衍射等与光波类似的性质.后来的实践又证明,红外线、紫外线和 X 射线等也都是电磁波,它们彼此的区别只是波长不同而已.光的电磁理论以大量无可辩驳的事实赢得了普遍的公认.

以上是经典物理学中光的微粒说与波动说之争的简短回顾,其中讨论的主要是光的传播,很少涉及光的发射和吸收.那时期光和物质的相互作用问题还没有怎么研究过,许多现象尚未发现.

十九世纪末、二十世纪初是物理学发生伟大革命的时代.从牛顿力学到麦克斯韦的电磁理论,经典物理学形成一套严整的理论体系.当时绝大部分物理学家深信,物理学中各种基本问题在原则上都已得到完美的解决,它的理论体系囊括了一切物理现象的基本规律,剩下的似乎只是解微分方程和具体应用的问题了.然而,正当人们欢庆这宏伟的经典物理学大厦落成的时候,一个个使经典物理学理论陷入窘境的惊人发现接踵而来.1887年迈克尔孙和莫雷利用光的干涉效应,试图探测地球在"以太"中的绝对运动.他们得到否定的结果,从而动摇了作为光波(电磁波)载体的"以太"假说,以"静止以太"为背景的绝对时空观遇到了根本困难.随后瑞利和金斯根据经典统计力学和电磁波理论,导出黑体辐射公式,该公式要求辐射能量随频率的增大而趋于无穷.当时物理学界的权威开尔文爵士把光以太和能均分定理的困难比喻作笼罩在物理学晴朗天空中的两朵乌云,从后来物理学的发展看来,这两朵"乌云"正预示着近代物理学两个革命性的重大理论——相对论和量子论的诞生.有趣的是,这两个问题恰好都与光学有关.

现在让我们回到光的本性问题上来.为了解决黑体辐射理论的矛盾,1900年普朗克提出了量子假说,认为各种频率的电磁波(包括光),只能像微粒似地以一定最小份额的能量发生(它称为能量子,正比于频率,详见第九章§1).这是一个光的发射问题.另一个显示光的微粒性的重要发现是光电效应,即光照射在金属表面上可使电子逸出,逸出电子的能量与光的强度无关,但与光的频率有关(详见第九章§2).这是一个光的吸收问题.1905年爱因斯坦发展了光的量子理论,成功地解释了这个效应.光究竟是微粒还是波动?这个古老的争论重新摆在了我们的面前.

其实,"粒子"和"波动"都是经典物理的概念.近代科学实践证明,光是个十分复杂的客体.对于它的本性问题,只能用它所表现的性质和规律来回答:光的某些方面的行为像经典的"波动",另一些方面的行为却像经典的"粒子".这就是所谓"光的波粒二象性".任何经典的概念都不能完全概括光的本性.

2. 光源和光谱

任何发光的物体,都可以叫做光源.太阳、蜡烛和火焰、钨丝白炽灯、日光灯、水银灯,都是我们日常生活中熟悉的光源.光源不仅用来照明,在实验室中为了各种科学研究课题的需要,人们常使用形式多样的特殊光源,如各种电弧和气体辉光放电管等.1960年发明的激光器,则是一种与所有过去的光源性质不同的崭新光源.

光既然是一种电磁辐射,就要有某种能量的补给来维持其发射.按能量补给的方式不同,光的发射大致可分为以下两大类.

(1)热辐射
不断给物体加热来维持一定的温度,物体就会持续地发射光,包括红外线、紫外线等不可见的光.在一定温度下处于热平衡状态下物体的辐射,叫做热辐射或温度辐射.太阳、白炽灯中光的发射属于此类.

(2)光的非热发射

各种气体放电管(如日光灯、水银灯)管内的发光过程是靠电场来补给能量的,这过程叫做电致发光.某些物质在放射线、X射线、紫外线、可见光或电子束的照射或轰击下,可以发出可见光来,这种过程叫做荧光,日光灯管壁上的荧光物质、示波管或电视显像管中的荧光屏的发光属于此类.有的物质在上述各种射线的辐照之后,可以在一段时间内持续发光,这种过程叫做磷光,夜光表上磷光物质的发光属于此类.由于化学反应而发光的过程,叫做化学发光,如腐物中的磷在空气中缓慢氧化发出的光(如有时在坟地上出现的"鬼火")属于这一类.生物体(如萤火虫)的发光叫做生物发光,它是特殊类型的化学发光过程.

应当指出,能量形式可以相互转化,上述光的各种发射过程不能截然分开,同一光源中光的发射过程也往往不是单一的.

在各种波长λ的电磁波中,能为人类的眼睛所感受的,只是$\lambda=4000$—7600Å[①]的狭小范围.这波段内的电磁波叫做可见光.在可见光范围内不同波长的光引起不同的颜色感觉.大致说来,波长与颜色的对应关系见下表:

7600		6300		6000		5700		5000		4500		4300		4000(Å)
	红		橙		黄		绿		青		蓝		紫	

由于颜色是随波长连续变化的,上述各种颜色的分界线带有人为约定的性质.

在电磁波谱中与可见光波段衔接的,短波一侧是紫外线(4000Å—50Å左右),长波一侧是红外线(7600Å—十分之几毫米).红外的波段很宽,为了方便,人们还常把它进一步分为近红外、中红外和远红外几段.习惯上红外线的波长用微米(μm)作单位,$1\mu\text{m}=10^{-6}\text{m}=10^{4}\text{Å}$,波长小于$1$—$2\mu\text{m}$的叫近红外,大于$10\mu\text{m}$的叫远红外,二者之间便是中红外(用$\mu\text{m}$表示,可见光的波长范围为$0.40$—$0.76\mu\text{m}$).下面我们谈到"光",常广义地把可见光以外波段的电磁辐射包括在内.

任何波长的电磁波在真空中的传播速度都是相同的,通常用c表示,其数值为

$$c=299\ 792\ 458\text{m/s}\approx 3\times 10^{8}\text{m/s}.$$

因此从波长λ立即可以换算出频率ν来:

$$\nu=\frac{c}{\lambda}. \tag{0.1}$$

例如,波长范围为4000—7600Å的可见光,对应的频率范围是7.5—$3.9\times 10^{14}\text{Hz}$.

通常说光的强度(简称光强),是指单位面积上的平均光功率,或者说,光的平均能流

---

① 　$1\text{Å}=10^{-8}\text{cm}$.

密度.作为电磁波,这应由坡印亭矢量 $\boldsymbol{S}=\boldsymbol{E}\times\boldsymbol{H}$ 确定[①],因电磁波中 $\boldsymbol{E}\perp\boldsymbol{H}$,且 $\sqrt{\varepsilon\varepsilon_0}\,E=\sqrt{\mu\mu_0}\,H$,坡印亭矢量的瞬时值为

$$S=|\boldsymbol{E}\times\boldsymbol{H}|=\sqrt{\frac{\varepsilon\varepsilon_0}{\mu\mu_0}}\,E^2\,,\tag{0.2}$$

式中 ε 和 μ 是相对介电常数和相对磁导率,ε_0 和 μ_0 是真空介电常数和真空磁导率.在光频波段,所有磁化机制都不起作用,$\mu\approx1$,从而光学折射率 $n=\sqrt{\varepsilon\mu}\approx\sqrt{\varepsilon}$.故

$$S=\sqrt{\frac{\varepsilon_0}{\mu_0}}\,nE^2=\frac{n}{c\mu_0}E^2\,,\tag{0.3}$$

这里用到 $c=1/\sqrt{\varepsilon_0\mu_0}$ 的关系式.对于简谐振动,平均值 $\overline{E^2}=\frac{1}{2}E_0^2$,其中 E_0 为振幅,故光的强度为

$$I=\overline{S}=\frac{n}{2c\mu_0}E_0^2\propto E_0^2\,.\tag{0.4}$$

在同一种介质里只关心光强的相对分布时,上式中的比例系数不重要,人们往往把光的(相对)强度就写成是振幅的平方:

$$I=E_0^2\,.\tag{0.5}$$

但在比较两种介质里的光强时,则应注意到,比例系数中还有一个与介质有关的量——折射率 n.

单一波长的光叫单色光,否则是非单色光.

如果我们用棱镜或其他分光仪器对各种普通光源发出的光进行分析,就会发现它们大都不是单色光.令 $\mathrm{d}I_\lambda$ 代表波长在 λ 到 $\lambda+\mathrm{d}\lambda$ 之间光的强度,

$$i(\lambda)=\frac{\mathrm{d}I_\lambda}{\mathrm{d}\lambda}\tag{0.6}$$

代表单位波长区间的光强,非单色光的 $i(\lambda)$ 按波长的分布,叫做光谱,$i(\lambda)$ 叫做谱密度,总光强 I 与谱密度的关系是

$$I=\int_0^\infty\mathrm{d}I_\lambda=\int_0^\infty i(\lambda)\mathrm{d}\lambda\,.\tag{0.7}$$

不同的光源有不同的光谱,例如热辐射光源光谱的特点如图 0-1 所示,光强在很大的波长范围内连续分布.这种光谱叫连续光谱.气体(或金属蒸气)放电发射光谱的特点如图 0-2 所示,光强集中在一些分立的波长值 $\lambda_1,\lambda_2,\lambda_3,\cdots$ 附近形成一条条谱线.这种光谱叫线光谱,不同的化学成分各有自己的特征谱线.每条谱线只是近似的单色光.它们的光强分布有一定的波长范围 $\Delta\lambda$,这 $\Delta\lambda$ 称为谱线宽度.$\Delta\lambda$ 越小,表示光的单色性越好.激光器的谱线宽度可以做得比普通光源小得多,单色性好正是激光的几个基本优点之一.若干元素的普通光源和激光器的典型谱线列于表 0-1.

---

① 参见赵凯华、陈熙谋:《电磁学》,第八章,人民教育出版社.

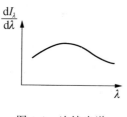

图 0-1　连续光谱

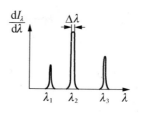

图 0-2　线光谱

表 0-1　典型谱线

元　素	谱线波长/Å	颜　色	元　素	谱线波长/Å	颜　色
钠(Na)	5890,5896	黄(D 双线)	氢(H)	4102	紫
				4340	蓝
汞(Hg)	4047,4078	紫		4861	青绿(F 线)
	4358	蓝		6563	橙红(C 线)
	5461(最强)	绿	氦氖激光器	6328	红
	5770,5791	黄			
镉(Cd)	6438	红	氩离子	4880	青
氪(Kr)	6057	橙	激光器	5145	绿

太阳光谱除了一些暗线外,基本上是连续谱,它所发出的各种波长的可见光混合起来,给人的感觉是白色.光学中所谓白光,通常指具有和太阳连续光谱相近的多色混合光①.

3. 光学的研究对象、分支与应用

光学是研究光的传播以及它和物质相互作用问题的学科.光学除了是物理学中一门重要的基础学科外,它也是一门应用性极强的学科.光学的研究对象早已不限于可见光.在长期的发展过程中,光学里形成一套行之有效的特殊方法和仪器设备,它们可用之于日益宽广的电磁波段.光学与其他同电磁波打交道的学科(如无线电物理、原子和原子核物理)之间的界限,与其说按波段,还不如说按研究手段来划分,并且随着科学的发展,各学科相互交叠与渗透,其间界限越来越模糊了.

若不涉及光的发射和吸收等与物质相互作用过程的微观机制,光学在传统上分为两

---

① 两种互补色(如橙和蓝、黄和靛青)的光,或三种颜色(如红、绿、蓝)的光按适当比例混合,也可给人的视觉造成白色的感觉.但用它们来照明各种颜色的物体时,看起来就和日光照明不同了,其原因在于光谱不同.从物理学的角度来研究问题,则不仅要看生理效果,还要看光谱分布.

大部分：当光的波长可视为极短，从而其波动效应不明显时，人们把光的能量看成是沿着一根根光线传播的，它们遵从直进、反射、折射等定律，这便是几何光学，研究光的波动性（干涉、衍射、偏振）的学科，是为物理光学（或波动光学）．光和物质相互作用的问题，通常是在分子或原子的尺度上研究的．在这领域内有时可用经典理论，有时则需用量子理论．对于这类原不属传统光学的内容，有人冠之以"分子光学"和"量子光学"等名称，也有人把它们仍归于物理光学之内．

光学的应用十分广泛．几何光学本来就是为设计各种光学仪器而发展起来的专门学科．随着科学技术的进步，物理光学也越来越显示出它的威力．例如，光的干涉是精密测量的手段，衍射光栅则是重要的分光仪器．光谱在人类认识物质的微观结构（如原子结构、分子结构等）方面曾起了关键性的作用，它不仅是化学分析中的先进方法，还为天文学家提供了关于星体的化学成分、温度、磁场、速度等大量信息．人们把数学、信息论与光的衍射结合起来，发展起一门新的学科——傅里叶光学，把它应用到信息处理、像质评价、光学计算等技术中去．激光的发明，可以说是光学发展史上的一个革命性的里程碑．由于激光具有强度大、单色性好、方向性强等一系列独特的性能，自从它问世以来，很快就被运用到材料加工、精密测量、通信、测距、全息检测、医疗、农业等极为广泛的技术领域，取得了优异的成绩．此外，激光还为同位素分离、催化、信息处理、受控核聚变以及军事上的应用，展现了光辉的前景．

本书第一章是几何光学，第二章到第七章是物理光学（波动光学），第八章和第九章讨论光和物质的相互作用，作为物理专业一门基础课的教材，本书的重点只能是阐述光学的基本原理和有关的典型应用，过于专门的问题从略．

第一章 几何光学

§1 几何光学基本定律

1.1 几何光学三定律

几何光学是以下列三个实验定律为基础建立起来的,它是各种光学仪器设计的理论根据.

(1)光的直线传播定律:光在均匀介质里沿直线传播

在点光源的照射下,在不透明的物体背后出现清晰的影子.影子的形状与光源为中心发出的直线所构成的几何投影形状一致(图 1-1).如果在一个暗箱的前壁上开一小孔,由物体上各点发出的光线将沿直线通过小孔,在暗箱的后壁上形成一倒立的像(图 1-2).以上两个例子都是表明光线沿直线传播的基本事实.

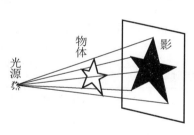

图 1-1 物体的影子

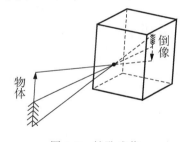

图 1-2 针孔成像

应当注意,光线只在均匀介质中沿直线传播.在非均匀介质中光线将因折射而弯曲,这种现象经常发生在大气中.例如在海边有时出现的海市蜃楼幻景,便是由光线在密度不均匀的大气中折射引起的.

(2)光的反射定律和折射定律

设介质 1,2 都是透明、均匀和各向同性的,且它们的分界面是平面(如果分界面不是平面,但曲率不太大时,以下结论仍适用).当一束光线由介质 1 射到分界面上时,在一般情形下它将分解为两束光线:反射线和折射线(图 1-3).入射线与分界面的法线构成的平面称为入射面,分界面法线与入射线、反射线和折射线所成的夹角 i_1, i_1' 和 i_2 分别称为入射角、反射角和折射角.实验表明:

(ⅰ)反射线与折射线都在入射面内.

(ⅱ)反射角等于入射角,

$$i_1' = i_1. \tag{1.1}$$

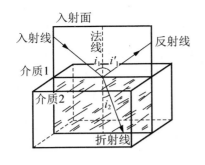

入射面

入射线　法线　反射线

介质1

介质2

折射线

图 1-3　光的反射与折射

（ⅲ）折射角与入射角正弦之比与入射角无关，是一个与介质和光的波长有关的常数，

$$\frac{\sin i_1}{\sin i_2} = n_{12}（常数），\tag{1.2}$$

比例常数 n_{12} 称为第 2 种介质相对第一种介质的折射率.上式有时称做斯涅耳定律（W. Snell, 1621）.

任何介质相对于真空的折射率，称为该种介质的绝对折射率，简称折射率.折射率较大的介质称为光密介质，折射率较小的介质称为光疏介质.

实验还表明，两种介质 1, 2 的相对折射率 n_{12} 等于它们各自的绝对折射率 n_1 与 n_2 之比，

$$n_{12} = \frac{n_2}{n_1},\tag{1.3}$$

从而

$$n_{21} = \frac{1}{n_{12}}.\tag{1.4}$$

用两种介质的绝对折射率 n_1 和 n_2 来表示，斯涅耳折射定律式（1.2）可写成

$$n_1 \sin i_1 = n_2 \sin i_2.\tag{1.5}$$

几种常见透明介质对钠黄光（D 线, 5893Å）的折射率数值列于表 Ⅰ-1 中，更详细的折射率数据见 1.3 节.

表 Ⅰ-1　折射率

介　　　质	折射率（D 线）
空气	1.000 28
水	1.333
各种玻璃	1.5—2.0
金刚石	2.417

应当指出，作为实验规律，几何光学三定律是近似的，它只有在空间障碍物以及反射和折射界面的尺寸远大于光的波长时成立.尽管如此，在很多情况下用它们来设计光学仪器，还是足够精确的.

例题 1　在水中深度为 y 处有一发光点 Q，作 QO 垂直于水面，求射出水面折射线的延长线与 QO 交点 Q' 的深度 y' 与入射角 i 的关系（图 1-4）.

解　设水相对于空气的折射率为 $n(n \approx 4/3)$，则根据折射定律，有

$$n \sin i = \sin i'.$$

设入射角为 i 的光线与水面相遇于 M 点，令 $\overline{OM} = x$，则

$$y = \frac{x}{\tan i}, \quad y' = \frac{x}{\tan i'},$$

于是

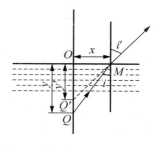

$$y' = y\,\frac{\tan i}{\tan i'} = y\,\frac{\sin i \cos i'}{\sin i' \cos i}$$

$$= \frac{y\,\sqrt{1 - n^2 \sin^2 i}}{n \cos i}.$$

上式表明,由 Q 发出的不同方向光线,折射后的延长线不再交于同一点. 但对于那些接近法线方向的光线($i \approx 0$),若忽略 $O(i^2)$ 的高级小量,则 $\sin^2 i \approx 0, \cos i \approx 1$,我们有

图 1-4 例题 1——水中发光点

$$y' = \frac{y}{n}.$$

这时 y' 与入射角 i 无关,即折射线的延长线近似地交于同一点 Q',其深度为原光点深度的 $1/n \approx 3/4$. ▌

例题 2 用作图法求任意入射线在球面上的折射线.

解 如图 1-5,设折射球面的球心位于 C 点,半径为 r,左右两边介质的折射率分别为 n 和 $n'(n<n')$. 以 C 为中心,分别以 $\rho=(n'/n)r$ 和 $\rho'=(n/n')r$ 为半径作圆弧 Σ 和 Σ'. 将入射线 RM 延长,与 Σ 交于 H. 连接 CH 交 Σ' 于 H'. 连接 MH',即为所求的折射线. 以上作图法的依据如下:

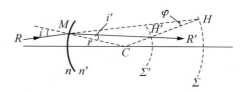

图 1-5 例题 2——球面折射的光线追迹作图

（ⅰ）应用正弦定律于 $\triangle HCM$,则有

$$\sin i/\sin \varphi = \overline{CH}/\overline{CM} = n'/n.$$

（ⅱ）在 $\triangle MCH'$ 和 $\triangle HCM$ 中有公共角 $\angle C$,且

$$\overline{CH}/\overline{CM} = \overline{CM}/\overline{CH'} = n'/n,$$

故两三角形相似,从而 $i' = \varphi$.

将（ⅰ）与（ⅱ）结论结合起来,得 $\sin i/\sin i' = n'/n$,即图中的 i 和 i' 满足折射定律. ▌

1.2 全反射

当光线从光密介质射向光疏介质时,$n_{12}<1$,或 $n_2<n_1$,由式(1.2)或(1.5)可以看出,折射角 i_2 大于入射角 i_1(图 1-6 中 1—1'). 当入射角增至某一数值

$$i_c = \arcsin(n_2/n_1) \tag{1.6}$$

时,折射角 $i_2 = 90°$(见图 1-6 中光线 2—2'). 当 $i_1>i_c$ 时,折射线消失,光线全部反射(见图 1-6 中光线 3—3"). 这现象称为全反射,i_c 称为全反射临界角. 由水到空气的全反射临界角约为 49°,由各种玻璃到空气的反射临界角在 30°—42° 之间.

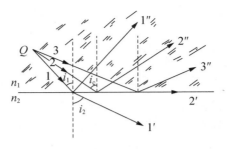

图 1-6　全反射

通过全反射临界角时,光的强度变化情形如下:当入射角 i_1 由小到大趋近临界角 i_c 时,折射光的强度逐渐减小,反射光的强度逐渐增大. i_1 达到或超过临界角 i_c 后,折射光的强度减到 0,反射光的强度达到 100%.

这里举几个全反射原理应用的例子.

(1)全反射棱镜

图 1-7 所示是等腰直角三角形棱镜的几种用途.在图 1-7(a)中,光线从直角棱的一个界面正入射后,以超过 i_c 的 45° 入射角射在斜面上,在该处发生全反射后又从直角棱的另一界面垂直射出.这样就使光线的传播方向改变 90°.我们也可以如图 1-7(b)那样安排光路,使光线在棱镜内发生两次全反射,将它的传播方向改变 180°.这样的光路可以使像的上下方位 A,B 倒转过来,但左右方位 C,D 不变.如果要使像的左右方位也同时调转,我们可以如图 1-7(c)那样,安置两个棱边互相垂直的等腰直角三棱镜,一个倒转上下方位,一个倒转左右方位.这类装置常在观察地面物体用的双筒望远镜中使用.

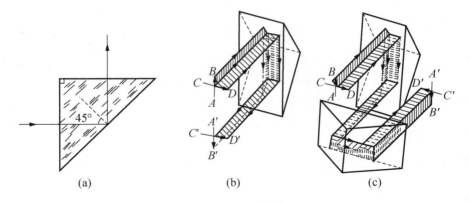

图 1-7　全反射棱镜

(2)光学纤维

如图 1-8(a),在一根折射率较高的玻璃纤维外包一层折射率较低的玻璃介质[①],光线

[①]　光学纤维折射率的分布不一定是内、外截然不同的两层,它也可以是渐变的.这类纤维能使光线向轴线会聚.在这种聚光纤维中光线走的不是折线,而是光滑曲线.聚光纤维具有光程短、光的透过率和像的分辨率高等一系列优点.

经多次全反射可沿着它从一端传到另一端①,而且用大量这样的玻璃纤维并成一束,光在各条纤维之间不会串通.如果纤维束的两端各条纤维的排列顺序严格地对应,则可以利用它来传像.如图 1-8(b)所示,在这样的纤维束的一个端面上有一图形,图形上每一点的光线沿着一根特定的纤维传到另一端面上对应的点,在这一端就会显现出与原来一样的图形.若能再用其他光学仪器放大,就更便于观察了.这种玻璃纤维束很柔软,可以弯成任意形状,又可做得很细,它能探入人体内部(如膀胱)以及结构复杂的机器部件中不易达到的部位进行照明或窥视.

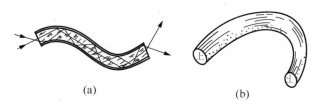

(a)   (b)

图 1-8 光学纤维

纤维光学近十多年来,特别是近几年来,得到了突飞猛进的发展,它不仅用于内窥光学系统,尤其重要的,是它已成功地应用于通信系统.自从七十年代初低损耗的石英光导纤维问世以来,便开始了激光光导纤维通信的研究工作,由于光纤通信与电通信相比有许多优点,如抗电磁干扰性强、频带宽和通信容量大、保密性好、能节省有色金属等,近些年来,许多国家都已先后铺设了试验性光纤通信线路.相信在不久的将来,光纤通信将在实际的应用方面取得重大的进展.

1.3 棱镜与色散

棱镜是由透明介质(如玻璃)做成的棱柱体,截面呈三角形的棱镜叫三棱镜.与棱边垂直的平面叫做棱镜的主截面.下面我们讨论光线在三棱镜主截面内折射的情况.

如图 1-9,$\triangle ABC$ 是三棱镜的主截面,沿主截面入射的光线 DE 在界面 AB 上的 E 点发生第一次折射.光线在这里是由光疏介质进入光密介质的,折射角 i_2 小于入射角 i_1,光线偏向底边 BC.进入棱镜的光线 EF 在界面 AC 上的 F 点发生第二次折射,在这里光线是由光密介质进入光疏介质的,折射角 i_1' 大于入射角 i_2',出射光线进一步偏向底边 BC.光线经两次折射,传播方向总的变化可用入射线 DE 和出射线 FG 延长线的夹角 δ 来表示,δ 叫做偏向角.

由图 1-9 可以看出,δ 与 i_1,i_2,i_1',i_2' 以及棱角 α 之间有如下几何关系:

$$\delta = (i_1-i_2)+(i_1'-i_2')$$
$$= (i_1+i_1')-(i_2+i_2'), \tag{1.7}$$
$$\alpha = i_2+i_2', \tag{1.8}$$

所以

---

① 当光学纤维细到一定程度,传光的过程就不能用几何光学中的全反射概念来描述了.这时应把它看成是传播电磁波的微型波导.

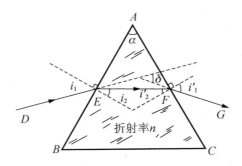

图 1-9　光线在三棱镜主截面内的折射

$$\delta = i_1 + i_1' - \alpha. \tag{1.9}$$

上式表明,对于给定的棱角 α,偏向角 δ 随 i_1 而变.由实验得知:在 δ 随 i_1 的改变中,对于某一 i_1 值,偏向角有最小值 δ_{m},称为最小偏向角.可以证明,产生最小偏向角的充要条件是

$$i_1 = i_1' \quad \text{或} \quad i_2 = i_2'. \tag{1.10}$$

在此情况下有

$$n = \frac{\sin \dfrac{\alpha + \delta_{\mathrm{m}}}{2}}{\sin \dfrac{\alpha}{2}}. \tag{1.11}$$

在棱角 α 已知的条件下,通过最小偏向角 δ_{m} 的测量,利用上式可算出棱镜的折射率 n.

产生最小偏向角的条件可证明如下:取式(1.9)对 i_1 的导数,得

$$\frac{\mathrm{d}\delta}{\mathrm{d}i_1} = 1 + \frac{\mathrm{d}i_1'}{\mathrm{d}i_1}.$$

产生最小偏向角的必要条件是

$$\frac{\mathrm{d}\delta}{\mathrm{d}i_1} = 0 \quad \text{即} \quad \frac{\mathrm{d}i_1'}{\mathrm{d}i_1} = -1.$$

按折射定律

$$\begin{cases} n\sin i_2 = \sin i_1, \\ n\sin i_2' = \sin i_1'. \end{cases} \tag{1.12}$$

取微分后得

$$\begin{cases} n\cos i_2 \, \mathrm{d}i_2 = \cos i_1 \, \mathrm{d}i_1, \\ n\cos i_2' \, \mathrm{d}i_2' = \cos i_1' \, \mathrm{d}i_1'. \end{cases}$$

由上述两式得

$$\frac{\mathrm{d}i_1'}{\mathrm{d}i_1} = \frac{\cos i_1 \cos i_2'}{\cos i_2 \cos i_1'} \frac{\mathrm{d}i_2'}{\mathrm{d}i_2}.$$

由式(1.8)知,$\mathrm{d}i_2 = -\mathrm{d}i_2'$,上式又可写为

$$\frac{\mathrm{d}i_1'}{\mathrm{d}i_1} = -\frac{\cos i_1 \cos i_2'}{\cos i_2 \cos i_1'}.$$

所以,产生最小偏向角的条件为

$$\frac{\cos i_1 \cos i_2'}{\cos i_2 \cos i_1'}=1 \quad 或 \quad \frac{\cos i_1}{\cos i_2}=\frac{\cos i_1'}{\cos i_2'}.$$

取上式的平方,并利用式(1.12),得

$$\frac{1-\sin^2 i_1}{n^2-\sin^2 i_1}=\frac{1-\sin^2 i_1'}{n^2-\sin^2 i_1'}. \tag{1.13}$$

上式只有当 $i_1=i_1'$ 时才成立,此时 $i_2=i_2'$ 亦成立. 这就是说,光线 DE 和 FG 对棱镜对称,$\triangle EFA$ 是等腰三角形. 在此情况下,可由式(1.8)和(1.9)得

$$i_2=i_2'=\alpha/2, \quad i_1=i_1'=(\alpha+\delta_m)/2,$$

代入式(1.12)后,经整理可得式(1.10).

可以证明,$\dfrac{\mathrm{d}^2\delta}{\mathrm{d}i_1^2}=\dfrac{\mathrm{d}^2 i_1'}{\mathrm{d}i_1^2}>0$,故上述必要条件也是产生最小偏向角的充分条件.

除了1.2节所述的几种全反射方面的用途外,棱镜最主要的应用在于分光,即利用棱镜对不同波长的光有不同折射率的性质来分析光谱. 折射率 n 与光的波长有关,这一现象叫做色散. 当一束白光或其他非单色光射入棱镜时,由于折射率不同,不同波长(颜色)的光具有不同的偏向角 δ,从而出射线方向不同(图1-10). 通常棱镜的折射率 n 是随波长 λ 的减小而增加的(正常色散),所以可见光中紫光偏折最大,红光偏折最小. 棱镜光谱仪便是利用棱镜的这种分光作用制成的. 它是研究光谱的重要仪器. 由于棱镜光谱仪中除了棱镜这个主要部件外,还有准直管、望远或摄影等辅助光路系统,这些将在本章§8中作较详细的介绍.

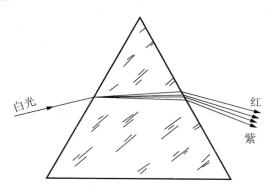

图 1-10　棱镜的色散

表Ⅰ-2中给出一些典型光学玻璃的折射率随波长变化的数据.

表Ⅰ-2　典型光学玻璃的色散

谱线代号*	——	h	g	F	e	D	C	A'	——	——
光色	(紫外)	蓝	青	青绿	绿	黄	橙红	红	(红外)	(红外)
波长 /Å	3650	4047	4358	4861	5461	5893	6563	7665	8630	9508

续表

谱线代号*	——	h	g	F	e	D	C	A′	——	——
冕玻璃 （K9）	1.535 82	1.529 82	1.526 26	1.521 95	1.518 29	1.516 30	1.513 89	1.511 04	1.509 18	1.507 78
钡冕玻璃 （BaK7）	1.594 17	1.586 20	1.581 54	1.575 97	1.571 30	1.568 80	1.565 82	1.562 38	1.560 23	1.55 866
重冕玻璃 （ZK6）	1.638 62	1.630 49	1.625 73	1.619 99	1.615 19	1.612 60	1.609 49	1.605 92	1.602 68	1.602 06
轻火石玻璃 （QF3）	1.611 97	1.599 68	1.592 80	1.584 81	1.578 32	1.574 90	1.570 89	1.566 38	1.563 66	1.561 72
钡火石玻璃 （BaF1）	1.573 71	1.565 53	1.560 80	1.555 18	1.550 50	1.548 00	1.545 02	1.541 60	1.539 46	1.537 91
重火石玻璃 （ZF1）	1.700 22	1.68 229	1.672 45	1.661 19	1.652 18	1.647 50	1.642 07	1.636 09	1.632 54	1.630 07

　＊ 这些谱线是太阳光谱中的夫琅禾费黑线，详见第八章§1.光谱学中经常用夫琅禾费谱线来作波长的基准标志，这是很方便的.

1.4　光的可逆性原理

从几何光学的基本定律不难看出，如果光线逆着反射线方向入射，则这时的反射线将逆着原来的入射线方向传播；如果光线逆着折射线方向由介质 2 入射，则射入介质 1 的折射线也将逆着原来的入射线方向传播（参见图 1-11）.也就是说，当光线的方向返转时，它将逆着同一路径传播.这个带有普遍性的结论，称为光的可逆性原理.今后不少场合这一原理将对我们有所帮助.

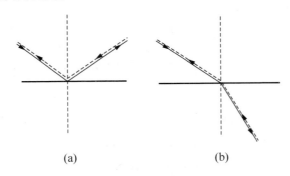

(a)　　　　　　　　　　(b)

图 1-11　光的可逆性原理

例题 3　利用光的可逆性原理证明：棱镜产生最小偏向角的条件是光线相对于棱镜对称.

证　设图 1-12 中光线 1—1′ 相对于棱镜对称.在它的附近取另一条光线 2—2′，并作与 2—2′ 对称的光线 3′—3.后者是由棱镜的另一侧入射的，它的逆光线 3—3′ 与前二者从棱镜的同一侧入射.由对称性和可逆性可知，光线 2—2′ 和 3—3′ 的偏向角是一样大的（$\delta_2 = \delta_3$）.应注意，光线 2—2′ 和 3—3′ 朝相反方向偏离光线 1—1′，而它们的偏向角只能都

比 δ_1 大,或都比 δ_1 小,亦即 δ_1 是极值.(要证明这极值是极小值,必须像 1.3 节中那样,利用折射定律和几何关系对 δ_2 或 δ_3 作具体运算.仅用光的可逆性是不可能作出判断的.)

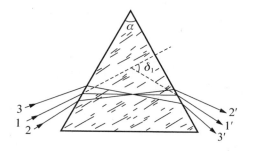

图 1-12　例题 3——用光的可逆性原理求棱镜的最小偏向角

上述例题告诉我们,利用光的可逆性原理,往往可以通过很简短的推理得到某些重要的结论.

思　考　题

1. 如何利用针孔照相机测量树的高度?

2. 为什么透过茂密树叶缝隙投射到地面的阳光形成圆形光斑? 你能设想在日偏食的情况下这种光斑的形状会有变化吗?

3. 你能否想出一个简单的实验或观察,来说明反射定律对一切波长的可见光都适用.

4. 试说明,为什么远处灯火在微波荡漾的湖面形成的倒影拉得很长.

5. 证明光点式电流计中悬丝上的小镜转过 θ 角时,反射光线的方向偏转 2θ 角.

6. 有人设想用如图所示的反射圆锥腔使光束的能量集中到极小的面积上. 因为出口可以做得任意小,从而射出的光束的能流密度可以任意大. 这种想法正确吗?

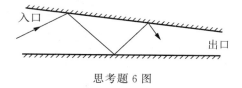

思考题 6 图

7. 为什么日出和日落时太阳看起来是扁的?

8. 大气折射给星体位置的观察造成的偏差,叫做蒙气差,这是天文观测中必须考虑的因素.试定性地讨论蒙气差与星体到天顶距离之间的关系.

9. 试讨论平行光束折射后截面积的变化.

10. 设想一下,在鱼的眼睛里看到的天空是什么样子?

11. 为什么金刚石比磨成相同形状的玻璃仿制品显得更加光彩夺目?

习 题

1. 太阳与月球的直径分别是 1.39×10^6 km 和 3.5×10^3 km,太阳到地面的距离为 1.50×10^9 km,月球到地面的距离为 3.8×10^5 km.试计算地面上能见到日全食区域的面积(可把该区域的地面视为平面).

2. 如图所示为一种液面激光控制仪.当液面升降时,反射光斑移动,为不同部位的光电转换元件所接收,变成电信号输入控制系统.试计算液面升高 Δh 时反射光斑移动的距离 Δs.

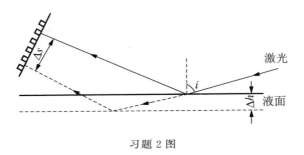

习题 2 图

3. 由立方体的玻璃切下一角制成的棱镜,称为四面直角体(见图).证明从斜面射入的光线经其他三面全反射后,出射线的方向总与入射线相反.设想一下,这样的棱镜可以在什么场合发挥作用.

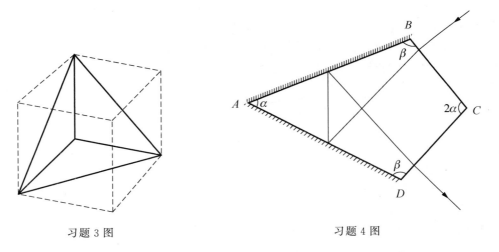

习题 3 图   习题 4 图

4. 光线射入如图所示的棱镜,经两次折射和反射后射出.

(1)证明偏向角与入射方向无关,恒等于 2α.

(2)在此情况下,能否产生色散?

5. 试证明:当一条光线通过平行平面玻璃板时,出射光线方向不变,但产生侧向平移.当入射角 θ 很小时,位移为

$$x = \frac{n-1}{n}\theta t,$$

式中 n 为玻璃板的折射率,t 为其厚度.

6. 证明:光线相继经过几个平行分界面的多层介质时,出射光线的方向只与两边的折射率有关,与中间各层介质无关.

7. 顶角 α 很小的棱镜称为光楔.证明光楔使垂直入射的光线产生偏向角 $\delta=(n-1)\alpha$,其中 n 是光楔的折射率.

8. 如图所示是一种求折射线方向的追迹作图法.例如为了求光线通过棱镜的路径(图(b)),可如图(a)以 O 为中心作二圆弧,半径正比于折射率 n,n'(设 $n>n'$).作 OR 平行于入射线 DE,作 RP 平行于棱镜第一界面的法线 N_1N_1,则 OP 的方向即为第一次折射后光线 EF 的方向.再作 QP 平行于第二界面的法线 N_2N_2,则 OQ 的方向即为出射线 FG 的方向,从而 $\angle ROQ=\delta$ 为偏向角.试论证此法的依据.

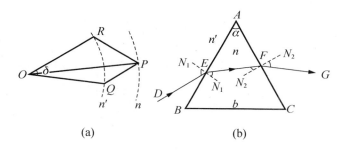

(a)　　　　　　(b)

习题 8 图

9. 利用上题的图证明最小偏向角的存在及式(1.11).

10. 已知棱镜顶角为 $60°$,测得最小偏向角为 $53°14'$,求棱镜的折射率.

11. 顶角为 $50°$ 的三棱镜的最小偏向角是 $35°$,如果把它浸入水中,最小偏向角等于多少?(水的折射率为 1.33)

12. 如图所示,在水中有两条平行光线 1 和 2,光线 2 射到水和平行平板玻璃的分界面上.

习题 12 图

(1)两光线射到空气中是否还平行?

(2)如果光线 1 发生全反射,光线 2 能否进入空气?

13. 计算光在下列介质之间穿行时的全反射临界角:(1)从玻璃到空气;(2)从水到空

气；(3)从玻璃到水.

14. 设光导纤维玻璃芯和外套的折射率分别为 n_1 和 $n_2(n_1 > n_2)$，垂直端面外介质的折射率为 n_0(见图)，试证明，能使光线在纤维内发生全反射的入射光束的最大孔径角 θ_1 满足下式：

$$n_0 \sin\theta_1 = \sqrt{n_1^2 - n_2^2}$$

($n_0 \sin\theta_1$ 称为纤维的数值孔径).

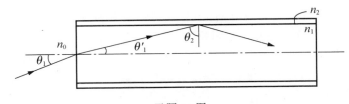

习题 14 图

15. 光导纤维外套由折射率为 1.52 的冕玻璃做成，芯线由折射率为 1.66 的火石玻璃做成，求垂直端面的数值孔径.

16. 极限法测液体折射率的装置如图所示，ABC 是直角棱镜，其折射率 n_g 为已知，将待测液体涂一薄层于其上表面 AB，覆盖一块毛玻璃. 用扩展光源在掠入射的方向照明. 从棱镜的 AC 面出射的光线的折射角将有一下限 i'(用望远镜观察，则在视场中出现有明显分界线的半明半暗区). 试证明，待测液体的折射率 n 可按下式算出：

$$n = \sqrt{n_g^2 - \sin^2 i'}.$$

用这种方法测液体的折射率，测量范围受到什么限制？

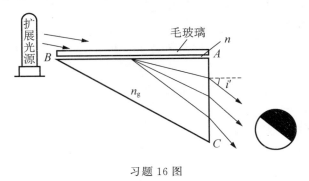

习题 16 图

§2　惠更斯原理

在应用几何光学三定律于实际问题之前，我们先用两节的篇幅，从波动传播的角度来讨论一下这些实验规律的物理实质，以及比它们更为概括的表述形式.

2.1　波的几何描述

我们知道,波动是扰动在空间里的传播.这里所说的扰动,在较多的情况下是指周期性的振动.

在同一振源的波场中,扰动同时到达的各点具有相同的相位,这些点的轨迹是一曲面,称为波面(或波阵面),例如由一个点振源发出的波,在各向同性的均匀介质中的波面是以振源为中心的球面,这种波称为球面波(见图 2-1(a)).在离振源很远的地方,波面趋于平面,称为平面波(见图 2-1(b)).

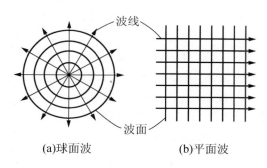

(a)球面波　　　　　(b)平面波

图 2-1　波面与波线

我们设想在波场中绘出一线族,它们每点的切线方向代表该点波扰动传播的方向(或者说代表能量流动的方向).这样的线族,称为波线.在各向同性介质中,波线总是与波面正交的(参见图 2-1)[①].所以球面波的波线通过共同中心点,构成同心波束.平面波的波线构成平行波束.所谓"光线",就是光波的波线.

用波面或波线都可描绘波的传播情况,它们统称波的几何描述.几何光学便是以 1.1 节所述三个定律为基础,研究光线(或波面)传播的学科.

2.2　惠更斯原理的表述

惠更斯原理(C. Huygens,1678 年)是关于波面传播的理论.它的表述可通过图 2-2 来说明.我们考虑在某一时刻 t,这时由振源发出的波扰动传播到了波面 S.惠更斯提出:S 上的每一面元可以认为是次波的波源.由面元发出的次波向四面八方传播,在以后的时刻 t' 形成次波面,在各向同性的均匀介质中,次波面是半径为 $v\Delta t$ 的球面,这里 v 为波速,$\Delta t = t' - t$.惠更斯认为:这些次波面的包络面 S' 就是 t' 时刻总扰动的波面.

2.3　对反射定律和折射定律的解释

根据惠更斯原理,可以解释光的反射定律和折射定律,并给出折射率的物理意义——光在两种介质中速度之比.下面就来论证这个问题.

图 2-2　惠更斯原理

---

① 在各向异性介质中情况有所不同,详见第七章.

如图 2-3 所示,设想有一束平行光线(平面波)以入射角 i_1 由介质 1 射向它与介质 2 的分界面上.作通过 A_1 点的波面,它与所有的入射光线垂直.在光线 1 到达 A_1 点的同时,光线 $2,\cdots,n$ 到达此波面上的 $A_2,\cdots,A_n$ 点.设光在介质 1 中的速度为 v_1,则光线 $2,3,\cdots,n$ 分别要经过一段时间 $t_2=\overline{A_2B_2}/v_1$,$t_3=\overline{A_3B_3}/v_1,\cdots,t_n=\overline{A_nB_n}/v_1$ 后才到达分界面上的 $B_2,B_3,\cdots,B_n$ 各点.每条光线到达分界面上时,都同时发射两个次波,一个是向介质 1 内发射的反射次波,另一个是向介质 2 内发射的透射次波.设光在介质 2 中的速度为 v_2,在第 n 条光线到达 B_n 的同时,由 A_1 点发出的反射次波面和透射次波面分别是半径为 v_1t_n 和 v_2t_n 的半球面.在此同时,光线 $2,3,\cdots$ 传播到 $B_2,B_3,\cdots$ 各点后发出的反射次波面的半径分别为 $v_1(t_n-t_2),v_1(t_n-t_3),\cdots$,而透射次波面的半径为 $v_2(t_n-t_2),v_2(t_n-t_3),\cdots$.这些次波面一个比一个小,直到 B_n 处缩成一个点.根据惠更斯原理,这时刻总扰动的波面是这些次波面的包络面.不难证明,反射次波和透射次波的包络面都是通过 B 的平面[①].设反射波总扰动的波面与各次波面相切于 $C_1,C_2,C_3,\cdots$ 各点,而透射波总扰动的波面与各次波面相切于 $D_1,D_2,D_3,\cdots$ 各点.连接次波源和切点,即得到总扰动的波线,亦即,$A_1C_1,B_2C_2,B_3C_3,\cdots$ 为反射光线,$A_1D_1,B_2D_2,B_3D_3,\cdots$ 为折射光线.

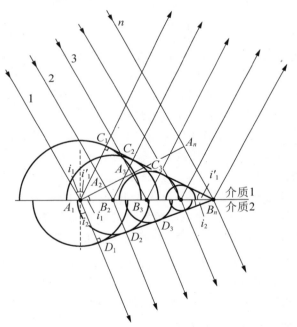

图 2-3　用惠更斯原理解释反射定律和折射定律

---

① 图 2-3 是某入射面的平面图.应当注意,实际上在与图纸平面平行的其他入射面内也有入射光线.在这些平面内发生的情况与图 2-3 所示的完全一样,也就是说,这里也有一系列同样的次波面.总扰动的波面与所有这些中心位于不同入射面内的波面相切,因此是垂直于入射面的平面.

由于 $A_1C_1 = A_nB_n = v_1t_n$，直角三角形 $\triangle A_1C_1B_n$ 和 $\triangle B_nA_nA_1$ 全同，因而 $\angle A_nA_1B_n = \angle C_1B_nA_1$. 由图 2-3 不难看出，$\angle A_nA_1B_n =$ 入射角 i_1，$\angle C_1B_nA_1 =$ 反射角 i_1'，故得到

$$i_1' = i_1.$$

这样便导出了反射定律.

由图 2-3 还可看出，$\angle D_1B_nA_1 =$ 折射角 i_2，因此

$$\sin i_2 = \overline{A_1D_1}/\overline{A_1B_n}.$$

此外 $\sin i_1 = \overline{A_nB_n}/\overline{A_1B_n}$，于是

$$\frac{\sin i_1}{\sin i_2} = \frac{\overline{A_nB_n}}{\overline{A_1D_1}} = \frac{v_1t_n}{v_2t_n} = \frac{v_1}{v_2}.$$

由此可见，入射角与折射角正弦之比为一常数. 这样我们便导出了折射定律. 在折射定律中我们称 $\sin i_1/\sin i_2$ 的比值为介质 2 相对介质 1 的折射率 n_{12}，因此相对折射率与光在两种介质中速度的关系为

$$n_{12} = \frac{n_2}{n_1} = \frac{v_1}{v_2}. \tag{2.1}$$

由此可见，一种介质的绝对折射率为

$$n = \frac{c}{v}, \tag{2.2}$$

式中 c 为真空中光速，v 为该种介质中的光速. 从式(2.1)或式(2.2)看来，在光密介质中光的速度较小. 这一结论是与实验相符的.

早期微粒说也可以解释光的反射定律和折射定律. 微粒说认为，光的微粒由光源发出后，在透明的均匀介质中依惯性定律飞行. 当微粒遇到反射面时，它们像弹性小球一样地反跳. 这时微粒的切向速度 v_t 不变，而法向速度 v_n 反转，从而反射角 i_1' 等于入射角 i_1（参见图 2-4(a)）. 为了解释折射定律，则需假设在介质界面存在着一种力，它使微粒通过界面时法向速度发生改变，$v_{2n} \neq v_{1n}$（参见图 2-4(b)）. 由于切向速度 $v_{1t} = v_1\sin i_1$ 与 $v_{2t} = v_2\sin i_2$ 相等，于是

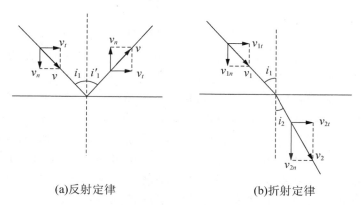

(a)反射定律　　　　　　　　(b)折射定律

图 2-4　微粒说对反射定律和折射定律的解释

$$\frac{\sin i_1}{\sin i_2} = \frac{v_2}{v_1}.$$

由于在各向同性介质中速度 v_1，v_2 与光的传播方向无关，上式右端是一个与入射角无关的常数. 这样便解释了光的折射定律，不过，当我们将上式与式(1.5)比较后，可以看出

$$\frac{v_2}{v_1} = \frac{n_2}{n_1}.$$

亦即在光的微粒说看来，在光密介质中光"微粒"的速度较大. 这一点后来为傅科的实验所否定.

2.4　直线传播问题

要想验证光的直进性，我们必须用带小孔的障板把一根光线(更确切地说，是一束较窄的光)分离出来(见图 2-5). 由这束光的边缘光线可以考察直线传播定律是否成立. 我们设原来的波是由点波源 Q 发出的球面波. 画出它传播到障板开口处的波面. 根据惠更斯原理，这波面上的每个面元都是一个次波中心，当然只有波面上未被障板遮住的部分 AB 发出的次波，才对障板后边的空间起作用. 考虑以后的某一时刻，画出此时波前 S 上 AB 部分每点发出的次波的波面，并作这些次波面的包络面 CD. 不难看出，CD 也是以 Q 为中心的球面的一部分. 按照惠更斯的说法，只有各次波面的包络面 CD 上才发生可察觉的总扰动，也就是说，在包络面两侧 D 和 C 之外的扰动是可以忽略不计的. 所以 QAC 和 QBD 就是透过孔隙的边缘光线，它们都是直线. 惠更斯就这样说明了波的直进性.

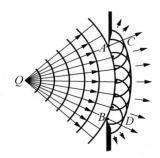

图 2-5　用惠更斯原理解释光的直进性

以上的解释并不令人十分满意，因为 CD 两侧之外还有次波存在着，为什么次波在这些地方不发生作用呢？事实上并非如此. 图 2-6 所示为水波通过大小不同的孔隙后的情况. 可以看出，当孔隙大时(见图 2-6(a))，障板后面的波动正像上面的论述所预期的那样，基本上沿直线传播. 当孔较小时(见图 2-6(b))，波的传播开始偏离直线. 当孔十分小时(见图 2-6(c))，在障板后面看来，好像波是从小孔那里重新发出似的，这时完全谈不上直进性. 在后两种情况下所发生的，就是通常所说的衍射现象. 由于惠更斯原理未能定量地给出次波面的包络面上和包络面以外波扰动强度的分布，因而也就不能完满地解释波的直进性与衍射现象的矛盾. 随着科学的进展，这个问题直到一百多年后才得到解决. 原来，任何波动的直进性只是波长 λ 远小于孔隙线度 a 的条件下近似成立的规律. 在 λ 与 a

可比拟、甚至大于 a 的情形下,将发生显著的衍射.光波的情况当然也不例外,只是可见光的波长(10^{-5}cm 量级)比通常障碍物的线度小得多,偏离直线传播的现象很不容易察觉罢了.有关这个问题的讨论,详见第二章§5—§8.

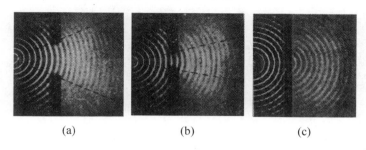

(a)   (b)   (c)

图 2-6 水波的衍射

除了直线传播定律之外,作为几何光学基础的另外两条定律——反射定律和折射律,也都只在 λ 很小的条件下才近似成立.所以几何光学原理的适用范围是有限度的,在必要的时候需要用更严格的波动理论来代替它.不过由于几何光学处理问题的方法要简单得多,并且它对于各种光学仪器中遇到的许多实际问题已足够精确,所以几何光学并不失为各种光学仪器的重要理论基础.

思 考 题

1. 惠更斯原理是否适用于空气中的声波?你是否期望声波也服从和光波一样的反射定律和折射定律?

2. 用惠更斯作图法研究平行光束在平面上的折射时,是否会遇到次波没有包络面的情况?

习 题

1. 在空气中钠黄光的波长为 5893Å,问:

(1)其频率有多大?

(2)在折射率为 1.52 的玻璃中其波长为多少?

2. 在熔凝石英中波长为 5500Å 的光频率为多少?已知折射率为 1.460.

3. 填充下表中的空白:

谱 线	F 线		D 线	
媒 质	真空	水	真空	水
折射率		1.337		1.333
波 长	4861Å		5893Å	
频 率				
光 速				

4. 用惠更斯原理求平行光束在球面上的反射波(分别就凸、凹两种情形作图).

5. 拖着棒的一端在水中以速度 v 移动,v 比水波的速率 u 为大. 用惠更斯作图法证明:在水中出现一圆锥形波前,其半顶角 α 由下式给出:

$$\sin\alpha = \frac{u}{v}.$$

船后的弓形波,超音速飞机在空气中产生的冲击波,都是这样产生的.

设想一下,若电子以大于介质中光速的速度在介质中作匀速运动,会产生什么现象?

§3　费马原理

3.1　光程

光线在真空中传播距离 $\overline{QP}$ 所需的时间为

$$\tau_{QP} = \overline{QP}/c, \tag{3.1}$$

当光线经过几种不同介质时(图 3-1),由 Q 经 M,N 直到 P 所需的时间为

$$\tau_{QP} = \sum_i \frac{\Delta l_i}{v_i} = \sum_i \frac{n_i \Delta l_i}{c} = (QMNP)/c, \tag{3.2}$$

其中 Δl_i,v_i,n_i 分别是光线在第 i 种介质中的路程、速度和折射率,而

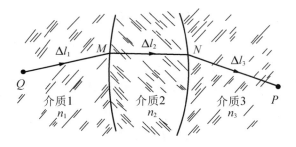

图 3-1　光程

$$(QMNP) \text{ 或简写成 } (QP) \equiv \sum_i n_i \Delta l_i \tag{3.3}$$

称为光线 $QMNP$ 的光程. 若介质的折射率连续变化,则光程应为

$$(QP) \equiv \int_{(L)Q}^{P} n\,\mathrm{d}l, \tag{3.4}$$

其中积分沿光线的路径 L,从式(3.2)可以看出,"光程"可理解为在相同时间内光线在真空中传播的距离.

以后我们会看到,相位差的计算在波动光学中是十分重要的. 可以证明,相位差 $\varphi(P)-\varphi(Q)$ 与光程 (QP) 成正比,从而可以用光程差的计算代替相位差的计算. 此是后话,暂且不谈,下面仍局限于几何光学的讨论.

3.2　费马原理的表述

光程的概念对几何光学的重要意义体现在费马原理中. 几何光学的基础本是 1.1 节

所述的三个实验定律,费马却用光程的概念高度概括地把它们归结成一个统一的原理.费马原理(P. de Fermat,1679 年)的表述为:QP 两点间光线的实际路径,是光程(QP)(或者说所需的传播时间 τ_{QP})为平稳的路径.

以上表述,特别是其中"平稳"一词,有些费解.在微分学中说一个函数 $y=f(x)$ 在某处平稳,是指它的一阶微分 $dy=0$.在这里函数可以具有极小值($d^2y>0$),也可以有极大值($d^2y<0$),还可以有其他情况(如拐点,甚至是常数等).在费马原理的表述中"平稳"一词的含义也是如此.若用严格的数学语言来表述,就是在光线的实际路径上光程的变分为 0:

$$\delta(QP) = \delta \int_{Q(L)}^{P} n\,dl = 0. \tag{3.5}$$

读者可能对"变分"一词感到生疏.粗浅一点理解,可认为它就是函数的微分.要想稍详细一点理解它,请参看下面楷体字部分.不过在下面我们将遇到的多数场合里,光程具有极小值或恒定值,少数场合里是极大值,因此我们可在这些较狭隘的意义下理解它.

在微分学中所谓"极小"、"极大"或"平稳",都是对自变量的无穷小变化而言的.式(3.5)中的积分与路径 L 有关.所谓"极小"、"极大"或"平稳",是对路径的无穷小变化而言的.如图 3-2,设 $QMNP$ 是光线的实际路径,今在其附近取任一其他路径 $QM'N'P$,两者间的距离处处小于某个无穷小量 ε.所谓光程($QMNP$)极小(或极大),就是它小于(或大于)所有附近路径的光程($QM'N'P$);所谓光程($QMNP$)具有恒定值,就是它和附近所有路径的光程($QM'N'P$)相等.

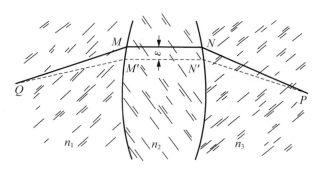

图 3-2 费马原理

在微分学中,一个函数 $y=f(x)$ 的增量 Δy 可写成

$$\Delta y = f'(x)\Delta x + O(\Delta x^2),\text{①}$$

其中 $f'(x) = \dfrac{dy}{dx}$ 是 $f(x)$ 的微商.微分 dy 的定义是

$$dy = f'(x)\Delta x, \tag{3.6}$$

它是 Δy 中正比于 Δx 的线性主部.若在某处 $dy=0$,我们说函数在该处是平稳的.函数在某处平稳,包含下列各种可能:若在该处进一步有 $d^2y>0$,则函数在该处具有极小值;若

---

① $O(\Delta x^2)$ 代表数量级为 Δx^2 以及更高阶无穷小的项.

$d^2y < 0$,则函数具有极大值;若 $d^2y = 0$ 而 $d^3y \neq 0$,则该处是函数的拐点;若 $d^2y = 0$,$d^3y = 0$,则函数在该点有更高阶的平稳值.

以上概念推广到多元函数 $y = f(x_1, x_2, \cdots, x_n)$,增量和微分分别为

$$\Delta y = \sum_{i=1}^{n} f_i \Delta x_i + O(\Delta x_i^2),$$

$$dy = \sum_{i=1}^{n} f_i \Delta x_i, \tag{3.7}$$

其中 $f_i = \dfrac{\delta y}{\delta x_i}$ 是 f 对 x_i 的偏微商,dy 亦为 Δy 中的线性主部.若在某处 $dy = 0$,则函数在该处平稳,其中亦包括极小、极大、马鞍点,以及具有更高阶平稳值等各种可能性.

光程 $(QP) = \displaystyle\int_{(L)Q}^{P} n \, dl$ 是路程 L 的函数,而路径 L 本身又可用空间坐标的函数表示出来.故光程是函数的函数,这在数学中叫做泛函,下面记作 $J[L]$.泛函 $J[L]$ 这个概念是多元函数 $f(x_1, x_2, \cdots, x_n)$ 概念的推广.因为积分路径 L 上的每一点可看作是一个自变量,整个积分路径的改变,是由其上每一点的移动构成的.但是积分路径上的点有无穷多个,即积分路径是无穷多个自变量的集合,从而泛函 $J[L]$ 可以看作是无穷多个自变量的多元函数.这种广义多元函数的微分称作"变分",代表微分的符号 d 也改作 δ,如 $\delta J[L]$.若对于某条给定的路径 L_0,变分 $\delta J[L_0] = 0$,则我们说泛函 $J[L]$ 在 L_0 上是平稳的.它可以是极大、极小、或具有更高阶的平稳值.利用变分的概念,费马原理可表述为:在光线的实际路径上,光程的变分等于 0:

$$\delta J[L] = \delta \int_{(L)Q}^{P} n \, dl = 0. \tag{3.8}$$

3.3 由费马原理推导几何光学三定律

前已述及,费马原理比几何光学三定律具有更高的概括性,由它可以推导出这三个定律来.

在均匀介质中光的直线传播定律是费马原理的显然推论,下面看反射定律和折射定律.

（1）反射定律

考虑由 Q 发出,经反射面 Σ 到达 P 的光线.相对于 Σ 取 P 的对称点 P'（图 3-3）,从 Q 到 P 任一可能路径 $QM'P$ 的长度与 $QM'P'$ 相等.显然,直线 QMP' 是其中最短的一根,从而路径 QMP 的长度最短.根据费马原理,QMP 是光线的实际路径.由对称性不难看出,$i = i'$.

（2）折射定律

图 3-4 中的 Σ 是折射面.考虑由 Q 出发经 Σ 折射到达 P 的光线.作 $QQ' \perp \Sigma$,$PP' \perp \Sigma$.因 QQ' 与 PP' 平行.故而共面,我们称此平面为 Π.考虑从 Q 经折射面 Σ 上任一点 M' 到 P 的光线 $QM'P$.由 M' 作垂足 Q',P' 连线的垂线 $M'M$,不难看出 $\overline{QM} < \overline{QM'}$,$\overline{PM} < \overline{PM'}$,即光线 $QM'P$ 在 Π 平面上的投影 QMP 比 $QM'P$ 本身的光程更短.可见光程最短的路径应在 Π 平面内寻找.

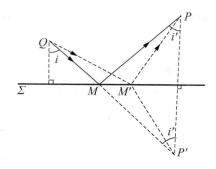

图 3-3 由费马原理推导反射定律

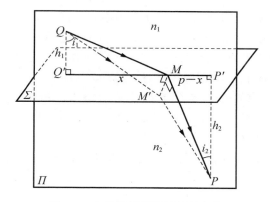

图 3-4 由费马原理推导折射定律

在 Π 平面内,令 $\overline{QQ'}=h_1$, $\overline{PP'}=h_2$, $\overline{Q'P'}=p$, $\overline{Q'M}=x$,则

$$(QMP)=n_1\,\overline{QM}+n_2\,\overline{MP}$$

$$=n_1\sqrt{h_1^2+x^2}+n_2\sqrt{h_2^2+(p-x)^2},$$

式中 n_1, n_2 为 Σ 两边介质的折射率. 取上式对 x 的微商,得

$$\frac{\mathrm{d}}{\mathrm{d}x}(QMP)=\frac{n_1 x}{\sqrt{h_1^2+x^2}}-\frac{n_2(p-x)}{\sqrt{h_2^2+(p-x)^2}}$$

$$=n_1\sin i_1-n_2\sin i_2.$$

由光程极小的条件:$\mathrm{d}(QMP)/\mathrm{d}x=0$,即得 $n_1\sin i_1=n_2\sin i_2$.

至此我们全面证明了,符合费马原理的光线路径与几何光学三个基本定律一致.

习 题

1. 证明图 2-3 中光线 $A_1 C_1$, $A_2 B_2 C_2$, $A_3 B_3 C_3$, $\cdots$, $A_n B_n$ 的光程相等.

2. 证明图 2-3 中光线 $A_1 D_1$, $A_2 B_2 D_2$, $A_3 B_3 D_3$, $\cdots$, $A_n B_n$ 的光程相等.

§4 成 像

光学仪器中很大一部分是成像的仪器,如显微镜、望远镜、投影仪和照相机等皆是.成像是几何光学要研究的中心问题之一. 本节先介绍一些有关成像的基本概念,以后各节再研究它的规律.

4.1 实像与虚像 实物与虚物

各光线本身或其延长线交于同一点的光束,叫同心光束,在各向同性介质中它对应于球面波,例如从一点光源发出的光束便是同心光束. 由若干反射面或折射面组成的光学系统,叫做光具组,例如平面镜(一个反射平面)、透镜(两个折射球面)以及更复杂的光学仪器,都可称之为光具组. 如果一个以 Q 点为中心的同心光束经光具组的反射或折射后转化为另一以 Q' 点为中心的同心光束,我们说光具组使 Q 成像于 Q',Q 称为物点,Q' 称为像点. 若出的同心光束是会聚的(图 4-1(a)与(c)),我们称像点 Q' 为实像;若出射同心光束是发散的(图 4-1(b)与(d)),我们称像点 Q' 为虚像[①].

作为成实像或成虚像的简单例子,读者也许会举出凸透镜和凹透镜来. 但是以后我们将看到,透镜并不能严格地保持光束的同心性,即它们都只能近似地成像. 能严格保持光束同心性的光具组是极少的.§1的例题 1 表明,单个折射平面就不能保持光束的同心性.然而,单个反射平面却是为数不多的几个严格成像的例子之一.

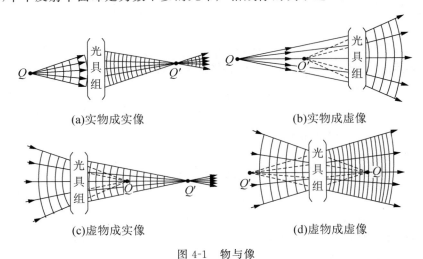

(a)实物成实像   (b)实物成虚像

(c)虚物成实像   (d)虚物成虚像

图 4-1 物与像

图 4-2 所示为平面镜成像原理. MM' 为镜面,由镜前一发光点 Q 射出的同心光束经

---

① 从图 4-1 可以看出,会聚光束经过像点 Q' 后就变为发散的了. 所以判断光束是会聚还是发散,应以刚从光具组的最后一个界面射出时为准. 此外有一种说法,认为像的虚实要看它是光线本身还是延长线的交点. 对于单个薄透镜来说,这种说法与我们的定义一致. 然而当光束一连通过几个光具组时,用这种方法来规定中间像的虚实就不恰当了(参见图 4-3 中给出的例子).

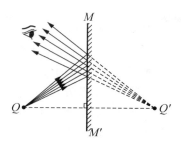

图 4-2　平面镜成像

镜面反射后成为发散光束. 根据反射定律不难证明,反射线的延长线严格地交于镜面后同一点 Q',像点 Q' 与物点 Q 对镜面对称(证明由读者自己完成). 这是个实物严格成虚像的例子,严格成实像的例子将在 4.4 节中给出.

　　实像既可用屏幕来接收,又可用眼睛来观察,这一点是不难理解的. 然而眼睛为什么能看到虚像? 原来在观察一个发光点时,我们是根据射入眼睛的那部分光线的最后方向和发散程度来判断它们发光中心的位置的. 所以当一束成虚像的发散光束射入眼睛后,我们的感觉是在它们延长线的交点处似乎真有一个发光点(参见图 4-2).

　　不仅像点有虚实之分,物点也可以有虚实之别. 对于某个光具组来说,如果入射的是个发散的同心光束,则相应的发散中心 Q 称为实物(图 4-1(a)与(b));如果入射的是个会聚的同心光束,则相应的会聚中心 Q 称为虚物(图 4-1(c)与(d)). 来自真实发光点的光束当然不会是会聚的,虚物出现在几个光具组联合成像的问题中. 以图 4-3 所示的光路为例,真实发光点 Q 经第一个透镜 L_1 成像于 Q_1',这是个实像. 当第二个透镜 L_2 插在 Q_1' 之前时,它接收到的便是一个会聚光束,中间像 Q_1' 可看作是 L_2 的虚物,L_2 把入射的光束进一步会聚到 Q_2',我们说,L_2 使虚物 Q_1' 成实像于 Q_2'.

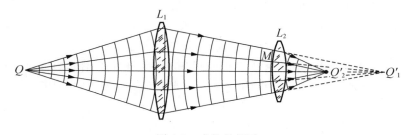

图 4-3　虚物的例子

4.2　物方和像方　物与像的共轭性

　　一个能使任何同心光束保持同心性的光具组,称为理想光具组. 理想光具组将空间每个物点 Q 和相应的像点 Q' 组成一一的对应关系. 为了讨论问题的方便,我们把分别由这两类点组成的空间从概念上区别开来,前者称为物方(物空间),后者称为像方(像空间). 由于物方包括了所有实的和虚的物点,它不仅是光具组前面的那部分空间,它还要延伸到光具组之后. 同样地,由于像方包括所有实的和虚的像点,它也不仅是光具组后面的那部分空间,它还要延伸到光具组之前.所以,物方和像方两个空间实际上是重叠在一起的.在一个问题中为了区分空间某个点属于物方还是像方,不是看它在光具组之前还是之后,而要看它与入射光束相联系还是与出射光束相联系.例如在图 4-3 中的 Q_1' 和 Q_2' 点都在透镜 L_2 之后,但 Q_1' 点是入射光束延长线的交点,故对 L_2 来说它属于物方;而 Q_2' 点是出射光束会聚的中心,对 L_2 来说它属于像方.

物方和像方的点不仅一一对应,而且根据光的可逆性原理,如果将发光点移到原来像点的位置 Q' 上,并使光线沿反方向射入光具组,它的像将成在原来物点的位置 Q 上.这样一对互相对应的点 Q 和 Q',称为共轭点.

4.3　物像之间的等光程性

由费马原理可导出一个重要结论:物点 Q 和像点 Q' 之间各光线的光程都相等.这便是物像之间的等光程性.

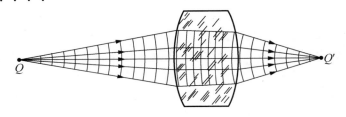

图 4-4　物像之间的等光程性

实物和实像之间的等光程性很容易证明.如图 4-4 所示,在从 Q 到 Q' 的同心光束内连续分布着无穷多条实际的光线路径.根据费马原理,它们的光程都应取极值或恒定值.这些连续分布的实际光线,其光程都取极大值或极小值是不可能的,唯一的可能性是取恒定值,即它们的光程都相等.

为了把物像之间的等光程原理推广到虚物或虚像情形,需要引入"虚光程"的概念.以图 4-3 中透镜 L_2 成像为例.取虚物点 Q_1' 到实像点 Q_2' 之间的某一条光线 $Q_1'MQ_2'$,这条光线中 $Q_1'M$ 一段是物方实际光线的延长线,我们规定其光程取负值,即 $(Q_1'M)=-n\overline{Q_1'M}$.应注意,这里 n 是物方的折射率.这段光程叫做虚光程.对于虚像情形也可作同样处理,只是虚光程的折射率是像方的.对虚物或虚像间光线的光程作如上理解后,等光程原理就可对它们同样适用了.其证明如下:在图 4-3 中,Q 和 Q_2' 对于透镜 L_1 和 L_2 组成的联合光具组是一对实的共轭点,Q 和 Q_1' 对于透镜 L_1 是一对实的共轭点,故 QQ_1' 和 QQ_2' 之间各光线分别是等光程的,两光程相减,便可导出 Q_1' 和 Q_2' 之间的等光程性,以上是虚物情形.若利用光的可逆性原理把 $Q_1'Q_2'$ 的物像关系颠倒一下,就可得到虚像的情形.

*4.4　等光程面

下面我们利用物像之间的等光程原理,探讨一下严格成像的可能性.

给定 Q,Q' 两点,若有这样一个曲面,凡是从 Q 出发经它反射或折射后到达 Q' 的光线都是等光程的,这样的曲面叫做等光程面.显然,对于等光程面,Q 和 Q' 是一对物像共轭点,以 Q 为中心的同心光束经等光程面反射或折射后,严格地转化为以 Q' 为中心的同心光束.

(1)反射等光程面

设从 Q 到 Q' 的光线与等光程面相遇的点为 M,则反射等光程面方程为

$$\overline{QM}+\overline{MQ'}=常数(实像),\tag{4.1}$$

或

$$\overline{QM}-\overline{MQ'}=常数(虚像).\tag{4.2}$$

满足式(4.1)的曲面是以 Q,Q' 为焦点的旋转椭球面(图 4-5(a)),在 Q 或 Q' 之一为无穷远点,即入射或出射光束之一为平行光束的极限情形下,曲面退化为旋转抛物面(图 4-5(b)).满足式(4.2)的曲面是以 Q,Q' 为焦点的旋转双曲面(图 4-5(c)),当式中常数=0 时,曲面退化为平面(图 4-5(d)).以上便是所有可能的反射等光程面,其中反射平面是前面已提到的平庸例子,能产生和接收平行光束的抛物反射面已在探照灯、望远镜中获得实际的应用.

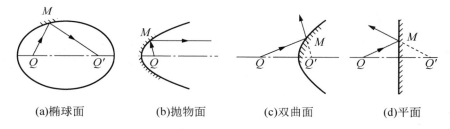

(a)椭球面　　　　　(b)抛物面　　　　　(c)双曲面　　　　　(d)平面

图 4-5　反射等光程面

(2)折射等光程面和齐明点

一般地说,折射等光程面是四次曲面(笛卡儿卵形面),由于这种形状加工不易,实际意义不大.下面只讨论折射球面,看它是否可能成为某对共轭点的等光程面.

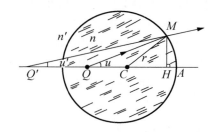

图 4-6　折射球面的齐明点

如图 4-6 所示,设球的半径为 r,球心在 C 点,球内外介质的折射率分别是 n 和 n',并设 $n>n'$.研究表明,这里存在一对共轭点 Q,Q',它们到球心的距离分别是

$$\overline{QC}=\frac{n'}{n}r,\ \overline{Q'C}=\frac{n}{n'}r.\tag{4.3}$$

由于对称性,Q,Q' 必与 C 共线,此线叫做光轴.

Q,Q' 间各光线的等光程性证明如下:在球上取任一点 M,由于式(4.3),$\triangle QMC$ 与 $\triangle MQ'C$ 相似,故

$$\frac{\overline{QM}}{\overline{MQ'}} = \frac{\overline{MC}}{\overline{Q'C}} = \frac{n'}{n}.$$

即光程$(QMQ') = n\overline{QM} - n'\overline{MQ'} = 0$(与 M 无关). 应注意,因$(Q'M)$这段光程是虚的,Q' 是 Q 的虚像.

顺便提起,角度 $u = \angle MQA$,$u' = \angle MQ'A$ 和距离$\overline{QA}$,$\overline{AQ'}$ 之间存在下列关系:

$$\frac{\sin u}{\sin u'} = \frac{\overline{AQ'}}{\overline{QA}}. \tag{4.4}$$

Q,Q' 这对共轭点叫做折射球面的齐明点. 齐明点的概念和式(4.4)将在以后用到.

思 考 题

1.(1)如图(a)所示,若光线 1,2 相交于 P 点,经过一理想光具组后,它们的共轭线 $1'$,$2'$ 是否一定相交? 如果有交点,令此交点为 P'. 两光线在 P,P' 间的光程是否相等?

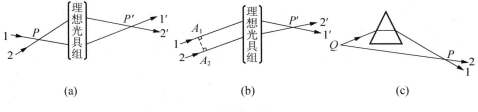

思考题1图

(2)如图(b)所示,若光线 1,2 平行,经过一理想光具组后,它们的共轭线 $1'$,$2'$ 是否一定相交? 如果有交点,令此交点为 P'. 作 A_1A_2 垂直于 $1,2$,光程(A_1P')和(A_2P')是否一定相等?

(3)如图(c)所示,从点光源 Q 发出两根光线 1 和 2,光线 1 经棱镜偏折,光线 2 不经过棱镜,两光线相交于 P. 在 Q,P 间两光线的光程是否相等?

2. 在图 4-5(a)中用通过 M 点与椭球面相切的球面反射镜代替椭球面反射镜,在下列三种情况下光线 QMQ' 的光程是极大值、极小值、还是恒定值?

(1)球面的半径大于椭球在 M 点的曲率半径;

(2)球面的半径等于椭球在 M 点的曲率半径;

(3)球面的半径小于椭球在 M 点的曲率半径.

习 题

1. 以§1例题 2 中所用的光线追迹作图法证明图 4-6 中 Q 和 Q' 是一对共轭点.

2. 证明式(4.4).

§5 共轴球面组傍轴成像

大多数光学仪器是由球心在同一直线上的一系列折射或反射球面组成的,这种光具组叫做共轴球面光具组,各球心的连线叫做它的光轴.

前面我们看到,除了个别特殊共轭点外,球面是不能成像的.但是若将参加成像的光线限制在光轴附近,即所谓"傍轴光线",则近似成像是可能的.为了研究共轴球面光具组在傍轴条件下成像的规律,我们从单个球面开始,然后利用逐次成像的概念推广到多个球面.

5.1 光在单个球面上的折射

如图 5-1 所示,Σ 为折射球面.设其半径为 r,球心位于 C,顶点(与光轴的交点)为 A,前后介质的折射率分别为 n 和 n'.从轴上物点 Q 引一条入射光线与 Σ 相遇于 M,折射后重新交光轴于 Q'.令

$$\overline{QA}=s,\overline{AQ'}=s',\overline{QM}=p,\overline{MQ'}=p',$$

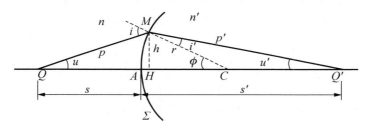

图 5-1 单个球面的折射

QM,MQ' 以及半径 CM 与光轴的夹角分别为 u,u' 和 ϕ,入射角为 i,折射角为 i'.我们的任务是寻求任意入射线 QM 经 Σ 折射后的出射线 MQ',这是一个光线追迹问题.两光线可分别用 (s,u) 和 (s',u') 来表征,或者用 s,s' 和 ϕ 来表征.可资利用的关系式,在物理上有斯涅耳折射定律

$$n\sin i=n'\sin i',\tag{5.1}$$

在几何上有

$$i-u=i'+u'=\phi,\tag{5.2}$$

$$\begin{cases}\dfrac{p}{\sin\phi}=\dfrac{s+r}{\sin i}=\dfrac{r}{\sin u},\tag{5.3}\end{cases}$$

$$\begin{cases}\dfrac{p'}{\sin\phi}=\dfrac{s'-r}{\sin i'}=\dfrac{r}{\sin u'},\tag{5.4}\end{cases}$$

或

$$\begin{cases}p^2=(s+r)^2+r^2-2r(s+r)\cos\phi,\tag{5.5}\end{cases}$$

$$\begin{cases}p'^2=(s'-r)^2+r^2+2r(s'-r)\cos\phi.\tag{5.6}\end{cases}$$

(5.3)—(5.6)各式分别是正弦定律和余弦定律在 $\triangle QCM$ 和 $\triangle Q'CM$ 上的应用.上列各式已在原则上解决了光线追迹问题,尽管需要解一系列三角方程,具体计算是相当复杂的.不过有了近代的电子计算机,这也算不了什么困难.

为了便于分析问题,我们将上列公式进行改写.由式(5.1),(5.2),(5.3)可得

$$\frac{p}{n(s+r)} = \frac{p'}{n'(s'-r)}. \tag{5.7}$$

此外,式(5.5)和(5.6)可改写为

$$\begin{cases} p^2 = s^2 + 4r(s+r)\sin^2(\phi/2), & \tag{5.8} \\ p'^2 = s'^2 - 4r(s'-r)\sin^2(\phi/2). & \tag{5.9} \end{cases}$$

取式(5.7)的平方,然后将式(5.8),(5.9)代入,可整理成如下形式

$$\frac{s^2}{n^2(s+r)^2} - \frac{s'^2}{n'^2(s'-r)^2} = -4r\sin^2(\phi/2)\left(\frac{1}{n^2(s+r)} + \frac{1}{n'^2(s'-r)}\right). \tag{5.10}$$

给定 s 和 ϕ,可由上式定出 s'. 一般说来,s' 是与 ϕ 有关的. 这就是说,由 Q 点发出的不同倾角的光线,折射后不再与光轴交于同一点,亦即光束丧失了它的同心性. 从成像的角度来讨论问题,我们关心的是在什么条件下 s' 将与 ϕ 无关,从而 Q 成像于 Q'. 一种可能性是我们要求宽光束成像,这可通过令式(5.10)的左端和右端同时为零

$$\begin{cases} \dfrac{s^2}{n^2(s+r)^2} - \dfrac{s'^2}{n'^2(s'-r)^2} = 0, & \tag{5.11} \\[2mm] \dfrac{1}{n^2(s+r)} + \dfrac{1}{n'^2(s'-r)} = 0. & \tag{5.12} \end{cases}$$

这组联立方程将把 s 和 s' 同时确定下来,亦即宽光束成像只能在个别的共轭点上实现. 这对特殊的共轭点正是 4.4 节讲过的齐明点(参见本节习题13). 另一种可能性是把光束限制在傍轴范围内,这时光轴任意点皆可成像. 下面着重讨论这一情形.

5.2 轴上物点成像 焦距、物像距公式

在图 5-1 中,引 M 点到光轴的垂线 MH,令此高度 $\overline{MH} = h$. 对于轴上物点来说,傍轴条件可表述为

$$h^2 \ll s^2, s'^2 \text{ 和 } r^2. \tag{5.13}$$

若用角度来表示,则有

$$u^2, u'^2 \text{ 和 } \phi^2 \ll 1, \tag{5.14}$$

由于有式(5.2),上式将意味着 i^2 和 $i'^2 \ll 1$.

在傍轴条件下,式(5.10)中正比于 $\sin^2(\phi/2) \approx (\phi/2)^2$ 的项可忽略,于是得到

$$\frac{s^2}{n^2(s+r)^2} = \frac{s'^2}{n'^2(s'-r)^2}.$$

上式两端开方取倒数后除以 r,可整理成如下形式:

$$\frac{n'}{s'} + \frac{n}{s} = \frac{n'-n}{r}. \tag{5.15}$$

上式表明,对于任一个 s,有一个 s',它与 ϕ 角无关. 这就是说,在傍轴条件下轴上任意物点 Q 皆可成像于某个 Q' 点,故式中的 s 和 s' 可分别称为物距和像距. 式(5.15)便是单个折射球面的物像距公式.

轴上无穷远像点的共轭点称为物方焦点(或第一焦点、前焦点,记作 F);轴上无穷远

物点的共轭像点称为像方焦点(或第二焦点、后焦点,记作 F')①.它们到顶点 A 的距离分别叫做物方焦距(第一焦距、前焦距)和像方焦距(第二焦距、后焦距),记作 f 和 f'.依次令式(5.15)中 $s'=\infty,s=f$ 和 $s=\infty,s'=f'$,可得物、像方焦距的公式:

$$f=\frac{nr}{n'-n},\quad f'=\frac{n'r}{n'-n}.\tag{5.16}$$

两者之比为

$$\frac{f}{f'}=\frac{n}{n'}.\tag{5.17}$$

物像距公式(5.15)可用焦距表示为

$$\frac{f'}{s'}+\frac{f}{s}=1.\tag{5.18}$$

上面就一种特殊情形求得了物像距公式(5.15),(5.18)和焦距公式(5.16),在这种情形里,实物点 Q 成实像点 Q'.一般说来,物和像都有实、虚两种可能性.此外球心 C 在哪一侧也有两种可能性,不同情形的公式之间差别仅在于各项的正负号.可以约定一种正负号法则,把所有这些情形的公式统一起来.这类法则不是唯一的,我们采用下列一种.

设入射光从左到右,我们规定:

(Ⅰ)若 Q 在顶点 A 之左(实物),则 $s>0$;Q 在 A 之右(虚物),则 $s<0$.

(Ⅱ)若 Q' 在顶点 A 之左(虚像),则 $s'<0$;Q' 在 A 之右(实像),则 $s'>0$.

(Ⅲ)若球心 C 在顶点 A 之左,则半径 $r<0$;C 在 A 之右,则 $r>0$.

焦距 f,f' 是特殊的物、像距,对它们正负的规定分别与 s,s' 相同.

有了上述正负号的约定,物像距公式(5.15),(5.18)和焦距公式(5.16)将对上述所有情况适用,成为傍轴条件下球面折射的普遍公式.读者可挑选几种情形验证一下.为了推导的方便,作图时其中距离总用绝对值标示.例如图 5-2(a)中的 r,s' 和图 5-2(b)中的 s 都是负的,图中分别用它们的绝对值 $|r|=-r,|s'|=-s'$ 和 $|s|=-s$ 标示.以上标示法下面将一直沿用,并推广到角度、横向距离等其他量(参看图 5-4).

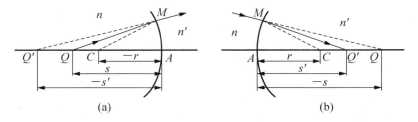

图 5-2 正负号法则及其标示法

对于反射情形,由于反射线的方向倒转为从右到左,需将上述像距的规定(Ⅱ)改变

———

① 轴上的物点或像点在无穷远处,分别表示入射光束或出射光束为平行于光轴的平行光束.

如下:

(Ⅱ′)若 Q' 在顶点 A 之左(实像),则 $s'>0$;Q' 在 A 之右(虚像),$s'<0$.

傍轴条件下反射球面成像的普遍物像距公式为

$$\frac{1}{s'}+\frac{1}{s}=-\frac{2}{r}. \tag{5.19}$$

焦距公式为

$$f=f'=-\frac{r}{2}. \tag{5.20}$$

这时 F,F' 两个焦点是重合的.式(5.19)和(5.20)请读者自己推导.

5.3 傍轴物点成像与横向放大率

设想将图 5-1 绕球心 C 转一很小的角度 ϕ,Q 和 Q' 将分别转到 P 和 P' 点(图 5-3).由于球对称性,P 和 P' 必然也是共轭点,这就证明了傍轴物点成像,$\overset{\frown}{PQ}$ 和 $\overset{\frown}{P'Q'}$ 分别是以 C 为中心的两个球面上的弧线,因 ϕ 很小,它们都可近似地看作是光轴的垂线,而那两个球面也可看作是垂直于光轴的小平面,下面分别用 Π 和 Π' 表示.在上述推论中,小角度 ϕ 是任意的,故上述结论对 Π,Π' 上的其他点也都适用.这就是说,Π 上所有的点都成像在 Π' 上(当然只限于傍轴区域).Π 和 Π' 这样一对由共轭点组成的平面,叫做共轭平面.其中 Π 叫物平面,Π' 叫像平面.

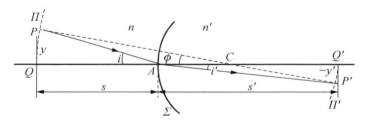

图 5-3 傍轴物点成像

令共轭点 P,P' 到光轴的距离分别为 y,y',轴外共轭点的傍轴条件为

$$y^2,y'^2\ll s^2,s'^2 \text{ 和 } r^2. \tag{5.21}$$

对 y,y' 的正负号作如下补充规定:

(Ⅳ)若 P(或 P')在光轴之上,y(或 y')>0;在光轴之下,y(或 y')<0.

引入横向放大率 V 的概念,其定义为

$$V=\frac{y'}{y}. \tag{5.22}$$

$|V|>1$ 表示放大,$|V|<1$ 表示缩小.此外,按照正负号法则(Ⅳ),$V>0$ 表示像是正立的,$V<0$ 表示像是倒立的.

为了推导横向放大率的计算公式,在图 5-3 中作入射线 PA,它在 Σ 折射后必通过共轭点 P',且 $\angle PAQ=i$ 和 $\angle P'AQ'=i'$ 分别是入射角和折射角.在傍轴近似下 $ni\approx n'i'$.因

$$i\approx\frac{\overline{PQ}}{\overline{QA}}=\frac{y}{s}, \quad i'\approx\frac{\overline{P'Q'}}{\overline{AQ'}}=\frac{-y'}{s'}.$$

于是得到折射球面的横向放大率公式为

$$V = -\frac{ns'}{n's}. \tag{5.23}$$

用类似的方法可以证明,反射球面的横向放大率公式为

$$V = -\frac{s'}{s}. \tag{5.24}$$

式(5.23),(5.24)表明,对于给定的一对共轭平面,放大率是与 y 无关的常数.这就保证了一对共轭平面内几何图形的相似性.

5.4 逐次成像

5.2 和 5.3 节中都仅仅讨论了单个球面上的成像问题,要把得到的结果用到共轴球面组,可采用逐次成像法:以折射为例,如图 5-4,物 PQ 经 Σ_1 成像于 $P'Q'$;然后把 $P'Q'$ 当作物,经 Σ_2 成像于 $P''Q''$;…….如此下去,直到最后一个球面为止.对每次成像过程列出物像距公式(5.15)或(5.18)和横向放大率公式(5.23):

$$\frac{n'}{s_1'} + \frac{n}{s_1} = \frac{n'-n}{r_1}, \quad \frac{n''}{s_2'} + \frac{n'}{s_2} = \frac{n''-n'}{r_2}, \cdots \tag{5.25}$$

或

$$\frac{f_1'}{s_1'} + \frac{f_1}{s_1} = 1, \quad \frac{f_2'}{s_2'} + \frac{f_2}{s_2} = 1, \cdots \tag{5.26}$$

和

$$V_1 = -\frac{ns_1'}{n's_1}, \quad V_2 = -\frac{n's_2'}{n''s_2}, \cdots \tag{5.27}$$

最后总的放大率 V 是 $V_1, V_2, \cdots$ 的乘积.

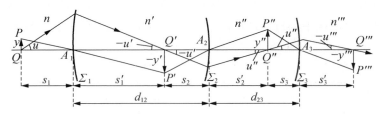

图 5-4　逐次成像

从原则上讲,逐次成像法可以解决任何数目的共轴球面问题[①].不过要从这里得到整个光具组物方量和像方量之间的一般关系式是比较困难的.因为上述公式都包含物距、像距这类量,它们在逐次成像的过程中计算的起点 $A_1, A_2, \cdots$ 每次都要改变.它们之间的换算关系是

$$s_2 = d_{12} - s_1', s_3 = d_{23} - s_2', \cdots \tag{5.28}$$

式中 $d_{12} = \overline{A_1A_2}, d_{23} = \overline{A_2A_3}, \cdots$.把式(5.28)代入式(5.25)至(5.27)后,很难从中把那些

---

① 当然这里需要假设,傍轴条件始终得到保持.

中间像的位置消去.

*5.5 拉格朗日-亥姆霍兹定理

如图 5-4,由轴上物点 Q 引一根入射线,并作出它逐次折射的路径,令各段光线对光轴的倾角分别为 $u,u',u'',\cdots$(取锐角),并对 u 的正负号作如下的补充规定:

(Ⅴ)从光轴转到光线的方向为逆时针时交角 u 为正,顺时针时交角 u 为负.

先考虑在某一次折射时 u 的变换规律,为此参看图 5-1,不过按(Ⅴ),其中 u' 应改为 $-u'$,于是有

$$u\approx\frac{h}{QA}=\frac{h}{s}, \quad -u'\approx\frac{h}{AQ'}=\frac{h}{s'}.$$

故

$$\frac{u}{u'}=-\frac{s'}{s}. \tag{5.29}$$

把式(5.29)代入横向放大率公式,即可得到

$$ynu=y'n'u'. \tag{5.30}$$

这关系式叫做拉格朗日-亥姆霍兹定理(J. L. Lagrange, H. von Helmholtz),它表明 ynu 这个乘积经过每次折射都不变,它叫做拉格朗日-亥姆霍兹不变量.与前面的物像距公式和横向放大率公式不同,拉格朗日-亥姆霍兹定理很容易推广到多个共轴球面上:

$$ynu=y'n'u'=y''n''u''=\cdots.$$

此公式立即把整个光具组的物方量和像方量联系起来了.

思 考 题

1. 手头只有一个白炽灯,如何简便地估计一个凹面反射镜的曲率半径和焦距?

2. 在什么条件下图中的折射球面起会聚作用? 在什么条件下起发散作用?

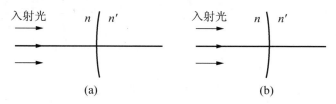

思考题 2 图

习 题

1. 根据反射定律推导球面反射镜的物像距公式(5.19)和焦距公式(5.20).

2. 物体放在凹球面反射镜前何处,可产生大小与物体相等的倒立实像?

3. 凹面镜的半径为 40cm,物体放在何处成放大两倍的实像? 放在何处成放大两倍的虚像?

4. 要把球面反射镜前 10cm 处的灯丝成像于 3m 处的墙上,镜形应是凸的还是凹的?

半径应有多大? 这时像放大了多少倍?

5. 一凹面镜的曲率半径为 24cm,填充下表中的空白,并作出相应的光路图.

物距 s/cm	-24	-12	-6.0	0	6.0	12	24	36
像距 s'/cm								
横向放大率 V								
像的虚实								
像的正倒								

6. 按已约定的正负号法则(Ⅰ),(Ⅱ),(Ⅲ),(Ⅳ),(Ⅴ)等,标示出下列各图中的物距 s,像距 s',曲率半径 r,光线倾角 u,u' 的绝对值.比较各图中折射率 n,n' 的大小,指明各图中物、像的虚实.

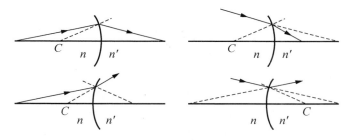

习题 6 图

7. 分别根据上题各图推导球面折射成像公式(5.15).

8. 若空气中一均匀球形透明体能将平行光束会聚于其背面的顶点上,此透明体的折射率应等于多少?

9. 如图,一平行平面玻璃板的折射率为 n,厚度为 h,点光源 Q 发出的傍轴光束(即接近于正入射的光束)经上表面反射,成像于 Q_1';穿过上表面后在下表面反射,再从上表面折射的光束成像于 Q_2'.证明 Q_1' 与 Q_2' 间的距离为 $2h/n$.

【提示:把平面看成 $r \to \infty$ 的球面,并利用球面折射公式计算.】

10. 如图,一会聚光束本来交于 P 点,插入一折射率为 1.50 的平面平行玻璃板后,像点移至 P'.求玻璃板的厚度 t.

11. 根据费马原理推导傍轴条件下球面反射成像公式(5.19).

12. 根据费马原理推导傍轴条件下球面折射成像公式(5.15).

13. 求联立方程式(5.11)和(5.12)的解,说明它所代表的共轭点就是 4.4 节中给出的齐明点.

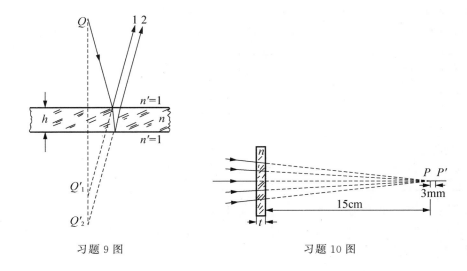

习题 9 图   习题 10 图

§6 薄 透 镜

6.1 焦距公式

透镜是由两个折射球面组成的光具组(图 6-1),两球面间是构成透镜的介质(通常是玻璃),其折射率记作 n_{L},透镜前后介质的折射率(物方折射率和像方折射率)分别记作 n 和 n',在大多数场合,物方和像方的介质都是空气,$n=n'\approx1$,今后我们也会遇到少数情况,其中物方和像方的折射率不同.

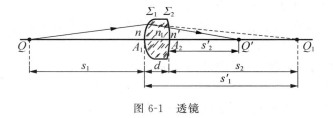

图 6-1 透镜

分别写出两折射球面的物像距公式:

$$\frac{f'_1}{s'_1}+\frac{f_1}{s_1}=1, \quad \frac{f'_2}{s'_2}+\frac{f_2}{s_2}=1.$$

由图 6-1 可以看出,$-s_2=s'_1-d$,即 $s_2=d-s'_1$,这里 $d=\overline{A_1A_2}$ 为透镜的厚度. d 很小的透镜,称为薄透镜,在薄透镜中 A_1 和 A_2 几乎重合为一点,这个点叫做透镜的光心,今后记作 O,薄透镜的物距 s 和像距 s' 都从光心 O 算起,于是 $s=\overline{QO}\approx s_1$,$s'=\overline{OQ'}\approx s'_2$. 此外,$-s_2\approx s'_1$. 代入上面两式,消去 s_2 和 s'_1,可得

$$\frac{f'_1f'_2}{s'}+\frac{f_1f_2}{s}=f'_1+f_2. \tag{6.1}$$

依次令上式中 $s'=\infty, s=f$ 和 $s=\infty, s'=f'$，即得薄透镜的焦距：

$$f=\frac{f_1 f_2}{f_1'+f_2}, \quad f'=\frac{f_1' f_2'}{f_1'+f_2}. \tag{6.2}$$

把单球面的焦距公式(5.16)用于透镜两界面：

$$\begin{cases} f_1=\dfrac{n r_1}{n_{\mathrm{L}}-n}, \\[2mm] f_1'=\dfrac{n_{\mathrm{L}} r_1}{n_{\mathrm{L}}-n}; \end{cases} \quad \begin{cases} f_2=\dfrac{n_{\mathrm{L}} r_2}{n'-n_{\mathrm{L}}}, \\[2mm] f_2'=\dfrac{n' r_2}{n'-n_{\mathrm{L}}}. \end{cases}$$

代入式(6.2)，即得薄透镜的焦距公式

$$\begin{cases} f=\dfrac{n}{\dfrac{n_{\mathrm{L}}-n}{r_1}+\dfrac{n'-n_{\mathrm{L}}}{r_2}}, \\[6mm] f'=\dfrac{n'}{\dfrac{n_{\mathrm{L}}-n}{r_1}+\dfrac{n'-n_{\mathrm{L}}}{r_2}}. \end{cases} \tag{6.3}$$

两者之比为

$$\frac{f}{f'}=\frac{n}{n'}. \tag{6.4}$$

在物像方折射率 $n=n'\approx 1$ 的情况下

$$f=f'=\frac{1}{(n_{\mathrm{L}}-1)\left(\dfrac{1}{r_1}-\dfrac{1}{r_2}\right)}. \tag{6.5}$$

式(6.5)给出薄透镜焦距与折射率、曲率半径的关系，称为磨镜者公式.

具有实焦点(f 和 $f'>0$)的透镜叫做正透镜或会聚透镜，具有虚焦点(f 和 $f'<0$)的透镜叫做负透镜或发散透镜. 因为 $n_{\mathrm{L}}>1$，由式(6.5)可见，会聚透镜要求 $1/r_1>1/r_2$，发散透镜要求 $1/r_1<1/r_2$. 应注意，r_1 和 r_2 都是可正可负的代数量，以上每个不等式都包含多种可能性(见图 6-2). 归纳起来，会聚透镜的共同特点是中央厚、边缘薄，这类透镜称凸透镜；发散透镜的共同特点是边缘厚，中央薄，这类透镜统称凹透镜. 当然，这是指透镜材料折射率大于两侧折射率的情况.

凹凸透镜	平凸透镜	双凸透镜	平凸透镜	凹凸透镜
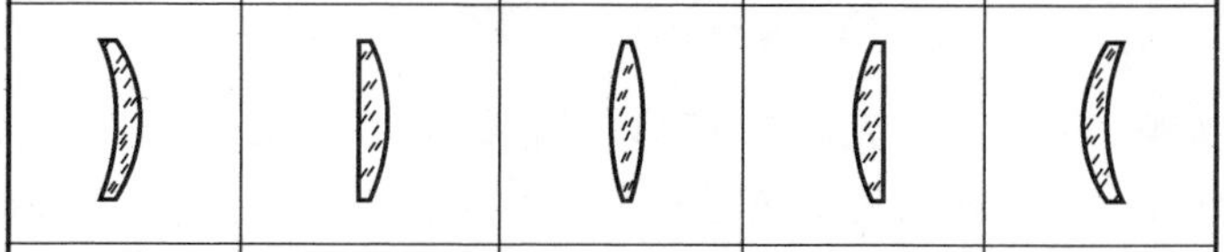				
$r_1<0,\ r_2<0$ $\|r_1\|>\|r_2\|$	$r_1=\infty,\ r_2<0$	$r_1>0,\ r_2<0$	$r_1>0,\ r_2=\infty$	$r_1>0,\ r_2>0$ $r_1<r_2$

(a)凸透镜(会聚)

图 6-2　各种形状的透镜

凸凹透镜	平凹透镜	双凹透镜	平凹透镜	凸凹透镜
$r_1<0$, $r_2<0$ $\|r_1\|<\|r_2\|$	$r_1<0$, $r_2=\infty$	$r_1<0$, $r_2>0$	$r_1=\infty$, $r_2>0$	$r_1>0$, $r_2>0$ $r_1>r_2$

(b)凹透镜(发散)

图 6-2　各种形状的透镜(续)

6.2　成像公式

利用式(6.2)中 f 和 f' 的表达式,可将式(6.1)通过 f,f' 表示出来:

$$\frac{f'}{s'}+\frac{f}{s}=1. \tag{6.6}$$

当物像方折射率相等时,$f'=f$,上式化为

$$\frac{1}{s'}+\frac{1}{s}=\frac{1}{f}. \tag{6.7}$$

这便是薄透镜物像公式的高斯形式.图 6-3 是按此公式绘制的 s-s' 曲线.

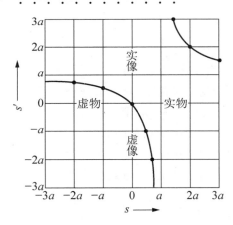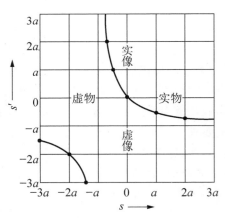

图 6-3　薄透镜的物像关系($|f|=a$)

前面的物、像距 s,s' 都是从光心 O 算起的,它们也可以从焦点 F,F' 算起.从 F,F' 算起的物、像距记作 x,x',对它们的正负号作如下约定:

(Ⅵ)当物点 Q 在 F 之左,则 $x>0$;Q 在 F 之右,$x<0$;

(Ⅶ)当像点 Q' 在 F' 之左,则 $x'<0$;Q' 在 F' 之右,$x'>0$.

由图 6-4 不难看出,

$$s=x+f, \qquad s'=x'+f', \tag{6.8}$$

代入式(6.7),得

$$xx' = ff'. \tag{6.9}$$

这是薄透镜物像公式的牛顿形式.

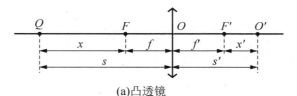

(a)凸透镜

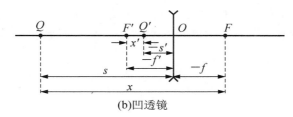

(b)凹透镜

图 6-4 s, x, f 和 s', x', f' 的相互关系

透镜两球面的横向放大率分别为

$$V_1 = -\frac{ns_1'}{n_L s_1}, \quad V_2 = -\frac{n_L s_2'}{n' s_2}.$$

总的横向放大率 $V = V_1 V_2$，令上式中 $s_1 = s, -s_2 = s_1', s_2' = s'$，即得

$$V = -\frac{ns'}{n's} = -\frac{fs'}{f's}. \tag{6.10}$$

若用 x, x' 来表示，则有

$$V = -\frac{f}{x} = -\frac{x'}{f'}. \tag{6.11}$$

物、像方折射率相等时，$f = f'$，上面各式化为

$$V = -\frac{s'}{s}, \tag{6.12}$$

或

$$V = -\frac{f}{x} = -\frac{x'}{f}. \tag{6.13}$$

这些便是薄透镜的横向放大率公式.

6.3　密接薄透镜组

在实际中，我们往往需要将两个或更多的透镜组合起来使用. 透镜组合的最简单情形，是两个薄透镜紧密接触在一起，有时还用胶将它们粘合起来[①]，成为复合透镜. 下面讨论这种复合透镜与组成它的每个透镜焦距之间的关系. 为此我们只需使用高斯公式两次. 两次成像的公式分别为

———————————

①　这里假定相互粘合的两个表面的曲率吻合.

$$\frac{1}{s_1'} + \frac{1}{s_1} = \frac{1}{f_1}, \quad \frac{1}{s_2'} + \frac{1}{s_2} = \frac{1}{f_2}.$$

由于两透镜紧密接触，$s_2 = -s_1'$. 于是

$$\frac{1}{s_2'} + \frac{1}{s_1} = \frac{1}{f_1} + \frac{1}{f_2}.$$

与 $s_2' = \infty$ 对应的 s_1 即为复合透镜的焦距 f，所以

$$\frac{1}{f} = \frac{1}{f_1} + \frac{1}{f_2}. \tag{6.14}$$

即密接复合透镜焦距的倒数是组成它的透镜焦距倒数之和.

通常把焦距的倒数 $1/f$ 称为透镜的光焦度 P[①]. 式(6.14)表明，密接复合透镜的焦度是组成它的透镜光焦度之和，即

$$P = P_1 + P_2, \tag{6.15}$$

其中

$$P = \frac{1}{f}, \quad P_1 = \frac{1}{f_1}, \quad P_2 = \frac{1}{f_2}. \tag{6.16}$$

光焦度的单位是屈光度(diopter，记为 D). 若透镜焦距以 m 为单位，其倒数的单位便是 D. 例如 $f = -50.0$cm 的凹透镜的光焦度 $P = \dfrac{1}{-0.500\text{m}} = -2.00$D. 应注意，通常眼镜的度数，是屈光度的 100 倍，例如焦距为 50.0cm 的眼镜，度数是 200.

6.4 焦面

通过物方焦点 F 与光轴垂直的平面 $\mathscr{F}$，叫物方焦面(第一焦面、前焦面)，通过像方焦点 F' 与光轴垂直的平面 $\mathscr{F}'$，叫像方焦面(第二焦面、后焦面). 因焦点与轴上无穷远点共轭，焦面的共轭平面也在无穷远处，焦面上轴外点的共轭点是轴外的无穷远点. 换句话说，以物方焦面 $\mathscr{F}$ 上轴外一点 P' 为中心的入射同心光束转化为与光轴成一定倾角的出射平行光束(图 6-5(a)). 与光轴成一定倾角的入射平行光束转化为以像方焦面 $\mathscr{F}'$ 上轴外一点 P' 为中心的出射同心光束(图 6-5(b)). 倾斜平行光束的方向可由 P 或 P' 与光心 O 的连线来确定. 这连线有时称为副光轴，相应地把透镜的对称轴称为主光轴.

6.5 作图法

除了利用 6.2 节的物像公式外，求物像关系的另一方法是作图法. 作图法的依据是共轭点之间同心光束转化的性质. 每条入射线经光具组后转化为一条出射线，这一对光线称为共轭光线. 按照成像的含义，通过物点每条光线的共轭光线都通过像点，这里"通过"指光线本身或其延长线. 因此只需选两条通过物点的入射光线. 画出与它们共轭的出

---

① 在透镜的物像方折射率 n, n' 彼此不等或不等于 1 的情形里，更普遍的光焦度定义为

$$P = \frac{n'}{f'} = \frac{n}{f}.$$

单个折射球面的光焦度定义为

$$P = \frac{n'}{f'} = \frac{n}{f} = \frac{n' - n}{r} \ (r \text{ 为曲率半径}).$$

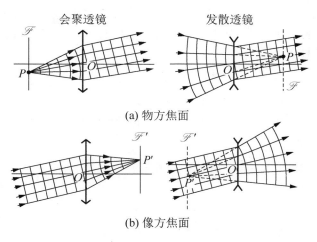

会聚透镜　　　　发散透镜

(a) 物方焦面

(b) 像方焦面

图 6-5　焦面的性质

射光线来,即可求得像点.在薄透镜的情形里,对轴外物点 P 有三对特殊的共轭光线可供选择:

(1)若物像方折射率相等,通过光心 O 的光线,经透镜后方向不变(见图 6-6 中光线 1—$1'$),其原因是薄透镜的中央部分可近似地看成是很薄的平行平面玻璃板(参看§1 习题 5);

(2)通过物方焦点 F 的光线,经透镜后平行于光轴(见图 6-6 中光线 2—$2'$);

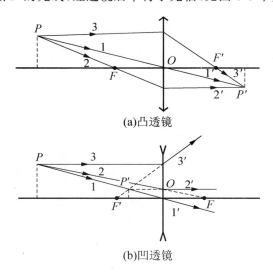

(a)凸透镜

(b)凹透镜

图 6-6　用作图法求轴外物点的像

(3)平行于光轴的光线,经透镜后通过像方焦点 F'(见图 6-6 中光线 3—$3'$).

从以上三条光线中任选两条作图,出射线的交点即为像点 P'.

为求轴上物点的像,或任意入射光线的共轭线,可利用焦面的性质.例如为求图 6-7

中任意光线 QM 的共轭线,通过光心作它的平行线.令此线与像方焦面 $\mathscr{F}'$ 的交点为 P',联 MP',即为 QM 的共轭光线.因共轭光线与光轴的交点 Q 与 Q' 彼此共轭,上述方法也可用来求轴上的共轭点.

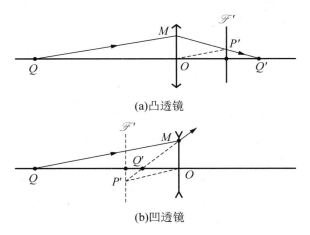

(a)凸透镜

(b)凹透镜

图 6-7　用作图法求共轭光线

6.6　透镜组成像

利用 6.2 节给出的成像公式,或 6.5 节所述的作图法,都可直接给出一次成像过程中的物像关系.逐次使用这些方法,就可解决共轴透镜组的成像问题.对初学的读者来说,困难往往发生在如何处理虚共轭点(特别是虚物)上.下面的例题 1 就是这样的例子.在这个例题中,我们用作图、高斯公式、牛顿公式三种方法求像,所得结果可以互相验证.

例题 1　凸透镜 L_1 和凹透镜 L_2 的焦距分别为 $20.0\,\mathrm{cm}$ 和 $40.0\,\mathrm{cm}$.L_2 在 L_1 之右 $40.0\,\mathrm{cm}$.傍轴小物放在 L_1 之左 $30.0\,\mathrm{cm}$,求它的像.

解　(ⅰ)作图法

首先根据题意,将两透镜和它们焦点的位置,以及物体的位置,按比例标在图上(见图 6-8(a)).

第一次 QP 对 L_1 成实像 Q_1P_1(见图 6-8(b)),第二次虚物 Q_1P_1 对 L_2 成实像 $P'Q'$(见图 6-8(c)).两图中,1—1′都代表平行于光轴折射后通过像方焦点的光线,2—2′都代表通过物方焦点折射后平行于光轴的光线,实线表示光线实际经过的部分,虚线表示它的延长线.

为了把整个成像过程中由 P 点发出的同心光束逐次转化的情形显示出来,我们将它的边缘光线和波面示于图 6-8(d)中.图中清楚地显示出,这发散的同心光束经凸透镜 L_1 折射后,转化为会聚到 P_1 的同心光束.它再经凹透镜 L_2 折射后,转化为会聚到 P' 的同心光束.由于 L_2 的发散作用,最后的光束与中间光束相比,会聚程度较小.

这里为了使读者把作图过程看清楚,我们把图分成几幅来画.读者自己作图时,可把前三幅合并在一幅内画出.

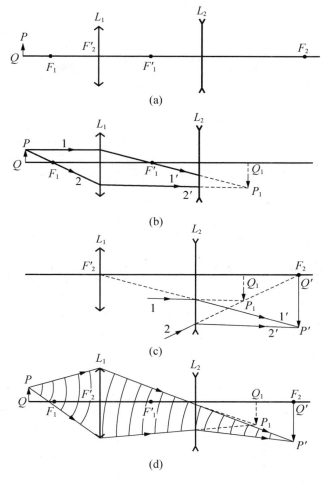

图 6-8 例题 1 图

（ⅱ）用高斯公式

第一次成像

$$\frac{1}{s_1'}+\frac{1}{s_1}=\frac{1}{f_1},$$

其中 $s_1=30.0\text{cm}$，$f_1=20.0\text{cm}$. 由此得 $s_1'=60.0\text{cm}$（实像），横向放大率

$$V_1=-\frac{s_1'}{s_1}=-2（倒立）.$$

第二次成像

$$\frac{1}{s_2'}+\frac{1}{s_2}=\frac{1}{f_2},$$

其中 $d=40.0\text{cm}$，$s_2=-20.0\text{cm}$（虚物），$f_2=-40.0\text{cm}$. 由此得 $s_2'=40.0\text{cm}$（实像），横向放大率

$$V_2 = -\frac{s_2'}{s_2} = +2（正立）.$$

两次成像的横向放大率为

$$V = V_1 V_2 = -4（倒立）.$$

（iii）用牛顿公式

第一次成像

$$x_1 x_1' = f_1 f_1',$$

其中 $x_1 = 10.0 \text{cm}$，$f_1 = f_1' = 20.0 \text{cm}$. 由此得 $x_1' = 40.0 \text{cm}$，横向放大率

$$V_1 = -\frac{x_1'}{f_1'} = -2（倒立）.$$

第二次成像

$$x_2 x_2' = f_2 f_2',$$

其中 $x_2 = 20.0 \text{cm}$，$f_2 = f_2' = -40.0 \text{cm}$. 由此得 $x_2' = 80.0 \text{cm}$，横向放大率

$$V_2 = -\frac{x_2'}{f_2'} = 2（正立）.$$

两次成像总的横向放大率

$$V = V_1 V_2 = -4（倒立）.$$

我们看到,用三种方法得到的结果完全一致. ▌

例题 2　凸透镜 L_1 和 L_2 及其焦点的位置示于图 6-9 中,将傍轴小物 PQ 放在 L_1 的第一焦面上,用作图法求它的像.

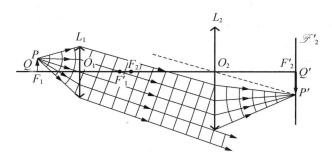

图 6-9　例题 2 图

解　由 P 发出的光线经 L_1 折射后,成为倾斜的平行光,它平行于通过光心的光线 PO_1. 通过 L_2 的光心作平行这光束的辅助光线（图 6-9 中虚线 $O_2 P'$）,它与 $\mathscr{F}_2$ 的交点即是 P'. 最后,我们在图中仍画出由 P 点发出的整个同心光束的两次转化过程.

思　考　题

1. 将物体放在凸透镜的焦面上,透镜后放一块与光轴垂直的平面反射镜,最后的像成在什么地方？其大小和虚实如何？上述装置中平面镜的位置对像有什么影响？你能否据此设计出一种测凸透镜焦距的简便方法？（此法称为自聚焦法.）

2. 上题中测焦距的方法能否用于凹透镜?

3. 如图,一凸透镜将傍轴小物成像于幕上.保持物和幕不动,(1)将透镜稍微沿横向平移(图(a));(2)将透镜的光轴稍微转动(图(b)),讨论幕上像的移动.

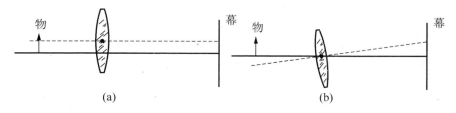

思考题 3 图

4. 在镜筒前端装一凸透镜,后端装一毛玻璃屏,上面刻有十字线,交点 O 在光轴上(见图).筒长为透镜的焦距 f.用此装置瞄准一个很远的发光点,使成像于屏上 O 点.讨论在下列情况中像点在屏上的移动:(1)镜作横向平移;(2)镜筒轴线转过角度 θ.

5. 用上题的装置对准很远的景物,使之成像于毛玻璃屏上.若这时把透镜下半部遮住,我们在屏上会看到什么现象?

6. 当粘合两薄透镜时,若相接触的表面曲率半径 r_2,r_3 不吻合(见图),复合透镜的焦距公式(6.14)应如何修改?

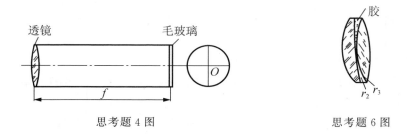

思考题 4 图 　　　　　　　　　　　 思考题 6 图

习　　题

1. 某透镜用 $n=1.50$ 的玻璃制成,它在空气中的焦距为 $10.0\mathrm{cm}$,它在水中的焦距为多少?(水的折射率为 4/3.)

2. 一薄透镜折射率为 1.50,光焦度为 5.00D.将它浸入某液体,光焦度变为 -1.00D.求此液体的折射率.

3. 用一曲率半径为 20cm 的球面玻璃和一平玻璃粘合成空气透镜,将其浸于水中(见图),设玻璃壁厚可忽略,水和空气的折射率分别为 4/3 和 1,求此透镜的焦距 f.此透镜是会聚的还是发散的?

4. 一凸透镜的焦距为 12cm,填充下表中的空白,并作出相应的光路图.

习题 3 图

物距 s/cm	-24	-12	-6.0	0	6.0	12	24	36
像距 s'/cm								
横向放大率 V								
像的虚实								
像的正倒								

5. 一凹透镜的焦距为 12cm,填充下表中的空白,并作出相应的光路图.

物距 s/cm	-24	-12	-6.0	0	6.0	12	24	36
像距 s'/cm								
横向放大率 V								
像的虚实								
像的正倒								

6. 在 5cm 焦距的凸透镜前放一小物,要想成虚像于 25cm 到无穷远之间,物应放在什么范围里?

7. 一光源与屏间的距离为 1.6m,用焦距为 30cm 的凸透镜插在二者之间,透镜应放在什么位置,才能使光源成像于屏上?

8. 屏幕放在距物 100cm 远,二者之间放一凸透镜. 当前后移动透镜时,我们发现透镜有两个位置可以使物成像在屏幕上. 测得这两个位置之间的距离为 20.0cm,求

(1)这两个位置到幕的距离和透镜的焦距;

(2)两个像的横向放大率.

9. 如上题,在固定的物与幕之间移动凸透镜.证明:要使透镜有两个成像位置,物和幕之间的距离必须大于四倍焦距.

10. 如图,L_1,L_2 分别为凸透镜和凹透镜.前面放一小物,移动屏幕到 L_2 后 20cm 的 S_1 处接到像.现将凹透镜 L_2 撤去,将屏移前 5cm 至 S_2 处,重新接收到像.求凹透镜 L_2 的焦距.

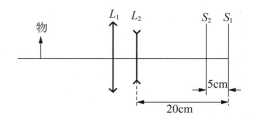

习题 10 图

11. 一光学系统由一焦距为 5.0cm 的会聚透镜 L_1 和一焦距为 10.0cm 的发散透镜 L_2 组成,L_2 在 L_1 之右 5.0cm.在 L_1 之左 10.0cm 处置一小物,求经此光学系统后所成的像的位置和横向放大率.用作图法验证计算结果.

*§7　理想光具组理论

7.1　理想成像与共线变换

我们在 4.2 节已提到过理想成像的概念.理想成像要求空间每一点都能严格成像,亦即物方的每个同心光束转化为像方的一个同心光束,满足这种理想成像要求的光具组,叫做理想光具组.

在实际中几乎不存在理想光具组,个别的例子是平面反射镜,不过它的放大率恒等于 1,实际价值不太大,但共轴球面组在傍轴条件下近似地满足理想成像要求,理想光具组的概念正是以此为原型,经抽象概括和理想化而得来的.

可以证明,理想光具组具有下列性质:

(1)物方每个点对应像方一个点(共轭点);

(2)物方每条直线对应像方一条直线(共轭线);

(3)物方每个平面对应像方一个平面(共轭面).

物方和像方之间的这种点点、线线、面面的一一对应关系,称为共线变换.理想光具组的理论不涉及光具组的具体结构,它是一种几何理论,研究的是共线变换的普遍几何性质,以及满足这种几何变换的光具组的共同规律.今后我们将看到,它对实际光具组的研究具有相当大的指导意义.

如果理想光具组是轴对称的,除上述三点外,它还具有下列一些性质:

(4)光轴上任何一点的共轭点仍在光轴上;

(5)任何垂直于光轴的平面,其共轭面仍与光轴垂直;

(6)在垂直于光轴的同一平面内横向放大率相同;

(7)在垂直于光轴的不同平面内横向放大率一般不等.但是只要有两个这样的平面内横向放大率相等,则横向放大率处处相等.在这种光具组中,平行于光轴的光束的共轭光束仍与光轴平行.这种光具组叫做望远系统[①].

理想光具组的性质(1)—(7)证明的梗概如下:共轭点是对应同心光束的交点,其一一对应的性质是显然的(性质(1)).共轭线是由共轭点组成的,若为直线,则它本身就是相交于其上每点的各同心光束中的一条公共线,其共轭线也必须是直线(性质(2)).一平面上四个不共线点两两间的连线必有第五个交点,与此交点对应的两条共轭线和五个共轭点必共面(性质(3)).对于轴对称的理想光具组来说,性质(4)是显然的.假若性质(5)不成立,只有两种可能性,一是垂直于光轴的平面的共轭面是曲面,二是倾斜的平面.前者违反性质(3),后者破坏对称性.假若性质(6)不成立,垂直于光轴的共轭面内图形将不保持几何相似性,直线变为曲线(图 7-1(a)),这是违反性质(2)的.为了证明性质(7),令横向放大率相等的共轭面为 Π_1,Π_1' 和 Π_2,Π_2'(图 7-1(b)),在 Π_1,Π_2 上取一对离轴等远的

点 P_1 和 P_2,它们的共轭点 P_1' 和 P_2' 也是离轴等远的.$P_1 P_2$ 的连线和 $P_1' P_2'$ 的连线是一对共轭线,二者都与光轴平行.这两条直线穿过物、像方所有其他与光轴垂直的共轭面,由此可以证明,横向放大率处处相等.

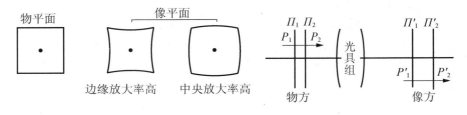

(a)违反性质(6)会发生像的畸变　　　　　　　(b)望远系统的性质

图 7-1　轴对称性光具组共线变换的一些性质

7.2　共轴理想光具组的基点和基面

在§6中我们看到,给出一个薄透镜光心 O 的位置和焦距 f,f',从而也就知道了焦点和焦面的位置,则物像关系就完全确定了,无需再问光具组的其他细节,如透镜的折射率 n_2,曲率 r_1,r_2 等.下面我们将证明,对于任何共轴的光具组,从单个折射面,单个透镜,乃至多个透镜构成的复杂组合,无论其结构简单还是复杂,只要把它看成是理想光具组,物像之间的共轭关系完全由几对特殊的点和面所决定,这就是共轴理想光具组的基点和基面.

（1）焦点和焦面

焦点和焦面的定义与前面引入的相同,即与无穷远像平面共轭的,为物方焦面(记作 $\mathscr{F}$),其轴上点是为物方焦点(记作 F);与无穷远物平面共轭的,为像方焦面(记作 $\mathscr{F}'$),其轴上点是为像方焦点(记作 F').或者说,中心在焦面上的同心光束,其共轭光束是平行光束;对于中心在焦点上的同心光束,共轭光束与光轴平行.

以上都是对非望远系统而言的,望远系统没有焦点和焦面.

（2）主点和主面

横向放大率等于 1 的一对共轭面,叫做主面.属于物方的叫物方主面(记作 $\mathscr{H}$),其轴上点叫做物方主点(记作 H);属于像方的叫像方主面(记作 $\mathscr{H}'$),其轴上点叫做像方主点(记作 H').

以透镜为例来说明.如图 7-2(a)所示,从物方焦点 F 发出的光束经两次折射后变得与光轴平行的情形,图 7-2(b)则是平行于光轴的光束经两次折射后通过像方焦点 F' 的情形.在两图中分别将每对共轭光线延长,找到它们的交点,这些交点的轨迹一般是对于光轴对称的曲面.如果限于傍轴范围内,这曲面可近似地看成是与光轴垂直的平面,这就是透镜的主面,它们与光轴的交点就是主点.图 7-3 给出不同曲率透镜的主面.可以看出,主面不一定在透镜的两界面之间.当透镜的厚度趋于 0 时,透镜的两顶点 A_1,A_2 和两主点 H,H' 都重合在一起,成为光心.即薄透镜本身所在的平面就是主面,光心就是主点.

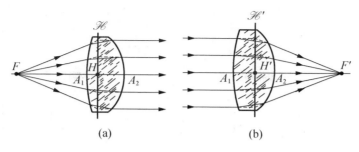

图 7-2　透镜的主点和主面

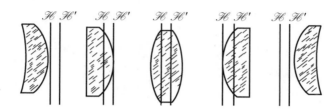

图 7-3　不同曲率透镜的主面

我们知道,薄透镜的物距 s,像距 s' 和焦距 f,f' 都是从光心算起的.对于任意共轴理想光具组,它们都从主点算起,即物距 s 是物方主点 H 到轴上物点 Q 的距离,像距 s' 是像方主点 H' 到轴上像点 Q' 的距离.与此相应地,物方焦距 f 是 H 到 F 的距离,像方焦距 f' 是 H' 到 F' 的距离.正负号法则可仿照 §5 中的（Ⅰ）,（Ⅱ）来规定.设入射光从左到右.

（Ⅰ'）在物方,若 Q（或 F）在 H 之左,则 s（或 f）>0;Q（或 F）在 H 之右,则 s（或 f）<0.

（Ⅱ'）在像方,若 Q'（或 F'）在 H' 之左,则 s'（或 f'）<0;Q'（或 F'）在 H' 之右,则 s'（或 f'）>0.

7.3　物像关系

给定了主面和焦点求物像关系,既可用作图法,也可用公式计算.

先看作图法.如图 7-4,由轴外物点 P 作平行于光轴的光线,遇物方主面 $\mathscr{H}$ 于 M 点,其共轭光线通过像方主面 $\mathscr{H}'$ 上的等高点 M' 和焦点 F'.再由 P 作通过物方焦点 F 的光线,遇 $\mathscr{H}$ 于 R,其共轭光线通过 $\mathscr{H}'$ 上的等高点 R' 与光轴平行.以上两共轭线在像方的交点即为像点 P'.

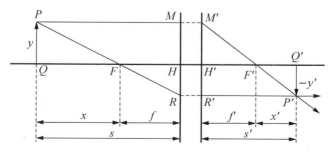

图 7-4　理想光具组的物像关系

根据图 7-4 中的几何关系,不难导出理想光具组的物像距公式和放大率公式. 因 $\triangle PQF \sim \triangle RHF$, $\triangle P'Q'F' \sim \triangle M'H'F'$, 且

$$\overline{PQ} = \overline{M'H'} = y, \quad \overline{HR} = \overline{P'Q'} = -y,$$

$$\overline{QF} = s - f = x, \quad \overline{HF} = f, \quad \overline{Q'F'} = s' - f' = x', \quad \overline{H'F'} = f'. \text{①}$$

下列比例关系成立:

$$\frac{-y'}{y} = \frac{f}{x} = \frac{f}{s - f}, \quad 又 \quad \frac{-y'}{y} = \frac{x'}{f'} = \frac{s' - f'}{f'}.$$

由此不难得到高斯公式

$$\frac{f'}{s'} + \frac{f}{s} = 1, \tag{7.1}$$

牛顿公式

$$xx' = ff', \tag{7.2}$$

和横向放大率公式

$$V = \frac{y'}{y} = -\frac{f}{x} = -\frac{fs'}{f's}. \tag{7.3}$$

除横向放大率外,有时还引入角放大率的概念. 令共轭光线与光轴的夹角为 u, u'②,二者正切之比叫做理想光具组的角放大率,记作 W:

$$W = \frac{\tan u'}{\tan u}. \tag{7.4}$$

为了得到角放大率的计算公式,过轴上共轭点 Q, Q' 作一对共轭线,交主面 $\mathscr{H}, \mathscr{H}'$ 于 T, T'(图 7-5). 因

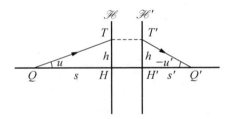

图 7-5　角放大率

$$\tan u = \frac{\overline{HT}}{\overline{HQ}}, \quad \tan(-u') = \frac{\overline{H'T'}}{\overline{H'Q'}},$$

$$\overline{HQ} = s, \overline{H'Q'} = s', \overline{HT} = \overline{H'T'},$$

故得

$$W = -\frac{s}{s'}. \tag{7.5}$$

---

① x 和 x' 的正负号法则与 6.2 节的(Ⅵ)与(Ⅶ)同.

② 它们的正负号仍按 5.5 节中的(Ⅴ)来规定.

比较式(7.3)和(7.5)可以看出,横向放大率与角放大率成反比:

$$VW = \frac{f}{f'}. \tag{7.6}$$

当 $f = f'$ 时

$$VW = 1. \tag{7.7}$$

以后我们将在讨论光度学问题时看到式(7.6)与(7.7)的深刻物理内容(见12.1节).

对于单个折射球面, $f/f' = n/n'$,把 V 和 W 的定义式代回(7.6),即得

$$yn\tan u = y'n'\tan u' \tag{7.8}$$

此式称为亥姆霍兹公式(H. von Helmholtz),它是折射球面能使空间所有点以任意宽广光束成像的必要条件[①].在傍轴区域内 $\tan u \approx u$,上式化为拉格朗日-亥姆霍兹定理(5.30).

顺便提起,给出一光具组的焦点和主点,对于物像关系的讨论已足够了.但有时为了讨论共轭光线之间的关系,还引入第三对基点——节点.节点定义为轴上角放大率等于1的共轭点,属于物方的叫物方节点(记作 N),属于像方的叫像方节点(记作 N').节点的物理意义是通过它们的任意共轭光线方向不变($u = u'$,见图7-6).由式(7.7)可以看出,当物、像方折射率相等,从而焦距相等时,$V = 1$ 的地方也是 $W = 1$ 的地方,即这时节点与主点重合.薄透镜的光心既是主点,又是节点.在物、像方折射率不等时,节点与主点不重合,薄透镜的节点落在外边.

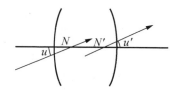

图 7-6 节点

7.4 理想光具组的联合

下面我们的任务是:给定两个光具组 I 和 II 的基点、基面 F_1, F_1', H_1, H_1', $\mathscr{H}_1$, $\mathscr{H}_1'$ 和 F_2, F_2', H_2, H_2', $\mathscr{H}_2$, $\mathscr{H}_2'$,求联合起来作为一个光具组时的基点,基面 F, F', H, H', $\mathscr{H}$, $\mathscr{H}'$.如图7-7,作一条平行于光轴的入射线 SM_1,经光具组 I 后的共轭光线 $M_1'R_2$ 通过它的像方焦点 F_1'.由 R_2' 射出的既是 $M_1'R_2$ 对光具组 II 的共轭光线,又是 SM_1 对联合光具组的共轭光线,所以它与光轴的交点必为联合光具组的像方焦点 F'.此外,设 SM_1 在联合光具组的物方主面 $\mathscr{H}$ 上的高度为 h,出射线必通过像方主面 $\mathscr{H}'$ 上的等高点,故 SM_1 与 $R_2'F'$ 的交点 M' 必在 $\mathscr{H}'$ 上,从而求得 $\mathscr{H}'$ 和 H' 的位置.

---

① 本节理论是从共线变换导出的纯几何理论,公式中本应不包含光具组的物理参数,如 n, n' 等.它们是普遍的,是任何共轭光具组能够理想成像的必要条件.但亥姆霍兹公式(7.8)是个例外,导出它时用到了 $f/f' = n/n'$ 这一折射球面的傍轴公式.不管此式是否在傍轴区域以外成立,因理想光具组要求 f, f' 与 u, u' 无关,故它也是理想成像的必要条件.

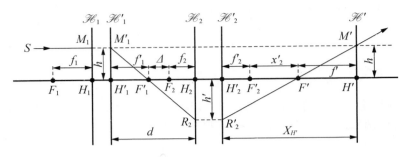

图 7-7 理想光具组的联合

两光具组的间隔可用 F_1'，F_2 间的距离 Δ 或 H_1'，H_2 间的距离 d 来表征（$d = f_1' + \Delta + f_2$），它们的正负号约定如下：设入射线来自左方，

（Ⅷ）若 F_2 在 F_1' 之左，$\Delta < 0$；F_2 在 F_1' 之右，$\Delta > 0$；

（Ⅸ）若 H_2 在 H_1' 之左，$d < 0$；H_2 在 H_1' 之右，$d > 0$.

联合光具的主面位置用 H，H_1 间的距离 X_H 和 H'，H_2' 间的距离 $X_{H'}$ 来表征，它们的正负号约定如下：

（Ⅹ）若 H 在 H_1 之左，则 $X_H > 0$；H' 在 H_2' 之右，则 $X_{H'} > 0$；反之则反号. 以上两条分别与以前我们对物方和像方距离的正负号规定一致. 现在给出 f，f' 和 X_H，$X_{H'}$ 的普遍表达式：

$$\begin{cases} f = -\dfrac{f_1 f_2}{\Delta}, \\[2mm] f' = -\dfrac{f_1' f_2'}{\Delta}. \end{cases} \tag{7.9}$$

$$\begin{cases} X_H = f_1 \dfrac{\Delta + f_1' + f_2}{\Delta} = f_1 \dfrac{d}{\Delta}, \\[2mm] X_{H'} = f_2' \dfrac{\Delta + f_1' + f_2}{\Delta} = f_2' \dfrac{d}{\Delta}. \end{cases} \tag{7.10}$$

上列各式的推导如下：首先根据图 7-7 中两对相似三角形 $\triangle M_1' H_1' F_1'$ 和 $\triangle R_2 H_2 F_1'$，以及 $\triangle M' H' F'$ 和 $\triangle R_2' H_2' F'$，写出下列比例式：

$$\frac{h}{h'} = \frac{f_1'}{\Delta + f_2}, \qquad \frac{h}{h'} = \frac{-f'}{f_2' + x_2'}.$$

由此解出 f' 来

$$f' = -\frac{f_1'(f_2' + x_2')}{\Delta + f_2}.$$

此外，因 F_1' 和 F' 是光具组Ⅱ的共轭点，按牛顿公式，有

$$x_2' = \frac{f_2 f_2'}{\Delta},$$

将此式代入前式，得

$$f' = -\frac{f_1' f_2'}{\Delta}.$$

从而

$$X_{H'} = f_2' + x_2' - f' = \frac{\Delta + f_1' + f_2}{\Delta} f_2'.$$

以上两式便是式(7.9)和(7.10)中的第二式. 为了得到第一式, 只需利用光的可逆原理作如下代换:

$$f_1' \rightleftharpoons f_2, \quad f_2' \rightleftharpoons f_1,$$
$$f \rightleftharpoons f', \quad X_H \rightleftharpoons X_{H'}.$$

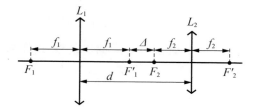

图 7-8 薄透镜的组合

作为例子我们看两个薄透镜 L_1, L_2 的组合(图 7-8). 设透镜以外介质的折射率皆为 1, 从而 $f_1' = f_1, f_2' = f_2, d = \Delta + f_1 + f_2$, 由式(7.9)得联合光具组的焦距为

$$f = f' = -\frac{f_1 f_2}{\Delta},$$

或

$$\frac{1}{f} = -\frac{\Delta}{f_1 f_2} = -\frac{d - f_1 - f_2}{f_1 f_2} = \frac{1}{f_1} + \frac{1}{f_2} - \frac{d}{f_1 f_2}. \tag{7.11}$$

用光焦度 $P = 1/f, P_1 = 1/f_1$ 和 $P_2 = 1/f_2$ 来表示, 则有

$$P = P_1 + P_2 - P_1 P_2 d. \tag{7.12}$$

对于密接透镜组, $d = 0$, 式(7.12)过渡到以前的公式(6.15).

把式(7.11)代入式(7.10), 可得联合光具组的主面位置公式:

$$\begin{cases} X_H = -\dfrac{fd}{f_2} = -\dfrac{P_2 d}{P}, \\[2mm] X_{H'} - \dfrac{fd}{f_1} = \dfrac{P_1 d}{P}. \end{cases} \tag{7.13}$$

例题 1 惠更斯(C. Huygens)目镜的结构如图 7-9 所示, 它由焦距分别为 $3a$ 和 a 的凸透镜 L_1 和 L_2 组成, 光心之间的距离为 $2a$. 求它的焦点和主面的位置.

解 (ⅰ)作图法

作入射线 1 平行于光轴, 经 L_1 折射后通过 L_1', 为了进一步找出经 L_2 折射后的出射线 $1'$, 可利用 L_2 的像方焦面 $\mathscr{H}_2$ 和通过透镜光心的辅助线. 最后通过 1 和 $1'$ 的交点 M' 找到第二主面 $\mathscr{H}$, $1'$ 与光轴的交点即为第二焦点 F'. 精确的作图表明, $\mathscr{H}$ 在 L_2 之左距离为 a 的地方, F' 在 $\mathscr{H}$ 之右距离为 $1.5a$ 的地方.

求物方的焦点 F 和主面 $\mathscr{H}$, 可利用光的可逆性原理. 平行于光轴的反方向作入射线

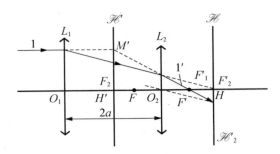

图 7-9 例题 1——求惠更斯目镜的基点、基面

$2'$,用类似前法求得先后经 L_2,L_1 两透镜折射后的出射线 2,并由此找到 $\mathscr{H}$ 和 F. 精确的作图表明,$\mathscr{H}$ 在 L_1 之右 $3a$ 的地方,F 在 $\mathscr{H}$ 之左 $1.5a$ 处(图 7-9 中标出了它们的位置,作图过程从略).

(ⅱ)用公式计算

按题中所绘,$d=2a$,$f_1=3a$,$f_2=a$,故
$$\Delta=d-f_1-f_2=-2a,$$
代入式(7.11)和(7.13),得
$$f=f'=3a/2,\ X_H=-3a,\ X_{H'}=-a,$$
即 H 在 O_1 之右 $3a$ 处,H' 在 O_2 之左 a 处,F 在 H 之左 $1.5a$ 处,F' 在 H' 之右 $1.5a$ 处. 结果完全与(ⅰ)同. ▮

在这个例子中,物像方焦距都是正的,但物方焦点 F 在光具组最前的界面(透镜 L_1)之后,它只能是会聚光束的中心,即它是虚焦点. 可见,对有一定间隔的透镜组来说,从焦距的正负来判断焦点的虚实,已没有什么意义了.

例题 2 虚物 QP 位于图 7-9 所示的光具组中凸透镜 L_1 之右距离为 $2a$ 的地方,试利用焦点主面作图法求它的像.

解 (ⅰ)作图法

如图 7-10,过 P 点作平行于光轴的入射线 1 遇 $\mathscr{H}$ 于 M,其共轭线 $1'$ 过 $\mathscr{H}'$ 上等高点 M' 和像方焦点 F';再作过 F,P 的入射线 2 遇 $\mathscr{H}$ 于 R,其共轭线 $2'$ 过 $\mathscr{H}'$ 上的等高点 R',且与光轴平行.$1'$ 与 $2'$ 的交点即为像点 P'.

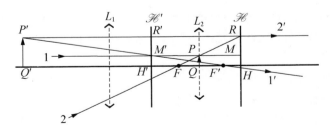

图 7-10 例题 2——惠更斯目镜成像

（ⅱ）用公式计算

题中绘出的物距 $s=a$，上题已求出 $f=f'=1.5a$，代入高斯公式，得 $s'=-3a$，即像在 H' 之左 $3a$ 处. ┃

从这个例题可以看出，知道了透镜组的基点、基面，就可一次求出最后的像. 因为事前需要如例题 1 那样先计算出联合光具组的基点、基面位置，这种方法似乎不比逐次成像法简单. 然而当我们需要计算的不是一对而是一系列共轭点时，用联合光具组的基点、基面一次成像的方法就比逐次成像法方便了.

思 考 题

1. 非望远系统中可以有一对以上的主面吗？

2. 一般说来，理想光具组能保持不与光轴垂直的平面内几何图形的相似性吗？

习 题

1. 用逐次成像法解 7.4 节中的例题 2，并将结果与之比较.

2. 用作图法求 Q 点的像（入射线从左到右）：

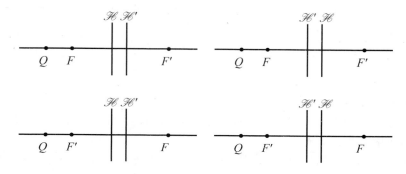

习题 2 图

3. 用作图法求 PQ 的像（入射线从左到右）：

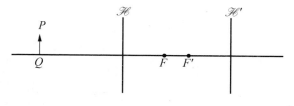

习题 3 图

4. 用作图法求联合光具组的主面和焦点.

5. 用作图法求正方形 $ABCD$ 的像.

6. 验算 10.7 节图 10-15(a)和(b)绘出的两种冉斯登目镜的主面与焦点.

7. 求下列厚透镜的焦距和主面、焦点的位置，并作图表示. 已知玻璃的折射率为

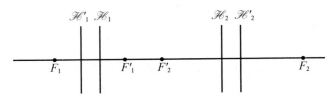

习题 4 图

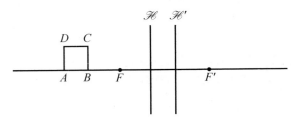

习题 5 图

1.500,两界面顶点间的距离为 1.00cm,透镜放在空气中.

形状	r_1/cm	r_2/cm
(1)双凸	10.0	-10.0
(2)凸凹	10.0	20.0
(3)凹凸	-15.0	-20.0

8. 求放在空气中玻璃球的焦距和主面、焦点的位置,并作图表示.已知玻璃球的半径为 2.00cm,折射率为 1.500.

9. 上题中玻璃球表面上有一斑点,计算从另一侧观察此斑点像的位置和放大率,并用作图法验证之.

10.(1)用作图法求图中光线 1 的共轭线;

(2)在图上标出光具组节点 N,N' 的位置.

11. 已知 $1—1'$ 是一对共轭光线,求光线 2 的共轭线(见图).

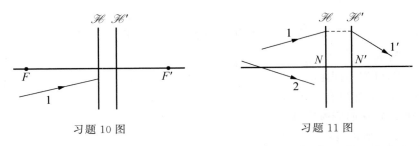

习题 10 图　　　　　　　　　习题 11 图

12. 对一光具组,测得当物距改变 Δx 时,像距改变 $\Delta x'$,同时横向放大率由 V_1 变到 V_2,试证明此光具组的焦距为

$$f = \frac{\Delta x}{\dfrac{1}{V_2} - \dfrac{1}{V_1}}, \quad f' = \frac{\Delta x'}{V_2 - V_1}.$$

这里提供了一种测焦距的方法,它与测焦点位置的方法配合起来,可以确定光具组的主面.

§8 光 学 仪 器

8.1 投影仪器

电影机、幻灯机、印相放大机以及绘图用的投影仪等,都属于投影仪器.它的主要部分是一个会聚的投影镜头,将画片成放大的实像于屏幕上(图 8-1).由于通常镜头到像平面(幕)的距离 s' 比焦距 f 大得多,所以画片总在物方焦面附近,物距 $s \approx f$,因而放大率 $V = -s'/s \approx s'/f$,它与像距 s' 成正比.

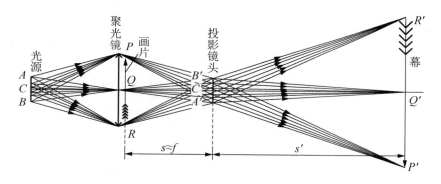

图 8-1 投影仪器

为了使光线经画片后进入投影镜头,投影仪器中需要附有聚光系统.总的来说,聚光系统的安排应有利于幕上得到尽可能强的均匀照明.通常聚光系统有两种类型.其一适用于画片面积较小的情况,这时聚光镜将光源的像成在画片上或它的附近.其二适用于画片面积较大的情况,这时聚光镜将光源的像成在投射镜头上.图 8-1 中只画出第二种情况,对这情形的详细分析,参看 9.1 节.

8.2 照相机

摄影仪器的成像系统刚好与投影仪器相反,拍摄对象的距离 s 一般比焦距 f 大得多,因此像平面(感光底片)总在像方焦面附近,像距 $s' \approx f'$(图 8-2).在小范围内调节镜头与底片间的距离,可使不同距离以外的物体成清晰的实像于底片上.

照相机镜头上都附有一个大小可改变的光阑.光阑的作用有二:一是影响底片上的照度(参见 §12),从而影响曝光时间的选择,二是影响景深.如图 8-3 所示,照相镜头只能使某一个平面 Π 上的物点成像在底片上,在此平面前后的点成像在底片前后,来自它们的光束在底片上的截面是一圆斑.如果这些圆斑的线度小于底片能够分辨的最小距离,还可认为它们在底片上的像是清晰的.对于给定的光阑,只有平面 Π 前后一定范围内的

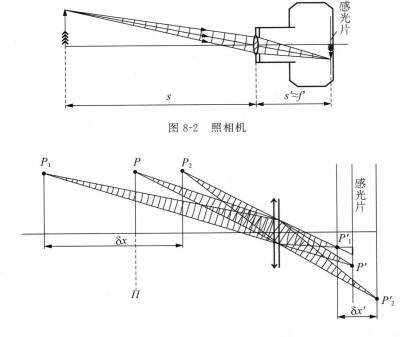

图 8-2　照相机

图 8-3　景深

物点,在底片上形成的圆斑才会小于这个限度.物点的这个可允许的前后范围,称为景深.当光阑直径缩小时,光束变窄,离平面 II 一定距离的物点在底片上形成的圆斑变小,从而景深加大.除光阑直径外,影响景深的因素还有焦距和物距.令 x,x' 分别为物距和像距(从焦点算起),当物距改变 δx 时,像距改变 $\delta x'$,$\delta x'/\delta x$ 的数值越小,越有利于加大景深.由牛顿公式可知,$\delta x'/\delta x = -f^2/x^2$(设物、像方焦距相等),对给定的焦距 f 来说,x 越小,则景深越小.因此在拍摄不太近的物体时,很远的背景可以很清晰,而在拍摄近物时,稍远的物体就变得模糊了.

8.3　眼睛

人类的眼睛是一个相当复杂的天然光学仪器.从结构来看,它类似前面讲过的照相机.对于下面要讲的目视光学仪器,它可看成是光路系统的最后一个组成部分.所有目视光学仪器的设计,都要考虑眼睛的特点.

图 8-4 所示为眼球在水平方向上的剖面图.其中布满视觉神经的网膜,相当于照相机中的感光底片,虹膜(或称虹采、采帘)相当于照相机中的可变光阑,它中间的圆孔称为瞳孔.眼球中与照相镜头对应的部分结构比较复杂,其主要部分是晶状体(或称眼球),它是一个折射率不均匀的透镜.包在眼球外面的坚韧的膜,最前面透明的部分称为角膜,其余部分称为巩膜.角膜与晶状体之间的部分称为前房,其中充满水状液(前房液).晶状体与网膜之间眼球的内腔,称为后房,其中充满玻璃状液.所以,眼睛是一个物、像方介质折射率不相等的例子,因而它的两个焦距是不等的,主点与节点也不重合.聚焦于无穷远时,

物方焦距 $f=17.1\text{mm}$,像方焦距 $f'=22.8\text{mm}$.

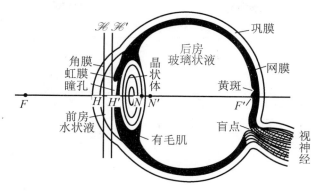

图 8-4 眼球结构

在照相机中通过镜头和底片间距离的改变来调节聚焦的距离,在眼睛里这是靠改变晶状体的曲率(焦距)来实现的[①].晶状体的曲率由有毛肌来控制.正常视力的眼睛,当肌肉完全松弛的时候,无穷远的物体成像在网膜上.为了观察较近的物体,肌肉压缩晶状体,使它的曲率增大,焦距缩短.眼睛的这种调节聚焦距离(调焦)的能力有一定的限度,小于一定距离的物体是无法看清楚的.儿童的这个极限距离在 10cm 以下,随着年龄的增长,眼睛的调焦能力逐渐衰退,这极限距离因之而加大.造成老花眼的原因就在于此.

眼睛肌肉完全松弛和最紧张时所能清楚看到的点,分别称为它调焦范围的远点和近点.如前所述,正常眼睛的远点在无穷远(图 8-5(a)).近视眼睛的眼球过长,当肌肉完全松弛时,无穷远的物体成像在网膜之前(图 8-5(b)),它的远点在有限远的位置.远视眼的眼球过短,无穷远的物体成像在网膜之后(图 8-5(c)),它的远点在眼睛之后(虚物点).图 8-5中光轴上画实线的部分代表调焦范围.不难看出,矫正近视眼和远视眼的眼镜应分别是凹透镜和凸透镜.所谓散光,是由于眼球在不同方向的平面内曲率不同引起的,它需要用非球面透镜来矫正.

物体在网膜上成像的大小,正比于它对眼睛所张的角度——视角[②].所以物体愈近,它在网膜上的像也就愈大(图 8-6),我们便愈容易分辨它的细节.但是物体太近了,即使不超出调焦范围,看久了眼睛也会感到疲倦.只有在适当的距离上眼睛才能比较舒适地工作,这距离称为明视距离.习惯上规定明视距离为 25cm.

眼睛分辨物体细节的本领与网膜的结构(主要是其上感光单元的分布)有关,不同部分有很大差别.在网膜中央靠近光轴的一个很小区域(称为黄斑)里,分辨本领最高.能够

[①] 在调焦时眼球的基点位置和焦距变化不大,在整个调焦范围内,眼球焦距的变化幅度是:$f\sim17.1$—14.2mm,$f'\sim22.8$—18.9mm.

[②] 严格说来,网膜上像的大小 $y'=l\tan w$,式中 w 为视角,l 为像方节点 N'(见 7.3 节)到网膜的距离.故 y' 的大小,除 w 外,还与 l 有关,而后者在调焦的过程中随物距而变.但是在整个调焦的范围内,l 的变化是不大的(约 2.5%).

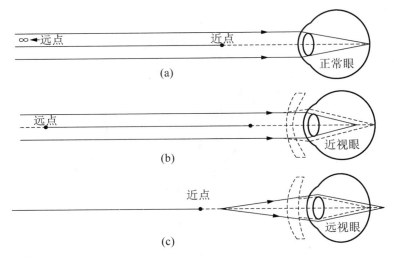

图 8-5　眼睛的缺陷与矫正

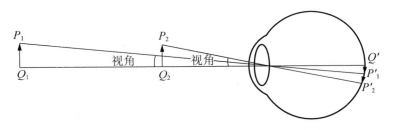

图 8-6　像的大小与视角

分辨的最近两点对眼睛所张视角,称为最小分辨角.在白昼的照明条件下,黄斑内的最小分辨角接近 $1'$.趋向网膜边缘,分辨本领急剧下降.所以人的眼睛视场虽然很大,水平方向视场角约 $160°$,垂直方向约 $130°$,但其中只有中央视角约为 $6°—7°$ 的一个小范围内才能较清楚地看到物体的细节.然而这对我们并没有什么妨碍.因为眼球是可以随意转动的,它可随时使视场的中心瞄准到所要注视的地方.还要指出,眼睛的分辨本领与照明条件有很大的关系.在夜间照明条件比较差的时候,眼睛的分辨本领大大下降,最小分辨角可达 $1°$ 以上.

瞳孔的大小随着环境亮度的改变而自动调节.在白昼条件下其直径约为 $2mm$,在黑暗的环境里,最大可达 $8mm$ 左右.

8.4　放大镜和目镜

最简单的放大镜就是一个焦距 f 很短的会聚透镜. $f \ll$ 明视距离 s_0,其作用是放大物体在网膜上所成的像.如前所述,这像的大小是与物体对眼睛所张的视角成比例的.

如果我们用肉眼观察物体,当物体由远移近时,它所张的视角增大.但是在达到明视距离 s_0 以后继续前移,视角虽继续增大,但眼睛将感到吃力,甚至看不清.可以认为,用肉

眼观察,物体的视角最大不超过

$$w=\frac{y}{s_0},\tag{8.1}$$

其中 y 为物体的长度(参见图 8-7(a)).

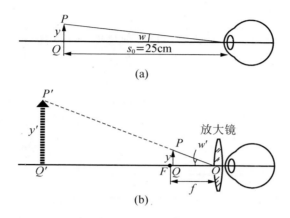

(a)

(b)

图 8-7 放大镜的视角放大率

现在我们设想将一个放大镜紧靠在眼睛的前面(图 8-7(b)),并考虑一下,物体应放在怎样的位置上,眼睛才能清楚地看到它的像?若物距太大,实像落在放大镜和眼睛之后;若物距太小,虚像落在明视距离以内.只有当像成在无穷远到明视距离之间时,才和眼睛的调焦范围相适应.与此相应地,物体就应放在焦点 F 以内的一个小范围里,这范围叫做焦深.在 $f\ll s_0$ 的条件下,这范围比焦距 f 小得多,根据牛顿公式,这范围是 $0\geqslant x\geqslant -f^2/(s_0-f)\approx -f^2/s_0,|x|<f^2/s_0\ll f$,也就是说,物体只能放在焦点内侧附近[①].这时它对光心所张的视角近似等于

$$w'=\frac{y}{f}.\tag{8.2}$$

由图 8-7(b)可以看出,由物点 P 发出的通过光心的光线,延长后通过像点 P',所以物体 QP 与像 $Q'P'$ 对光心所张视角是一样的,亦即式(8.2)中的 w' 也是像对光心所张的视角.由于眼睛与放大镜十分靠近,又可认为 w' 就是像对眼睛所张的视角.

由于放大镜的作用是放大视角,我们引入视角放大率 M 的概念,它定义为像所张的视角 w' 与用肉眼观察时物体在明视距离处所张的视角 w 之比

$$M=\frac{w'}{w},\tag{8.3}$$

将式(8.1)和(8.2)代入后,就得到放大镜视角放大率的公式

$$M=\frac{s_0}{f}.\tag{8.4}$$

---

① 作为一个例子,请见§6 习题 6.

下面要讲的显微镜和望远镜中的目镜,从原理上看就是一个放大镜.不过为了消除像差以及其他一些原因,目镜常采用种种复合透镜的形式,最典型的有惠更斯目镜和冉斯登目镜.有关这些目镜的详细情况,可参阅 10.7 节.

8.5 显微镜

简单放大镜的放大倍率有限(几倍到几十倍),欲得到更大的放大倍率要靠显微镜.显微镜的原理光路示于图 8-8.在放大镜(目镜)前再加一个焦距极短的会聚透镜组,称为物镜.物镜和目镜的间隔比它们各自的焦距大得多.被观察的物体 QP 放在物镜物方焦点 F_O 外侧附近,它经物镜成放大实像 Q_1P_1 于目镜物方焦点 F_E 内侧附近,再经目镜成放大的虚像 $Q'P'$ 于明视距离以外.在实际显微镜中为了减少各种像差,物镜和目镜都是复杂的透镜.我们为了突出其基本原理,在图 8-8 中二者都用一个薄透镜代替.

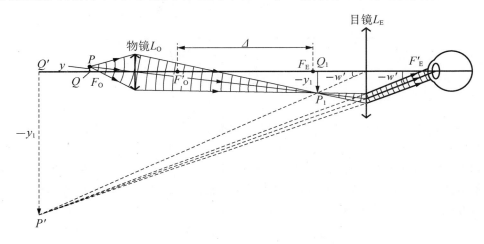

图 8-8 显微镜光路

设 y 为物体 QP 的长度,y_1 为中间像 Q_1P_1 的长度,f_O 和 f_E 分别为物镜 L_O 和目镜 L_E 的焦距,Δ 为物镜像方焦点 F'_O 到目镜物方焦点 F_E 的距离(称为光学筒长).显微镜的视角放大率为

$$M=\frac{w'}{w},\qquad(8.5)$$

其中 w 为物体 QP 在明视距离处所张视角,即 $w=y/s_0$.w' 为最后的像 $Q'P'$ 所张的视角.现规定由光轴转到光线的方向为顺时针时交角为正,逆时针时交角为负[①],故这里的 w' <0.如前所述,w' 和中间像 Q_1P_1 所张的视角一样,故 $-w'=-y_1/f_E$.所以

$$M=\frac{y_1/f_E}{y/s_0}=\frac{y_1}{y}\cdot\frac{s_0}{f_E}=V_O M_E,\qquad(8.6)$$

式中 $M_E=s_0/f_E$ 是目镜的视角放大率,$V_O=y_1/y$ 是物镜的横向放大率.根据式(6.13),

---

① 注意:这里对视角 w 正负的规定,与 5.5 节中关于角度 u 的规定(Ⅴ)正好相反,这是因为视角是逆着光线看的.对视角的正负如此规定,好处是它直接与像的正倒相对应.

其中 $x'=\Delta, f'=f_0$，得

$$V_0 = -\frac{\Delta}{f_0},$$

代入式(8.6)后，得到显微镜视角放大率的最后表达式

$$M = -\frac{s_0 \Delta}{f_0 f_E}, \tag{8.7}$$

式中负号表示像是倒立的. 上式表明，物镜、目镜的焦距愈短，光学筒长愈大，显微镜的放大倍率愈高.

显微镜物镜的结构应满足以下要求：第一，由物点射入物镜光束的立体角（孔径）应较大，它影响着像的分辨本领和亮暗；第二，物镜必须消除各种像差，主要是球差、彗差和色差. 显微镜的放大倍率越高，对以上两点的要求就越高，从而物镜的结构越复杂（参见图8-9）. 有关显微物镜的详细情况，还要在以后几节中谈到.

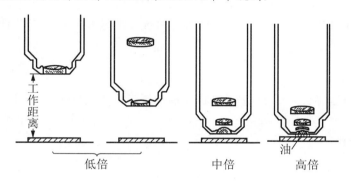

图 8-9 显微物镜

近代高级显微镜里往往有三个到四个倍率不同的物镜，可以互相替换使用. 最高倍的显微物镜常常是油浸的，其原理见10.4节. 表Ⅰ-3中给出我国上海光学仪器厂出品的XPG偏光显微镜的一些基本数据.

实验室中广泛使用一种测量微小距离用的显微镜，它们的目镜中装有标尺或叉丝，物镜的倍率一般都较低. 特别是在工作距离较大的场合下使用的显微镜中，物镜的焦距较长，它的作用主要是将物体成像于目镜物方焦面附近，放大的作用基本靠目镜.

表Ⅰ-3 显微镜的物镜和目镜

物　　镜			光学筒长	目　　镜	
倍率 V_0	焦距 f_0	N. A.	（计算值）	倍率 M_E	焦距 f_E
(1)3×	39.50mm	0.10	118.50mm	(1)5×（叉丝）	50mm
(2)8×	19.96mm	0.25	159.68mm		
(3)45×	4.12mm	0.63	185.40mm	(2)10×（标尺）	25mm
(4)100×（油浸）	1.91mm	1.32	191.00mm		

8.6　望远镜

望远镜的结构和光路与显微镜有些类似(参见图 8-10),也是先由物镜成中间像,再通过目镜来观察此中间像.与显微镜不同的是,望远镜所要观察的物体在很远的地方(可以看成是无穷远),因此中间像成在物镜的像方焦面上.所以望远镜的物镜焦距较长,而物镜的像方焦点 F'_O 和目镜的第一焦点 F_E 几乎重合[①].

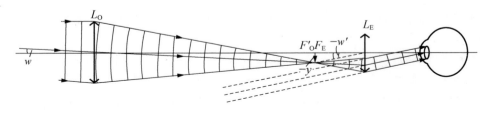

图 8-10　望远镜光路

望远镜的视角放大 M 应定义为最后的虚像对目镜所张视角 w' 与物体在实际位置所张视角 w 之比,

$$M \equiv \frac{w'}{w}. \tag{8.8}$$

由于物距远比望远筒长大得多,它对眼睛或目镜所张视角实际上和它对物镜所张视角是一样的.从图 8-10 不难看出,$w=-y_1/f_O$,而 $-w'=-y_1/f_E$(w,w' 的正负号规定同前),代入式(8.8)得到

$$M = -\frac{f_O}{f_E}, \tag{8.9}$$

式中负号的意义同前,表示像是倒立的.上式表明,物镜的焦距愈长,望远镜的放大倍率愈高.

当望远镜对无穷远聚焦时,中间像成在物镜的像方焦面上.这样,平面上的每个点和一个方向的入射线对应,所以当望远镜筒平移时,中间像对镜筒没有相对位移,只有当望远镜的光轴转动时,中间像才会相对它移动.因此望远镜可用来测量两平行光束间的夹角.

8.7　棱镜光谱仪

在 1.3 节中已介绍过棱镜的折射与色散,棱镜光谱仪便是利用棱镜的色散作用将非单色光按波长分开的装置,其结构的主要部分见图 8-11.棱镜前那部分装置称为准直管(或平行光管),它由一个会聚透镜 L_1 和放在它第一焦面上的狭缝 S 组成,S 与纸面垂直,光源照射狭缝 S,通过缝中不同点射入准直管的光束经 L_1 折射后变为不同方向的平行光束.非单色的平行光束通过棱镜后,不同波长的光线沿不同方向折射,但同一波长的光束仍维持平行.棱镜后的透镜 L_2 是望远物镜.不同波长的平行光束经 L_2 后会聚到其像方焦面上的不同地方,形成狭缝 S 的一系列不同颜色的像,这便是光谱.

---

① 　当望远镜中 F'_O 和 F_E 严格重合时,由物镜入射的平行光束最后转化为由目镜出射的平行光束.这时望远镜作为一个联合光具组是没有焦点的,即它是一个望远系统.

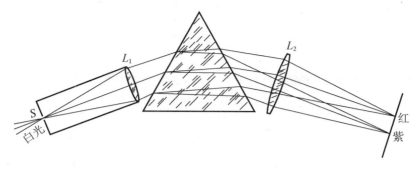

图 8-11　棱镜摄谱仪

若光谱仪中的望远物镜装有目镜,可供眼睛来直接观察光谱,则称之为分光镜.若光谱仪中在望远物镜的焦平面上放置感光底片,是用来拍摄光谱的,则称之为摄谱仪.若光谱中在望远物镜的焦平面上放一狭缝,是用来将某种波长的光分离出来的,则称之为单色仪.

不同物质发射的光具有自己特有的光谱,它反映了这种物质本身的微观结构,所以光谱是研究物质微观结构的重要手段.此外还可通过光谱来分析物质的化学成分.

色散本领和色分辨本领是标志任何类型分光仪器性能的两个重要指标,下面讨论棱镜的色散本领,而色分辨本领问题留待第四章介绍.

偏向角对波长的微商,称为棱镜的角色散本领(用 D 代表),即

$$D = \frac{\mathrm{d}\delta}{\mathrm{d}\lambda}. \tag{8.10}$$

只有通过狭缝 S 中点的光线才在棱镜的主截面内折射.由于不在棱镜主截面内的光线偏折的方向不同,在望远物镜焦平面上 S 的像(即光谱线)是弯的.可以证明,沿产生最小偏向角的方向入射时,光谱线弯曲得最少.所以在光谱仪中棱镜通常是装在接近于产生最小偏向角的位置.因此棱镜的角色散本领 D 可通过对 1.3 节中的式(1.11)微分得到

$$D = \frac{\mathrm{d}\delta_{\mathrm{m}}}{\mathrm{d}\lambda} = \frac{\mathrm{d}\delta_{\mathrm{m}}}{\mathrm{d}n}\,\frac{\mathrm{d}n}{\mathrm{d}\lambda} = \left(\frac{\mathrm{d}n}{\mathrm{d}\delta_{\mathrm{m}}}\right)^{-1}\frac{\mathrm{d}n}{\mathrm{d}\lambda}$$

$$= \frac{2\sin\dfrac{\alpha}{2}}{\cos\dfrac{\alpha+\delta_{\mathrm{m}}}{2}}\cdot\frac{\mathrm{d}n}{\mathrm{d}\lambda},$$

由于

$$\cos\frac{\alpha+\delta_{\mathrm{m}}}{2} = \cos i_1 = \sqrt{1-\sin^2 i_1}$$

$$= \sqrt{1-n^2\sin^2 i_2}$$

$$= \sqrt{1-n^2\sin^2\frac{\alpha}{2}},$$

最后得到

$$D = \frac{2\sin\frac{\alpha}{2}}{\sqrt{1 - n^2 \sin^2\frac{\alpha}{2}}} \cdot \frac{\mathrm{d}n}{\mathrm{d}\lambda}, \tag{8.11}$$

其中 $\mathrm{d}n/\mathrm{d}\lambda$ 称为色散率,它是棱镜材料的性质.由于角色散本领 D 正比于色散率,光谱仪中的棱镜常用色散率尽可能大的玻璃(如重火石玻璃)制成.

思　考　题

1. 为什么调节显微镜时镜筒作整体移动,而不改变筒长,调节望远镜时则需要调节目镜相对于物镜的距离?

2. 通常说将望远镜调节到对无穷远聚焦,这是什么意思? 如何利用自聚焦法(参考本章§6 思考题 1)调节望远镜,使聚焦于无穷远?

3. 测距显微镜是利用镜筒的平移来测量微小长度的,能够利用望远镜筒的平移来测量远处物体的长度吗? 为什么?

4. 为什么用极限法测折射率的装置中(参见本章§1 习题 16)需用望远镜观察? 为什么在望远镜视场中出现有明显分界线的半明半暗区?

习　　题

1. 一架幻灯机的投影镜头焦距 7.5cm,当幕由 8m 移至 10m 远时,镜头需移动多少距离?

2. 某照相机可拍摄物体的最近距离为 1m,装上 2D 的近拍镜后,能拍摄的最近距离为多少?(假设近拍镜与照相机镜头是密接的.)

3. 某人对 2.5m 以外的物看不清,需配多少度的眼镜? 另一人对 1m 以内的物看不清,需配怎样的眼镜?

4. 计算 $2\times, 3\times, 5\times, 10\times$ 放大镜或目镜的焦深.

5. 一架显微镜,物镜焦距为 4mm,中间像成在物镜像方焦点后面 160mm 处,如果目镜是 $20\times$ 的,显微镜的总放大率是多少?

6. 一架显微镜的物镜和目镜相距 20.0cm,物镜焦距 7.0mm,目镜焦距 5.0mm,把物镜和目镜都看成是薄透镜,(1)求被观测物到物镜的距离;(2)物镜的横向放大率;(3)显微镜的总放大率;(4)焦深.

7. 物镜、目镜焦距皆为会聚的望远镜称为开普勒型望远镜(图 8-10);物镜会聚而目镜发散的望远镜,称为伽利略型望远镜.(1)画出伽利略望远镜的光路;(2)一伽利略型望远镜的物镜和目镜相距 12cm,若望远镜的放大率为 $4\times$,物镜和目镜的焦距各多少?

8. 拟制一个 $3\times$ 的望远镜,已有一个焦距为 50cm 的物镜,问:在(1)开普勒型中,(2)伽利略型中目镜的光焦度以及物镜、目镜的距离各多少?

*§9 光 阑

前面我们研究了共轴球面组在傍轴条件下成像的规律和理想光具组的理论.除了平面镜的特例外,理想光具组是不能实现的.只有把光束限制在傍轴区域内,一个实际的共轴光具组才能近似成像.但光具组中对光束起限制作用的可以是透镜的边缘、框架或特别设置的带孔屏障,即光阑.光阑有限制光束孔径和限制视场两方面的作用,它影响着像差、像的亮暗、景深、分辨本领等一系列实际中很关心的问题.这些问题有的前面已提到过(如照相机的景深),更多的将在以后章节中详细讨论(参见本章§10、§12和第二章§8).这里只介绍一些有关光阑的基本概念.

9.1 孔径光阑 入射光瞳和出射光瞳

每个光具组内都有一定数量的光阑.由光轴上一物点 Q 发出的光束通过光具组时,一般说来,不同的光阑对此光束的孔径限制到不同的程度.其中对光束孔径的限制最多的光阑,即真正决定着通过光具组光束孔径的光阑,称为孔径光阑,有时称为有效光阑.被孔径光阑所限的光束中的边缘光线与物、像方光轴的夹角 u_0 和 u_0',分别称为入射孔径角和出射孔径角.下面举例说明.

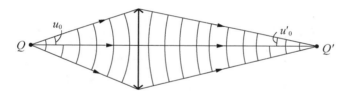

图 9-1 薄透镜的孔径光阑和孔径角

首先我们看最简单的光具组——单个薄透镜(见图 9-1).它的边缘(镜框)是光具组中唯一的光阑,因此它便是孔径光阑.但是,在实际光学仪器中往往另外加入一些带圆孔的屏作为光阑,图 9-2(a)、(b)所示分别为把这种光阑加在透镜前后的情形.它们限制光束的作用比镜框大,所以都是孔径光阑.

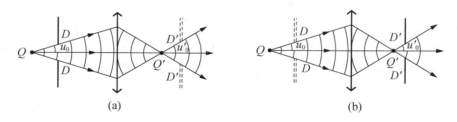

(a)   (b)

图 9-2 入射光瞳和出射光瞳(实)

在图 9-2 中我们故意把(a)中的光阑 DD 和(b)中的光阑 $D'D'$ 画在对透镜共轭的位置上.这样一来,当入射光线通过 DD 的边缘时,与它共轭的出射光线必定通过 $D'D'$ 的边缘,所以在两种情形里,光束的孔径角是一样的.在情形(a)里,孔径光阑 DD 在物方,入射孔径角 u_0 可直接由它来确定.可是从像方看来,可以设想 DD 的像 $D'D'$ 是一个虚构的光阑,出射孔径角 u'_0 直接由这虚构的光阑 $D'D'$ 所确定.同样地,在情形(b)里,孔径光阑 $D'D'$ 在像方,它直接决定了出射孔径角 u'_0.在物方与 $D'D'$ 共轭的 DD 也可看成是一个虚构的光阑,入射孔径角 u_0 由 DD 直接确定下来.通过这个例子我们看到,找到孔径光阑在物方和像方的共轭像,并把它们看成是某种虚构的光阑,从而由它们来直接确定入射和出射孔径角,这种方法在实际中是很有用的.我们把孔径光阑在物方的共轭称为入射光瞳,在像方的共轭称为出射光瞳.如果像图 9-2(a)中那样,孔径光阑 DD 就在物方,它便同时又是入射光瞳;如图 9-2(b)那样,孔径光阑 $D'D'$ 就在像方,它便同时又是出射光瞳.

应当指出,在实际光学仪器中,孔径光阑的共轭像往往是虚的,图 9-3(a)和(b)中所示的两种最简单的照相机镜头便是这样的例子.拿图 9-3(b)的情形来说,这时凡通过孔径光阑 $D'D'$ 边缘的出射光线,在未经透镜折射之前,不是入射光线本身,而是其延长线必定通过入射光瞳 DD 的边缘.在这里它与图 9-2(b)情形的这种差别丝毫无本质意义.当我们说"光线通过某点"的时候,从来就包含了它的延长线通过该点的可能性.

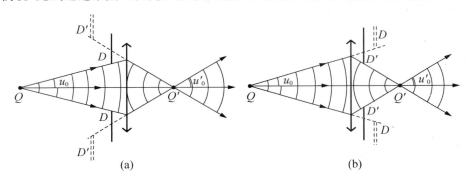

图 9-3 入射光瞳和出射光瞳(虚)

在图 9-2 和图 9-3 的例子中,孔径光阑不是在物方里,就是在像方里.而在较复杂的光学仪器中它可以在几个透镜中间.图 9-4 所示的一种对称的照相镜头便是这样的例子,其中 D_0D_0 是孔径光阑,DD 和 $D'D'$ 分别是入射光瞳和出射光瞳.这里应注意的是,DD 和 D_0D_0 是对于 D_0D_0 之前的透镜 L_1 共轭的,而 D_0D_0 和 $D'D'$ 是对于 D_0D_0 之后的透镜 L_2 共轭的,这样就可保证通过 DD 边缘的入射光线经 L_1 折射后,一定通过 D_0D_0 的边缘;再经 L_2 折射后,出射光线一定通过 $D'D'$ 的边缘.

望远镜或由一个复合透镜构成的低倍率显微物镜,孔径光阑就是物镜的镜框,因此它也是入射光瞳.比较复杂的显微物镜,孔径光阑常设置在它的后面,且靠近或者就在它的像方焦面上,因此入射光瞳趋于无穷远.无论望远镜还是显微镜,物镜和孔径光阑到目镜的距离都比目镜的焦距大得多,所以整个仪器的出射光瞳(即孔径光阑对目镜成的像)都近似地在目镜的像方焦面附近.无论对于哪种目镜,这都在最后一个折射面之后不远的地方.

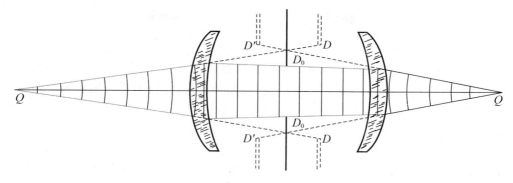

图 9-4   对称照相镜头的孔径光阑、入射光瞳和出射光瞳

粗略地说,眼睛的入射光瞳就是瞳孔.我们使用显微镜或望远镜的时候,必须把瞳孔尽量放在接近仪器出射光瞳的位置,通常这就是目镜镜筒的终端.其中的道理可由图 9-5 来说明.这是显微镜光路的示意图.根据入射光瞳和出射光瞳的共轭性,穿过入射光瞳的光线,如果不受到光具组中其他光阑的阻碍,都应穿过出射光瞳.由于孔径光阑和光瞳都是对轴上物点而言的,从轴上 Q 点射进入射光瞳的光束,在光具组中不会受到阻碍.但是要使从轴外物点射进入射光瞳的光束,在光具组中完全或大部分不受阻碍,则要求这些物点到光轴的距离在一定范围之内.在图 9-5 中我们假定 P,R 点在此范围之内,从它们射进入射光瞳的光束不受阻碍地穿过光具组.虽然从 Q,P,R 射进入射光瞳的光束都由光具组穿出来了,当我们在像方用任意一平面 $\varPi$ 与各出射光束相截时,一般说来,各光束的截面不重合.如果把瞳孔放在这里,就要求它的直径相当大,才能把出射光束全部接收进去.但实际上瞳孔很小,因此来自轴外物点的光束就不能(或大部分不能)进入瞳孔,从而我们也就看不到它们的像,或看起来很暗.然而若将上述截面取在仪器出射光瞳的平面内,由于出射光瞳是所有光束必经之路,它们在此平面内的截面基本上重合.这地方是放置瞳孔最有利的位置.

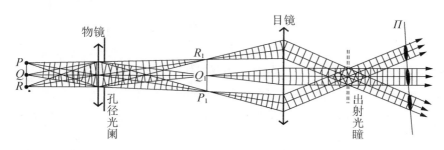

图 9-5   显微镜的出射光瞳

根据同样的道理我们可以说明,为什么在投影仪器中光源经聚光镜所成的像最好与投射镜头(更确切地说,与它的入射光瞳)重合? 应当注意,光具组的孔径光阑和光瞳是对特定的共轭点来说的,对于不同的共轭点,可以有不同的孔径光阑和光瞳.这里我们要

找的出射光瞳不是对于光源,而是对于待映的画片而言的.画片在聚光镜的像方,通过其上各点的同心光束是出射光束.从图 8-1 不难看出,限制着出射光束孔径的是光源像 $A'C'B'$ 的边缘,所以对于画片来说,$B'A'$ 便是出射光瞳.图 8-1 还表明,$B'A'$ 也是来自画片上各点的同心光束共同的出口,如果将投射镜头的入射光瞳放在这里,对它直径的要求最小.此外,在这种安排下,从画片上每一点(譬如 P)射向投影镜头的同心光束中,都包含了来自光源 ACB 上每一点的光线.这样的光束会聚到屏幕上成像时,便不会因光源亮度的不均匀性而造成幕上不均匀的照明.

从上面几个例子可以看出,孔径光阑、入射光瞳和出射光瞳的概念不仅对轴上物点有意义,对于轴外物点也是重要的,因为它们是从所有物点发出的光束的必由之路.

9.2 视场光阑 入射窗和出射窗

前面讨论的孔径光阑是对轴上共轭点而言的,现在要讨论的视场光阑牵涉到轴外共轭点.

入射光瞳中心 O 与出射光瞳中心 O' 对整个光具组是一对共轭点,若入射线通过 O,出射线必通过 O'.在轴外共轭点 P,P' 之间的共轭光束中通过 O,O' 的那条共轭光线,称为此光束的主光线.随着 P,P' 到光轴距离的加大,主光线通过光具组时会与某个光阑 DD 的边缘相遇(见图 9-6).离光轴更远的共轭点的主光线将被此光阑所遮断.这个光阑叫做视场光阑,主光线 PO 和 $O'P'$ 与光轴的交角 w_0,w_0' 分别称为入射视场角和出射视场角.物平面上被 w_0 所限制的范围,叫做视场.

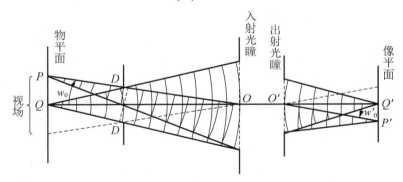

图 9-6 视场和渐晕

应当指出,并不是只有视场内的物点才能通过光具组成像.设想某个物点比图 9-6 中的 P 点离轴稍远一点,其主光线虽然被遮,但仍然有一些光线可以从它通过光具组达到像点.不过随着它到光轴距离的增大,参加成像的光束越来越窄,从而像点越来越暗.这种现象实际上早在视场的边缘以内就开始了,从而在像平面内视场的边界是逐渐昏暗的.这种现象叫做渐晕.要使像平面内视场的边界清晰,可把视场光阑 DD 设在物平面上.投影仪器的视场光阑就是这样安排的(图 9-7(a)),此时它在像方的共轭 $D'D'$ 恰好落在像平面上.在照相机的情形里,显然我们不便于把视场光阑放在物平面上,这时可把视场光阘 D'D' 放在像平面上，它物方的共轭 DD 落在物平面上（图 9-7(b)）①.

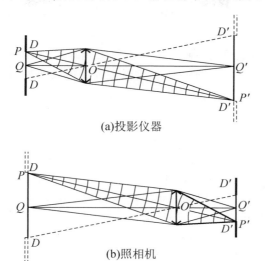

(a)投影仪器

(b)照相机

图 9-7　视场光阘

显微镜和望远镜的视场光阘既不放在物平面上，也不放在像平面上，而是放在中间像的平面上（见图 9-8 中的 D_0D_0），它对于物镜的共轭 DD 在物平面上，对于目镜的共轭 D'D' 在像平面上.

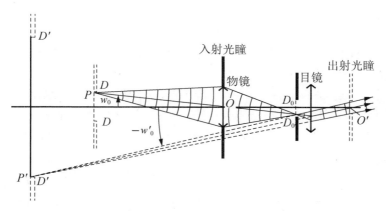

图 9-8　望远镜的视场光阘、入射窗和出射窗

视场光阘在物方的共轭叫做入射窗，在像方的共轭叫做出射窗. 例如图 9-8 中的 DD 和 D'D' 分别是入射窗和出射窗，图 9-7(a)中的 D'D' 是出射窗，图 9-7(b)中的 DD 是入射窗. 若视场光阘本身就在物方，则它就同时又是入射窗，如图 9-6 和 9-7(a)中的 DD；若视场光阘本身就在像方，则它就同时又是出射窗，如图 9-7(b)中的 D'D'. 引进入射窗和出

---

① 在幻灯机、电影放映机、照相机中的视场光阘通常就是画片或底片周围的矩形外框.

射窗的概念,并与入射光瞳和出射光瞳的知识结合起来,便于我们确定入射视场角 w_0 和出射视场角 w_0'.例如在图 9-8 中望远镜的入射光瞳就是物镜的边缘,如果把物镜看成薄透镜的话,入射光瞳的中心 O 就是物镜的光心.由 O 引向入射窗 DD 边缘的直线与光轴的交角就是入射视场角 w_0.如前所述,望远镜出射光瞳的中心 O' 在目镜之后,这里正是观察者瞳孔的位置.所以出射视场角 w_0' 就是像方视场边缘到视场中心对观察者瞳孔中心所张的角度.

习　　题

1. 一望远镜的物镜直径 5.0cm,焦距 20cm,目镜直径 1.0cm,焦距 2.0cm,求此望远镜的入射光瞳和出射光瞳的位置和大小.

2. 望远镜的孔径光阑和入射光瞳通常就是其物镜的边缘.求出射光瞳的位置,并证明出射光瞳直径 D' 与物镜直径 D_0 之比为

$$D' = \frac{D_0}{|M|},$$

其中 $M = -f_0/f_E$ 是望远镜的视角放大率.

3. 将望远镜倒过来可作激光扩束之用.设一望远镜物镜焦距 30cm,目镜焦距 1.5cm,它能使激光光束的直径扩大几倍?

4. 显微镜的孔径光阑和入射光瞳通常就是其物镜的边缘.求出射光瞳的位置,并证明在傍轴近似[①]下出射光瞳的直径 D' 与入射孔径角 u_0 的关系是

$$D' = \frac{2s_0 n u_0}{|M|},$$

式中 $s_0 = 25\text{cm}$ 是明视距离,M 是显微镜的视角放大率,n 是物方折射率(除油浸物镜外,$n \approx 1$).

5. 如图中 L_1,L_2 是两个会聚透镜,Q 是物点,DD 是光阑,已知焦距 $f_1 = 2a$,$f_2 = a$,图中标示各距离为 $s = 10a$,$l = 4a$,$d = 6a$;此外透镜与光阑半径之比是 $r_1 = r_2 = 3r_3$.求此光具组的孔径光阑、入射光瞳、出射光瞳、入射窗和视场光阑的位置和大小.

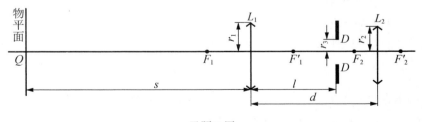

习题 5 图

6. 惠更斯目镜的结构详见 10.7 节图 10-14.今在两透镜间放一光阑 AA,设透镜 L_1,

---

① 严格的公式应把 u_0 换成 $\sin u_0$,参见 §10 习题 4.

L_2 和光阑的直径分别为 D_1,D_2 和 D.试证：

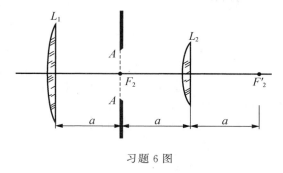

习题 6 图

(1)向场镜 L_1 成为孔径光阑的条件为
$$D_1 < D_2;$$

(2)光阑 AA 成为视场光阑的条件是 $D < \dfrac{1}{2}D_2$；

(3)这时对 F_2' 点计算的出射孔径角 u_0' 由下式确定：
$$\tan u_0' = D_1/2a.$$

* §10 像 差

10.1 像差概述

制造各种成像光学仪器的目的是产生一个与原物在几何形状上相似的清晰的像.对于照相机来说,还希望这个像成在一个平面上.归纳起来,我们希望一个共轴光具组有如下性能：

(1)物方每点发出的同心光束在像方仍保持为同心光束；

(2)垂直于光轴的物平面上各点的像仍在垂直于光轴的一个平面上；

(3)在每个像平面内横向放大率是常数,从而保持物、像之间的几何相似性.

7.1 节所述的理想成像条件概括了这些要求,然而实际的共轴球面组满足不了这样的要求.任何偏离理想成像的现象,称为像差.

我们已看到,在傍轴条件下理想成像是能近似实现的.傍轴条件要求成像光束的孔径小和仪器的视场小.这样的限制在实用中往往行不通.例如要使显微镜的像比较亮而细部清晰,就不得不加大成像光束的孔径.又如某些特殊用途的照相机要求有较大的视场.在这些情况下人们不得不突破傍轴条件的限制,从而不可避免地会带来这样或那样的像差.摸清产生各种像差的规律,并设法把它们减小到最低限度,是设计各种成像光学仪器的中心问题.

像差可分单色像差和色像差两大类.单色像差有五种：(ⅰ)球面像差,(ⅱ)彗形像差,(ⅲ)像散,(ⅳ)像场弯曲(场曲),(ⅴ)畸变.其中(ⅰ)和(ⅱ)是大孔径引起的,(ⅲ)、(ⅳ)和(ⅴ)是大视场引起的,(ⅰ),(ⅱ),(ⅲ)破坏了光束的同心性,(ⅳ)使像平面弯曲,

（Ⅴ）破坏了物像的相似性，以上五种像差彼此有密切联系，往往几种同时存在.除了单色像差外，对于非单色的物，还存在因色散而引起的色像差.

正弦函数的幂级数为

$$\sin\theta=\theta-\frac{\theta^3}{3!}+\frac{\theta^5}{5!}\cdots,$$

在傍轴条件下所有角度的正弦可只保留一次项 θ.如§5 中已证明的，照此计算，共轴球面组可以成像，不存在像差.如果我们进一步把下一项 $\theta^3/3!$ 考虑进去，计算从物点发出的每一根光线的横向像差，即该光线经光具组后与理想像平面交点的位置偏离理想点的距离，得到的表达式中有五项，每项的系数称为赛德耳（L. Seidel）系数.若能使五个赛德耳系数中之一为 0，则表示上述五种单色像差之一被消除.上述五种单色像差是与五个赛德耳系数对应的.这种像差来自对傍轴理论最低级的修正，故称为初级像差.又因理论是依据正弦函数幂级数中的 θ^3 项来计算的，这种理论又称三级像差理论.因而可以说，上述五种单色像差是按三级像差理论来分类的.

在较严格的光学仪器设计中，往往还采用光线追迹法，即严格地按照几何光学三定律计算每根光线的折射或反射，求出它们对理想像点的偏离.

所有上面列举的像差，都是按几何光学计算的，统称几何像差.即使把所有几何像差全部消除，由于存在着衍射效应，理想成像条件仍不能满足.这时像的质量就要靠波动光学的理论来分析和评价了（参见第五章）.

10.2　球面像差

当孔径较大时，由光轴上一物点发出的光束经球面折射后不再交于一点（图 10-1），这种现象叫做球面像差，简称球差.

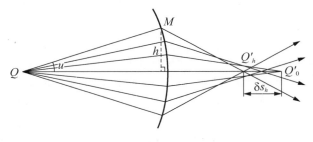

图 10-1　球差

球差的大小与光线的孔径有关，孔径既可用孔径角 u 来表征，又可用光线射在折射面上的高度 h 来表征.我们这里采用后者（对于平行于光轴的入射光束来说，只能用后者）.为定量地描述球差，我们定义高度为 h 的光线的交点 Q'_h 到傍轴光线的交点 Q'_0 之间的距离 δs_h 为纵向球差，并规定当光线由左向右时，若 Q'_h 在 Q'_0 之左时，$\delta s_h<0$（负球差）；Q'_h 在 Q'_0 之右时，$\delta s_h>0$（正球差）.

透镜的纵向球差 δs_h 与透镜的折射率 n_L 和曲率半径 r_1,r_2 都有关系.因透镜焦距 f 也是 n_L,r_1,r_2 这三个参量的函数（见式（6.5）），故对给定的 n_L，同样焦距的透镜可以有不

同的曲率比 r_1/r_2，选择这个比值，可使球差的数值达到最小，但不能使之完全消除．以图 10-2 中所示薄透镜为例，它的 $n_L=1.5$，$f=100$cm，根据计算，选择 $r_1/r_2=-1/6$，可使 $h=10$cm 的入射平行光束产生的球差达到最小（图 10-2(a)）．按照光的可逆性原理，若把物点放在焦点上，则应把透镜倒过来使用，即选 $r_1/r_2=-6$（图 10-2(b)）．这种减小单个透镜球差的方法，叫做配曲法.

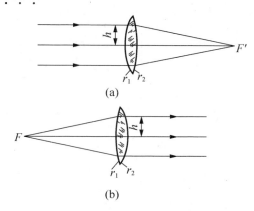

(a)

(b)

图 10-2　用配曲法减小透镜的球差

用配曲法不可能将一个透镜的球差完全消除．理论计算表明，凸透镜的球差是负的，凹透镜的球差是正的．所以把凸、凹两个透镜粘合起来，组成一个复合透镜，可使某个高度 h 上的球差完全抵消（见图 10-3 所示的例子）．在考虑到透镜有一定厚度时，此法不能同时在任何高度上消球差，但可使剩余的球差减到比单透镜小得多的程度.

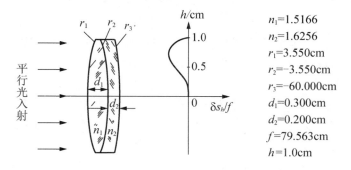

$n_1=1.5166$
$n_2=1.6256$
$r_1=3.550$cm
$r_2=-3.550$cm
$r_3=-60.000$cm
$d_1=0.300$cm
$d_2=0.200$cm
$f=79.563$cm
$h=1.0$cm

图 10-3　用粘合透镜消球差

10.3　彗形像差

傍轴物点发出的宽阔光束经光具组后在像平面上不再交于一点，而是形成状如彗星的亮斑．这种像差称为彗形像差，简称彗差．如图 10-4(a)，由物点发出的主光线 PO 经光具组后与像平面交于 P'（理想交点）．为了描述有彗差时光束的特点，我们在光瞳上作一系列同心圆 $1,2,3,4,\cdots$（图 10-4(b)），计算表明，经过各个圆周的光线在像平面上仍将落在一系列圆周 $1',2',3',4',\cdots$ 上，不过这些圆不再是同心的，半径越大的圆，其中心离 P'

越远(图 10-4(c)).这样就形成了如彗星般的光斑.

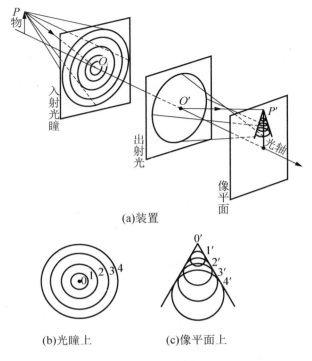

(a)装置

(b)光瞳上　　　(c)像平面上

图 10-4　彗差

球差和彗差往往混在一起,只有当轴上物点的球差已消除时,才能明显地观察到傍轴物点的彗差.

利用配曲法可消除单个透镜的彗差,也可利用粘合透镜来消除彗差.然而消球差和消彗差所要求的条件往往不一致,所以二者不容易同时消除.

10.4　正弦条件和齐明点

前已述及,显微镜物镜需要使傍轴小物能以大孔径成像.现在我们根据物像之间各光线的等光程性研究这样一个问题:在轴上已消球差的前提下,傍轴物点以大孔径光束成像的条件是什么?

如图 10-5,设轴上物点 Q 和傍轴物点 P 分别成像于 Q', P'. 光线 PS 与光轴平行,从而其共轭线通过像方焦点 F'. 光线 PN 与 QM 平行,它们对光轴的倾角为 u,它们的共轭线 $N'P'$ 和 $M'Q'$ 交于某点 G'. 作 $PR\perp QM$, $P'R'\perp M'Q'$,在傍轴条件下

$$(F'Q')\approx(F'P'),\quad(G'R')\approx(G'P'),$$

按照物像间等光程性原理,我们有

$$(QMM'Q')=(QTT'Q'),\quad(PNN'P')=(PSS'P'),$$

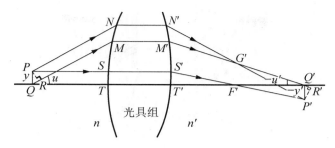

图 10-5　正弦条件

以及[1]

$$(PSS'F') = (QTT'F'),\ (PNN'G') = (RMM'G'),$$

由以上各等式可得

$$(QR) = (Q'R').$$

设 $\overline{PQ} = y$，$\overline{P'Q'} = -y$，$\angle MQT = u$，$\angle M'Q'T' = -u'$. 由图可见

$$(QR) = n\overline{QR} = ny\sin u,\quad (Q'R') = n'\overline{Q'R'} = n'y'\sin u'$$

（n, n' 是物、像方折射率），于是

$$ny\sin u = n'y'\sin u'. \tag{10.1}$$

这公式称为阿贝正弦条件（E. Abbe，1879 年），它是在轴上已消球差的前提下，傍轴物点以大孔径的光束成像的充分必要条件.

在光轴上已消除球差且满足阿贝正弦条件的共轭点，叫做齐明点. 4.4 节和 5.5 节已证明，单个折射球面有一对齐明点，其中实物点 Q 到球心 C 的距离 $\overline{QC} = (n'/n)r$，虚像点 Q' 到球心的距离 $\overline{Q'C} = (n/n')r$，这里 r 为球面半径，$n > n'$. 这对齐明点在高倍显微镜中有重要应用，油浸物镜就是照此原理设计而成的. 如图 10-6 所示，第一个透镜作成半球形，平面一侧朝着物点 Q_1，二者之间的空隙用一滴油填充，油的折射率 n 与透镜玻璃的折射率相等. 把 Q_1 调节在齐明点上，它将以宽光束成虚像于共轭点 Q_2. 如果把第二个透镜做成凹凸透镜，令其第一折射面的中心位于 Q_2，并使 Q_2 对于第二折射面也是齐明点，则光束经第一折射面时不折射，再经第二折射面时，在更远处成虚像 Q_3. 可以看出，在这种成像的过程中，孔径一次一次地减小，像一次一次地放大，且不产生球差和彗差. 用更多的凹凸透镜本可使这种过程继续下去，但由于存在色散，折射次数过多将会引起较大的色差（见下面 10.7 节）. 故实际中为利用齐明点而设置的透镜往往不多于两个.

最后，让我们谈谈阿贝正弦条件（10.1）

$$ny\sin u = n'y'\sin u'$$

与亥姆霍兹公式（7.8）

$$ny\tan u = n'y'\tan u'$$

之间的关系. 首先可以看出，除了傍轴区域，二者是不能同时满足的. 阿贝正弦条件是由

---

[1]　参见 §4 思考题 1(2).

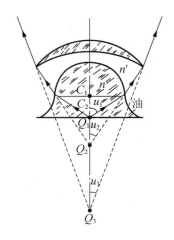

图 10-6　油浸显微物点

物理规律(费马原理)导出的,它能够在一对特定的共轭点(齐明点)上实现.亥姆霍兹公式是共轴折射球面组在空间所有点以任意宽的光束理想成像的必要条件.二者的冲突表明,后者的要求是不能实现的.请注意不要误会,以为在齐明点附近实现了理想成像的要求.§7提出的那种理想成像的标准,齐明点远没有达到,因为从横向来看,齐明点附近能清晰成像的物点必须是傍轴的;从纵向来看,在一对齐明点附近的其他点都不再是齐明点.

10.5　像散和像场弯曲

　　这两种像差都是由于物点离光轴较远、光束倾斜度较大引起的.像散现象如图 10-7 所示,出射光束的截面一般呈椭圆形,但在两处退化为直线,称为散焦线,两散焦线互相垂直,分别称为子午焦线和弧矢焦线.在两散焦线之间某个地方光束的截面呈圆形,称为明晰圈.可以认为这里是光束聚焦最清晰的地方,是放置照相底片或屏幕的最佳位置.

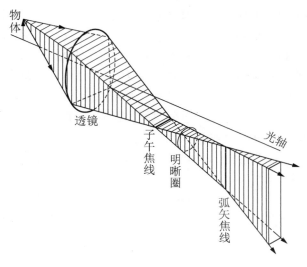

图 10-7　像散

对于物平面上所有的点,散焦线和明晰圈的轨迹一般是个曲面.这现象示于图 10-8,称为像场弯曲.图中 Σ_M,Σ_S 和 Σ_C 分别代表子午焦线、弧矢焦线和明晰圈的轨迹.如果照相机中存在着像场弯曲,感光底片就需要做成同样形状的曲面,这是很不方便的.对于单个透镜,像场弯曲可通过在透镜前适当位置上放一光阑来矫正(图 10-8(b)).像散现象则需通过复杂的透镜组来消除.

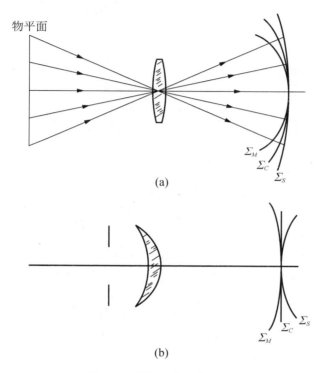

图 10-8　像场弯曲及其矫正

10.6　畸变

畸变也是由于光束的倾斜度较大引起的.与球差、彗差和像散不同,畸变并不破坏光束的同心性,从而不影响像的清晰度.畸变表现在像平面内图形的各部分与原物不成比例.图 10-9(a)是放在物平面内的方格,若远光轴区域的放大率比光轴附近大,在像平面内就会出现如图 10-9(b)所示的情景,这现象称为枕形畸变;反之,若远光轴区域的放大率比光轴附近小,在像平面内就会出现如图 10-9(c)所示的情景,这现象称为桶形畸变.究竟产生哪种畸变,与孔径光阑的位置有关.例如对凸透镜来说,将光阑放在前面(图 10-10(a)),就会产生桶形畸变;光阑放在后面(图 10-10(b)),则产生枕形畸变[1].有的照相机里采用如图 10-10(c)所示的对称镜头,将光阑放在一对相同的透镜中间,可以使两种相反的畸变互相抵消.

---

[1]　这与凸透镜的球差是负的有关,参见图 10-10(a),(b)和本节思考题.

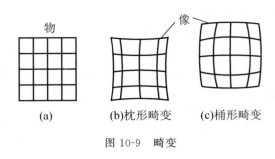

图 10-9　畸变

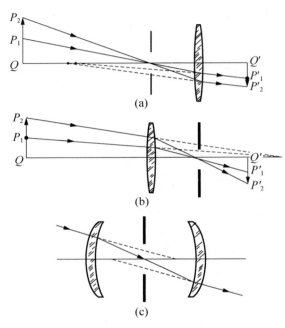

图 10-10　用光阑消除畸变

10.7　色像差

如图 10-11 所示,由于折射率随颜色(波长)不同,不同颜色的光所成的像,无论位置和大小都可能不同,前者称为·位·置·色·差(或·轴·向·色·差),后者称为·放·大·率·色·差(或·横·向·色·差).

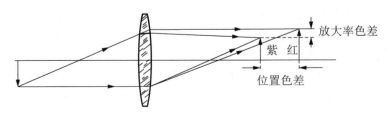

图 10-11　色差

单个透镜的色差是无法消除的,但将一对用不同材料做成的凸、凹透镜粘合起来(见图 10-12),可以对选定的两种波长消除色差.根据磨镜者公式(6.5),两透镜的光焦度可分别写成

$$P_1 = \frac{1}{f_1} = (n_1 - 1)K_1, \quad P_2 = \frac{1}{f_2} = (n_2 - 1)K_2,$$

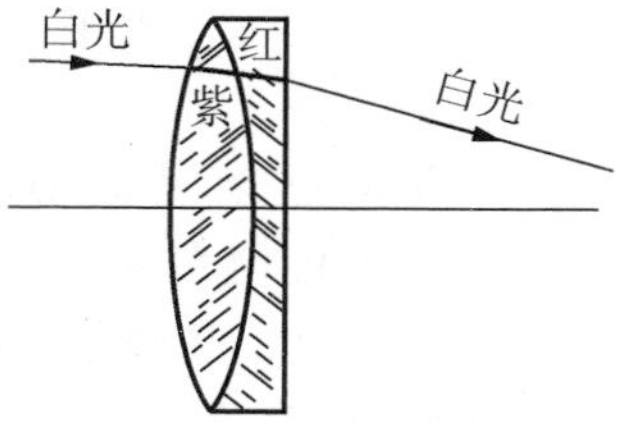

图 10-12　例题——消色差粘合透镜

其中 $K_1 = \left(\dfrac{1}{r_1} - \dfrac{1}{r_2}\right)$, $K_2 = \left(\dfrac{1}{r_2} - \dfrac{1}{r_3}\right)$ 都是与波长无关的常数.两透镜粘合起来的光焦度为

$$P = P_1 + P_2 = (n_1 - 1)K_1 + (n_2 - 1)K_2,$$

对于目视光学仪器,通常在眼睛最敏感的波长 5550Å[①] 两侧各选一波长来消除色差,它们分别是氢光谱中的 C 线(6563Å,红色)和 F 线(4861Å,蓝色).粘合透镜对两个波长的光焦度分别为

$$P_C = (n_{1C} - 1)K_1 + (n_{2C} - 1)K_2,$$
$$P_F = (n_{1F} - 1)K_1 + (n_{2F} - 1)K_2.$$

只要适当地选择曲率半径 r_1, r_2, r_3,使 K_1 和 K_2 满足下式

$$P_F - P_C = (n_{1F} - n_{1C})K_1 + (n_{2F} - n_{2C})K_2 = 0,$$

对 C 线和 F 线的焦距色差即可消除.由于一般折射率随波长而减小,$n_{1F} - n_{1C} > 0$,$n_{2F} - n_{2C} > 0$,故满足上式的 K_1 和 K_2 正负号必相反,亦即只有一个凸透镜和一个凹透镜粘合起来,才能消除色差.

例题　用冕玻璃和火石玻璃(折射率见下表)来做焦距为 10.0cm 的消色差粘合透镜,求两透镜焦距.焦距通常以可见光区域中部的钠光谱 D 线为准,$\lambda_D = 5893$Å,黄色.

玻璃	n_F	n_D	n_C
冕玻璃	1.517	1.511	1.509
火石玻璃	1.633	1.621	1.616

解　　　$$P_D = (n_{1D} - 1)K_1 + (n_{2D} - 1)K_2 = 10.0D,$$
$$P_F - P_C = (n_{1F} - n_{1C})K_1 + (n_{2F} - n_{2C})K_2 = 0.$$

将上表中的数值代入上列联立方程组,即可解得

① 参见§11.

$$K_1 = 45.7(冕玻璃)，K_2 = -21.5(火石玻璃).$$

从而

$$P_1 = (n_{1D} - 1)K_1 = 23.4\text{D},$$
$$P_2 = (n_{2D} - 1)K_2 = -13.4\text{D},$$
$$f_1 = 4.27\text{cm}，f_2 = -7.46\text{cm}.$$

在粘合透镜中有三个曲率半径 r_1, r_2, r_3 可供选择，除了保证上述两个焦距之外，还可考虑消除球差和彗差的问题.

对于粘合薄透镜，主面与透镜所在平面重合，焦距的色差消除了，不同颜色光的焦点就自然重合在一起，然而当光具组有一定厚度时情况便不如此. 此时为了消除全部色差，必须同时使焦距相等、焦点重合. 可是在实际的某些场合下，并不要求消除全部色差. 例如显微镜或望远镜的目镜，只要求不同颜色的像对眼睛所张的视角相同（见图 10-13）. 8.4 节的式(8.4)表明，视角放大率只与焦距有关，因而只需消除焦距色差，无需消除位置色差. 常见的目镜多由两个材料相同的薄透镜组成，它们之间相隔一定距离 d，在这种情况下透镜的光焦度为[①]

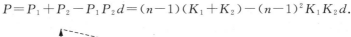
$$P = P_1 + P_2 - P_1 P_2 d = (n - 1)(K_1 + K_2) - (n - 1)^2 K_1 K_2 d.$$

图 10-13　只消除了放大率色差，但未消除位置色差的
目镜，不同颜色的像看起来是重叠的

取对折射率 n 的导数：

$$\frac{\delta P}{\delta n} = K_1 + K_2 - 2(n-1)K_1 K_2 d.$$

由极值条件 $\delta P/\delta n = 0$ 得

$$d = \frac{K_1 + K_2}{2(n-1)K_1 K_2} = \frac{P_1 + P_2}{2P_1 P_2} = \frac{f_1 + f_2}{2}. \tag{10.2}$$

因 f_1, f_2 与折射率 n 有关，n 与波长 λ 有关，故只能对于某个特定的波长 λ_0 选择 d 满足上式. 用这样的透镜组作目镜，对波长在 λ_0 附近的光来说是消除了视角色差的.

下面介绍两种常用的目镜.

(1)惠更斯目镜

向场镜 L_1 和接目镜 L_2 的焦距和间隔之间的比例为

$$f_1 : f_2 : d = 3 : 1 : 2.$$

整个光具组的基点、基面已在 §7 的例题 1 中计算过，现重画于图 10-14 中. 与简单放大

---

① 参见式(7.12).

镜一样,物 QP 的位置放在物方焦点 F 内侧附近,因 F 在 L_1 之后,这只能是虚物. 经 L_1 所成的中间像 Q_1P_1 在两透镜之间. 它是实像,同时是下一步的实物. 最后的虚像 $Q'P'$ 成在明视距离以外. 整个光路如图 10-14 所示.

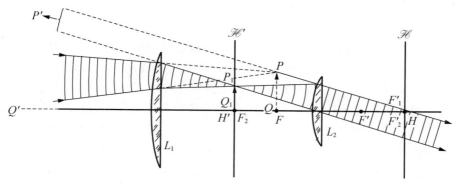

图 10-14　惠更斯目镜

(2)冉斯登(J. Ramsden)目镜

向场镜 L_1 和接目镜 L_2 的焦距和间隔之间的比例为

$$f_1 : f_2 : d = 1 : 1 : 1.$$

整个系统的焦点 F,F' 和主面 $\mathscr{H},\mathscr{H}'$ 的位置和光路示于图 10-15(a),物体 QP 同样应放在焦点 F 内侧附近.

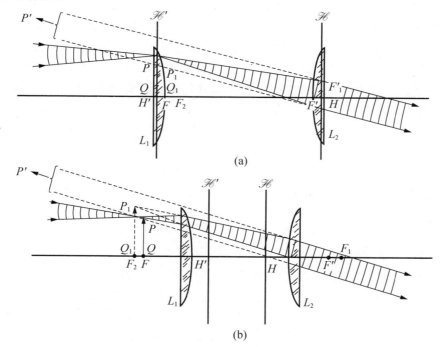

(a)

(b)

图 10-15　冉斯登目镜

由于冉斯登目镜的 F 和物体 QP 就在向场镜 L_1 的表面上,在它表面上附着的灰尘、缺陷或伤痕将与物体一起放大,同时出现在目镜的像平面上,使得视场模糊不清.这个缺点是惠更斯目镜所没有的.为了避免这缺点,冉斯登目镜常采用以下变通形式:

$$f_1 : f_2 : d = 1 : 1 : \frac{2}{3}$$

(见图 10-5(b)).这时焦点 F 将在向场镜前面一些,这样物体就可躲开透镜的表面.当然这样做使得条件(10.2)不严格满足,牺牲了一些消色差的性能.

通常为了测量的目的,需要在目镜中装上透明标尺或叉丝.标尺或叉丝必须在物平面或某一中间平面上,以便一起放大,同时出现在目镜的像平面上.这就要求中间像既是实像,又是下一步的实物.在冉斯登目镜中标尺或叉丝装在物体 QP 所在平面内.在惠更斯目镜中 QP 是虚物,如果一定要装标尺或叉丝,它只能装在中间像 Q_1P_1 所在的平面内.但由于这时标尺或叉丝只对接目镜 L_2 成像,它的色差是不能消除的.这一点是冉斯登目镜比惠更斯目镜优越的地方.

10.8 小结

上面我们简单地介绍了各种像差的成因、现象和消除途径.完全消除所有的像差是不可能的,也是不必要的.由于各种光学仪器都有特定的用途,各自遇到不同的矛盾,从而需要重点考虑的只是某几种类型的像差.例如显微物镜的对象是傍轴小物,但要求孔径大,主要矛盾在于球差和彗差.某些照相机的视场较大,特别是航测或翻拍镜头对物像间的相似性要求较严格,重点在于消除像场弯曲和畸变.目镜的重点是消除视角色差.此外,由于接收器件(眼睛、照相底片等)的分辨本领有一定限度,所以只需将像差减小到接收器件不能分辨的程度就够了.总之在每种光学仪器中我们只需重点地将某些像差消除到一定的程度,这是完全可以做到的,但并不轻而易举.我们只要看看近代精密光学仪器结构的复杂性,就可体会到消除像差之不易.这些问题是应用光学中的专门课题,远远超出了本课程的范围.

思 考 题

用光路图说明,对于有负球差的透镜,孔径光阑在前时产生桶形畸变,在后时产生枕形畸变.有正球差的透镜则正好相反(参考图 10-10(a),(b)).

习 题

1. 证明在一对齐明点附近不可能有另一对齐明点.

2. 在图 10-6 的油浸显微物镜中,设半球形透镜的半径为 r,第二个透镜(凹凸)的第一个以 Q_2 为中心的折射面半径为 R,两透镜的折射率皆为 n,空气的折射率 $n'=1$,求图中 Q_1, C_2, Q_2, Q_3 各点到 C_1 的距离,以及凹凸透镜另一面的曲率半径.

3. 在上题中设 $n=1.5$,试计算此物镜的数值孔径 N. A. $= n\sin u_1$ 以及孔径角 u_2, u_3 的正弦.

4. 试证明,显微镜出射光瞳直径 D' 由下式确定:

$$D' = \frac{2s_0\, n\sin u_0}{|M|} = 2s_0\, \frac{\text{N. A.}}{|M|},$$

即 D' 正比于数值孔径 N. A. $=n\sin u_0$,反比于视角放大率 $M.$($s_0 = 25\text{cm}$,是明视距离.)

5. 拟用玻璃 K9($n_D = 1.5163$,$n_F = 1.5220$,$n_C = 1.5139$)和重火石玻璃 F4($n_D = 1.6199$,$n_F = 1.6321$,$n_C = 1.6150$)来做消色差粘合透镜,焦距 100mm,若已确定其负透镜的非粘合面为平面,试求其余各面的曲率半径.

§11　光度学基本概念

11.1　辐射能通量和光通量

我们知道,可见光在电磁辐射中只占一个很窄的波段.研究光的强弱的学科称光度学,而研究各种电磁辐射强弱的学科,称为辐射度学.

辐射度学中一个最基本的量是辐射能通量,或者说辐射功率,它是指单位时间内光源发出或通过一定接收截面的辐射能,在 CGS 和 MKS 制[①]中它的单位分别是瓦(W)和千瓦(kW).

对于非单色辐射,辐射能通量的概念显得太笼统,人们往往关心能量的频谱分布.用 Ψ 代表辐射能通量,$\Delta\Psi_\lambda$ 代表在波长范围 λ 到 $\lambda + \Delta\lambda$ 中的辐射能通量.对于足够小的 $\Delta\lambda$,可以认为 $\Delta\Psi_\lambda \propto \Delta\lambda$,于是写成 $\Delta\Psi_\lambda = \phi(\lambda)\Delta\lambda$,各种波长的总辐射通量则为

$$\Psi = \sum_\lambda \Delta\Psi_\lambda = \lim_{\Delta\lambda \to 0} \sum_\lambda \phi(\lambda)\Delta\lambda,$$

即

$$\Psi = \int \phi(\lambda)\mathrm{d}\lambda, \tag{11.1}$$

这里 $\phi(\lambda)$ 描述着辐射能在频谱中的分布,称为辐射能通量的谱密度.

研究光的强度,或更广泛些,研究电磁辐射的强度,都离不开检测器件,如光电池、热电偶、炭斗、光电倍增管、感光乳胶等.一般说来,每种检测器件对不同波长的光或电磁辐射有不同的灵敏度.检测器件的这种特性用其光谱响应曲线来表征.光谱响应 R_λ 的定义是检测器件的输出信号(通常是电压或电流)的大小与某个波长 λ 的入射光功率之比.图 11-1 给出一些光电阴极的光谱响应曲线,它显示不同器件的光谱响应差别很大.在光度学或辐射度学的测量中往往希望有 R_λ 不随 λ 变化的器件,近似于黑体的热电偶或炭斗可以满足这一要求,它们的 R_λ 在包括可见光的相当大波长范围内是常数.

在光学的发展史中可见光波段曾占有特殊的地位.随着人们认识的发展和检测技术的进步,眼睛的作用越来越多地被客观的(或者说物理的)仪器所取代.可见光强度的度量已可归入更普遍的辐射度量之内.但是在某些领域中,人类的眼睛仍不失为一个重要的接收或检测器件而保持其特殊地位.例如,虽然人们越来越多地用照相机去拍摄显微

---

① CGS 制以厘米(cm)、克(g)、秒(s)为基本单位,MKS 制以米(m)、千克(kg)、秒(s)为基本单位.

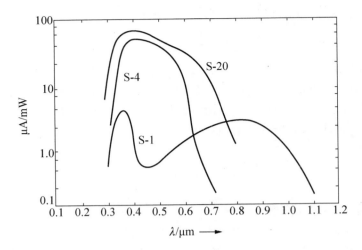

图 11-1　光电阴极的光谱响应曲线

镜和望远镜所成的像,但用肉眼观察还是不可避免的.又如,照明技术是直接为人类创造适当的工作环境而服务的,它就不能不考虑人类眼睛对光的适应性.下面谈谈人类眼睛的光谱响应特征.

　　诚然,光使眼睛产生亮暗感觉的程度是无法作定量比较的,但人们的视觉有办法相当精确地判断两种颜色的光亮暗感觉是否相同.所以为了确定眼睛的光谱响应,可将各种波长的光引起相同亮暗感觉所需的辐射通量进行比较.对大量具有正常视力的观察者所做的实验表明,在较明亮环境中人的视觉对波长为 5550Å 左右的绿色光最敏感.设任一波长为 λ 的光和波长为 5550Å 的光,产生同样亮暗感觉所需的辐射能通量分别为 $\Delta\Psi_\lambda$ 和 $\Delta\Psi_{5550}$,我们把后者与前者之比

$$V(\lambda) \equiv \frac{\Psi_{5550}}{\Psi_\lambda} \qquad (11.2)$$

叫做视见函数.例如,实验表明,要引起与 1mW 的 5550Å 绿光相同亮暗感觉的 4000Å 紫光需要 2.5W,于是在 4000Å 的视见函数值为

$$V(4000\text{Å}) = \frac{10^{-3}}{2.5} = 0.0004.$$

表 I-4 和图 11-2 中分别给出了国际上公认的视见函数值和曲线.可以看出,在 4000Å—7000Å 范围以外,$V(\lambda)$ 实际上已趋于零.应当指出,在比较明亮的环境中(如白昼)和比较昏暗的环境中(如夜晚),视见函数是不同的.图 11-2 中实线代表前者,虚线代表后者,它们分别称为适光性视见函数和适暗性(或微光)视见函数.可以看出,在昏暗的环境中,视见函数的极大值朝短波(蓝色)方向移动.所以在月色朦胧的夜晚,我们总感到周围的一切笼罩了一层蓝绿的色彩,便是这个缘故.视见函数的这种差别,来源于视网膜上有两种感光单元,一种呈圆锥状,称为圆锥视神经细胞;另一种呈圆柱状,称为圆柱视神经细胞,在明亮的环境中圆锥视神经细胞起作用,在昏暗的环境中圆柱视神经细胞起作用,它们有不同的光谱响应特性,从而形成适光性和适暗性两个不同的视见函数.

表 I -4 适光性视见函数

$\lambda/\text{Å}$	$V(\lambda)$	$\lambda/\text{Å}$	$V(\lambda)$	$\lambda/\text{Å}$	$V(\lambda)$
3800	0.0000	5200	0.710	6600	0.061
3900	0.0001	5300	0.862	6700	0.032
4000	0.0004	5400	0.954	6800	0.017
4100	0.0012	5500	0.995	6900	0.0082
4200	0.0040	5600	0.995	7000	0.0041
4300	0.0116	5700	0.952	7100	0.0021
4400	0.023	5800	0.870	7200	0.00105
4500	0.038	5900	0.757	7300	0.00052
4600	0.060	6000	0.631	7400	0.00025
4700	0.091	6100	0.503	7500	0.00012
4800	0.139	6200	0.381	7600	0.00006
4900	0.208	6300	0.265	7700	0.00003
5000	0.323	6400	0.175	7800	0.000015
5100	0.503	6500	0.107		

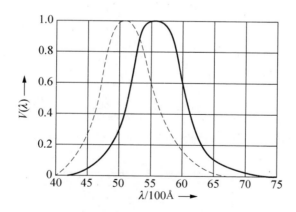

图 11-2 视见函数曲线

量度光通量的多少,要将辐射通量以视见函数为权重因子折合成对眼睛的有效数量. 例如对波长为 λ 的光,光通量 $\Delta\Phi_\lambda$ 与辐射能通量 $\Delta\Psi_\lambda$ 的关系为

$$\Delta\Phi_\lambda \propto V(\lambda)\Delta\Psi_\lambda,$$

多色光的总光通量

$$\Phi \propto \sum_\lambda V(\lambda)\Delta\Psi_\lambda = \lim_{\Delta\lambda\to 0}\sum_\lambda V(\lambda)\psi(\lambda)\Delta\lambda$$

$$= \int V(\lambda)\psi(\lambda)\mathrm{d}\lambda,$$

写成等式,则有

$$\Phi = K_{\mathrm{M}}\int V(\lambda)\psi(\lambda)\mathrm{d}\lambda, \tag{11.3}$$

式中 K_{M} 是波长为 $5550\mathring{A}$ 的光功当量,也可叫做最大光功当量,其值由 Φ 和 Ψ 的单位决定.光通量单位为流明(lumen,记作 lm),

$$K_{\mathrm{M}} = 683 \ \mathrm{lm/W}.$$

有关光度学单位的定义留到 11.5 节中再详谈.

11.2　发光强度和亮度

当光源的线度足够小,或距离足够远,从而眼睛无法分辨其形状时,我们把它叫做点光源.在实际中多数情形里,我们看到的光源有一定的发光面积,这种光源叫做面光源,或扩展光源.

点光源 Q 沿某一方向 r 的发光强度 I 定义为沿此方向上单位立体角内发出的光通量.如图 11-3 所示,我们以 r 为轴取一立体角元 $\mathrm{d}\Omega$,设 $\mathrm{d}\Omega$ 内的光通量为 $\mathrm{d}\Phi$,则沿 r 方向的发光强度为

图 11-3　发光强度

$$I \equiv \frac{\mathrm{d}\Phi}{\mathrm{d}\Omega}. \tag{11.4}$$

发光强度的单位为坎德拉(candela,记作 cd),

$$1 \ \text{坎德拉} = \frac{1 \ \text{流明}}{1 \ \text{球面度}}.$$

大多数光源的发光强度因方向而异.图 11-4 显示了一盏电灯在加罩前后各方向发光强度的角分布.

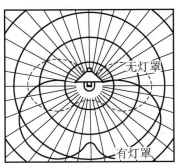

图 11-4　电灯发光强度的角分布

扩展光源表面的每块面元 dS 沿某方向 r 有一定的发光强度 dI.如图 11-5 所示,设 r 与法线 n 的夹角为 θ,当一个观察者迎着 r 的方向观察 dS 时,它的投影面积为 dS* = dScosθ.面元 dS 沿 r 方向的光度学亮度(简称亮度)B 定义为在此方向上单位投影面积的发光强度,或者更具体一些,它是在 r 方向上从单位投影面积在单位立体角内发出的光通量.用公式表示,则有

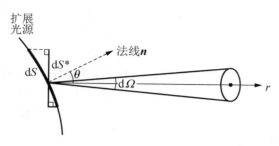

图 11-5　亮度

$$B \equiv \frac{\mathrm{d}I}{\mathrm{d}S^*} = \frac{\mathrm{d}I}{\mathrm{d}S\cos\theta},$$

或

$$B \equiv \frac{\mathrm{d}\Phi}{\mathrm{d}\Omega\mathrm{d}S^*} = \frac{\mathrm{d}\Phi}{\mathrm{d}\Omega\mathrm{d}S\cos\theta}. \tag{11.5}$$

从式(11.5)可知,光度学亮度 B 的单位为"流明/米²·球面度(lm/m²·sr)",或"流明/厘米²·球面度(lm/cm²·sr)",后者称为熙提(stilb,记作 sb):

1 熙提＝1 流明/厘米²·球面度.

把式(11.4)中的光通量 Φ 换为辐射通量 Ψ,即得辐射强度,其单位为"瓦/球面度(W/sr)".把式(11.5)中的 Φ 换为 Ψ,则得辐射亮度,其单位为"瓦/米²·球面度(W/m²·sr)"或"瓦/厘米²·球面度(W/cm²·sr)".

11.3　余弦发射体和定向发射体

如前所述,光源发射光通量一般是因方向而异的.这里就发光的方向性来看,讨论两个特殊情况.

(1)余弦发射体

如果一扩展光源的发光强度 dI∝cosθ,从而其亮度 B 与方向无关,这类发射体称为余弦发射体,或朗伯(J. H. Lambert)发光体,上述按 cosθ 规律发射光通量的规律,叫做朗伯定律.

一个均匀的球形余弦发射体,从远处的观察者看来,与同样半径同样亮度的一个均匀发光圆盘无异.这一点不难从图 11-6 看出.因为我们可以把对观察者的半球上每个面元 dS 投影到圆盘上,得到一个面积为 dS* = dScosθ 的面元.这两个面元在指向观察者方向上的发光强度和投影面积都是一样的,因而亮度也一样.太阳看起来近似像一个亮度均匀的圆盘,这表明它接近于一个余弦发射体.此外,日常生活里常见的光源,许多接

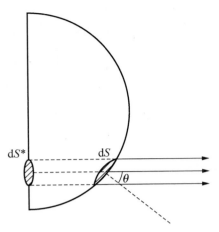

图 11-6　朗伯球体的亮度

近余弦发射体.

发光强度和亮度的概念不仅适用于自己发光的物体,还可应用到反射体.光线射到光滑的表面上,定向地反射出去;射到粗糙的表面上时,它将朝所有方向漫射.一个理想的漫射面,应是遵循朗伯定律的,亦即不管入射光来自何方,沿各方向漫射光的发光强度总与 $\cos\theta$ 成正比,从而亮度相同.积雪、刷粉的白墙、以及十分粗糙白纸的表面,都很接近这类理想的漫射面.这类物体称为朗伯反射体.

（2）定向发射体

实际中有相当大一类发射体,它们发出的光束集中在一定的立体角 $\Delta\Omega$ 内,即亮度有一定的方向性.从成像光学仪器发出的光束都有这样的特征.在亮度具有方向性方面最突出的例子是激光器.激光器发出的光束通常是截面 ΔS 很小而高度平行（图 11-7）,从而用不大的辐射功率就可获得极大的辐射亮度.以辐射功率 $\Delta\Psi=10\mathrm{mW}$ 的氦氖激光器为例,典型的数据可取光束截面 $\Delta S=1\mathrm{mm}^2$,光束发散角 $\Delta\theta=2'=6\times10^{-4}\mathrm{rad}$,从而立体角 $\Delta\Omega\approx\pi(\Delta\theta)^2\approx10^{-6}\mathrm{sr}$,在光束内部 $\cos\theta\approx1$,由此算得辐射亮度

图 11-7　激光器的亮度

$$B=\Delta\Psi/\Delta S\Delta\Omega\cos\theta\approx10^{10}\,\mathrm{W/m}^2\cdot\mathrm{sr}.$$

为了对此数值有个量级的概念,可用太阳光对比.太阳的辐射亮度

$$B\approx3\times10^6\,\mathrm{W/m}^2\cdot\mathrm{sr},$$

亦即区区 $10\mathrm{mW}$ 的功率竟产生了比太阳大几千倍的辐射亮度！其关键在于能量在空间的高度集中.

11.4　照度

一个被光线照射的表面上的照度定义为照射在单位面积上的光通量.假设面元 $\mathrm{d}S'$ 上的光通量为 $\mathrm{d}\Phi'$,则此面元上的照度为

$$E=\frac{\mathrm{d}\Phi'}{\mathrm{d}S'},\tag{11.6}$$

照度的单位叫勒克斯（lux,记作 lx）或辐透（phot,记作 ph）：

$$1\text{ 勒克斯}=\frac{1\text{ 流明}}{1\text{ 米}^2},\quad1\text{ 辐透}=\frac{1\text{ 流明}}{1\text{ 厘米}^2},$$

故 $1\,\mathrm{lx}=10^{-4}\mathrm{ph}$.把式（11.6）中的光通量换成辐射通量,则得辐射照度,即辐射能流密度,其单位为 $\mathrm{W/m}^2$ 或 $\mathrm{W/cm}^2$.

（1）点光源产生的照度

如图 11-8，设点光源的发光强度为 I，被照射面元 dS' 对它所张的立体角为 $d\Omega$，则照射在 dS' 的光通量

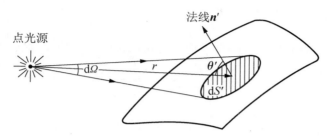

图 11-8　点光源的照度

$$d\Phi' = I d\Omega = I dS' \cos\theta' / r^2,$$

从而照度

$$E = \frac{d\Phi'}{dS'} = \frac{I\cos\theta'}{r^2}, \tag{11.7}$$

上式表明，$E \propto \cos\theta'$ 和 $1/r^2$，后者是读者熟知的平方反比律．

（2）面光源产生的照度

如图 11-9，在光源表面和被照射面上各取一面元 dS 和 dS'，令二者连线与各自的法线 n，n' 的夹角分别为 θ，θ'，面光源的亮度为 B，则由 dS 发出并照射在 dS' 上的光通量为

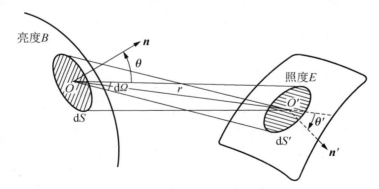

图 11-9　面光源的照度

$$d\Phi' = B d\Omega dS\cos\theta = B\left(\frac{dS'\cos\theta'}{r^2}\right) dS\cos\theta$$

$$= \frac{B dS dS' \cos\theta \cos\theta'}{r^2}, \tag{11.8}$$

式中 $d\Omega = dS'\cos\theta'/r^2$ 是 dS' 对 dS 的中心 O 点所张的立体角．上式对 dS 积分并除以 dS'，即得 dS' 上的照度

$$E = \iint\limits_{(光源表面)} \frac{BdS\cos\theta\cos\theta'}{r^2}. \tag{11.9}$$

值得注意的是,面元 dS 和 dS′ 在表达式(11.8)中的地位是对称的,从这里我们得到光源与被照面可以互易的结论:倘若 dS′ 是亮度为 B 的面光源,它将产生同样的通量照射在 dS 上.

例题 计算均匀余弦发射圆盘在轴上一点产生的垂直照度.设盘的半径为 R,亮度为 B.

解
$$r^2 = r'^2 + z^2,$$

$$\cos\theta = \cos\theta' = \frac{z}{\sqrt{r'^2 + z^2}},$$

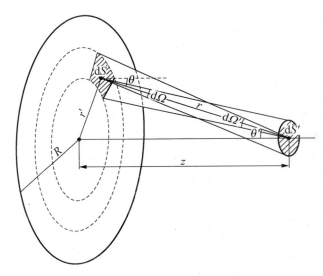

图 11-10 例题——圆盘光源在轴上的垂直照度

式中字母的含义见图 11-10.按式(11.8)有

$$d\Phi' = 2\pi BdS' \int_0^R \frac{z^2 r' dr'}{(r'^2 + z^2)^2} = \frac{\pi R^2 BdS'}{R^2 + z^2}.$$

而照度

$$E = \frac{d\Phi'}{dS'} = \frac{\pi R^2 B}{R^2 + z^2}. \tag{11.10}$$

当 $z \gg R$ 时,发光圆盘可看成是发光强度 $I = \pi R^2 B$ 的点光源,$E \approx \pi R^2 B / z^2 = I / z^2$,亦即在此极限情形下它和点光源一样,产生的照度遵循平方反比律. ▌

11.5 光度学单位的定义

上面引进了一系列光度单位:流明、坎德拉、熙提、勒克斯等.选择其中之一为基本单位,其他便可作为导出单位.在光度学中采用发光强度的单位为基本单位.

早年发光强度的单位叫做烛光,它是通过一定规格的实物基准来定义的.最初的基准是标准蜡烛,后来用一定燃料的标准火焰灯,以至标准电灯.所有上述标准具在一般实验室中都不易复制,并且很难保证其客观性和准确度.1948 年第 9 届国际计量大会决定用一种绝对黑体辐射器作标准具,并给予发光强度以现在的命名——坎德拉.坎德拉是国际单位制(SI)的七个基本单位之一,其修正了的定义是 1967 年第 13 届国际计量大会上规定的:"坎德拉是在 101 325N/m² 压力下,处于铂凝固温度的黑体的(1/600 000)m² 表面垂直方向上的发光强度".现代照明技术和电子光学工业的发展,各种新型光源和探测器的出现,要求对各种复杂辐射进行准确测量,而上述坎德拉的定义是以铂在凝固点下的光谱成分为基点的,要换算到其他光谱成分,还要相应的视见函数值,很不易准确.此外上述定义中未明确规定最大光功当量 K_M 之值,影响整个光度学和辐射度学之间的换算关系.1979 年第 16 届国际计量大会通过决议,废除上述坎德拉的定义,并规定其新定义为:

"坎德拉是发出 540×10^{12} Hz 频率的单色辐射源在给定方向上的发光强度,该方向上的辐射强度为(1/683)W/sr."

在上述定义中,频率 540×10^{12} Hz 是当视见函数 $V(\lambda)$ 取最大值 1 时,且在空气中波长接近 5550Å 的单色辐射的频率为 540.0154×10^{12} Hz 略去其尾数而得.因频率与空气折射率无关,在定义中采用频率比波长更为严密.这个定义等于说规定了最大光功当量 K_M 之值为 683 lm/W.有了坎德拉和流明,亮度和照度的单位熙提和勒克斯也就定下来了.

为了使读者对光度学单位的大小有个概念,表Ⅰ-5 和表Ⅰ-6 分别给出一些常见的实际情形中的亮度和照度值.

表Ⅰ-5　常见光源的亮度

在地球大气层外看到的太阳	约 190 000 sb
通过大气看到的太阳	约 150 000 sb
钨丝白炽灯	约　　 500 sb
蜡烛火焰	约　　 0.5 sb
通过大气看到的满月	约　　 0.25 sb
晴朗的白昼天空	约　　 0.15 sb
没有月亮的夜空	约　　 10^{-8} sb

表Ⅰ-6　一些实际情况下的照度

无月夜天光在地面上的照度	3×10^{-4} lx
接近天顶的满月在地面上的照度	0.2　 lx
办公室工作所必需的照度	20—100 lx
晴朗夏日在采光良好的室内照度	100—500 lx
夏天太阳不直接照到的露天地面上的照度	10^3—10^4 lx

习 题

1. 在离桌面 $1.0m$ 处有盏 $100cd$ 的电灯 L,设 L 可看作是各向同性的点光源,求桌上 A,B 两点的照度(见图).

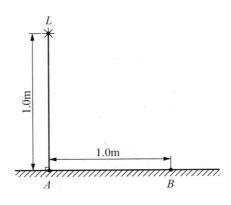

习题 1 图

2. 若上题中电灯 L 可垂直上下移动,问怎样的高度使 B 点的照度最大.

3. (1)设天空为亮度均匀的朗伯体,其亮度为 B,试证明,在露天水平面上的照度为 $E=\pi B$;

(2)在上面的计算中,与我们假设天空是怎样形状的发光面有无关系? 与被照射面的位置有无关系?

4. 试证明,一个理想漫射体受到照度为 E 的辐射时,反射光的亮度 $B=E/\pi$.

5. 阳光垂直照射地面时,照度为 1.0×10^5 lx. 若认为太阳的亮度与光流方向无关,并忽略大气对光的吸收,且已知地球轨道半径为 1.5×10^8 km,太阳的直径为 1.4×10^6 km,求太阳的亮度.

*§12 像的亮度、照度和主观亮度

人们往往笼统地谈论光具组成像的亮暗,其实仔细分析起来,这里有两个不同的概念,其一是像的照度,另一是像的亮度.

决定照相底片感光程度的,是投射在每个面之上总光通量的多少,因此这里是像的照度问题.助视光学仪器的像是眼睛视察的对象,而瞳孔只接收一定立体角内的光通量. 也就是说,从每个面元发出的总光通量中有多少能进入瞳孔,要看单位立体角内光通量的多少.因此这里是像的亮度问题. 投影仪器的问题要复杂一些,这里的问题有两个方面,一是投影仪器在幕上成的像,另一是观众所看到经幕反射的像.前者是照度问题,后者是亮度问题,但二者有联系. 若屏幕是理想的漫射体,不管投射到其上的光通量的角分布如何,反射光总是服从朗伯定律的.这时反射光的亮度又与入射光的照度有如下关系:

$$B = \frac{E}{\pi}.$$ (12.1)

这公式请读者自己推导出来[①].

12.1 像的亮度

如图 12-1 所示,设 y, σ, B, u_0, n 分别为傍轴小物的线度、面积、亮度和入射孔径角、物方折射率,$y', \sigma', B', u_0', n'$ 为像方的相应量,则射进光瞳的光通量为

$$\Phi = \int B\sigma \cos u \mathrm{d}\Omega = \int_0^{u_0} B\sigma \cos u \sin u \mathrm{d}u \int_0^{2\pi} \mathrm{d}\varphi,$$

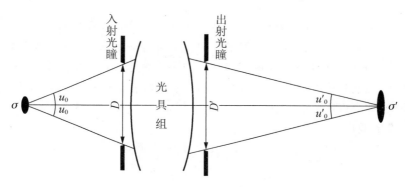

图 12-1 像的亮度和照度

对于朗伯体,上式给出

$$\Phi = \pi B\sigma \sin^2 u_0 \quad \text{或} \quad B = \frac{\Phi}{\pi\sigma \sin^2 u_0}.$$ (12.2)

同理,由出射光瞳射出的光通量为

$$\Phi' = \pi B'\sigma' \sin^2 u_0' \quad \text{而} \quad B' = \frac{\Phi'}{\pi\sigma' \sin^2 u_0'}.$$ (12.3)

式(12.3)除以(12.2),得

$$\frac{B'}{B} = \frac{\Phi'}{\Phi} \frac{\sin^2 u_0}{\sin^2 u_0'} \frac{\sigma}{\sigma'}.$$ (12.4)

当光线在光具组内遇到折射面时,总有一部分光通量被反射掉,玻璃内也或多或少有些吸收,所以一般 $\Phi' < \Phi$,通常把二者之比称为光具组的透光系数,用 k 来代表,

$$k = \frac{\Phi'}{\Phi} \leqslant 1.$$ (12.5)

利用正弦条件

$$ny\sin u_0 = n'y'\sin u_0'$$ (12.6)

和

$$\frac{\sigma}{\sigma'} = \frac{y^2}{y'^2},$$ (12.7)

---

① 参见 §11 习题 4.

由式(12.4)得

$$\frac{B'}{B}=k\left(\frac{n'}{n}\right)^2. \tag{12.8}$$

以上便是像的亮度 B' 与物的亮度 B 间的关系. 在 $n=n'$ 的情况下

$$B'=kB. \tag{12.9}$$

若忽略光通量在光具组中的损失, 即令 $k\approx1$, 于是得到 $B'\approx B$. 这表明, 像的亮度与物像位置和放大率无关, 且在 $n=n'$ 的条件下近似等于物的亮度. 也就是说, 光具组基本上不改变像的亮度.

也许读者会觉得这个结论有些意外. 当像被放大的时候, 来自其上单位面积的光通量减少了, 为什么它的亮度不变呢? 如果我们仔细思考一下, 这个结论是不难理解的. 因为正弦条件告诉我们: 在像被放大的同时, 光束的孔径变小了[①]. 虽然来自单位面积的总光通量减少了, 但它集中在较小的孔径内, 从单位面积上在单位立体角内发出的光通量仍可维持不变, 即亮度不变.

12. 2　像的照度

设想在图 12-1 中像平面上放置一幕, 则其上像的照度为

$$E=\frac{\Phi'}{\sigma}=\pi B'\sin^2 u'_0=k\pi B\left(\frac{n'}{n}\right)^2\sin^2 u'_0 \tag{12.10}$$

$$=k\pi B\,\frac{\sin^2 u_0}{V^2}, \tag{12.11}$$

其中 V 是横向放大率, $V^2=\sigma'/\sigma$.

在傍轴近似下, 上式化为

$$E=k\pi B\left(\frac{n'}{n}\right)^2 u'^2_0=\frac{k\pi B u_0^2}{V^2}. \tag{12.12}$$

以上便是我们要推导的像的照度公式. 下面分析两个有实际意义的特殊情况.

(1)像距远大于焦距的情形

投影仪器属于这种情形. 这时当像平面的位置在很大范围内改变时, 物平面总在物方焦面附近, 因此入射孔径角 u_0 近似是个常数. 由式(12.11)可以看出, 幕上像的照度与横向放大率的平方(或者说像的面积)成反比. 在放映电影或幻灯时, 幕远了, 像就放大了, 但同时变暗了, 这是不少读者熟悉的事实.

(2)物距远大于焦距的情形

照相机和眼睛属于这种情形. 这时当物体的位置在很大范围改变时, 像平面(感光片或网膜)总在像方焦面附近, 因此出射孔径角 u'_0 近似是个常数. 由式(12.12)可以看出, 这时像的照度是不变的. 所以当我们用照相机拍摄远近不同但亮度相同的物体时, 底片的

---

① 在傍轴条件下, 正弦条件化为 $VW=$ 常数 $\times(n/n')$, 即横向放大率 V 与角放大率 W 成反比, 参见式(7.6), (7.7).

感光程度是一样的. 因此, 我们选择曝光时间, 就无需考虑物体的距离[1].

为简单起见, 我们假定照相机或眼睛的光具组是一个薄透镜, 孔径光阑和光瞳就在这透镜附近, 于是

$$s' \approx p' \approx f' = \frac{n'}{n} f, \quad D \approx D',$$

$$u_0' \approx \frac{D'}{2p'} = \frac{D}{2f'} = \frac{n}{n'} \cdot \frac{D}{2f},$$

式中 D, D' 为入射光瞳和出射光瞳的直径, p' 的意义见图 5-1. 因此像的照度为

$$E = \frac{k\pi B}{4} \left(\frac{D}{f} \right)^2, \tag{12.13}$$

D 与 f 之比, 称为光具组的相对孔径. 上式表明, 像的照度 E 正比于相对孔径 D/f 的平方. 一般照相机上光圈刻度的标记值 $1.4, 2, 2.8, 4, 5.6, 8, 11, 16, \cdots$ 就是相对孔径的倒数 f/D. 这序列中后一个数近似为前一个的 $\sqrt{2}$ 倍, 因此相对孔径按 $1/\sqrt{2}$ 的比值递减, 从而照度依次减少一半, 所需曝光时间依次增加一倍.

12.3　主观亮度

分布在网膜上的每个感光单元各自独立地接受光通量的刺激. 扩展光源在网膜上的像照度愈大, 照射在它所覆盖的面积内每个感光单元上的光通量就愈多. 所以对于扩展光源, 我们规定眼睛的主观亮度 H 就是网膜上像的照度.

用肉眼直接观察物体获得的主观亮度 H_0, 称为天然主观亮度. 扩展光源的天然主观亮度为

$$H_0 \equiv E = \left(\frac{n'}{n} \right)^2 \frac{k\pi B}{4} \left(\frac{D_e}{f} \right)^2, \tag{12.14}$$

式中 D_e 是瞳孔的直径, f 是眼睛的焦距. 式(12.14)表明, H_0 与物的亮度 B 成正比, 与光源的距离无关.

当我们用助视光学仪器观察物体时, 式(12.14)中的 B 应为仪器所成像的亮度 B' 所代替. 如前所述, 在 $n = n'$ 时, $B' \approx B$. 但这是否说, 通过仪器观察物体时的主观亮度总是和天然主观亮度一样呢? 可以证明, 望远镜和显微镜出射光瞳的直径 D' 都与视角放大率 M 成反比. 对于望远镜 $(D')^2 = (D/M)^2$[2], 对于显微镜, $(D')^2 \propto (\text{N. A.}/M)^2$, 其中 D 为望远镜入射光瞳的直径, $\text{N. A.} \equiv n\sin u_0$ 称为显微镜的数值孔径[3]. 当放大率超过某一数值时(这数值称为正常放大率), 出射光瞳变得比眼睛的瞳孔还小. 在这种情况下, 式(12.14)中的 D_e 应为仪器出射光瞳的直径 D' 所代替, 从而主观亮度变小了. 所以, 通过望远镜或显微镜观察物体时, 如果放大率小于正常放大率, 主观亮度与天然主观亮度相等; 如果放大率大于正常放大率, 主观亮度将小于天然主观亮度. 高倍显微镜的放大率一般

---

① 这结论不适用于拍摄十分近的物体(如翻拍文件)时的情况.

② 参见 § 9 习题 2.

③ 参见 § 10 习题 4.

大于正常放大率,所以它的像的主观亮度小于天然主观亮度.用高倍显微镜观察物体时,我们感到像较暗,便是这个道理.在这种放大率大于正常放大率的情况下,对于给定的放大率,主观亮度与数值孔径的平方成正比.这也是高倍显微镜需要有尽可能大的数值孔径的原因.油浸镜头有助于这一点.

上面讨论的都是扩展光源的主观亮度.如果是点光源,由于其线度非常小,或位置非常远(例如星体),它在网膜上的像落在个别的感光单元上,所以来自点光源的光通量只刺激网膜上个别的感光单元,它的主观亮度不取决于像的照度,而取决于进入瞳孔总光通量.当我们用望远镜观察点光源时,如果它的入射光瞳越大,它就把越多的光通量集中起来射入观察者的瞳孔(图 12-2).所以望远镜可以使点光源的主观亮度大大增加.利用望远镜观察星体,可以使星体的主观亮度增大,但不改变作为扩展光源的天空背景的主观亮度.这样一来,星体与天空背景主观亮度的对比加大了,使我们在白昼也能看到星体.

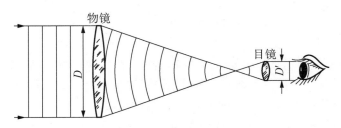

图 12-2　望远镜可增大点光源的主观亮度

思　考　题

1. 在一个大晴天,我们可以用一个放大镜把阳光会聚到焦点上,引起纸片或干木屑的燃烧,这是尽人皆知的事实.相传古代阿基米德曾用长焦距的镜子会聚日光烧毁了停泊在远处的敌舰.多少代来,这个传说一直吸引着发明家的遐想.你能用科学的论据来辨明这个传说的真伪吗?

2. 拟建望远镜物镜(拼合反光镜)的直径为 15m,你能大致估计出它的放大倍率吗?

习　题

1. 太阳表面的辐射亮度为 $2×10^7 \mathrm{W/m^2 \cdot sr}$,用相对孔径 $D/f=1.5$ 的放大镜将阳光聚焦成光斑的最大辐射照度是多少?

2. 一屏放在离烛 100cm 处,把一会聚薄透镜放在烛和屏之间,透镜有两个位置可以在屏上得到烛的像,这两个位置相距 20cm,在屏上烛的两个像的照度相差多少倍?

3. 望远镜物镜的直径 75mm,当放大率为(1)20 倍,(2)25 倍,(3)50 倍时,求望远镜中月亮的像的主观亮度与天然主观亮度之比.设眼睛瞳孔的直径为 3.0mm.

4. 一天文望远镜的物镜直径等于 18cm,透光系数为 0.50,已知肉眼可直接观察到六等星.求(1)用此望远镜所能看到的最弱星等;(2)最适宜观察星的放大率(正常放大率);(3)当放大率为 10 倍时可见到星的等次.设眼睛瞳孔的直径值可取 3.0mm.

【注:星等增加一等,其亮度减小 $\sqrt[5]{100} \approx 2.5$ 倍.】

5. 求数值孔径为 1.5 的显微镜的正常放大率,设瞳孔直径为 3.0mm.

第二章　波动光学基本原理

几何光学和波动光学是经典光学的两个组成部分.几何光学从光的直线传播、反射、折射等基本实验定律出发,讨论成像等特殊类型的光的传播问题,它在方法上是几何的,在物理上不必涉及光的本性.但是,要真正理解光,理解光场中可能发生的一切绚丽多彩的景象,必须研究光的波动性.此外,也只有从光的波动理论才能看出几何光学理论的限度.

波动是自然界中相当普遍的一类运动形式,在力、热、电、光各个领域中无处不有.尽管各种波动的具体形态各异,其间却存在着非常明显的共性.无论在基本概念、基本原理方面,还是在所用的数学语言和计算方法方面,它们都具有惊人的相似性,甚至可以说几乎完全一样.然而,光波是特定波段内的电磁波,其波长按宏观尺度看来非常小,以及发射源是微观客体,这使它带有一些自己的特点.光波的特点集中地反映在研究和应用它的实验装置和仪器上.这些仪器装置的设计往往需要针对光波的特点,作种种十分细腻,甚至令人感到"琐碎"的考虑.鉴于以上情况,我们把波动光学,或者更广泛些,一般波动理论中带普遍意义的基本原理和计算方法集中起来,在本章中优先加以介绍.有关波动光学的各种仪器装置和重要应用中的细致问题,留给后面几章去讨论.

§1　定态光波与复振幅描述

1.1　波动概述

振动在空间的传播形成波动.波场中每点的物理状态随时间作周期性的变化,而在每一瞬时波场中各点物理状态的空间分布也呈现一定的周期性,因此,我们说波动具有时空双重周期性.此外,伴随着波动,总有能量的传输.具有时空双重周期性的运动形式和能量的传输,是一切波动的基本特性,不具备这种特性的事物,不能成为严格意义下的波动.

波场中物理状态的扰动可用标量场描述的,称为标量波;需用矢量场描述的,称为矢量波[①].例如,密度波、温度波等是标量波,电磁波(包括光波)是典型的矢量波.矢量波可以有一个纵方向(与传播方向平行)的自由度和两个横方向(与传播方向垂直)的自由度.自由空间的电磁波(光波)是横波,它有两个自由度,它们对应着两个独立的偏振状态.

如第一章2.1节所述,波场的几何描述使用波面和波线的概念.波面,也叫做等相面,它是扰动的相位相等的各点的轨迹.一般说来,波面是三维空间里的曲面族.能量传播的路径叫做波线,在各向同性介质中波线是与波面处处正交的空间曲线族.在各向异

---

① 除了标量波和矢量波外,还可以有形式更复杂的波动——张量波,如固体中的弹性波、引力波等属之.

性介质中情况比较复杂,波线与波面一般不正交,详细情况留待第七章讨论.

波面为球面的波,叫做球面波.波面为平面的波,叫做平面波.球面波就是几何光学中所说的同心光束;平面波是平行光束,它也可看成是中心位于无穷远的同心光束.在具有多种形状波面的波动中,球面波和平面波占有特殊的地位.这一方面是因为它们比较简单,从而也被研究得比较透彻;另一方面是因为任何形状的波面可看作是点源的集合.点光源之于光学,正像质点之于力学、点电荷之于电学一样,是建筑整个理论体系的砖石.当光束经过光学系统改造后形成的波场,一般是比较复杂的.例如图 1-1 所示的高斯光束,起初其波面是平的,随后逐渐向球面过渡.这是平行光发生衍射后演化成的一类光束.现代光学的思想就是要在复杂的波场中分离出简单的成分——球面波或平面波.基于上述种种理由,球面波和平面波将是今后我们讨论的重点.我们要从各个角度去仔细研究它们,如研究它们的描述、识别和互相转化等问题.

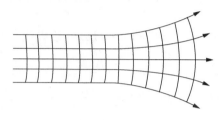

图 1-1　高斯光束

1.2　定态光波的概念

具有如下性质的波场叫定态波场:

(1)空间各点的扰动是同频率的简谐振荡(频率与振源相同);

(2)波场中各点扰动的振幅不随时间变化,在空间形成一个稳定的振幅分布.

严格的定态光波要求波列无限长.但任何实际光源的发光过程总是有限的,特别从微观角度看,发光过程是断断续续的.以后我们会看到,有限波列不可能是严格单色的.不过当波列的持续时间比扰动的周期长得多时,除了考虑某些特殊问题(如时间相干性)外,我们可把它当作无限长单色波列处理,这样的波在空间传播时形成定态波场.今后,如果没有特别的必要,我们一律以定态光波为讨论对象.

普遍的定态标量波的表达式为

$$U(P,t)=A(P)\cos[\omega t-\varphi(P)],\tag{1.1}$$

其中 P 代表场点,函数 $A(P)$ 反映振幅的空间分布,$\varphi(P)$ 反映相位的空间分布,二者都与时间 t 无关.波函数 $U(P,t)$ 中唯一与 t 有关的是相位因子中独立的一项 ωt(ω 为圆频率),这项又是与场点坐标无关的.

诚然,定态光波的波面也可以有各式各样的形状,如 1.1 节所述,我们重点讨论定态平面波和球面波.

(1)平面波波函数 $U(P,t)$ 的特点是:

(ⅰ)振幅 $A(P)$ 是常数,它与场点坐标无关;

（ⅱ）相位 $\varphi(P)$ 是直角坐标的线性函数，即

$$\varphi(P)=\boldsymbol{k}\cdot\boldsymbol{r}+\varphi_0=k_x x+k_y y+k_z z+\varphi_0,\tag{1.2}$$

式中矢量 $\boldsymbol{k}=k_x\hat{\boldsymbol{x}}+k_y\hat{\boldsymbol{y}}+k_z\hat{\boldsymbol{z}}$ 是波矢，其大小 k 与波长 λ 的关系为 $k=2\pi/\lambda$，它的方向代表波的传播方向．$\boldsymbol{r}=x\hat{\boldsymbol{x}}+y\hat{\boldsymbol{y}}+z\hat{\boldsymbol{z}}$ 是场点 P 的位置矢量，这里 $\hat{\boldsymbol{x}},\hat{\boldsymbol{y}},\hat{\boldsymbol{z}}$ 是沿直角坐标轴的三个单位基矢．$-\varphi_0$ 是坐标原点 O 处的初相位[1]．

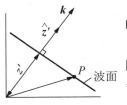

图 1-2　平面波的波
矢与波面

为了说明式（1.2）的由来，可如图 1-2，将新坐标轴 z' 取在波矢 $\hat{\boldsymbol{k}}$ 的方向，这时

$$\varphi(P)=kz'+\varphi_0.$$

因 $z'=\hat{\boldsymbol{z}}'\cdot\boldsymbol{r}$（$\hat{\boldsymbol{z}}'$ 是沿 z' 轴的单位基矢，即沿 $\hat{\boldsymbol{k}}$ 的单位矢量 $\hat{\boldsymbol{k}}$），故 $kz'=k\hat{\boldsymbol{z}}'\cdot\boldsymbol{r}=k\hat{\boldsymbol{k}}\cdot\boldsymbol{r}=\boldsymbol{k}\cdot\boldsymbol{r}$，代入上式即得式（1.2）．

由解析几何的知识可知，波面方程 $\varphi(P)=$ 常数确实代表一个以 $\boldsymbol{k}$ 方向为法线的平面．给定 $\boldsymbol{k}$ 或其三个分量，我们可立即写出平面波的相位分布 $\varphi(P)$ 来；反之，给出线性相位因子 $\varphi(P)$，亦可导出平面波的波矢和波面的取向．

（2）球面波波函数 $U(P,t)$ 的特点是：

（ⅰ）振幅 $A(P)=a/r$ 反比于场点到振源的距离 r，这是能量守恒的要求．

（ⅱ）相位分布的形式为

$$\varphi(P)=kr+\varphi_0,\tag{1.3}$$

$-\varphi_0$ 是振源的初相位．不难看出，波面方程 $\varphi(P)=$ 常数确实代表以振源为中心的一个球面．

光波是一种电磁波，它是矢量横波，定态电磁波需用两个矢量场来描述：

$$\begin{cases}\boldsymbol{E}(P,t)=\boldsymbol{E}_0(P)\cos[\omega t-\varphi(P)],\\ \boldsymbol{H}(P,t)=\boldsymbol{H}_0(P)\cos[\omega t-\varphi(P)].\end{cases}\tag{1.4}$$

其中 $\boldsymbol{E}$ 和 $\boldsymbol{H}$ 分别是电场强度和磁场强度矢量，$\boldsymbol{E}_0(P)$ 和 $\boldsymbol{H}_0(P)$ 分别是它们的振幅分布．在一定的条件下，往往只需考虑光波中振动矢量的某一分量，这时矢量波可作标量波处理．大体说来，在各向同性介质中满足傍轴条件时，用标量波理论处理光的干涉、衍射问题得到的结果基本正确．

1.3　复振幅描述

用复数来描述简谐振动，读者是不会生疏的，这问题在力学（简谐振动部分）和电学（交流电部分）都曾遇到过，办法是用一个复指数函数与余弦（或正弦）函数对应．这样做的依据是它们的运算规律（叠加，微分和积分）是对应的，用复数运算来代替简谐量的运算曾给我们带来极大的方便[2]．

定态波场中各点的扰动是同一频率的简谐振动，我们同样可将它的表达式用一个对

---

① 有关 φ_0 前的负号，参见 1-3 节注．

② 参见赵凯华、陈熙谋，《电磁学》，下册第七章和附录 C，人民教育出版社．

应的复数式代替. 例如对于式(1.1), 有如下对应关系:

$$U(P,t)=A(P)\cos[\omega t-\varphi(P)] \iff \tilde{U}(P,t)=A(P)e^{\pm i[\omega t-\varphi(P)]},$$

式中指数上的正负号代表两种不同的选择, 运算时可采用任何一种, 它们实质上完全等效. 纯粹由于习惯(也许还有某些计算上的方便), 本书选用负号[1], 即

$$\tilde{U}(P,t)=A(P)e^{i[\varphi(P)-\omega t]}=A(P)e^{i\varphi(P)}e^{-i\omega t}. \tag{1.5}$$

可以看出, 在上式中包含时间和空间变量的两部分完全分离, 成为独立的因子. 在讨论单色波场中各点扰动的空间分布时, 时间因子 $e^{-i\omega t}$ 总是相同的, 常可略去不写, 剩下的空间分布因子

$$\tilde{U}(P)=A(P)e^{i\varphi(P)} \tag{1.6}$$

称为复振幅, 复振幅 $\tilde{U}(P)$ 由两部分组成, 其模量 $A(P)$ 代表振幅在空间的分布, 其辐角 $\varphi(P)$ 代表相位在空间的分布. 复振幅集定态波场中两个空间分布于一身, 其优越性正体现在这里.

1.4 平面波和球面波的复振幅

下面我们把复振幅的概念运用于平面波和球面波这两个重要的特例:

(1)平面波

如 1.2 节所述, 对于平面波, $A(P)=A$(常数), 相位

$$\varphi(P)=\boldsymbol{k}\cdot\boldsymbol{r}+\varphi_0=k_x x+k_y y+k_z z+\varphi_0,$$

故其复振幅为

$$\tilde{U}(P)=A\exp[i(\boldsymbol{k}\cdot\boldsymbol{r}+\varphi_0)] \tag{1.7}$$

$$=A\exp[i(k_x x+k_y y+k_z z+\varphi_0)]. \tag{1.8}$$

再次强调, 平面波的特点是: (i)振幅为常数; (ii)具有线性相位因子. 今后我们遇到的问题, 往往不是已知一平面波, 写出其复振幅的表达式; 而是反过来, 给出一个复振幅的表达式, 判断它是否为平面波, 以及是怎样的平面波. 上述两个特点将是我们判断的依据, 波矢的方向和大小也可由线性相位因子的系数定出来.

(2)球面波

对于球面波, $A(P)=a/r, \varphi(P)=kr+\varphi_0$, 故其复振幅为

$$\tilde{U}(P)=\frac{a}{r}\exp[i(kr+\varphi_0)], \tag{1.9}$$

这里 r 是场点 P 到振源的距离. 若采用直角坐标系, 设振源在 x_0, y_0, z_0 位置上, 则有

$$\tilde{U}(x,y,z)=\frac{a}{\sqrt{(x-x_0)^2+(y-y_0)^2+(z-z_0)^2}}$$

$$\times\exp[i(k\sqrt{(x-x_0)^2+(y-y_0)^2+(z-z_0)^2}+\varphi_0)]. \tag{1.10}$$

可见, 除非采用原点在波源上的球坐标系, 球面波复振幅的函数形式是比较复杂的.

---

[1] 按照这种选择, 指数上正相位代表落后, 负相位代表超前, P 点的实际初相位为 $-\varphi(P)$, 振源的初相位为 $-\varphi_0$.

例题　已知相位分布 $\varphi(P) = lx + my + nz + p$，求波的传播方向和波长.

解　这是平面波的线性相位分布. 波矢的方向余弦为

$$\cos\alpha = \frac{l}{k}, \quad \cos\beta = \frac{m}{k}, \quad \cos\gamma = \frac{n}{k},$$

其中 k 为波矢的大小，

$$k = \sqrt{l^2 + m^2 + n^2},$$

波长 $\lambda = 2\pi/k = 2\pi/\sqrt{l^2 + m^2 + n^2}$. 注意，对于给定的 ω，在 l, m, n 三个系数中只有两个是独立的，这是波动方程的要求. ▌

1.5　强度的复振幅表示

我们知道，任何波的强度都正比于振幅的平方，光波也不例外（参见绪论）. 在许多场合只需要知道光强的相对分布，这时可直接令光强 I 等于振幅 A 的平方：

$$I(P) = [A(P)]^2. ①$$

因 $A(P)$ 是复振幅 $\tilde{U}(P)$ 的模，故可写为

$$I(P) = \tilde{U}^*(P)\tilde{U}(P), \tag{1.11}$$

式中 $\tilde{U}^*$ 是 $\tilde{U}$ 的复数共轭. 在这里相位因子彼此相消，它不进入强度 I 的表达式中. 式 (1.11) 是一个由复振幅分布求光强分布的常用公式.

思　考　题

1. 在气象数据的分析研究中经常使用"压力波"、"高度波"等术语. 设某一纬圈同一高度的气压随经度的变化呈正弦式的周期性，人们就称它为"气压波"；又设某一纬圈同一气压的高度值随经度的变化呈正弦式的周期性，人们称它为"高度波". 你认为这些确是一种波动吗？交变电流在示波器上显示的稳定波形是一种波动吗？

2. 在下列情况下你能确定一个点波源的位置吗？

(1) 已知在三个特定位置的接收器记录到的强度；

(2) 已知点源发振后三个接收器所记录的首波之间的时差 $\Delta t_{12}, \Delta t_{23}$ 和波速；

(3) 上述两条同时已知.

3. 你能用什么简便的方法测定一个无法直接接近的点光源的位置？

习　　题

1. 钠黄光（D 双线）包含的波长为 $\lambda_1 = 5890\text{Å}$ 和 $\lambda_2 = 5896\text{Å}$，设 $t=0$ 时两波列的波峰在 O 点重合，问：

(1) 自 O 点起算，沿传播方向多远的地方两波列的波峰还会重合？

---

①　对于矢量波，若同时存在多个正交分量的振动时，总强度应为各分量强度之和. 例如对于沿 z 方向传播的平面光波

$$I = A_x^2 + A_y^2.$$

(2)经过多长时间以后,在 O 点又会出现两列波的波峰重合的现象?

2. 写出沿 z 轴传播的平面波的复振幅.

3. 写出在 x-z 平面内沿与 z 轴成 θ 角的方向传播的平面波的复振幅.

4. 如图,一平面简谐波沿 x 方向传播,波长为 λ,设 $x=0$ 点的相位 $\varphi_0=0$,

(1)写出沿 x 轴波的相位分布 $\varphi(x)$;

(2)写出沿 y 轴波的相位分布 $\varphi(y)$;

(3)写出沿 r 方向波的相位分布 $\varphi(r)$.

5. 如图,一平面简谐波沿 r 方向传播,波长为 λ,设 $r=0$ 点的相位为 φ_0.

(1)写出沿 r 方向波的相位分布 $\varphi(r)$;

(2)写出沿 x 轴波的相位分布 $\varphi(x)$;

(3)写出沿 y 轴波的相位分布 $\varphi(y)$.

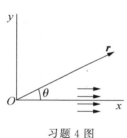

习题 4 图

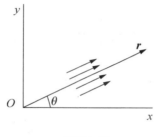

习题 5 图

6. 写出向 $P(x_0,y_0,z_0)$ 点会聚的球面波的复振幅.

§2 波 前

2.1 波前的概念

"波前"一词,过去人们常指的是一个等相面(波面),或走在最前面的波面,这后一种含义只对冲击波一类非定态波有意义.今后我们在研究定态光波时,将用"波前"一词泛指波场中任一曲面,更多地是指一个平面,如记录介质、感光底片、接收屏幕、透明的黑白画面等所在的平面,或透镜前后的某个平面.在实际问题中人们有时不必泛泛地讨论三维波场里复振幅的分布,也无需追求复杂波场中波面的形状和波线的轨迹,而只关心某一特定波前上复振幅的二维分布.一列波携带着许多信息,如频率 ω,波长 λ 和传播方向(二者包含在波矢 k 中),振幅分布,相位分布,传播速度,等等.对于单色的定态波场,这些信息全部包含在三维的复振幅分布函数中了.然而通常光学系统中的一个元件只和波场中某个波前打交道,也就是说,与它有关的只是这个波前上的信息.至于波前上各种信息中哪些能被接收,或引起什么效果,则取决于接收器件的性能.但无论如何,我们要关心复振幅在波前上的二维分布问题.以下我们举一系列这方面的例子.

例题 1　一列平面波的传播方向平行于 $x-z$ 面,与 z 轴成倾角 θ,写出它在波前 $z=0$ 面上的复振幅分布[1].

解　该平面波波矢的三个分量分别为

$$k_x = k\sin\theta, k_y = 0, k_z = k\cos\theta.$$

设 $\varphi_0 = 0$,则

$$\tilde{U}(x,y,z) = A\exp[ik(x\sin\theta + z\cos\theta)],$$

在波前 $z=0$ 面上

$$\tilde{U}(x,y) = A\exp[ikx\sin\theta]. \tag{2.1}$$

例题 2　复振幅互为复数共轭的波,称为共轭波.上题中那列平面波的共轭波是怎样的一列波[2]?

解　与上例相共轭的波在波前 $z=0$ 上的复振幅分布为

$$\tilde{U}^*(x,y) = A\exp[-ikx\sin\theta] = A\exp[ikx\sin(-\theta)].$$

可见,它也是一列传播方向与 $x-z$ 平面平行的平面波,只是它与 z 轴的倾角换为 $\theta' = -\theta$ (见图 2-1).

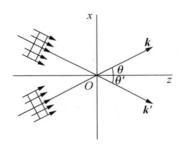

图 2-1　例题 1 和例题 2—— 一对共轭的平面波

例题 3　分别写出与 $z=0$ 平面距离为 R 的两个物点在此平面上产生的复振幅分布.一物点在 z 轴上,另一物点在轴外.

解　对于轴上物点 O(坐标为 $0,0,-R$)发出的球面波,其波前为

$$\tilde{U}(x,y) = \frac{a}{\sqrt{x^2+y^2+R^2}}\exp[ik\sqrt{x^2+y^2+R^2}]. \tag{2.2}$$

对轴外物点 O_1(坐标为 $x_1, y_1, -R$)发出的球面波,其波前为

$$\tilde{U}_1(x,y) = \frac{a}{\sqrt{(x-x_1)^2+(y-y_1)^2+R^2}}$$
$$\times \exp[ik\sqrt{(x-x_1)^2+(y-y_1)^2+R^2}]. \tag{2.3}$$

---

①　我们今后有时把波前上的复振幅分布函数简称波前或波前函数.

②　若不特别声明,我们总假设波都来自波前的同一侧(左侧).

例题 4 上题中两球面波的共轭波分别是怎样的波?

解 $\widetilde{U}^*(x,y)=\dfrac{a}{\sqrt{x^2+y^2+R^2}}\exp[-ik\sqrt{x^2+y^2+R^2}],$

$$\widetilde{U}_1^*(x,y)=\dfrac{a}{\sqrt{(x-x_1)^2+(y-y_1)^2+R^2}}$$
$$\times\exp[-ik\sqrt{(x-x_1)^2+(y-y_1)^2+R^2}].$$

它们都是会聚的球面波,会聚中心 O^* 和 O_1^* 分别与 O 和 O_1 对波前成镜像对称(见图 2-2)[①]. ∎

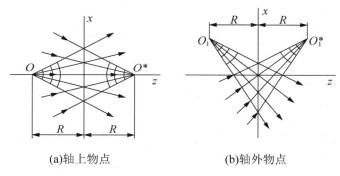

(a)轴上物点 　　　　(b)轴外物点

图 2-2 例题 3 和例题 4——两对共轭球面波

2.2 傍轴条件与远场条件(轴上物点)

今后在研究具体光学仪器和实验装置时我们将会经常遇到这样一类典型问题:x-y 是物平面,x'-y'是接收平面,二者相隔一定的距离 z(见图 2-3),讨论在物平面上某个点源的照明下接收平面上的波前如何?我们知道,一个半径很大的球面,其局部可近似看作是平面.显然,这里半径的大小是相对于局部曲面的横向线度而言的.当物平面和接收面的横向线度远小于 z 时,物点发出的球面光波可近似看成平面光波.但应注意,这不是一个纯粹的几何问题,而是一个物理问题.从物理(即波动)的意义上看,点光源距离与波前线度之比究竟需要大到什么程度,才能把球面波看作平面波?这要同时考察振幅分布和相位分布两个方面,为此,下面我们分两步回答这个问题,这里先看轴上物点 O,下一节再看轴外物点 Q.

如图 2-3 所示,点光源放在坐标原点 O 处.接收平面 x'-y'上场点 P 到 z 轴的距离为

---

① 向 O 和 O^* 会聚的球面波的复振幅分别是(参见 §1 习题 6):

$$\widetilde{U}^*(x,y,z)=\dfrac{a}{\sqrt{x^2+y^2+(z\pm R)^2}}\exp[-ik\sqrt{x^2+y^2+(z\pm R)^2}],$$

它们在 $z=0$ 波前上造成的二维分布皆为

$$\widetilde{U}^*(x,y)=\dfrac{a}{\sqrt{x^2+y^2+R^2}}\exp[-ik\sqrt{x^2+y^2+R^2}].$$

而来自波前同一方的波,只能是向 O^* 会聚的球面波.O_1 和 O_1^* 的情况也是一样.

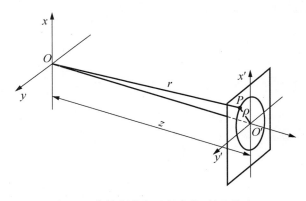

图 2-3 傍轴条件与远场条件（轴上物点）

$$\rho = \sqrt{x'^2 + y'^2}.$$

场点 P 到物点 O 的距离为

$$r = \sqrt{z^2 + \rho^2}. \tag{2.4}$$

从而在 $x'-y'$ 面上的球面波前为

$$\tilde{U}(x', y') = \frac{a}{\sqrt{z^2 + \rho^2}} \exp[ik\sqrt{z^2 + \rho^2}]. \tag{2.5}$$

若 $\rho^2 \ll z^2$，将 r 的表达式(2.4)作泰勒展开，保留到 ρ^2 项：

$$r = \sqrt{z^2 + \rho^2} = z\left(1 + \frac{\rho^2}{2z^2} - \cdots\right). \tag{2.6}$$

代入式(2.5)，得

$$\tilde{U}(x', y') = \frac{a}{z(1 + \rho^2/2z^2)} \exp\left[ik\left(z + \frac{\rho^2}{2z}\right)\right]. \tag{2.7}$$

这个分布函数与平面波前的差别有两点：一是振幅的分母中多一含 ρ^2 的项，二是相位因子中多一含 ρ^2 的项. 为了振幅中此项可忽略，只需

$$\frac{\rho^2}{z^2} \ll 1 \quad \text{或} \quad z^2 \gg \rho^2, \tag{2.8}$$

然而要使相位中该项可忽略，则需

$$\frac{1}{2}k\frac{\rho^2}{z} \ll \pi \quad \text{或} \quad z \gg \frac{\rho^2}{\lambda}, \tag{2.9}$$

这是因为在指数上的相位因子决定了函数的周期性. 每当相位因子改变 π 时，指数函数反号，这种变化是不可忽略的. 相位因子中只有远小于 π 的项才可忽略.

可见，球面波向平面波过渡，同时需要两个条件. 不等式(2.8)称为傍轴条件，它保证波前上接收到的振幅分布与平面波一样，是与场点无关的常数，但不一定能保证其上相位分布也具有平面波的特点. 不等式(2.9)称为远场条件，它保证波前上接收到的相位分布具有平面波的特点，但不一定保持振幅是常数. 傍轴条件与远场条件中哪一个更强？这要看 ρ 与 λ 的比值. 在光学中往往是远场条件蕴涵傍轴条件.

总之,(1)在满足傍轴条件 $\rho^2 \ll z^2$ 时,波前为

$$\tilde{U}(x', y') \approx \frac{a}{z} \exp\left[ik\left(z + \frac{x'^2 + y'^2}{2z}\right)\right], \tag{2.10}$$

其振幅已为常数,但相位中还保留平方项(二次相因子).

(2)在傍轴条件和远场条件 $\rho^2/\lambda \ll z$ 同时满足时,波前为

$$\tilde{U}(x', y') = \frac{a}{z} \exp[ikz]. \tag{2.11}$$

这时不仅振幅为常数,相位中也不存在平方项,$\tilde{U}(x', y')$ 是个与 x', y' 无关的常数,这正是垂直入射的平面波.

例题 5　设单色点光源发射的光波波长 $\lambda \sim 0.5\mu\mathrm{m}$,横向观测范围的线度 $\rho \sim 1\mathrm{mm}$,试估算傍轴距离和远场距离.

解　傍轴条件和远场条件两不等式都代表量级的比较,一般可取 10 倍—100 倍作估算. 我们约定取 50 倍,故此题中的傍轴距离应取

$$z_1 = \sqrt{50}\,\rho \approx 7\mathrm{mm},$$

远场距离应取

$$z_2 = 50\rho^2/\lambda = 100\mathrm{m}.$$

可见,由于光波很短,实际观测范围往往远大于波长,致使远场距离远大于傍轴距离,即远场条件蕴涵了傍轴条件. ▮

例题 6　某点声源发射的声波波长 $\lambda \sim 1\mathrm{m}$,横向探测范围的线度 $\rho \sim 10\mathrm{cm}$,试估算傍轴距离和远场距离.

解　傍轴距离取

$$z_1 = \sqrt{50}\,\rho \approx 70\mathrm{cm},$$

远场距离取

$$z_2 = 50\rho^2/\lambda = 50\mathrm{cm}.$$

可见对于这类长波,傍轴条件蕴涵了远场条件. ▮

从上面例题 5 可以看出,对于光波实现远场条件往往有困难,因为它所要求的距离之大可能对实验室条件来说是极不现实的. 但是我们可以利用透镜焦点和焦面的性质,把球面波转化为平面波. 如此既可保证远场条件的实现,又大大缩短了装置的长度,这是实际中经常使用的一种方法. 有关透镜如何具体地改变复振幅分布的问题,留给第五章讨论(见第五章 1.2 节).

2.3　傍轴条件与远场条件(轴外物点)

如图 2-4,过 O 点的 x-y 平面为物平面,过 O' 点的 x'-y' 平面为波前,二者间距为 z. 令物平面上任意光点 $Q(x, y)$ 到场点 $P(x', y')$ 的矢径为 $\boldsymbol{r}$,物平面中心 O 到 P 的矢径为 $\boldsymbol{r}_0$,Q 到波前中心 O' 的矢径为 $\boldsymbol{r}_0'$,它们的长度分别为

$$r = \sqrt{(x - x')^2 + (y - y')^2 + z^2}, \tag{2.12}$$

$$r_0 = \sqrt{x'^2 + y'^2 + z^2}, \tag{2.13}$$

$$r_0' = \sqrt{x^2 + y^2 + z^2}. \tag{2.14}$$

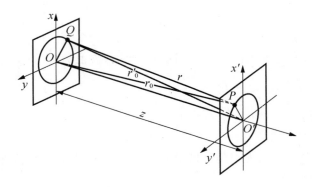

图 2-4　傍轴条件与远场条件(轴外物点)

点源 Q 在 $x'-y'$ 面上激发的球面波前为

$$\tilde{U}(x', y') = \frac{a}{r} \exp[\mathrm{i}kr]$$

$$= \frac{a}{\sqrt{(x-x')^2 + (y-y')^2 + z^2}} \exp[\mathrm{i}k\sqrt{(x-x')^2 + (y-y')^2 + z^2}]. \tag{2.15}$$

将 r_0, r_0' 和 r 的表达式(2.12)—(2.14)作泰勒展开:

$$r_0 = z + \frac{x'^2 + y'^2}{2z} + \cdots,$$

$$r_0' = z + \frac{x^2 + y^2}{2z} + \cdots,$$

$$r = z + \frac{x'^2 + y'^2}{2z} + \frac{x^2 + y^2}{2z} - \frac{xx' + yy'}{z} + \cdots$$

$$= r_0 + \frac{x^2 + y^2}{2z} - \frac{xx' + yy'}{z} + \cdots$$

或

$$r = r_0' + \frac{x'^2 + y'^2}{2z} - \frac{xx' + yy'}{z} + \cdots,$$

下面分几种情形来讨论:

(1)物点和场点都满足傍轴条件　$x^2, y^2 \ll z^2; x'^2, y'^2 \ll z^2$. 这时振幅中可令 $r \approx z$, 于是

$$\tilde{U}(x', y') = \frac{a}{z} \exp\left[\mathrm{i}k\left(r_0 + \frac{x^2 + y^2}{2z}\right)\right] \exp\left[\frac{-\mathrm{i}k}{z}(xx' + yy')\right] \tag{2.16}$$

$$= \frac{a}{z} \exp\left[\mathrm{i}k\left(r_0' + \frac{x'^2 + y'^2}{2z}\right)\right] \exp\left[\frac{-\mathrm{i}k}{z}(xx' + yy')\right]. \tag{2.16'}$$

此时只有振幅具有平面波的特点,即它等于常数. 在相位因子中既有 x 和 y 的平方项(在 r_0' 中),也有 x' 和 y' 的平方项(在 r_0 中),还有正比于 $xx' + yy'$ 的交叉项.

(2)场点满足傍轴条件,而物点同时满足傍轴条件和远场条件 $x^2/\lambda,y^2/\lambda\ll z$. 这时式 (2.16)的相位因子中 x 和 y 的平方项可忽略,

$$\tilde{U}(x',y')=\frac{a}{z}\mathrm{exp}\mathrm{i}kr_0\exp\left[\frac{-\mathrm{i}k}{z}(xx'+yy')\right]. \tag{2.17}$$

(3)物点满足傍轴条件,而场点同时满足傍轴条件和远场条件 $x'^2/\lambda,y'^2/\lambda\ll z$. 这时式(2.16′)的相位因子中 x' 和 y' 的平方项可忽略,

$$\tilde{U}(x',y')=\frac{a}{z}\mathrm{exp}\mathrm{i}kr_0'\exp\left[\frac{-\mathrm{i}k}{z}(xx'+yy')\right]. \tag{2.18}$$

此处相位因子中与场点坐标 x',y' 有关的只剩下线性项 $\frac{-\mathrm{i}k}{z}(xx'+yy')$ 了,即 $\tilde{U}(x',y')$ 完全化为平面波前. 由此线性相位因子中的系数可以看出,此斜入射平面波波矢的前两个方向余弦为

$$\cos\alpha'=-\frac{x}{z}, \quad \cos\beta'=-\frac{y}{z},$$

它们分别正比于 x 和 y,这正是由 $Q(x,y)$ 到接收面中心 O' 连线的方向[①].

上面我们给出了三种情况下波前的表达式(2.16),(2.16′),(2.17)和(2.18). 四式中的振幅都是常数,在相位因子的各项中特别值得注意的是那个交叉项:

$$\frac{-\mathrm{i}k}{z}(xx'+yy').$$

它的特点是对源点坐标 (x,y) 和场点坐标 (x',y') 都是线性的. 对于场点 $P(x',y')$ 来说,此因子的线性系数为 $-k\frac{x}{z}$ 和 $-k\frac{y}{z}$,它们与源点坐标 (x,y) 有一一对应关系:

$$(x,y)\longleftrightarrow-\frac{k}{z}(x,y); \tag{2.19}$$

反过来,对于源点 $Q(x,y)$ 来说,此因子的线性系数为 $-k\frac{x'}{z}$ 和 $-k\frac{y'}{z}$,它们又与场点坐标 (x',y') 一一对应:

$$(x',y')\longleftrightarrow-\frac{k}{z}(x',y'). \tag{2.20}$$

这些性质我们将在以后不同的地方用到.

我们强调上述对应关系,意味着在我们心目中已有了"系统"的概念,这就是说,左边一个物平面 (x,y),右边一个接收面 (x',y'),光在其间自由传播,这就构成了一个光学系统,尽管它也许是最简单的光学系统. 若用一个电子学网络作比喻的话,物平面相当于信息的输入端,接收面相当于输出端. 不过两者有个区别,网络中传递的是随时间变化的信号,光学系统中传递的是具有空间分布的信息. 物光点相当于脉冲信号,点光源在输出波

---

① 在 $x'y'z$ 坐标系中 QO' 方向的方向余弦是

$$\cos\alpha'=-\frac{x}{\sqrt{x^2+y^2+z^2}}\approx-\frac{x}{z},\cos\beta'=-\frac{y}{\sqrt{x^2+y^2+z^2}}\approx-\frac{y}{z},\cos\gamma'=\frac{z}{\sqrt{x^2+y^2+z^2}}\approx1-\frac{x^2+y^2}{z^2}.$$

前上造成的分布函数 $\widetilde{U}(x',y')$ 相当于电路的脉冲响应,在现代光学中有个专门术语称呼它,叫做光学系统的"点扩展函数".如果在物平面上输入的是个复杂的画面,可把它看作是物点的集合,式(2.17)中的线性相位因子使得输出面上得到的正好是其傅里叶变换式.

* 2.4 高斯光束

激光器谐振腔内以及由它发出的光束,既区别于单纯的平面波,又区别于单纯的球面波(参见图 2-5).它的复振幅可表示为

$$\widetilde{U}(x,y,z)=\frac{A}{w(z)}\exp\left[-\frac{x^2+y^2}{w^2(z)}\right]\exp\left[-\mathrm{i}k\left(\frac{x^2+y^2}{2r(z)}+z\right)+\mathrm{i}\varphi(z)\right], \quad (2.21)$$

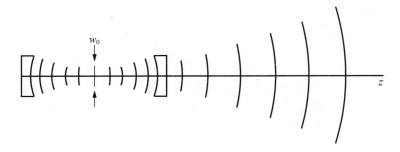

图 2-5　激光器谐振腔发出的高斯光束

其振幅和相位在横向都是 (x,y) 的高斯型函数(即指数上负的二次型函数),这种光束称为高斯光束.可以证明,这类高斯型的光场分布可以在两个反射面之间来回传播而保持为高斯型.这就是说,高斯光束是激光器内部能稳定存在的一种光场.

式(2.21)中的 $w(z)$ 和 $r(z)$ 具有如下函数形式:

$$\begin{cases} w(z)=w_0\left(1+\dfrac{\lambda^2 z^2}{\pi w_0^4}\right)^{1/2}, & (2.22) \\[3mm] r(z)=z\left(1+\dfrac{\pi^2 w_0^4}{\lambda^2 z^2}\right). & (2.23) \end{cases}$$

w 的大小代表光束有效半径,横向距离 $\rho=\sqrt{x^2+y^2}=w$ 时,振幅减为轴上的 $1/e$ $\approx36\%$,强度减少 13%.在坐标原点 $z=0$ 处 $w=w_0$,光束最细,w_0 称为高斯光束的腰粗.高斯光束腰的位置和粗细取决于谐振腔的具体结构,与两个腔面的曲率和腔长有关.在傍轴的范围内,高斯光束的等相面近似为曲率半径为 $r(z)$ 的球面.式(2.23)表明,$r(z)\neq z$,这些球面的中心并不重合.在光束腰处,等相面为平面;在远场范围,$z^2\lambda^2\gg\pi^2 w_0^4$,$r(z)\approx z$,高斯光束才过渡为通常的球面波,其光锥中心正好在腰处.

综上所述,一旦确定了高斯光束腰的位置和粗细,根据式(2.21),(2.22),(2.23)即可确定它的所有传播特征.

思 考 题

1. 本节例题 1—例题 4 中波前上等相位点的轨迹都是些什么样的曲线？描绘一下它们的主要特征,如取向、间隔等.

2. 比较球面波向平面波过渡的远场条件和傍轴条件.什么情况下远场条件蕴含了傍轴条件？什么情况下傍轴条件蕴含了远场条件？

3. 某天文望远镜的口径有 3m,对这台望远镜来说,多少距离以外的星体可当作"无限远"看待？并将这个距离与月地间的距离(约 4×10^8 m)作比较.

4. 如图,有八列球面波,其中四列是入射波(图(a)),四列是出射波(图(b)),它们在波前 $z=0$ 面上具有共同的光瞳(即窗口),能流数值相同,波束中心 O_1, O_2, O_3, O_4,分别与 $z=0$ 和 $x=0$ 面成镜像对称.

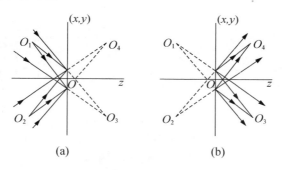

(a)　　　　(b)

思考题 4 图

(1)指明其中哪几列波在 $z=0$ 面上的复振幅分布相同;

(2)哪几列波在 $z=0$ 面的复振幅分布互为共轭;

(3)设 O_1 的坐标为 $(x_1, y_1, -R)$,其他波束中心 O_2, O_3, O_4 的坐标为何？具体写出(a),(b)两图中 1,2 两列波在波前 $z=0$ 上的复振幅分布函数.

习 题

1. 如图,在一薄凸透镜的物方焦面上有三个点光源 O, A, B,试分别写出由它们发出的光波经透镜折射后,在像方焦面上产生的复振幅分布函数.

2. 考察上题中紧贴于薄透镜前后表面的两个平面波前 $L(\xi, \eta)$ 和 $L'(\xi', \eta')$,分别写出在傍轴条件下三列波在它们上边的复振幅分布.

3. 仿照上题的办法,讨论一束倾斜的平行光经过一个凹透镜时,在它前后两波前上复振幅分布的变化.

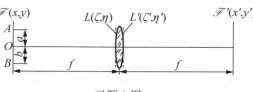

习题 1 图

§3 波的叠加和波的干涉

本节首先介绍对各种波动具有普遍意义的波的叠加原理,再结合光波的特殊性,阐明相干条件.

3.1 波的叠加原理

房里点着两盏灯,经验告诉我们,我们看到每盏灯的光并不因另一盏灯是否存在而受到影响.这现象告诉我们,当两列光波在空间交叠时(图 3-1),它的传播互不干扰,亦即每列波如何传播,就像另一列波完全不存在一样,各自独立进行.这就是所谓光的独立传播定律.以上现象不是光波所特有,而是一般波动的性质,这就是波的独立传播定律.

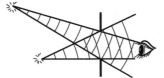

图 3-1 光的独立传播定律

图 3-2 光不独立传播的例子

光的独立传播定律,或波的独立传播定律是否普遍成立而无例外呢? 否! 它们和任何实验定律一样,都是有条件的.举个最形象化的例子:现在有一种变色玻璃,这种玻璃,在光照比较暗的条件下它是无色透明的,但当较强的光照射在其上时,它就逐渐变成有色的,对光产生较强的吸收.在我们隔着这样的玻璃观看一盏较弱的灯光时,旁边一盏很强的灯是否开着,是很有影响的(图 3-2),因为它会改变玻璃的透光率和颜色.这例子表明,光通过变色玻璃时,是不服从独立传播定律的.

一列波在空间传播时,在空间的每一点引起振动.当两列(或多列)波在同一空间传播时,空间各点都参与每列波在该点引起的振动.如果波的独立传播定律成立,则当两列(或多列)波同时存在时,在它们的交叠区域内每点的振动是各波单独在该点产生的振动的合成,这就是波的叠加原理.这里所谓振动,对机械波来说,就是介质中质点的振动,对光波(电磁波)来说,则是电矢量和磁矢量的振动.所以波的叠加就是空间每点振动的合成问题.对于标量波,则是标量的叠加:

$$U(P,t)=U_1(P,t)+U_2(P,t)+\cdots, \tag{3.1}$$

对于矢量波,则是矢量的合成:

$$\boldsymbol{U}(P,t)=\boldsymbol{U}_1(P,t)+\boldsymbol{U}_2(P,t)+\cdots, \tag{3.2}$$

式中的 P 代表波场中任一场点.

波的叠加原理与独立传播定律一样,适用性是有条件的.这条件一是介质,二是波的强度.光在真空中总是独立传播的,从而服从叠加原理.光在普通的玻璃中,只要不是太强,也是独立传播和服从叠加原理的.但在上述变色玻璃中则不然,其实即使在普通玻璃中,当光的强度非常大时,也会出现违背叠加原理的现象.波在其中服从叠加原理的介质,称为"线性介质",不服从叠加原理的介质,称为"非线性介质".违反叠加原理的效应,称为"非线性效应".光的非线性效应种类很多,研究光的非线性效应的学科称为"非线性光学".因为许多介质的非线性效应只有在很强的光作用下才较明显,所以非线性光学只在激光出现之后才得以蓬勃的发展.有关光的非线性效应,我们将在本书最后一章的最后一节作些简单的介绍.在此之前我们不作特殊声明,都假定介质是线性的,即光波服从叠加原理.波的叠加原理实际上是今后许多章节的理论基础.

3.2 波的干涉与相干条件

上面讨论的是光扰动瞬时值的叠加问题,而实际中往往更关心光强的叠加,因为大多数接收器件(包括我们的眼睛)响应的是光的强度.波的叠加原理并不意味着两列波交叠时强度一定相加,但可以由它导出强度的合成规律.

首先考虑两列同频率的简谐标量波:

$$\begin{cases} U_1(P,t) = A_1\cos[\omega t - \varphi_1(P)], \\ U_2(P,t) = A_2\cos[\omega t - \varphi_2(P)]. \end{cases}$$

它们的叠加可用矢量图解法或复数法[①],这里我们采用复数法,写出对应的复振幅:

$$\begin{cases} \widetilde{U}_1(P) = A_1(P)e^{i\varphi_1(P)}, \\ \widetilde{U}_2(P) = A_2(P)e^{i\varphi_2(P)}. \end{cases}$$

二者的合成为

$$\begin{aligned} \widetilde{U}(P) &= \widetilde{U}_1(P) + \widetilde{U}_2(P) \\ &= A_1(P)e^{i\varphi_1(P)} + A_2(P)e^{i\varphi_2(P)}, \end{aligned}$$

强度(平均能流)正比于振幅的平方,或复振幅与其共轭的乘积.于是

$$\begin{aligned} I(P) &= \widetilde{U}(P)\widetilde{U}^*(P) \\ &= [\widetilde{U}_1(P) + \widetilde{U}_2(P)][\widetilde{U}_1^*(P) + U_2^*(P)] \\ &= [A_1(P)]^2 + [A_2(P)]^2 + A_1(P)A_2(P)(e^{i\varphi_1 - i\varphi_2} + e^{-i\varphi_1 + i\varphi_2}), \end{aligned}$$

即

$$I(P) = I_1(P) + I_2(P) + 2\sqrt{I_1(P)I_2(P)}\cos\delta(P), \qquad (3.3)$$

式中 $I_1(P) = [A_1(P)]^2$ 和 $I_2(P) = [A_2(P)]^2$ 分别是两列波单独在场点 P 处的强度,$\delta(P) = \varphi_1(P) - \varphi_2(P)$ 是两波在 P 点的相位差.式(3.3)告诉我们,两波叠加时,在一般情况下,强度不能直接相加:

$$I(P) \neq I_1(P) + I_2(P),$$

相差有 $2\sqrt{I_1 I_2}\cos\delta(P)$ 一项.$\delta(P)$ 与位置有关,$\cos\delta(P)$ 可正可负.在那些 $\cos\delta(P) > 0$ 的地方,$I(P) > I_1(P) + I_2(P)$;$\cos\delta(P) < 0$ 的地方,$I(P) < I_1(P) + I_2(P)$.换句话说,波的叠加引起了强度的重新分布,这种因波的叠加而引起强度重新分布的现象,叫做波的干

① 可参考赵凯华、陈熙谋,《电磁学》,下册第七章和附录 C,人民教育出版社.

涉,式(3.3)中 $2\sqrt{I_1 I_2}\cos\delta(P)$ 一项称为干涉项.

对于光波来说,干涉项的效应并不是在任何条件下都能显示出来的.因为光波的振源是微观客体,在下面3.3节中我们将看到,$\delta(P)$ 经常是极不稳定的,它的数值在 0 到 2π 之间迅速变化着,从而使 $\cos\delta(P)$ 的时间平均值为 0.所以,保证相位差 $\delta(P)$ 的稳定,是干涉现象能够被观察或检测到的重要条件之一.

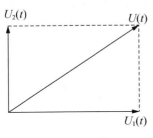

图 3-3　垂直振动的合成

现在来看两列同频的简谐矢量波.如果它们的振动方向平行,其叠加与标量无异,同样会出现干涉项.如果两列波的振动方向垂直,则瞬时值之间有下列关系(见图 3-3):

$$U^2(P,t)=U_1^2(P,t)+U_2^2(P,t),$$

取时间平均后,得强度之间的关系为

$$I(P)=I_1(P)+I_2(P),$$

即不存在干涉效应.在一般情况下,振动方向成一定角度.这时可把它们分解成相互平行和相互垂直的分量,平行分量之间可以发生干涉,垂直分量决不会干涉.

最后,不同频率的波之间总是没有干涉效应.因为这时交叉项中将出现下列因子:

$$2\cos(\omega_1 t+\varphi_1)\cos(\omega_2 t+\varphi_2)$$

$$=\cos[(\omega_1+\omega_2)t+\varphi_1+\varphi_2]+\cos[(\omega_1-\omega_2)t+\varphi_1-\varphi_2],$$

在 $\omega_1-\omega_2\neq 0$ 的情况下其时间平均值总是为 0 的.

归纳起来,产生干涉的必要条件(相干条件)有三条:

(1)频率相同;

(2)存在相互平行的振动分量;

(3)相位差 $\delta(P)$ 稳定.

其实这三条并非处于同等地位.第一条是任何波发生干涉的必要条件.第二条是针对矢量波的,因为标量波没有这个问题.一般说来有此二条就足以产生干涉了,剩下的是干涉场的稳定性问题,稳定与否的标准又和探测仪器的响应时间有关.对于宏观波源发出的波(如无线电波、声波),相位差和干涉场的稳定性是不成问题的,对于它们,相干条件中的第三条无需强调.但对于微观客体发射的光波来说,这第三条却成了相干条件中最需要着重研究的问题,下面专门来讨论它.

3.3　普通光源发光微观机制的特点

光是由光源中多个原子、分子等微观客体发射的.微观客体的发光过程是一种量子过程(详见第九章),很难用一个简单的图像描绘清楚.粗略地说,原子或分子每次发射的光波波列都是有限长的,波列的长度与它们所处的环境有关,如果发射光波的原子或分子受到其他原子或分子的作用越强,发射过程受到的干扰越大,波列就越短.不过,即使在非常稀薄的气体中相互作用几乎可以完全忽略的情况下,它们发射的波列持续的时间 τ_0 也不会大于 10^{-8} s,相应的长度小于米的数量级.微观客体的发光过程有二:自发辐射和受激辐射.普通光源(即非激光光源)的发射过程以自发辐射为主,这是一种随机过程,每个原子或分子先后发射的不同波列,以及不同原子或分子发射的各个波列,彼此之间在振动方向和相位上没有什么联系.因此,许多断续的波列,持续时间比通常探测仪器的响应时间短得多,振动方向和相位是无规的,这就是普通光源发光的基本特征(参见图 3-4).

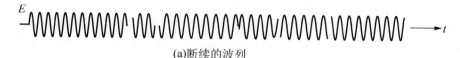

(a)断续的波列

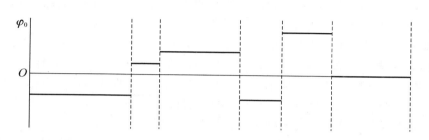

(b)相位的随机跃变

图 3-4　非激光光源中原子发射光波的图像

现在让我们回到上面的式(3.3),着重考察其中的干涉项.对于任意两个普通光源(或同一光源的两个不同部分)发出的光波,由于相位差 $\delta = \varphi_1 - \varphi_2$ 不固定,$\cos\delta$ 的数值在 ± 1 之间迅速地改变着.人们观察到或仪器记录到的是它的时间平均值 $\overline{\cos\delta}$,在相位的变化完全无规的情况下,$\overline{\cos\delta} = 0$,从而式(3.3)化为

$$I(P) = I_1(P) + I_2(P),$$

这时我们说,这两个光源是非相干的,它们的强度非相干叠加.要产生相干叠加,必须设法使它们发射的光波之间有稳定的相位差,4.2 节中将介绍,如何利用普通光源作到这一点.

在"光强"这个物理量的引入和干涉场稳定性问题的讨论中,涉及若干个时间尺度的量级比较,我们应当予以注意.一是光扰动的时间周期 T,二是实验观测时间 τ,三是接收器件的时间响应能力(可分辨的最小时间间隔)Δt.在可见光波段,$T \sim 10^{-15}$ s;人眼的 $\Delta t \sim 10^{-1}$ s,好的光电探测器的 $\Delta t \sim 10^{-9}$ s(毫微秒器件);观测时间总是大于接收器的时间响应能力,所以 $\tau > \Delta t \gg T$.于是,接收器感受到的只是光波在一个周期内的平均能流密度,即光强.这就是引入光强概念及计算光强公式的物理根据.当然,即使日后器件的响应能力达到了与光扰动的周期可以相比甚至更短的水平,我们所定义的光强仍不失其意义.这是因为人们并不一定对光波的瞬时能流值感兴趣.当人们关心同一波场不同地点能流强弱的情况,或者比较不同波列能流的强弱时,人们宁愿将能流对时间取平均值以突出它的空间分布问题,实验时往往有意让观测时间足够长,满足 $\tau \gg T$.

在干涉场的稳定性问题中,还涉及第四个时间量级——从微观上看光源一次持续发

光的时间 τ_0. 普通光源的 $\tau_0 \sim 10^{-8}$s 以下，则一秒钟内，光源发射 10^8 段以上的波列，或者说一秒钟内波列的初相位无规跃变 10^8 次以上，影响到干涉强度公式中的交叉项，将使干涉花样在一秒钟内闪动 10^8 次以上. 如果接收器的时间响应能力 $\Delta t \gg \tau_0$，则接收到的是一种平均干涉场，是对干涉场中能流又一次取时间平均值，使得已出现的交叉项效应消失，成为非相干叠加. 设想如果光源的持续发光时间 τ_0 较长，接收器的时间响应能力很高，以致 $\Delta t < \tau_0$，那么就无需对干涉场中能流第二次取时间平均值，接收器就可以感受到两波列的瞬时干涉花样并记录下来. 如果接收器（配以快门装置）不断开启，就像电影摄影机那样可以记录下来一幅幅干涉花样. 值得注意的是这些花样的形状是相同的，只在空间分布上条纹总体略有位移而已.

总之，如果在观测时间中场点有稳定的相位差，则可以接收到一套稳定的干涉花样，如果在观测时间中场点的相位差不稳定，则接收到一套套不稳定的干涉花样；如果相位差的不稳定性过于频繁，以致接收器来不及反应，那么接收到的将是这一系列略有位移的干涉花样的时间平均，其后果呈现为非相干叠加的情景.

3.4　干涉条纹的衬比度及其与振幅比的关系

3.2 节中列出的相干条件是出现干涉现象的必要条件. 但是这些条件尚不足以保证干涉现象是否显著. 对于光波来说，干涉现象往往表现成亮暗相同的条纹，干涉现象的显著程度可用干涉条纹的衬比度来描述. 干涉条纹的衬比度 γ 定义为

$$\gamma = \frac{I_M - I_m}{I_M + I_m}, \tag{3.4}$$

其中 I_M 和 I_m 分别是干涉场中光强的极大和极小值（见图 3-5）. γ 的取值范围为

$$0 \leqslant \gamma \leqslant 1.$$

当 $I_m = 0$（暗纹全黑）时，$\gamma = 1$，条纹的反差最大，清晰可见. 当 $I_M \to I_m$ 时，$\gamma \approx 0$，条纹模糊不清，乃至不可辨认.

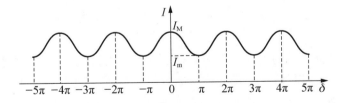

图 3-5　干涉条纹的衬比度

影响干涉条纹衬比度大小的因素很多，对于理想的相干点源发出的光来说，主要的因素是振幅比. 下面就此作些说明. 让我们回到式（3.3），把它用振幅表述成：

$$I = A_1^2 + A_2^2 + 2A_1 A_2 \cos\delta, \tag{3.5}$$

当 $\delta = 2k\pi$（k 为整数）时，$\cos\delta = +1$，$I = I_M = (A_1 + A_2)^2$；当 $\delta = (2k+1)\pi$（k 为整数）时，$\cos\delta = -1$，$I = I_m = (A_1 - A_2)^2$. 于是衬比度为

$$\gamma = \frac{2A_1 A_2}{A_1^2 + A_2^2} = \frac{2(A_1/A_2)}{1 + (A_1/A_2)^2}. \tag{3.6}$$

若令 $I_0 = I_1 + I_2 = A_1^2 + A_2^2$,式(3.5)可写为

$$I = I_0 (1 + \gamma \cos \delta).\qquad(3.7)$$

这是双光束干涉场中强度分布的另一标准表达式.

*3.5　线性光学系统

顺便指出,无论相干叠加和非相干叠加,都属于线性叠加.在非相干光学系统中,N 列波的强度满足线性叠加关系:

$$I(P) = \sum_{i=1}^{N} I_i(P) ;\qquad(3.8)$$

在相干光学系统中,复振幅满足线性叠加关系:

$$\widetilde{U}(P) = \sum_{i=1}^{N} \widetilde{U}_i(P).\qquad(3.9)$$

故非相干光学系统是光强的线性系统,相干光学系统是复振幅的线性系统.既然都是线性系统,在其他领域(如电通信系统)中早已成熟的一整套有关线性系统的概念、术语、分析方法和数学手段都可移植过来.这是现代波动光学的一种新风格.

思 考 题

1. 有人说,相干叠加服从波的叠加原理;非相干叠加不服从波的叠加原理.这种说法对吗?

2. 有人说,光强可以直接相加,就服从波的叠加原理;否则就是不服从波的叠加原理.这种说法对吗? 光强不可以直接相加,是否意味着波的独立传播定律不成立?

3. 两列光波频率相同,且有稳定的相位差,但振动的方向既不互相垂直,又不严格平行,这两列波的叠加将是相干叠加还是非相干叠加?

4. 在扩展强光束(激光)时,人们避免用"实聚焦"的方法(如图),因为在实焦点处的光功率密度太高,可能引起空气"着火"(电离).现在设想如果将入射光束挡住一半,先后让Ⅰ,Ⅱ两部分聚焦于 F 点,并不引起着火,而同时开放,让全部光束聚焦时,就要发生空气着火现象.试问,在这个过程中,波的叠加原理是否成立? 这可算得是一种非线性效应吗?

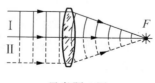

思考题 4 图

5. 设§2例题2中那一对共轭波是相干的,求它们在波前上叠加时产生的复振幅分布.在波前上强度最大和最小的点都在哪些位置上?

习　　题

1. 人眼视神经的时间响应能力约为 $0.1\mathrm{s}$，在这段时间里光扰动经历了多少个周期？

2. 目前光电接收器的最高时间响应能力可达 $10^{-9}\mathrm{s}$（ns 量级），在这段时间里光的扰动经历了多少个周期？

3. 自发辐射一列光波的持续时间不超过 $10^{-8}\mathrm{s}$，其中约包含多少次振动？

4. 试计算两列相干光波的振幅比为下列数值时条纹的衬比度：
$$A_1/A_2=1,1/3,3,1/6,1/10.$$

§4　两个点源的干涉

4.1　两列球面波的干涉场

作为波的干涉的最简单、也是最重要的例子，让我们先研究两列球面波的干涉.

设在均匀介质中有两个作同频率简谐振动的相干点波源 Q_1 和 Q_2（图 4-1），它们各自向周围介质发出球面波. 现考虑空间任一点 P 的强度. 按照式(3.3)，

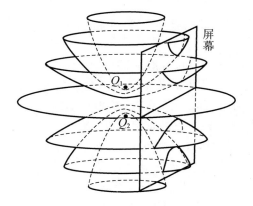

图 4-1　两球面波的干涉场

$$I(P)=I_1(P)+I_2(P)+2\sqrt{I_1(P)I_2(P)}\cos\delta(P),$$

这里 $I_1(P)=[A_1(P)]^2$ 和 $I_2(P)=[A_2(P)]^2$，而 $A_1(P)$ 与 $A_2(P)$ 与振源的强度和距离 $\overline{Q_1P}=r_1,\overline{Q_2P}=r_2$ 有关. 设两振源强度相等，这时振幅 $A_1(P)$ 和 $A_2(P)$ 分别与 r_1 和 r_2 成反比. 设 r_1 和 r_2 远大于 $\overline{Q_1Q_2}=d$，则可认为 $A_1(P)\approx A_2(P)$，记作 A，于是

$$I(P)=2A^2[1+\cos\delta(P)]$$
$$=4A^2\cos^2\frac{\delta(P)}{2}. \tag{4.1}$$

即 $I(P)$ 是 $\delta(P)$ 的周期性函数（见图 4-2）.

现在考察相位差：
$$\delta(P)=\varphi_1(P)-\varphi_2(P),$$

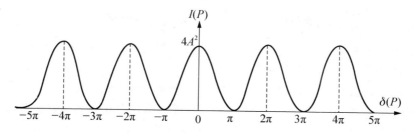

图 4-2　两波相干叠加时强度与相位差的关系

而

$$\begin{cases} \varphi_1(P)=\varphi_{10}+kr_1=\varphi_{10}+\dfrac{2\pi}{\lambda}r_1, \\[2mm] \varphi_2(P)=\varphi_{20}+kr_2=\varphi_{20}+\dfrac{2\pi}{\lambda}r_2. \end{cases}$$

于是

$$\delta(P)=\varphi_{10}-\varphi_{20}+\frac{2\pi}{\lambda}(r_1-r_2),$$

这里 $-\varphi_{10}$ 和 $-\varphi_{20}$ 分别是波源 Q_1 和 Q_2 的初相位. 对于相干波源, $\varphi_{10}-\varphi_{20}$ 是固定不变的, 为简单起见, 考虑 $\varphi_{10}-\varphi_{20}=0$ 的情形. 这时

$$\delta(P)=\frac{2\pi}{\lambda}(r_1-r_2), \tag{4.2}$$

即 $\delta(P)$ 正比于波程差 $\Delta L=r_1-r_2$.

下面来分析强度分布的具体情况. 由式 (4.2) 和 (4.1) 可以看出, 波场中强度 $I(P)$ 为极大和极小的条件是

$$\begin{cases} \text{极大} \quad \Delta L=k\lambda, & \tag{4.3a} \\[2mm] \text{极小} \quad \Delta L=\left(k+\dfrac{1}{2}\right)\lambda & (k=0,\pm 1,\pm 2,\cdots), \tag{4.3b} \end{cases}$$

满足以上方程的 P 点轨迹是以 Q_1,Q_2 为焦点的回转双曲面族 (图 4-1). 在此 $I_1=I_2$ 的情况下, $I(P)$ 的极大值是 $4A^2$, 即 I_1 或 I_2 的四倍, I_1+I_2 的两倍; $I(P)$ 的极小值为 0; 强度的平均值为 $2A^2=I_1+I_2$. 这体现了强度在空间的重新分布.

两点波源的干涉场, 可以用水波盘来演示出来 (见图 4-3). 从照片可以看出振动加强和减弱 (抵消) 的情况.

4.2　杨氏实验

用两个点源作光的干涉实验的典型代表, 是杨氏实验 (T. Young, 1801 年). 在上面用水波盘演示的干涉实验中, 两振源是装在同一支架上的振子, 3.2 节所述的三个

图 4-3　两点源干涉场的水波盘演示

相干条件无疑都能实现.但要用普通光源来实现干涉,就不那么容易了.杨氏实验以极简单的装置和巧妙的构思做到了这一点,它不仅是许多其他光的干涉装置的原型,在理论上还可从中提取许多重要的概念和启发,无论从经典光学还是从现代光学的角度来看,杨氏实验都具有十分重要的意义.

杨氏实验的装置如图 4-4(a)所示,在普通单色光源(如钠光灯)前面放一个开有小孔 S 的屏,作为单色点光源.在 S 的照明范围内,再放一个开有两个小孔 S_1 和 S_2 的屏.按惠更斯原理,S_1 和 S_2 将作为两个次波源向前发射次波(球面波),形成交叠的波场.在较远的地方放置一接收屏,屏上可以观测到一组几乎是平行的直线条纹(图 4-4(b)).为了提高干涉条纹的亮度,实际中 S,S_1,S_2 用三个互相平行的狭缝(杨氏双缝干涉),而且可不用屏幕接收,而代之以目镜直接观测.在激光出现以后,利用它的相干性和高亮度,人们可以用氦氖激光束直接照明双孔,在屏幕上可获得一套相当明显的干涉条纹,供许多人同时观看.

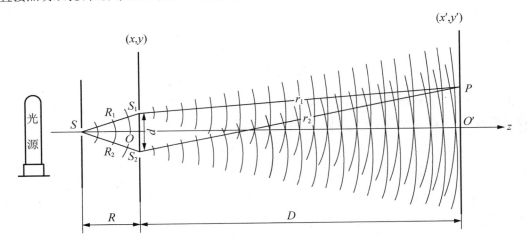

(a)装置

(b)干涉条纹

图 4-4　杨氏实验

利用普通光源做杨氏实验,相干光源是由同一点光源 S 分解出来的两个次级光源. 现在来分析,它们之间的稳定相位差是如何实现的. 设 $\overline{SS_1}=R_1$,$\overline{SS_2}=R_2$,用 φ_0 代表点波源 S 的初相位,则点波源 S_1,S_2 的初相位分别为

$$\varphi_{10}=\varphi_0(t)+\frac{2\pi}{\lambda}R_1, \quad \varphi_{20}=\varphi_0(t)+\frac{2\pi}{\lambda}R_2,$$

从而

$$\varphi_{10}-\varphi_{20}=\frac{2\pi}{\lambda}(R_1-R_2). \tag{4.3}$$

由此可见,尽管 φ_0 可以是不稳定的,从而 φ_{10} 和 φ_{20} 都是不稳定的,但 φ_{10} 与 φ_{20} 之差却只与光程差 R_1-R_2 有关,它是不随时间变化的. 这就是说,S_1 和 S_2 确是一对相干光源. 从同一列波的波面上取出的两个次波源,总是相干的——这就是杨氏实验构思的精巧之所在,一切分波前干涉装置(参见第三章)的设计思想都仿效于此. 杨氏实验的意义还在于,历史上最先为光的波动性提供实验证据的是光的干涉现象,而杨氏实验是导致光的波动理论被普遍承认的一个决定性的实验.

杨氏双孔实验装置中的数据一般可取:

$$\begin{array}{lll}\text{双孔间隔} & d\sim 0.1\mathrm{mm}\text{—}1\mathrm{mm},\\ \text{横向观测范围} & \rho\sim 1\mathrm{cm}\text{—}10\mathrm{cm},\\ \text{幕与双孔屏的距离} & D\sim 1\mathrm{m}\text{—}10\mathrm{m}.\end{array}$$

在这里 $d^2\ll D^2$,$\rho^2\ll D^2$,点源和接收场都符合傍轴条件. 设 S_1,S_2 与 S 等远,$R_1=R_2$,从而 $\varphi_{10}=\varphi_{20}$ 可取二者皆为 0. 如图 4-4,取物平面原点 O 位于 S_1,S_2 连线的中点上,x 轴沿此连线,于是式(2.16′)中的 $z=D$,$x=\pm d/2$,$y=0$,$r_0'=D+\frac{(d/2)^2}{2D}$. S_1,S_2 两点源在接收屏上造成的复振幅分布为

$$\begin{cases}\widetilde{U}_1(x',y')=\dfrac{a}{D}\exp\left[\mathrm{i}k\left(D+\dfrac{(d/2)^2+x'^2+y'^2}{2D}\right)\right]\exp\left(\dfrac{-\mathrm{i}kd}{2D}x'\right),\\[3mm] \widetilde{U}_2(x',y')=\dfrac{a}{D}\exp\left[\mathrm{i}k\left(D+\dfrac{(d/2)^2+x'^2+y'^2}{2D}\right)\right]\exp\left(\dfrac{\mathrm{i}kd}{2D}x'\right),\end{cases}$$

故合成振幅为

$$\begin{aligned}\widetilde{U}(x',y')&=\widetilde{U}_1(x',y')+\widetilde{U}_2(x',y')\\ &=\frac{2a}{D}\exp\left[\mathrm{i}k\left(D+\frac{(d/2)^2+x'^2+y'^2}{2D}\right)\right]\cos\left(\frac{kd}{2D}x'\right),\end{aligned} \tag{4.4}$$

屏幕上的强度分布为

$$I(x',y')=\widetilde{U}^*(x',y')\widetilde{U}(x',y')=4A^2\cos^2\left(\frac{kd}{2D}x'\right), \tag{4.5}$$

其中 $A=a/D$ 是每个点源单独在屏幕上产生的振幅,$A^2=I_1=I_2$ 则是每个点源单独产生的强度. 下面让我们来分析干涉条纹的特征:

（1）干涉条纹的形状

式（4.5）表明 $I(x',y')$ 与 y' 无关，即等强度线是一组与 y' 轴平行的直线[①]，强度随 x' 作周期性变化.

（2）干涉条纹的间距

干涉条纹的间距定义为两条相邻亮纹（强度极大）或两条暗纹（强度极小）之间的距离. 由式（4.5）可得双孔干涉条纹的间距为

$$\Delta x' = \frac{\lambda D}{d}, \tag{4.6}$$

如果我们注意到，双孔 S_1，S_2 对接收屏幕中心点 O' 所张的角距离为

$$\Delta \theta \approx \frac{d}{D}, \tag{4.7}$$

条纹间距公式（4.6）可改写为

$$\Delta x' \approx \frac{\lambda}{\Delta \theta} \quad 或 \quad \Delta x' \cdot \Delta \theta = \lambda, \tag{4.8}$$

可见，$\Delta x'$ 与 $\Delta \theta$ 成反比.

例题 1　在杨氏双孔干涉装置中，以氦氖激光束直接照射双孔，双孔间隔为 0.5mm，屏幕在 2m 远，求条纹的间距，它是光波长的多少倍？

解　氦氖激光的波长 $\lambda = 6328 \text{Å} \approx 0.6 \mu\text{m}$. 因 $d = 0.5\text{mm}$，$D = 2\text{m}$，代入式（4.6），得 $\Delta x' = 2.4\text{mm}$. 而

$$\frac{\Delta x'}{\lambda} = \frac{D}{d} = 4 \times 10^3 \text{ 倍.}$$

从上述例题中 $\Delta x'$ 和 λ 两个长度在数量级上的比较，可以在物理思想上得到很大的启发. 我们知道，波长一量是反映光波的空间周期性的，而条纹间距一量是反映干涉场中光强分布的空间周期性的. 在本质上，这两种周期性互为表里. 光的波长很小，光的行波又以极快的速度传播，使我们很难观察其空间周期性. 人们通过干涉的手段，将上述不能直接观测的现象加以转化放大，并使之稳定下来，变为可观测的图样，这就是干涉条纹. 如果我们测定了条纹间隔 $\Delta x'$，就可利用式（4.6）反过来推算光的波长.

若光源中包含 λ_1 和 λ_2 两条谱线，则屏幕上有两套间距不同的条纹同时存在，它们非相干地叠加在一起（图 4-5）. 对于更复杂的光谱，屏幕上的强度分布将具有复杂的形式. 若光源发出的是白光，则在中央零级的白色亮纹两侧对称地排列着若干条彩色条纹.

4.3　两束平行光的干涉场

杨氏实验是两列球面光波在傍轴条件下的干涉，下面我们讨论两列平面波的干涉. 这相当于两点源位于无穷远的情形. 实际上可用一束激光经过准直化、分束器和反射镜来实现.

如图 4-6(a)两列同频率的单色平面波同时照射在 $z = 0$ 的波前上. 设它们的振幅分

---

① 　前曾指出（见 4.1 节），两球面波干涉场中等强度面是双曲面，它们被平面屏幕截出的轨迹是双曲线. 在傍轴条件下，这些双曲线可近似看成平行的直线.

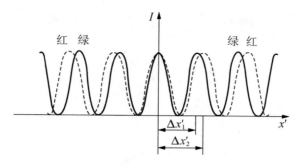

图 4-5 两套不同颜色的干涉条纹不相干叠加

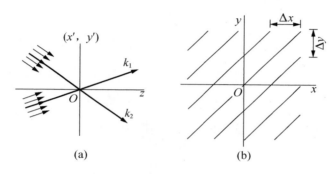

图 4-6 两束平行光的干涉

别为 A_1 和 A_2,在坐标原点 O 处的初相位分别是 φ_{10} 和 φ_{20},传播的方向角分别是 $(\alpha_1,\beta_1,\gamma_1)$ 和 $(\alpha_2,\beta_2,\gamma_2)$. 于是波前上的相位分布为

$$\begin{cases} \varphi_1(x,y)=k(\cos\alpha_1 x+\cos\beta_1 y)+\varphi_{10}, \\ \varphi_2(x,y)=k(\cos\alpha_2 x+\cos\beta_2 y)+\varphi_{20}, \end{cases}$$

$$\delta(x,y)=k(\cos\alpha_1-\cos\alpha_2)x+k(\cos\beta_1-\cos\beta_2)y+\varphi_{20}-\varphi_{10}.$$

按式(3.7)可以写出波前上强度的分布:

$$I(x,y)=(A_1^2+A_2^2)\{1+\gamma\cos[k(\cos\alpha_1-\cos\alpha_2)x+k(\cos\beta_1-\cos\beta_2)y+\varphi_{20}-\varphi_{10}]\}, \quad (4.9)$$

此式表明,干涉条纹是一组平行的直线(图 4-6(b)),它们的取向由 $\cos\alpha_1-\cos\alpha_2$ 和 $\cos\beta_1-\cos\beta_2$ 之比决定. 沿 x,y 两个方向的条纹间距分别为

$$\begin{cases} \Delta x=\dfrac{2\pi}{k(\cos\alpha_1-\cos\alpha_2)}=\dfrac{\lambda}{\cos\alpha_1-\cos\alpha_2}, \\ \Delta y=\dfrac{2\pi}{k(\cos\beta_1-\cos\beta_2)}=\dfrac{\lambda}{\cos\beta_1-\cos\beta_2}. \end{cases} \quad (4.10)$$

它们的倒数代表单位长度内的条纹数,称为空间频率. 沿两方向的空间频率分别为

$$\begin{cases} f_x=\dfrac{1}{\Delta x}=\dfrac{\cos\alpha_1-\cos\alpha_2}{\lambda}, \\ f_y=\dfrac{1}{\Delta y}=\dfrac{\cos\beta_1-\cos\beta_2}{\lambda}. \end{cases} \quad (4.11)$$

例题 2 两束相干的平行光,波长为 $0.6\mu m$(氦氖激光),传播方向与 $x\text{-}z$ 面平行,与 z 轴的交角分别为 $\theta_1=15°$ 和 $\theta_2=-30°$(见图 4-7),振幅比为 $A_1：A_2=1：2$,求 $z=0$ 波前上干涉条纹的性质.

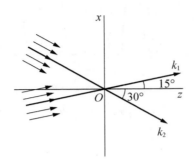

图 4-7 例题 2——平行于 $x\text{-}z$ 面的两束平行光的干涉场

解 衬比度

$$\gamma=\frac{2A_1/A_2}{1+(A_1/A_2)^2}=0.8,$$

因 $\alpha_1=90°-\theta_1$, $\alpha_2=90°-\theta_2$, $\beta_1=\beta_2=90°$,条纹间距为

$$\begin{cases} \Delta x=\dfrac{\lambda}{\sin\theta_1-\sin\theta_2}=0.8\mu m, \\ \Delta y=\infty. \end{cases}$$

空间频率为

$$\begin{cases} f_x=\dfrac{1}{\Delta x}=1250\text{mm}^{-1}, \\ f_y=\dfrac{1}{\Delta y}=0. \end{cases}$$

干涉条纹是一组平行于 y 轴的直线,每毫米内有 1250 条.

如果从波信息的眼光评价干涉条纹的话,在它的衬比度中包含了振幅比的信息,而它的形状、间距(或空间频率)等几何特征反映了两列波之间相位差 δ 的分布.总之,若把干涉场中光强的分布记录下来,就相当于记录了相干光波前上的振幅比和相位差两方面的信息.这就是"全息记录"的概念,详见第六章.

思 考 题

1. 除了 3.2 节中叙述的三个必须保证的相干条件外,还需要有什么样的条件,才能使干涉条纹清晰可见?

2. 设想一下,在杨氏双孔实验中(见图 4-4)若 S 沿平行于 S_1S_2 连线的方向作微小位移,干涉图样发生怎样的变化? 沿垂直 S_1S_2 连线的方向位移时情况如何?

3. 在杨氏双孔实验中,双孔 S_1, S_2 彼此稍微移近时,干涉条纹有何变化?

4. 你能想象,杨氏双缝实验中缝的宽度 b 对干涉条纹会产生怎样的影响吗?

5. 在杨氏双孔实验中,用白光照明,将出现怎样的干涉图样?

6. 波长为 λ 的两束平行光造成的干涉条纹的间距,其上限和下限各为多少? 相应空间频率的上限和下限各为多少?

7. 设想我们用声波或无线电波来模拟杨氏双孔干涉实验,采用的数据如下:

(1)两声波源间距 60cm,到接收场的距离 10m,声频 1000Hz,声速 340m/s.

(2)两无线电波源间距 1m,到接收场的距离 10m,频率 10Mc[①].

这样的装置能得到什么结果? 由此你对光波的特点有什么新的体会?

8. 在耳朵近旁将一只振动着的音叉绕其对称轴旋转一周,听到的音响增强和减弱各四次.试解释这个现象.响度的极大和极小各应在什么方位?

习　　题

1. 在杨氏双孔实验中,孔距为 0.1mm,孔与屏幕的距离为 3m,对下列三条典型谱线求出干涉条纹的间距:

$$F\text{ 蓝线}(4861\text{Å}),D\text{ 黄线}(5893\text{Å}),C\text{ 红线}(6563\text{Å}).$$

2. 在杨氏双孔实验中,孔距为 0.45mm,孔与幕的距离 1.2m,测得 10 个亮纹之间的间距为 1.5cm,问光源的波长是多少.

3. 两束相干的平行光束,传播方向平行于 $x-z$ 面,对称地斜射在记录介质($x-y$ 面)上,光的波长为 6328Å,

(1)当两束光的夹角为 10°时,干涉条纹的间距为多少?

(2)当两束光的夹角为 60°时,干涉条纹的间距为多少?

(3)如果记录介质的空间分辨率为 2000 条/mm,这介质能否记录上述两种条纹?

4. 在一焦距为 f 的薄凸透镜的物方焦面 $\mathscr{F}$ 上有 O,Q 两个相干的点光源,O 在光轴上,Q 到光轴的距离为 a(满足傍轴条件),

(1)试分析像方焦面上接收到的干涉条纹的特征(形状、间距和取向).

(2)如果将 $\mathscr{F}'$ 上的屏幕向背离透镜的方向平移,其上干涉条纹有何变化?

5. 如果在上题中把 O 点视为参考点源,证明在输出面 $\mathscr{F}'(x',y')$ 上的干涉条纹与 Q 点在输入面 $\mathscr{F}$ 上的位置 (x,y) 有如下关系:

(1)空间频率

$$\begin{cases} f'_x = \dfrac{1}{\Delta x'} = \dfrac{|x|}{\lambda f}, \\[2mm] f'_y = \dfrac{1}{\Delta y'} = \dfrac{|y|}{\lambda f}. \end{cases}$$

(2)条纹的取向 θ(与 x' 轴的夹角)由下式决定

$$\tan\theta = -\frac{x}{y}.$$

---

① 　1Mc(兆周)＝1MHz.

（3）同一个 θ 值，对应 Q 的几个方位？用什么办法可将它们区别开来[①]?

6. 如图，三束相干平行光在原点 O 处的初相位 $\varphi_{10}=\varphi_{20}=\varphi_{30}=0$，振幅比 $A_1:A_2:A_3=1:2:1$，传播方向与 $x-z$ 面平行，与 z 轴夹角为 $\theta,0$ 和 $-\theta$，试用复数法和矢量图解法求波前 $z=0$ 面上强度分布函数，并分析干涉条纹的特征.

7. 一列平面波 $\tilde{U}_1$ 正入射于波前 $z=0$ 面上，与一列球面波 $\tilde{U}_2$ 在傍轴范围内发生干涉，试分析干涉条纹的特征.

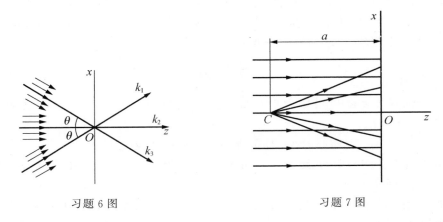

习题 6 图　　　　　　　　　　　习题 7 图

8. 一微波检测器安装在湖滨高出水面 $0.5\mathrm{m}$ 处.当一颗发射 $21\mathrm{cm}$ 波长单色微波的射电星体徐徐自地平线升起时，检测器指出一系列信号强度的极大和极小.当第一个极大出现时，射电星体相对地平线的仰角 θ 为多少？

9. 图所示装置，是昆克(G. Quincke)用来测声波波长的.管口 T 置于单一声调的声源之前，声波分 A,B 两股传播到出口 O，其中一股 B 的长度像乐队中的长号那样，可以拉出拉进.当 A,B 两股等长时，声音近似保持原有的强度.当 B 逐渐拉开到 $d=16.0\mathrm{cm}$ 时，在管口 O 处的声音第一次消失.求此声波的波长.

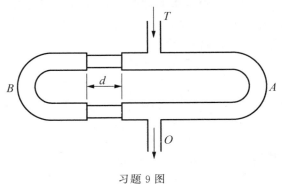

习题 9 图

---

① 此题具体体现了干涉条纹是如何记录了波前上的相位分布，从而记录了点源位置的.它实际上就是一张最简单的全息图.

§5　光的衍射现象和惠更斯-菲涅耳原理

除干涉现象外,波动的另一重要特征是衍射现象.本节首先对光的衍射现象作较充分的介绍,然后阐明衍射问题的理论基础——惠更斯-菲涅耳原理.

5.1　光的衍射现象

在日常生活的经验中,人们对水波和声波的衍射是比较熟悉的.在房间里,人们即使不能直接看见窗外的发声的物体,却能听到从窗外传来的喧闹声.在一堵高墙两侧的人,也都能听到对方说的话.这些现象表明,声波能绕过障碍物传播.粗略地说,当波遇到障碍物时,它将偏离直线传播.这种现象叫做波的衍射.图 5-1 是一套从水波盘上拍摄下来的照片,其中(a),(b),(c)分别是水波通过窄缝、宽缝和挡板等三种情况下发生衍射的景象.从图中可以看出,障碍物(或其上的开口)线度越小,衍射现象越明显.

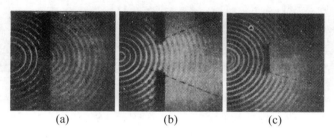

(a)　　　　　　　　(b)　　　　　　　　(c)

图 5-1　水波的衍射

在日常生活中,光的衍射现象不易为人们所察觉,与此相反,光的直线传播行为给人们的印象却很深.这是由于光的波长很短,以及普通光源是不相干的面光源.以上两方面的原因使得在通常的条件下的光的衍射现象很不显著.只要我们注意到这些,在实验室的条件下采用高亮度的相干光(激光)或普通的强点光源(如炭弧灯),并保证屏幕的距离足够大,是可以将光的衍射现象演示出来的.图 5-2 就是这样拍摄下来的各种光的衍射图样.仔细观察一下这些照片,我们发现,对于足够小的障碍物(如图(a)中的圆屏),几何阴影的中部居然出现亮斑;而小孔衍射环的中心既可能是亮的,又可能是暗的(见图(b)).

此外我们还能看到,衍射不仅使物体的几何阴影失去了清晰的轮廓,而且在边缘附近还出现一系列明暗相间的条纹.这些现象表明,在几何阴影区和几何照明区光强都受到了衍射效应的影响而发生重新分布,衍射不简单是偏离直线传播的问题,看来它与某种复杂的干涉效应有联系.

这里我们再介绍几组光波衍射的演示实验,以便使读者对衍射现象的特点得到某些带有规律性的认识.

(1)单缝的衍射

用一束激光照射在一个宽度可调的竖直单狭缝上,在数米外放置接收屏幕.图 5-3 便

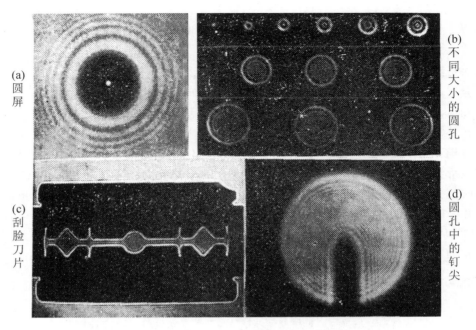

图 5-2　光的衍射图样

是一系列这样得到的衍射图样,其中从(a)到(d)对应缝宽从大变小.当狭缝较宽时,对入射光束未加限制,幕上出现一个亮斑,它是入射光束沿直线投射的结果.可以说,此时衍射效应极不明显.收缩缝宽,使之对光束左右两侧施加越来越大的限制时,幕上的光斑将向左右两侧水平方向铺展,同时出现一系列亮暗相间的结构(从图(a)到图(b)),其中中央亮斑强度最大,两侧递减.可以说,此时衍射现象相当明显.随着狭缝进一步变窄,中央亮斑不断沿水平方向扩展,两侧亮斑向外疏散(图(c)).最后当狭缝很窄时,中央亮斑已延伸为一条水平细带(图(d)),在整个视场内不再察觉到光强的周期性起伏.可以说,这时衍射已向散射过渡.当然,在狭缝收缩的过程中,幕上光强总的来说是变得越来越暗淡了.光的衍射效应是否明显,除了光孔的线度 ρ 外,还与观察的距离和方式,光源的强度等多方面的因素有关.用激光来演示上列现象时,ρ 的数量级大体可如下划分:

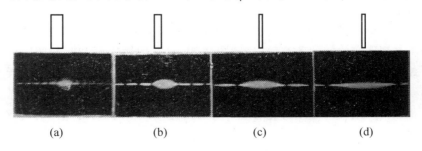

(a)　　　　　(b)　　　　　(c)　　　　　(d)

图 5-3　不同宽度的单缝衍射图样

$$\rho \sim 10^3\lambda \text{ 以上}, \qquad \text{衍射效应不明显},$$

$$\rho \sim 10^3\lambda \text{—}10\lambda, \qquad \text{衍射效应明显},$$

$$\rho \sim \lambda, \qquad\qquad\quad \text{向散射过渡}.$$

（2）从矩孔到圆孔的衍射

如果转动上述实验中的狭缝，则衍射图样也随之转动，而其延伸的方向总保持与缝的走向正交（见图 5-4(a)）. 如果我们把缝的长度也缩小，使之成为矩孔，从相互垂直的两个方向上来限制光束，则衍射图样也沿相互正交的两个方向延伸（图 5-4(b)）. 如果采用三角形孔，衍射图样将沿六个方向扩展（图 5-4(c)）. 可以想到，随着多边形边数的增加，衍射图样向外扩展的方向也增加. 圆形相当于多边形边数趋于无穷的极限，圆孔的衍射图样过渡到一系列同心环（图 5-4(d)）.

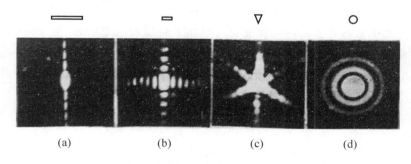

（a）   （b）   （c）   （d）

图 5-4 从矩孔到圆孔的衍射图样

将以上各个实验归纳起来，可以看出衍射现象具有如下鲜明的特点：第一，光束在衍射屏上的什么方位受到限制，则接收屏幕上的衍射图样就沿该方向扩展；第二，光孔线度越小，对光束的限制越厉害，则衍射图样越加扩展，即衍射效应越强. 以后我们将证明，光孔的线度与衍射图样的扩展之间存在着反比关系. 对上述特点的理论解释，将在今后的章节里陆续阐明.

5.2 惠更斯-菲涅耳原理

惠更斯-菲涅耳原理是研究衍射现象的理论基础.

我们知道，波动具有两个基本性质，一方面它是扰动的传播，一点的扰动能够引起其他点的扰动，各点的扰动相互之间是有联系的；另一方面，它具有时空周期性，能够相干叠加. 惠更斯原理中的"次波"概念反映了上述前一基本性质，这是该原理中成功的地方. 但当时对波动的认识还很肤浅，惠更斯把光看成像空气中的声波那样的纵波，他并不知道光速有多大，他所谓的"扰动"，是爆发式的非周期性无规脉冲，故而波的后一性质（时空周期性）在原理中没有得到反映. 缺少这一点，对各次波应如何叠加的问题，就不可能给出令人满意的回答.

由于牛顿的极高威望，以及牛顿的追随者极力推崇的微粒说的强大影响，光的波动理论长期停滞不前，几乎过了一百年才又复兴起来. 十九世纪初，杨氏用波的叠加原理解释了薄膜的颜色，首先提出"干涉"一词用以概括波与波的相互作用；为了验证自己的理论,他做了一个双缝干涉实验,即人所共知的著名的杨氏实验;杨氏并对出现于影界附近的衍射条纹给出了正确的解释,他把衍射看成是直接通过缝的光和边界波之间的干涉.可惜,当时杨氏的这些富有价值的光学研究没有被重视,只是到了 1818 年,在巴黎科学院举行的以解释衍射现象为内容的有奖竞赛会上,年青的菲涅耳出人意料地取得了优胜以后,才开始了光的波动说的兴旺时期.菲涅耳吸取了惠更斯提出的次波概念,用"次波相干叠加"的思想将所有衍射情况引到统一的原理中来,这就是一般教科书中所说的惠更斯-菲涅耳原理(A. J. Fresnel,1818 年).现在就来介绍这个原理的具体内容.

如图 5-5,S 为点波源,Σ 为从 S 发出的球面波在某时刻到达的波面,P 为波场中的某个点.如果要问,波在 P 点引起的振动如何? 则惠更斯-菲涅耳原理告诉我们,你应该把 Σ 面分割成无穷多个小面元 $\mathrm{d}\Sigma$,把每个 $\mathrm{d}\Sigma$ 看成发射次波的波源,从所有面元发射的次波将在 P 点相遇.一般说来,由各面元 $\mathrm{d}\Sigma$ 到 P 点的光程是不同的,从而在 P 点引起的振动相位不同.P 点的总振动就是这些次波在这里相干叠加的结果.以上就是惠更斯-菲涅耳原理的基本思想.

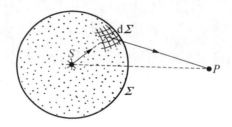

图 5-5　惠更斯-菲涅耳原理

实际上惠更斯-菲涅耳原理还可以理解得更广一些,即上述的 Σ 面不一定是从 S 发出光波的波面,它可以是将源点 S 和场点 P 隔开的任何曲面(波前).不过这样一来就必须考虑到,由于 S 到 Σ 面上各面元 $\mathrm{d}\Sigma$ 的光程一般不相同,从而这些次波源各有各的相位.

用简短的文字概括起来,惠更斯-菲涅耳原理可表述如下:波前 Σ 上每个面元 $\mathrm{d}\Sigma$ 都可以看成是新的振动中心,它们发出次波,在空间某一点 P 的振动是所有这些次波在该点的相干叠加.

既然是相干叠加,就可利用复振幅的概念,设 $\mathrm{d}\widetilde{U}(P)$ 是由波前 Σ 上的面元 $\mathrm{d}\Sigma$ 发出的次波在场点 P 产生的复振幅,则在 P 点的总扰动应为

$$\widetilde{U}(P) = \oiint_{(\Sigma)} \mathrm{d}\widetilde{U}(P) . ^{①} \tag{5.1}$$

这可以说是惠更斯-菲涅耳原理的数学表达式.不过要用它来计算,还需进一步具体化.假设

$$\mathrm{d}\widetilde{U}(P) \propto \mathrm{d}\Sigma \tag{5.2}$$

---

①　惠更斯-菲涅耳原理是标量波的原理.对于光波,当参与相干叠加的振动矢量近于平行时,可作标量处理.实际中,傍轴的自然光满足这样的条件.

$$\propto \tilde{U}_0(Q) \tag{5.3}$$

$$\propto \frac{\mathrm{e}^{\mathrm{i}kr}}{r} \tag{5.4}$$

$$\propto F(\theta_0, \theta). \tag{5.5}$$

式(5.2)中 $\mathrm{d}\Sigma$ 是面元的面积,式(5.3)中 $\tilde{U}_0(Q)$ 是面元(次波源)上 Q 点的复振幅,取其等于从波源自由传播到 Q 时的复振幅.式(5.4)中 r 是面元 $\mathrm{d}\Sigma$ 到场点 P 的距离,$k=2\pi/\lambda$,这比例式说明次波源发射的是球面波.式(5.5)中的 θ_0 和 θ 分别是源点 S 和场点 P 相对次波面元 $\mathrm{d}\Sigma$ 的方位角(见图 5-6),$F(\theta_0, \theta)$ 是 θ_0 和 θ 的某个函数,它称为倾斜因子,它表明由面元发射的次波不是各向同性的.根据以上各条假设,式(5.1)可写成

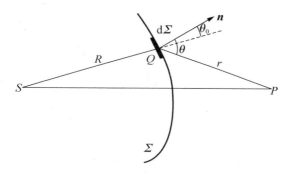

图 5-6　关于菲涅耳衍射公式中各量的说明

$$\tilde{U}(P) = K \oiint \tilde{U}_0(Q) F(\theta_0, \theta) \frac{\mathrm{e}^{\mathrm{i}kr}}{r} \mathrm{d}\Sigma. \tag{5.6}$$

式中 K 是个比例常数.式(5.6)称为菲涅耳衍射积分公式.最初菲涅耳作上列各假设时只凭朴素的直觉,六十余年后基尔霍夫(G. Kirchhoff,1882 年)建立了一个严格的数学理论,证明菲涅耳的设想基本上正确,只是菲涅耳给出的倾斜因子不对.菲涅耳只考虑了 Σ 是以点波源 S 为中心的球面情形,这时 $\theta_0=0$,倾斜因子 $F(\theta_0, \theta)$ 只是 θ 的函数,现记作 $f(\theta)$.菲涅耳设想:$\theta=0$ 时 $f(\theta)$ 最大(可取作 1);随 θ 的增大,$f(\theta)$ 减小;到 $\theta \geqslant \pi/2$ 时,$f(\theta) \equiv 0$.最后这一点的意思是说不存在向后退的次波.基尔霍夫推导出的严格公式表明,倾斜因子应取

$$F(\theta_0, \theta) = \frac{1}{2}(\cos\theta_0 + \cos\theta), \tag{5.7}$$

在 $\theta_0=0$ 的情况下

$$f(\theta) = \frac{1}{2}(1 + \cos\theta), \tag{5.8}$$

当 $\theta = \frac{\pi}{2}$ 时,$f(\theta)=1/2$ 而不是 0.只有当 θ 大到 π 时,$f(\theta)$ 才减到 0.这结果与菲涅耳的直觉是不同的.不过以后我们将看到,倾斜因子的具体形式对计算结果的影响并不大.基尔霍夫还导出了比例常数 K 的表达式为

$$K = \frac{-\mathrm{i}}{\lambda} = \frac{\mathrm{e}^{-\mathrm{i}\pi/2}}{\lambda}, \tag{5.9}$$

式中 λ 是波长. 式(5.9)中的因子 $-\mathrm{i} = \mathrm{e}^{-\mathrm{i}\pi/2}$ 表明,我们必须假设等效次波源 $K\tilde{U}_0(\theta)$ 的相位并非波前上该点扰动 $\tilde{U}_0(\theta)$ 的相位,而是比它超前 $\pi/2$[①]. 这一点不是只凭直觉所能想象得出来的,不过以后我们将看到,为了保证菲涅耳衍射公式(5.6)在波的自由传播情形下不给出矛盾的结果,这一相位差是必要的(参看 6.3 节例题 2),它实质上是相干叠加的必然结果.

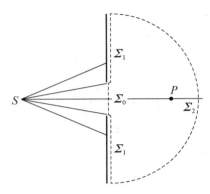

图 5-7　关于基尔霍夫边界条件的说明

　　显然惠更斯-菲涅耳原理的提出不是为了解决光的自由传播问题,而是为了求有障碍物时衍射场的分布. 这时我们自然应把波前 Σ 取在衍射屏的位置上(见图 5-7),于是波前 Σ 分为两部分:光孔部分 Σ_0 和光屏部分 Σ_1. 通常假设 Σ_0 上的复振幅 $\tilde{U}_0(Q)$(可称为瞳函数)取自由传播时光场的值[②],而 Σ_1 上的 $\tilde{U}_0(Q)$ 取为 0. 为了使 Σ 成为闭合曲面,应该说它还有第三部分 Σ_2,它可取为半径为无穷大的半球面,有人作了严格的数学证明,在 Σ_2 上积分值为 0,今后不再考虑它. 以上做法,称为基尔霍夫边界条件.

　　基尔霍夫边界条件直觉地看起来也是比较自然的,但它并不严格. 光是电磁波,严格的理论应是高频电磁场的矢量波理论,对于组成光屏的物质是导体或电介质的不同情形,电磁场的边界条件是有区别的. 但是理论表明,严格的边界条件与基尔霍夫边界条件给出的场分布有显著不同的地方,局限于光屏或光孔边缘附近距离为 λ 量级的范围. 对于光波,由于波长 λ 往往比光屏或光孔的线度小得多,使用基尔霍夫边界条件计算,产生的误差不大. 但是对于无线电波,影响就大了. 所以在研究无线电波的衍射问题时,需要采用较严格的电磁理论.

　　综合以上所述,菲涅耳衍射积分公式(5.6)化为

---

　① 　按照 1.3 节的约定,指数上的正相位代表落后,负相位代表超前.

　② 　这里讨论的衍射光孔是简单的窗口,以后我们还会遇到较复杂的情况,在窗口上附有透过率或光程不均匀的图像画面. 那时 $\tilde{U}_0(Q)$ 应取经过画面改变后的波前函数.

$$\tilde{U}(P)=\frac{-\mathrm{i}}{2\lambda}\iint\limits_{(\Sigma_0)}(\cos\theta_0+\cos\theta)\tilde{U}_0(Q)\frac{\mathrm{e}^{\mathrm{i}kr}}{r}\mathrm{d}\Sigma. \tag{5.10}$$

注意,这里的积分范围已按照基尔霍夫边界条件改为透光部分 Σ_0,式(5.10)称为菲涅耳-基尔霍夫衍射公式.在光孔和接收范围满足傍轴条件的情况下,$\theta\approx\theta_0\approx0,r\approx r_0$(场点到光孔中心的距离),上式简化为

$$\tilde{U}(P)=\frac{-\mathrm{i}}{\lambda r_0}\iint\tilde{U}_0(Q)\mathrm{e}^{\mathrm{i}kr}\mathrm{d}\Sigma. \tag{5.11}$$

5.3 巴比涅原理

从菲涅耳-基尔霍夫衍射公式(5.10)可顺便导出一个很有用的原理.考虑图 5-8 中的一对衍射屏 a,b,其一的透光部分正是另一的遮光部分,反之亦然,即两屏是互补的.因 $\Sigma_0=\Sigma_a+\Sigma_b$,我们有

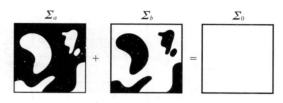

图 5-8 巴比涅原理

$$\iint\limits_{(\Sigma_a)}\mathrm{d}\Sigma+\iint\limits_{(\Sigma_b)}\mathrm{d}\Sigma=\iint\limits_{(\Sigma_0)}\mathrm{d}\Sigma,$$

上式左端第一项给出 a 屏的衍射场 $\tilde{U}_a(P)$,第二项给出 b 屏的衍射场 $\tilde{U}_b(P)$,而右端是自由波场 $\tilde{U}_0(P)$,于是

$$\tilde{U}_a(P)+\tilde{U}_b(P)=\tilde{U}_0(P). \tag{5.12}$$

它表明,互补屏造成的衍射场中复振幅之和等于自由波场的复振幅.这个结论称为巴比涅原理(A. Babinet,1837 年).由于自由波场是容易计算的,因此利用巴比涅原理可以较方便的由一种衍射屏的衍射图样求出其互补屏的衍射图样来.

巴比涅原理对下列一类衍射装置特别有意义,即衍射屏由点光源照明,其后装有成像光学系统,在光源的几何像平面上接收衍射图样.这时所谓自由光场,就是服从几何光学规律传播的光场,它在像平面上除像点外 $\tilde{U}_0(P)$ 皆等于 0,从而除几何像点外,处处有

$$\tilde{U}_a(P)=-\tilde{U}_b(P),$$

取它们与各自复数共轭的乘积,则得

$$I_a(P)=I_b(P).$$

亦即除几何像点的地方之外,两个互补屏分别在像平面产生的衍射图样完全一样!

读者将在以后看到应用巴比涅原理的例子.

5.4 衍射的分类

衍射系统由光源、衍射屏和接收屏幕组成.通常按它们相互间距离的大小,将衍射分

为两类:一类是光源和接收屏幕(或两者之一)距离衍射屏有限远(见图 5-9(a)),这类衍射叫做菲涅耳衍射(A. J. Fresnel,1818 年);另一类是光源和接收屏幕都距离衍射屏无穷远(图 5-9(b)),这类衍射叫做夫琅禾费衍射(J. Fraunhofer,1821—1822 年).前面图 5-2 中的几张照片是菲涅耳衍射的图样,图 5-3 和 5-4 则是夫琅禾费衍射图样.两种衍射的区分是从理论计算上考虑的.可以看出,菲涅耳衍射是普遍的,夫琅禾费衍射本是它的一个特例.不过由于夫琅禾费衍射的计算简单得多,人们把它单独归成一类进行研究.近年来发展起来的傅里叶变换光学,赋予了夫琅禾费衍射以新的重要意义.显然,在实验室中实现图 5-9(b)所示的那种夫琅禾费装置的原型是有困难的,但我们可以近似地或利用成像光学系统(透镜)使之实现.所以实际中夫琅禾费衍射的装置可以有许多变型.这样一来,就牵涉到关于"夫琅禾费衍射"更普遍的定义问题,这个问题留待第五章§4讨论.

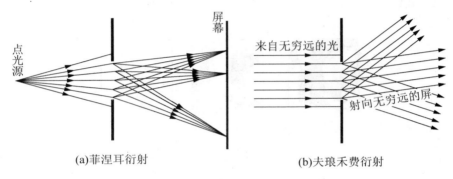

(a)菲涅耳衍射　　　　　　　　　　　(b)夫琅禾费衍射

图 5-9 衍射的分类

思 考 题

1. "衍射"一词,旧译"绕射",你觉得这名词有什么不确切的地方?

2. 隔着山可以听到中波段的电台广播,而电视广播却很容易被山甚至高大的建筑物挡住,这是什么缘故?

3. 用普通的点光源照明波场时,波前上各次波源的相位是否稳定,它们是否相干?它们之间的相位差是否稳定? 在这种情况下我们能看到稳定的衍射图样吗?

4. 你在日常生活中曾看到过某些属于光衍射的现象吗? 试举例说明之.

5. 观察与讨论下列日常生活中遇到的光的衍射现象:

(1)在晚间对着远处的白炽灯泡张开一块手帕,或隔着窗帘看远处的白炽灯,将看到的现象记录下来.

(2)通过眼前张开的手帕注视远处的高压水银灯,将看到的现象记录下来. 与白炽灯的情形相比有何不同?

(3)用肉眼观察远处的灯,有时会看到它周围有光芒辐射,这种现象是怎样产生的? 有人说这是瞳孔的衍射现象,因为一般人的瞳孔不是理想的圆孔,而是多边形,你满意这种解释吗? 有什么办法可以验证或否定这种看法?

（4）当你瞪大或眯小眼睛时，灯泡周围的辐射状的光芒有什么变化？晃动或摇摆你的脑袋时，这些光芒有什么变化？这些现象是有助肯定还是否定（3）中提出的解释？

（5）当你注视月亮或日光灯时，你能看到这些辐射状的光芒吗？对你的观察结果作些解释.

（6）将手指并拢贴在眼前，通过指缝看一灯泡发的光，记录并解释你观察到的现象.

（7）俗话说："隔着门缝看人——把人看扁（贬）了"，从波动光学的角度看，这句歇后语有道理吗？

6. 附图是张激光束射在可变光阑（类似照相机里的光圈）上形成的美丽的衍射图样照片，试解释一下，为什么会有这样多的辐射状光芒？

思考题 6 图

7. 当一束截面很大的平行光束遇到一个小小的墨点时，有人认为它无关大局，其影响可以忽略，后场基本上还是一束平行光，这个看法对吗？你能设想一种场合，这小小墨点造成的后果是不可忽视的吗？

8. 关于两个互补屏在同一场点的衍射强度之间的关系，有人说一个强度是亮（暗）的，则另一个强度是暗（亮）的，这样理解衍射巴比涅定理，对吗？

§6 菲涅耳圆孔衍射和圆屏衍射

本节采用半波带法和矢量图解法处理菲涅耳圆孔衍射和圆屏衍射问题，最后介绍有实际意义的菲涅耳波带片.

6.1 实验现象

如图 6-1，在点光源（或激光束）的照明空间中插入带圆孔的衍射屏，在较远的接收屏幕上就可看到清晰的衍射图样. 对于可见光，实验装置的数据一般可取：

圆孔半径 $\rho\sim$ 毫米的量级；

光源到圆孔的距离 $R \sim$ 米的量级；

接收屏幕到圆孔的距离 $b \sim 3\mathrm{m}$—$5\mathrm{m}$.

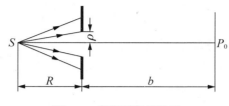

图 6-1　菲涅耳衍射装置

衍射花样是以轴上场点 P_0 为中心的一套亮暗相间的同心圆环,中心点可能是亮的,也可能是暗的.如果我们用可调的光阑作实验,在孔径变化的过程中,可以发现衍射图样的中心亮暗交替变化.我们还可在保持孔径 ρ 不变的情况下移动屏幕,在此过程中也可观察到衍射图样中心的亮暗交替变化.不过中心强度随 ρ 的变化是很敏感的,而随 b 的变化则是相当迟缓的.

如果用圆屏(或滚珠、玻璃上的墨点之类)代替上述实验中的圆孔,我们观察到的衍射图样也是同心圆环.与圆孔情形显著不同的是,无论改变半径 ρ 还是距离 b,衍射图样的中心总是一个亮点.1818 年巴黎科学院曾举行一次规模很大的科学竞赛,当时参加竞赛评比委员会的有多位著名学者,如毕奥、拉普拉斯、泊松等是光的微粒说的积极拥护者,竞赛题目的具体表达方式带有明显的有利于微粒说的倾向性.然而,菲涅耳阐述的次波相干叠加的新观点具有极大的说服力,使反对派也马上接受了.会后泊松又仔细地审核菲涅耳理论,并用于圆盘衍射,导致圆盘中心轴线上应有亮斑这样一个当时看来似乎不可思议甚至离奇的结论.菲涅耳原理又面临新的考验.过后不久,在实验中果真发现了这一惊人现象.这一发现对光的波动理论和惠更斯-菲涅耳原理是十分有力的支持.

6.2　半波带法

半波带法是处理次波相干叠加的一种简化方法.菲涅耳的衍射公式本要求对波前作无限分割,半波带法则用较粗糙的分割来代替,从而使式(5.6)或(5.10)中的积分化为有限项求和.此法虽不够精细,但可较方便地得出衍射图样的某些定性特征,故为人们所喜用.

如图 6-2,取波前 Σ 为以点源为中心的球面(等相面),设其半径为 R,其顶点 O 与场点 P_0 的距离为 b,以 P_0 为中心,分别以 $b+\lambda/2, b+\lambda, b+3\lambda/2, b+2\lambda, \cdots$ 为半径作球面,将波前 Σ 分割为一系列环形带.由于这些环形带的边缘点 $O, M_1, M_2, M_3, M_4, \cdots$ 到 P_0 的光程逐个相差半个波长,故称之为半波带.用 $\Delta\widetilde{U}_1(P_0), \Delta\widetilde{U}_2(P_0), \cdots$ 代表各半波带发出的次波在 P_0 点产生的复振幅,由于相邻半波带贡献的复振幅中相位差 π,即

$$\Delta\widetilde{U}_1(P_0) = A_1(P_0)\mathrm{e}^{\mathrm{i}\varphi_1},$$

$$\Delta\widetilde{U}_2(P_0) = A_2(P_0)\mathrm{e}^{\mathrm{i}(\varphi_1+\pi)},$$

$$\Delta\widetilde{U}_3(P_0) = A_3(P_0)\mathrm{e}^{\mathrm{i}(\varphi_1+2\pi)},$$

$$\cdots$$

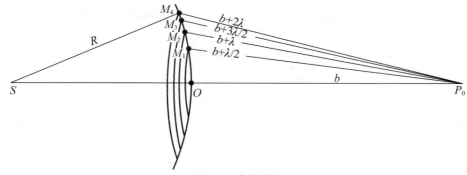

图 6-2 半波带法

故 P_0 点的合成复振幅为

$$A(P_0) = |\widetilde{U}(P_0)| = \left| \sum_{k=1}^{n} \Delta \widetilde{U}_k(P_0) \right|$$

$$= A_1(P_0) - A_2(P_0) + A_3(P_0) - \cdots + (-1)^{n+1} A_n(P_0). \tag{6.1}$$

下面我们来比较 $A_1, A_2, A_3 \cdots$ 各振幅的大小. 惠更斯-菲涅耳原理告诉我们,

$$A_k \propto f(\theta_k) \frac{\Delta \Sigma_k}{r_k}, \tag{6.2}$$

其中 $\Delta \Sigma_k$ 是第 k 个半波带的面积; r_k 是它到场点 P_0 的距离; $f(\theta_k)$ 是其倾斜因子. 为了计算 $\Delta \Sigma_k / r_k$, 我们先考虑图 6-3 所示的球帽, 其面积为

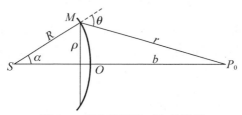

图 6-3 半波带面积 $\Delta \Sigma_k$ 的计算

$$\Sigma = 2\pi R^2 (1 - \cos\alpha),$$

而

$$\cos\alpha = \frac{R^2 + (R+b)^2 - r^2}{2R(R+b)},$$

式中的各字母所代表的几何量见图 6-3 自明. 分别取以上两式的微分:

$$\mathrm{d}\Sigma = 2\pi R^2 \sin\alpha\ \mathrm{d}\alpha,$$

$$\sin\alpha\mathrm{d}\alpha = \frac{r\mathrm{d}r}{R(R+b)},$$

将第二式代入第一式, 得

$$\frac{\mathrm{d}\Sigma}{r} = \frac{2\pi R\mathrm{d}r}{R+b}. \tag{6.3}$$

因 $\lambda \ll r_k$, 可把上式中的微分 $\mathrm{d}r$ 看成相邻半波带间 r 的差值 $\lambda/2$, $\mathrm{d}\Sigma$ 看作半波带的面积

$\Delta\Sigma_k$. 于是得

$$\frac{\Delta\Sigma_k}{r_k}=\frac{\pi R\lambda}{R+b}.\tag{6.4}$$

可见,作为 λ 的最低级近似,$\Delta\Sigma_k/r_k$ 与 k 无关,即它对于每个半波带都是一样的. 这样一来,影响 A_k 大小的因素中只剩下倾斜因子 $f(\theta_k)$ 了. 从一个半波带到下个半波带,θ_k 之值变化甚微,从而 $f(\theta_k)$ 和 A_k 随 k 的增加而缓慢地减小,最后当 $\theta_k\rightarrow\pi/2$ 时(菲涅耳的最初假设)或当 $\theta_k\rightarrow\pi$ 时(基尔霍夫理论),$f(\theta_k)\rightarrow0$. 从下面的讨论可以看出,$f(\theta_k)$ 的这一性质就足以说明问题了,其具体函数形式无关紧要.

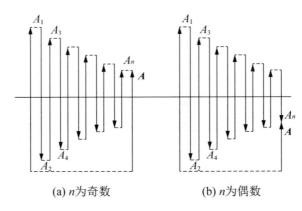

(a) n 为奇数　　　　　　　　(b) n 为偶数

图 6-4　半波带法中的振动矢量图

现在让我们回到式(6.1),式中各项加减交替,可用图 6-4 中上下交替的矢量来表示. 为了能让人看得清,图中的矢量故意画得彼此错开. 由图可见,合成振幅为

$$A(P_0)=\frac{1}{2}[A_1+(-1)^{n+1}A_n].\tag{6.5}$$

先看自由传播情形. 这时整个波前裸露,最后一个半波带上 $f(\theta_n)\rightarrow0$,从而 $A_n\rightarrow0$,于是

$$A(P_0)=\frac{1}{2}A_1(P_0).\tag{6.6}$$

亦即,自由传播时整个波前在 P_0 产生的振幅是第一个半波带的效果之半.

再看圆孔衍射. 设想在波前上放一带圆孔的屏. 当孔的大小刚好等于第一个半波带时,$A(P_0)=A_1(P_0)$,即中心是亮点. 若孔中包含前两个半波带时,$A(P_0)=A_1(P_0)-A_2(P_0)\approx0$,中心是暗点. 一般说来,当圆孔中包含奇数个半波带时,中心是亮点;包含偶数个半波带时,中心是暗点. 这就解释了衍射图样中心强度随孔径 ρ 的增大亮暗交替变化的现象. 中心强度随距离 b 变化的现象也是不难解释的,这个问题留给读者自己考虑.

最后我们看圆屏衍射. 设圆屏遮住前 k 个半波带,则

$$A(P_0)=A_{k+1}(P_0)-A_{k+2}(P_0)+\cdots+(-1)^{n+1}A_n(P_0)$$

$$=\frac{1}{2}A_{k+1}(P_0).$$

可见,无论 k 是奇是偶,中心总是亮的.

这样,我们便用半波带法解释了圆孔、圆屏衍射的一些主要特征.

6.3 矢量图解法

如果圆孔内包含的不是整个半波带,再用半波带法来讨论就有困难了.这时需要把每个半波带进一步划分得更细.例如对于第一个半波带,我们可以作中心在 P_0,半径分别为 $b+\lambda/(2m)$,$b+\lambda/m$,$b+3\lambda/(2m)$,$\cdots$ 的球面,将它分割为 m 个更窄的环带(图 6-5),相邻小环带在 P_0 贡献的振动相位差 π/m.振动的合成可用图 6-6(a)中的矢量图来表示,其中通过 O 点的水平线表示波前顶点 O 贡献的振动,取为零相位,小矢量 ΔA_1,ΔA_2,ΔA_3,$\cdots$ 分别代表各个小环带的贡献,若暂不考虑倾斜因子的影响,它们长度相等.将它们首尾相接,方向逐个转过 π/m 角度.到了 ΔA_m 刚好转过角度 π,达到第一个半波带的边缘点 M.由 O 到 M 引合成矢量 A_1,其长度就是整个第一个半波带贡献的振幅.取 $\Delta A_k \rightarrow 0$,$m \rightarrow \infty$ 的极限,图 6-6(a)中由小矢量组成的半个正多边形过渡到图 6-6(b)中的半圆.

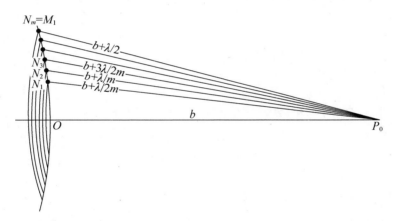

图 6-5 半波带的进一步分割

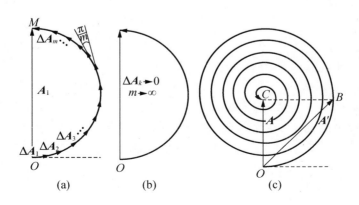

(a)　　　　(b)　　　　(c)

图 6-6 振动矢量图

上面我们对第一个半波带作了细致的处理,其余的半波带可如法炮制,于是在振动矢量图上增添一个又一个的半圆.不过至此我们忽略了倾斜因子 $f(\theta)$ 的影响.若考虑到它,半径将逐渐收缩,形成如图 6-6(c)所示的螺旋线.在自由传播情形里,这螺线要一直旋绕到半径趋于 0 为止,最后到达圆心 C.由 O 到 C 引合成矢量 $\boldsymbol{A}$,其长度即为整个波前在 P_0 点产生的振幅.比较图 6-6 中(a),(c)两图即可看出,$A=A_1/2$,这便是 6.2 节中用半波带法得到的结果.

例题 1　求圆孔包含 1/2 个半波带时轴上的衍射强度.

解　这时边缘与中心光程差为 $\lambda/4$,相位差为 $\pi/2$,图 6-6(c)的振动曲线应取 OB 一段,振幅 $A'=\overline{OB}=\sqrt{2}A$,光强 $I'=2A^2$,即光强为自由传播时的两倍. ▎

利用振动曲线图 6-6(c)可以较方便的求出任何半径的圆孔和圆屏在轴上产生的振幅和光强.至于轴外场点,则不能作简易的分析了,需要利用菲涅耳积分公式作复杂的计算.

例题 2　以自由传播为特例,验证惠更斯-菲涅耳原理,并定出衍射积分公式(5.6)中的比例系数

$$K=-\mathrm{i}/\lambda.$$

解　设从波源 S 发出的球面波为

$$\widetilde{U}=\frac{a}{r}\mathrm{e}^{\mathrm{i}kr},$$

它自由传播到 $r=R$ 和 $r=R+b$ 处的 Q 和 P 点时复振幅分别为

$$\widetilde{U}(Q)=\frac{a}{R}\mathrm{e}^{\mathrm{i}kR} \tag{1}$$

和

$$\widetilde{U}(P)=\frac{a}{R+b}\mathrm{e}^{\mathrm{i}k(R+b)}. \tag{2}$$

如前所述,若用惠更斯-菲涅耳原理处理自由传播到 P 点的场,它应等于第一个半波带的贡献 $\widetilde{U}_1(P)$ 之半,即

$$\widetilde{U}(P)=\frac{1}{2}\widetilde{U}_1(P), \tag{3}$$

下面我们用菲涅耳衍射积分公式(5.6)计算 $\widetilde{U}_1(P)$.式(5.6)为

$$\widetilde{U}_1(P)=K\iint\limits_{(\text{第一个半波带})}\widetilde{U}_0(Q)F(\theta,\theta_0)\frac{\mathrm{e}^{\mathrm{i}kr}}{r}\mathrm{d}\Sigma, \tag{4}$$

对于第一个半波带,$F(\theta,\theta_0)\approx1$,$\widetilde{U}_0(Q)$ 即上面式(1)中的 $\widetilde{U}(Q)$,按式(6.3),

$$\frac{\mathrm{d}\Sigma}{r}=\frac{2\pi R}{R+b}\mathrm{d}r,$$

故

$$\tilde{U}_1(P) = \frac{2\pi RK}{R+b}\int_b^{b+\lambda/2} \tilde{U}_0(Q)e^{ikr}\,dr$$

$$= \frac{2\pi aK}{R+b}e^{ikR}\int_b^{b+\lambda/2} e^{ikr}\,dr$$

$$= \frac{2\pi aK}{ik(R+b)}e^{ik(R+b)}(e^{ik\lambda/2}-1)$$

$$= -\frac{4\pi aK}{ik(R+b)}e^{ik(R+b)}$$

$$= -\frac{2\lambda aK}{i(R+b)}e^{ik(R+b)}. \tag{5}$$

把式(5)代入式(3)并同式(2)进行比较,即可得到

$$-\frac{\lambda K}{i}=1 \quad 或 \quad K=-\frac{i}{\lambda}.$$

这正是 5.2 节的式(5.9).▌

6.4　菲涅耳波带片

现在我们计算半波带的半径 ρ_k. 令图 6-3 中 $r=b+k\lambda/2,\rho=\rho_k$,在忽略 λ^2 项的情况下,可以导出

$$\rho_k = \sqrt{\frac{Rb}{R+b}k\lambda} = \sqrt{k}\rho_1 \quad (k=1,2,\cdots), \tag{6.7}$$

ρ_1 是第一个半波带的半径:

$$\rho_1 = \sqrt{\frac{Rb\lambda}{R+b}}. \tag{6.8}$$

如果用平行光照明圆孔,则 $R\to\infty,\rho_1=\sqrt{b\lambda}$.

我们可做一块如图 6-7(a)或(b)所示的透明板,在其上按照式(6.7)给出的比例画出各半波带,并将偶数或奇数的半波带涂黑,这就构成一块波带片,称为菲涅耳波带片,它可使轴上一定距离的场点光强增加很多倍.请看下面的例子.

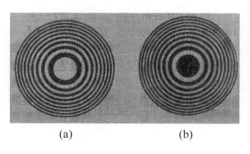

(a)　　　　　　(b)

图 6-7　菲涅耳波带片

例题 3　一块波带片的孔径内有 20 个半波带. $1,3,5,\cdots,19$ 等 10 个奇数带露出,第 $2,4,\cdots,20$ 等 10 个偶数带挡住,轴上场点的强度比自由传播时大多少倍?

解　波带片在轴上场点产生的振幅为

$$A' = A_1 + A_3 + \cdots + A_{19} \approx 10A_1 = 20A,$$
$$I' = (A')^2 = 400A^2,$$

其中 $A = A_1/2$ 是自由传播时的振幅. 本题中的波带片使光强增大 400 倍. ▌

从这个例题可以看出,菲涅耳波带片的作用有如透镜,它可以使入射光会聚起来,产生极大的光强. 波带片与透镜的相似性在式(6.7)中已反映出来了,因为它可以改写成如下形式:

$$\frac{1}{R} + \frac{1}{b} = \frac{k\lambda}{\rho_k^2},$$

令

$$f = \rho_k^2/k\lambda = \rho_1^2/\lambda, \tag{6.9}$$

上式化为

$$\frac{1}{R} + \frac{1}{b} = \frac{1}{f}. \tag{6.10}$$

此式与透镜的成像公式的形式完全相同, R 相当于物距, b 相当于像距, f 是焦距. 式(6.9)是波带片的焦距公式,它给出平行光入射($R \to \infty$)时轴上产生亮点(焦点)的位置. 式(6.9)表明,波带片焦距 f 与 k 无关,完全可用 ρ_1 表示;此外, f 与 λ 成反比[①].

应当注意,波带片与透镜有个重要区别,即一个波带片有许多焦点,上面给出的是它的主焦点,除此之外,还有一系列次焦点,它们的距离分别是 $f/3, f/5, f/7, \cdots$. 为什么当平行光照明时,在轴上这些位置处也会出现亮点? 这问题请读者自己去思考. 上述焦点都是实焦点,每块波带片除有几个实焦点外,在对称的位置上(即 $-f, -f/3, -f/5, \cdots$)还存在一系列虚焦点(参见本节末尾楷体字和思考题 10). 菲涅耳波带片是有多个虚、实焦点这一事实告诉我们,它所产生的衍射场虽很复杂,但它包含有一系列会聚的和发散的球面波成分,当然还有按几何光学规律直进的平面波成分(见图 6-8). 善于用分解和合成的观点研究波场(或波前),是现代光学中要培养的一种重要能力.

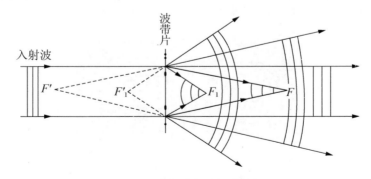

图 6-8　波带片衍射场的分解

---

①　这正好与玻璃透镜的焦距色差相反,两者配合使用,有利于消除色差.

最后再通过一个数字的例子给读者以数量级的概念.

例题 4　照明光的波长为 $0.5\mu m$, $R=1m$, $b=4m$, 求前 4 个和第 100 个半波带的半径.

解　利用式(6.8)算得

$$\rho_1=0.63mm, \qquad \rho_2=\sqrt{2}\,\rho_1=0.89mm,$$

$$\rho_3=\sqrt{3}\,\rho_1=1.10mm, \quad \rho_4=\sqrt{4}\,\rho_1=1.26mm,$$

$$\rho_{100}=10\rho_1=6.3mm. \quad |$$

这个例子告诉我们,半波带的宽度是很小的,随着级别 k 的增大,尤其如此,要在 6.3mm 的半径内容纳 100 个半波带,可以想见最外面的一些半波带是非常细密的. 所以制作菲涅耳波带片是件很细致的工作,不过在目前的条件下并不困难. 我们可以先在白纸上精密地绘制,然后用照相机进行两次拍摄和缩小,就可得到一张平面的菲涅耳波带片.

波带片与透镜相比,具有大面积、轻便、可折叠等优点,特别适宜用于远程光通信、光测距和宇航技术中.

古老的菲涅耳波带片一度曾为人们所淡忘. 现代变换光学的兴起,重新唤起了人们对它的兴趣. 现在可以说,利用衍射规律有意地改变波前,以造成人们所需的衍射场,这菲涅耳波带片在经典光学中是一篇杰作,它属于振幅型的黑白光学波带片. 现代的波带片品种已经相当繁多:有振幅型的,也有相位型的;有黑白的,也有正弦的;除光学外,还有声波和微波的波带片,等等. 波带片的应用越来越广泛,设计和制备各种特殊用途的波带片,正在发展成为一种专门技术. 广义地说,在第五、六章中将介绍的光学空间滤波器和全息底片,也是一种波带片.

菲涅耳波带片的虚焦点　菲涅耳波带片在与每个实焦点对称的位置 F' 处有一个虚焦点. 这就是说,若如图 6-9 所示,以平行光入射,用一透镜接收来自波带片的衍射光,我们将在 F' 的物像共轭点 P 处得到光强为极大的亮点(这透镜可以就是眼睛的晶状体,这就是说,我们可以用眼直接观察到在 F' 处有个亮点). 现在就来证明上述结论.

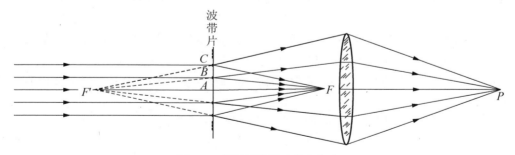

图 6-9　菲涅耳波带片的虚焦点

波带片所在平面是入射光的等相面,我们所以会在实焦点 F 处获得亮点,是因为从各透光的半波带 $A,B,C,\cdots$ 到 F 的衍射线的光程相差 λ 的整数倍. 即

$$(BF)=(AF)+\lambda, (CF)=(AF)+2\lambda,\cdots.$$

现在要证明的是由 $A,B,C,\cdots$ 经透镜到 P 的光程也相差 λ 的整数倍. 由于对透镜来说 F'

和 P 是一对共轭点,其间存在等光程性:

$$(F'AP)=(F'BP)=(F'CP)=\cdots;$$

又因 F,F' 的对称性,有

$$(F'B)=(F'A)+\lambda, \quad (F'C)=(F'A)+2\lambda,\cdots.$$

以上两组式子相减,即得

$$(BP)=(AP)-\lambda, \quad (CP)=(AP)-2\lambda,\cdots.$$

思 考 题

1. 试估算菲涅耳圆孔衍射实验中第 10^4 个半波带处的倾斜因子 $f(\theta)=(1+\cos\theta)/2$ 的数量级.如果将 $f(\theta)$ 近似取为 1,误差为多少?(所需的参考数据见 6.1 节.)

2. 为什么作菲涅耳衍射实验时,光源和接收屏幕要放得那样远?为什么放近了不易看到衍射图样?

3. 我们说,整个波前产生的振幅相当于每一个半波带效果之半,它是否等于半个第一半波带的效果?

4. 严格说来,只有对波前进行无限分割,面元 dS 贡献的复振幅 $d\widetilde{U}(P)$ 才与它的面积成正比.为什么对于并非无穷小的半波带也能使用上述结论?能否对波前的分割比半波带法更粗糙一点,譬如使用"全波带"(即相邻边缘的光程相差 λ 的环形带)的概念?

5. 设 S 为点光源,D 为孔径固定的衍射屏,P 为接收屏幕(见图 6-1).讨论下列情况下圆孔中包含半波带数目的增减:

(1) S,D 位置不变,移动 P;

(2) D,P 位置不变,移动 S;

(3) S,P 位置不变,移动 D.

6. 你能够用半波带法说明轴上场点的强度随圆屏半径 ρ 的增大而连续单调下降吗?怎样利用振动矢量图 6-6(c)来说明这一点?能否用巴比涅原理来说明,为什么圆孔衍射图样中心强度作亮暗交替的变化,而圆屏衍射图样的中心强度却作单调变化?

7. 在菲涅耳圆孔衍射实验中,从近到远移动接收屏幕,中心强度始终作亮暗交替的变化吗?接收屏幕在哪些位置上中心强度达到极大?

8. 对于一个圆孔的衍射,是否能引入焦点和焦距的概念?是否有类似于透镜的物像公式?

9. 菲涅耳波带片的"物点"和"像点"之间是否有等光程性?

10. 论证菲涅耳波带片除了具有主焦点外,还存在一系列次焦点.次焦点与主焦点光强之比是多少?有人认为是 $1/9,1/25,\cdots$,你认为对吗?如果说次焦点的光强确实比主焦点弱,主要是什么因素造成的?

11. 振幅型的黑白波带片有个缺点,即它使入射光通量损失一半.有什么办法使照射波带片的光通量全部进入衍射场,从而造成更强的主焦点?

习　题

1. 在菲涅耳圆孔衍射实验中,圆孔半径 2.0mm,光源离圆孔 2.0m,波长 $0.5\mu m$,当接收屏幕由很远的地方向圆孔靠近时,求

(1)前三次出现中心亮斑(强度极大)的位置;

(2)前三次出现中心暗斑(强度极小)的位置.

2. 在菲涅耳圆孔衍射实验中,光源距离圆孔 1.5m,波长 $0.63\mu m$,接收屏幕与圆孔距离 6.0m,圆孔半径从 0.5mm 开始逐渐扩大,求

(1)最先的两次出现中心亮斑时圆孔的半径;

(2)最先的两次出现中心暗斑时圆孔的半径.

3. 用直刀口将点光源的波前遮住一半(直边衍射),几何阴影边缘点上的光强比自由传播时小多少倍?

4. 求圆孔中露出 1.5 个半波带时衍射场中心强度与自由传播时强度之比.

5. 用平行光照明衍射屏,屏对波前作如下几种方式的遮挡,求轴上场点的光强与自由传播时之比(图中标出的是该处到场点的光程,其中 b 是中心到场点的光程).

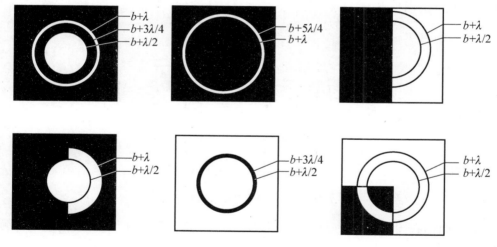

习题 5 图

6. 若一个菲涅耳波带片只将前五个偶数半波带遮挡,其余地方都开放,求衍射场中心强度与自由传播时之比.

7. 若一个菲涅耳波带片将前 50 个奇数半波带遮挡,其余地方都开放,求衍射场中心强度与自由传播时之比.

8. 菲涅耳波带片第一个半波带的半径 $\rho_1 = 5.0$mm,

(1)用波长 $\lambda = 1.06\mu m$ 的单色平行光照明,求主焦距;

(2)若要求主焦距为 25cm,需将此波带片缩小多少倍?

9. 如何制作一张满足以下要求的波带片:

（1）它在 4000Å 紫光照明下的主焦距为 80cm；

（2）主焦点光强是自由传播时的 10^3 倍左右.

10. 一菲涅耳波带片对 9000Å 的红外光主焦距为 30cm，改用 6328Å 的氦氖激光照明，主焦距变为多少？

§7　夫琅禾费单缝和矩孔衍射

在上节中我们只求得菲涅耳圆孔、圆屏衍射中轴上强度的定量结果，对轴外强度分布，由于计算上的复杂性，本书从略. 这对于我们充分认识衍射现象的特征不能不是限制. 夫琅禾费衍射的计算简单很多，本节将对单缝、矩孔等夫琅禾费衍射场分布函数进行较全面的计算，并从中进一步概括出衍射现象的一些重要特征.

7.1　实验装置和实验现象

如 6.4 节所述，夫琅禾费衍射是平行光的衍射，在实验中它可借助两个透镜来实现. 如图 7-1，位于物方焦面上的点源经第一个透镜，化为一束平行光，照在衍射屏上. 衍射屏开口处的波前向各方向发出次波（衍射光线）. 方向彼此相同的衍射线经第二个透镜会聚到其像方焦面的同一点上.

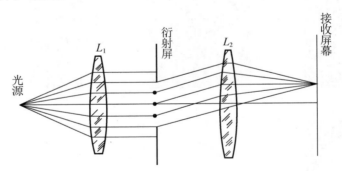

图 7-1　实现夫琅禾费衍射的实验装置

为了对比，在图 7-2 给出一系列不同情况下的夫琅禾费矩孔衍射图样，其中单缝是拉长了的矩孔，可看作是矩孔的一个特例.

图 7-2(a)，(b)，(c) 中光源都是点光源[①]，即入射在衍射孔上的都是单一方向的平行光. 如果不发生衍射，在接收屏幕上我们看到的只是中央有个亮点（几何像点）. 从（a），（b），（c）的衍射图样可以看出，一般说来衍射是朝上下左右多个方向进行的，但是当开口在水平方向拉得长时（单缝），衍射图样基本上只在上下这个一维的方向上铺展（见图(c)）. 按照严格的理论体系，本应先计算矩孔的二维衍射，然后作为特例，过渡到单缝衍射. 然而考虑到教学上由简到繁的原则，我们先计算单缝的衍射，在这里衍射基本上是一

---

① 图 7-2(d) 是线光源情形，我们这里暂且不讨论它，留待 7.4 节讨论.

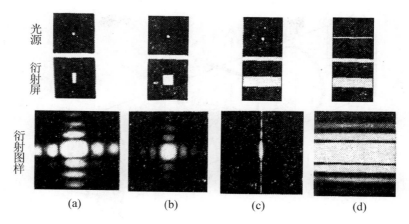

图 7-2 夫琅禾费矩孔衍射中光源、衍射屏和衍射图样的对应

维的这个特点暂作为实验事实承认下来，待后面讨论过矩孔衍射之后，再给予理论上的说明.

7.2 单缝衍射的强度公式

考虑点光源照明时单缝的夫琅禾费衍射. 取坐标系如图 7-3(a)，z 轴沿光轴，y 轴沿狭缝的走向，x 轴与之垂直. 如前所述，衍射只在 x-z 面内进行，计算光程时，我们只需作 x-z 平面图，如图 7-3(b). 按惠更斯-菲涅耳原理，我们把缝内的波前 AB 分割为许多等宽的窄条 ΔS，它们是振幅相等的次波源，朝多个方向发出次波. 由于接收屏幕位于透镜 L_2 的像方焦面上，角度 θ 相同的衍射线会聚于幕上同一点 P_θ，设入射光与光轴平行，则在波面 AB 上无相位差，为求单缝上下边缘 A，B 到 P_θ 的衍射线间的光程差，只需自 A 引这组衍射线的垂线. 它与自 B 发出的衍射线相遇于 N，$\Delta L = \overline{BN}$ 即为所求的光程差. （为什么？）设缝宽为 a，则

$$\Delta L = a\sin\theta. \tag{7.1}$$

波前上介于 A，B 各点发出衍射线的光程可据此按比例推算. 振动的合成可用矢量图解和复数积分两种方法计算.

（1）矢量图解法

如图 7-4，由 A 点作一系列等长的小矢量首尾相接，逐个转过一个相同的小角度，最后到达 B 点，共转过的角度为

$$\delta = \frac{2\pi}{\lambda}\Delta L = \frac{2\pi a}{\lambda}\sin\theta, \tag{7.2}$$

这里每个小矢量代表波前上一窄条 ΔS 对 P_θ 处振动的贡献. 取 $\Delta S \to 0$ 的极限后，由小矢量连成的折线化为圆弧，设此弧的圆心在 C 点，半径为 R，圆心角为 2α. 显然 $2\alpha = \delta$. 整个缝宽在 P_θ 处产生的合成振幅 A_θ 等于弦长 $\overline{AB}$. 由图 7-4 不难看出：

$$A_\theta = \overline{AB} = 2R\sin\alpha,$$

而

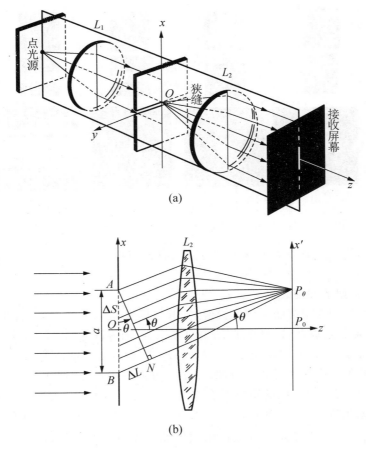

(a)

(b)

图 7-3　夫琅禾费单缝衍射（点光源情形）

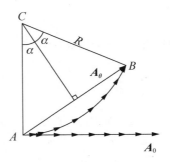

图 7-4　单缝衍射的矢量图解

$$R = \frac{\overset{\frown}{AB}}{2\alpha},$$

故

$$A_\theta = \overline{AB} = \overset{\frown}{AB}\frac{\sin\alpha}{\alpha}.$$

现在看弧长 $\overset{\frown}{AB}$ 的物理意义. 设想将此弧舒展开来,成为一条直线. 在傍轴条件下忽略倾斜因子 $f(\theta)$ 的影响,此直线的长度就代表 $\theta = 0$ 时(即在幕中心 P_0 点)的振幅 A_0. 于是我们得到

$$A_\theta = A_0 \frac{\sin\alpha}{\alpha}, \tag{7.3}$$

其中

$$\alpha = \frac{\delta}{2} = \frac{\pi a}{\lambda}\sin\theta. \tag{7.4}$$

取式(7.3)的平方得

$$I_\theta = I_0 \left(\frac{\sin\alpha}{\alpha}\right)^2, \tag{7.5}$$

这就是单缝的夫琅禾费衍射的强度分布公式. 衍射场中相对强度 I_θ/I_0 等于 $\left(\dfrac{\sin\alpha}{\alpha}\right)^2$,这个因子称为单缝衍射因子,在 7.4 节我们还要专门研究它的特点.

(2)复数积分法

在傍轴条件下,按菲涅耳-基尔霍夫公式(5.11),

$$\tilde{U}(\theta) = \frac{-\mathrm{i}}{\lambda f}\iint \tilde{U}_0 \mathrm{e}^{\mathrm{i}kr}\,\mathrm{d}x\mathrm{d}y, \tag{7.6}$$

式中 r 是波前上坐标为 x 的点 Q 到场点 P_θ 的光程,由图 7-5 可知光程差为

$$\Delta r = r - r_0 = -x\sin\theta,$$

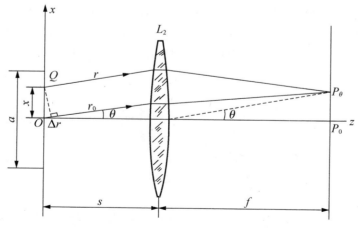

图 7-5 单缝夫琅禾费衍射光程差 Δr 的计算

它与 y 无关[①]. 在正入射的情况下 $\widetilde{U}_0$ 是与 x,y 都无关的常数. 将式(7.6)先对 y 积分,并把所有与 x 无关的因子归并到一个常数 C 中,于是得

$$
\begin{aligned}
\widetilde{U}(\theta) &= C\int_{-a/2}^{a/2} e^{ik\Delta r}\,dx = C\int_{-a/2}^{a/2}\exp(-ikx\sin\theta)\,dx \\
&= C\left.\frac{\exp(-ikx\sin\theta)}{-ik\sin\theta}\right|_{x=-a/2}^{x=a/2} = 2C\frac{\sin(ka\sin\theta/2)}{k\sin\theta} \\
&= aC\frac{\sin\alpha}{\alpha}.
\end{aligned} \tag{7.7}
$$

其中

$$
\alpha = \frac{ka\sin\theta}{2} = \frac{\pi a\sin\theta}{\lambda},
$$

它与式(7.4)的定义同. 在式(7.7)中取 $\theta=0$,于是

$$
\alpha=0, \qquad \sin\alpha/\alpha=1, \qquad \widetilde{U}(\theta)\to\widetilde{U}(0)=aC,
$$

故式(7.7)可写为

$$
\widetilde{U}(\theta)=\widetilde{U}(0)\frac{\sin\alpha}{\alpha},
$$

取绝对值的平方,即得

$$
I_\theta = I_0\left(\frac{\sin\alpha}{\alpha}\right)^2,
$$

其中 $I_0=\widetilde{U}^*(0)\widetilde{U}(0)$ 是衍射场中心强度. 这正是上面用矢量图解法得到的结果.

7.3 矩孔衍射的强度公式

如图 7-6(a)所示,设矩孔沿 x,y 方向的边长分别为 a,b,衍射线的方向用它的两个方向角的余角 θ_1,θ_2 来表示(今后我们称之为二维的衍射角),衍射线在焦面上会聚点 P 的坐标(x',y')与(θ_1,θ_2)有一一的对应关系.

在波前上取一点 Q,其坐标为(x,y). O 代表波前上的原点. 现计算二者到场点 P 的光程差. 把 $\overrightarrow{OQ}$ 看作一个矢量,它的分量为$(x,y,0)$,衍射线方向的单位矢量 $\hat{r}$ 的分量为$(\cos\alpha,\cos\beta,\cos\gamma)$. 光程差 Δr 等于 $\overrightarrow{OQ}$ 在 $\hat{r}$ 上的投影长度(见图 7-6(b)),即二矢量的标积,故

$$
\begin{aligned}
\Delta r &= r-r_0 \\
&= -(x\cos\alpha+y\cos\beta) \\
&= -(x\sin\theta_1+y\sin\theta_2).
\end{aligned} \tag{7.8}
$$

最后一步利用了(θ_1,θ_2)与(α,β)的余角关系.

类似前面一维情形的计算,由菲涅耳-基尔霍夫衍射公式得

---

① 由于透镜对波面的变换,球面次波在场点的振幅表达式中的分母不能直接选为 r_0(波前中心到场点的路径长度,见图 7-5).不论衍射屏是否置于前焦面,只要是在后焦面接收衍射场,应将 r_0 改为 $|s(1-f/s')|=|f|$,这里 s,s' 为物像距,满足物像高斯公式.

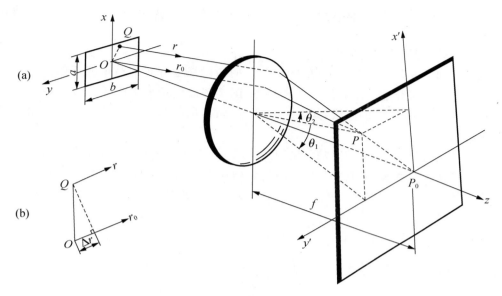

图 7-6　夫琅禾费矩孔衍射

$$\widetilde{U}(\theta_1,\theta_2) = C\int_{-a/2}^{a/2}\mathrm{d}x\int_{-b/2}^{b/2}\mathrm{d}y\,\mathrm{e}^{\mathrm{i}k\Delta r}$$

$$= C\int_{-a/2}^{a/2}\exp[-\mathrm{i}kx\sin\theta_1]\mathrm{d}x\int_{-b/2}^{b/2}\exp[-\mathrm{i}ky\sin\theta_2]\mathrm{d}y$$

$$= abC\,\frac{\sin\alpha}{\alpha}\frac{\sin\beta}{\beta}, \tag{7.9}$$

其中 $C\propto-\mathrm{i}\mathrm{e}^{\mathrm{i}kr_0}/\lambda f$ 是个常数,而

$$\begin{cases} \alpha=\dfrac{ka\sin\theta_1}{2}=\dfrac{\pi a\sin\theta_1}{\lambda}, \\[2mm] \beta=\dfrac{kb\sin\theta_2}{2}=\dfrac{\pi b\sin\theta_2}{\lambda}, \end{cases} \tag{7.10}$$

在式(7.9)中取 $\theta_1=\theta_2=0$,于是

$$\alpha=\beta=0,\sin\alpha/\alpha=\sin\beta/\beta=1,\widetilde{U}(\theta_1,\theta_2)=\widetilde{U}(0,0)=abC,$$

故式(7.9)可写为

$$\widetilde{U}(P)=\widetilde{U}(0,0)\frac{\sin\alpha}{\alpha}\frac{\sin\beta}{\beta}.$$

取绝对值平方,得

$$I(P)=I_0\left(\frac{\sin\alpha}{\alpha}\right)^2\left(\frac{\sin\beta}{\beta}\right)^2, \tag{7.11}$$

其中

$$I_0=\widetilde{U}^*(0,0)\widetilde{U}(0,0)=a^2b^2\,|C|^2\propto\left(\frac{ab}{\lambda}\right)^2 \tag{7.12}$$

是衍射场的中心强度.式(7.11)表明,矩孔衍射的相对强度 $I(P)/I_0$ 是两个单缝衍射因子的乘积.

7.4 单缝衍射因子的特点

从 7.2 和 7.3 节的计算看出,单缝和矩孔的衍射强度分布都与单缝衍射因子有关,现在我们专门来研究这个函数的性质和特点.图 7-7 虚线是振幅因子 $\sin\alpha/\alpha$ 的曲线,实线是强度因子 $(\sin\alpha/\alpha)^2$ 的曲线,其中 $\alpha=(\pi a/\lambda)\sin\theta$,曲线是以 $\sin\theta$ 为横坐标画出的.下面着重分析强度因子.

由图 7-7 可见,在单缝衍射的强度因子中心 $\alpha=0$,$\sin\theta=0$ 的地方有个主极大,两侧都有一系列次极大和极小,它们分别代表衍射图样中主极强、次极强和暗纹的位置.这与图 7-2 中给出的衍射图样是一致的.下面我们分几个方面作些具体的讨论.

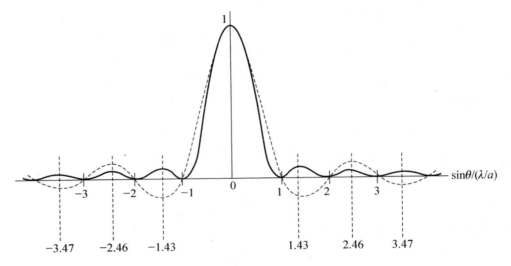

图 7-7 单缝衍射因子

(1)主极强——零级衍射斑

主极强出现在 $\alpha=0$ 的地方,$\alpha=0$ 相当于各衍射线之间无光程差.根据费马原理,这就是几何光学像点的位置.在这里我们看到了"物像等光程性"的物理意义.几何光学中着重从保持光束的同心性方面研究成像问题,从波动光学的角度看,光线会聚于一点,未必产生很大的光强,这里还需看各光线的相位关系.正是等光程性保证了到达像点各光线有相同的相位,从而产生最大的强度.费马原理中所谓的"实际光线"就是零级衍射线,而零级衍射斑的中心就是几何光学的像点.这是具有普遍意义的结论.利用它我们可较容易地找到零级衍射斑的位置.例如在图 7-3(a)所示的装置中如果点光源的位置发生上下或左右的移动,几何光学的知识告诉我们,它在接收屏幕上的像点朝相反的方向移动,移动的距离也不难算出.根据上述结论我们可以判断,屏上的零级衍射斑将作同样的移动.

（2）次极强——高级衍射斑

次极强出现在 $\dfrac{\mathrm{d}}{\mathrm{d}\alpha}\left(\dfrac{\sin\alpha}{\alpha}\right)=0$ 的位置上，它们是超越方程 $\alpha=\tan\alpha$ 的根，其数值为

$$\alpha=\pm1.43\pi,\pm2.46\pi,\pm3.47\pi,\cdots,\tag{7.13}$$

对应的 $\sin\theta$ 值为

$$\sin\theta=\pm1.43\frac{\lambda}{a},\pm2.46\frac{\lambda}{a},\pm3.47\frac{\lambda}{a},\cdots,\tag{7.14}$$

各次极强的强度为

$$I_1\approx4.7\%I_0,I_2\approx1.7\%I_0,I_3\approx0.8\%I_0,\cdots^{①},\tag{7.15}$$

可见高级衍射斑的强度比零级小得多. 这里尚未考虑倾斜因子的作用，考虑到它，高级衍射斑的强度还要进一步减小. 故经衍射后，绝大部分光能集中在零级衍射斑内.

（3）暗斑位置

由单缝衍射因子的函数形式立即看出，它在 $\alpha\neq0$ 而 $\sin\alpha=0$ 的地方等于 0，这就是说暗纹出现在下列地方：

$$\alpha=\pm\pi,\pm2\pi,\pm3\pi,\cdots,\tag{7.16}$$

$$\sin\theta=\pm\frac{\lambda}{a},\pm\frac{2\lambda}{a},\pm\frac{3\lambda}{a},\cdots.\tag{7.17}$$

（4）亮斑的角宽度

我们规定，以相邻暗纹的角距离作为其间亮斑的角宽度. 在傍轴条件下，式（7.17）可写为 $\theta\approx\pm k\lambda/a(k=1,2,\cdots)$，由此可以看出，零级亮斑在 $\theta=\pm\lambda/a$ 之间，它的半角宽为

$$\Delta\theta=\frac{\lambda}{a}\quad\text{或写成}\quad a\Delta\theta=\lambda.\tag{7.18}$$

$\Delta\theta$ 等于其他亮斑的角宽度，亦即零级亮斑的角宽度比其余的大一倍. 这特点在衍射图样 7-2 中也反映出来了.

如前所述，零级亮斑集中了绝大部分光能，它的半角宽度 $\Delta\theta$ 的大小可作为衍射效应强弱的标志[②]. 式（7.18）告诉我们，对于给定的波长，$\Delta\theta$ 与缝宽成反比，即在波前上对光束限制越大，衍射场越弥散，衍射斑铺开得越宽；反之，当缝宽很大，光束几乎自由传播时，$\Delta\theta\rightarrow0$，这表明衍射场基本上集中在沿直线传播的原方向上，在透镜焦面上衍射斑收缩为几何光学像点. 式（7.18）还告诉我们，在保持缝宽不变的条件下，$\Delta\theta$ 与 λ 成正比，波长越长，衍射效应越显著；波长越短，衍射效应越可忽略，所以说，几何光学是短波（$\lambda\rightarrow0$）的极限.

矩孔衍射是两个单缝因子 $(\sin\alpha/\alpha)^2$，$(\sin\beta/\beta)^2$ 的乘积，其一等于 0 的地方，强度就为 0. 从而衍射亮斑如图 7-2 所示，排列在矩形格子中. 在衍射孔的两边不等时 $(a\neq b)$，上述因子在 x,y 两个方向上给出不同的半角宽度

---

①　次极强的位置和强度可用近似式表示（见思考题 1）：

$$\alpha\approx\pm(k+1/2)\pi,\quad I_k\approx[(k+1/2)\pi]^{-2}I_0,\quad k=1,2,3,\cdots.$$

②　再次强调指出，位于透镜后焦面上的一个点，对应于物空间衍射线的一个方向. 所以 $\Delta\theta$ 既是接收屏幕上衍射斑大小的量度，也是衍射场中波线取向弥散程度的量度.

$$\begin{cases} \Delta\theta_1 = \dfrac{\lambda}{a}, \\[2mm] \Delta\theta_2 = \dfrac{\lambda}{b}, \end{cases} \quad \text{或写成} \quad \begin{cases} a\Delta\theta_1 = \lambda, \\[2mm] b\Delta\theta_2 = \lambda, \end{cases} \qquad (7.19)$$

$\Delta\theta_1$, $\Delta\theta_2$ 分别与 a, b 成反比,这就是说,在波前上光束在哪个方向上受到的限制较大,则衍射斑就在该方向上铺展得较宽. 比较一下图 7-2(a)、(b)、(c),即可看到这一点. 当衍射矩孔的某个边(譬如 b)很大时($b \to \infty$),矩孔过渡到单缝. 这时 $\Delta\theta_2 \to 0$,即衍射图样在缝长的方向上缩得无限窄,光强几乎只分布在与缝垂直的一条线上,这就解释了图 7-2(c)中所示的现象,同时为我们在 7.2 节中计算单缝衍射时作一维处理提供了理论依据.

最后我们解释一下图 7-2(d)中所示的线光源单缝衍射实验. 实验装置如图 7-8 所示,线光源取向与单缝平行. 在没有激光的条件下人们经常采用这样的装置. 线光源可看成是一系列不相干点光源的集合. 我们可以设想图 7-3(a)所示装置中的点源沿 y 方向移动,则接收屏幕上的衍射图样将沿相反的方向平移. 把点光源在各个位置上形成的衍射图样不相干地叠加在一起,我们就得到图 7-2(d)或图 7-8 中幕上的直线衍射条纹.

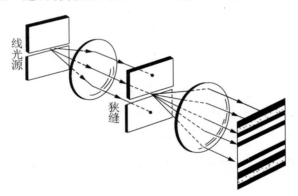

图 7-8 夫琅禾费单缝衍射(线光源情形)

例题 波长为 $0.6\mu m$ 的一束平行光照射在宽度为 $20\mu m$ 的单缝上,透镜焦距为 20cm,求零级夫琅禾费衍射斑的半角宽度和线宽.

解 半角宽度 $\Delta\theta = \lambda/a = 0.03$rad. 幕上零级斑线宽

$$\Delta l = 2f\Delta\theta = 1.2\text{cm}. \quad \blacksquare$$

研究一下夫琅禾费单缝衍射的振幅分布函数在几何光学极限下的行为是很有意义的. 按式(7.7),

$$\tilde{U}(P_\theta) = aC\frac{\sin\alpha}{\alpha},$$

其中 $\alpha = \dfrac{\pi a}{\lambda}\sin\theta$,在傍轴条件下可写成 $\alpha = \dfrac{\pi a}{\lambda}\theta$,而 $C \propto \dfrac{a}{\lambda}$,故

$$\tilde{U}(P_\theta) \infty \frac{a}{\lambda} \frac{\sin \frac{\pi a}{\lambda}\theta}{\frac{\pi a}{\lambda}\theta} = \frac{1}{\pi} \frac{\sin \frac{\pi a}{\lambda}\theta}{\theta} = \frac{1}{\pi} \frac{\sin p\theta}{\theta},$$

其中 $p = \pi a/\lambda$. 下面我们把此函数记作 $\delta(\theta, p)$, 即

$$\delta(\theta, p) \equiv \frac{1}{\pi} \frac{\sin p\theta}{\theta}. \tag{7.20}$$

$\delta(\theta, p)$ 这个函数有个性质, 即它对 θ 的定积分与 p 无关, 恒等于 1:

$$\int_{-\infty}^{\infty} \delta(\theta, p)\mathrm{d}\theta = \frac{1}{\pi} \int_{-\infty}^{\infty} \frac{\sin p\theta}{\theta} \mathrm{d}\theta = 1. \tag{7.21}$$

如前所述, 所谓几何光学极限, 就是 $\lambda/a \to 0$, 或 $p \to \infty$. 图 7-9(a), (b), (c) 依次给出 $\delta(\theta, p)$ 随 p 增大的演变情形. 当 $p \to \infty$ 时, $\delta(\theta, p)$ 在 $\theta = 0$ 处趋于 ∞, 但曲线下的总面积不变, 从而尖峰的宽度要趋于 0, 在 $\theta \neq 0$ 的地方其数值全都趋于 0. 这正好反映了几何光学的形象, $\delta(\theta, p)$ 在此情形的极限, 称为 δ 函数[①], 即

$$\delta(\theta) = \lim_{p \to \infty} \delta(\theta, p) = \frac{1}{\pi} \lim_{p \to \infty} \frac{\sin p\theta}{\theta}. \tag{7.22}$$

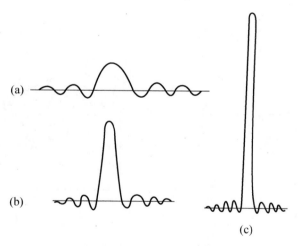

图 7-9 单缝衍射因子与 δ 函数

δ 函数的基本性质之一是

$$\int_{-\infty}^{\infty} \delta(\theta)\mathrm{d}\theta = 1; \tag{7.23}$$

基本性质之二是对于任何在 $\theta = 0$ 处连续的函数 $f(\theta)$ 有

$$\int_{-\infty}^{\infty} \delta(\theta) f(\theta)\mathrm{d}\theta = f(0). \tag{7.24}$$

"δ 函数" 不是数学中普通意义下的 "函数", 它可视为一种广义的函数. 目前 δ 函数在物理

---

① δ 函数最先是狄拉克(P. A. M. Dirac)在量子力学中引入的.

学中已得到广泛的应用,在本书以后的章节中我们还要介绍和用到它(见第五章5.4—5.6节).

*7.5 衍射反比关系意义的探讨

以上我们从次波相干叠加原理出发,具体推算了矩孔(单缝是它的一个特例)夫琅禾费衍射的振幅和强度的分布,详细分析了衍射图样的主要特征.我们认为,从概念上和物理意义上看,其中最富有教益的是零级斑的半角宽度公式(7.18)或(7.19).它们表明,由于衍射,光束在某个方向的弥散角 $\Delta\theta_1,\Delta\theta_2$ 分别与光孔在该方向的线度 a,b 成反比:

$$a\Delta\theta_1=\lambda,b\Delta\theta_2=\lambda.$$

我们不妨称它们为衍射反比关系.下面从几个方面发掘一下这公式的物理内容.

(1)几何光学的限度

前已指出,几何光学是 $\Delta\theta=\lambda/a\rightarrow0$ 时的极限,不过那时只讨论了光从窗口直接透射的问题(图7-10(a)).这时 $\Delta\theta\rightarrow0$ 意味着光束沿原方向前进,因此上述衍射反比关系给出了光的直线传播定律成立的条件.

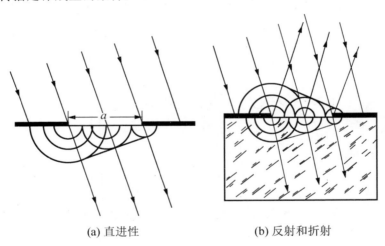

(a) 直进性   (b) 反射和折射

图 7-10 几何光学的限度

反射定律和折射定律成立的条件,也可用类似的方法得出,如图 7-10(b),在透明介质表面设置一矩形窗口,这窗口也可以就是介质界面的边界.取界面为波前,其上每个面元都是次波源,不过与图(a)情形不同的是,每个次波中心向前后两种介质发出速度不同的两列球面次波,其一是反射次波,另一是折射次波.所以反射波场和透射波场都是平行光斜射的矩孔衍射场.根据费马原理可知,两侧零级极强方向就是几何光学反射光和折射光的方向.按照衍射理论,围绕着每个零级极强方向都有一衍射发散角,其大小都由上述衍射反比关系决定,它分别规定着几何光学反射定律和折射定律的限度[①].

---

① 应注意,这时衍射反比关系中出现的 λ 是相应介质中的波长.

(2)波场中的能量分布同参与相干叠加波的数目有关

如果说,一个点源发出的球面波是各向同性的话,两个点源的干涉场中能量已开始在某些方向上聚集.参与相干叠加的波源数目越多,它们在空间分布的范围越广,则波场中能量向某些很窄的方向集中的趋势越明显.以上是一个带有普遍性的规律,今后我们会在多光束干涉、一维和多维光栅等许多例子中看到这一点.衍射反比关系 $a\Delta\theta=\lambda$ 也属于这一范畴.

上述规律可定性地解释如下.参与相干叠加的波源数目越多,出现相干极强的条件就越加苛刻,只有某些特定的方向上才能满足所需的光程条件.参与相干叠加的波源分布得越广,对主极强方向稍有偏离,许多波的相位就会发生显著的变化,故使合成的振幅和强度急剧下降.

(3)衍射的放大作用

凡两量成反比,一个越小,另一个越大.衍射反比关系提供了一种特殊的放大原理.如果一单缝或细丝的宽度太小,或由于其他原因使我们无法直接测定,我们可以用光学的方法测定其衍射斑的大小,然后由衍射反比关系推算其宽度.已利用此原理制成一种激光衍射细丝测径仪(见习题4),其精度比千分尺高一个量级以上.光学测量是不接触测量,不损害样品,便于作连续的动态监测,并使拉丝流程实现自动控制.此外,早已广泛使用的 X 光衍射结构分析也利用了衍射的这种放大作用,将晶体的微观结构显示出来.当然,衍射的这种放大作用,不同于显微镜,它不是几何相似的放大,本质上是一种"光学变换"(参见第五章).

思 考 题

1. 试用半波带法说明夫琅禾费单缝衍射因子的一些特征,如暗纹和次极强出现的位置.你能用半波带法说明各次极强的强度的大小比例吗?能说明次极强和主极强强度之比吗?

2. 在夫琅禾费单缝衍射中,为保证在衍射场中至少出现强度的一级极小,单缝的宽度不能小于多少?为什么用 X 光而不用可见光衍射作晶体结构分析?

3. 试讨论,当图 7-3 所示的装置里点光源在垂直光轴的平面里上下左右移动时,衍射图样有何变化?

4. 若在单缝夫琅禾费衍射装置中线光源取向并不严格平行单缝,这对衍射图样有什么影响?如果线光源本身太宽,对衍射图样有什么影响?设想一下,若在图 7-8 所示的装置中把线光源转 90°使之与单缝垂直,你在幕上看到的是什么图样?

5. 在白光照明下夫琅禾费衍射的零级斑中心是什么颜色?零级斑外围呈什么颜色?

6. 若将图 7-3(a)所示装置中的单缝换为方孔、三角孔或六角形孔,幕上零级衍射斑中心位置将在什么地方?

7. 讨论夫琅禾费衍射装置有如下变动时,衍射图样的变化(参看图 7-1):

(1)增大透镜 L_2 的焦距;

(2)增大透镜 L_2 的口径；

(3)将衍射屏沿光轴 z 方向前后平移；

(4)衍射屏作垂直于光轴的移动(不超出入射光束照明范围)；

(5)衍射屏绕光轴 z 旋转.

在以上哪些情形里零级衍射斑的中心发生移动？

习　　题

1.如图,平行光以 θ_0 角斜入射在宽度为 a 的单缝上,试证明：

(1)夫琅禾费衍射的强度公式基本不变(忽略倾斜因子),即

$$I_\theta = I_0 \left(\frac{\sin\alpha}{\alpha}\right)^2,$$

式中 I_0 为零级中心强度,只不过 α 的定义与正入射不同：

$$\alpha = \frac{\pi a}{\lambda}(\sin\theta - \sin\theta_0);$$

(2)零级中心的位置在几何光学像点处；

(3)零级斑半角宽度为

$$\Delta\theta = \frac{\lambda}{a\cos\theta_0}.$$

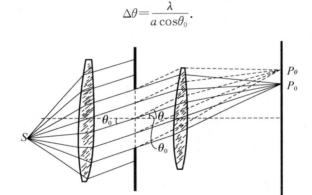

习题 1 图

2.估算下列情形光束在介质界面上反射和折射时反射光束和折射光束的衍射发散角.设界面的线度为 1cm,光波波长为 $0.6\mu m$,折射率为 1.5：

(1)平行光正入射；

(2)入射角为 $75°$；

(3)入射角为 $89°$(掠入射).

3.试用巴比涅原理证明：互补的衍射屏产生的夫琅禾费衍射图样相同.

4.衍射细丝测径仪就是把单缝夫琅禾费衍射装置中的单缝用细丝代替.今测得零级衍射斑的宽度(两个一级暗纹间的距离)为 1cm,求细丝的直径.已知光波波长 $0.63\mu m$,透镜焦距 50cm.

§8　光学仪器的像分辨本领

8.1　夫琅禾费圆孔衍射

在光学成像系统中,光瞳多呈圆形,讨论夫琅禾费圆孔衍射问题,对分析成像的质量是必不可少的.计算的出发点仍是菲涅耳-基尔霍夫衍射公式,但由于用到的数学知识较多,这里只给出结果.在正入射时,圆孔的夫琅禾费衍射复振幅分布为

$$\tilde{U}(\theta) \propto \frac{2J_1(x)}{x},\tag{8.1}$$

其中

$$x = \frac{2\pi a}{\lambda}\sin\theta,\tag{8.2}$$

a 是圆孔的半径,θ 是衍射角,$J_1(x)$ 是一阶贝塞耳函数(一种特殊函数),数值可查有关数学用表.强度分布公式为

$$I(\theta) = I_0 \left[\frac{2J_1(x)}{x}\right]^2.\tag{8.3}$$

式中 I_0 是中心强度,$I_0 \propto (\pi a^2)^2/\lambda^2$.$[2J_1(x)/x]^2$ 的曲线见图 8-1.我们特别关心的是这函数的极大值和极小值(零点),它们的数值列于表Ⅱ-1.

定性看圆孔的夫琅禾费衍射因子与单缝的相似,但在具体数值上有些小差别.圆孔夫琅禾费衍射图样的照片见图 8-2.从轴对称性可以想见,它由中心亮斑和外围一些同心亮环组成.

表Ⅱ-1　夫琅禾费圆孔衍射强度分布函数的极大值和零点

x	0	1.220π	1.635π	2.233π	2.679π	3.238π
$[2J_1(x)/x]^2$	1	0	0.0175	0	0.0042	0

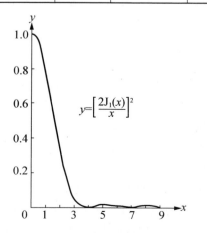

图 8-1　圆孔夫琅禾费衍射因子

图 8-2　圆孔夫琅禾费衍射图样与艾里斑

与单缝和矩孔情形类似,圆孔衍射场中的绝大部分能量也集中在零级衍射斑内.圆孔的零级衍射斑称为艾里斑(G. B. Airy,1835 年),其中心是几何光学像点.衍射光角分布的弥散程度可用艾里斑的大小,即第一暗环的角半径 $\Delta\theta$ 来衡量.从表Ⅱ-1 可以看出,

$$\Delta\theta=0.61\frac{\lambda}{a} \quad \text{或} \quad \Delta\theta=1.22\frac{\lambda}{D}, \tag{8.4}$$

其中 $D=2a$ 是圆孔直径,以上便是圆孔衍射的反比关系.

例题 1　估算眼睛瞳孔艾里斑的大小.

解　人的瞳孔基本上是圆孔,直径 D 在 2mm—8mm 之间调节.取波长 $\lambda=0.55\mu m$,$D=2mm$,估算艾里斑(最大)的角半径为

$$\Delta\theta=1.22\frac{\lambda}{D}=3.4\times10^{-4}\mathrm{rad}\approx1'.$$

人眼基本上是球形,新生婴儿眼球的直径约为 16mm,成年人眼球直径约为 24mm.我们取 $f\approx20mm$ 估算视网膜上艾里斑的直径为

$$d=2f\Delta\theta\approx14\mu m.$$

在 1mm² 的视网膜面元中,可以布满约 5400 个艾里斑.

例题 2　氦氖激光器沿管轴发射定向光束,其出射窗口的直径(即内部毛细管的直径)约为 1mm,求激光束的衍射发散角.

解　氦氖激光的波长为 6328Å,由于光束被出射窗限制,它必然会有一定的衍射发散角,用式(8.4)来估计:

$$\Delta\theta\approx1.22\frac{\lambda}{D}=7.7\times10^{-4}\mathrm{rad}\approx2.7'.$$

如果我们在 10km 以外接收的话,这束定向光束的光斑可达 7.7m,这是多么大的截面啊! 这个例子告诉我们,由于衍射效应,截面有限而又绝对平行的光束是不可能存在的. 由于光波波长很短,在通常条件下衍射发散角很小.不过在光通信或光测距这类远程装置里,即使很小的发散角也会造成很大面积的光斑,在估算整机的接收灵敏度时,需要考虑到这一点. 在估算衍射发散角的量级时,往往用矩孔公式(7.19)就可以了,不必过细计较光孔的具体形状.

8.2　望远镜的分辨本领

当我们用光学仪器去观察一个较复杂的物体,如一对双星,一张显微切片时,画面可以看成是许多不同颜色、不同亮度、不同位置的物点组成的. 由于每个物点成的像实际上都是一个有一定大小的衍射斑,靠得太近的像斑就彼此重叠起来,使画面的细节变得模糊不清.所以对于高放大率精密光学仪器来说,衍射效应是提高分辨本领的一个严重障碍.

我们举一个最简单的例子.用望远镜观察太空中的一对双星. 它们的像是两个圆形衍射斑.如果这两个物点的像之间的角距离 $\delta\theta$ 大于衍射斑的角半径 $\Delta\theta=1.22\lambda/D$ 时,很明显,我们能够看出是两个圆斑(图 8-3(a)),从而也就知道有两颗星. 但是当两个像之间的角距离 $\delta\theta$ 比 $\Delta\theta=1.22\lambda/D$ 小(图 8-3(c)),两个圆斑几乎重叠在一起,由于两个物点的

光是非相干的,强度直接叠加,这时我们就看不出是两个圆斑,因而也就无从知道是两颗星.为了给光学仪器规定一下最小分辨角的标准,通常采用所谓瑞利判据.这判据规定,当一个圆斑像的中心刚好落在另一圆斑像的边缘(即一级暗纹)上时,就算两个像刚刚能够被分辨(见图 8-3(b)).计算表明,满足瑞利判据时,两圆斑重叠区的鞍点光强约为每个圆斑中心光强的 73.5%,一般人的眼睛是刚刚能够分辨这种光强差别的.对于望远镜来说,这时两像斑中心的角距离 $\delta\theta_m$ 等于每个的半角宽度 $\Delta\theta = 1.22\lambda/D$,即

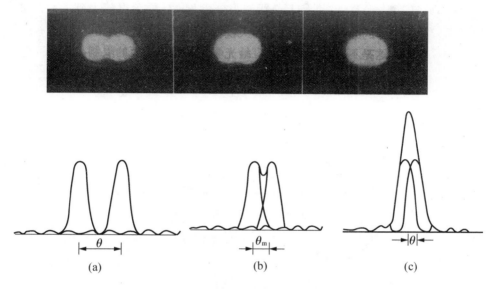

图 8-3 瑞利判据

$$\delta\theta_m = 1.22\frac{\lambda}{D}. \tag{8.5}$$

这就是望远镜的最小分辨角公式,其中 D 是物镜的直径.由此可见,为了提高望远镜的分辨本领,即减小其最小分辨角,必须加大物镜的直径.

例题 3 计算物镜直径 $D = 5.0\text{cm}$ 和 50cm 的望远镜对可见光平均波长 $\lambda = 5500\text{Å}$ 的最小分辨角.

解
$$\delta\theta_m = 1.22\frac{\lambda}{D},$$

$D = 5.0\text{cm}$ 时,

$$\delta\theta_m = 1.22\times\frac{0.55\times10^{-4}}{5.0} = 1.3\times10^{-5}\text{rad};$$

$D = 50\text{cm}$ 时,

$$\delta\theta_m = 1.22\times\frac{0.55\times10^{-4}}{50} = 1.3\times10^{-6}\text{rad}.$$

也许有人会想,既然光学仪器可以放大视角,从而使人能够分辨物体的细节,是否可以增大仪器的放大率来提高它的分辨本领呢?这是不行的,衍射效应给光学仪器分

辨本领的限制,是不能用提高放大率的办法来克服的.因为增大了放大率之后,虽然放大了像点之间的距离,但每个像的衍射斑也同样被放大了(见图 8-4),光学仪器原来所不能分辨的东西,放得再大,仍不能为我们的眼睛或照相底片所分辨.当然,另一方面如果光学仪器的放大率不足,也可能使仪器原来已经分辨了的东西由于成像太小,使眼睛或照相底片不能分辨,这时仪器的分辨本领未被充分利用,我们还可以提高它的放大率.所以设计一个光学仪器时应使它的放大率和分辨本领相适应.对于助视光学仪器,最好如此选择其放大率,使等于仪器最小分辨角 $\delta\theta_m$ 的角度放大到人眼所能分辨的最小角度(约 $1'$).

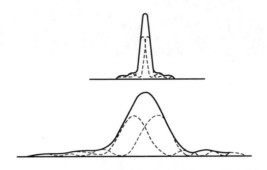

图 8-4　提高放大率不能解决分辨率不足的问题

例题 4　上题中的两个望远镜的放大率各以多少为宜?

解　我们眼睛的最小分辨角为 $\delta\theta_e = 1' = 2.9 \times 10^{-4}\,\mathrm{rad}$,$D = 5.0\mathrm{cm}$ 的望远镜的最小分辨角 $\delta\theta_m = 1.3 \times 10^{-5}\,\mathrm{rad}$,它的视角放大率应选择为

$$M = \frac{\delta\theta_e}{\delta\theta_m} = \frac{2.9 \times 10^{-4}}{1.3 \times 10^{-5}} = 22.5 \text{ 倍};$$

$D = 50\mathrm{cm}$ 的望远镜 $\delta\theta_m = 1.3 \times 10^{-6}\,\mathrm{rad}$,视角放大率应选择为

$$M = \frac{\delta\theta_e}{\delta\theta_m} = \frac{2.9 \times 10^{-4}}{1.3 \times 10^{-6}} = 225 \text{ 倍}.$$

实际上为了让眼睛看得舒服些,放大率还可再提高一点. ▋

通常我们看到的物镜直径较大的望远镜倍率也较高,或者说要制造倍率高的望远镜必须同时增大物镜直径,就是这个道理.

*8.3　球面波照明条件下像面接收的夫琅禾费衍射

望远镜接收的是平行光,故在 8.2 节里讨论它的分辨本领时可以用夫琅禾费衍射理论.显微镜接收的是发散角很大的同心光束(球面波),研究显微镜的分辨本领时我们还可用夫琅禾费衍射理论吗?回答是肯定的.初看起来这有些意外,待我们证明了下面一条定理后,就不觉得奇怪了.

考虑图 8-5 所示的衍射装置(暂不看 Q 点左边用虚线绘制的部分),由点光源 Q 发出的同心光束经过 L 成像于 P.在像面 II 上放置接收屏幕.AA 是这光具组的孔径光阑,光束被它限制,从而发生衍射.考虑到衍射效应,幕上呈现的将不是一个像点 P,而是一定

的衍射图样. 现在证明, 无论孔径光阑 AA 位于何处, 像平面 Π 上接收到的总是光瞳的夫琅禾费衍射图样.

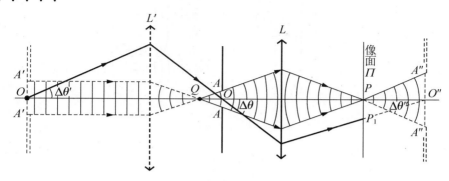

图 8-5　球面波照明像面接收的夫琅禾费衍射

为了证明上述结论[①], 设想 Q 点之左还有一个透镜 L', 置 Q 位于它的像方焦点上. 由 Q 向右发出的球面波可看成是 L' 之左一束平行光会聚后的延伸. $A'A'$ 是 L' 和 L 组成的联合光具组的入射光瞳, 它限制了入射的平行光束的孔径. 不难看出, 对于联合光具组来说 Π 是像方焦面, 故平行光经 $A'A'$ 衍射后在其上呈现的应是夫琅禾费衍射图样, 从而 8.1 节推导的公式对它都适用. 对于圆孔, 幕上是艾里斑和周围的同心环条纹.

设 $A''A''$ 是光具组的出射光瞳, 其直径为 D'', 由其中心 O'' 引一条光线到艾里斑的边缘点 P_1, 此线与光轴成夹角 $\Delta\theta''$, $\Delta\theta''$ 就是艾里斑对 O'' 所张的角半径, 按式(8.5),

$$\Delta\theta' = 1.22\frac{\lambda}{n''D''},\tag{8.6}$$

式中 n'' 是像方空间折射率, λ 是真空波长. 设 AA 和 $A'A'$ 的直径分别为 D 和 D', 它们所在空间的折射率分别为 n 和 n', 中心分别为 O 和 O', 光线 $O''P_1$ 通过 O 和 O' 的共轭光线与光轴所成倾角分别为 $\Delta\theta$ 和 $\Delta\theta'$, 由于艾里斑的角半径 $\Delta\theta, \Delta\theta', \Delta\theta''$ 等都很小, 故可利用傍轴条件下的拉格朗日-亥姆霍兹定理(第一章 5.5 节). 由式(8.6), 我们有

$$nD\Delta\theta = n'D'\Delta\theta' = n''D''\Delta\theta'' = 1.22\lambda.\tag{8.7}$$

以上就是球面波照明像面接收的夫琅禾费衍射系统中衍射反比关系的几种表达方式.

*8.4　显微镜的分辨本领

显微镜的特点是物镜焦距短, 被观测的小物放在物镜焦点附近的齐明点上, 中间像面离镜头较远. 根据显微镜的性能, 它的分辨本领不用最小分辨角而用最小分辨距离来衡量.

如图 8-6, 物点 Q 发射的球面波经入射光瞳的衍射, 在中间像面形成夫琅禾费衍射斑(艾里斑), 显微镜中物镜的边缘是孔径光阑, 从而它又是物镜的出射光瞳. 根据式(8.6)或(8.7), 艾里斑的角半径为

---

①　在第五章 §4 里我们还要给出另一种证明.

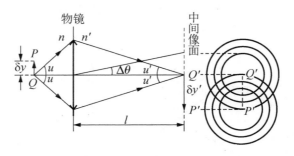

图 8-6　显微镜的分辨本领

$$\Delta\theta = 1.22\frac{\lambda}{n'D}, \qquad (8.8)$$

式中 n' 是像方折射率，D 为物镜直径．设物镜到中间像面的距离为 l，在中间像面上艾里斑的半径为 $l\Delta\theta$．λ 为真空波长．

再考虑轴外物点 P，根据瑞利判据，当 P 点的像点 P'（实际上是衍射斑中心）正好落在 Q 点产生的艾里斑边缘时，即 $\overline{Q'P'} = \delta y' = l\Delta\theta$ 时，Q,P 两点刚刚可以分辨．换句话说，满足以上条件的距离 $\overline{QP} = \delta y$ 就是我们要求的显微镜最小分辨距离 δy_{m}．

由于显微物镜工作在齐明点，在这对共轭点上满足阿贝正弦条件（见第一章 10.4 节）：

$$n\sin u\,\delta y = n'\sin u'\,\delta y',$$

这里 u 通常较大，而 u' 较小，可认为 $\sin u' \approx u' = \dfrac{D/2}{l}$，故

$$\delta y_{\mathrm{m}} = \frac{n'u'\delta y'}{n\sin u} = \frac{n'u'l\Delta\theta}{n\sin u} = \frac{n'u'}{n\sin u} \times l \times \frac{1.22\lambda}{n'D}.$$

即

$$\delta y_{\mathrm{m}} = \frac{0.61\lambda}{n\sin u}. \qquad (8.9)$$

其中 $n\sin u$ 称为数值孔径，用 N. A.（Numerical Aperture）表示．

式(8.9)表明，要提高显微镜的分辨本领，即设法使 δy_{m} 尽量小，提高数值孔径是个可行的措施．所以高倍率的显微镜是油浸式的，使用时在载物片与物镜之间滴上一滴油，以增大物方折射率 n．不过，这样也只能把数值孔径增大到 1.5 左右．所以光学显微镜的分辨本领有个最高限度，即 $\delta y_{\mathrm{m}} \gtrsim \dfrac{0.61}{1.5}\lambda \approx 0.4\lambda$，其量级为半个波长．在可见光波段，$\delta y_{\mathrm{m}} \gtrsim 0.2\mu\mathrm{m}$，与此相应地，光学显微镜的放大率也有个最高限度，约为数百倍，比这数值再放宽一些，也不过 1000 倍左右．光学显微镜的放大倍数不能再高，这不是技术上的问题，而是考虑到衍射效应以后所采取的一种合理的设计，因为放大率再高，除造价更高外，并不会使我们看清比 $0.2\mu\mathrm{m}$ 更小的物体细节．要得到有效放大率很高的显微镜，唯一的途径是缩短波长 λ，近代电子显微镜利用电子束的波动性来成像．在几万伏的加速电压下电子束的波长可达 10^{-2} Å 的数量级．但电子显微镜的孔径角较小（不到 10°），最小分辨距离 δy_{m} 可达几埃，放大率可达几万倍乃至几百万倍．

例题 5 某光学显微镜的数值孔径 N. A. ＝1.5,试估算它的有效放大率.

解 显微镜是助视光学仪器,应该针对人眼的光学性能来设计. 人眼的最小分辨角为

$$\delta\theta_e \approx 1' = \frac{3\text{mm}}{10\text{m}} = \frac{0.075\text{mm}}{25\text{cm}},$$

这就是说,一般人眼能分辨 10m 远处相隔 3mm 的两条刻线,或者说,在明视距离处相隔 0.075mm 的两条刻线. 另外,λ 应取人眼最敏感的 $0.55\mu\text{m}$. 合理的设计方案应是把 δy_m ＝$0.61\lambda/\text{N. A.}$ ＝$0.4\times0.55\mu\text{m}$ 放大到明视距离的 δy_e ＝0.075mm,这样才充分利用了镜头的分辨本领. 故这台显微镜的有效放大率至少应为

$$V_m = \frac{\delta y_e}{\delta y_m} \approx 340 \text{ 倍}.$$

当然,实际放大率还可以设计得比这数值稍高一些,譬如 500 倍,以便使眼睛看得更舒服一些. |

在结束本节之前,我们指出,成像仪器的分辨本领虽然可以作为仪器性能的一个主要指标,但它不足以全面评价仪器的成像质量(像质). 这里至少存在两个问题:一是除了分辨两点或两条线外,还应着眼于整个像面上光强分布是否准确地反映物面上光强分布问题. 二是仪器的几何像差与光瞳的衍射效应实际上是混杂在一起的,因此单纯由衍射效应算出的分辨本领理论值与该仪器的实际像质之间就可能有很大的出入. 总之,对一种仪器的像质如何作出全面的客观的评价,是个十分复杂和仔细的问题. 有关这个问题我们将在第五章§7 中作些介绍.

思 考 题

1. 菲涅耳圆孔衍射图样的中心点可能是亮的,也可能是暗的,而夫琅禾费圆孔衍射图样的中心总是亮的. 这是为什么?

2. 讨论下列日常生活中的衍射现象:

(1)假如人眼的可见光波段不是 $0.55\mu\text{m}$ 左右,而是移到毫米波段,而人眼的瞳孔仍保持 4mm 左右的孔径,那么,人们所看到的外部世界将是一幅什么景象?

(2)人体的线度是米的数量级,这数值恰与人耳的可听声波波长相近. 假想人耳的可听声波波长移至毫米量级,外部世界给予我们的听觉形象将是什么状况?

3. 蝙蝠在飞行时是利用超声波来探测前面的障碍物的,它们为什么不用对人类来说是可闻的声波?

习 题

1. 一对双星的角间隔为 $0.05''$,

(1)需要多大口径的望远镜才能分辨它们?

(2)此望远镜的角放大率应设计为多少才比较合理?

2. 一台天文望远镜的口径为 2.16m,由这一数据你能进一步获得关于它在光学性能方面的哪些知识?

3.一台显微镜,已知其 N. A. =1.32,物镜焦距 f_O=1.91mm,目镜焦距 f_E=50mm,求

(1)最小分辨距离;

(2)有效放大率;

(3)光学筒长.

4.用一架照相机在离地面 200km 的高空拍摄地面上的物体,如果要求它能分辨地面上相距 1m 的两点,照相机的镜头至少要多大?设镜头的几何像差已很好地消除,感光波长为 4000Å.

5.已知地月距离约为 3.8×10^5km,用口径为 1m 的天文望远镜能分辨月球表面两点的最小距离是多少?

6.已知日地距离约为 1.5×10^8km,要求分辨太阳表面相距 20km 的两点,望远镜的口径至少需有多大?

§9　光的横波性与五种偏振态

光的干涉和衍射现象表明光是一种波动,但这些现象还不能告诉我们光是纵波还是横波.本节要介绍的光的偏振现象清楚地显示光的横波性,这一点是和光的电磁理论完全一致的,或者说,这也是光的电磁理论的一个有力证明.

9.1　偏振现象与光的横波性

我们先看一个机械波的例子.如图 9-1,将橡皮绳的一端固定,手拿着另一端上下抖动,于是就有横波沿绳传播.在波的传播路径中放置两个栏杆 G_1,G_2.如果二者缝隙的方向一致(见图 9-1(a)),则通过 G_1 的振动可以无阻碍地通过 G_2;如果缝隙的方向垂直(见图 9-1(b)),通过 G_1 的振动传到 G_2 处就被挡住,在 G_2 之后不再有波动.显然,这种现象只可能在横波的情况下发生,而纵波的振动方向与传播方向一致,栏杆的任何取向都不会对它有影响.

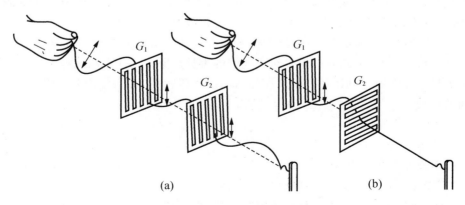

图 9-1　用机械横波模拟光的偏振现象

现在我们来看一个类似的光学实验.有一种叫做偏振片的器件,它表面看起来和

普通的透明薄膜没有什么区别,可能略带一些暗绿或紫褐的色彩,但它们的特殊性能将在图 9-2 所示的实验中显示出来.让光线依次通过两块偏振片 P_1 和 P_2. P_1 固定不动,以光线为轴转动 P_2.我们会发现,随着 P_2 的取向不同,透射光的强度发生变化.当 P_2 处于某一位置时透射光的强度最大(图 9-2(a)),由此位置转过 $90°$ 后,透射光的强度减为 0,即光线完全被 P_2 所阻挡(见图 9-2(b)),这种现象叫做消光.若继续将 P_2 转过 $90°$,透射光又变为最亮,再转过 $90°$,又复消光,如此等等.显然,这现象和上述机械横波通过栏杆的实验十分相似,这里偏振片的作用相当于机械波实验中的栏杆.如果光是横波,则经过第一个"栏杆"(P_1)时,只有振动方向与此"栏杆"方向一致的光才能顺利通过,也只有当第二个"栏杆"(P_2)与第一个"栏杆"方向一致时,光才能顺利地通过第二个"栏杆".当然偏振片并不是栏杆,我们说它起"栏杆"的作用只是为了易于理解而作的直观比喻.然而,偏振片所起的作用反映了它上面也存在着一个特殊方向,使光波中的振动能顺利地通过.上述实验同时也反映了光波本身的性质,即它的振动方向与传播方向垂直,光波是横波.

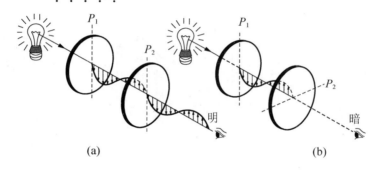

图 9-2 光的偏振现象的演示

历史上,早在光的电磁理论建立以前,在杨氏双缝实验成功以后不多年,马吕斯(E. L. Malus)于 1809 年就在实验上发现了光的偏振现象.当时人们认为传播光波的介质是充满整个宇宙空间的"以太".由于观察不到它对天体的运行有什么影响,人们必须假设"以太"是极其稀薄的气状物质.如果光波像空气中的声波那样是纵波,假想"以太"是一种气状介质就自然得多了.偏振现象的发现偏偏打破了这种假设,光的横波性要求"以太"应该是一种能产生切向应力的胶状或弹性介质.于是光扰动传播的以太模型面临着极大的困难.直到光的电磁理论建立以后,光的横波性才得以完满的说明.电磁理论预言,在自由空间传播的光波是一种纯粹的横波,光波中沿横向振动着的物理量是电场矢量和磁场矢量.这些都已被大量实验事实所证明.鉴于在光和物质的相互作用过程中主要是光波中的电矢量起作用,所以人们常以电矢量作为光波中振动矢量的代表.

光的横波性只表明电矢量与光的传播方向垂直,在与传播方向垂直的二维空间里电矢量还可能有各式各样的振动状态,我们称之为光的偏振态或偏振结构.实际中最常见的光的偏振态大体可分为五种,即自然光、线偏振光、部分偏振光、圆偏振光和椭圆偏振光.下面我们将分别对它们作些简单的介绍.不过为了演示光的偏振态,经常要使用偏振片,故这里先插一段有关偏振片的说明.

9.2　偏振片

现在我们对偏振片作些简单的说明.有些晶体对不同方向的电磁振动具有选择吸收的性质.例如天然的电气石晶体是六角形的片状(见图 9-3),长对角线的方向称为它的光轴.当光线射在这种晶体的表面上时,振动的电矢量与光轴平行时被吸收得较少,光可以较多地通过(见图 9-3(a));电矢量与光轴垂直时被吸收得较多,光通过得很少(见图 9-3(b)).这种性质叫做二向色性.电气石对两个方向振动吸收程度的差别是不够大的,用做偏振片的理想晶体最好能尽量使一个方向的振动全部吸收.在这一点上硫酸碘奎宁晶体的性能要比电气石好得多,但它的晶体很小.通常的偏振片是在拉伸了的赛璐珞基片上蒸镀一层硫酸碘奎宁的晶粒,基片的应力可以使晶粒的光轴定向排列起来,这样可得到面积很大的偏振片.

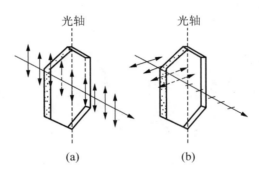

图 9-3　电气石的二向色性

今后我们把偏振片上能透过的振动方向称为它的透振方向(以区别于光的传播方向),在图中用虚线表示.

9.3　自然光

现在让我们用一块偏振片 P 来检验普通光源(如太阳、电灯)发出的光.如图 9-4,当我们转动 P 的透振方向时,透射光的强度 I 并不改变.这是为什么呢? 光是光源中大量原子或分子发出的,在普通光源中各原子或分子发出的光波不仅初相位彼此无关联,它们的振动方向也是杂乱无章的.因此宏观看起来,入射光中包含了所有方向的横振动,而平均说来它们对于光的传播方向形成轴对称分布,哪个横方向也不比其他横方向更为优越(见图 9-5).具有这种特点的光叫做自然光.任何光线通过偏振片后剩下的只是振动沿其透振方向的分量,透射光的强度等于这分量的平方.由于自然光中各振动的对称分布,它们沿任何方向的分量造成的强度 I 都一样,它等于总强度 I_0 之半,所以在上述实验里我们看不到透射光强度随偏振片的转动而变化的现象.

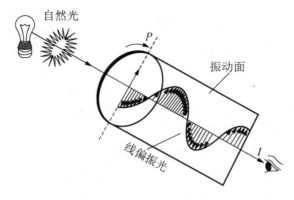

图 9-4 自然光的演示

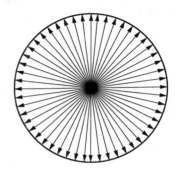

图 9-5 自然光中振动的分布

总之,在自然光波场中的每一点,对于每个传播方向来说,同时存在大量的有各种取向的横振动,在波面内取向分布的几率各向同性,且彼此之间没有固定的相位关联.

9.4 线偏振光

透过偏振片的光线中只剩下了与其透振方向平行的振动.这种只包含单一振动方向的光叫做线偏振光.线偏振光中振动方向与传播方向构成的平面,叫做振动面(见图9-4)[①].

现在我们来研究线偏振光通过偏振片后强度变化的规律.仍采用图 9-2 所示的装置,其中偏振片 P_1 用来产生线偏振光,按照它在这里所起的作用,我们叫它起偏器.偏振片 P_2 用来检验线偏振光,所以叫做检偏器.设通过两偏振片的振动矢量分别是 E_1 和 E_2,振幅分别是 A_1 和 A_2,从而强度是 $I_1=A_1^2$ 和 $I_2=A_2^2$.固定 P_1,改变 P_2 的透振方向.当 P_2 的透振方向与 P_1 平行时(见图 9-6(a)),$E_2 /\!/ E_1$,$A_2=A_1$,$I_2=I_1$.转过角度 θ 时,E_2 是 E_1 在 P_2 方向上的投影,从而 $A_2=A_1\cos\theta$,故

$$I_2=A_2^2=A_1^2\cos^2\theta=I_1\cos^2\theta \tag{9.1}$$

(见图 9-6(b)).$\theta=90°$时,$A_2=0$,$I_2=0$(图 9-6(c)),式(9.1)所表达的线偏振光通过检偏器后透射光强随 θ 角变化的这种规律,叫做马吕斯定律.

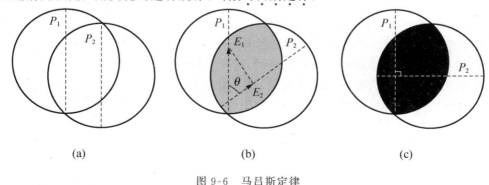

(a)   (b)   (c)

图 9-6 马吕斯定律

---

① 因线偏振光中沿传播方向各处的振动矢量维持在一个平面(振动面)内,故线偏振又叫平面偏振.

能将自然光改造为线偏振光的起偏器有多种多样,除了利用晶体的二向色性制成的偏振片外,利用晶体的光学各向异性,可以制成晶体棱镜偏振器;利用界面反射和折射,也可制成布儒斯特反射偏振器或透射的玻片堆.各种具体的偏振器将在第七章和本章§10适当的地方介绍.

9.5　部分偏振光

经常遇到的光,除了自然光和线偏振光外,还有一种偏振状态介于两者之间的光.如果用偏振片去检验这种光的时候,随着检偏器透光方向的转动,透射光的强度既不像自然光那样不变,又不像线偏振光那样每转 90° 交替出现强度极大和消光.其强度每转 90° 也交替出现极大和极小,但强度的极小不是 0(即不消光).从内部结构来看,这种光的振动虽然也是各方向都有,但不同方向的振幅大小不同(见图 9-7).

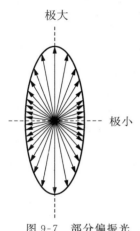

具有这种特点的光,叫做部分偏振光.所以当我们用检偏器检验部分偏振光时,透射光的强度随其透振方向而变.设强度的极大和极小分别是 $I_{极大}$ 和 $I_{极小}$,两者相差越大,我们就说这部分偏振光的偏振程度高.通常用偏振度 P 来衡量部分偏振光偏振程度的大小,它定义为

图 9-7　部分偏振光中振动的分布

$$P \equiv \frac{I_{极大} - I_{极小}}{I_{极大} + I_{极小}}. \tag{9.2}$$

这里分母 $I_{极大} + I_{极小}$ 实际是两个相互垂直分量的强度之和,即部分偏振光原来的总强度,分子是 $I_{极大}$ 与 $I_{极小}$ 之差.在 $I_{极大} = I_{极小}$ 的特殊情况下(此时透射光的强度不变),$P=0$,入射光是自然光.所以自然光是偏振度等于 0 的光,也可以叫做非偏振光.在 $I_{极小} = 0$ 的特殊情况下(此时出现消光),$P=1$,入射光是线偏振光.所以线偏振光是偏振度最大的光,也叫做全偏振光.

在晴朗的日子里,蔚蓝色天空所散射的日光多半是部分偏振光.散射光与入射光的方向越接近垂直,散射光的偏振度越高(详见第八章 4.3 节).

9.6　圆偏振光

如果一束光的电矢量在波面内运动的特点是其瞬时值的大小不变,方向以角速度 ω(即波的圆频率)匀速旋转,换句话说,电矢量的端点描绘的轨迹为一圆,这种光叫做圆偏振光.垂直振动的合成理论告诉我们,两个相互垂直的简谐振动,当它们的振幅相等,相位差 $\pm\pi/2$ 时,其合成运动是一个旋转矢量(见图 9-8),所以圆偏振光可看成是两个相互垂直的线偏振光的合成,其分量应写成

$$\begin{cases} E_x = A\cos\omega t, \\ E_y = A\cos\left(\omega t \pm \dfrac{\pi}{2}\right). \end{cases} \tag{9.3}$$

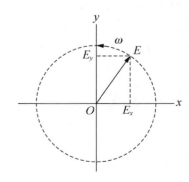

图 9-8　圆偏振光中电矢量的运动

电矢量的表达式为

$$\boldsymbol{E} = E_x\hat{\boldsymbol{x}} + E_y\hat{\boldsymbol{y}}$$

$$= A\cos\omega t\hat{\boldsymbol{x}} + A\cos\left(\omega t \pm \frac{\pi}{2}\right)\hat{\boldsymbol{y}}, \tag{9.4}$$

式中 $\hat{x}, \hat{y}$ 是沿 x, y 轴的单位基矢. 我们假定波是沿 z 轴传播的, 在图 9-8 中它垂直纸面迎面而来. 这时若电矢量按逆时针方向旋转, 我们称之为左旋圆偏振光; 若按顺时针方向旋转, 则称之为右旋圆偏振光[1]. 读者可验证一下, 式 (9.4) 中 $\pi/2$ 前的正号对应右旋, 负号对应左旋.

如果迎着圆偏振光的传播方向放一偏振片, 并旋转其透振方向以观察透射光强的变化, 我们会发现光强不变. 这是因为圆偏振光可沿任意一对相互垂直的方向分解成振幅相等的两个偏振光, 其中一个分量通不过偏振器, 另一个分量能通过它. 设入射光强为 I_0, 则

$$I_0 = A_x^2 + A_y^2 = 2A^2,$$

设偏振器的透振方向为 x, 则透射光的强度为

$$I = A_x^2 = A^2 = \frac{1}{2}I_0. \tag{9.5}$$

即透射光强总为入射光强的一半. 以上特点与自然光相同, 故仅用一个偏振器观察圆偏振光, 我们无法将它和自然光区别开来. 如何鉴别圆偏振光和自然光, 将在第七章 §4 中讨论.

9.7 椭圆偏振光

电矢量的端点在波面内描绘的轨迹为一椭圆的光, 叫椭圆偏振光. 椭圆运动也可看成是两个相互垂直的简谐振动的合成, 只是它们的振幅不等, 或相位差不等于 $\pm\pi/2$ (图 9-9). 椭圆偏振光两个分量的表达式可写成

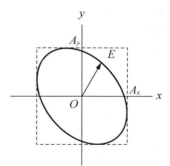

$$\begin{cases} E_x = A_x\cos\omega t, \\ E_y = A_y\cos(\omega t + \delta). \end{cases} \tag{9.6}$$

电矢量为

$$\boldsymbol{E} = E_x\hat{\boldsymbol{x}} + E_y\hat{\boldsymbol{y}}$$

$$= A_x\cos\omega t\hat{\boldsymbol{x}} + A_y\cos(\omega t + \delta)\hat{\boldsymbol{y}}. \tag{9.7}$$

图 9-9 椭圆偏振光中
电矢量的运动

椭圆长、短轴的大小和取向, 与振幅 A_x, A_y 和相位差 δ 都有关系. 图 9-10 给出不同 δ 时的椭圆轨迹. 可以看出, 线偏振光和圆偏振光都可看成是椭圆偏振光的特例. 椭圆偏振光退化为圆偏振光的条件是 $A_x = A_y$ 和 $\delta = \pm\pi/2$; 退化为线偏振光的条件是 $A_x = 0$ 或 $A_y = 0$ 或 $\delta = 0, \pm\pi$. 椭圆偏振光也有左、右旋之分, 其定义与前同, 即迎着光的传播方向看去, 逆时针者为左旋, 顺时针者为右旋. 在式 (9.7) 中, $\delta > 0$ 对应于右旋; $\delta < 0$ 对应于左旋 ($0 < |\delta| < \pi$).

---

[1]　在光学中偏振光左旋还是右旋, 是相对迎着光束传播的观察方向而言的; 在微波技术中, 电磁波的左旋和右旋偏振, 是相对光束传播方向而言的, 和光学中的习惯正好相反.

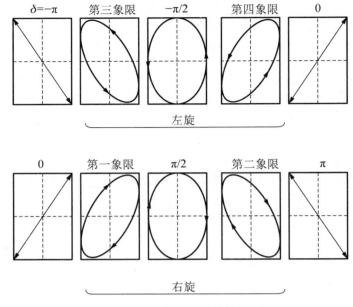

图 9-10 各种相位差的椭圆运动

如果迎着椭圆偏振光的传播方向放一偏振器,旋转其透振方向以观察透射光强度的变化,则我们看到的特点将与部分偏振光相同,即透射光强每隔 90° 从极大变为极小,再由极小变为极大,但无消光位置.如何将椭圆偏振光和部分偏振光区别开来的问题.也将在第七章 §4 中讨论.

思 考 题

1.如果你手头有一块偏振片的话,请用它来观察下列各种光,并初步鉴定它们的偏振态:(1)直射的阳光;(2)经玻璃板反射的阳光;(3)经玻璃板透射的阳光;(4)不同方位的天空散射的光;(5)白云散射的光;(6)月光;(7)虹霓.

2.自然光中的振动矢量如图 9-5 所示呈各向同性分布,合成矢量的平均值为 0,为什么光强度却不为 0?

3.自然光和圆偏振光都可看成是等幅垂直偏振光的合成,它们之间主要的区别是什么? 部分偏振光和椭圆偏振光呢?

4.自然光投射在一对正交的偏振片上,光不能通过.如果把第三块偏振片放在它们中间,最后是否有光通过? 为什么?

习 题

1.自然光投射到互相重叠的两个偏振片上,如果透射光的强度为:(1)透射光束最大强度的 1/3;(2)入射光束强度的 1/3,则这两个偏振片的透振方向之间夹角是多大? 假定偏振片是理想的,它把自然光的强度严格减少一半.

2.一束自然光入射到一偏振片组上,此组由四块组成,每片的透振方向相对于前面一片沿顺时针方向转过 30° 的角.试问入射光中有多大一部分透过了这组偏振片?

3.将一偏振片沿 45° 角插入一对正交偏振器之间,自然光经过它们,强度减为原来的百分之几?

§10　光在电介质表面的反射和折射　菲涅耳公式

作为一种波动,光在两种介质界面上的行为除传播方向可能改变外,还有能流的分配、相位的跃变和偏振态的变化等问题,这些问题可根据光的电磁理论,由电磁场的边界条件求得全面的解决.在麦克斯韦建立光的电磁理论之前,菲涅耳已用光的弹性以太论回答了这些问题.两者在形式上稍有不同,但结论是一致的.本节先直接给出菲涅耳反射折射公式,然后讨论一系列由菲涅耳公式得到的有关光在电介质表面反射和折射的主要性质,如反射率和透射率、布儒斯特角、半波损、临界角与隐失波等.根据电磁场边界条件所做的菲涅耳反射折射公式的推导,我们把它放在本节的最后 10.6 小节,供读者查阅和参考.

10.1　菲涅耳反射折射公式

两种电介质的折射率分别是 n_1 和 n_2,它们由平面界面分开,平行光从介质 1 一侧入射,在界面上发生反射和折射.菲涅耳公式给出的是这种情形下反射、折射与入射光束中电矢量各分量的比例关系.

首先就坐标的选取作些说明.如图 10-1,取界面的法线为 z 轴,方向与入射光协调,从介质 1 到介质 2.此外取 x 轴在入射面内,从而 y 轴与入射面垂直,x,y,z 构成右手正交系.设入射角、反射角和折射角分别为 i_1,i'_1 和 i_2,并承认反射定律和折射定律成立,即

$$i'_1 = i_1 \quad 和 \quad n_1\sin i_1 = n_2\sin i_2.$$

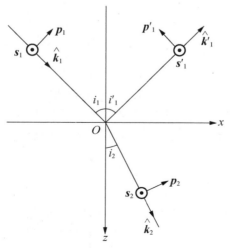

图 10-1　入射光、反射光和折射光内 $\boldsymbol{p},\boldsymbol{s},\hat{\boldsymbol{k}}$ 正交系的选取

为了描述各光束中电矢量的分量,我们还需为每个光束取一局部直角坐标系.第一组基矢选 $\hat{k}_1,\hat{k}_1',\hat{k}_2$,即入射光、反射光和折射光波矢方向的单位矢量.第二组基矢 s_1,s_1',s_2 取在与入射面垂直的方向(叫 s 方向[①]).第三组基矢 p_1,p_1',p_2 取在与入射面平行的方向(叫 p 方向).我们约定:s 的正方向沿 $+y$ 方向(图 10-1 中垂直纸面向外),p 的正方向由下式规定:

$$p_1 \times s_1 = \hat{k}_1,\ p_1' \times s_1' = \hat{k}_1',\ p_2 \times s_2 = \hat{k}_2,$$

即对于每束光来说,要求按 p,s,k 的顺序组成右手正交系.有了这三个局部直角坐标系.我们就可把三光束的电矢量 E_1,E_1',E_2 分解成 p 分量和 s 分量,它们的正负都是相对于各自的基矢方向而言的.

按以上方向约定,由电磁场的边值关系可以导出,在界面两侧邻近点的入射场、反射场和折射场各分量满足如下关系:

$$
\begin{cases}
E_{1p}' = \dfrac{n_2\cos i_1 - n_1\cos i_2}{n_2\cos i_1 + n_1\cos i_2}E_{1p} = \dfrac{\tan(i_1-i_2)}{\tan(i_1+i_2)}E_{1p}, & (10.1) \\[3mm]
E_{2p} = \dfrac{2n_1\cos i_1}{n_2\cos i_1 + n_1\cos i_2}E_{1p}; & (10.2) \\[3mm]
E_{1s}' = \dfrac{n_1\cos i_1 - n_2\cos i_2}{n_1\cos i_1 + n_2\cos i_2}E_{1s} = \dfrac{\sin(i_2-i_1)}{\sin(i_2+i_1)}E_{1s}, & (10.3) \\[3mm]
E_{2s} = \dfrac{2n_1\cos i_1}{n_1\cos i_1 + n_2\cos i_2}E_{1s} = \dfrac{2\cos i_1 \sin i_2}{\sin(i_2+i_1)}E_{1s}. & (10.4)
\end{cases}
$$

以上四等式便是菲涅耳反射折射公式(A. J. Fresnel,1823 年).其中式(10.1),(10.3)是反射公式,式(10.2),(10.4)是折射公式.式中的各个场分量既可理解为瞬时值,也可看成是复振幅,因为它们的时间频率是相同的.菲涅耳公式表明,反射、折射光里的 p 分量只与入射光里的 p 分量有关,s 分量只与 s 分量有关.这就是说,在反射、折射的过程中 p,s 两个分量的振动是相互独立的.这一事实支持了上面我们把电矢量按 p(平行入射面)和 s(垂直入射面)两方向的分解方法,它是有深刻物理背景的(请参看第七章 5.3 节中有关本征振动的一段议论).

10.2　反射率和透射率

当一束光遇到两种折射率不同介质的界面时,一般说来一部分反射,一部分折射.为了说明反射和折射各占多少比例,通常引入反射率和透射率的概念.这里除了 p 分量和 s 分量要分别计算外,还应区别三种不同的反射率和透射率,即振幅反(透)射率、光强反(透)射率和能流反(透)射率[②],它们的定义和相互关系列于表 Ⅱ-2,现对表中的内容作几点说明.

---

　　① 　s 和 p 分别取自德文 senkrecht(垂直)和 parallel(平行)两字的字头.

　　② 　在中外文书刊中这几种反(透)射率的名称使用得十分混乱.以反射率为例,外文有 reflectance,reflectivity,reflection coefficient,reflecting power 等字,中文有反射率,反射比,反射系数,反射本领等词.它们之间或只差一字尾、或相差一、二字,含义既不明确,又不统一.我们这里采用的命名法将含义直接标明,对澄清概念上的混乱是有好处的.

表 II-2 各种反射率和透射率的定义

	p 分量		s 分量	
振幅反射率	$r_p = \dfrac{E'_{1p}}{E_{1p}}$	(10.5)	$r_s = \dfrac{E'_{1s}}{E_{1s}}$	(10.6)
光强反射率	$R_p = \dfrac{I'_{1p}}{I_{1p}} = \|r_p\|^2$	(10.7)	$R_s = \dfrac{I'_{1s}}{I_{1s}} = \|r_s\|^2$	(10.8)
能流反射率	$\mathscr{R}_p = \dfrac{W'_{1p}}{W_{1p}} = R_p$	(10.9)	$\mathscr{R}_s = \dfrac{W'_{1s}}{W_{1s}} = R_s$	(10.10)
振幅透射率	$t_p = \dfrac{E_{2p}}{E_{1p}}$	(10.11)	$t_s = \dfrac{E_{2s}}{E_{1s}}$	(10.12)
光强透射率	$T_p = \dfrac{I_{2p}}{I_{1p}} = \dfrac{n_1}{n_2}\|t_p\|^2$	(10.13)	$T_s = \dfrac{I_{2s}}{I_{1s}} = \dfrac{n_2}{n_1}\|t_s\|^2$	(10.14)
能流透射率	$\mathscr{T}_p = \dfrac{W_{2p}}{W_{1p}} = \dfrac{\cos i_2}{\cos i_1} T_p$	(10.15)	$\mathscr{T}_s = \dfrac{W_{2s}}{W_{1s}} = \dfrac{\cos i_2}{\cos i_1} T_s$	(10.16)

首先,强度 I 本来的意思是平均能流密度,我们经常把它理解成振幅的平方,在讨论同种介质中光的相对强度时这是可以的,讨论不同介质中光的强度时,需回到它原始的定义(参见绪论):

$$I = \frac{n}{2c\mu_0}\|E\|^2 \propto n\|E\|^2,$$

式中 n 是折射率,它的出现反映了光在不同介质中速度的不同. 因反射光与入射光同在介质 1 内,故 $R = \|r\|^2$,这里对 p,s 分量都一样,我们把下标省略不写;但折射光与入射光在不同介质内,故 $T = (n_2/n_1)\|t\|^2$.

其次,能流 $W = IS$,这里 S 为光束的横截面积. 由反射定律和折射定律可知,反射光束与入射光束的横截面积相等,而折射光束与入射光束横截面积之比是 $\cos i_2/\cos i_1$,故有 $\mathscr{R} = R, \mathscr{T} = (\cos i_2/\cos i_1)T$.

最后,根据能量守恒,对于 p,s 分量分别有

$$W'_{1p} + W_{2p} = W_{1p}, \quad W'_{1s} + W_{2s} = W_{1s}.$$

故有
$$\mathscr{R}_p + \mathscr{T}_p = 1, \quad \mathscr{R}_s + \mathscr{T}_s = 1. \tag{10.17}$$

由此及上表中各式,还可得到

$$R_p + \frac{\cos i_2}{\cos i_1} T_p = 1, \qquad R_s + \frac{\cos i_2}{\cos i_1} T_s = 1; \tag{10.18}$$

$$\|r_p\|^2 + \frac{n_2 \cos i_2}{n_1 \cos i_1}\|t_p\|^2 = 1, \|r_s\|^2 + \frac{n_2 \cos i_2}{n_1 \cos i_1}\|t_s\|^2 = 1. \tag{10.19}$$

把菲涅耳反射折射公式代入振幅反射率和透射率的公式(10.5),(10.6),(10.11),(10.12),即可得到 r_p, r_s, t_p, t_s 的具体表达式:

$$\begin{cases} r_p = \dfrac{n_2\cos i_1 - n_1\cos i_2}{n_2\cos i_1 + n_1\cos i_2} = \dfrac{\tan(i_1 - i_2)}{\tan(i_1 + i_2)}, \\[3mm] r_s = \dfrac{n_1\cos i_1 - n_2\cos i_2}{n_1\cos i_1 + n_2\cos i_2} = \dfrac{\sin(i_2 - i_1)}{\sin(i_2 + i_1)}. \end{cases} \tag{10.20}$$

$$\begin{cases} t_p = \dfrac{2n_1\cos i_1}{n_2\cos i_1 + n_1\cos i_2}, \\[3mm] t_s = \dfrac{2n_1\cos i_1}{n_1\cos i_1 + n_2\cos i_2}. \end{cases} \tag{10.21}$$

利用表中其他各式,可进一步求出光强和能流的反射率和透射率来.直接的运算可验证,这些具体表达式确实满足守恒律(10.17),(10.18),(10.19).

下面我们具体研究一下反射率和透射率的变化规律.

(1)当光束正入射时,$i_1 = i_2 = 0$,上述各式简化为

$$\begin{cases} r_0 = \dfrac{n_2 - n_1}{n_2 + n_1} = -r, \\[3mm] t_p = t_s = \dfrac{2n_1}{n_2 + n_1}. \end{cases} \tag{10.22}$$

此外

$$\begin{cases} R = R_s = \mathscr{R} = \mathscr{R}_s = \left(\dfrac{n_2 - n_1}{n_2 + n_1}\right)^2, \\[3mm] T_p = T_s = \mathscr{T}_p = \mathscr{T}_s = \dfrac{4n_1 n_2}{(n_2 + n_1)^2}. \end{cases} \tag{10.23}$$

以玻璃为例,设其折射率为 $n_2 = 1.5$,光从空气($n_1 = 1.0$)正入射在玻璃表面时 $r_p = 20\%$,$r_s = -20\%$,$R_p = R_s = \mathscr{R}_p = \mathscr{R}_s = 4\%$,$t_p = t_s = 80\%$,$T_p = T_s = \mathscr{T}_p = \mathscr{T}_s = 96\%$.

(2)为了给读者对一般斜入射情况下反射率和透射率随入射的变化有个总体印象,图 10-2 和 10-3 中分别给出空气到玻璃和玻璃到空气的振幅和光强反射率曲线.可以看出,随入射角的增大,s 分量的光强反射率总是单调上升的,但 p 分量的光强反射率先是下降,在某个特殊角度 i_B 处降到 0,尔后再上升.当入射角 $i \to 90°$(光疏到光密,掠入射)或 $i \to i_c$(光密到光疏时的全反射临界角)时,p,s 两分量的反射率都急剧增大到 100%,使 p 分量反射率为零的入射角 i_B 称为布儒斯特角(D. Brewster,1815 年),我们将在下面专门讨论它.

10.3　斯托克斯的倒逆关系

在两种电介质 1,2 的界面上,光从 1 射向 2 时的振幅的反射率 r、透射率 t 与光从 2 射向 1 时的振幅反射率 r'、透射率 t' 间有什么关系?斯托克斯巧妙地利用光的可逆性原理解决了这个问题.如图 10-4(a),一光线振幅为 A,由介质 1 射向界面,按照振幅反射、透射率的定义,反射光的振幅应为 Ar,折射光的振幅为 At.现设想一振幅为 Ar 的光逆着原先的反射光入射,和一振幅为 At 的光逆着原先的折射光入射,两束光遇界面时都要反射和折射,所得两束光的振幅如图 10-4(b)所示,其中沿原先返回的两束光振幅为 Arr 和 Att';在介质 2 中新添的两束光振幅为 Art 和 Atr'.按照光的可逆性原理,Arr 和 Att' 应

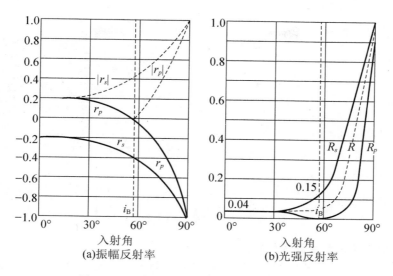

图 10-2 空气到玻璃(n=1.50)的反射率曲线

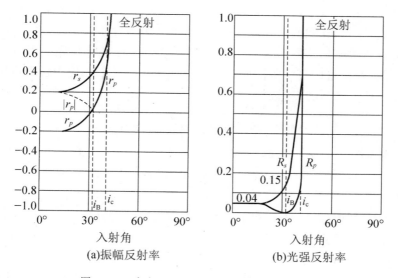

图 10-3 玻璃(n=1.54)到空气的反射率曲线

合成为原来入射光的振幅 A，Art 和 Atr' 应相互抵消，故有

$$\begin{cases} r^2 + tt' = 1, & (10.24) \\ r' = -r. & (10.25) \end{cases}$$

以上两倒逆关系分别对 p,s 两个分量适用. 这些关系式也可用菲涅耳公式直接验证，它们将在讨论多层介质膜或多光束干涉中用到.

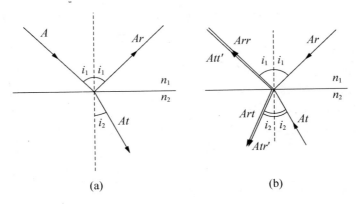

图 10-4 斯托克斯倒逆关系的推导

10.4 相位关系与半波损问题

前已指明,菲涅耳公式中的 E_1, E_1', E_2 等可理解为复振幅,因此$-\mathrm{arg}r$ 就是 E_1' 和 E_1 间的相位差,$-\mathrm{arg}t$ 就是 E_2 和 E_1 间的相位差[1]. 从式(10.21)可以看出,t_p 和 t_s 总是正实数[2],即它们的辐角为 0,这表明,E_2 与 E_1 总是同相位的. 但式(10.20)告诉我们,r_p 和 r_s 的辐角是比较复杂的,让我们仔细地分析一下.

在 r_p 的表达式中分母是 $\tan(i_1+i_2)$,当 $i_1+i_2=90°$ 时它趋于无穷,从而 $r_p=0$. 这时的入射角就是前面提过的布儒斯特角 i_B. 将 $i_1=i_B, i_2=90°-i_B$ 代入折射定律 $n_1\sin i_1=n_2\sin i_2$,即得布儒斯特角的表达式

$$i_B=\arctan\frac{n_2}{n_1}. \tag{10.26}$$

对于空气到玻璃情形 $n_2/n_1\sim1.5, i_B\sim57°$.

当 $i_1\lessgtr i_B$ 时,$i_1+i_2\lessgtr90°$,$\tan(i_1+i_2)\gtrless0$,即 $r_p\gtrless0$,或者说 δ_p 是 0 和 π,在 $i_1=i_B$ 处它有个突变.

先看 $n_1<n_2$ 情形(外反射),这时 $i_1>i_2$,不发生全反射,$\tan(i_1-i_2)>0$,$\sin(i_2-i_1)<0$,故 i_1 由 0 经 i_B 增到 90°时,相位差 $\delta_p=-\mathrm{arg}r_p$ 由 0 突变到 π(见图 10-5(a)),而相位差 $\delta_s=-\mathrm{arg}r_s$,始终是 π(见图 10-5(b)).

再看 $n_1>n_2$ 情形(内反射),这时 $i_1<i_2$,当 $i_1>i_c$ 时发生全反射. 全反射临界角 $i_c=\arcsin(n_2/n_1)>\arctan(n_2/n_1)=i_B$,即在布儒斯特角处尚未发生全反射. 当 i_1 由 0 经 i_B 增到 i_c 时,r_p 和 r_s 的符号变化恰与外反射情形相反,即 δ_p 由 π 突变到 0(见图 10-6(a)),δ_s 始终是 0(见图 10-6(b))[3]. 当 $i_1>i_c$ 时,r_p 和 r_s 将成为复数,它们的辐角可根据式(10.20)求得:

---

① arg 代表辐角,负号与 1.3 节中指数上正负号选择的约定有关.

② 全反射时例外,可参见 10.7 节.

③ 可以看出,这是符合斯托克斯倒逆关系 $r'=r$ 的.

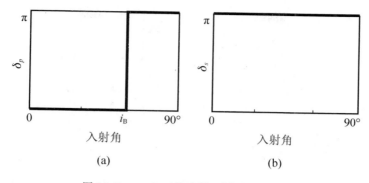

图 10-5 $n_1 < n_2$（外反射）时的相位改变

$$\begin{cases} \delta_p = 2\arctan \dfrac{n_1}{n_2} \dfrac{\sqrt{(n_1/n_2)^2 \sin^2 i_1 - 1}}{\cos i_1}, \\ \delta_s = 2\arctan \dfrac{n_2}{n_1} \dfrac{\sqrt{(n_1/n_2)^2 \sin^2 i_1 - 1}}{\cos i_1}, \end{cases} \tag{10.27}$$

反映它们这段变化的曲线,也参见图 10-6.

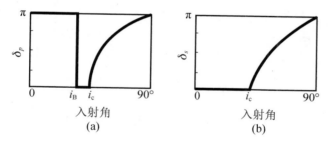

图 10-6 $n_1 > n_2$（内反射）时的相位改变

例题 1 分析正入射时电矢量 p, s 分量的相位改变.

解 根据上面的分析,正入射($i_1 = 0$)时 r_p, r_s, t_p, t_s 的正负号见下表.

	$n_1 < n_2$	$n_1 > n_2$
r_p	+	−
r_s	−	+
t_p	+	+
t_s	+	+

但应注意,这里的正负是相对我们在 10.1 节中所取的 $p, s, \hat{k}$ 坐标架而言的,由于此时 p_1 和 p_1' 的方向相反,正负号并不能直接说明实际的场分量是否发生了突然反向,可按以下程序画出来再看.图 10-7 中虚线代表我们取的坐标架,实线代表实际的场分量.凡上表中是正号的,画场分量与坐标架一致,是负号的画场分量与坐标架相反.如此作图的

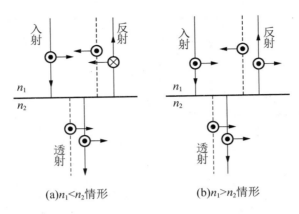

(a)$n_1 < n_2$情形　　　　　(b)$n_1 > n_2$情形

图 10-7　例题 1——正入射时的半波损问题

结果,我们发现:$n_1 < n_2$ 时反射光中 p,s 分量方向都与入射光相反;$n_1 > n_2$ 时反射光中 p,s 分量方向都与入射光相同.折射光中所有场分量在任何情形下都与入射光相同.▮

　　例题 2　分析 $n_1 < n_2$ 情形掠入射时反射光中电矢量 p,s 分量的相位改变.

图 10-8　例题 2——掠入射时的半波损问题

　　解　在 $n_1 < n_2$ 时,$r_p < 0$,$r_s < 0$,按上题的方法画出 $\boldsymbol{p},\boldsymbol{s},\hat{\boldsymbol{k}}$ 坐标架和实际场分量的方向(图 10-8),可以看出,反射光中 p,s 两分量的方向都与入射光相反.▮

　　从上面两个例题可以看出,当一束光在界面上反射时,其中电矢量的方向可能发生突然的反向,或者说,振动的相位突然改变 π(或者说 −π).本来沿着光线相位的变化是正比于光程的,在界面上发生这种相位跃变以后,相位和几何光程之间的关系不再相符了.为了使两者调和一致,我们需在几何程差 ΔL 上添加一项 $\pm \lambda/2$(λ 为真空中波长),即

$$\Delta L' = \Delta L \pm \frac{\lambda}{2}.$$

几何程差 ΔL 也可说是表观程差,而 $\Delta L'$ 是有效程差,它是与实际的相位相符的.通常把相位跃变而引起的这个附加程差 $\pm \lambda/2$ 叫做半波损[1].用这一术语来表达,上面两个例题的结果可以说成:在正入射和掠入射的情况下,光从光疏介质到光密介质时反射光有半波损,从光密介质到光疏介质时反射光无半波损;在任何情况下透射光都没有半波损.

　　在上面两个例题中反射、折射光的电矢量与入射光相比,或平行,或反平行.在一般

---

① "半波损"一词是广泛通用的.既谓之"损",似乎是原不该有的,顾名思义起来,造成一些困惑.叫做"半波跃变"也许更为恰当.因两介质的界面本是物理性质(折射率)的跃变面,一切物理量到此可能发生跃变,应是意料中事.

斜入射的情况下,三光束的 p 分量成一定角度,因此比较它们的相位没有什么绝对的意义.讨论一列波的相位改变,说到底是为了处理它与其他波列的相干叠加问题.在第三章里,我们经常要研究从一介质层上下两表面反射的光束 1,2 之间的干涉问题(图 10-9).这时人们关心的是,在计算了两光束间的表观程差后是否需要添加半波损?图 10-9 是几种情形的实际场分量方向.可以看出,就一束光而言,往往很难笼统地说是否有半波损;但就上下两反射光束来说,在介质层两侧折射率相同的情况下,它们之间的有效程差中总要添加一项 $\pm\lambda/2$,或者说,有效程差中总是有半波损的.

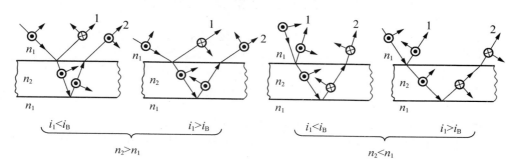

图 10-9　介质层上下表面反射光之间的半波损

10.5　反射、折射时的偏振现象

由菲涅耳公式可知,p 分量与 s 分量的反射率和透射率一般是不一样的,而且反射时还可能发生相位跃变.这样一来,反射和折射就会改变入射光的偏振态.具体地说,如果入射的是自然光,则反射光和折射光一般是部分偏振光;如果入射光是圆偏振光,则反射光和折射光一般是椭圆偏振光;如果入射光是线偏振光,则反射光和折射光仍是线偏振光,但电矢量相对于入射面的方位要发生改变.全反射时情况有所不同,因相位跃变介于0 和 π 之间,线偏振光入射,反射光一般是椭圆偏振的.

特别值得注意的是光束以布儒斯特角 i_B 入射的情形,这时 $r_p = 0$,反射光中只有 s 分量.这就是说,不管入射光的偏振态如何,反射光总是线偏振的.故布儒斯特角 i_B 又称为全偏振角,或起偏角.

我们知道,自然光以任何入射角入射,折射光总是部分偏振的,不过以布儒斯特角入射时,p 分量 100%透过,这时折射光的偏振度最高(从空气到玻璃偏振度 $P=8\%$).

既然反射和折射时都产生偏振,我们就可利用玻璃片来做偏振器(起偏器或检偏器).以布儒斯特角入射时,虽然反射光是线偏振的,不过反射改变了光线传播的方向,用起来很不方便,通常更多地利用透射光.如前所述,即使在布儒斯特角入射的情形里,单个玻璃表面只能产生偏振度为 8%左右的透射光.要得到偏振度很高的透射光,就需利用多块玻璃片.如图 10-10,将许多块玻璃片叠在一起,令自然光以布儒斯特角入射.光线每遇一界面,约 15%的 s 分量被反射掉,而 p 分量却 100%地透过.通过多次的反射和折射,最后从玻片堆透射出来的光束中 s 分量就很微弱了,它几乎是 100%的 p 方向的线偏振光.

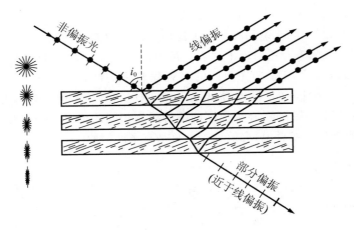

图 10-10 玻片堆偏振器

*10.6 从电磁理论推导光的反射、折射定律和菲涅耳公式

麦克斯韦电磁理论告诉我们,无限大的均匀各向同性介质中单色的平面电磁波有如下性质[①]:

$$E \perp H, \tag{10.28}$$

$$E \times H \mathbin{/\mkern-5mu/} k, \tag{10.29}$$

$$\sqrt{\varepsilon \varepsilon_0}\, E = \sqrt{\mu \mu_0}\, H, \tag{10.30}$$

$$k = \frac{n}{c}\omega, \tag{10.31}$$

$$n = \sqrt{\varepsilon\mu} \approx \sqrt{\varepsilon}, \tag{10.32}$$

式中 E 和 H 分别是电场强度和磁场强度,k 是波矢,ω 是圆频率,$c = 1/\sqrt{\varepsilon_0 \mu_0}$ 是真空中光速,ε 和 μ 是相对介电常数和磁导率,n 是折射率. 对于光频,可认为 $\mu = 1$,$n = \sqrt{\varepsilon}$.

电磁理论还告诉我们,在两种介质的分界面上场分量有如下边值关系:

$$D_{2n} = D_{1n} \quad \text{或} \quad \varepsilon_2 \varepsilon_0 E_{2n} = \varepsilon_1 \varepsilon_0 E_{1n}, \tag{10.33}$$

$$E_{2t} = E_{1t}, \tag{10.34}$$

$$B_{2n} = B_{1n} \quad \text{或} \quad \mu_2 \mu_0 H_{2n} = \mu_1 \mu_0 H_{1n}, \tag{10.35}$$

$$H_{2t} = H_{1t}, \tag{10.36}$$

式中 D, B 分别是电位移和磁感强度,下标 n, t 分别代表法向和切向分量.

设入射、反射、折射三列平面电磁波为

$$\left.\begin{aligned} \widetilde{E_1} &= E_1 \exp[\mathrm{i}(k_1 \cdot r - \omega_1 t)], \\ \widetilde{H_1} &= H_1 \exp[\mathrm{i}(k_1 \cdot r - \omega_1 t)]; \end{aligned}\right\} \quad (\text{入射波}) \tag{10.37}$$

[①] 可参看赵凯华,陈熙谋,《电磁学》,下册第八章,人民教育出版社.

$$\left.\begin{aligned}\widetilde{E_1'} &= E_1' \exp[\mathrm{i}(\boldsymbol{k}_1' \cdot \boldsymbol{r} - \omega_1' t)], \\ \widetilde{H_1'} &= H_1' \exp[\mathrm{i}(\boldsymbol{k}_1' \cdot \boldsymbol{r} - \omega_1' t)];\end{aligned}\right\} \quad (\text{反射波}) \qquad (10.38)$$

$$\left.\begin{aligned}\widetilde{E_2} &= E_2 \exp[\mathrm{i}(\boldsymbol{k}_2 \cdot \boldsymbol{r} - \omega_2 t)], \\ \widetilde{H_2} &= H_2 \exp[\mathrm{i}(\boldsymbol{k}_2 \cdot \boldsymbol{r} - \omega_2 t)].\end{aligned}\right\} \quad (\text{折射波}) \qquad (10.39)$$

在以上各式中我们把可能出现的初相位差 φ_0 吸收到振幅内了. 将这些波的表达式代入上列任何一个边值关系中, 等式中都有三项, 即左端一项(折射波), 右端两项(入射波和反射波), 三项的指数因子分别是

$$\exp[\mathrm{i}(k_{1x}x + k_{1y}y - \omega_1 t)];$$
$$\exp[\mathrm{i}(k_{1x}'x + k_{1y}'y - \omega_1' t)];$$
$$\exp[\mathrm{i}(k_{2x}x + k_{2y}y - \omega_2 t)].$$

这里坐标的选取同 10.1 节, 介质分界面为 $z = 0$ 平面. 要想边值关系对任何 x, y, t 都满足, 只有

$$k_{1x} = k_{1x}' = k_{2x}, \quad k_{1y} = k_{1y}' = k_{2y}, \quad \omega_1 = \omega_1' = \omega_2.$$

上面第三式表明, 反射波、折射波的频率与入射波相同. 因我们取 x 轴在入射面内, 从而 $k_{1y} = 0$. 上面第二式表明, $k_{1y}' = k_{2y} = 0$, 即反射线、折射线与入射线在同一平面(入射面)内. 设 i_1, i_1', i_2 分别为入射角、反射角和折射角, 则

$$\sin i_1 = \frac{k_{1x}}{k_1}, \quad \sin i_1' = \frac{k_{1x}'}{k_1'} = \frac{k_{1x}}{k_1'}, \quad \sin i_2 = \frac{k_{2x}}{k_2} = \frac{k_{1x}}{k_2},$$

按式(10.31), $k_1 = \dfrac{n_1 \omega}{c}$, $k_1' = \dfrac{n_1 \omega}{c}$, $k_2 = \dfrac{n_2 \omega}{c}$, 故有

$$\sin i_1 = \sin i_1', \quad n_1 \sin i_1 = n_2 \sin i_2,$$

这样, 我们就推出了光的反射定律和折射定律. 最后我们看折射波矢的 z 分量.

$$k_{2z} = \sqrt{k_2^2 - k_{2x}^2} = \sqrt{\left(\frac{n_2}{n_1}\right)^2 k_1^2 - k_{1x}^2}$$

$$= \sqrt{\left(\frac{n_2}{n_1}\right)^2 k_1^2 - k_1^2 \sin^2 i_1}$$

$$= k \sqrt{\left(\frac{n_2}{n_1}\right)^2 - \sin^2 i_1}.$$

当 $n_1 < n_2$ 时, $(n_2/n_1)^2 > 1$, k_{2z} 永远为实数; 但在 $n_1 > n_2$ 时, $(n_2/n_1)^2 < 1$, k_{2z} 就有可能取虚数值了. 令 $\sin i_c = n_2/n_1$ (i_c 为全反射临界角), 得

$$k_{2z} = k_1 \sqrt{\sin^2 i_c - \sin^2 i_1} = \frac{n_1 \omega}{c} \sqrt{\sin^2 i_c - \sin^2 i_1}$$

$$= \frac{2\pi}{\lambda_1} \sqrt{\sin^2 i_c - \sin^2 i_1}, \qquad (10.40)$$

式中 λ_1 为光在介质 1 中的波长. 上式表明, 当 $i_1 > i_c$ 时, k_{2z} 是纯虚数, 这时发生全反射. 有关全反射时介质 2 中虚波矢 k_{2z} 的物理意义, 我们留待 10.7 节中讨论.

下面我们来推导菲涅耳公式.

由于在界面($z=0$)上波函数中的指数因子都一样,可略去不写,边值关系(10.33)—(10.36)可写成如下分量形式(参见图 10-11):

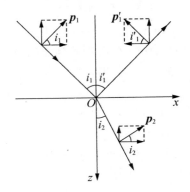

图 10-11　p 分量在法向和切向的投影

$$- \varepsilon_2 \varepsilon_0 E_{2p} \sin i_2 = - \varepsilon_1 \varepsilon_0 E_{1p} \sin i_1 - \varepsilon_1 \varepsilon_0 E'_{1p} \sin i'_1, \tag{10.41}$$

$$E_{2p} \cos i_2 = E_{1p} \cos i_1 - E'_{1p} \cos i'_1, \tag{10.42}$$

$$- \mu_2 \mu_0 H_{2p} \sin i_2 = - \mu_1 \mu_0 H_{1p} \sin i_1 - \mu_1 \mu_0 H'_{1p} \sin i'_1, \tag{10.43}$$

$$H_{2p} \cos i_2 = H_{1p} \cos i_1 - H'_{1p} \cos i'_1. \tag{10.44}$$

还有两个有关 s 分量的关系式,因为不用,就不写了.认为 E_{1p} 为已知,由式(10.41)和(10.42)可解出 E'_{1p} 和 E_{2p} 来:

$$\begin{cases} E'_{1p} = \dfrac{\varepsilon_2 \sin i_2 \cos i_1 - \varepsilon_1 \sin i_1 \cos i_2}{\varepsilon_1 \sin i'_1 \cos i_2 + \varepsilon_2 \sin i_2 \cos i'_1} E_{1p}, \\[3mm] E_{2p} = \dfrac{\varepsilon_1 (\sin i_1 \cos i'_1 + \sin i'_1 \cos i_1)}{\varepsilon_1 \sin i'_1 \cos i_2 + \varepsilon_2 \sin i_2 \cos i'_1} E_{1p}. \end{cases} \tag{10.45}$$

同理,认为 H_{1p} 为已知,由式(10.43)和(10.44)解出 H'_{1p} 和 H_{2p} 来,

$$\begin{cases} H'_{1p} = \dfrac{\mu_2 \sin i_2 \cos i_1 - \mu_1 \sin i_1 \cos i_2}{\mu_1 \sin i'_1 \cos i_2 + \mu_2 \sin i_2 \cos i'_1} H_{1p}, \\[3mm] H_{2p} = \dfrac{\mu_1 (\sin i_1 \cos i'_1 + \sin i'_1 \cos i_1)}{\mu_1 \sin i'_1 \cos i_2 + \mu_2 \sin i_2 \cos i'_1} H_{1p}. \end{cases} \tag{10.46}$$

应注意到,由式(10.28),(10.29),(10.30)可得

$$H_{1p} = - \sqrt{\frac{\varepsilon_1 \varepsilon_0}{\mu_1 \mu_0}}\, E_{1s}, \qquad H'_{1p} = - \sqrt{\frac{\varepsilon_1 \varepsilon_0}{\mu_1 \mu_0}}\, E'_{1s},$$

$$H_{2p} = - \sqrt{\frac{\varepsilon_2 \varepsilon_0}{\mu_2 \mu_0}}\, E_{2s},$$

将此代入式(10.46),再在式(10.45),(10.46)中令 $\mu_1 = \mu_2 = 1$, $\varepsilon_1 = n_1^2$, $\varepsilon_2 = n_2^2$,利用反射定律 $i'_1 = i_1$ 和折射定律 $n_1 \sin i_1 = n_2 \sin i_2$,即可得到菲涅耳反射折射公式(10.1)—(10.4).

*10.7 全反射与隐失波

现在我们回过来讨论全反射时出现的虚波矢问题. 把式(10.40)中的 k_{2z} 写成 $i\kappa$, 则

$$\kappa = \frac{2\pi}{\lambda_1}\sqrt{\sin^2 i_1 - \sin^2 i_c},\qquad(10.47)$$

这时介质 2 中波的表达式(10.39)化为

$$\begin{cases}\widetilde{E_2} = E_2 e^{-\kappa z}\exp[\,i(k_{2x}x - \omega t)\,],\\[2mm]\widetilde{H_2} = H_2 e^{-\kappa z}\exp[\,i(k_{2x}x - \omega t)\,].\end{cases}\qquad(10.48)$$

上式表明, 在发生全反射时, 折射波在 x 方向(沿界面)仍具有行波的形式, 但沿 z 方向(纵深方向)按指数律急剧衰减, 光波场在介质 2 中的有效穿透深度可定义为

$$d_z = \frac{1}{\kappa} = \frac{\lambda_1}{2\pi}\frac{1}{\sqrt{\sin^2 i_1 - \sin^2 i_c}}.\qquad(10.49)$$

d_z 的数量级为一个波长. 人们把这样一种波称为隐失波①. 隐失波的出现说明, 不能简单地认为 $i_1 > i_c$ 时介质 2 内完全不存在波场, 实际上在界面附近波长数量级的厚度内仍然有场. 计算表明, 在穿透深度内, z 方向的瞬时能流不为 0, 但平均能流为 0②. 故可以认为, 入射波的能量不是在严格的界面上全部反射的, 而是穿透到介质 2 内一定深度后逐渐反射的(图 10-12). 这就不难想见, 为什么全反射时反射波中有一定的相移 δ_p, δ_s 了.

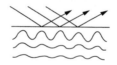

图 10-12　全反射时的隐失波瞬时图像示意图

思　考　题

1. 当你站在清澈见底的湖岸远眺湖面时, 你看到的是对岸景物的倒影, 只有俯视岸边的湖水时, 你才能看到水中的游鱼. 试解释这个现象.

2. 当一束光射在两种透明介质的分界面上时, 会发生只有透射而无反射的情况吗?

3. 科学幻想小说中常描绘一种隐身术. 根据本节所述的知识设想一下, 即使有办法使人体变得无色透明, 要想别人完全看不见, 还需要什么条件?

4. 一束光从空气入射到一块平板玻璃上, 讨论:

(1)在什么条件下透射光获得全部光能流?

(2)在什么条件下透射光能流为 0?

5. 振幅透射率可能大于 1 吗? 试举例说明之.

---

① 当光波在有吸收的介质中传播时, 也会按指数律衰减, 隐失波与那种因吸收而衰减的波不同之处, 是它没有能量耗散.

② 这一点也可通过 $\mathcal{R}_p = \mathcal{R}_s = 1$ 来间接证明, 而此式的证明留作习题13.

6.斯托克斯倒逆关系中 t 与 t' 的关系如何?

7.设折射率为 n_2 的介质层放在折射率分别为 n_1，n_3 的两种介质之间（见图），讨论下列各情形里上下两界面反射的光线 1,2 之间是否有半波损?

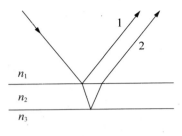

思考题 7 图

(1) $n_1 > n_2 > n_3$；

(2) $n_1 < n_2 < n_3$；

(3) $n_1 > n_2 < n_3$.

8.通常偏振片的透振方向是没有标明的，你用什么简易的方法可将它确定下来?

9.在夏天，炽热的阳光照射柏油马路发出刺眼的反光，汽车司机需要戴上一副墨镜来遮挡.是否可用偏振片做眼镜，这比墨镜有什么优点?

10.一束右旋圆偏振光从空气正入射在玻璃板上，反射光的偏振态如何?

11.验证菲涅耳公式满足能量守恒条件(10.17).

12.验证菲涅耳公式满足斯托克斯倒逆关系式(10.24).

13.证明当光束射在平行平面玻璃板上时，如果在上表面反射时发生全偏振，则折射光在下表面反射时亦将发生全偏振.

14.试从以下诸方面归纳一下隐失波的特点：

(1)波矢的虚实；

(2)有无周期性；

(3)等相面与等幅面；

(4)瞬时能流与平均能流.

习　题

1.计算从空气到水面的布儒斯特角（水的折射率 $n = 4/3$）.

2.一束光由水射在玻璃上，当入射角为 $50.82°$ 时，反射光全偏振，求玻璃的折射率（已知水的折射率为 $4/3$）.

3.计算(1)由空气到玻璃（$n = 1.560$）的全偏振角；

(2)由此玻璃到空气的全偏振角；

(3)在全偏振时由空气到此玻璃的折射光的偏振度；

(4)在全偏振时由此玻璃到空气的折射光的偏振度.

4.求自然光透过八块 $n = 1.560$ 的平行玻璃板组成的玻片堆后的偏振度（忽略玻璃对光的吸收）.

5.已知自然光射于某平行平面玻璃板上时，反射光的能流为入射光的 0.10 倍（见图）.取入射能流为一个单位，设玻璃的折射率为 1.50，求图中标出的光束 2,3,4 的能流（略去玻璃对光的吸收）.

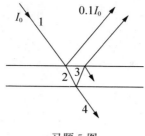

习题 5 图

6.线偏振光的振动面和入射面之间的夹角称为振动的方位角.设入射线偏振光的方位角为 α,入射角为 i,求折射光和反射光的方位角 α_2 和 α_1'(已知两介质的折射率为 n_1 和 n_2).

7.线偏振光以布儒斯特角从空气入射到玻璃($n = 1.560$)的表面上,其振动的方位角为 $20°$,求反射光和折射光的方位角.

8.设入射光、反射光、折射光的总能流分别为 W_1,W_1',W_2,则总能流反射率 $\mathscr{R}$ 和总能流透射率 $\mathscr{T}$ 定义为

$$\mathscr{R} = \frac{W_1'}{W_1}, \qquad \mathscr{T} = \frac{W_2}{W_1}.$$

(1)当入射光为线偏振光,方位角(见习题6)为 α 时,试证明

$$\mathscr{R} = \mathscr{R}_p \cos^2 \alpha + \mathscr{R}_s \sin^2 \alpha,$$
$$\mathscr{T} = \mathscr{T}_p \cos^2 \alpha + \mathscr{T}_s \sin^2 \alpha.$$

(2)证明 $\mathscr{R} + \mathscr{T} = 1$.

(3)设入射光是自然光,求 $\mathscr{R}$,$\mathscr{T}$ 与 $\mathscr{R}_p$,$\mathscr{R}_s$ 和 $\mathscr{T}_p$,$\mathscr{T}_s$ 的关系.

(4)设入射光是圆偏振光,求 $\mathscr{R}$,$\mathscr{T}$ 与 $\mathscr{R}_p$,$\mathscr{R}_s$ 和 $\mathscr{T}_p$,$\mathscr{T}_s$ 的关系.

9.光从空气到玻璃($n = 1.50$)以布儒斯特角入射,试计算

(1)能流反射率 $\mathscr{R}_p$ 和 $\mathscr{R}_s$ 值;

(2)能流透射率 $\mathscr{T}_p$ 和 $\mathscr{T}_s$ 值.

10.线偏振光从空气到玻璃($n = 1.5$)以 $45°$ 角入射,方位角为 $60°$,试计算

(1)总能流反射率 $\mathscr{R}$ 和总能流透射率 $\mathscr{T}$;

(2)改为自然光入射,$\mathscr{R}$ 和 $\mathscr{T}$ 为多少?

11.图所示为一支半导体砷化镓发光管,管芯 AB 为发光区,其直径 $d \sim 3\text{mm}$.为了避免全反射,发光管上部研磨成半球形,以使内部发的光能够以最大的透射率向外输送.如果要使发光区边缘两点 A 和 B 发的光不致全反射,半球的半径至少应取多少?已知砷化镓的折射率为 3.4(对发射的 $0.9\mu\text{m}$ 波长).

12.接上题,为了减少光在砷化镓-空气界面的反射,工艺上常在砷化镓表面镀一层氧化硅增透膜,氧化硅的折射率为 1.7.现在单纯从几何光学角度提出一个问题,加膜后入射角为多大才不至于在空气表面发生全反射?试与不加膜时相比(设膜很薄,可按平

面板计算）.

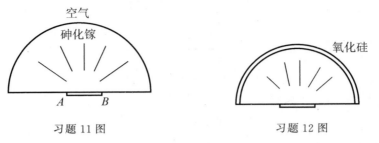

空气
砷化镓

氧化硅

A　B

习题 11 图　　　　　　　　　　　习题 12 图

13. 从光密介质到光疏介质，当 $\sin i_1 > n_2/n_1$ 时发生全反射，作为一种处理方法，我们仍可在形式上维持折射定律 $n_1 \sin i_1 = n_2 \sin i_2$，这时 $\sin i_2 > 1$，可认为 i_2 是个虚折射角，它的余弦也为虚数：

$$\cos i_2 = \sqrt{1 - \sin^2 i_2} = \mathrm{i}\sqrt{\left(\frac{n_1}{n_2}\right)^2 \sin^2 i_1 - 1},$$

试利用菲涅耳公式证明此时 $|r_p| = 1$，$|r_s| = 1$，从而 $\mathscr{R}_p = \mathscr{R}_s = 1$.

【注：本来这里根号前有正、负两种可能，为了保证式（10.47）中的 $\kappa > 0$，从而使式（10.48）中衰减因子的指数确实是负的，根号应取正的.】

14. 推导全反射时的相移公式（10.27）.

15.（1）计算 $n_1 = 1.51$，$n_2 = 1.0$，入射角为 $54°37'$ 时全反射光的相移 δ_p 和 δ_s.

（2）如果入射光是线偏振的，全反射光中 p 振动和 s 振动的相位差为多少？说明两者合成为椭圆偏振光.

16. 若在上题中用的光源是氦氖激光，求隐失波的穿透深度.

第三章　干涉装置　光场的时空相干性

本章将在第二章§3、§4的基础上,具体讨论光的各种干涉装置和干涉仪,介绍光的干涉现象的一些实际应用.与此同时,结合具体的干涉装置,阐明两个重要的概念——光场的空间相干性和时间相干性.

第二章3.3节中已述及,由于普通光源是不相干的,我们不能简单地由两个实际点光源或面光源的两个独立部分形成稳定的干涉场[①].为了保证相干条件,通常的办法是利用光具组将同一波列分解为二,使它们经过不同的途径后重新相遇.由于这样得到的两个波列是由同一波列分解而来的,它们频率相同,相位差稳定,振动方向也可作到基本上平行,亦即第二章3.2节中所陈述的相干条件都得到满足,从而可以产生稳定的可观测的干涉场.分解波列的方法有二:

(1)分波前法:将点光源的波前分割为两部分,使之分别通过两个光具组,经衍射、反射或折射后交叠起来,在一定区域内产生干涉场.杨氏实验是这类分波前干涉装置的典型,其他装置在本章§1有所叙述.

(2)分振幅法:当一束光投射到两种透明介质的分界面上时,光能一部分反射,一部分透射.这方法叫做分振幅法.最简单的分振幅干涉装置是薄膜,它将在§2和§3中介绍,另一种重要的分振幅干涉装置,是迈克尔孙干涉仪.可以说,它是近代各种分振幅型干涉仪的原型,我们将在§4中介绍它.

§1　分波前干涉装置　光场的空间相干性

1.1　各种分波前干涉装置

各种分波前装置的共同特点参见示意图 1-1.Σ 是由点光源 S 发射球面波的波面,它被光具组 I 和 II 分割为 Σ_1 和 Σ_2 两部分.被分割出来的两束光 1 和 2 分别经光具组 I 和 II 后在一定区域里交叠起来.两光束在交叠区里任一点 P 激起振动的初相位分别为

$$\begin{cases} \varphi_1(P) = \varphi_0 + \dfrac{2\pi}{\lambda}(S \text{ I } P), \\[2mm] \varphi_2(P) = \varphi_0 + \dfrac{2\pi}{\lambda}(S \text{ II } P), \end{cases}$$

---

① 　如第二章 3.3 节所述,普通光源之所以不相干,在于它们持续发光时间 τ_0 太短.自从激光问世以后.人们已可获得单色性很好(即 τ_0 很长)的光束,因而用两台激光器作干涉实验,原则上是没有问题的.不过,由于激光器频率的独立漂移,同频条件的保证就不如下述传统方法那么严格.此时在时间响应能力很高的接收器中感到的,将是一幅有拍频效应的图像.近年某些文章中讨论的"两个独立光源的干涉"问题,其意义之一就是提醒人们,不要绝对地认为两个独立光源是完全不相干的.

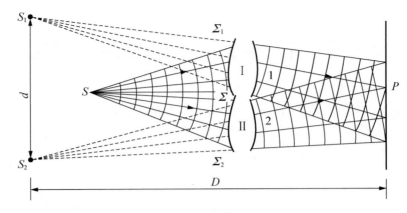

图 1-1 分波前干涉装置示意图

这里$-\varphi_0$是振源的初相位. 二者之差为

$$\Delta\varphi(P) = \varphi_2(P) - \varphi_1(P)$$

$$= \frac{2\pi}{\lambda}[(S\,\mathrm{II}\,P) - (S\,\mathrm{I}\,P)]. \tag{1.1}$$

如前所述,相位φ_0是极不稳定的,从而$\varphi_1(P)$和$\varphi_2(P)$也不稳定. 然而,二者之差$\Delta\varphi(P)$与φ_0无关,它只取决于光程差$\Delta L = (S\,\mathrm{II}\,P) - (S\,\mathrm{I}\,P)$,因而是稳定的. 此外,也是由于在$P$点相遇的两光线$S\,\mathrm{I}\,P$和$S\,\mathrm{II}\,P$原属于同一波列,且在一般干涉装置里它们在$P$点夹角十分小,亦即在$P$点的传播方向大致相同,因而它们在$P$点激起的振动频率相同,方向也基本上平行. 就这样,各相干条件得到了保证.

第二章 4.2 节中介绍过的杨氏实验是分波前干涉装置的典型,或者说,它是下面将介绍的各种分波前干涉装置的原型. 在杨氏实验中光具组Ⅰ,Ⅱ就是两个孔(或者两条狭缝). 光束 1,2 是靠衍射效应交叠起来的. 在下面介绍的几种装置中,光束 1,2 的交叠或者靠反射,或者靠折射.

(1)菲涅耳双面镜和双棱镜

继杨氏装置之后另外两种重要的分波前两光束干涉装置是菲涅耳的双面镜和双棱镜. 它们分别示于图 1-2(a)和 1-3(a). 做为分波前的光具组,前者是一对紧靠在一起夹角α很小的平面反射镜M_1和M_2;后者是一个棱角α很小的双棱镜A. 两装置中狭缝光源S都与交棱M平行(即与图 1-2(a)和 1-3(a)的纸面垂直). 从S发出的波列经反射或折射后被分割为两光束,在它们的交叠区域里幕上出现等距的平行干涉条纹,如图 1-2(b)和图 1-3(b),条纹与图 1-2(a)和 1-3(a)纸面垂直. 设S_1与S_2为S对双面镜或双棱镜所成虚像,幕上的干涉条纹就如同是由相干的虚像光源S_1和S_2发出的光束产生的一样,因此条纹间隔的计算可利用杨氏装置的结果.

(2)劳埃德镜

劳埃德(H. Lloyd)镜的装置如图 1-4(a)所示,MN是一平面反射镜,从狭缝光源S(与纸面垂直)发出的波列中一部分掠入射到平面镜后反射到幕上,另一部分直接投射到

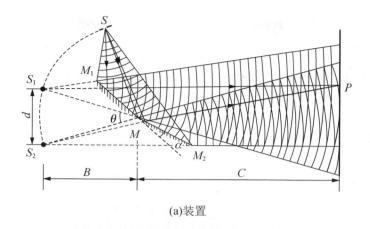

(a)装置

(b)干涉条纹

图 1-2 菲涅耳双面镜

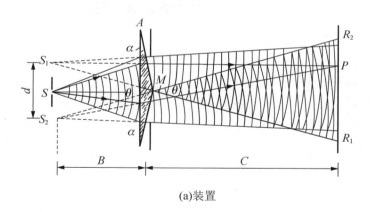

(a)装置

(b)干涉条纹

图 1-3 菲涅耳双棱镜

幕上.在幕上两光束交叠区域里将出现如图 1-4(b)所示的干涉条纹(条纹与图 1-4(a)纸面垂直).设 S' 为 S 对平面镜所成的虚像,幕上干涉条纹就如同是实际光源 S 和虚像光源 S' 发出的光束产生的一样,因此条纹间隔的计算也可利用第一章 §4 中杨氏装置的结果.

在劳埃德镜中存在一个值得提出的特点.如果我们将图 1-4(a)中的幕平移到图中虚线的位置,使它通过平面镜的边缘 N 点,根据表观光程差的计算,我们期望在 N 点得到第 0 级亮纹.然而实验表明,该处是暗纹.上述现象要用第二章 10.4 节中讲的反射光的半波损来解释.

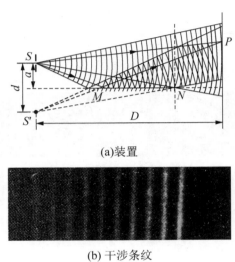

(a)装置

(b) 干涉条纹

图 1-4 劳埃德镜

1.2 条纹形状与间距

如前所述,各种分波前干涉装置可概括成图 1-1 所示的统一模式.在上述各种装置里,幕上的干涉图样都可看成是由一对点源(或与纸面垂直的一对狭缝光源)S_1 和 S_2 造成的.与杨氏实验一样,在幕上的干涉条纹应近似地是一组平行直线条纹,条纹是等间隔的,条纹间距可统一用第二章 4.2 节中的式(4.6)来计算:

$$\Delta x = \frac{D\lambda}{d}, \tag{1.2}$$

式中 d 是 S_1,S_2 间的距离,D 是 S_1,S_2 所在平面到幕的距离.故只要找到 S_1,S_2 的位置,就可利用上式求干涉条纹的间距了.

对于菲涅耳双面镜(见图 1-2(a))S 到 M 的距离为 B,M 到幕的距离为 C.根据平面镜成像的对称性可知,$\overline{S_1M} = \overline{S_2M} = B$,从而式(1.2)中的 $D = B + C$.再设 $\angle S_1MS_2 = \theta$,由反射定律可知 $\theta = 2\alpha$,故式(1.2)中的 $d = \theta B = 2\alpha B$.代入式(1.2),得

$$\Delta x = \frac{(B+C)\lambda}{2\alpha B}. \tag{1.3}$$

对于菲涅耳双棱镜(见图 1-3(a)),同样有 $D=B+C$,但 $\theta=2\delta$,而 $\delta=(n-1)\alpha$,这里 δ 是光线经每个棱镜后产生的偏向角,n 是棱镜的折射率. 故

$$\Delta x=\frac{(B+C)\lambda}{2(n-1)\alpha B}.\tag{1.4}$$

对于劳埃德镜(见图 1-4(a)),设 S 到镜面 MN 的垂直距离为 a,则 $d=2a$,故

$$\Delta x=\frac{D\lambda}{2a}.\tag{1.5}$$

这里 D 就是 S 到幕的距离.

以上各公式都表明,干涉条纹的间距 Δx 与波长 λ 成正比. 这就是说,不同颜色的光产生的条纹间距不同. 当我们采用白光或其他非单色光(如水银灯光)照明时,幕上呈现的是许多套不同颜色条纹的非相干叠加. 由于各色条纹宽窄不同,除 0 级外,任何级的亮纹和暗纹都彼此错开. 故在白光照明时,除 0 级亮纹是白色外,其他条纹均带有色彩.

1.3 干涉条纹的移动

在干涉装置中,人们不仅注意干涉条纹的静态分布,而且关心它们的移动和变化,因为光的干涉的许多应用都与条纹的变动有关. 造成条纹变动的因素来自三方面:一是光源的移动,二是装置结构的变动,三是光路中介质的变化.

探讨干涉条纹的变动时,通常可以用两种方式提出问题. 一是固定干涉场中一个点 P,观察有多少根干涉条纹移过此点. 另一是跟踪干涉场中某级条纹(譬如 0 级条纹),看它朝什么方向移动多少距离. 当然在普遍的情况下,干涉条纹的间距、取向和形状都可能发生变化,其特征已不是简单的描述所能概括得了的.

为了计算移过某个固定场点 P 干涉条纹的数目 N 时,需要知道交于该点两相干光线之间的光程差 $\Delta L(P)$ 如何变化. 因为每当 $\Delta L(P)$ 增减一个 λ 时,便有一根干涉条纹移过 P 点,故 N 与光程差的改变量 $\delta(\Delta L)$ 之间的关系是

$$\delta(\Delta L)=N\lambda,\tag{1.6}$$

式中 λ 是真空中波长.

为了研究某一特定条纹移动的情况,则须探求具有给定光程差(譬如 $\Delta L=0$)场点的去向. 现在我们就用此法分析分波前干涉装置中因光源的位移而引起干涉条纹的变动. 这个问题之所以重要,是因为它与下面将要研究的问题——光源宽度对干涉条纹衬比度的影响——密切相关. 其他因素(如介质折射率的改变)引起干涉条纹变化的例子,将在习题中给出.

如图 1-5 所示,我们考虑杨氏实验中点光源的微小位移 δs 引起干涉条纹变动的情况. 为了说话方便,我们仍取以前惯用的坐标:轴向为 z;平行于 S_1,S_2 连线方向为 x,垂直纸面的方向为 y. 起初当点源 S 位于轴上时,0 级条纹也在轴上(幕上 P_0 点). 当点源沿 x 方向移到轴外 S' 处时,0 级条纹将移至轴外 P_0' 处,P_0' 的位置由零程差条件决定:

$$\Delta L(P_0')=R_1+r_1-R_2-r_2=0,$$

或

$$R_1-R_2=r_2-r_1.\tag{1.7}$$

当点源向下平移时,$R_1>R_2$,零程差要求 $r_2>r_1$,即条纹向上移动(见图). 反之当点源向

上移动时,必导致干涉条纹向下移动.令 $\overline{SS'}=\delta s$, $\overline{P_0P_0'}=\delta x$,计算表明,在傍轴近似下

$$R_1-R_2\approx\frac{\mathrm{d}\delta s}{R},\quad r_2-r_1\approx\frac{\mathrm{d}\delta x}{D},$$

代入式(1.7),得杨氏实验中条纹位移 δx 与点源位移 δs 的关系:

$$\delta x=\frac{D}{R}\delta s.\tag{1.8}$$

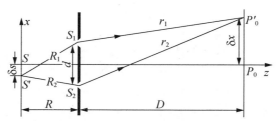

图 1-5　杨氏实验中光源的位移 δs 引起干涉条纹的位移 δx

最后指出,由于干涉条纹的取向沿 y 方向,点光源沿此方向的平移不会引起干涉条纹的变动.

在其他分波前干涉装置中点源的位移造成干涉条纹变动的情况,可用类似的方法去分析.它们的情况与杨氏实验中不同之处,是干涉条纹除了移动之外,间距是有些变化的.有关这些装置中条纹变动的计算,留做思考题或习题,请读者自己去考虑.

1.4　光源宽度对干涉条纹衬比度的影响

在第二章 3.4 节中我们曾讨论过振幅比对干涉条纹衬比度的影响.在本节所研究的各种分波前干涉装置中,振幅比都接近于 1,因而振幅比不是影响条纹衬比度的主要因素,主要因素是光源的宽度.

迄今为止,我们对干涉条纹性质的所有分析都是以点光源为前提的.实际中不存在严格的点光源,任何光源总有一定的宽度.这样的光源可看成由许多不相干的点光源组成,每一点光源都有一套自己的干涉条纹.幕上总强度是各套干涉条纹的非相干叠加(再次叠加!)叠加的后果对条纹的清晰程度有利还是不利,不同情况要作具体分析.例如在杨氏实验中,若光源沿 x 方向扩展,各点源产生的干涉条纹彼此错开,亮纹与暗纹重叠的结果,使条纹变得模糊起来,即衬比度下降.这就是说,光源在 x 方向上的扩展必须受到限制.若光源沿 y 方向扩展,各点源产生的干涉条纹一样,暗纹与暗纹重叠仍是暗纹,亮纹与亮纹重叠显得更亮了.可见在这种情况下条纹不但不会模糊,反而变得更加清晰可见.所以在杨氏实验中通常不用点源,而采用沿 y 方向扩展的狭缝光源,与之相应地,S_1 和 S_2 也采用平行 y 方向的双缝.根据同样道理,在菲涅耳双面镜、双棱镜装置里,通常都采用平行于棱镜方向(即垂直于图 1-2(a)和 1-3(a)纸面方向)的狭缝光源;在劳埃德镜装置中也采用垂直于图 1-4(a)纸面方向的狭缝光源.

现在让我们较为具体地研究一下,光源在 x 方向上宽度 b 的最大限度问题,亦即光源宽度 b 大到什么程度,干涉条纹就会变得不可分辨?式(1.8)表明,条纹错开的距离 δx 是与点源的间距 δs 成正比的.在图 1-6 中(a)—(c)画的是两个相隔一定距离的点源形成

的条纹的叠加. 图中由(a)到(c),δx 随 δs 逐个增大,合成强度的衬比度逐个下降. 在图 1-6(c)中 δx 已达到半个条纹的宽度 $\Delta x/2$,从而一套条纹中的亮纹与另一套条纹中的暗纹恰好重合,衬比度下降到 0,合成强度成为均匀的了. 实际上扩展光源中并非只有两个点源,而是在两边缘点源之间连续分布着无穷多个点源. 图 1-6(d),(e)所示即为这种情况. 在这种点源连续分布的情况下,边缘点产生的条纹错开距离 $\delta x = \Delta x/2$ 时,合成强度仍有一定的衬比度(见图 1-6(d)),只有当 $\delta x = \Delta x$ 时,衬比度才下降到 0(见图 1-6(e)),这时干涉条纹完全消失. 与这个 δx 相对应的边缘点源间距 $\delta s = b_1$,可看成是光源宽度的极限. 对于杨氏实验,根据式(1.2)和(1.8),令 $\delta x = \Delta x$,$\delta s = b_1$,可得

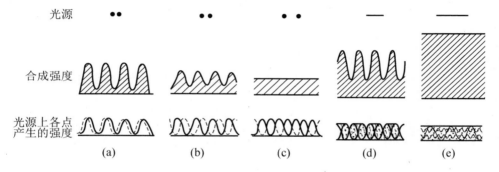

图 1-6 光源宽度对干涉条纹衬比度的影响

$$b_1 = \frac{R}{d}\lambda. \tag{1.9}$$

例如,对于波长 $\lambda = 0.6\mu m$ 的光,$R = 1m$ 和 $d = 1mm$ 时,光源(即 S 处狭缝)的宽度限制在 $b = 0.6mm$ 以内.

下面我们定量计算一下杨氏装置中不同光源宽度时干涉条纹的衬比度. 令 $f = 1/\Delta x = d/D\lambda$ 代表幕上沿 x 方向强度的空间频率,则 0 级条纹移在 x_0 处时的强度分布正比于 $1 + \cos 2\pi f(x - x_0)$. 设与 x_0 对应的光源位置为 s,按式(1.8),$x_0 = (D/R)s$(这里 x_0 与 s 分别相当于该式中的 δx 与 δs). s 之值分布在 $\pm b/2$ 之间. 故幕上总强度分布为

$$I(x) \propto \int_{-b/2}^{b/2} [1 + \cos 2\pi f(x - x_0)]ds$$

$$= \int_{-b/2}^{b/2} \left[1 + \cos 2\pi f\left(x - \frac{D}{R}s\right)\right]ds$$

$$\propto 1 + \frac{\sin(\pi bd/R\lambda)}{\pi bd/R\lambda}\cos 2\pi fx,$$

写成等式,有

$$I(x) = I_0\left[1 + \frac{\sin u}{u}\cos 2\pi fx\right],$$

式中 $u = \pi bd/(R\lambda)$,I_0 是某个比例常数. 由上式可知,强度的极大 I_M 和极小 I_m 分别为

$$I_M = 1 + \left|\frac{\sin u}{u}\right|, \quad I_m = 1 - \left|\frac{\sin u}{u}\right|.$$

按照衬比度的定义

$$\gamma = \frac{I_M - I_m}{I_M + I_m} = \left| \frac{\sin u}{u} \right|, \tag{1.10}$$

图 1-7 和表Ⅲ-1 分别给出 γ 的曲线和数值. 可以看出,γ 第一次为 0 出现在 $u = \pi$ 的地方. 由此定出的光源宽度为 $b_1 = R\lambda/d$,这正是式(1.9)中给出的极限值. 由此可见,上面确定的光源极限宽度只是第一次使 γ 为 0 的宽度. 超过此极限时,γ 的数值还有多次回升和起伏,不过起伏的幅度已不大($\leqslant 21\%$),而且越来越小.

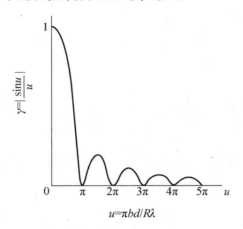

图 1-7 衬比度随光源宽度变化的曲线

表Ⅲ-1 衬比度与光源宽度

u	b	γ
$\pi/2$	$b_1/2$	0.64
π	b_1	0
$3\pi/2$	$3b_1/2$	0.21
2π	$2b_1$	0
$5\pi/2$	$5b_1/2$	0.13
3π	$3b_1$	0
$7\pi/2$	$7b_1/2$	0.09
4π	$4b_1$	0
$9\pi/2$	$9b_1/2$	0.07
5π	$5b_1$	0

1.5 光场的空间相干性

前面我们把波的叠加分成相干的和不相干的两种极端情况,实际上并不能这样截然划分.仍以杨氏干涉装置为例说明这一点(见图 1-8(a)).我们知道,普通光源表面上不同的两个独立部分 A,B 是不相干的,双孔 S_1,S_2 各接收来自 A,B 的一列波.仅就 A,B 两点源来说,在后场就有四列次波:$\tilde{U}_{A1},\tilde{U}_{A2},\tilde{U}_{B1},\tilde{U}_{B2}$.这里有彼此相干的成分,如 $\tilde{U}_{A1}$ 和 $\tilde{U}_{A2}$,$\tilde{U}_{B1}$ 和 $\tilde{U}_{B2}$;也有彼此不相干的成分,如 $\tilde{U}_{A1}$ 和 $\tilde{U}_{B2}$,$\tilde{U}_{B1}$ 和 $\tilde{U}_{A2}$.所以说,作为次波源,S_1 和 S_2 是部分相干的.其相干程度如何,可用它们产生干涉条纹的衬比度 γ 的大小来衡量.

1.4 节讨论了杨氏实验中光源的极限宽度问题,其数量级由式(1.9)决定:

$$b_1 \approx \frac{R\lambda}{d}.$$

上式的物理意义是,给定了 S_1,S_2 的位置,即给定了 R 和 d,光源的宽度 b 达到上式所确定的 b_1 时,由 S_1,S_2 发出的次波产生的干涉条纹衬比度降为 0,即这时可认为 S_1 和 S_2 完全不相干.

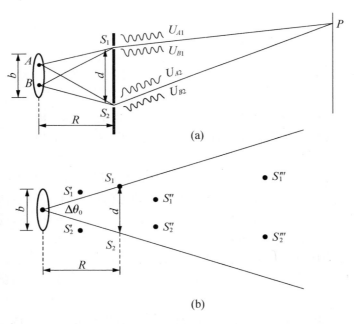

(a)

(b)

图 1-8 空间相干性问题

现在我们可以从具体的干涉装置中解脱出来,倒过来提问题:给定宽度为 b 的面光源,在它的照明空间中在波前上多大的范围里提取出来的两个次波源 S_1 和 S_2 还是相干的?这便是所谓光场的空间相干性问题.为了回答这个问题,不妨将式(1.9)倒过来写,

$$d \approx \frac{R\lambda}{b}, \tag{1.11}$$

这式中的 d 给出了光场中相干范围的横向线度. 如果面光源在相互垂直的两个方向上都有宽度 b,则在它的照明空间中相干范围的面积(称为相干面积)数量级为 d^2. 式(1.11)表明, d 正比于距离 R,因此用角度 $\Delta\theta_0 = d/R$ 来表征相干范围更加方便. 这 $\Delta\theta_0$ 是 S_1, S_2 对光源中心所张的角度,称为相干范围的孔径角. 如图 1-8(b)所示,凡在此孔径角以外的两点,如 S_1' 和 S_2',都可看作是不相干的;在此孔径角以内的两点,如 S_1'' 和 S_2'', S_1''' 和 S_2''' 都有一定程度的相干性. 由式(1.9)或(1.11)不难求得.

$$b\Delta\theta_0 \approx \lambda. \tag{1.12}$$

此式表明,相干范围的孔径角 $\Delta\theta_0$ 与光源宽度 b 成反比,这是空间相干性的反比公式.

例题 1　估算太阳光射在地面上相干范围的线度和相干面积,已知太阳的视角约为 $10^{-2}\,\mathrm{rad}$.

解　太阳光谱的极大位于可见光中间,可取 $\lambda \sim 0.55\,\mu\mathrm{m}$. 式(1.11)可写为

$$\frac{db}{R} \approx \lambda,$$

因相干孔径角 $\Delta\theta_0 = d/R$,太阳视角 $\Delta\theta' = b/R$,故上式又可写成

$$b\Delta\theta_0 = d\Delta\theta' \approx \lambda.$$

故

$$d \approx \frac{\lambda}{\Delta\theta'} \approx 55\,\mu\mathrm{m}.$$

据此得相干面积

$$S = d^2 \approx 3\times 10^{-3}\,\mathrm{mm}^2.$$

由此可见,虽然面光源的照明面积可以很大,但相干面积却很小. 为了增大相干面积,必须像在杨氏实验或其他分波前的干涉装置中那样,在光源上加狭缝,以限制其有效宽度.

例题 2　迈克尔孙测星干涉仪(A. A. Michelson,1890 年)的结构如图 1-9 所示,两个离开很远的可移动的反射镜 M_1 和 M_2,收集来自一个很远的恒星的光线(可认为是平行光). 然后光经由另两块反射镜 M_3 和 M_4,穿过一块挡光板上的小孔 S_1 和 S_2,进入望远镜的物镜. M_1, M_3, S_1 和 M_2, M_4, S_2 对称布局. 透过两小孔的光在物镜焦面上产生通常杨氏实验的条纹(见第二章图 4-4(b)). 用这样的仪器可以测量星体的角直径,办法是拉开 M_1, M_2 之间的距离 h,看看什么时候干涉条纹消失. 参宿四(猎户座 a)是被这个装置测量角直径的第一颗星,它是猎户座左上方的一颗橙色的星. 测量是在 1920 年 12 月的一个寒冷的夜晚进行的. 当 h 调节到 121 英寸[①]时,杨氏干涉条纹消失了. 这颗星的角直径应为多少?

解　图中 S_1', S_2' 分别为 S_1, S_2 经两次反射在 M_1, M_2 中成的虚像. S_1 和 S_2 处的空间相干程度与 S_1' 和 S_2' 处相同. S_1' 和 S_2' 间的距离近似为 h,干涉条纹消失,表示 h(121in = 3.07m)已达到空间相干范围的极限 d. 取平均波长 $\bar\lambda = 5700\,\text{Å}$,代入式(1.11),得星体的角直径 $\Delta\theta'$ 为

---

①　1 英寸(inch) = 2.54cm.

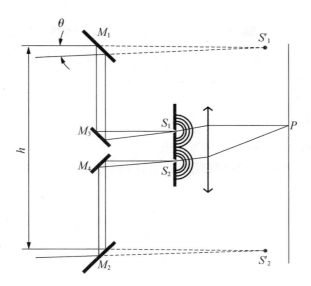

图 1-9 例题 2——迈克尔孙测星干涉仪

$$\Delta\theta' = \frac{b}{R} \approx \frac{\bar{\lambda}}{h} \approx 2 \times 10^{-2}\,\text{rad} \approx 0.05''.$$

综上所述,空间相干性问题源于普通扩展光源的不同部分不相干.在点光源照明的空间里波面上各点是完全相干的,但在面光源照明的空间里只在波前的一定范围内各点才是相干的(部分相干).应强调,这里所谓"波前的一定范围",是指光场中的横向范围.光场中沿纵向也有相干性问题,但那是属于时间相干性问题.时间相干性问题将在本章4.6 节中讨论.

思　考　题

1.我们在正文中多以点光源来讨论多种分波前的干涉装置,实际干涉装置常采用缝光源.

(1)缝光源与点光源相比有什么好处?

(2)缝光源的走向应该怎样,才能使条纹既明亮又清晰?

(3)为什么对缝光源的宽度要加以限制? 对它的长度需要限制吗?

(4)如何在实际中把钠光灯、水银灯变成缝光源?

(5)实验室中获得的缝光源上各点是完全相干的? 还是完全不相干的? 或部分相干的?

2.在许多分波前干涉装置中,我们可以发现条纹并不是等亮的.亮纹的强度似乎受某种因子所调制而有一种缓慢的起伏(参见图 1-2(b),图 1-3(b)).试解释这一现象.

3.在实验中观察分波前干涉装置的干涉条纹时往往不用屏幕,而是用测微目镜.我们知道,在光束交叠区里前前后后都有干涉条纹,我们用目镜看到的是什么地方的条纹?试说明理由.

习　题

1. 设菲涅耳双面镜的夹角为 $20'$，缝光源离双面镜交线 10cm，接收屏幕与光源经双面镜所成的两个虚像连线平行，幕与两镜交线的距离为 210cm，光波长为 6000Å，问：

(1)干涉条纹的间距为多少？

(2)在幕上最多能看到几根干涉条纹？

(3)如果光源到两镜交线的距离增大一倍，干涉条纹有什么变化？

(4)如果光源与两镜交线的距离保持不变，而在横向有所移动，干涉条纹有什么变化？

(5)如果要在幕上出现有一定衬比度的干涉条纹，允许缝光源的最大宽度为多少？

2. 一点光源置于薄透镜的焦点，薄透镜后放一个双棱镜(见图)，设双棱镜的顶角为 $3'30''$，折射率为 1.5，屏幕与棱镜相距 5.0m，光波长为 5000Å．求幕上条纹的间距．幕上能出现几根干涉条纹？

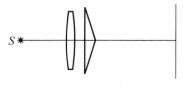

习题 2 图

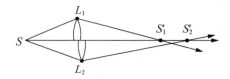

习题 4 图

3. 设劳埃德镜的镜长有 5.0cm，幕与镜边缘的距离为 3.0m，缝光源离镜面高度为 0.5mm，水平距离 2.0cm，光波长为 5893Å．求幕上条纹的间距．幕上能出现几根干涉条纹？

4. 图为梅斯林(L. Meslin)干涉装置，将透镜对剖后再沿光轴方向将两半 L_1, L_2 错开一定距离．光点 S 位于光轴上，S_1', S_2' 是它的像．

(1)在图上标出相干光束的交叠区。

(2)在交叠区中放一屏幕垂直于光轴，幕上干涉条纹的形状是怎样的？

(3)设透镜焦距为 30cm，S 与 L_1 的距离为 60cm，L_1 与 L_2 的距离为 8.0cm，光波长为 5000Å．两像间的中点距离透镜 L_2 有多远？在此放一屏幕，在其上接收到的亮纹间距为多少？

5. 如图所示为一种利用干涉现象测定气体折射率的原理性结构，在 S_1 孔后面放置一长度为 l 的透明容器，当待测气体注入容器而将空气排出的过程中幕上的干涉条纹就会移动．由移过条纹的根数即可推知气体的折射率．

(1)设待测气体的折射率大于空气折射率，干涉条纹如何移动？

(2)设 $l=2.0$cm，条纹移过 20 根，光波长 5893Å，空气折射率为 1.000 276，求待测气体(氯气)的折射率．

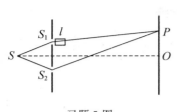

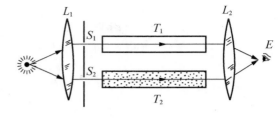

习题 5 图   习题 6 图

6. 瑞利(Rayleigh)干涉仪的结构和使用原理如下(参见图). 以钠光灯作为光源置于透镜 L_1 的前焦点,在透镜 L_2 的后焦面上观测干涉条纹的变动,在两个透镜之间安置一对完全相同的玻璃管 T_1 和 T_2. 实验开始时,T_2 管充以空气,T_1 管抽成真空,此时开始观测干涉条纹. 然后逐渐使空气进入 T_1 管,直到它与 T_2 管的气压相同为止. 记下这一过程中条纹移动的数目. 设光波长为 5893Å,管长 20cm,条纹移动 98 根,求空气的折射率.

7. 用钠光灯作杨氏双缝干涉实验,光源宽度被限制为 2mm,带双缝的屏离缝光源 2.5m. 为了在幕上获得可见的干涉条纹,双缝间隔不能大于多少?

8. 一个直径为 1cm 的发光面元,如果用干涉孔径角量度的话,其空间相干性是多少弧度? 如果用相干面积量度,问 1m 远的相干面积为多大? 10m 远的相干面积为多大?

§2 薄膜干涉(一)——等厚条纹

2.1 薄膜干涉概述

当从点光源 Q 发出的一束光投射到两种透明介质的分界面上时,它携带的能量一部分反射回来,一部分透射过去. 能流正比于振幅的平方,因此光束的这种分割方式称做是分振幅的. 最基本的分振幅干涉装置是一块由透明介质做的薄膜. 如图 2-1 所示,当入射光射在薄膜的上表面时,它被分割为反射和折射两束光. 折射光在薄膜的下表面反射后,又经上表面折射,最后回到原来的介质,在这里与上表面的反射光束交叠. 在两光束交叠的区域里每个点上都有一对相干光线在此相交. 例如在图 2-1 中在薄膜表面上的 A 点和薄膜上面空间里 B 点相交的分别为光线 $4',3''$ 和 $2',1''$,相交于无穷远的 C 点的为彼此平行的光线 $5',4''$,光线 $2',2''$ 的延长线交于薄膜下面空间里的 D 点. 这里号码相同的代表是从同一入射光线分割出来的光线,带 "'" 的是上表面反射的光线,带 "''" 的是下表面反射的光线. 为了让读者看得更清楚,我们把交于 A,B,C,D 各点的光线单独画出来,分别示于图 2-2(a),(b),(c),(d) 中. 可以看出,只要由光源 Q 发出的光束足够宽,相干光束的交叠区可以从薄膜表面附近一直延伸到无穷远,此时在广阔的区域里到处都有干涉条纹.

为了观察薄膜产生的干涉条纹,可以像图 2-3 所示那样,用屏幕直接接收. 除此之外,通常更多地是利用光具组使干涉条纹成像(用眼睛直接观察亦属于此). 当我们将光具组聚焦于某一物平面时,通过其上任一点的两条光线将在像平面上的共轭点重新相遇(见图 2-2),物像平面上各点光的强度取决于交于该点两相干光线间的光程差 ΔL. 由于

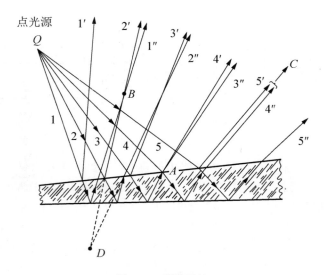

图 2-1 薄膜干涉

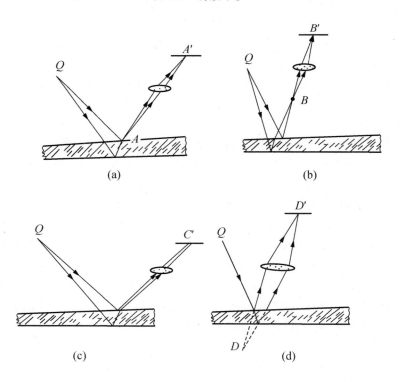

图 2-2 用透镜成像法观察薄膜的干涉条纹

物像间的等光程性,参加干涉的两光线在共轭点上重新相遇时光程差是不变的.这样,我们就在光具组的像平面上得到与物平面内相似的干涉图样.用这种方法我们不仅可以观察薄膜前的"实"干涉条纹,还可以观察薄膜后的"虚"干涉条纹(图 2-2(d)).

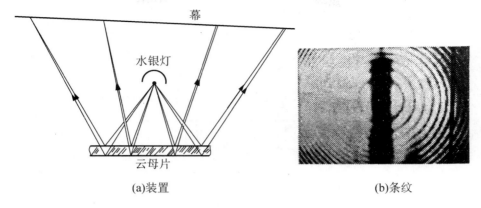

(a)装置   (b)条纹

图 2-3   用屏幕接收薄膜的干涉条纹

普遍地讨论薄膜装置整个交叠区内任意平面上的干涉图样是一个极为复杂的问题. 但实际中意义最大的是厚度不均匀薄膜表面的等厚条纹和厚度均匀薄膜在无穷远产生的等倾条纹. 这两类条纹的理论比较单纯,应用比较广泛,它们分别是本节和下节讨论的重点.

2.2   薄膜表面的等厚条纹

本节着重研究薄膜表面的干涉条纹,先计算光程差. 如图 2-4,设薄膜折射率为 n,上下两方的折射率为 n_1 和 n_2,场点 P 处膜厚为 h. 从点光源 Q 发出的两条特定的光线交于 P 点,它们的光程差为

$$\Delta L(P) = (QABP) - (QP) = (QA) - (QP) + (ABP),$$

由于膜很薄,A 和 P 两点很近,夹角 $\Delta\theta$ 很小,作为一级近似,可作 AC 垂直于 QP,

$$(QA) - (QP) \approx -(CP) = -n_1 \overline{AP}\sin i_1$$

$$= -n\overline{AP}\sin i^{①} = -n(2h\tan i)\sin i$$

$$= -2nh\,\sin^2 i/\cos i,$$

此外

$$(ABP) = 2(AB) \approx 2nh/\cos i.$$

代入上式,即得

$$\Delta L(P) \approx 2nh\cos i, \tag{2.1}$$

其中 i 是光线在薄膜内的倾角. 干涉强度的极大(亮纹)和极小(暗纹)分别位于以下地方:

$$\begin{cases} \Delta L = k\lambda \quad \text{或} \quad h = \dfrac{k\lambda}{2n\cos i}, \text{极大}, \\[4mm] \Delta L = \dfrac{2k+1}{2}\lambda \quad \text{或} \quad h = \dfrac{(2k+1)\lambda}{4n\cos i}, \text{极小}, \end{cases} \tag{2.2a} \tag{2.2b}$$

---

① 这里用了折射定律:$n_1\sin i_1 = n\sin i$.

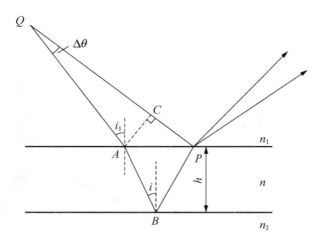

图 2-4 薄膜表面干涉场中光程差的计算

式中 λ 是真空中波长.

第二章 10.4 节已指出,在电介质表面反射时可能产生半波损.在该节的思考题 7 中已归纳了,有半波损的条件是 $n_1<n>n_2$ 或 $n_1>n<n_2$;当 $n_1<n<n_2$ 或 $n_1>n>n_2$ 时没有半波损.有无半波损的差别仅仅在于干涉条纹的级数差半级,即亮暗纹对调,并不影响条纹的其他特征,如形状、间隔、衬比度等.在实际中人们经常关心的只是条纹的相对变动,只有少数场合需要确定条纹的绝对级数.为了公式和叙述的简洁,今后我们一般不去理会半波损.只在必要时才指出它的存在,届时再将亮暗纹的地位调换过来就是了.

薄膜表面干涉条纹的形状,与照明和观察的方式有很大的关系.下面只讨论实际中采用最多的正入射方式,即入射光和反射光处处都与薄膜表面垂直.这时式(2.1)中的 $i=0$,

$$\Delta L=2nh, \tag{2.2}$$

即下表面反射的光比上表面反射的光多走的路程就是前者在薄膜内部一次垂直的往返.薄膜上厚度相等各点的轨迹称为它的等厚线.如果薄膜的折射率是均匀的,则 ΔL 只与厚度 h 有关,因此光的强度也取决于 h,亦即沿等厚线的强度相等.薄膜表面上的这种沿等厚线分布的干涉条纹,称为等厚干涉条纹.由于相邻条纹上的光程差 ΔL 相差一个波长,因此相邻等厚条纹对应的厚度差为

$$\Delta h=\frac{\lambda}{2n}, \tag{2.3}$$

即半个介质内的波长 λ/n.

由于等厚干涉条纹可以将薄膜厚度的分布情况直观地表现出来,它是研究薄膜性质的一种重要手段.科学技术的发展对度量的精确性提出了愈来愈高的要求.精密机械零件的尺寸必须准确到以至 $(1/10)\mu m(10^{-4}—10^{-5}cm)$ 的数量级,对精密光学仪器零件精密度的要求更高,达 $10^{-6}cm$ 的数量级.用机械的检验方法达到这样的精密度是十分困难的,但光的干涉条纹可将在波长 λ 的数量级以下的微小长度差别和变化反映出来(可见

光波长 λ 的数量级平均为 $5\times10^{-5}\,\mathrm{cm}$,这就为我们提供了检验精密机械或光学零件的重要方法,这类方法在现代科学技术中的应用是非常广泛的.下面我们分析两个等厚干涉条纹的特例,并结合这些例子介绍一些光的干涉在精密度量方面的应用.

2.3　楔形薄膜的等厚条纹

现在我们考虑介于一对不平行的反射平面之间的楔形空气薄膜形成的等厚干涉条纹(见图 2-5(a)).不难看出,这种薄膜的等厚线是一组平行于交棱的直线(图中粗线).图 2-5(b)是楔形薄膜等厚干涉条纹的照片.由于相邻干涉条纹上的高度相差 $\lambda/2$,条纹间隔 Δx 与楔的顶角 α 之间的关系为

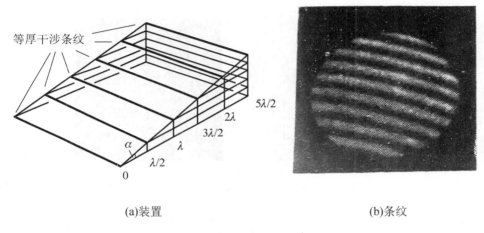

等厚干涉条纹

(a)装置　　　　　　　　　　　　　(b)条纹

图 2-5　楔形薄膜的等厚条纹

$$\Delta x=\frac{\lambda}{2\alpha}\quad\text{或}\quad\alpha=\frac{\lambda}{2\Delta x}.\tag{2.4}$$

如果波长 λ 已知,测得 Δx,便可根据上式求得 α 角.利用这种方法测量玻璃板的不平行度,可达 $1''$ 的数量级.

从楔形薄膜可演化出多种多样的测量装置.例如为了测量细丝的直径,我们可以把它夹在两块平面玻璃板的一端,而玻璃板的另一端压紧(见图 2-6).这样,在两玻璃板间就形成一楔形空气层.通过对其顶角 α 的测量,或者更简单一些,数一下从棱线到细丝间干涉条纹的数目,即可求出细绦的直径.为了精确测量较大的长度,则需将待测物体的长度与标准块规的长度进行比较.图 2-7 所示为测量滚珠直径的装置.将滚珠 K 和标准块规 G 放在平板 Π_2 上,上面盖一块平面玻璃板 Π_1,从 Π_1 和 G 之间楔形空气层的等厚条纹求得角 α,由此可算出 K 的直径与 G 的长度间的差值.

类似的方法还可以用来检验精密机械零件表面的光洁度.图 2-8(a)中 D 为待检验零件,Π 为标准平面玻璃板.如果 D 的上表面是严格的平面,楔形空气层的等厚条纹是一组平行的直线.若 D 的表面某处有微小的起伏,在相应的地方干涉条纹便会弯曲(见图 2-8(b)),根据干涉条纹的形状可以判知零件表面起伏的情况.

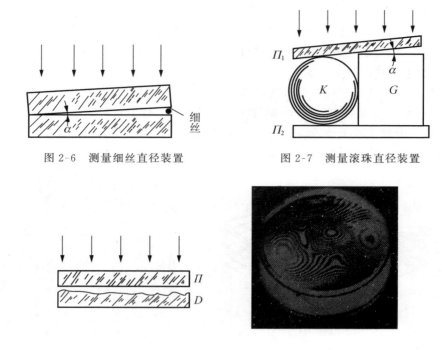

图 2-6 测量细丝直径装置   图 2-7 测量滚珠直径装置

(a)装置   (b)条纹

图 2-8 检验机械零件表面光洁度

在实际的精密检测工作或干涉仪调节技术中,只知道静止干涉条纹的情况还是不够的,常常需要根据条纹变动的情况对装置的情况作出判断,以便指导加工工艺或实验操作.对于楔形薄膜来说,最主要的是判断交棱在哪一边,以及上下表面发生怎样的相对推移.如图 2-5(b)那样,只有一组静止的平行直线条纹,我们并不知道楔形空气薄膜哪边薄哪边厚,或者说不知道交棱在哪边.这时我们不妨在左边或右边轻轻按一下平板,看看条纹是变疏还是变密,便可判定这时 α 角变大还是变小,从而得知交棱在左边还是在右边(见思考题).如果要问,当干涉装置中上下两块平面玻璃板 Π_1 和 Π_2 相对平移时(见图 2-9),楔形空气层的干涉条纹怎样变化? 在回答这个问题时,首先我们看到,由于 α 角未变,因此条纹间隔 Δx 未变,但是条纹将发生平移.条纹平移的问题通常可用追踪某特定级条纹的办法来分析:原来第 k 级条纹($\Delta L = k\lambda$)在厚度为 $h_k = k\lambda/2$ 的地方(P_k 点),设玻璃板 Π_1 和 Π_2 的间距改变 Δh 后,第 k 级条纹将移到这样一个 P'_k 点的位置,在该处 Π_1 和 Π_2 新的间隔也为 h_k.为找到这个 P'_k 点,我们只需过 P_k 作 Π_2 表面的平行线,它与处在新位置的 Π_1 表面的交点即为 P'_k.不难看出,当 Π_1 和 Π_2 的间隔增大时,条纹趋向棱线;反之则背离棱线.还可看出,当 Π_1 和 Π_2 的间隔每改变 $\lambda/2$ 时,条纹平移的距离恰好等于条纹间隔 Δx,亦即这时每根条纹移到与之相邻条纹原来的位置上.根据这个特点,若波长 λ 已知,我们便可从条纹移动的情况判断 Δh 的大小;反之也可由 Δh 推算 λ.

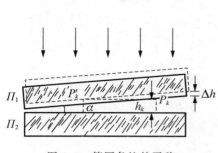

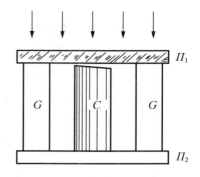

图 2-9 等厚条纹的平移 　　　　图 2-10 干涉膨胀计

图 2-10 所示为一种干涉膨胀计. G 为标准的石英环, C 为待测的柱形样品. 由于它的膨胀系数与石英环的不同, 当温度改变时, 柱体 C 的上表面与石英平板 Π_1 之间楔形空气层的厚度就会改变. 我们可以从干涉条纹移动的距离计算出 C 和 G 长度的相对改变量. 若石英环 G 的膨胀系数已知, 就可求得 C 的膨胀系数.

2.4 牛顿圈

如图 2-11(a)所示, 如果我们把一个曲率半径很大的凸透镜放在一块平面玻璃板上, 二者之间形成一厚度不均匀的空气层. 设接触点为 O, 显然等厚线是以 O 为中心的圆, 因此等厚干涉条纹是一系列以 O 为中心的同心圆圈. 这种干涉条纹是牛顿首先观察到并加以描述的, 故称为牛顿圈. 由于有半波损, 中心 O 点($\Delta L = 0$)为暗点. 现在我们推导第 k 级暗纹的半径 r_k 与透镜曲率半径 R 的关系. 如图 2-11 所示, C 为透镜的曲率中心, P_k 为第 k 级暗纹所在位置. 通过 P_k 作 CO 的垂线 P_kD, 则有

$$\overline{DP_k}^2 = \overline{CP_k}^2 - \overline{CD}^2,$$

此外 $\overline{OD} = h_k = k\lambda/2$, $\overline{CD} = R - h_k$; $\overline{CP_k} = R$, $\overline{DP_k} = r_k$. 于是

$$r_k^2 = R^2 - (R - h_k)^2 = 2Rh_k - h_k^2,$$

由于 $R \gg h_k = k\lambda/2$, 上式右端第二项可以忽略, 最后得到

$$r_k^2 = 2Rh_k = kR\lambda,$$

或

$$r_k = \sqrt{kR\lambda}. \tag{2.5}$$

上式表明, r_k 与 k 的平方根成正比, 即

$$r_1 : r_2 : r_3 : \cdots = 1 : \sqrt{2} : \sqrt{3} : \cdots,$$

所以随着级数 k 增大, 干涉条纹变密(参看图 2-11(b)). 如果 λ 为已知, 用测距显微镜测得 r_k, 便可求得透镜的曲率半径 R. 不过应该注意, 由于存在灰尘或其他因素, 致使中心 O 处两表面不是严格密接. 为了消除这种误差, 可测出某一圈的半径 r_k 和由它向外数第 m 圈的半径 r_{k+m}, 据此可算出 R 来:

$$R = \frac{r_{k+m}^2 - r_k^2}{m\lambda}. \tag{2.6}$$

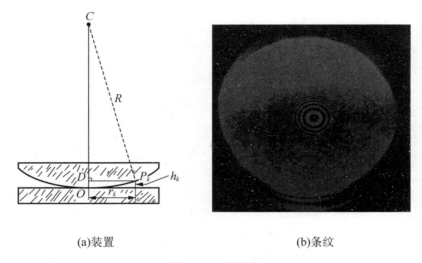

(a)装置　　　　　　　　　　(b)条纹

图 2-11　牛顿圈

　　在光学冷加工车间中经常利用牛顿圈快速检测工件(透镜)表面曲率是否合格,并作出判断,进一步应该如何研磨.做法大致如下:将标准件(玻璃验规)G 覆盖于待测工件 L 之上,两者间形成空气膜,因而出现牛顿圈(见图 2-12).圈数越多,说明公差越大.例如,当人们说某工件表面的公差为一个光圈(牛顿圈的俗称)时,就表示它与验规之间的最大差距为 $\lambda/2$.如果某处光圈偏离圆形,则说明待测表面在该处有不规则起伏.如果光圈太多,工件不合格,还需进一步研磨.究竟磨边缘还是磨中央,有经验的工人师傅只要将验规轻轻下压,即可作出判断(参见图 2-12(a),(b)和思考题 8).

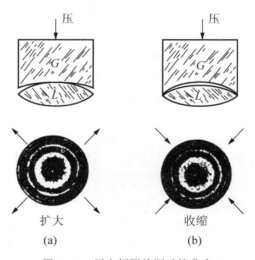

扩大　　　　　　　　　收缩

(a)　　　　　　　　　　(b)

图 2-12　用牛顿圈检测透镜曲率

*2.5 等厚干涉条纹的观测方法及倾角的影响

我们具体地讨论一下观察等厚干涉条纹的方法. 精密观测时要求入射光和反射光处处与薄膜垂直. 图 2-13 所示的光路可以保证这一点,其中 D 为放在凸透镜 L_1 焦点上的小孔光阑, D 与 L_1 组成准直装置. M 是半镀银或不镀银的玻璃板,它与薄膜成 45°角,将来自 L_1 的水平平行光束部分地反射到铅直方向. 铅直的平行光束在薄膜的上下表面反射后部分地透过玻璃板 M. 由于眼睛的瞳孔很小,不能直接把透过 M 的光束全部接收进来,因此需要在 M 之上放置另一凸透镜 L_2 调焦于薄膜表面上. 这样一来,在薄膜表面上各点 $P_1, P_2, \cdots$ 相遇的每一对相干光线经 L_2 和眼球折射后,重新在网膜上的 $P_1', P_2', \cdots$ 点相遇,薄膜表面上的等厚干涉条纹便可在网膜上再现. 如果需要对干涉条纹作定量的测量,可用测距显微镜代替这里的 L_2.

上面描述的是精密测量等厚条纹所需的装置. 在要求不太高的时候,装置可以简化. 首先,入射光束不一定需要严格平行,光源可以是扩展的,图 2-13 中的准直装置可以不要. 其次,观察条纹时可直接用眼睛(见图 2-14(a)),或者在条纹较密的情况下通过放大镜或显微镜来观察(见图 2-14(b)). 甚至半反射板 M 也可以不要,直接用眼睛沿一定的倾角观察薄膜的表面(见图 2-14(c)),也可以看到干涉条纹. 不过除了膜的厚度十分小的情况外,我们按这些方式观察到的干涉条纹不是严格的等厚线,而且条纹的反衬往往很差,甚至看不见. 这些都是光线倾斜带来的影响,下面分两点来讨论.

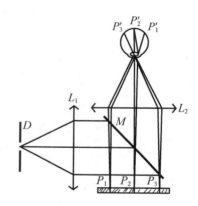

图 2-13 精密观测等厚条纹的装置

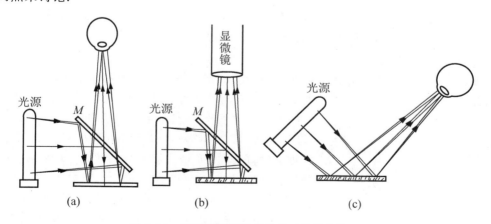

图 2-14 观察等厚干涉条纹的一些简化装置

(1) 条纹形状偏离等厚线

以图 2-15(a)所示楔形薄膜为例. 当我们用眼睛注视它的表面时,膜的厚度 h 和光线

的倾角 i 都逐点变化着.取光程差表达式(2.1)的全微分:

$$\delta(\Delta L) = -2nh \sin i \, \delta i + 2n \cos i \, \delta h. \qquad (2.7)$$

我们知道,干涉条纹是等强度点的轨迹,而强度完全由光程差所决定.亦即同一根干涉条纹上 ΔL = 常数,或者说 $\delta(\Delta L)$ = 0,由式(2.7)可见,因倾角增大了引起光程差的减小必须由厚度的增大来补偿.例如图 2-15(a)中等厚线上 P_2 点的倾角比 P_1 点大,因而干涉条纹偏离到更厚的点 P_2' 上去.这个问题也可用图 2-15(b)来分析,其中平行直线是严格的等厚线,同心圆是相对于瞳孔的等倾线,两线族中相邻线条的光程差 ΔL 差同一常数(譬如一个波长 λ).等厚线的光程差是由左到右递增的,等倾线的光程差是由里向外递减的.因而图中 $P_1, P_2', P_3', P_4', \cdots$ 各点的 ΔL 相等,它们同在一根干涉条纹上.

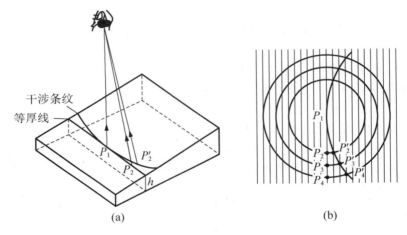

图 2-15 干涉条纹对等厚线的偏离

式(2.7)还表明,对于相同的倾角变化 δi,h 越大或 $\sin i$ 越大,δi 给 ΔL 带来的影响越大,从而干涉条纹对等厚线的偏离也就越显著.

(2)衬比度的下降

如图 2-16 所示,来自光源上不同点 Q_1, Q_2 到同一场点 P 的两对相干光线倾角不等,从而光程差也不等.或者说,光源上不同的点在薄膜表面产生的干涉条纹不完全相同.这些图样彼此不相干,叠加起来就会使条纹的衬比度下降.如式(2.7)中第一项所示,h 越大,以上现象越严重.当膜的厚度 h 增大到一定程度时,干涉条纹就完全看不见了.

薄膜干涉条纹的观察,特别是直接用肉眼去观察,是个十分细致的问题.往往会发生这样的情况,一个人看到了条纹,另一个人却看不到.除了上述衬比度问题之外,还有许多主观和客观的因素会影响我们的观察.由于这些问题过于琐屑,就不在这里一一赘

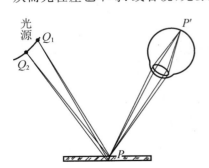

图 2-16 干涉条纹衬比度下降的原因

述了,其中有的在3.3节中谈到,有的将放在习题中讨论(见习题9).

2.6　薄膜的颜色　增透膜和高反射膜

前面我们只讨论了单色光的干涉条纹.如果光源是非单色的,则其中不同波长的成分各自在薄膜表面形成一套干涉图样.由于干涉条纹的间隔与波长有关,因而各色的条纹彼此错开,在薄膜表面形成色彩绚丽的干涉图样.这是日常生活里最容易看到的一种光的干涉现象.在水面上铺展的汽油膜上,肥皂泡上,附着在玻璃窗上的油垢层上,以及许多昆虫(如蜻蜓、蝉、甲虫等)的翅膀上,都可看到这种彩色的干涉图样.在高温下金属表面被氧化而形成的氧化层上,也能看到因干涉现象而出现的色彩.例如从车床切削下来的钢铁碎屑往往呈美丽的蓝色.

由于薄膜的颜色与它的厚度有关,我们可利用它来测量膜的厚度.为此可预先制备一系列敷盖不同厚度透明膜的样板,这些样板上透明膜的厚度用其他方法(譬如用称量重量的方法)事先校准好.以后只需把待测敷盖膜颜色与这系列样板作一比较,就能很快地定出它的厚度.用这种方法确定敷盖膜的厚度,可准确到100Å的数量级.

以上原理还有一个重要的应用,即制造增透膜.我们知道,光在两种介质的界面上同时发生反射和折射.从能量的角度来看,对于任何透明介质,光的能量并不全部透过界面,而是总有一部分从界面上反射回来.在空气到玻璃的界面上正入射时,反射光能约占入射光能的5%.在各种光学仪器中,为了矫正像差或其他原因,往往采用多透镜的镜头.例如较高级的照相机物镜由6个透镜组成,在潜水艇上用的潜望镜中约有20个透镜.每一透镜有两个与空气相界的表面,这样一来,复杂的光学仪器就可能有几十个界面.如果每个界面上因反射光能损失5%,总起来光能的损失就十分可观了.计算表明,上述照相机物镜中光能的损失达45%,而潜望镜中竟达90%.如此巨大的反射损失是很可惜的.此外,这些反射光在光学仪器中还会造成有害的杂光,影响成像的清晰度.为了避免反射损失,近代光学仪器中都采用真空镀膜或用离心机"甩胶"(又叫化学镀膜)的方法,在透镜表面敷上一层薄透明胶.它能够减少光的反射,增加光的透射,所以叫做增透膜或消反射层.平常我们看到照相机镜头上一层蓝紫色的膜就是增透膜.

增透膜的原理就是薄膜的干涉.薄膜光学是六十年代初兴起的一门应用光学技术.单膜结构如图2-17,上方介质一般为空气(折射率为n_1);下方介质一般是玻璃(折射率为n_2),它是膜层的基底.令膜层的折射率为$n,n<n_2$的膜称为低膜(记作L),$n>n_2$的膜称为高膜(记作H).当膜层的光学厚度$nh=\lambda/4,3\lambda/4,\cdots$,且为低膜时(即$n_1<n<n_2$),上、下两束光的有效程差中无半波损,从而相位差为π,相干叠加的结果为暗场.理论上可以进一步证明,当低膜折射率满足下式时

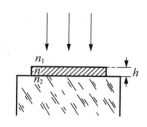

图2-17　增透膜或高反射膜

$$n=\sqrt{n_1 n_2},$$

可以实现完全消反射(见§5习题5).例如,$n_1=1.00,n_2=1.52$,则要求$n=1.23$.不过,实际上并未找到折射率如此之低而其他性能又好的材料.目前采用的材料为氟化镁

(MgF_2)，$n=1.38$. 用它制成的单膜光强反射率为 1.2%.

由上面的讨论可以看出，增透膜只能使个别波长的反射光达到极小，对于其他波长相近的反射光也有不同程度的减弱. 至于控制哪一波长的反射光达到极小，视实际需要而定. 对于助视光学仪器或照相机，一般选择可见光的中部波长 5500Å 来消反射光，这波长呈黄绿色，所以增透膜的反射中呈现出与它互补的蓝紫色.

实际中有时提出相反的需要，即尽量降低透射率、提高反射率，这同样可用图 2-17 所示的装置来实现，只是低膜改成同样光学厚度的高膜. 因这时 $n_1<n>n_2$，上下表面反射光之间有半波损，相干叠加的结果是亮场. 靠单膜是不能将反射率提高太多的. 例如当 $n_1=1.00$，$n_2=1.52$ 时，取硫化锌(ZnS)制成 $\lambda/4$ 增反膜，它的 $n=2.40$，光强反射率增至 33.8%. 进一步提高反射率，应该采用多层膜，这就是通常谈的多层介质高反射膜，光强反射率可达 99% 以上，它与金属高反射膜相比，有更多的优点.

思　考　题

1. 判断以下各种说法是否确切：

(1)等厚条纹就是薄膜表面的干涉条纹.

(2)等厚干涉条纹不仅存在于薄膜表面，而且还存在于薄膜前后的空间里.

(3)只有膜很薄时干涉条纹才是等厚条纹，膜太厚了就不存在等厚条纹.

2. 在实际中经常遇到的情况里，产生干涉条纹的薄膜是夹在两片固体介质间的空气层(见图). 这里有Ⅰ，Ⅱ，Ⅲ，Ⅳ四个反射面，为什么我们只考虑Ⅱ，Ⅲ两个面反射的光之间的干涉，而不考虑Ⅰ，Ⅳ两个面？

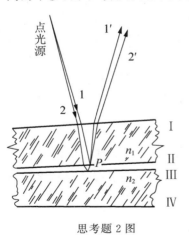

思考题 2 图

3. 按图 2-14(c)方式用肉眼直接观察薄膜表面的干涉条纹时，宜采用点光源还是扩展光源？有时当我们找不到干涉条纹时，可在一小片纸上刺一针孔，透过针孔注视薄膜表面时，就比较容易看到干涉条纹. 这是为什么？

4. 窗玻璃也有两个表面，为什么我们从来未看到在其上有干涉条纹？你能否估计一下，薄膜厚到什么程度，我们用肉眼就看不到干涉条纹了？

【提示：参看图 2-16 和下面习题 9】

5. 图(a)，(b)所示是检验滚珠质量的干涉装置. 在两块平玻璃板之间放三个滚珠 A,B,C. 在钠黄光的垂直照射下，形成如图上方所示的干涉条纹. 根据这样的干涉条纹，你能就(a)，(b)两情形分别对三个滚珠直径的一致性做出什么结论？用什么办法可进一步判断它们之中哪个大哪个小？

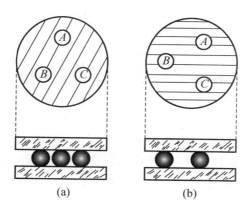

(a)　　　　　　(b)

思考题 5 图

6.附图是检验精密加工工件表面光洁度的干涉装置.下面是待测工件,上面是标准的平玻璃板,在钠黄光的垂直照射下看到如图上方所示的干涉花样.根据这样的干涉花样,你能对工件表面的光洁度做出怎样的结论?

7.附图是检验透镜曲率的干涉装置.在钠黄光的垂直照射下显示出图上方的干涉花样.你能否判断透镜的下表面与标准模具之间气隙的厚度最多不超过多少?

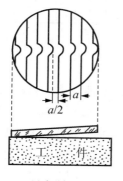

思考题 6 图

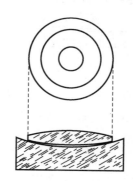

思考题 7 图

8.试解释图 2-12 所示现象,即下压验规时,若光圈扩大,则表示透镜曲率太大(见图(a));反之表示曲率过小(见图(b)).

9.说明水面浮的汽油层呈现彩色的原因.从不同的倾斜方向观察时,颜色会变吗?为什么?

10.在日常生活中你还能列举哪些薄膜干涉现象?

11.试作下列两个观察性实验:

(1)吹肥皂泡.起初当肥皂泡很小时,不显示颜色;随着肥皂泡的胀大,开始出现彩色,而且彩色越来越鲜艳,颜色不断地变化;最后光泽变暗,彩色消失,此时肥皂泡即将破裂.试解释以上现象.

(2)用一根细铁丝折成小方框,浸入肥皂水后取出,这时在方框上蒙了一层肥皂膜.

现将方框平面竖直放置,观察其上肥皂膜色彩变化的情况.解释你所观察到的现象.

习　　题

1.把直径为 D 的细丝夹在两块平玻璃砖的一边形成尖劈形空气层(见图下方),在钠黄光($\lambda=5893\text{Å}$)的垂直照射下形成如图上方所示的干涉条纹,试问 D 为多少?

2.块规是机加工里用的一种长度标准,它是一钢质长方体,它的两个端面经过磨平抛光,达到相互平行.图中 G_1,G_2 是同规号的两个块规,G_1 的长度是标准的,G_2 是要校准的.校准方法如下:把 G_1 和 G_2 放在钢质平台面上,使面和面严密接触,G_1,G_2 上面用一块透明平板 T 压住.如果 G_1 和 G_2 的高度(即长度)不等,微有差别,则在 T 和 G_1,G_2 之间分别形成尖劈形空气层,它们在单色光照射下产生等厚干涉条纹.

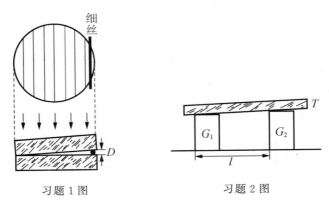

习题 1 图　　　　　　　　习题 2 图

(1)设入射光的波长是 5893Å,G_1 和 G_2 相隔 5cm(即图中的 l),T 和 G_1,G_2 间干涉条纹的间距都是 0.5mm,试求块规 G_2 和 G_1 的高度之差.怎样判断它们谁长谁短?

(2)如果 T 和 G_1 间干涉条纹的间隔是 0.5mm,而 T 和 G_2 间的是 0.3mm,则说明什么问题?

3.在图 2-10 所示的干涉膨胀计中,样品与石英环的高度约为 1cm,当温度升高 100℃时,视场中的干涉条纹移过 20 根,求样品的线膨胀系数.设光波长为 5893Å,石英的线膨胀系数为 $0.35\times10^{-6}/℃$.

4.图(a)所示为一种测 pn 结结深 x_j 的方法.在 n 型半导体基质硅片表面经杂质扩散而形成 p 型半导体区.p 区与 n 区的交界面叫 pn 结,pn 结距表面的深度(即 p 区的厚度)x_j 叫做结深.在半导体工艺上需要测定结深,测量的方法是先通过磨角、染色,使 p 区和 n 区的分界线清楚地显示出来,然后盖上半反射膜,在它与硅片之间形成尖劈形空气薄膜.用单色光垂直照射时,可以观察到空气薄膜的等厚干涉条纹.数出 p 区空气薄膜的条纹数目 Δk 即可求出结深

$$x_j=\Delta k\cdot\frac{\lambda}{2}.$$

由于光在金属或半导体表面反射时相位变化比较复杂,用本方法测量结深 x_j 没有考虑此

相位突变,因此测量结果不太精确.更精确的测量方法见图(b),半反射膜不是像在图(a)中那样紧贴在 p 区的上面,而是一端稍微往上翘一点,观察到的干涉条纹如图(b)下方所示.试说明

(1)干涉条纹为什么会是这样的?

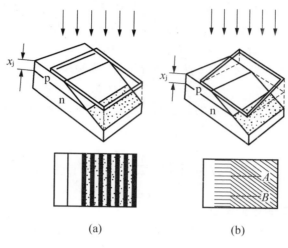

(a)　　　　　　　　(b)

习题 4 图

(2)若用 $\lambda=5500\text{Å}$ 的光测得斜干涉条纹的间隔为 0.20mm,交界面上两点 AB 间的距离为 1.1mm,结深 x_j 为多少?

(3)此法比图(a)所示的方法精确在哪里?

5.测得牛顿圈从中间数第五环和第十五环的半径分别为 0.70mm 和 1.7mm,求透镜的曲率半径.设光波长为 $0.63\mu\text{m}$.

6.肥皂膜的反射光呈现绿色,这时膜的法线和视线的夹角约为 35°,试估算膜的最小厚度.设肥皂水的折射率为 1.33,绿光波长为 5000Å.

7.在玻璃表面上涂一层折射率为 1.30 的透明薄膜,设玻璃折射率为 1.5.

(1)如果不考虑光的吸收和干涉效应,由于涂上这一层透明膜,一次光强反射率降为多少?

(2)对于波长为 5500Å 的入射光来说,膜厚应为多少才能使反射光干涉相消? 这时光强反射率为多少?

(3)对波长为 4000Å 的紫光和 7000Å 的红光来说,第(2)问所得的厚度在两束反射相干光之间产生多大的相位差? (不考虑色散)

8.砷化镓发光管制成半球形,以增加位于球心的发光区对外输出功率,减少反射损耗(见图).已知砷化镓发射光波长为 9300Å,折射率为 3.4.为了进一步提高输出光功率,常在球形表面涂敷一层增透膜.

(1)不加增透膜时,球面的光强反射率有多大?

(2)增透膜的折射率和厚度应取多大?

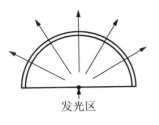

发光区

习题 8 图

（3）如果用氟化镁（折射率为 1.38）能否增透？光强反射率有多大？

（4）如果用硫化锌（折射率为 2.35）能否增透？光强反射率有多大？

9. 如图 2-16，用肉眼直接观察薄膜表面的干涉条纹. 设瞳孔直径 4mm，与表面相距 30cm，视线与表面法线夹角 30°，薄膜折射率为 1.5.

（1）分别计算膜厚 2cm 及 $20\mu m$ 两种情况下，点源 Q_1，Q_2 在观察点 P 产生的光程差改变量 $\delta(\Delta L)$.

（2）如果为了保证条纹有一定的衬比度，要求上述光程差改变量的数量级不能超过多少？以此来估计一下对膜厚 h 的限制.

§3　薄膜干涉（二）——等倾条纹

3.1　无穷远的等倾干涉条纹

下面我们讨论无穷远处的干涉条纹，这样的干涉条纹是薄膜上彼此平行的反射光线产生的. 如果用透镜来观察，条纹将出现在它的焦面上（参看图 2-2(c)）. 我们局限于薄膜上下表面平行的情形，这时图 2-2(c)中的一对入射线将重合在一起，我们把这光线图放大了重画于图 3-1 中，并据此来计算两反射光在焦面上 P 点相交时的光程差.

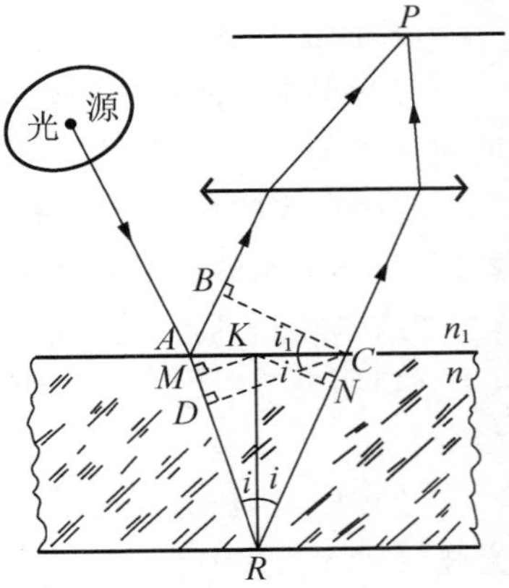

如图 3-1 所示，作两面反射线的垂线 CB，根据物像间的等光程性，光程 $(BP)=(CP)$，于是 $\Delta L=(ARC)-(AB)$. 作 CD 垂直于折射线 AR，因 $\overline{AB}=\overline{AC}\sin i_1$，$\overline{AD}=\overline{AC}\sin i$，故

$$\overline{AB}/\overline{AD}=\sin i_1/\sin i=n/n_1.$$

其中 i_1 和 i 分别为入射角和折射角，n_1 和 n 为两种介质的折射率，即 $n\overline{AD}=n_1\overline{AB}$，亦即 $(AD)=(AB)$. 故 $\Delta L=(DRC)=n(\overline{DR}+\overline{RC})$. 作薄膜上下表面的垂线 KR，由 K 分别作 AR 和 RC 的垂线 KM 和 KN，不难看出 $\overline{MD}=\overline{AM}-\overline{NC}$. 因而 $\Delta L=n(\overline{MR}+\overline{RN})$. 又 $\overline{MR}=\overline{RN}=\overline{KR}\cos i=h\cos i$（$h$ 为膜的厚度），最后得到

$$\Delta L=2nh\cos i. \text{①} \qquad (3.1)$$

由于膜的厚度 h 是均匀的（我们设 n 也是均匀的），引起 ΔL 变化的唯一因素是倾角 i，ΔL 随 i 的增大而减小.

观察无穷远干涉条纹的装置如图 3-2 所示. 其中 Q 是点光源，M 是半反射的玻璃板，

图 3-1　等倾条纹的光程差

---

① 式（3.1）形式上与前面的式（2.1）完全一样，但式（2.1）是近似的，而这里的式（3.1）是严格的.

L 是望远物镜,其光轴与薄膜表面垂直,屏幕放在 L 的焦面上.为了找到彼此平行的反射线在幕上的交点 P,只需通过 L 的光心作平行于反射线的辅助线(图 3-2 中虚线).由此可看出,P 点到幕中心 O 的距离只决定于倾角.于是具有相同倾角的反射线排列在一圆锥面上(见图 3-3),它们在幕上交点的轨迹将是以 O 为中心的圆圈.由于在此圆圈上各点相交的相干光线间光程差相等,亦即幕上看到的干涉条纹是以 O 为中心的同心圆圈(见图 3-4).由于这种干涉条纹是等倾角光线交点的轨迹,故称等倾干涉条纹.

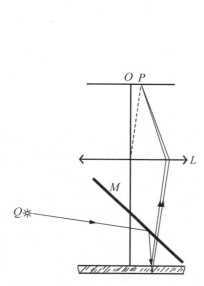

图 3-2 观察等倾条纹实验装置的平面图

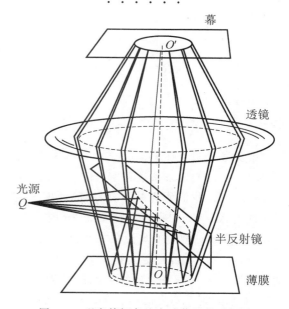

图 3-3 观察等倾条纹实验装置的透视图

图 3-4 等倾干涉条纹

下面我们分析等倾干涉条纹半径的规律.首先,愈靠近中心点 O 条纹对应的倾角 i 愈小,光程差就愈大,从而条纹的级数就愈高.其次,当倾角不大时可近似认为相邻条纹半径之差 $r_{k+1}-r_k$ 正比于倾角之差 $(i_{k+1}-i_k)$.后者可计算如下,按照式(3.1)

$$\begin{cases} 第\ k\ 级条纹\ \Delta L = k\lambda, \cos i_k = \dfrac{k\lambda}{2nh}, \\[3mm] 第\ k+1\ 级条纹\ \Delta L = (k+1)\lambda, \cos i_{k+1} = \dfrac{(k+1)\lambda}{2nh}, \end{cases}$$

故

$$\cos i_{k+1} - \cos i_k = \frac{\lambda}{2nh}.$$

这里 λ 为真空中波长. 又

$$\cos i_{k+1} - \cos i_k \approx \left(\frac{\mathrm{d}\cos i}{\mathrm{d}i}\right)_{i=i_k}(i_{k+1} - i_k)$$

$$= -\sin i_k(i_{k+1} - i_k),$$

于是得到

$$\Delta r = r_{k+1} - r_k \propto i_{k+1} - i_k = \frac{-\lambda}{2h\sin i_k}, \tag{3.2}$$

式中负号表明上述 $r_{k+1} < r_k$ 的事实. 式(3.2)表明, i_k 愈大, $|\Delta r|$ 就愈小, 亦即在干涉图样中离中心远的地方条纹较密; 此外, h 愈大, $|\Delta r|$ 也愈小, 亦即较厚的膜产生的等倾条纹较密. 最后, 我们研究一下, 当膜的厚度 h 连续变化时干涉条纹发生的变化. 中心点 O 的光程差 $\Delta L = 2nh$, 每当 h 改变 $\lambda/2n$ 时, ΔL 改变 λ, 中心斑点的级数改变 1. 设原来 $h = h_k = k\lambda/2n$, 这时中心斑点的级数为 k, 从中心算起的第 $1,2,3,\cdots$ 根条纹的级数顺次为 $k-1, k-2, \cdots$. 当 h 增大到 $h_{k+1} = (k+1)\lambda/2n$ 时, 中心斑点的级数变为 $k+1$, 从中心算起的第 $1,2,\cdots$ 根条纹的级数顺次变为 $k, k-1, \cdots$. 换句话说, 原来的中心斑点变成第 1 圈, 原来的第 1 圈变成第 2 圈, ……. 同时在中心生出一个新的斑点. 所以当 h 连续增大时, 我们看到的是中心强度周期地变化着, 由这里不断生出新的条纹, 它们像水波似地发散出去. 对于 h 连续减小的情形可作同样的分析. 这时我们看到的景象恰好与上面描述的相反, 圆形条纹不断向中心会聚, 直到缩成一个斑点后在中心消失掉. 由于中心强度每改变一个周期(即吐出或吞进一个条纹), 就表明 h 改变了 $\lambda/2n$, 利用这种方法可以精确地测定 h 的改变量.

*3.2　观察等倾条纹时扩展光源的作用

上面一直考虑的是点光源情形. 如果换成扩展光源, 等倾干涉条纹的反衬并不受影响. 为了说明这一点, 我们在扩展光源上任取另一点 Q' (见图 3-5). 图中幕上 C_1 和 C_2 是从 Q 点发出的光线形成的同一干涉条纹上的点. 从 Q' 点发出的光线中能通过 C_1 或 C_2 的(图中实线)在未到透镜 L 之前, 必与从 Q 到 C_1 或 C_2 的光线(图中虚线)平行, 因此它们具有相同的倾角和光程差. 也就是说, 从 Q' 点发出的光线在幕上产生和 Q 点完全一样的干涉图样. 所以若将点光源换为扩展光源, 等倾干涉条纹的反衬不受影响. 但另一方面, 亮纹的强度却因之而大大加强, 使干涉图样更加明亮. 所以在观察等倾条纹时, 采用扩展光源是有利无害的. 目前, 实验室中常用激光光束为光源, 在观察等倾条纹时, 人们反而嫌激光光束的方向性太强了, 不能使幕上的干涉条纹完满地呈现, 为此有意插入一块毛玻璃,以便把激光束转化为扩展光源.

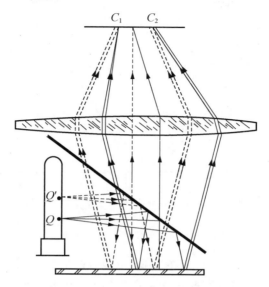

图 3-5　用扩展光源观察等倾条纹

*3.3　薄膜干涉的定域问题

由于薄膜干涉的内容太多,我们把它分成两节来叙述,§2讨论了薄膜表面的等厚条纹,§3讨论了无限远的等倾条纹.这里我们再讨论一个共同问题——干涉条纹的定域问题,作为两节中涉及扩展光源问题的小结.

如2.1节所述,当来自点光源的光束射在薄膜上时,在上下表面两束反射光的交叠区内任一点都有干涉条纹(参见图2-1和3-2).这种条纹叫做非定域条纹.在扩展光源的照射下是否在交叠区的任何地方都能观察到干涉条纹?事实并非如此.由于光源表面各点是不相干的,在干涉场中只有某个曲面上条纹的衬比度 γ 最大,在此曲面前后一定范围内还有可观测的干涉条纹.超出此范围,则因 $\gamma \rightarrow 0$ 而使干涉条纹变得无法辨认.这种条纹叫做定域条纹,衬比度最大的曲面叫定域中心,定域中心前后可看到条纹范围的线度叫做定域深度.可以看出,条纹的定域问题,本质上是个空间相干性问题[1].定域中心在什么地方?定域深度的大小由哪些因素决定?这些问题都可用1.5节所述的理论来定性地回答.

如图3-6,考虑来自同一点源 Q,并在某个任意场点 P 交叠的一对反射线.设相应的入射线在 Q 点所夹的角度为 $\Delta\theta$,光源的横向有效宽度为 b,根据式(1.12),要使 P 的条纹有一定的衬比度,须有

$$b\Delta\theta < \lambda.$$

---

① 一些早年的书籍中常把干涉装置分成定域的和非定域的,还说分波前装置是非定域干涉装置,分振幅装置是定域干涉装置,等等.我们认为,这些说法是不甚妥当的.

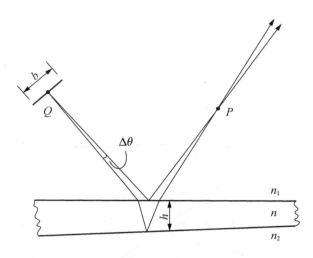

图 3-6 条纹的定域与空间相干性

上式表明,定域中心由 $\Delta\theta=0$ 决定,即它是同一入射线的两反射线的交点,在该处衬比度接近于 1,并允许光源有任意的宽度 b. 定域深度的大小由相干范围的孔径角 $\Delta\theta_0$ 决定:

$$\Delta\theta_0 \approx \frac{\lambda}{b},$$

它与光源的宽度成反比.

现在来具体分析一下各种薄膜的定域中心在什么地方. 对于厚度均匀的薄膜(图 3-7(a)),同一入射线的两反射线彼此平行,亦即它们的交点在无穷远. 故无穷远正是均匀薄膜的定域中心,这就无怪乎在 3.2 节中我们看到,观察无穷远的等倾条纹时扩展光源有利而无害了. 对于厚度不均匀的薄膜,随着上下表面交棱的方位不同,同一入射线的两反射线或交于薄膜之前(图 3-7(b)),或延长线交于薄膜之后(图 3-7(c)). 总之,定域中心并不在薄膜的表面上. 但只要薄膜的厚度小,定域中心不会离薄膜表面很远,只要给光源的有效宽度 b 以一定的限制[1],便可使薄膜的表面纳入定域深度之内. §2 中所述

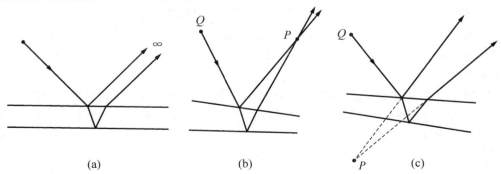

图 3-7 均匀和非均匀薄膜的定域中心

---

[1] 眼睛的瞳孔可以对光源的有效宽度起限制作用,参见下文.

薄膜表面的等厚条纹便是这样观察到的.

§2中曾说,薄膜表面的干涉条纹可在扩展光源的照明下用肉眼直接观察.有关这个问题还需作些补充说明.第一,眼睛是可以调焦的.当我们看到条纹时,我们并不知道它是否在薄膜表面还是它的前或后某个地方.若定域中心离表面太远,为了"捕捉"到条纹,眼睛需要一个"搜索"过程.一旦捕捉到条纹,我们就通过眼睛的调节,力图把它们看清楚,这时我们才能找到定域中心.由于我们不习惯于把眼睛聚焦在空无一物的空间,为了找到定域中心以便看到清晰的条纹,可手持一小纸片在薄膜前后移动,来帮助眼睛调节焦距.第二,应当指出,扩展光源在这里也是有利无害的.因为眼睛的瞳孔很小,它只接收来自扩展光源上一部分点源的反射线.例如图 3-8 中,在 P_1 点交叠的反射线中,只有来自光源表面 Q_1,Q_2 之间的点源,才能射入瞳孔.所以决定 P_1 点条纹衬比度的是 Q_1,Q_2 间的距离,而不是整个扩展光源的宽度.同理,决定 P_2 点条纹衬比度的光源有效宽度只是点源 Q_3,Q_4 间的距离.所以在肉眼观察的场合下,因为瞳孔的限制,较大的扩展光源并不妨碍干涉条纹的衬比度.恰恰相反,若不是光源足够大,我们同时只能看到薄膜表面上很小一块面积内的干涉条纹.例如当图 3-8 中光源只限于 Q_1 到 Q_2 的一块,由于没有反射光能够进入瞳孔,我们就看不到 P_2 处的干涉条纹.所以光源的实际大小决定了我们观察的视场.而影响衬比度的光源有效宽度可用接收条纹的光瞳来限制,这便是采用扩展光源照明有利无害的道理.

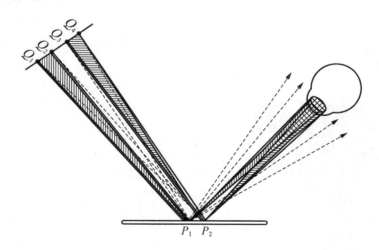

图 3-8　瞳孔对光源有效宽度的限制

思 考 题

1.从以下几个方面比较等厚条纹和等倾条纹的区别:

(1)两者对光源的要求和照明方式有何不同?能否用扩展光源观察等厚条纹?用平行光观察等倾条纹将会怎样?

(2)两者的接收(观测)方式有何不同?如果用一小片黑纸遮去薄膜表面某一部位,

这将分别给等厚条纹和等倾条纹带来什么影响?

2. 在傍轴条件下,等倾条纹的半径与干涉级数有怎样的依赖关系? 牛顿圈的情况怎样? 两者有区别吗? 你怎样把二者区分开来?

3. 如果薄膜上、下表面稍有夹角,我们能观察到等倾条纹吗? 这时干涉条纹在哪里?

§4　迈克尔孙干涉仪　光场的时间相干性

4.1　迈克尔孙干涉仪的结构

迈克尔孙干涉仪结构和光路如图 4-1 和图 4-2 所示,其中 M_1 和 M_2 是一对精密磨光的平面镜,G_1 和 G_2 是厚薄和折射率都很均匀的一对相同的玻璃板. 在 G_1 的背面镀了一层很薄的银膜(图 4-2 中以粗线表示镀银面),以便从光源射来的光线在这里被分为强度差不多相等的两部分. 其中反射部分 1 射到 M_1,经 M_1 反射后再次透过 G_1 进入眼睛;透射部分 2 射到 M_2,经 M_2 反射后再经 G_1 上的半镀银面反射到眼睛. 这两相干光束中各光线的光程度不同,它们在网膜上相遇时产生一定的干涉图样. 为了使入射光线具有各种倾角,光源是扩展的. 如果光源的面积不够大,可放一磨砂玻璃或凸透镜,以扩大视场. 玻璃板 G_2 起补偿光程作用:反射光束 1 通过玻璃板 G_1 前后共三次,而透射光束 2 只通过 G_1 一次;有了 G_2,透射光束将往返通过它两次,从而使两光束在玻璃介质中的光程完全相等. 如果光源是单色的,补偿与否无关紧要. 但下要我们将看到,在使用白光时,就非有补偿板 G_2 不可了.

图 4-1　迈克尔孙干涉仪

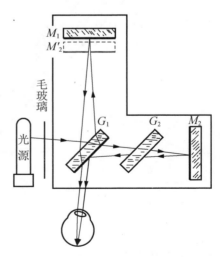

图 4-2　迈克尔孙干涉仪光路图

迈克尔孙最早是为了研究光速问题而精心设计了上述装置的(A. A. Michelson, 1881 年),它是一种分振幅的干涉装置,与薄膜干涉相比,迈克尔孙干涉仪的特点是光源、两个反射面、接收器(观察者)四者在空间完全分开,东西南北各据一方,便于在光路中安插其他器件.利用它既可观察到相当于薄膜干涉的许多现象,如等厚条纹、等倾条纹,以及条纹的各种变动情况,也可方便地进行各种精密检测.它的设计精巧,用途广泛,不少其他干涉仪是由此派生出来的.可以说,迈克尔孙干涉仪是许多近代干涉仪的原型.迈克尔孙因发明干涉仪器和光速的测量而获得 1907 年诺贝尔物理学奖金.

4.2　干涉条纹

现在我们来分析迈克尔孙干涉仪产生的各种干涉图样.设 M_2' 是 M_2 对 G_1 上半镀银面所成的虚像(图 4-2).从观察者看来,就好像两相干光束是从 M_1 和 M_2' 反射而来的,因此看到的干涉图样与 M_1 和 M_2' 间的"空气层"产生的一样.在 M_1 和 M_2 之一或两者的后面有螺旋,用来调节它们的方向.如果我们调节这些螺旋,使 M_1 和 M_2' 十分精确地平行,当观察者的眼睛对无穷远调焦时,就会看到圆形的等倾干涉条纹.如果 M_1 和 M_2' 有微小的夹角,观察者就会在它们表面附近看到楔形"空气层"的等厚条纹.

平面镜 M_1 是安装在承座 C 上的,承座 C 可沿精密的轨道 T 前后移动.承座的移动是靠丝杠 V 来控制的.当我们转动丝杠 V 时,M_1 前后平移,从而改变了 M_1 和 M_2' 之间的距离,或者说改变了其间"空气层"的厚度,这时我们便会看到干涉图样发生相应的变化.

由此可见,利用迈克尔孙干涉仪可以实现我们在前面分析过的各种薄膜的干涉图样.现在我们再结合着迈克尔孙干涉仪将它们系统地回顾一下.

首先看单色光的干涉条纹.图 4-3 是各种条纹的照片,图 4-4 是产生这些条纹时 M_1 和 M_2' 相应的位置.

(1)等倾条纹

调节 M_1,M_2 的方向,使 M_1 和 M_2' 平行(如图 4-4(a)—(e)),我们将在无穷远看到如图 4-3(a)—(e)中所示的等倾条纹.起初把 M_1 放在离 M_2' 较远(几个厘米)的位置,这时条纹较密(见图(a)).将 M_1 逐渐向 M_2' 移近,我们将看到各圈条纹不断缩进中心.当 M_1 靠得和 M_2' 较近时,条纹逐渐变得愈来愈稀疏(见图(b))直到 M_1 与 M_2' 完全重合时($\Delta L = 0$),中心斑点扩大到整个视场(见图(c)).假若我们沿原方向继续推进 M_1,它就穿 M_2' 而过,我们又可看到稀疏的条纹不断由中心生出(见图(d)).随着 M_1 到 M_2' 的距离不断加大条纹又重新变密(见图(e)).

(2)等厚条纹

当 M_1 和 M_2' 有微小夹角时(如图 4-4(f)—(j)),我们将在它们的表面附近看到如图 4-3(f)—(j)中所示的条纹.仍和前面一样,我们设想起初 M_1 距 M_2' 较远,由于光源是扩展的,这时条纹的反衬极小,甚至看不到(见图(f)).当 M_1 与 M_2' 的间隔逐渐缩小,开始出现愈来愈清晰的条纹.不过最初这些条纹不是严格的等厚线,它们两端朝背离 M_1 和 M_2' 的交线方向变曲(见图(g)),在 M_1 与 M_2' 靠近的过程中,这些条纹不断朝背离交线的方向(向左)平移.当 M_1 和 M_2' 十分靠近,甚至相交的时候,条纹变直了(见图(h)).假若我们沿原方向继续推进 M_1,使它重新远离 M_2',条纹将朝交线的方向平移(不过这时交线已

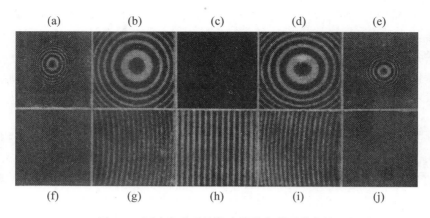

图 4-3　迈克尔孙干涉仪产生的各种干涉条纹

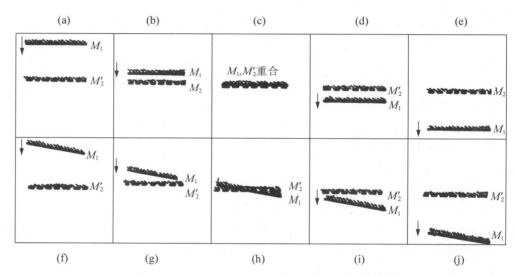

图 4-4　产生图 4-3 中各种条纹时 M_1 和 M_2' 的相应位置

移到视场左侧,条纹仍向左移).同时,在此过程中随着 M_1 和 M_2' 距离的增大,条纹逐渐朝相反的方向弯曲(见图(i)).当 M_1 和 M_2' 的距离太大时,条纹的反衬逐渐减小,直到看不见(见图(j)).

由于干涉仪中 M_1 和 M_2' 的相对位置是看不见的,这只能从条纹的形状和变化规律反过来推断.因此熟悉以上各种条纹出现和变化的规律是十分重要的.

在迈克尔孙装置的调节技术中,或在干涉精密测长和精密定位工作中,人们需要确定 M_1 与 M_2' 在视场范围内是否相交和交线的位置,以此作为出发点进行下一步的调节.下面就来讨论一下这个问题.在 M_1 与 M_2' 相交的地方,表观光程度 $\Delta L = 0$,由于存在半波损,在交线处应呈现暗纹.但是,在单色光照明时,不是交线的位置上也有暗纹,从而使我们无法辨认哪条暗纹是交线的位置.要判断交线的位置,需采用白光照明,而且必须加补

偿板 G_2. 因为第 1 路光束在 G_1 中透射两次,由于玻璃的色散效应,白光中各种波长的光程不同,这相当于不同颜色的 M_1 的像在不同位置上(见图 4-5(a)),若无补偿板 G_2,反射像 M_2' 无色散,它与不同波长的 M_1 像交线位置不重叠,从而没有统一的 0 级条纹,干涉场中不出现全黑的暗线. 有了补偿板 G_2,反射像 M_2' 也发生色散(见图 4-5(b)),其结果是各种波长的 M_1,M_2' 交线沿观察者的视线重合起来,实现了"0 级干涉条纹无色散",在该处呈现一条全黑的暗线[①]. 除此之外其他地方不同波长的暗纹都不重叠. 看到的只是明暗不同的彩色条纹,对称地排列在那条全黑的暗纹两则. 这条暗纹便是干涉两臂间无程差的位置所在. 精确地标定此位置对于精密测长是十分必要的.

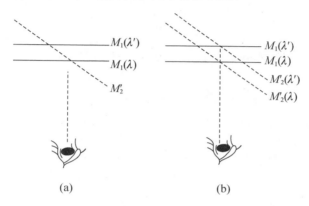

图 4-5　寻找零程差的位置与补偿板的作用

4.3　光源的非单色性对干涉条纹的影响

除了找零程差位置时动用了一下白光外,本节前面介绍的基本上是单色光照明下干涉条纹的特点. 从光谱的角度来看,纯粹的单色光意味着无限窄的单一谱线,实际上这是不存在的. 任何谱线都有一定的线宽 $\Delta\lambda$(见图 4-6(a)). 在光学波段里,通常认为 $\Delta\lambda\sim$ 10Å 量级的谱线单色性较差;$\Delta\lambda\sim10^{-2}$Å 量级时单色性已较好;$\Delta\lambda\sim10^{-5}$Å 量级时单色性极好. 此外,用高分辨本领的光谱仪器还经常发现,许多看来单色的谱线实际上由波长十分接近的双线或多重线组成(见图 4-6(b)). 例如钠黄光是由 $\lambda_1=5890$Å 和 $\lambda_2=5896$Å 两条谱线组成;水银光谱中也有一黄色双线,$\lambda_1=5770$Å,$\lambda_2=5791$Å. 当然双线或多重线中每条谱线仍有自己的线宽. 下面我们仅就双线结构和单色线宽这两个因素讨论一下非单色性对迈克尔孙干涉仪中干涉条纹衬比度的影响.

(1)双线结构使条纹衬比度随 ΔL 作周期性变化

为简单起见,假定迈克尔孙干涉仪中两臂光强相等,两束单色光相干叠加后强度 I 随相位差 δ 的变化为

$$I(\delta)=I_0(1+\cos\delta)$$

[①]　光束 1 和光束 2 分别在分束板 G_1 背面的内侧和外侧反射一次,相位突变情况相反,存在半波损. 如果 G_1 背面镀银,相位变更非 0 非 π,情况比较复杂,交线位置上并不全黑,往往呈暗紫色.

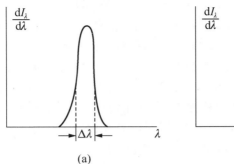
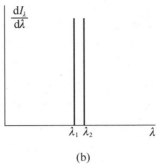

(a)   (b)

图 4-6　谱线的非单色性

(参见第二章式(4.1)). 对于视场中心, $\delta = k\Delta L$, 这里 $k = 2\pi/\lambda$, 代入上式得

$$I(\Delta L) = I_0[1 + \cos(k\Delta L)].\tag{4.1}$$

若用具有双线光谱的光源(如钠光灯)照明时, 每条谱线产生的干涉强度分布为

$$\begin{cases} I_1(\Delta L) = I_{10}[1 + \cos(k_1\Delta L)], k_1 = 2\pi/\lambda_1; \\ I_2(\Delta L) = I_{20}[1 + \cos(k_2\Delta L)], k_2 = 2\pi/\lambda_2. \end{cases}$$

进一步设 $I_{10} = I_{20} = I_0$ (两谱线等强), 总强度是它们的非相干叠加:

$$\begin{aligned} I(\Delta L) &= I_1(\Delta L) + I_2(\Delta L) \\ &= I_0[2 + \cos(k_1\Delta L) + \cos(k_2\Delta L)] \\ &= 2I_0\left[1 + \cos\left(\frac{\Delta k}{2}\Delta L\right)\cos(k\Delta L)\right], \end{aligned}\tag{4.2}$$

其中 $k = (k_1 + k_2)/2, \Delta k = k_1 - k_2 \ll k$, 由此可得衬比度:

$$\gamma(\Delta L) = \left|\cos\left(\frac{\Delta k}{2}\Delta L\right)\right|.\tag{4.3}$$

图 4-7 画出 I_1, I_2 和 I, γ 随 ΔL 变化的曲线. 可以看出, 条纹的衬比度以空间频率 $\Delta k/2\pi = (1/\lambda_1) - (1/\lambda_2) \approx -\Delta\lambda/\lambda^2$ 变化着, 其中 $\Delta\lambda = (\lambda_2 - \lambda_1) \ll \lambda \approx \lambda_1 \approx \lambda_2$.

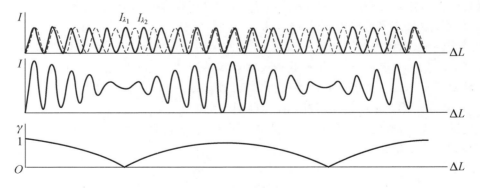

图 4-7　双线结构对条纹衬比度的影响

由图 4-7 可以更清楚地看出衬比度变化的原因. 设开始时两臂等光程(全黑条纹).

这时衬比度为 1,条纹清晰. 现移动一臂中的镜面以改变光程度 ΔL. 由于两谱线波长不同,I_1 和 I_2 的峰与谷逐渐错开,条纹的衬比度下降. 直到错过半根条纹,一个的峰与另一个的谷恰好重叠时,衬比度降到 0,条纹不见了,视场完全模糊. 这时两套条纹移过视场中心的根数 N_1,N_2 之间有如下关系:

$$\Delta L = N_1\lambda_1 = N_2\lambda_2 = \left(N_1 - \frac{1}{2}\right)(\lambda_1 + \Delta\lambda),$$

由此解得

$$N_1 = \frac{\lambda_2}{2(\lambda_2 - \lambda_1)} = \frac{\lambda}{2\Delta\lambda}, \tag{4.4}$$

继续移动镜面,当视场中心再移过这么多根条纹时,两套条纹的峰与峰、谷与谷重新重合,衬比度完全恢复. 如此下去,周而复始. 由此可见,衬比度变化的空间周期是 $2N_1\lambda_1$,空间频率为其倒数:

$$\frac{1}{2N_1\lambda_1} = \frac{\lambda_2 - \lambda_1}{\lambda_1\lambda_2} \approx \frac{\Delta\lambda}{\lambda^2}, \tag{4.5}$$

这正是前面的 $\Delta k/2\pi$.

(2)单色线宽使条纹衬比度随 ΔL 单调下降

谱线的线型 $\mathrm{d}I/\mathrm{d}\lambda$ 要由谱密度 $i(\lambda) = \mathrm{d}I_\lambda/\mathrm{d}\lambda$ 来描述(参见绪论中式(0.6)),而总光强为

$$I_0 = \int_0^\infty i(\lambda)\mathrm{d}\lambda,$$

为了计算方便,也可用 $k = 2\pi/\lambda$ 作自变量:

$$I_0 = \frac{1}{\pi}\int_0^\infty i(k)\mathrm{d}k. \tag{4.6}$$

系数 $1/\pi$ 的选择带有人为约定的性质. 干涉仪中单一波长的光强随 ΔL 的变化是 $i(k) \cdot [1 + \cos(k\Delta L)]$,不同波长的光强非相干叠加的结果可以写成积分形式:

$$I(\Delta L) = \frac{1}{\pi}\int_0^\infty i(k)[1 + \cos(k\Delta L)]\mathrm{d}k$$

$$= I_0 + \frac{1}{\pi}\int_0^\infty i(k)\cos(k\Delta L)\mathrm{d}k. \tag{4.7}$$

上式第一项是常数项,第二项随 ΔL 起伏. 积分计算要求知道函数 $i(k)$ 的具体形式,即光谱线型. 为了对 $I(\Delta L)$ 的函数作定性的估计,我们采用一个简化模型,即认为 $i(k)$ 在 $k = k_0 \pm \Delta k/2$ 范围内等于常数 $\pi I_0/\Delta k$,其余地方为 0. 常数如此选择,为了保证 $i(k)$ 满足归一条件(4.6). 于是式(4.7)化为

$$I(\Delta L) = I_0\left[1 + \frac{1}{\Delta k}\int_{k_0 - \Delta k/2}^{k_0 + \Delta k/2}\cos(k\Delta L)]\mathrm{d}k\right]$$

$$= I_0\left[1 + \frac{\sin(\Delta k\Delta L/2)}{\Delta k\Delta L/2}\cos(k_0\Delta L)\right], \tag{4.8}$$

由此得衬比度

$$\gamma(\Delta L) = \left| \frac{\sin(\Delta k \Delta L/2)}{\Delta k \Delta L/2} \right|. \tag{4.9}$$

上式表明,当 ΔL 由 0 增到下列最大值时

$$\Delta L_{M} = \frac{2\pi}{\Delta k} = \frac{\lambda^2}{|\Delta \lambda|}, \tag{4.10}$$

衬比度单调下降到 0[①]. ΔL_{M} 称为最大光程差. 超过此限度, 干涉条纹已基本上不可见. 以氪(Kr^{86})的橙黄色谱线为例, $\lambda = 6057\text{Å}$, $\Delta \lambda = 4.7 \times 10^{-3}$ Å, 由上式算得 $\Delta L_{M} = 78\text{cm}$. $I(\Delta L)$ 和 $\gamma(\Delta L)$ 的曲线见图 4-8.

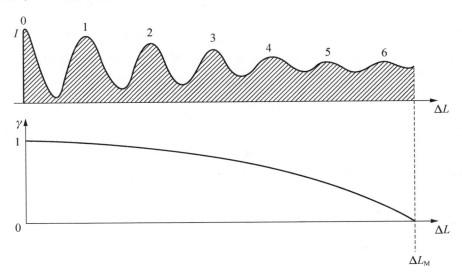

图 4-8　单色线宽对条纹衬比度的影响

*4.4　傅里叶变换光谱仪

光谱仪是分析光源中谱分布的仪器, 传统的光谱仪(如以前学过的棱镜摄谱仪和下面将要学的法布里-珀罗干涉仪和光栅光谱仪)都是色散型的, 它们的共同特点是把不同波长的光在空间上(角度上)分开. 4.3 节的讨论启发我们开辟一条新的途径——把时间频谱转化为空间频谱. 该节的线索是已知光源的谱分布 $i(k)$, 求迈克尔孙干涉仪中光强随 ΔL 的函数关系 $I(\Delta L)$. 因 $I(\Delta L)$ 是可测量的, 故我们可以倒过来提问题: 已知 $I(\Delta L)$, 是否可以求光谱 $i(k)$? 对于简单的情形, 如 4.3 节讨论的双线例子: 我们曾利用测得的条纹数 N_1 求得波长差 $\lambda_1 - \lambda_2$, 这实际上解决的就是上述反演问题. 在一般情况下, 由 $i(k)$ 求 $I(\Delta L)$ 的公式是(4.7):

$$I(\Delta L) - I_0 = \frac{1}{\pi} \int_0^\infty i(k)\cos(k\Delta L)\mathrm{d}k,$$

---

① 当 $\Delta L > \Delta L_M$ 时, $\gamma(\Delta L)$ 还会稍有回升, 这是我们采用的线型不太实际造成的. 若采用比较实际的线型, $i(k)$ 不是突然跃变到 0 的话, $I(\Delta L)$ 一直随 ΔL 单调下降到 0. 那时没有一个截然的界限 ΔL_M, 但其数量级仍由式(4.10)决定.

这在数学上叫做傅里叶余弦变换,它的逆变换早就有了(参见第五章§5习题):

$$i(k) = 2\int_0^\infty \left[I(\Delta L) - I_0\right]\cos(k\Delta L)\mathrm{d}(\Delta L), \tag{4.11}$$

用此式可从已知的 $I(\Delta L)$ 求出 $i(k)$ 来.人们根据这个原理设计出一种新型的光谱仪——傅里叶变换光谱仪.

傅里叶变换光谱仪如图4-9所示,它前面就是一台迈克尔孙干涉仪,其中镜面 M_2 以匀速 v 运动,从而 $\Delta L = 2vt$,通过光电接收器将干涉场中光强函数 $I(\Delta L)$ 转化为时间信号 $I(t)$.也可以再由同步装置,带动记录纸以同样速度沿 x 方向推移,直接画出信号曲线 $I(x)$ 来($x = vt = \Delta L/2$).傅里叶反演的运算由一套电子计算机系统来处理,最终输出一张 $i(k)$ 的光谱曲线图.

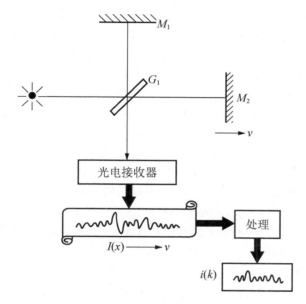

图 4-9 傅里叶变换光谱仪

这种在干涉仪基础上发展起来的新型光谱仪,国际上目前已有定型产品.在传统的色散型光谱仪中,衍射效应限制了仪器的分辨本领.而干涉变换光谱仪入射截面大,分辨本领高.理论上它的分辨本领可以无限提高,只要光程差 ΔL 可以无限增大.事实上由于镜子可移动的距离总是有限的,因而降低了一些分辨本领.此外这种光谱仪还有测量时间短、受干扰小、信噪比高、结构简单等优点,它的出现标志着精密光学仪器朝简单、朴实、但与更复杂的电子数据处理系统相配合的方向发展的新趋势.

4.5 精密测长与长度的自然基准

随着科学技术的发展,对度量衡方面的要求愈来愈高.现代很多精密机械和仪器零件的尺寸必须准确到 μm 数量级.过去国际上长度的标准是以保存在巴黎国际度量衡局的米原器为依据的.这米原器用铂铱合金制成,从当时的科学技术水平看来它是足够稳定的.然而它已不能满足现代科学技术发展的要求.实际上已发现米原器上两刻痕间的

距离已发生了约 $0.7\mu m$ 的变化. 所以建立新的更可靠的长度标准器问题便提到日程上来了. 在一定条件下产生的光谱线的波长是较理想的长度标准, 因为它不但高度稳定, 而且也便于复制. 但是怎样能将实物的长度和波长进行比较呢? 在迈克尔孙干涉仪器上完成的最重要工作便是将标准米的长度通过光的波长表示出来.

前已述及, 当迈克尔孙干涉仪中的 M_2' 和 M_1 稍有夹角时, 出现的是平行且等距的等厚干涉条纹. M_1 镜每移动 $\lambda/2$ 的距离, 在视场中就有一个条纹移过, 因此数出移过条纹的数目 N, 即可得知镜子 M_1 移动的距离 l, 因为

$$l = N\frac{\lambda}{2}.$$

上式表明, 要想长度测量得准, 必须 N 记录得准确和 λ 单一稳定. 须知, 即使厘米量级的长度, N 的数目已上万. 现代在干涉测长仪中已采用光电自动计数技术, 而且在逻辑电路上专有可逆计数器, 以消除扰动引起的误记. 对于光的波长, 除保证测量环境恒压措施以外, 还采用稳频技术以消除光源内部不稳定性造成的影响, 由于采用光电脉冲计数等措施, 目前 N 的数值可以读到一两位小数, 因此长度的测量可准确到 $\lambda/20$, 它相当于 $10^{-2}\mu m$, 这种精度已能满足当前大部分精密测量的要求.

前已指出, 由于光源非单色性的影响, 随着光程差 ΔL 加大, 干涉条纹的衬比度下降, 这便限制了干涉测长的量程 l_M,

$$l_M \leqslant \frac{1}{2}\Delta L_M = \frac{\lambda^2}{2\Delta\lambda}.$$

普通单色光源的线宽约 0.01Å 的量级, 因此能用迈克尔孙干涉仪直接测量的长度不过十几厘米. 要测较大的长度, 则需采用特殊的实验技术. 这项工作是利用若干个居间的长度标准器逐步完成的. 长度标准器的结构如图 4-10 所示, 其中 E_1 和 E_2 是一对平面镜, 其间距离 l 规定了标准器的长度. 每个标准器的长度约为另一个的整数倍. 量度时, 首先将最短的标准器放在干涉仪器上, 将其长度与波长进行比较后, 再逐次地按长度顺序将各标准器两两进行比较, 最后再将最长的标准器与标准米尺比较. 下面我们只简单地介绍一下将第一个长度标准器和波长比较的方法.

如图 4-11 所示, 将长度标准器代替干涉仪中的固定平面镜 M_2, 并在其旁放置另一平面镜 M. E_1', E_2' 和 M' 分别是 E_1, E_2 和 M 经 C_1 背面反射所成的虚像. 调节 E_1, E_2 和 M 的方向, 使 E_1' 和 E_2' 彼此平行, 但与 M_1 略有夹角, 而 M' 与 M_1 精确平行. 利用在白光照射下 M_1 分别与 E_1' 和 E_2' 间形成的等厚条纹来确定 M_1 与它们相交的位置 Ⅰ, Ⅱ, 利用在单色光照射下 M_1 与 M' 之间的等倾条纹来确定这两位置 Ⅰ, Ⅱ 间的距离 l 是单色光波长 $\lambda/2$ 的多少倍. 这倍数的整数部分就是当 M_1 由 Ⅰ 移动到 Ⅱ 的过程中在中心消失的条纹数, 剩下的零头也可以估计到 $1/50$ 根条纹左右 (相当于 $\lambda/100$ 的长度).

上述干涉度量工作最初是由迈克尔孙于 1892 年完成的, 他所选用的单色光谱线是镉(Cd)红线. 经过他本人的测量和后人的改进, 国际上曾确认镉红线在如下标准状态的干燥空气中的波长 $\lambda_{Cd} = 6438.4696\text{Å}$. 空气的标准状态是 $15°C$, 760mmHg 的压强 ($g = 980.665\text{cm/s}^2$), 含 0.3% 容量的 CO_2. 但是任何光谱线的波长总有一定的范围, 亦即它们

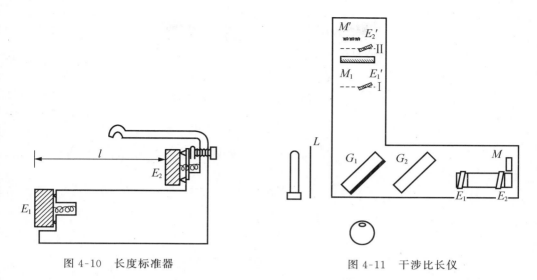

图 4-10 长度标准器 图 4-11 干涉比长仪

不是严格单色的. 为了使上述度量工作更精确,要求所选光谱线的线宽尽量小. 目前发现镉红线在这方面还不是最理想的. 经过一些国家科学工作者的努力,国际度量衡委员会于 1960 年决定采用原子量为 86 的氪同位素(Kr^{86})的一条橙色光谱在真空中波长 λ_{Kr} 为长度的新标准. 规定

$$1m = 1\ 650\ 763.73\lambda_{Kr}.$$

长度基准从米原器这种实物基准改为光波这种自然基准,是计量工作上的一大进步. 近年来由于激光技术的发展,可以得到单色性更好的光,国际上正在酝酿进一步用激光的波长代表氪灯的波长来做长度的基准(详见第九章 6.3 节).

4.6 光场的时间相干性

1.5 节中曾指出,空间相干性问题是扩展光源引起的. 对于点光源,不存在这个问题,它激发的波面上各点总是相干的. 然而这结论并不适用于波线,原因是微观客体每次发光的持续时间 τ_0 有限(参见第二章 3.3 节),或者说每次发射的波列长度 l_0 有限. τ_0 和 l_0 的关系是

$$l_0 = v\tau_0,$$

这里 $v = c/n$ 是波速,若用光程 $L_0 = nl_0$ 来表示,则有

$$L_0 = c\tau_0. \tag{4.12}$$

时间相干性讨论的问题是:在点源 S 的波场中沿波线相距多远的两点 P_1,P_2 是相干的? 判断的方法是比较光程差 $\Delta L = (SP_1) - (SP_2)$ 与 L_0 的大小. 当 $\Delta L > L_0$ 时,P_1,P_2 不可能同属一列(见图 4-12(a)),它们不可能相干;$\Delta L < L_0$ 时,P_1,P_2 有可能属于同一波列(见图 4-12(b)),它们是部分相干的;$\Delta L = 0$ 时,P_1,P_2 完全相干. 故 L_0 又称为相干长度,相应的传播时间 $\tau_0 = L_0/c$ 称为相干时间,光源的时间相干性好坏,是以相干长度或相干时间来衡量的.

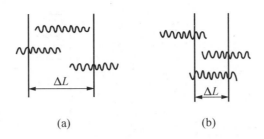

图 4-12　光程差与波列长度的比较

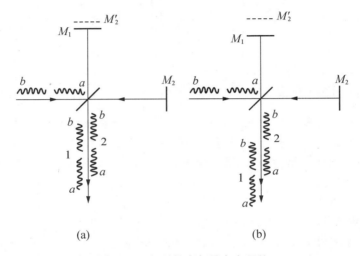

图 4-13　相干长度与最大光程差

　　相干长度 L_0 显然是与 4.3 节引入的最大光程差 ΔL_M 同量级,这可用图 4-13 所示的迈克尔孙干涉仪的光路来说明.光源先后发出两个波列 a 和 b,长度皆为 L_0.每个波列都被分束板分解为 1,2 两列波,分别从 M_1, M_2 反射回来相遇. a 和 b 之间没有固定的相位关系,只有它们之中同一波列分解出来的 1,2 两路波列有固定的相位关系,因而由不同波列分解出来的波列(如由 a 分解出来第 2 路波列与由 b 分解出来的第 1 路波列)之间也没有固定的相位关系.当两路光程差 $\Delta L < L_0$ 时(见图 4-13(a)),由同一波列分解出来的 1,2 两路波列还有可能重叠,这时能够发生干涉,即干涉条纹应有一定的衬比度.假若两路光程差 $\Delta L > L_0$(见图 4-13(b)),由同一波列分解出来的两路波列首尾错开,不再重叠,而相互重叠的是由前后两波列 a, b 分解出来的波列,这时便不能发生干涉了,即衬比度应当为 0.从这里我们看到,相干长度 L_0 与以前引入的最大光程差 ΔL_M 应属同一概念,至少它们应是同数量级的. ΔL_M 通过式(4.10)与谱线宽度 $\Delta\lambda$ 联系起来,故而相干长度 L_0 与 $\Delta\lambda$ 也应有同样关系.

　　以上我们通过 ΔL_M 把 L_0 和 $\Delta\lambda$ 联系在一起,其实它们之间的关系完全可以独立推导.第二章告诉我们,定态光波可用复振幅来描述:

$$\widetilde{U} = \widetilde{A}\mathrm{e}^{ikx},$$

这是一列沿 x 方向传播的单色平面波.作为严格的单色波,$\widetilde{A}$ 是与 x 无关的常数,它的波列是无限长的.现考虑一线宽为 Δk 的谱线,它的复振幅应写为

$$\widetilde{U}(x) = \int_0^\infty \widetilde{a}(k)\mathrm{e}^{ikx}\,\mathrm{d}k,$$

这里 $\widetilde{a}(k)$ 描述谱线的线型.为了简单,我们采取与 4.3 节类似的矩形线型,设当 k 在 $k_0 \pm \Delta k/2$ 区间,$\widetilde{a}(k) = \pi\widetilde{A}/\Delta k$(常数),超出此范围时为 0.于是

$$\widetilde{U}(x) = \frac{\widetilde{A}}{\Delta k}\int_{k_0-\Delta k/2}^{k_0+\Delta k/2}\mathrm{e}^{ikx}\,\mathrm{d}k = \widetilde{A}\,\frac{\sin(\Delta kx/2)}{\Delta kx/2}\mathrm{e}^{ik_0x}. \tag{4.13}$$

上式代表一个波包,它的振幅分布为 $\left|\widetilde{A}\,\dfrac{\sin(\Delta kx/2)}{\Delta kx/2}\right|$,在 $x=0$ 处振幅最大(等于 A);随着 $|x|$ 增大,振幅减少,在 $|x| = 2\pi/\Delta k = \lambda^2/|\Delta\lambda|$ 的地方振幅等于 0(见图 4-14),可以认为这里就是波列的端点.故波列长度 L_0 的量级为

$$L_0 \approx \frac{\lambda^2}{\Delta\lambda}, \tag{4.14}$$

这与式(4.10)给出 ΔL_M 的量级相同[①].因频率 ν 与真空波长 λ 的关系为 $\nu = c/\lambda$,故 $\Delta\nu = -c\Delta\lambda/\lambda^2$,于是 $L_0 = c/\Delta\nu$,代入式(4.12),得

$$\tau_0\Delta\nu \approx 1. \tag{4.15}$$

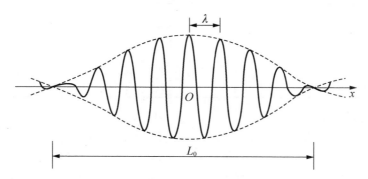

图 4-14 谱线宽度与波列长度的关系

式(4.14)和(4.15)表明,波列的空间长度和持续时间都是与谱线的宽度成反比的,这便是时间相干性的反比公式(表Ⅲ-2).它告诉我们:波列越短,频带越宽;极短的脉冲具有极宽的频谱.反之,谱线越窄,波列就越长;只有无限窄单色谱线的波列才是无限长的.由此可见,"波列长度是有限的"和"光是非单色的"两种说法完全等效,它们是光源同一性质的不同表述."非单色性"是从光谱观测的角度来看的,因为用光谱仪来分析光源时,直

---

① 对不同的线型,公式中可以出现不同的数值因子,但它们的量级皆与 1 差不多.作为量级的比较,我们略去所有数值因子.

接测得的是它的谱线宽度(参看图 4-15);"波列长度有限"是由发光机制的断续性引起的,它在干涉的实验中表现出来.

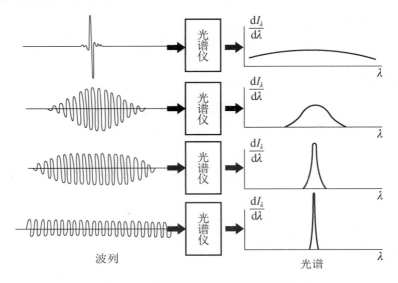

图 4-15 波列长度与谱宽的反比关系

表Ⅲ-2 有关单色光的典型数据

单色性	$\Delta\lambda$	$\Delta\nu$	τ_0	l_0
差	10Å	10^6 Mc	10^{-12} s	1.36mm
好	10^{-2} Å	10^3 Mc	10^{-9} s	36cm
很 好	10^{-5} Å	1Mc	10^{-6} s	260m

4.7 光场的相干性小结

在 1.5 节和本节我们分别讨论了光场的空间相干性和时间相干性,现在让我们总结一下:

(1)空间相干性和时间相干性都着眼于光波场中各点(次波源)是否相干的问题上.从本质上看,空间相干性问题来源于扩展光源不同部分发光的独立性;时间相干性问题来源于光源发光过程在时间上的断续性.从后果上看,空间相干性问题表现在波场的横方向(波前)上,集中于分波前的干涉装置内;时间相干性问题表现在波场的纵方向(波线)上,集中于长程差的分振幅干涉装置.当然这并不是绝对的,例如薄膜干涉的定域问题实质上是空间相干性问题.

(2)空间相干性用相干区域的孔径角 $\Delta\theta_0$,线度 d 和相干面积 $S=d^2$ 来描述,它们与光源宽度 b 的关系由空间相干性的反比公式决定,

$$b\Delta\theta_0 \approx \lambda;$$

时间相干性用相干长度 L_0(波列长度),相干时间 τ_0(波列持续时间),或最大光程差 ΔL_M

来描述,它们与表征光源非单色性的量——谱线宽度 $\Delta\lambda$(或 Δk,$\Delta\nu$)成反比关系,

$$L_0 \frac{\Delta\lambda}{\lambda} \approx \lambda \quad 或 \quad \tau_0 \Delta\nu \approx 1.$$

(3)无论衡量时间相干性的相干时间,还是衡量空间相干性的相干区大小,都不是这样一个截然的界限,只要在它们的限度之内就 100% 地产生干涉,一超出它们干涉条纹就完全消失.实际上干涉条纹的消失过程是逐渐的,其衬比度由大到小,逐渐下降到 0.这表明,即使稍微超过相干时间或相干区的限度一些,也还可能有点相干成分;而在相干时间或相干区的限度以内,也可能有点非相干成分.不过在它们的限度以内相干成分占主导地位,产生的干涉条纹的衬比度较大;超过它们的限度,非相干成分逐渐取代了相干成分而居于主导地位,干涉条纹的衬比度逐渐降到 0.总之在相干时间或相干区域以内,部分相干是更为一般的情况.衬比度 γ 的数值可作为相干程度高低的一种量度.

思　考　题

1.如 4.1 节所述,迈克尔孙干涉仪中反射镜 M_1 和 M_2 的像 M_2' 组成一等效的空气层(见图 4-2).下面讨论迈克尔孙干涉仪调节中的几个问题:

(1)当转动摇把使 M_1 平移时,我们如何判断等效的空气层在增厚还是减薄?

(2)当你看到平行的直线干涉条纹时,怎样判断等效空气层哪边厚哪边薄?

(3)如何有意识地调节镜面倾角,使 M_1,M_2' 完全平行?

(4)根据什么现象,可以比较准确地判断 M_1,M_2' 是否严格平行?有经验的人是这样做的:前后左右移动自己的眼睛,如果发现圆形干涉条纹的中心有变动(条纹的吞吐),则表明 M_1,M_2' 尚未达到严格的平行.只有调节到干涉场的中心相当稳定,只随眼睛一起平移而不发生条纹的变化时,才算比较满意.试解释这是为什么?

2.判断下列说法是否正确:

(1)在面光源照明的光场中,各点(次波源)都是完全不相干的.

(2)在点光源照明的光场中,各点(次波源)都是完全相干的.

(3)在理想的单色点光源激发的光场中,各点(次波源)都是完全相干的.

(4)以纵向的相干长度为轴,横向的相干面积为底作一柱体.有人称它的体积为相干体积.在相干体积内任意两点(次波源)都有较高程度的相干性.

习　　题

1.证明迈克尔孙干涉仪中圆形等倾条纹的半径与整数的平方根成正比.

2.用钠光(5893Å)观察迈克尔孙干涉条纹,先看到干涉场中有 12 个亮环,且中心是亮的,移动平面镜 M_1 后,看到中心吞(吐)了 10 环,而此时干涉场中还剩有 5 个亮环.试求:

(1)M_1 移动的距离,

(2)开始时中心亮斑的干涉级,

（3）M_1 移动后，从中心向外数第 5 个亮环的干涉级.

3. 在迈克尔孙干涉仪中，反射镜移动 0.33mm，测得条纹变动 192 次，求光的波长.

4. 钠光灯发射的黄线包含两条相近的谱线，平均波长为 5893Å. 在钠光下调节迈克尔孙干涉仪，人们发现干涉场的衬比度随镜面移动而周期性地变化. 实测的结果由条纹最清晰到最模糊，视场中吞（吐）490 圈条纹，求钠双线的两个波长.

5. 在一次迈克尔孙干涉仪实验中，所用的最短标准具长度为 0.39mm，如用镉灯（6438.47Å）作光源，实验时所测得的条纹变动数目应是多少？

6. 用迈克尔孙干涉仪进行精密测长，光源为 6328Å 的氦氖光，其谱线宽度为 10^{-3} Å，整机接收（光电转换）灵敏度可达 1/10 个条纹，求这台仪器测长精度为多少？ 一次测长量程为多少？

7. 迈克尔孙干涉仪中的一臂（反射镜）以速度 v 匀速推移，用透镜接收干涉条纹，将它会聚到光电元件上，把光强变化转换为电信号.

（1）若测得电信号的时间频率为 ν_1，求入射光的波长 λ.

（2）若入射光波长在 $0.6\mu m$ 左右，要使电信号频率控制在 50Hz，反射镜平移的速度应为多少？

（3）按以上速度移动反射镜，钠黄光产生电信号的拍频为多少？（钠黄光双线波长为 5890Å 和 5896Å.）

§5　多光束干涉　法布里-珀罗干涉仪

5.1　多光束干涉的强度分布公式

在 §2—§4 中我们讨论薄膜和迈克尔孙干涉仪中的分振幅干涉时，都只讨论了两反射光束之间的干涉. 其实仔细考虑一下就会发现，当一束光进入薄膜后，将进行多次反射和折射，振幅和强度被一次一次地分割（见图 5-1）. 本节将认真分析这个问题，定量地计算每次分割时振幅的比率，并发现只有在薄膜的反射率较小的情况下，只考虑两反射光束的作法才是近似正确的. 在高反射率的情况下应按多光束干涉处理，干涉条纹将有一些新的特点.

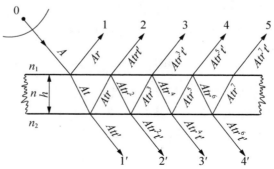

图 5-1　多次反射和折射时振幅的分割

如图 5-1,考虑一块上下表面平行的薄膜,一束光 0 入射到其表面上.入射光在上表面被分割为反射光束 1 和折射光束,折射光束在下表面反射的同时,还有一部分能量透射出去,这就是图中的透射光束 1′.当从下面反射回来的光再次透过上表面形成光束 2 的同时,也还有一部分能量反射回去.如此反复地折射和反射,我们将得到一个无穷系列的反射光束 1,2,3,… 和一个无穷系列的透射光束 1′,2′,3′,… 无疑这两系列光束的振幅和强度都是递减的,最后强度都趋于 0.为了说明它们振幅之间的定量关系,我们令 r 和 t 分别代表光从膜外到膜内的振幅反射率和透射率,$r′$ 和 $t′$ 分别代表光从膜内到膜外的振幅反射率和透射率.第二章 10.3 节中证明过,在薄膜两侧介质的折射率 n_1 和 n_2 相等的条件下,$r,r′$ 和 $t,t′$ 之间有如下关系:

$$r=-r′,\quad r^2+tt′=1. \tag{5.1}$$

这样,如果入射光 0 的振幅为 A,则在上表面第一次分割出来的反射光束和透射光束的振幅应分别为 Ar 和 At,在下表面第一次分割出来的反射光束和透射光束的振幅应分别为 $Atr′$ 和 $Att′$.如此类推下去,最后我们得到 1,2,3,… 和 1′,2′,3′,… 两系列光束的振幅如下(参见图 5-1):

$$\begin{cases} A_1=Ar, \\ A_2=Atr′t′, \\ A_3=Atr′r′r′t′=Atr′^3t′, \\ \cdots; \end{cases} \qquad \begin{cases} A_1′=Att′, \\ A_2′=Atr′r′t′=Atr′^2t′, \\ A_3′=Atr′r′r′r′t′=Atr′^4t′, \\ \cdots. \end{cases}$$

可见,若 $r\ll1$ 而 $t\approx t′\approx1$,则在反射光束系列中 $A_1\approx A_2\gg A_3\gg A_4\gg\cdots$,在此情况下可只考虑 1,2 两束反射光,而把从第 3 束起以后的光束忽略.本章前面各节正是这样做的.然而在 r 比较大的情况下,就必须考虑无穷系列,将它们都叠加起来才能得到反射光和透射光经透镜聚焦后的总振幅 A_R 和 A_T.

为了计算反射光和透射光的总振幅,我们必须分析各光束间的光程差 ΔL 和相位差 δ.在膜的上下表面平行的情况下,上述两系列光束中每对相邻光线之间的光程差都相等.不考虑半波损的表观光程差为

$$\Delta L=2nh\cos i,$$

式中 h 为膜的厚度,n 为膜的折射率,i 为光线在膜内的倾角[①].此外,还需考虑半波损问题.在 $n_1=n_2$ 的条件下,根据第二章 10.4 节中给出的原则可以看出,除了反射光线 1 和 2 之外,任何其他相邻光线间都没有因半波损引起的附加光程差(这结论请读者自己分析).在没有这一附加光程差的情况下,每条光线的相位比前一条光线落后如下数量:

$$\delta=\frac{2\pi}{\lambda}\Delta L=\frac{4\pi nh\cos i}{\lambda}. \tag{5.2}$$

根据以上关于各光束的振幅和相位差的分析,我们可以写出各反射光束和透射光束的复振幅来:

---

① 参见式(3.1).

$$\begin{cases} \widetilde{U}_1 = -Ar', \\ \widetilde{U}_2 = Atr't'\mathrm{e}^{\mathrm{i}\delta}, \\ \widetilde{U}_3 = Atr'^3 t'\mathrm{e}^{2\mathrm{i}\delta}, \\ \cdots; \end{cases} \qquad \begin{cases} \widetilde{U}'_1 = Att', \\ \widetilde{U}'_2 = Atr^2 t'\mathrm{e}^{\mathrm{i}\delta}, \\ \widetilde{U}'_3 = Atr^4 t'\mathrm{e}^{2\mathrm{i}\delta}, \\ \cdots. \end{cases} \tag{5.3}$$

在反射光束复振幅的表达式中负号来自半波损.反射光和透射光的总振幅和光强分别为

$$\begin{cases} \widetilde{U}_{\mathrm{R}} = \displaystyle\sum_{j=1}^{\infty} \widetilde{U}_j, \\ \widetilde{U}_{\mathrm{T}} = \displaystyle\sum_{j=1}^{\infty} \widetilde{U}'_j; \end{cases} \qquad \begin{cases} I_{\mathrm{R}} = \widetilde{U}_{\mathrm{R}}\widetilde{U}_{\mathrm{R}}^*, \\ I_{\mathrm{T}} = \widetilde{U}_{\mathrm{T}}\widetilde{U}_{\mathrm{T}}^*. \end{cases} \tag{5.4}$$

由于上、下双方折射率 n_1, n_2 相等,光功率守恒导致光强守恒:

$$I_{\mathrm{R}} + I_{\mathrm{T}} = I_0, \tag{5.5}$$

式中 $I_0 = A^2$ 为入射光强.因此我们只需在 I_{R} 和 I_{T} 中先算出一个来,另一个用减法即可得到.下面先算 $\widetilde{U}_{\mathrm{T}}$ 和 I_{T}.将式(5.3)代入(5.4),得

$$\widetilde{U}_{\mathrm{T}} = Att'(1 + r^2\mathrm{e}^{\mathrm{i}\delta} + r^4\mathrm{e}^{2\mathrm{i}\delta} + \cdots).$$

这是一个几何级数(等比级数),其首项为 Att',公比为 $r^2\mathrm{e}^{\mathrm{i}\delta}$,无穷几何级数的公式告诉我们:

$$级数和 = \frac{首项}{1 - 公比},$$

故

$$\widetilde{U}_{\mathrm{T}} = \frac{Att'}{1 - r^2\mathrm{e}^{\mathrm{i}\delta}}, \tag{5.6}$$

因此

$$\begin{aligned} I_{\mathrm{T}} = \widetilde{U}_{\mathrm{T}}\widetilde{U}_{\mathrm{T}}^* &= \frac{A^2 (tt')^2}{(1 - r^2\mathrm{e}^{-\mathrm{i}\delta})(1 - r^2\mathrm{e}^{\mathrm{i}\delta})} \\ &= \frac{I_0 (1 - r^2)^2}{1 - 2r^2\cos\delta + r^4}. \end{aligned}$$

用光强反射率 $R = r^2$ 来表示,透射光强最后可写为

$$I_{\mathrm{T}} = \frac{I_0}{1 + \dfrac{4R\sin^2(\delta/2)}{(1-R)^2}}, \tag{5.7}$$

反射光强为

$$I_{\mathrm{R}} = I_0 - I_{\mathrm{T}} = \frac{I_0}{1 + \dfrac{(1-R)^2}{4R\sin^2(\delta/2)}}. \tag{5.8}$$

图 5-2 是反射光和透射光的等倾干涉条纹,可以看出,反射光强的地方透射光弱,反射光弱的地方透射光强,两者的干涉花样是互补的.图 5-3 中给出不同 R 值的 I_{T}-δ 曲线,如果纵坐标倒过来从上而下看,就是 $I_{\mathrm{R}} = I_0 - I_{\mathrm{T}}$ 的曲线.

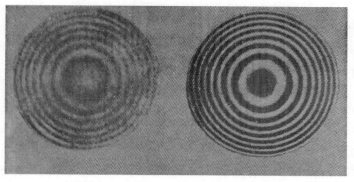

(a)反射光   (b)透射光

图 5-2 反射光和透射光的干涉条纹

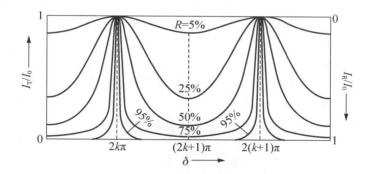

图 5-3 多光束干涉强度分布曲线

式(5.7)和(5.8)以及图 5-3 中的曲线都表明,I_T 和 I_R 虽然都与 R 有关,但极大值和极小值的位置仅由 δ 决定,与 R 无关. I_T 的极大值在 $\delta=2k\pi$ 的地方,极小值在 $\delta=(2k+1)\pi$ 的地方;I_R 的极大值和极小值位置刚好对调.

现在来考察 R 对强度分布的影响,在普通玻璃和空气的界面上,$R\approx5\%$,可以认为 $R\ll1$. 在此情况下

$$(1-R)^2\approx1,$$

$$\left(1+4R\sin^2\frac{\delta}{2}\right)^{-1}\approx1-4R\sin^2\frac{\delta}{2}$$

$$=1-2R(1-\cos\delta),$$

因此

$$I_T=I_0[1-2R(1-\cos\delta)],$$

$$I_R=I_0-I_T=2RI_0(1-\cos\delta).$$

后式正是我们熟悉的等振幅两光束干涉的强度随相位差变化的形式,它是正弦式的,衬比度等于 1(图 5-2(a)). 前式表明,透射光的干涉花样中有个很强的均匀背景 $I_0(1-4R)$,它的干涉花样衬比度是很小的(参见图 5-2(b)和图 5-3 最上面的那条曲线).

现在考虑 R 较大的情况.图 5-3 中曲线表明,随着 R 的增大,透射光强度的极大(或者说是反射光强度的极小)的锐度越来越大.这从式(5.7)中也可以看出,当 $R \approx 1$ 时,该式右端分母的第二项中 $\sin^2(\delta/2)$ 的系数 $4R/(1-R)^2 \gg 1$,因此 I_T 对于 δ 的变化很敏感.当 δ 稍偏离 $2k\pi$,I_T 便从极大值急剧下降.R 的增大意味着无穷系列中后面光束的作用越来越不可忽略,从而参加到干涉效应里来的光束数目越来越多,其后果是使干涉条纹的锐度变大.这一特征是多光束干涉的普遍规律,我们将在下一章讨论 N 列波的干涉(衍射光栅)时再次看到这一特征.

5.2　法布里-珀罗干涉仪的装置和条纹的半值宽度

利用上述多光束干涉产生十分细锐条纹的最重要仪器,是法布里-珀罗干涉仪(C. Fabry, A. Perot, 1899 年).法布里-珀罗干涉仪的结构见图 5-4,其中 G_1, G_2 是两块精密的平面玻璃板(分束板),它们相对的平面平行,上面都薄薄地镀上银(图中用粗线表示),以增大反射率.透镜 L 将入射光变为平行光,透镜 L' 将平行光会聚到幕上,形成等倾干涉条纹.由于 G_1, G_2 之间空气薄膜表面的反射率较大,光线入射后将在它的两个表面之间反复反射,多次反射的过程中强度递减得很慢,因而从 G_2 透射出来的是一系列强度递减得很慢的光束.它们相干叠加后在幕上形成的等倾干涉条纹如图 5-5(b)所示,其形状与迈克尔孙干涉仪产生的等倾条纹(见图 5-5(a))相似,也是同心圆,但亮纹要比迈克尔孙干涉仪产生的条纹细锐得多.

(a) 仪器结构

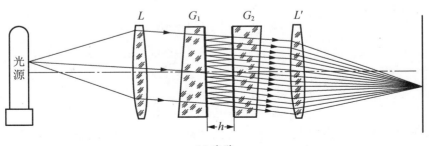

(b) 光路

图 5-4　法布里-珀罗干涉仪

法布里-珀罗干涉仪的原理,最早用于分析光谱线的精细结构,近年来又被应用到激光器上,成为它的重要组成部分——谐振腔,简称法-珀腔.这两方面的应用都涉及干涉强度的半值宽度.为了定量地说明反射率 R 对干涉条纹锐度的影响,我们计算一下干涉强度的半值宽度.由式(5.3)或图 5-3 中的曲线可以看出,强度的极大峰两侧没有零点,因此没有明确的边界可以计算条纹的宽窄.在 $\delta=2k\pi$ 处 I_{T}/I_0 的峰值为 1,所谓半值宽度,就是峰值两侧 I_{T}/I_0 的值降到一半($I_{\mathrm{T}}/I_0=1/2$)的两点间的距离 ε(参见图 5-6).应注意,这里所说的"距离" ε 是以相位差来衡量的,即当 $\delta=2k\pi\pm\varepsilon/2$ 时,$I_{\mathrm{T}}/I_0=1/2$.这时在式(5.7)中的 $\sin^2(\delta/2)=\sin^2(2k\pi\pm\varepsilon/2)/2=\sin^2\varepsilon/4\approx(\varepsilon/4)^2$,将此值代入式(5.7)右端,左端 I_{T}/I_0 应等于 $1/2$,即

$$\frac{1}{2}=\frac{1}{1+\dfrac{4R\,(\varepsilon/4)^2}{(1-R)^2}},$$

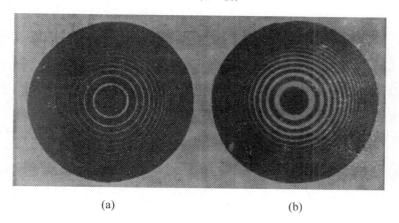

(a)   (b)

图 5-5 迈克尔孙干涉仪和法布里-珀罗干涉仪条纹的比较

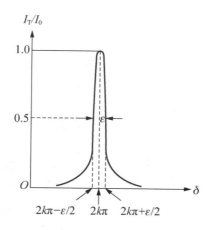

图 5-6 干涉条纹的半值宽度

由此解得

$$\varepsilon = \frac{2(1-R)}{\sqrt{R}}.\tag{5.9}$$

上式表明,随着 R 趋近于 1,半值宽度 $\varepsilon \rightarrow 0$,即干涉强度分布的锐度变得越来越大.

式(5.9)是用相位差来表示的强度半值宽度.按式(5.2)相位差 $\delta = 4\pi nh\cos i/\lambda$,它是多因素的综合.在多光束干涉装置中,折射率 n 和间隔 h 一般是不变的,影响 δ 值变化的因素有二:倾角 i 和波长 λ.

(1)如果以单色的扩展光入射,则 λ 固定,但有各种可能的倾角 i.因为只有在特定的方向 i_k 上出现干涉极强,我们关心某一级极大附近的半角宽度 Δi,它比 ε 更直接地反映条纹的细锐程度.为此对固定的 n,h,λ,取 δ 因 i 变化引起的微分:

$$\mathrm{d}\delta = -4\pi nh\sin i\,\mathrm{d}i/\lambda,$$

令 $\mathrm{d}\delta = \varepsilon$,并将式(5.9)代入,取 $i = i_k$,把 $\mathrm{d}i$ 写成 Δi_k,表示它是第 k 级亮纹的角宽度,得

$$\Delta i_k = \frac{\lambda\varepsilon}{4\pi nh\sin i_k} = \frac{\lambda}{2\pi nh\sin i_k}\frac{1-R}{\sqrt{R}}.\tag{5.10}$$

因只考虑大小,这里和下面略去可能出现的负号不写.式(5.10)告诉我们,不仅反射率 R 值越高,可以使条纹越细锐,即方向性越强,而且进一步看到,腔长 h 越大,条纹也越细锐[①].法布里-珀罗干涉仪制成长腔结构,一般 h 在 1cm—10cm 量级,就是这个道理.不妨估算一下 Δi_k 的量级:取 $R \approx 0.90, h \approx 5\mathrm{cm}, \lambda \approx 0.6\mu\mathrm{m}, n\sin i_k \approx 1/2$,则 $\Delta i_k \approx 4\times 10^{-7}$ rad $\approx 0.001'$.

(2)如果以非单色平行光入射,则此时 i 固定(它经常是 0 或接近于 0),相位差 δ 主要是光波 λ 的函数.由于多光束干涉,使得在很宽的光谱范围内只有某些特定的波长 λ_k 附近出现极大,$i = 0$ 时这些 λ_k 满足下式:

$$2nh = k\lambda_k.\tag{5.11}$$

用频率 ν_k 来表示更为方便:

$$\nu_k = \frac{c}{\lambda_k} = \frac{kc}{2nh},\tag{5.12}$$

式中 c 是真空中光速.可见,相邻极强的频率是等间隔的,间隔为

$$\Delta\nu = \nu_{k+1} - \nu_k = \frac{c}{2nh},\tag{5.13}$$

它与腔长 h 成反比.每条谱线 λ_k 或 ν_k,称为一个纵模.我们关心的是某一级纵模的半值宽度 $\Delta\lambda_k$,为此对固定的 n, h, i,取 δ 因 λ 变化引起的微分:

$$\mathrm{d}\delta = -4\pi nh\cos i\,\mathrm{d}\lambda/\lambda^2,$$

令 $\mathrm{d}\delta = \varepsilon$,并将式(5.9)代入,把 $\mathrm{d}\lambda$ 写成 $\Delta\lambda_k$,表示它是第 k 级纵模的谱线宽度,得

---

① 由于法布里-珀罗干涉仪的孔径总是有限的,当入射光束有一定倾角 i 时,若干次折射、反射后,光束将超出孔径,亦即实际上不会是无穷多束光的干涉.h 越大,这问题越突出.必要的时候,光强公式(5.8)要作相应的修正.

$$\Delta\lambda_k = \frac{\lambda^2\varepsilon}{4\pi nh}\frac{1}{\cos i} = \frac{\lambda^2}{2\pi nh}\frac{1}{\cos i}\frac{1-R}{\sqrt{R}}$$

$$= \frac{\lambda}{\pi k}\frac{1-R}{\sqrt{R}}, \tag{5.14}$$

用频率表示,则有

$$\Delta\nu_k = \frac{c\Delta\lambda_k}{\lambda^2} = \frac{c}{2\pi nh\cos i}\frac{1-R}{\sqrt{R}} = \frac{c}{\pi k\lambda}\frac{1-R}{\sqrt{R}}^{①}. \tag{5.15}$$

上式表明,反射率越高,或腔越长,则谱线宽度越窄. 一些典型的数据列于表Ⅲ-3中.

表Ⅲ-3 法-珀腔的单模线宽 $\Delta\lambda_k$

R \ h	10cm	100cm
0.90	6×10^{-4} Å	6×10^{-5} Å
0.98	1×10^{-4} Å	1×10^{-5} Å
0.998	1×10^{-5} Å	1×10^{-6} Å

我们把法-珀腔的作用示于图5-7,它从输入的非单色光(见图(a))中选择出一系列纵模谱线 λ_k,用频率来表示,它们是等间隔的[②],每条单模的谱线宽度随 R 和 h 的增大而减小,这便是法-珀腔输出的情况(见图(b))[③]. 可见,法-珀腔对输入的非单色光起挑选波长,压缩线宽,从而提高单色性的作用. 这一点已在激光技术中得到重要的应用(详见第九章§5).

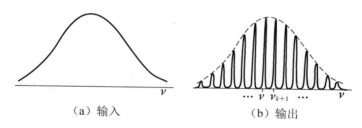

(a) 输入 (b) 输出

图 5-7 法-珀腔的选频作用

5.3 法布里-珀罗干涉仪在光谱学中的应用

由于法布里-珀罗干涉仪的条纹很细,这首先使我们有可能更精密地测定它们的确切位置,因此用这种干涉仪可以精确地比较各光谱线的波长,以及用波长来度量长度,§4中所述用波长标准来进行比较工作的更精确结果就是在法布里-珀罗干涉仪上完成的.

然而,法布里-珀罗干涉仪的主要应用还在于光谱线超精细结构的研究方面. 由于原

---

① 注意:不要把式(5.13)中的纵模间隔 $\Delta\nu$ 和式(5.15)中的单模线宽 $\Delta\nu_k$ 混淆起来.

② 见式(5.13).

③ 当然这输出的纵模频谱只能再由分光仪器来显示,在法-珀腔里并没有干涉条纹.

子核磁矩的影响,有的光谱线分裂成几条十分接近(相差10^{-2}Å 数量级)的谱线,这叫做光谱线的超精细结构.设想入射光中包含两个十分接近的波长 λ 和 $\lambda'=\lambda+\delta\lambda$,它们产生的等倾干涉条纹如图 5-8 和 5-9 所示,具有稍微不同的半径.如果每根干涉条纹的宽度较大,则两个波长的干涉条纹就会重叠在一起使我们无法分辨,法布里-珀罗干涉仪条纹的细锐对提高谱线分辨本领是极为有利的因素.现在我们来计算一下它的色分辨本领.因

$$2nh\cos i_k = k\lambda,$$
$$2nh\cos i_k' = k\lambda' = k(\lambda+\delta\lambda),$$

故两谱线 k 级亮纹间的角距离为

图 5-8　双谱线形成的法布里-珀罗干涉条纹

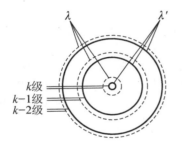

图 5-9　法布里-珀罗干涉仪的色分辨本领

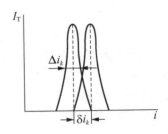

图 5-10　谱线的分辨极限

$$\delta i_k = \frac{k}{2nh\sin i_k}\delta\lambda, \tag{5.16}$$

此式反映了干涉仪的色散本领.作为可分辨的极限,要求 δi_k 等于 k 级亮纹本身的角宽度 Δi_k(图 5-10).比较式(5.16)和(5.10),可得分辨的最小波长间隔为

$$\delta\lambda = \frac{\lambda}{\pi k}\frac{1-R}{\sqrt{R}}, \tag{5.17}$$

它刚好等于法-珀腔的单模线宽.习惯上人们把 $\lambda/\delta\lambda$ 叫做分光仪器的色分辨本领,由式(5.17)可得

$$\frac{\lambda}{\delta\lambda} = \pi k\frac{\sqrt{R}}{1-R}. \tag{5.18}$$

在法布里-珀罗干涉仪中分束板 G_1,G_2 的间隔 h 可很大($\sim 10\text{cm}$),从而使干涉条纹的级数 k 很高($\sim 10^6$),这使得仪器的色散本领 $\delta i_k/\delta\lambda$ 也很大.加以分束板镀银面的反射率很高(例如 98%),这些因素合起来,就使仪器的色分辨本领很大.

最后指出,干涉仪的色散扩大了,就同时带来另一问题,即不同级不同波长的条纹就容易重叠,从而使互不重叠的光谱范围(反谓"自由光谱范围")变得很窄,这也是实际使用法布里-珀罗干涉仪时必须考虑的问题.

思 考 题

1. 多光束干涉与双光束干涉相比,两者在处理方法和强度分布方面有什么共同和不同之处?干涉条纹各有什么特点?

2. 试分别回答:在高反射率和低反射率的情况下,观察透射和反射条纹哪个有利?为什么?

3. 为什么法布里-珀罗干涉仪是高分辨本领、小量程的分光仪器?其分辨谱线的精度由什么因素决定?其自由光谱范围受什么因素制约?

习 题

1. 有两个波长 λ_1 和 λ_2,在 6000Å 附近相差 0.001Å,要用法布里-珀罗干涉仪把它们分辨开来,间隔 h 需要多大?设反射率 $R=0.95$.

2. 如果法布里-珀罗干涉仪两反射面之间的距离为 1.0cm,用绿光(5000Å)做实验,干涉图样的中心正好是一亮斑.求第十个亮环的角直径.

3. 设法-珀腔长 5cm,用扩展光源做实验,光波波长为 $0.6\mu m$.问:

(1)中心干涉级数为多少?

(2)在倾角为 1°附近干涉环的半角宽度为多少?设反射率 $R=0.98$.

(3)如果用这个法-珀腔分辨谱线,其色分辨本领有多高?可分辨的最小波长间隔有多少?

(4)如果用这个法-珀腔对白光进行选频,透射最强的谱线有几条,每条谱线宽度为多少?

(5)由于热胀冷缩,引起腔长的改变量为 10^{-5}(相对值),求谱线的漂移量(相对值)为多少?

4. 利用多光束干涉可以制成一种干涉滤光片.如图,在很平的玻璃片上镀一层银,在银面上加一层透明膜,例如水晶石($3NaF \cdot AlF_3$),其上再镀一层银.于是两个银面之间就形成一个膜层,产生多光束干涉.设银面的反射率 $R=0.96$,透明膜的折射率为 1.55,膜厚 $h=4\times10^{-5}$cm,平行光正入射.问:

(1)在可见光范围内,透射最强的谱线有几条?

(2)每条谱线宽度为多少?

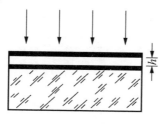

习题 4 图

5. 如果平行膜层两侧的折射率不等（见图），设入射光强为 I_0.

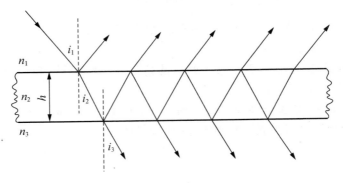

习题 5 图

(1) 导出多光束干涉后形成的反射光强 I_R 和透射光强 I_T 公式.

(2) 证明只有同时满足以下三个条件时，才能使波长为 λ 的正入射光完全透过（$I_R = 0$）：

a. $n_3 > n_2 > n_1$；　b. $n_2 h = \lambda/4$；　c. $n_2 = \sqrt{n_1 n_3}$.

第四章　衍射光栅

广义地说,具有周期性的空间结构或光学性能(如透射率、折射率)的衍射屏,统称光栅.例如在一块不透明的障板上刻画出一系列等宽又等间隔的平行狭缝(见图 0-1(a)),就是一种简单的一维多缝光栅.在一张透明胶片上因曝光而记录的一组等宽又等间隔的平行干涉条纹,便是一块一维的正弦光栅.又例如在一块很平的铝面上刻上一系列等间隔的平行槽纹(见图 0-1(b)),就是一种反射光栅.晶体由于内部原子排列具有空间周期性而成为天然的三维光栅.光栅的种类很多,有透射光栅和反射光栅,有平面光栅和凹面光栅,有黑白光栅和正弦光栅,有一维光栅、二维光栅和三维光栅,等等.我们曾记得,参与相干叠加的单元越多,则叠加后光场的方向性越强,单色性越好.由一系列衍射单元重复排列而成的光栅正是利用了这一点,光栅的衍射场鲜明地表现出“多光束干涉”的基本特征.所以利用光栅衍射可以分析光谱,也可以分析结构.正弦光栅的衍射在现代光学中具有新的意义,本章略加介绍,下一章我们将以它作为光学变换概念的基础详加讨论.

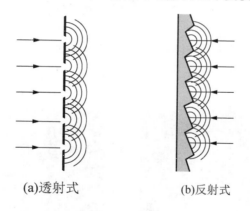

(a)透射式　　　　　(b)反射式

图 0-1　光栅

§1　多缝夫琅禾费衍射

1.1　实验装置和衍射图样

实验装置如图 1-1 所示,S 为点光源或与纸面垂直的狭缝光源,它位于透镜 L_1 的焦面上,幕放在物镜 L_2 的焦面上.这个装置与第二章图 7-8 所示的单缝衍射装置唯一不同的地方,是衍射屏上一系列等宽等间隔的平行狭缝代替了单缝.设这里每条缝的宽度仍为 a,缝间不透明部分的宽度为 b,则相邻狭缝上对应点(例如上边缘和上边缘,下边缘和下边缘或中点和中点)之间的距离为 $d=a+b$.

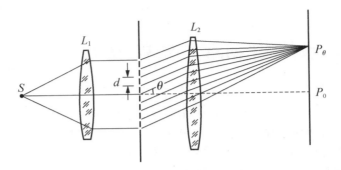

图 1-1　多缝夫琅禾费衍射的实验装置

图 1-2 给出了不同数目的狭缝在幕上形成衍射花样的照片,其中图(a)是点光源照明的;图(b)是缝光源照明的. 图 1-3 给出相应的相对强度分布曲线. 这里所谓"相对",是指强度 I 与中央最大强度 I_0 之比. 最上面是我们已熟悉的单缝情形,以下顺次序分别是缝数 $N=2,3,4,5,6$ 的情形. 从这里我们看到强度分布有如下一些主要特征:(1)与单缝衍射花样相比,多缝的衍射花样中出现了一系列新的强度极大和极小,其中那些较强的亮线叫做主极强,较弱的亮线叫做次极强;(2)主极强的位置与缝数 N 无关,但它们的宽度随 N 减小;(3)相邻主极强间有 $N-1$ 条暗纹和 $N-2$ 个次极强;(4)强度分布中都保留了单缝衍射的痕迹,那就是曲线的包络(外部轮廓)与单缝衍射强度曲线的形状一样.

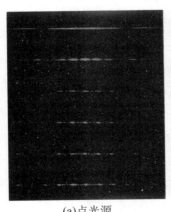

(a)点光源

(b)缝光源

图 1-2　多缝夫琅禾费衍射图样

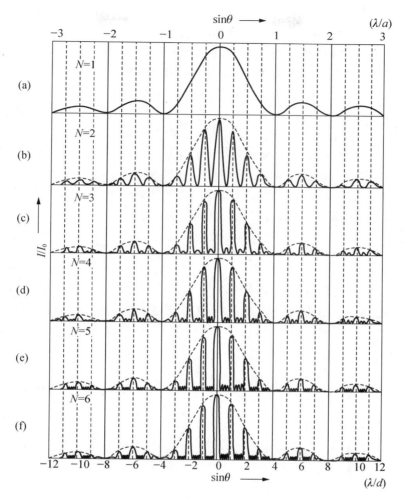

图 1-3 多缝夫琅禾费衍射强度曲线

1.2 N 缝衍射的振幅分布和强度分布

现在我们采用矢量法计算 N 缝夫琅禾费衍射的振幅分布和强度分布.

我们先设想,在图 1-1 的装置中把衍射屏上的各缝除某一条之外都遮住. 这时接收屏幕上呈现的是单缝衍射图样,其振幅分布和强度分布分别为

$$a_\theta = a_0 \, \frac{\sin\alpha}{\alpha}, \quad I_\theta = a_\theta^2 = a_0^2 \left(\frac{\sin\alpha}{\alpha} \right)^2, \tag{1.1}$$

其中

$$\alpha = \frac{\pi a}{\lambda} \sin\theta. \tag{1.2}$$

以上是我们在第二章 §7 中已知的结果. 在该节有过一个思考题,即单缝上下平移时,幕上衍射图样不动. 因此,若我们让图 1-1 装置中的 N 条缝轮流开放,幕上获得的衍射图样

将是完全一样的. 假如 N 条缝彼此不相干, 当它们同时开放时, 幕上的强度分布形式仍与单缝一样, 只是按比例地处处增大了 N 倍. 然而, N 条缝实际上是相干的, 且它们之间有相位差, 因此幕上实际的衍射图样将与单缝大不相同, 这在图 1-2 中的照片里已可明显看出. 由于多缝之间的干涉, 幕上的强度发生了重新分布.

如图 1-1, 考虑沿某一任意方向 θ 的各衍射线, 它们有的来自同一狭缝中不同部分, 有的来自不同的狭缝, 经物镜 L_2 的聚焦都会合在幕上同一点 P_θ. P_θ 点的振动是所有这些衍射线相干叠加的结果. 在计算时我们可以先把来自每条狭缝的次波叠加起来, 得到 N 个合成振动, 然后再把这 N 个合成振动叠加起来, 即得到 P_θ 点的总振动. 因为来自每条狭缝的衍射线的合成振幅 a_θ 早已计算过了, 剩下的问题只是这 N 个合成振动的叠加. 计算来自 N 缝合成振动的叠加, 需要计算它们之间的相位差, 而合成振动间的相位差同 N 缝对应点发出的衍射线间的相位差是一样的. 按照以前在第二章 §7 中采用的作光束垂线的办法不难看出, 对应点衍射线间的光程差 ΔL 和相位差 δ 分别为 (参见图 1-4(a))

$$\Delta L = d \cdot \sin\theta, \qquad \delta = \frac{2\pi d}{\lambda}\sin\theta.$$

幕上总振幅 A_θ 可用矢量图 1-4(b) 来计算. 图中 $\overrightarrow{OB_1}, \overrightarrow{B_1B_2}, \cdots, \overrightarrow{B_{N-1}B_N}$ 各矢量的长度都是单缝的合成振幅 a_θ, 方向逐个相差 δ 角, 所以折线 $OB_1B_2\cdots B_N$ 是等边多边形的一部分. 令 C 代表这个多边形的中心, 即 $\overline{OC} = \overline{B_1C} = \overline{B_2C} = \cdots = \overline{B_NC}$. 由于等腰三角形 OCB_1 的顶角 $\delta = 2\beta$, 故 $2\overline{OC}\sin\beta = \overline{OB_1} = a_\theta$, 于是

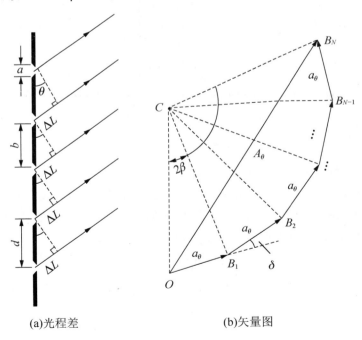

(a)光程差　　　　　　　　　　　(b)矢量图

图 1-4　缝间干涉因子的计算

$$\overline{OC} = \frac{a_\theta}{2\sin\beta},$$

又由于等腰三角形 OCB_N 的顶角 $N\delta = 2N\beta$,故代表总振动的矢量 $\overrightarrow{OB_N}$ 的长度为

$$\overline{OB_N} = 2\,\overline{OC}\sin N\beta,$$

这就是 N 缝的总振幅 A_θ,将以上两式结合起来,即得

$$A_\theta = a_\theta \frac{\sin N\beta}{\sin\beta}, \tag{1.3}$$

取上式的平方,即可得 N 缝的强度分布公式

$$I_\theta = a_\theta^2 \left(\frac{\sin N\beta}{\sin\beta}\right)^2. \tag{1.4}$$

把 a_θ 的表达式(1.1)代入上面二式,最后得到

$$A_\theta = a_0 \frac{\sin\alpha}{\alpha} \frac{\sin N\beta}{\sin\beta}, \tag{1.5}$$

$$I_\theta = a_0^2 \left(\frac{\sin\alpha}{\alpha}\right)^2 \left(\frac{\sin N\beta}{\sin\beta}\right)^2, \tag{1.6}$$

其中

$$\alpha = \frac{\pi a}{\lambda}\sin\theta, \quad \beta = \frac{\pi d}{\lambda}\sin\theta. \tag{1.7}$$

式(1.5)和(1.6)便是 N 缝衍射的振幅分布和强度分布公式.各式都有两个随 θ 变化的因子:$\sin\alpha/\alpha$ 或$(\sin\alpha/\alpha)^2$ 来源于单缝衍射,所以叫单缝衍射因子;$\sin N\beta/\sin\beta$ 或$(\sin N\beta/\sin\beta)^2$ 来源于缝间的干涉,所以叫缝间干涉因子.下面我们分别研究两个因子的特点和作用.

1.3 缝间干涉因子的特点

图 1-5 中给出几条不同缝数缝间干涉因子的曲线.为了便于比较,纵坐标缩小了 N^2 倍,即它代表因子$(\sin N\beta/(N\sin\beta))^2$.它们有以下一些特点:

(1)主极强峰值的大小、位置和数目

当 $\beta = k\pi (k = 0, \pm1, \pm2, \cdots)$ 时,$\sin N\beta = 0$,$\sin\beta = 0$,但它们的比值 $\sin N\beta/\sin\beta = N$,这些地方是缝间干涉因子的主极大.$\beta = k\pi$ 意味着衍射角 θ 满足下列条件:

$$\sin\theta = k\frac{\lambda}{d}. \tag{1.8}$$

这就是说,凡是在衍射角满足式(1.8)的方向上,出现一个主极强,它的强度是单缝在该方向强度的 N^2 倍.式(1.8)还表明,主极强的位置与缝数 N 无关.

此外由于衍射角的绝对值$|\theta|$不可能大于 $90°$,$|\sin\theta|$ 不可能大于 1,这就对主极强的数目有了限制.式(1.8)表明,主极强的最大级别$|k| < d/\lambda$,例如当 $\lambda = 0.4d$ 时,只可能有 $k = 0, \pm1, \pm2$ 级的主极强,而没有别的更高级主极强;如果 $\lambda \geqslant d$,则除 0 级外别无其他主极强.

(2)零点的位置、主极强的半角宽度和次极强的数目

当 $N\beta$ 等于 π 的整数倍但 β 不是 π 的整数倍时,$\sin N\beta = 0$,$\sin\beta \neq 0$,这里是缝间干涉

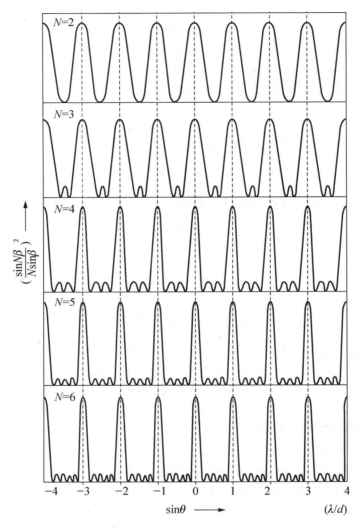

图 1-5 缝间干涉因子曲线

因子的零点. 用公式来表示,零点在下列位置:

$$\beta = \left(k + \frac{m}{N} \right)\pi \text{ 即 } \sin\theta = \left(k + \frac{m}{N} \right)\frac{\lambda}{d}, \tag{1.9}$$

其中,$k = 0, \pm 1, \pm 2, \cdots; m = 1, \cdots, N-1$.

所以每两个主极强之间有 $N-1$ 条暗线(零点),相邻暗线间有一个次极强,故共有 $N-2$ 个次极强.

图 1-3 表明,主极强亮线的宽度随 N 减小. 这一点在光栅光谱中具有重要的实际意义. 如何来规定主极强的宽度呢?可以认为每个主极强的宽度是以它两侧的暗线为界的,它的中心到邻近的暗线之间的角距离就是它的半角宽度 $\Delta\theta$. 对于那些偏离幕中央不

远的主极强,θ 较小,$\sin\theta \approx \theta$. k 级主极强的角位置近似为 $\theta_k \approx k\lambda/d$,而相邻暗线的位置近似为 $\theta_k + \Delta\theta \approx (k+1/N)\lambda/d$,于是半角宽度为

$$\Delta\theta = \frac{\lambda}{Nd}. \tag{1.10}$$

如果主极强的位置较偏,则不能认为 $\sin\theta \approx \theta$,可以证明,普遍的半角宽度公式应为[①]

$$\Delta\theta = \frac{\lambda}{Nd \cdot \cos\theta_k}. \tag{1.11}$$

式(1.10)或(1.11)表明,主极强的半角宽度 $\Delta\theta$ 与 Nd 成反比,Nd 越大,$\Delta\theta$ 越小,这意味着主极强的锐度越大. 反映在幕上,就是主极强亮纹越细.

以上我们分析了 N 缝干涉因子的全部主要特征,§2 中我们将把这些结果用于光栅上,由于光栅的缝数 N 总是很大的,近代光栅每毫米内可以有上千条刻痕,总缝数 N 达 10^5 的数量级,在这种情况下次极强是很弱的,它们完全观察不到. 所以上述各条结论中最重要的只是两条,即主极强的位置和半角宽度,它们分别由式(1.8)和(1.11)决定.

1.4 单缝衍射因子的作用

上面我们只分析了缝间干涉因子的特征,实际的强度分布还要乘上单缝衍射因子. 在图 1-5 中所示的缝间干涉因子上乘以图 1-3(a)所示的单缝衍射因子,就得到图 1-3(b)、(c)、(d)、(e)、(f)中所示的强度分布. 从这里可以看出,乘上单缝衍射因子后得到的实际强度分布中各级主极强的大小不同,特别是刚好遇到单缝衍射因子零点的那几级主极强消失了,这现象叫做缺级.

为了具体起见,我们看一个简单的特例. 设缝数 $N=5$,而 $d=3a$. 这时的单缝衍射因子和缝间干涉因子的曲线示于图 1-6(a)和(b),它们乘积的曲线示于图 1-6(c). 单缝衍射因子在 $\sin\theta=\lambda/a$ 的地方是零点,而 λ/a 刚好等于 $3\lambda/d$,这里正是缝间干涉因子第 3 级主极强的位置,两因子乘起来以后使这一级消失了. 同理,-3 级、±6 级等也是缺级.

总之,在给定了缝的间隔 d 之后,主极强的位置就定下来了,这时单缝衍射因子并不改变主极强的位置和半角宽度,只改变各级主极强的强度. 或者说,单缝衍射因子的作用仅在于影响强度在各级主极强间的分配.

在这里我们顺便提一下"干涉"和"衍射"两词的区别和联系. 首先,从根本上讲,它们都是波的相干叠加的结果,没有原则上的区别. 二者主要的区别来自人们的习惯. 当某个仪器将光波分割为有限几束或彼此离散的无限多束,而其中每束又可近似地按几何光学的规律来描写时,人们通常把它们的相干叠加叫做"干涉",这样的仪器叫做"干涉装置". 理论运算时,干涉的矢量图解是个折线,复振幅的叠加是个级数. "衍射"一词则指连续分布在波前上的无限多个次波中心发出的次波的相干叠加,这些次波线并不服从几何光学

---

① 在 $\sin\theta$ 不能用 θ 来近似代替时,我们应该写

$$\sin\theta_k = k\frac{\lambda}{d}, \quad \sin(\theta_k + \Delta\theta) = \left(k + \frac{1}{N}\right)\frac{\lambda}{d},$$

而 $\Delta\theta$ 总是很小的,$\sin(\theta_k + \Delta\theta) - \sin\theta_k \approx \left(\dfrac{\mathrm{d}\sin\theta}{\mathrm{d}\theta}\right)_{\theta=\theta_k} \cdot \Delta\theta = \cos\theta_k \cdot \Delta\theta$,这样就得到式(1.11).

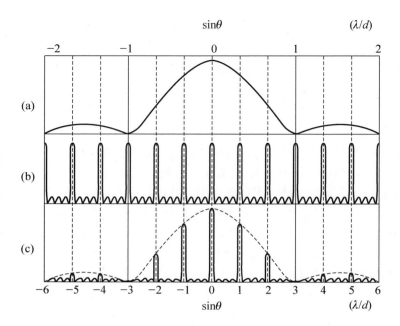

图 1-6　单缝衍射因子的作用

的定律. 理论运算时, 衍射的矢量图解是光滑曲线, 复振幅的叠加需用积分. 然而, 实际装置中干涉效应和衍射效应往往同时存在, 混杂在一起, 这时干涉条纹的分布要受到单元衍射因子的调制. 上述光栅是个例子, 第三章 §1 中介绍的各种分波前的干涉仪器中也都有这个问题.

1.5　复振幅的计算　黑白光栅和正弦光栅

现在我们利用菲涅耳衍射积分公式 (第二章式 (5.11)) 计算一下复振幅分布 $\widetilde{U}(\theta)$, 由此可重新获得上面的强度分布公式. 但这里我们并不想简单地重复上面的计算, 而是考虑更普遍些的情形. 设衍射屏具有一维的周期性结构, 即在该处的波前 Σ 上光瞳函数 $\widetilde{U}_0(x)$ 是沿 x 方向的周期性函数. 设空间周期为 d, 我们把 Σ 分割为宽度为 d 的 N 个窄条 $\Sigma_1, \Sigma_2, \cdots, \Sigma_N$ (见图 1-7), 以各窄条作为衍射单元. 考虑某个给定方向 θ 的衍射线, 它们会聚于透镜焦面上的 P_θ 点. 由各单元的中心引一条到 P_θ 的衍射线, 用 $L_1, \cdots, L_N$ 代表它们的光程. 不难看出

$$L_2 = L_1 + \Delta L, L_3 = L_1 + 2\Delta L, \cdots, L_N = L_1 + (N-1)\Delta L,$$

其中 $\Delta L = d\sin\theta$. 按照菲涅耳衍射公式, P_θ 点的总复振幅为

$$\widetilde{U}(\theta) = C \int_{(\Sigma)} \widetilde{U}_0(x) \mathrm{e}^{\mathrm{i}kr} \mathrm{d}x$$

$$= \sum_{j=1}^{N} C \int_{(\Sigma_j)} \widetilde{U}_0(x_j) \exp(\mathrm{i}kr_j) \mathrm{d}x_j, \quad (1.12)$$

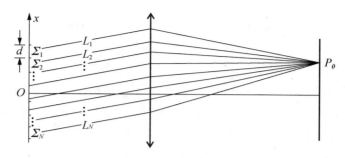

图 1-7 一维周期性结构的衍射

其中 $r_j = L_j - x_j\sin\theta$，而 x_j 是从各单元的中心算起的,故

$$\int_{(\Sigma_j)} \widetilde{U}_0(x_j)\exp(\mathrm{i}kr_j)\mathrm{d}x_j = \mathrm{e}^{\mathrm{i}kL_j}\int_{(\Sigma_j)} \widetilde{U}_0(x_j)\exp(-\mathrm{i}kx_j\sin\theta)\mathrm{d}x_j$$

$$= \mathrm{e}^{\mathrm{i}kL_j}\int_{-d/2}^{d/2} \widetilde{U}_0(x)\exp(-\mathrm{i}kx_j\sin\theta)\mathrm{d}x, \tag{1.13}$$

由于 $\widetilde{U}_0(x)$ 的周期性,上面的积分对各单元都是一样的,故可将 x_j 的下标 j 略去,代入式 (1.12) 后还可作为公共因子从求和号中提出来. 于是

$$\widetilde{U}(\theta) = C\Big(\sum_{j=1}^{N}\mathrm{e}^{\mathrm{i}kL_j}\Big)\int_{-d/2}^{d/2}\widetilde{U}_0(x)\exp(-\mathrm{i}kx_j\sin\theta)\mathrm{d}x$$

$$= \widetilde{N}(\theta)\widetilde{u}(\theta). \tag{1.14}$$

其中

$$\widetilde{u}(\theta) = C\int_{-d/2}^{d/2}\widetilde{U}_0(x)\exp(-\mathrm{i}kx_j\sin\theta)\mathrm{d}x \tag{1.15}$$

称为单元衍射因子,而

$$\widetilde{N}(\theta) = \sum_{j=1}^{N}\mathrm{e}^{\mathrm{i}kL_j}$$

$$= \mathrm{e}^{\mathrm{i}kL_1}(1 + \mathrm{e}^{\mathrm{i}k\Delta L} + \mathrm{e}^{2\mathrm{i}k\Delta L} + \cdots + \mathrm{e}^{(N-1)\mathrm{i}k\Delta L}) \tag{1.16}$$

称为 N 元干涉因子.

仍用式 (1.7) 引入的符号 $\beta = \pi d\sin\theta/\lambda$,则 $k\Delta L = 2\beta$,按等比级数公式[①],得

$$\widetilde{N}(\theta) = \mathrm{e}^{\mathrm{i}kL_1}(1 + \mathrm{e}^{2\mathrm{i}\beta} + \mathrm{e}^{4\mathrm{i}\beta} + \cdots + \mathrm{e}^{2(N-1)\mathrm{i}\beta})$$

$$= \mathrm{e}^{\mathrm{i}kL_1}\frac{1 - \mathrm{e}^{2N\mathrm{i}\beta}}{1 - \mathrm{e}^{2\mathrm{i}\beta}} = \mathrm{e}^{\mathrm{i}kL_1}\mathrm{e}^{(N-1)\mathrm{i}\beta}\frac{\mathrm{e}^{-N\mathrm{i}\beta} - \mathrm{e}^{N\mathrm{i}\beta}}{\mathrm{e}^{-\mathrm{i}\beta} - \mathrm{e}^{\mathrm{i}\beta}},$$

---

① 等比级数公式为:

$$n \text{ 项级数和} = \text{首项} \times \frac{1 - (\text{公比})^n}{1 - \text{公比}}.$$

令相位 $\varphi(\theta)=kL_1+(N-1)\beta=kL_0(\theta)$，这里 $L_0(\theta)=L_1+(N-1)\beta/k$ 是光栅中心 O 到场点 P_θ 的光程，于是 $\widetilde{N}(\theta)$ 最后写为

$$\widetilde{N}(\theta)=e^{i\varphi(\theta)}N(\theta) \quad 而 \quad N(\theta)=\frac{\sin N\beta}{\sin\beta}. \tag{1.17}$$

上式的 $N(\theta)$ 就是我们前面得到的缝间干涉因子．从这里的推导看出，这个因子的形式是很普遍的，它只依赖于 N 单元的空间周期排列，与个别单元内部的性质毫无关系．这就是说，它不仅与单缝的缝宽 a 无关，与每个单元是否简单地为一条缝也无关．

普遍地说，衍射单元的性质要用波前上的光瞳函数 $\widetilde{U}_0(x)$ 来表征．对于一条宽度为 a 的缝来说，光瞳函数的形式如图 1-8(a)所示，在 $-a/2<x<a/2$ 范围内（透光部分）$\widetilde{U}_0(x)$ 是个常数，在此范围外（遮光部分）$\widetilde{U}_0(x)=0$．亦即此时 $\widetilde{U}_0(x)$ 是一个矩形阶跃函数．对于这种光瞳函数，单元衍射因子为

$$\begin{aligned}
\widetilde{u}(\theta) &\propto \int_{-a/2}^{+a/2} e^{-ikx\sin\theta}dx \\
&= \frac{1}{ik\sin\theta}(e^{ika\sin\theta/2}-e^{-ika\sin\theta/2}) \\
&\propto \frac{\sin\alpha}{\alpha}.
\end{aligned} \tag{1.18}$$

其中 $\alpha=ka\sin\theta/2=\pi a\sin\theta/\lambda$．这便是前面得到的单缝衍射因子．

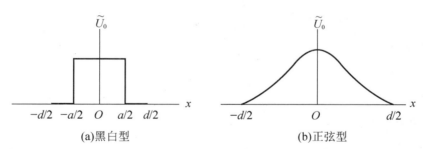

(a)黑白型   (b)正弦型

图 1-8　衍射单元的光瞳函数

正弦型衍射单元的光瞳函数如图 1-8(b)所示，它正比于 $[1+\cos(2\pi x/d)]$．可以设想这时衍射屏是一张间隔为 d 的干涉条纹的照相底片，它的透光率具有上述函数形式．对于这种"正弦光栅"，单元衍射因子为

$$\begin{aligned}
\widetilde{u}(\theta) &\propto \int_{-d/2}^{d/2}\left(1+\cos\frac{2\pi x}{d}\right)e^{-ikx\sin\theta}dx \\
&= \int_{-d/2}^{d/2}\left(1+\frac{1}{2}e^{i2\pi x/d}+\frac{1}{2}e^{-i2\pi x/d}\right)e^{-ikx\sin\theta}dx \\
&\propto \frac{\sin\beta}{\beta}+\frac{1}{2}\frac{\sin(\beta-\pi)}{\beta-\pi}+\frac{1}{2}\frac{\sin(\beta+\pi)}{\beta+\pi}.
\end{aligned} \tag{1.19}$$

其中 $\beta=kd\sin\theta/2=\pi d\sin\theta/\lambda$. 可以看出,它由三项组成,每项的函数形式与单缝衍射因子一样,只是缝宽和中心位置不同,三项的中心分别位于 $\beta=0,\pm\pi$ 处,这正是 $\tilde N(\theta)$ 的 0 级和 ±1 级的主极强所在处(见图 1-9(a),(b)). 除此之外,所有 $\tilde N(\theta)$ 的其他主极强都与 $\tilde u(\theta)$ 的零点重合. 所以 $\tilde N(\theta)$ 和 $\tilde u(\theta)$ 相乘的结果,只剩下 $0,\pm1$ 三级主极强. ±1 级主极强的振幅为 0 级主极强之半,强度为它的 1/4(见图 1-9(c)). 这些结论我们将在第五章中用到[1].

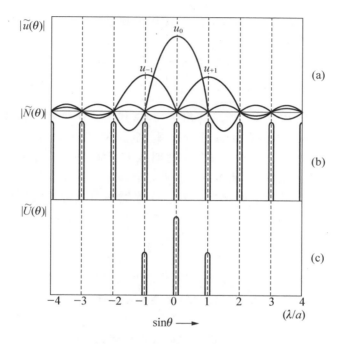

图 1-9　正弦光栅的振幅分布

思　考　题

1. 为什么 $d\sin\theta=k\lambda$ 是缝间干涉因子的主极强条件,而 $a\sin\theta=k\lambda$ 却是单缝衍射的暗纹条件?

2. 设缝宽 a 与缝间距离 d 之比 $a/d=m/n$(不可简约的分数),讨论缺级情况. $a/d=1$ 的情况应怎样理解?

3. 多缝衍射屏有缝宽 a,缝距 d,缝数 N 等三个结构参数,试分别讨论每一个参数的变化是如何影响主极强的位置、主极强的半角宽度和主极强的强度的.

4. N 缝衍射装置中入射光能流比单缝大 N 倍,而主极强却大 N^2 倍,这违反能量守恒律吗?

---

[1]　第五章我们将用非常简捷的方法(相因子判断法)得到这些结论.

5.画出下列三种情况下的夫琅禾费衍射强度曲线,并比较它们的特点:

(1)宽度为 a 的单缝;

(2)宽度为 $2a$ 的单缝;

(3)宽度为 a,间距 $d=2a$ 的双缝.

6.比较一下本节讨论的夫琅禾费双缝衍射和第二章§4讨论的杨氏双缝干涉.

7.在第三章图1-3所示的菲涅耳双棱镜干涉条纹的照片中可以看到各级条纹强度不等,它们按一定的规律起伏.试解释这类现象.

8.衍射屏上有大量缝宽 a 相同、但间距 d 作无规分布的缝,它的夫琅禾费衍射图样该是什么样的?

9.第二章8.1节中介绍过,圆孔的夫琅禾费衍射强度分布函数为

$$I(\theta)=I_0\left[\frac{2J_1(ka\theta)}{ka\theta}\right]^2,$$

其中 $k=2\pi/\lambda$,a 为圆孔半径,θ 是场点的角半径,J_1 代表一阶贝塞耳函数.当衍射屏上有很大数目(N 个)孔径相同但位置无规分布的圆孔时,衍射强度分布的函数表达式为何?

10.在玻璃板上撒上大量无规分布的不透明球形颗粒,设颗粒半径相同,求衍射强度分布的函数表达式.由此启发,你能想到一种测定颗粒半径和密度的方法吗?

11.在太阳或月亮的周围有时出现彩色晕圈,你能解释这种现象吗?

12.正入射时单缝衍射0级与缝间干涉0级重合,斜入射能将两个0级分离吗?

习　题

1.用坐标纸绘制 $N=2,d=3a$ 的夫琅禾费衍射强度分布曲线,横坐标取 $\sin\theta$,至少画到第7级主极强,并计算第一个主极强与单缝主极强之比.

2.用坐标纸绘制 $N=6,d=1.5a$ 的夫琅禾费衍射强度分布曲线,横坐标取 $\sin\theta$,至少画到第4级主极强,并计算第4级主极强与单缝主极强之比.

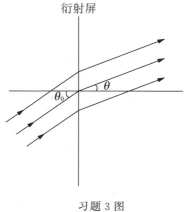

习题3图

3.导出斜入射时夫琅禾费多缝衍射强度分布公式:

$$I_\theta=I_0\left(\frac{\sin\alpha'}{\alpha'}\right)^2\left(\frac{\sin N\beta'}{\sin\beta'}\right)^2.$$

其中

$$\alpha'=\frac{\pi a}{\lambda}(\sin\theta-\sin\theta_0),$$

$$\beta'=\frac{\pi d}{\lambda}(\sin\theta-\sin\theta_0),$$

θ_0 为入射线与光轴的夹角(见图).

4.导出斜入射时主极强位置公式、第 k 级主极强的半角宽度公式及缺级情况,并注意与正入射情况作比较.

5.有三条平行狭缝,宽度都是 a,缝距分别为 d 和 $2d$(见图),证明正入射时其夫琅禾费衍射强度分布公式为

$$I_\theta = I_0 \left(\frac{\sin\alpha}{\alpha}\right)^2 [3 + 2(\cos2\beta + \cos4\beta + \cos6\beta)],$$

其中 $\alpha = \pi a \sin\theta/\lambda$，$\beta = \pi d \sin\theta/\lambda$.

6.导出不等宽双缝的夫琅禾费衍射强度分布公式,缝宽分别为 a 和 $2a$,缝距 $d = 3a$（见图）.

7.有 $2N$ 条平行狭缝,缝宽相同都是 a,缝间不透明部分的宽度作周期性变化: $a, 3a$, $a, 3a, \cdots$（见图）.求下列各种情形中的衍射强度分布:

（1）遮住偶数缝;

（2）遮住奇数缝;

（3）全开放.

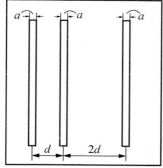

习题 5 图

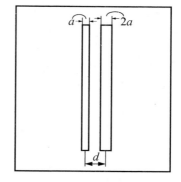

习题 6 图

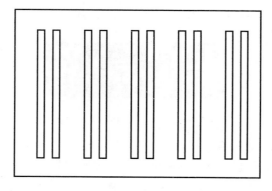

习题 7 图

§2 光栅光谱仪

2.1 光栅的分光原理

上节的式(1.8)

$$\sin\theta = k\frac{\lambda}{d} \quad \text{或} \quad d\sin\theta = k\lambda$$

称为光栅公式. 它表明, 不同波长的同级主极强出现在不同方位. 长波的衍射角大, 短波的衍射角小. 如果入射光里包含几种不同波长 $\lambda, \lambda', \cdots$ 的光, 则除 0 级外各级主极强位置都不同(图 2-1(a)), 因此用缝光源照明时, 我们看到的衍射图样中有几套不同颜色的亮线, 它们各自对应一个波长(图 2-1(b)). 这些主极强亮线就是谱线, 各种波长的同级谱线集合起来构成光源的一套光谱. 如果光源发出的是具有连续谱的白光, 则光栅光谱中除 0 级仍近似为一条白色亮线外, 其他级各色主极强亮线都排列成连续的光谱带.

可以看出, 光栅光谱与棱镜光谱有个重要区别, 就是光栅光谱一般有许多级, 每级是一套光谱, 而棱镜光谱只有一套.

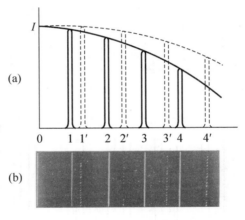

图 2-1 光栅光谱

2.2 光栅的色散本领和色分辨本领

近代光谱仪中的光栅是一种十分精密的分光元件. 同一切分光元件一样, 光栅性能的主要标志有二: 一是色散本领, 二是色分辨本领. 两者都是要说明最终能够被仪器(包括接收器)所分辨的最小波长间隔 $\delta\lambda$ 有多少.

(1)色散本领

实际中很关心的问题之一, 是对于一定波长差 $\delta\lambda$ 的两条谱线, 其角间隔 $\delta\theta$ 或在幕上的距离 δl 有多大, 这就是仪器的色散本领问题. 角色散本领定义为

$$D_\theta \equiv \frac{\delta\theta}{\delta\lambda}, \tag{2.1}$$

线色散本领定义为

$$D_l \equiv \frac{\delta l}{\delta \lambda}. \tag{2.2}$$

设光栅后面聚焦物镜的焦距为 f，则 $\delta l = f \delta \theta$，所以线色散本领与角色散本领之间的关系是

$$D_l = f D_\theta. \tag{2.3}$$

现在来计算光栅的色散本领.仍从光栅公式出发,取它两端的微分,得

$$\cos\theta_k \delta\theta = k \frac{\delta\lambda}{d},$$

于是得光栅的角色散本领

$$D_\theta = \frac{k}{d \cdot \cos\theta_k} \tag{2.4}$$

和线色散本领

$$D_l \doteq \frac{kf}{d \cdot \cos\theta_k}. \tag{2.5}$$

上面结果表明,光栅的角色散本领与光栅常数 d 成反比,与级数 k 成正比,此外,线色散本领还与焦矩 f 成正比.但色散本领与光栅中衍射单元的总数 N 无关.为了增大角色散本领,近代光栅的缝是很密的,每毫米数百条到上千条,即 $d \approx 10^{-2}$—10^{-3} mm,这时对于 1 级光谱($k=1$)来说 $D_\theta \sim 0.1'/\text{Å}$—$1'/\text{Å}$.为了增大线色散本领,光栅的焦距 f 常达数米,这样其线色散本领 D_l 可达 0.1—1mm/Å 以上.对于级别更高的光谱,色散本领还可进一步加大[①].

例题 1 钠黄光包括 $\lambda = 5890.0\text{Å}$ 和 $\lambda' = 5895.9\text{Å}$ 两条谱线.使用 15cm、每毫米内有 1200 条缝的光栅,1 级光谱中两条谱线的位置、间隔和半角宽度各多少?

解 光栅的缝间距离(光栅常数)为

$$d = \frac{1}{1200}\text{mm} = \frac{1}{12000}\text{cm},$$

根据光栅公式,一级谱线的衍射角为

$$\theta = \arcsin\frac{\lambda}{d} = \arcsin(0.7068) = 44°58.5'.$$

光栅的角色散本领为

$$D_\theta = \frac{k}{d \cdot \cos\theta_k} = 1.7 \times 10^{-4} \text{rad/Å} = 0.57'/\text{Å},$$

所以波长差 $\delta\lambda = 5.9\text{Å}$ 的钠双线的角间隔为

$$\delta\theta = D_\theta \delta\lambda = 0.57' \times 5.9 = 3.4'.$$

又因光栅总宽度 $Nd = 15\text{cm}$,所以双线中每条谱线的半角宽度为

---

① 在实用中人们习惯于用"Å/mm"来表示光栅色散的能力,这相当于线色散本领的倒数.

$$\Delta\theta = \frac{\lambda}{Nd \cdot \cos\theta} = \frac{5.89 \times 10^{-5}\,\text{cm}}{15\,\text{cm} \times \cos 44°58.5'}$$

$$= 5.55 \times 10^{-6}\,\text{rad} = 0.019'.$$

(2)色分辨本领

色散本领只反映谱线(主极强)中心分离的程度,它不能说明两条谱线是否重叠.所以只有色散本领大还是不够的,要分辨波长很接近的谱线,仍需每条谱线都很细.如图 2-2 所示,在(a),(b),(c)三种情形里的色散本领都一样,即波长分别为 λ 和 $\lambda' = \lambda + \delta\lambda$ 的两条谱线的角间隔 $\delta\theta$ 一样,但每条谱线的半角宽度 $\Delta\theta$ 不同.在图(a)中 $\Delta\theta > \delta\theta$,两条谱线的合成强度如粗线所示,看起来和一条粗谱线无异,因此无法分辨它们本来有两条谱线.在图(c)中 $\Delta\theta < \delta\theta$,合成强度在中间有个很明显的极小.我们可以分辨出这是两条谱线.和第二章§6中讨论光学仪器的像分辨本领时一样,通常规定 $\Delta\theta = \delta\theta$(图(b))是两谱线刚好能分辨的极限,这便是所谓"瑞利判据".

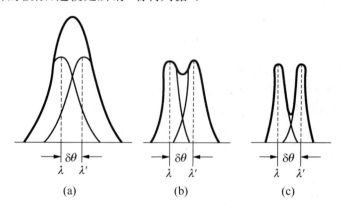

图 2-2 瑞利判据

对于每个光栅,谱线的半角宽度 $\Delta\theta$ 是一定的,它由式(1.11)决定,即

$$\Delta\theta = \frac{\lambda}{Nd \cdot \cos\theta}.$$

根据瑞利判据,这也就是能够分辨的两条谱线的色散角 $\delta\theta$,由此可以推断出能够分辨的最小波长差

$$\delta\lambda = \frac{\delta\theta}{D_\theta} = \frac{\Delta\theta}{D_\theta} = \frac{d \cdot \cos\theta}{k} \cdot \frac{\lambda}{Nd \cdot \cos\theta}$$

$$= \frac{\lambda}{kN}.$$

$\delta\lambda$ 越小,说明仪器的色分辨本领越大,通常一个分光仪器的色分辨本领定义为

$$R \equiv \frac{\lambda}{\delta\lambda}. \tag{2.6}$$

由此求得光栅的色分辨本领公式

$$R = kN. \tag{2.7}$$

上式表明,光栅的色分辨本领正比于衍射单元总数 N 和光谱的级别 k,与光栅常数 d 无关.

例题 2　一个 15cm 宽的光栅,每毫米内有 1200 个衍射单元,在可见光波段的中部 $(\lambda \sim 5500\text{Å})$ 此光栅能分辨的最小波长差为多少?

解　$d = (1/1200)\text{mm}$,$N = 15\text{cm} \times 1200/\text{mm} = 18 \times 10^4$. 由式(2.7)得一级光谱的色分辨本领为

$$R = 18 \times 10^4.$$

所以,在 $\lambda \sim 5500\text{Å}$ 附近能分辨的最小波长间隔

$$\delta\lambda = \frac{\lambda}{R} = 0.03\text{Å}. \quad |$$

例题 3　用以上例题中的光栅作为分光元件,组成一台光栅光谱仪. 如果用照相底片摄谱,由于乳胶颗粒密度的影响,感光底片的空间分辨本领为 200 条/mm,为了充分利用光栅的色分辨本领,这台光谱仪器的焦距至少要有多长?

解　根据题意,应当要求光栅的线色散本领能将波长差 $\delta\lambda = 0.03\text{Å}$ 的两条谱线分开到 $(1/200)\text{mm}$ 的线距离,即

$$D_l = \frac{1}{200 \times 0.03}\text{mm}/\text{Å} = 0.16\text{mm}/\text{Å}.$$

仪器的焦距应为

$$f = D_l d \cos\theta_k / k = D_1 \sqrt{d^2 - (d\sin\theta_k)^2} / k$$
$$= D_l \sqrt{d^2 - (k\lambda)^2} / k = 1.0\text{m}. \quad |$$

以上几个例题告诉我们,角色散本领、线色散本领以及色分辨本领三者是光谱仪器三个独立的性能指标,各有各的作用,彼此不能替代,而应当互相匹配得当. 这对光谱仪的设计者来说是必须综合考虑的基本问题,对于使用者来说,懂得这一点也是很有好处的.

2.3　量程与自由光谱范围

由于衍射角最大不超过 $90°$,根据光栅公式,最大待测波长 λ_M 不能超过光栅常数 d,即

$$\lambda_M < d.$$

因此,工作于不同波段的光栅光谱仪要选用光栅常数适当的光栅备件.

光栅光谱仪中可能发生邻级光谱重叠的现象. 例如 8000Å 的一级谱线与 4000Å 的二级谱线正好重合. 显然在实际测量时应避免发生这种情况,在红外或紫外波段无法用肉眼判断颜色时,这个问题就尤为突出了. 因此,光栅光谱仪工作波段的上限(长波)λ_M 与下限(短波)λ_m 受到自由光谱范围(即不重叠的光谱范围)的限制. 对一级光谱来说,要求

$$\lambda_m > \lambda_M/2.$$

2.4　闪耀光栅

前面讲的透射光栅有很大缺点,就是衍射图样中无色散的 0 级主极强总占有总光能

的很大一部分,其余的光能也分散在各级光谱中,以致每级光谱的强度都比较小.造成这种状况的原因是单元衍射因子与单元间干涉因子主极强重叠.实际中使用光栅时只利用它的某一级光谱,我们需要设法把光能集中到这一级光谱上来.用闪耀光栅可以解决这个问题.

目前闪耀光栅多是平面反射光栅.以磨光了的金属板或镀上金属膜的玻璃板为坯子,用劈形钻石刀头在上面刻划出一系列锯齿状槽面(见图2-3).槽面与光栅(宏观)平面之间的夹角,或者说它们的法线 n 和 N 之间的夹角 θ_b,叫做闪耀角.闪耀角的大小可由刻制时刀口的形状来控制.下面我们来分析,这种平面反射光栅的单槽衍射0级是怎样与槽间干涉0级错开,从而把光能转移并集中到所需的一级光谱上的.

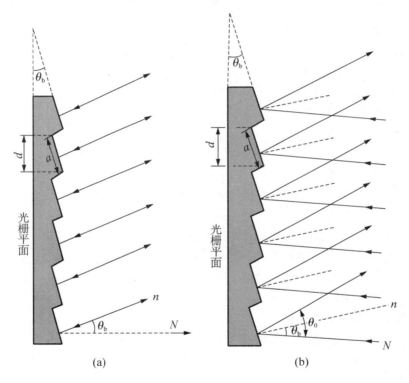

图 2-3 闪耀光栅

可供选择的照明方式有两种,分别示于图 2-3 的(a)和(b)中.第一种照明方式(图(a)),是平行光束沿槽面法线 n 方向入射,单槽衍射的0级是几何光学的反射方向,即沿原方向返回.对于槽间干涉来说,相邻槽面之间在这方向有光程差 $\Delta L = 2d\sin\theta_b$.满足下式的 λ_{1b} 叫做1级闪耀波长:

$$2d\sin\theta_b = \lambda_{1b},$$

光栅的单槽衍射0级主极强正好落在 λ_{1b} 光波的1级谱线上(图2-4).又因闪耀光栅中的 $a \approx d$,λ_{1b} 光谱的其他级(包括0级)都几乎落在单槽衍射的暗线位置形成缺级(见

图 2-4(c)). 这样一来, 80%—90% 的光能集中到 λ_{1b} 光的 1 级谱线上, 使其强度大大增加. 显然, λ_{1b} 光的闪耀方向不可能严格地又是其他波长的闪耀方向, 不过由于单槽衍射 0 级主峰有一定宽度, 它可容纳 λ_{1b} 附近一定波段内其他波长的 1 级谱线. 使它们也有较大的强度, 同时, 这些波长的其他级谱线也都很弱. 此外, 用同样的办法我们可以把光强集中到 2 级闪耀波长 λ_{2b} 附近的 2 级光谱中去. λ_{2b} 满足

$$2d\sin\theta_b = 2\lambda_{2b}.$$

总之, 我们可以通过闪耀角 θ_b 的设计, 使光栅适用于某一特定波段的某级光谱上.

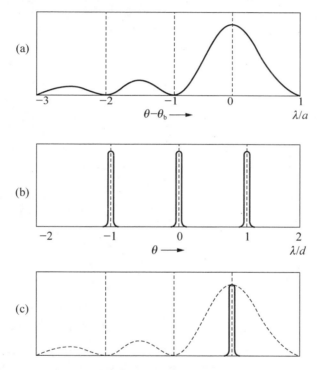

图 2-4 单槽衍射(图(a))的 0 级与槽间干涉(图(b))的 1 级重合,
将光强集中到 1 级光谱中去(图(c))

第二种照明方式(图(b)), 是平行光束沿光栅平面法线 N 入射, 经槽面反射的几何光线与入射方向有 $2\theta_b$ 的夹角. 这时相邻槽面间的光程差将为 $\Delta L = d\sin2\theta_b$. 有关这种照明方式衍射图样的分析与第一种类似, 只是需采用斜入射的公式(见 §1 习题 3). 这里我们不仔细交代了, 留给感兴趣的读者自己处理.

例题 4 分析红外波段 $10\mu m$ 附近的 1 级光谱, 决定选用闪耀角为 $30°$ 的光栅, 问光栅的刻槽密度应为多少?

解 令 $\lambda_{1b} = 10\mu m$,

$$\frac{1}{d} = \frac{2\sin\theta_b}{\lambda_{1b}} = 100 \ 条/mm. \ \blacksquare$$

实际的光栅光谱仪装置并不像原理性装置图 1-1 所示那样用透镜聚焦,而是用凹面反射镜(见图 2-5).这样既可避免吸收和色差,又可缩短装置的长度.在像面上既可一次曝光获得光谱图,也可采用出射狭缝来提取不同的谱线,用光电元件(如光电倍增管)接收,把光谱强度转化为电信号指示出来.通常闪耀光栅光谱仪的设置如图 2-5 所示,其中 S_1 为入射狭缝,S_2 为出射狭缝,G 是光栅,M_1,M_2 为凹面反射镜.为了操作方便,实际光栅光谱仪中狭缝 S_1,S_2,光源和光电元件都固定不动,而光栅平面的方位是可调节的.通过光栅平面的转动,把不同波长的谱线调节到出射狭缝 S_2 上去.这样做就必须采用上述第一种照明方式,以便光栅上的几何反射线方向变动不大,不太影响单槽衍射的 0 级位置.闪耀光栅也可作为独立的分光元件使用,这时因光栅宏观平面的法线 **N** 比较容易辨认,可使用第二种照明方式.

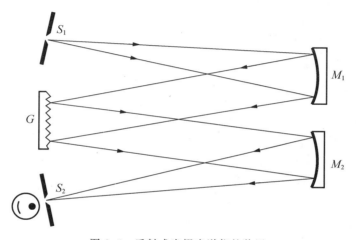

图 2-5 反射式光栅光谱仪的装置

与棱镜光谱仪一样,光栅光谱仪既可用于分析光谱,也可以当作一台单色仪使用,即把它的出射狭缝当作具有一定波长的单色光源.

光栅与棱镜相比,容易获得较大的色散,而且色散也比较均匀.但由于透射光栅的光谱强度比棱镜弱得多,过去在需要考虑光谱的强度问题时,还是得用棱镜.由于制造光栅技术上的进步,出现了制造方便、成本低廉、质量很好的平面反射式的闪耀光栅.铝在近红外区域和可见区域的反射系数都比较大,而且几乎是常数;更重要的是它在紫外区域的反射系数比金和银都大,此外它还比较软,便于刻划.而制造透红外线或紫外线的棱镜有各种困难,如石英在红外区域色散太小,食盐怕潮等等.由于以上种种原因,克服了光谱强度弱的缺点的铝制平面反射闪耀光栅,已在各种分光仪器中,逐渐取代了棱镜的地位.更令人注目的是随着全息技术的发展,相位型的透射式全息闪耀光栅已有商品问世,其前景也是不可低估的.下面仅就传统的刻线光栅谈谈制作问题.

广泛应用的平面反射光栅,是在玻璃坯上镀一层铝膜,然后用金刚石在铝膜上刻划出很密的平行刻槽而成.我国大量生产的平面反射光栅每毫米刻槽 600 条或 1200 条,最密的达 1800 条.刻划一块精密光栅的要求是很高的,不但要保持每条刻痕都很直,而且

还要求刻痕的间隔 d 十分均匀，深度和剖面形状很一致，它们的精确度都是以光波的几分之一或几十分之一来衡量的. 因而光栅刻划机的元件，如钻石刀头、丝杠、齿轮、导轨和轴承等都要非常精密. 而且在刻划过程中还要防止震动和温度变化，刻划的动作要慢，每分钟刻 6 线，刻一块 90000 条线的光栅，昼夜不停，需一星期. 由于机件的误差，在光栅光谱中就会出现一些多余的亮线，以假乱真. 这种不代表真实谱线的亮线叫做鬼线. 好的光栅要求鬼线的强度应小于真实谱线强度的百分之几或千分之几，这对机件允许的误差要求是很高的. 所以，刻划一块精密的光栅是件很繁重的工作，不过一旦刻好一块母光栅，就可以用它作模型进行复制，复制光栅的成本就大大降低了.

*2.5 棱镜光谱仪的色分辨本领

在第一章 8.7 节讨论过棱镜光谱仪的色散本领问题，这里复习一下，并补充它的色分辨本领.

第一章式(8.11)给出的角色散本领公式为

$$D_\theta = \frac{2\sin(\alpha/2)}{\sqrt{1-n^2\sin^2(\alpha/2)}} \cdot \frac{dn}{d\lambda},$$

它又可写为

$$D_\theta = \frac{b}{a} \cdot \frac{dn}{d\lambda}, \tag{2.8}$$

式中 b 是棱镜底边长度，a 是光束的宽度(见图 2-6). 式(2.8)不难从最小偏向角公式[①]得到，请读者自己将它推导出来. 式中色散率 $dn/d\lambda$ 的数值可以查表. 各种光学玻璃和石英在可见光波段从长到短，$-dn/d\lambda$ 值大致在 $(0.3{-}1.3)\times10^{-5}/\text{Å}$ 范围内.

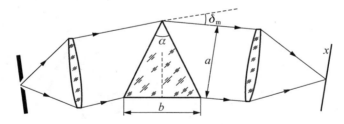

图 2-6 棱镜光谱仪的色散本领与分辨本领

棱镜对光束的限制作用相当于矩孔，它产生矩孔衍射，色分辨本领问题由此引起. 我们只关心沿图 2-6 纸面 x 方向的衍射，由第二章 7.5 节知道，宽度为 a 的光束的衍射半角宽度为 $\Delta\theta=\lambda/a$，另一方面因波长差 $\delta\lambda$ 引起谱线的角位移为 $\delta\theta=D_\theta\delta\lambda$. 按照瑞利判据，令 $\Delta\theta=\delta\theta$，导出棱镜的色分辨本领为

$$R \equiv \frac{\lambda}{\delta\lambda} = b\frac{dn}{d\lambda}. \tag{2.9}$$

① 第一章式(1.13).

其中 $\delta\lambda$ 是棱镜在光波长 λ 附近可能分辨的最小波长差.

第一章的式(8.11)和这里的式(2.8),(2.9)告诉我们,棱镜顶角 α 越大,或 b/a 越大,则色散本领越大;棱镜的底边 b 越长,则色分辨本领越大.总之,大棱镜的分光性能好.为了避免制作大块均匀光学玻璃的困难,可采用多个小棱镜联合工作,以增大底边的有效长度(图2-7).也可在棱镜的一个侧面镀上反射膜,使入射光束在棱镜内往返两次,以提高色散本领(图2-8).

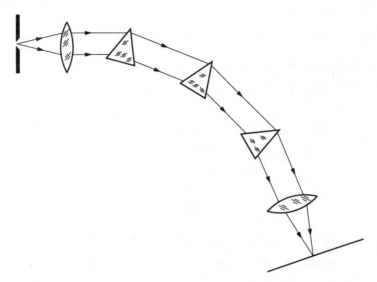

图 2-7　将多个小棱镜联合起来以增大底边的有效长度

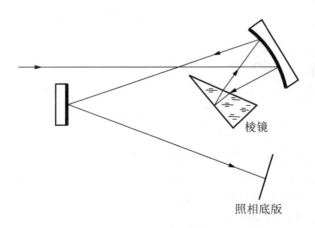

图 2-8　一台典型的棱镜摄谱仪光路结构

思　考　题

1.在光谱仪中为什么人们爱用反射镜(平面、凹面),而不大喜欢用透镜?

2.为了提高光栅的色散本领和分辨本领,既要求光栅刻线很密(即 d 小),又要求刻线总数很多(即 N 大).怎样理解 N 增大并不能提高光栅的色散本领? 怎样理解 d 减小时虽然扩大两条谱线的角间隔,却不能提高分辨本领?

3.现有一台光栅光谱仪备有同样大小的三块光栅,1200 条/mm;600 条/mm;90 条/mm.试问:

(1)当光谱范围在可见光部分,应选用哪块光栅? 为什么?

(2)当光谱范围在红外 $3\mu m$—$10\mu m$ 波段,应选用哪块光栅,为什么?

4.(1)试由 $R=kN$ 导出光栅分辨本领公式的另一形式:

$$R=D\sin\theta/\lambda,$$

其中 $D=Nd$. $D\sin\theta$ 的物理意义是什么?

(2)现代光栅的最大宽度 $D\sim25cm$,在波长 $0.5\mu m$ 附近其极限分辨本领 R 和相应的可分辨的最小波长间隔 $\delta\lambda$ 各多少?

(3)有人认为光栅光谱仪的分辨本领受照明光束的时间相干性限制,你觉得这看法有道理吗?

5.导出光栅色散本领公式的另一形式

$$D_\theta=\tan\theta/\lambda.$$

6.导出棱镜光谱仪色散本领的公式(2.8).

7.色散型光谱仪加上出射狭缝,就成为一台单色仪.由光栅光谱仪作成的单色仪,其输出光束的单色性好坏由什么因素决定? 怎样才算充分利用了光栅元件的分辨本领? 增大光栅的宽度 $D=Nd$,能改善输出光束的单色性吗?

习　　题

1.波长为 6500Å 的红光谱线,经观测发现它是双线,如果在 9×10^5 条刻线光栅的第 3 级光谱中刚好能分辨此双线,求其波长差.

2.若要 50 条/mm 的光栅在第 2 级光谱中能分辨钠双线 λ_1(5890Å)和 λ_2(5896Å),光栅宽度应选多少?

3.绿光 5000Å 正入射在光栅常数为 $2.5\times10^{-4}cm$,宽度为 $3cm$ 的光栅上,聚光镜的焦距为 $50cm$.

(1)求第 1 级光谱的线色散;

(2)求第 1 级光谱中能分辨的最小波长差;

(3)该光栅最多能看到第几级光谱?

4.一束白光正入射在 600 条/mm 的光栅上,第 1 级可见光谱末端与第 2 级光谱始端之间的角间隔有多少?

5.国产 31WI 型一米平面光栅摄谱仪的技术数据表中列有:

物镜焦距	1050mm
光栅刻划面积	60mm×40mm

闪耀波长	3650Å(1 级)
刻线	1200 条/mm
色散	8Å/mm
理论分辨率	72 000(1 级)

试根据这些数据来计算一下:

(1)该摄谱仪能分辨的谱线间隔的最小值为多少?

(2)该摄谱仪的角色散本领为多少(以 Å/′(弧分)为单位)?

(3)光栅的闪耀角为多大? 闪耀方向与光栅平面的法线方向成多大角度?

6.底边长度为 6cm 的棱镜,在光波长为 $0.6\mu m$ 附近能分辨的最小波长间隔为多少? 以棱镜材料的色散 $dn/d\lambda$ 值为 $0.4\times10^{-5}/Å$ 来估算.

7.根据以下数据比较光栅、棱镜、法-珀干涉仪三者的分光性能:(1)分辨本领;(2)色散本领;(3)自由光谱范围.

光栅宽度 $D=5$cm;刻线密度 $1/d=600$ 条/mm;棱镜底边 $b=5$cm;顶角 $\alpha=60°$;折射率 $n=1.5$;色散率 $dn/d\lambda=0.6\times10^{-5}Å$;法-珀腔长 $h=5$cm;反射率 $R=0.99$.

*§3 三维光栅——X 射线在晶体上的衍射

前面讨论的光栅都是一维的,即衍射屏的结构只在空间的一个方向上有周期性.除一维光栅外,还可以有二维光栅、三维光栅.固体的晶格在三维空间里有周期性的结构,它对于波长较短的 X 射线来说,是一个理想的三维光栅,这方面的研究工作至今已发展成为一门比较成熟的技术——X 射线结构分析.下面先对晶体点阵和 X 射线分别作些简单的介绍,然后讨论 X 射线在晶体上的衍射规律.

3.1 晶体点阵

晶体的特点是外部具有规则的几何形状,内部原子具有周期性的排列,两者互为表里. 例如,大家熟悉的食盐(NaCl),其晶粒的宏观外形总是具有直角棱边,其微观结构则是由钠离子(Na⁺)与氯离子(Cl⁻)彼此相间整齐排列而成的立方点阵(图 3-1). 在三维空间里无论沿哪个方向看,离子的排列都有严格的周期性.这种结构,晶体学上叫做晶格,或晶体的空间点阵.晶体中相邻格点的间隔 a_0 叫做晶格常数,它通常具有 10^{-8} cm,即 Å 的数量级.例如经测定,NaCl 晶体中相邻的 Na⁺,Cl⁻ 离子间隔 $a_0=5.627Å$.

3.2 X 射线

X 射线又称伦琴射线(W. K. Röntgen,1895 年),它是一种电磁波. 在电磁波谱的整个序列中 $10Å—10^{-2}Å$ 的波长范围属于 X 射线波段.产生 X 射线的机器——X 光机,其核心部件是 X 射线管,其结构见示意图 3-2.在抽空的玻璃管中装有阴极 K 和阳极 A,阴极由钨丝制成螺旋状,并由低压电源加热.阳极靶由钼、钨或铜等金属制成.在阳极和阴极之间加几万伏或几十万伏的直流高压.阴极发射的热电子流被高电压加速,以很大的速度轰击在阳极靶上而骤然停止,电子流的动能立即转变为 X 射线波段的电磁辐射能[①]从管壁或窗口穿出. 这样, 我们便得到了 X 射线.

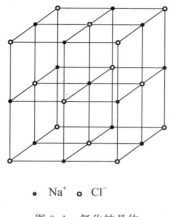

● Na⁺ ○ Cl⁻

图 3-1   氯化钠晶体

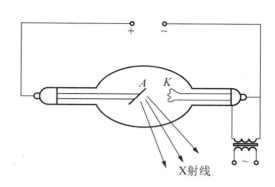

X射线

图 3-2   X 射线管

与可见光或紫外线相比, X 射线的特点是波长短, 穿透力强. 它很容易穿过由氢、氧、碳、氮等较轻元素组成的肌肉组织, 但不易穿透骨骼. 医学上用 X 射线检查人体生理结构上的病变, 就是 X 射线最早的应用之一. 随着加速电压的增高, 获得的 X 射线波长更短, 穿透力更强, 它可以穿过一定厚度的金属材料或部件, 由此发展起来一个新技术领域, 这就是 X 射线探伤学[②].

我们这里将讨论的只是 X 射线在晶体上的衍射问题. 一般 X 光机发出的 X 射线波长都在 Å 的数量级或更短. 要使这样短的电磁波产生明显的衍射效应, 用普通机械刻痕的光栅是不行的, 原因就是其光栅常数 $d \gg \lambda$. 前面看到, 晶体内部的原子间隔 $a_0 \approx \lambda$, 它们能使 X 射线发生明显的衍射效应, 是理想的 X 射线的衍射光栅.

3.3   X 射线在晶体上的衍射——布拉格条件

现在来分析 X 射线进入晶体以后所产生的衍射效果. 如图 3-3, 处在格点上的原子或离子, 其内部的电子在外来电磁场的作用下做受迫振动, 成为一个新的波源, 向各个方向发射电磁波. 也就是说, 在 X 射线照射下, 晶体中的每个格点成为一个散射中心. 这些散射中心在空间周期性地排列着, 它们发射的电磁波频率与外来 X 射线的频率相同, 而且这些散射波是彼此相干的, 将在空间发生干涉. 这同多缝光栅问题很相似, 在那里, 是入射光被大量周期性排列的单缝所衍射, 同时发生缝间干涉. 与单缝相当的, 在这里是晶格的格点, 两者都是衍射单元; 与光栅常数 d 相当的, 在这里是晶格常数, 两者都反映的是衍射屏的空间周期. 区别主要在于一个是一维的, 一个是三维的.

像一维衍射光栅那样计算单缝衍射因子的工作, 目前可省略掉, 这是因为实际中关

---

①   当然不可避免地还有一部分能量转化为热能.

②   30 万伏的 X 光机将产生中心波长在 0.96Å 附近的 X 射线, 它能穿过 4cm 厚的铝板而强度只降低为原来的三分之一, 如果再辅助其他措施, 还可以使穿透的最大厚度提高几倍.

心的是主极强的位置.像一维光栅那样处理缝间干涉的工作,在目前要复杂一些,这是因为晶体点阵是三维的.这个问题可分解为两步来处理:第一步,是处理一个晶面中各个格点之间的干涉——点间干涉;第二步,再处理不同晶面之间的干涉——面间干涉.

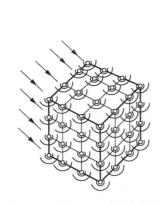

图 3-3 晶体对 X 射线的衍射

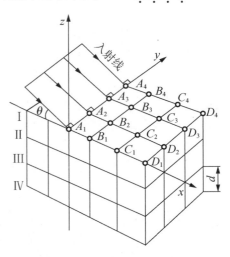

图 3-4 晶体点阵由晶面组成

(1)点间干涉

如图 3-4,整个晶体点阵可以看成是由一族相互平行的晶面Ⅰ,Ⅱ,Ⅲ,Ⅳ,…组成.设这些晶面平行于 x-y 面,入射的 X 射线垂直于 y 轴(因此平行于 z-x 面),并与晶面族成 θ 角(称为掠射角).现考虑某一晶面上各个格点 $A_1,A_2,A_3,A_4,\cdots B_1,B_2,B_3,B_4,\cdots C_1,C_2,C_3,C_4,\cdots D_1,D_2,D_3,D_4,\cdots$ 发出的散射波(或者说衍射波)的相干叠加.这些格点构成一个二维的点阵,对它来说,入射线是倾斜的.我们首先讨论这个二维点阵衍射的 0 级主极强方向,即沿此方向所有的衍射线之间没有光程差.这个问题又可以分解为两步来考虑:首先找出沿 y 方向排列的格点发出的衍射线之间零程差的条件,然后再讨论 x 方向排列的格点发出的衍射线之间零程差的条件,同时满足这两个条件的衍射方向就是二维点阵衍射的 0 级主极强方向.

如图 3-5,$A_1,A_2,A_3,A_4,\cdots$ 是一组沿 y 方向排列的格点.因入射线 1,2,3,4,…与 y 轴垂直,它们到达格点时彼此之间没有光程差.由图不难看出,任何一组相互平行的衍射线,只要仍保持与 y 轴垂直,它们之间就没有光程差.换句话说,由 $A_1,A_2,A_3,A_4,\cdots$ 发出的衍射线的零程差条件是它们与入射线一样位于与 z-x 面平行的平面(即入射面)内.图中所示的 $1',2',3',4',\cdots$ 就是这样一组可能的衍射线.

现在来研究沿 x 方向排列的格点(譬如 $A_1,B_1,C_1,D_1,\cdots$)发出的衍射线之间的零程差条件.考虑到上述沿 y 方向的零程差条件,这里只讨论平行于 z-x 面的衍射线.如图 3-6 所示,$a,b,c,d,\cdots$ 为一组平行的入射线,它们的掠射角为 θ,$a',b',c',d',\cdots$ 为一组平行的衍射线,它们与 x 轴的夹角为 θ'.由 A_1 和 D_1 分别作入射线和衍射线的垂线 A_1M 和

D_1N. 则 d,a 两条入射线之间的光程差为 $\Delta L=\overline{MD_1}=\overline{A_1D_1}\cos\theta$, 而 a',d' 两条衍射线之间的光程差为

$$\Delta L'=\overline{A_1N}=\overline{A_1D_1}\cos\theta'.$$

由此可见,零程差的条件是 $\theta'=\theta$.

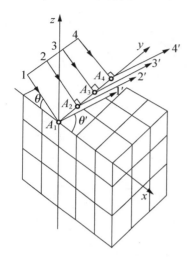

图 3-5 晶面内沿 y 方向排列的格点
上衍射波的零程差条件

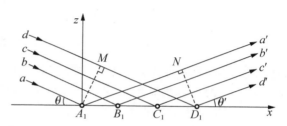

图 3-6 晶面内沿 x 方向排列的格点
上衍射波的零程差条件

总之,同时考虑二维点阵中两个方向的零程差条件,衍射线应在 z-x 面(入射面)内,且衍射角等于入射的掠射角. 换句话说,二维点阵的 0 级主极强方向,就是以晶面为镜面的反射线方向.

与一维光栅一样,在 $\lambda<d$ 的条件下,二维点阵是有更高级主极强的. 然而下面我们将看到,在讨论面间干涉时只考虑在反射方向上的 0 级主极强就够了①.

(2)面间干涉

上面已确定,每个晶面衍射的主极强沿反射方向,我们还要考虑不同晶面上的反射线之间的干涉. 图 3-7 中的 $1',2',3',4',\cdots$ 分别是晶面 Ⅰ,Ⅱ,Ⅲ,Ⅳ,$\cdots$ 的反射线. 这平行

---

① 除反射线外,沿原入射延长线方向的透射线显然也是等光程的,因此沿此方向也有一个 0 级主极强,它在与照相底片的交点 O 处产生一个亮斑(见图). 这亮斑的位置是反映入射线方向的,在实际中是确定其他亮斑位置的一个参考基点. 不过由于它的方向与晶体的取向无关,在下面讨论中不必考虑.

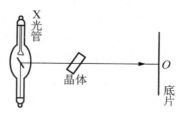

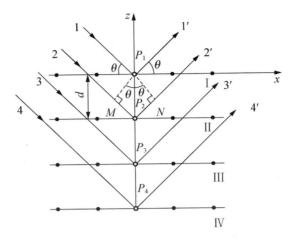

图 3-7 布拉格条件

的线束叠加起来是加强还是削弱,取决于相邻反射线之间的光程差.考虑晶面 Ⅰ,Ⅱ 上对应点 P_1,P_2 的反射线 1′ 和 2′.由 P_1 分别作入射线和反射线的垂线 P_1M 和 P_1N,则光线 1—1′ 和 2—2′ 之间的光程差为

$$\Delta L = \overline{MP_2} + \overline{P_2N} = 2d\sin\theta,$$

式中 d 为晶面间隔,θ 为掠射角.要使各晶面的反射线叠加起来产生主极强,光程差 ΔL 必须是 λ 的整数倍,即面间干涉的主极强条件为

$$2d\sin\theta = k\lambda, \tag{3.1}$$

式中 k 为正整数,这就是通常说的晶体衍射的布拉格条件(W. L. Bragg,1913 年,布拉格父子因使用 X 射线研究晶体结构而获得 1915 年的诺贝尔物理学奖金).应当指出,对布拉格条件的理解要与一维光栅的主极强条件(即光栅公式 $d\sin\theta = k\lambda$)有所不同.这里有两个重要区别:

(i)在一块晶体内部有许多晶面族.图 3-8 中就画出了三个可能的晶面族.不同的晶面族有不同的取向和间隔(如 d_1,d_2,d_3,$\cdots$),对于给定的入射方向来说有不同的掠射角,如 θ_1,θ_2,θ_3,$\cdots$(见图 3-9(a),(b),(c)).对应于每个晶面族有一个布拉格条件:$2d_1\sin\theta_1 = k_1\lambda$,$2d_2\sin\theta_2 = k_2\lambda$,$2d_3\sin\theta_3 = k_3\lambda$,$\cdots$.这就是说,给定了入射方向,不仅有一个,而是有一系列布拉格条件.而在一维光栅的情形是,对于给定的入射方向只有一个光栅公式.

上面我们对每个给定的晶面内发生的点间干涉只取了 0 级反射主极强.可以证明,如果取高级主极强,所得的面间干涉主极强条件,恰好相当于另一取向的晶面族的布拉格条件.亦即,对某一晶面族取各级面内点间干涉的主极强,与对各个可能的晶面族只取 0 级反射主极强,两种方法是等效的.后一方法使问题大为简化.

(ii)在一维光栅公式中 θ 是衍射角,对于一定的波长 λ,总有一些衍射角满足光栅公式.在三维晶体光栅的情形里,θ 是掠射角.当入射方向和晶体取向给定之后,所有晶面族的布拉格条件中 d 和 θ 都已限定,对于随便的一个波长 λ 来说,它也许会刚巧满足一个或

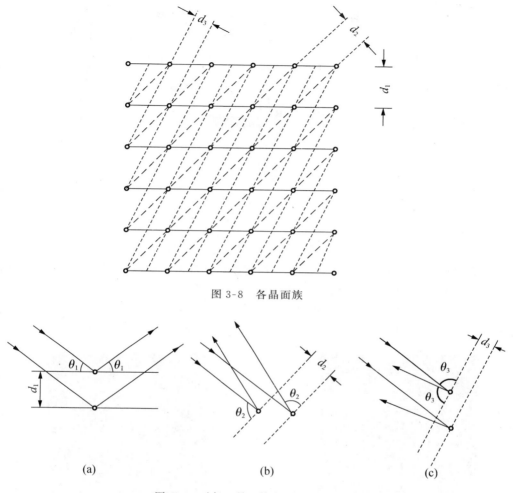

图 3-8 各晶面族

图 3-9 对每一晶面族有一布拉格条件

几个晶面族的布拉格条件,但一般说来,很可能一个也不满足.如果它满足某一晶面族的布拉格条件,在相应的反射方向上将出现主极强;不满足,就没有主极强.总之,在入射方向、晶体取向和入射波长三者都给定了之后,一般情况下很可能根本就没有主极强.

3.4 劳厄相和德拜相

鉴于晶体(三维)衍射出现主极强的条件要求相当苛刻,要获得一张 X 射线的衍射图就不应该同时限定入射方向、晶体取向和光的波长. 这可以有两种做法.

(1)劳厄法(M. von Laue,1912 年):用连续谱的 X 射线照在单晶体上,这时给定了晶体的取向但不给定波长,每个晶面族的布拉格条件都可从入射光中选择出满足它的波长来,从而在所有晶面族的反射方向上都出现主极强.如果像图 3-10 所示那样用照相底片来接收衍射线,则在每个主极强方向上出现一个亮斑,即所谓劳厄斑.这样的一张图样叫做劳厄相(图 3-11).用劳厄相可以确定晶轴的方向.劳厄因这方面的工作荣获 1914 年的诺贝尔物理学奖金.

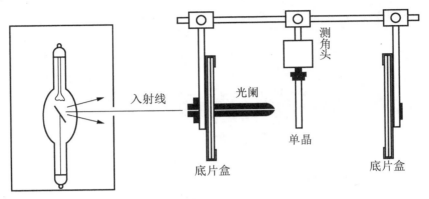

图 3-10 拍摄劳厄相的装置

(2)粉末法:用单色的 X 射线照在多晶粉末上,这时给定了波长但不限定晶体取向,大量取向无规的晶粒为射线提供了满足布拉格条件的充分可能性.用这种方法在照片上得到的叫做德拜相(图 3-12).用德拜相可以确定晶格常数.

利用 X 射线的劳厄相或德拜相可以作晶体的结构分析.反之,在晶体结构已知的情况下,利用这类照片可以确定 X 射线的光谱,这对研究原子的内层结构是很重要的.

图 3-11 NaCl 单晶的劳厄相

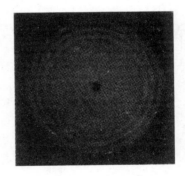

图 3-12 ZrO₂ 晶体粉末的德拜相

有关 X 射线在晶体上衍射的许多细致问题超出本课的范围,这里不作介绍了.

思 考 题

分别就图(a),(b)两种光栅模型分析 $x\text{-}z$ 平面内夫琅禾费衍射主极大条件,并回答下列问题:

(1)设入射波长连续分布,光栅(a),(b)对产生极大的波长有无限制?

(2)设入射波长满足 $d=10\lambda$,光栅(a)中衍射极大共有几级? 哪些能在光栅(b)中保留下来?

(3)设光栅(b)中入射波长连续,试求主极大衍射角 θ 从 $90°$ 往下的任意三个值.

(4)如果衍射单元是在 x-y 平面内的点阵(图(c)),试分析衍射线平行于 x-z 平面的夫琅禾费衍射的主极大条件. 这种情形与上述(a)或(b)中的哪一种相似?

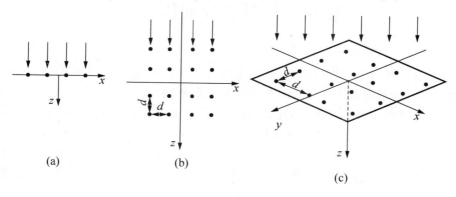

(a)　　　　　　(b)　　　　　　(c)

思考题图

第五章　傅里叶变换光学

在物理学的几门基础学科中,光学几乎与力学一样的古老,相对来说电磁学要年轻得多.然而从二十世纪四十年代后期开始的三十余年间,光学在理论方法上和实际应用上都有许多重大的突破和进展.因此,"现代光学"的提法颇为流行.1948年全息术的提出,1955年作为像质评价的传递函数的兴起,1960年新型光源——激光器——的诞生,它们是现代光学中有重要意义的三件大事.连同六十年代以后由于有了激光的重新装备而迅速发展起来的薄膜光学、纤维光学、集成光学等应用光学诸方面,使光学这门历史悠久的学科焕发了青春,它正以自身深刻的变革和日益扩展的应用领域,引人注目地活跃在现代物理学和现代科学技术的广阔舞台上.

现代光学的重大进展之一是引入"变换"的概念,由此逐渐发展出光学的一个新分支——傅里叶变换光学,简称变换光学,或傅里叶光学.目前的变换光学大体指两类内容.一是傅里叶光谱仪中存在的那类变换关系:

$$\boxed{干涉图} \Longleftrightarrow \boxed{光谱图}$$

它从干涉强度的空间频谱中提取光源辐射的时间频谱(即通常说的光谱).另一类是相干成像系统和不相干成像系统中存在的变换关系:

$$\boxed{物} \Longleftrightarrow \boxed{像}$$

这第二类光学变换的内容相当丰富,它包括光学空间滤波和信息处理,光学系统的脉冲响应和传递函数,波前再现和全息术等等.变换光学的基本思想是用空间频谱的语言分析光信息,用改变频谱的手段处理相干成像系统中的光信息,用频谱被改变的眼光评价不相干成像系统(光学仪器)中像的质量(像质).

现代变换光学的基本规律并未超出传统波动光学的范围,它仍然以经典波动光学原理为基础,它是干涉和衍射的综合和提高,它与衍射,特别是与夫琅禾费衍射息息相关.因此,我们将从衍射问题开始,逐步引出它的概念和方法.

§1　衍射系统的屏函数和相因子判断法

1.1　衍射系统及其屏函数

对于"衍射"问题,我们曾有过几种不同深度的认识.最初我们说,当光在传播过程中遇到障碍物时偏离直线传播,或更广泛一些,偏离几何光学的传播规律,这种现象叫做衍射.在把惠更斯-菲涅耳原理运用到圆孔、圆屏、单缝、多缝等衍射问题后,我们意识到,衍射的发生,是由于光在传播过程中波面受到某种限制,亦即自由波面发生破损.现在我们要说,当光在传播过程中,由于种种原因而改变了波前的复振幅分布(包括振幅分布或相位分布),后场不再是自由传播时的光波场,这便是衍射.以上各种说法都是可取的,它们反映了人们对衍射现象的认识在逐步深入,其中最后一种说法对衍射现象因果关系的概括更为普遍和本质,它也是从菲涅耳-基尔霍夫衍射积分公式所能作出的最广泛的直接推论.

凡能使波前上复振幅发生改变的物,统称衍射屏.衍射屏可以是反射物,也可以是透射物.透射式衍射屏有圆孔、矩孔、单缝等一类;有小球、细丝、玻璃上的墨点、小颗粒等一类;有黑白光栅、菲涅耳波带片等一类;有一幅景物的底片、一张图像、一页数码字符等一类;也有如透镜这类透明的相位型衍射物.

以衍射屏为界,整个衍射系统被分成前后两部分.前场为照明空间,充满照明光波场;后场为衍射空间,充满衍射光波场.一般说来,照明光波比较简单,它常是球面波或平面波,这两种典型波的等相面和等幅面是重合的,在其波场中没有因强度起伏而出现的亮暗图样.衍射波则比较复杂,它不是单纯的球面波或平面波,这种复杂的波的等相面和等幅面一般不重合,属于非均匀波,波场中常有因强度起伏而形成的衍射图样.

在一个衍射系统中,我们特别要考虑三个波前上的场分布.如图 1-1,衍射屏之前是照明光波前 $\tilde{U}_1(x,y)$,它称为入射场;衍射屏之后是衍射光波前 $\tilde{U}_2(x,y)$,它称为透射场(或反射场);最后还有一个接收场 $\tilde{U}(x',y')$.把波前 $\tilde{U}_1(x,y)$ 转化为波前 $\tilde{U}_2(x,y)$ 是衍射屏的作用,从波前 $\tilde{U}_2(x,y)$ 导出波前 $\tilde{U}(x',y')$ 是光的传播问题.两步合起来成为衍射.可以说,衍射就是波前变换.

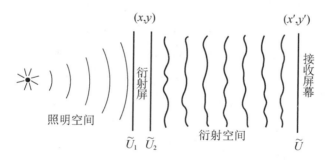

图 1-1 衍射系统中的三个波前

衍射屏的作用可集中地用如下一个函数来表征:

$$\tilde{t}(x,y) = \frac{\tilde{U}_2(x,y)}{\tilde{U}_1(x,y)}, \tag{1.1}$$

对于透射屏,它称为复振幅透过率函数;对于反射屏,它称为复振幅反射率函数.二者统称屏函数.

屏函数一般也是复数,它包括模和辐角两部分.$\tilde{t}(x,y)$ 的辐角为常数的衍射屏称为振幅型的;$\tilde{t}(x,y)$ 的模为常数的衍射屏称为相位型的.

任何形状的孔或遮光屏是最简单的振幅型衍射屏,其屏函数的形式为

$$\tilde{t}(x,y)=\begin{cases}1,透光部分;\\0,遮光部分.\end{cases}$$

透镜则是最常见的相位型衍射屏.有关透镜的屏函数,我们将在1.3节中介绍.

1.2　相因子判断法

从原则上讲,依据菲涅耳-基尔霍夫衍射积分公式,可以由一个波前导出另一个波前,譬如由衍射屏的输出场 $\tilde{U}_2(x,y)$ 导出接收屏幕上的衍射场 $\tilde{U}(x',y')$.但实际上这种积分的运算往往很复杂,总需在一定条件下作近似处理.即使如此,能给出定量结果的情形也为数不多.不过,我们应注意到,波场的主要特征体现在波前函数的相因子中.如果能将一个复杂的波场中复振幅的相因子与平面波或球面波的相因子作一比较,使之联系起来,则复杂波场即可分解为一系列平面波或球面波成分,从而使我们比较容易从概念上去掌握它.复杂波场中各成分(不同方向的平面波和不同聚散中心的球面波)还可用透镜和棱镜等元件进行实际上的分离,这就便于人们对波前作进一步的处理.所谓"相因子判断法",简言之,即根据波前函数的相因子来判断波场的性质,分析衍射场的主要特征.须知,在很多场合,我们只需掌握衍射场的主要特征就已够用了,在全息术中尤其如此.这时用相因子判断法将比衍射积分运算简捷得多.为了使用相因子判断法,我们先要熟悉两件事:一是平面波和几种典型情况下球面波在波前上的相因子;另一是几种常用光学元件——透镜、棱镜的相位变换函数.第一件事已在第二章§2中解决了,现在只是将那里的重要结果加以整理、归纳和补充,列成表Ⅴ-1,表中的球面波都取傍轴近似,相位函数中只保留与波前上的坐标 x,y 有关的部分,$k=2\pi/\lambda$.第二件事将在1.3节中讨论.

表Ⅴ-1　平面波和球面波在波前上的相因子

波的类型	特征	相因子	图解
(1)平面波	传播方向 (θ_1,θ_2) 当 $\theta_1=\theta_2=0$ 时	$\exp[ik(\sin\theta_1 x+\sin\theta_2 y)]$ 1	
(2)发散球面波	中心在轴上 坐标 $(0,0,-z)$	$\exp\left[ik\dfrac{x^2+y^2}{2z}\right]$	

续表

波的类型	特征	相因子	图解
(3)会聚球面波	中心在轴上坐标$(0,0,z)$	$\exp\left[-ik\dfrac{x^2+y^2}{2z}\right]$	
(4)发散球面波	中心在轴外坐标$(x_0,y_0,-z)$	$\exp\left[ik\left(\dfrac{x^2+y^2}{2z}-\dfrac{xx_0+yy_0}{z}\right)\right]$	
(5)会聚球面波	中心在轴外坐标(x_0,y_0,z)	$\exp\left[-ik\left(\dfrac{x^2+y^2}{2z}-\dfrac{xx_0+yy_0}{z}\right)\right]$	

1.3 透镜的作用及其相位变换函数

在成像光学系统中,透镜起两方面的作用.一方面它是光瞳,限制着波面,仅提取入射光波中央一部分波面Σ_1进入光学系统;另一方面它变换波面,把一种波面变换为另一种.例如,在理想成像的情况下,凸透镜把发散的球面波Σ_1变换为会聚的球面波Σ_2.较为实际的情况是,它把入射波面变换为偏离球面的像差波面Σ_2'(参见图1-2).以往我们分别用有限孔径引起的衍射和透镜本身的几何像差来描述上述两种作用.其实,从纯粹波动光学的观点,对透镜引入一个复振幅透过率函数$\tilde{t}(x,y)$,即可把透镜的上述两方面的性质全部反映出来.

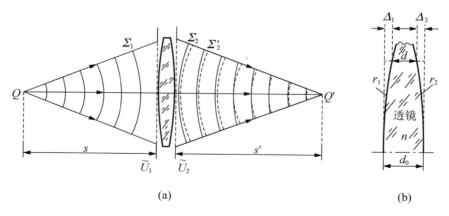

(a) (b)

图1-2 把透镜看作一种相位型透射屏

如图 1-2,在透镜前后各取一个平面,设在它们上面的入射波前和透射波前分别为

$$\begin{cases} \widetilde{U}_1(x,y)=A_1(x,y)\exp[i\varphi_1(x,y)], \\ \widetilde{U}_2(x,y)=A_2(x,y)\exp[i\varphi_2(x,y)]. \end{cases}$$

透镜的透过率函数为

$$\widetilde{t}_L(x,y)=\frac{A_2}{A_1}\exp[i(\varphi_2-\varphi_1)]=\begin{cases} a(x,y)e^{i\varphi(x,y)}, & r<\dfrac{D}{2}; \\ 0, & r>\dfrac{D}{2}. \end{cases} \tag{1.2}$$

这里 $r=\sqrt{x^2+y^2}$,D 是透镜直径.设透镜材料对入射光波是透明的,忽略透镜对光的吸收、反射等能量的损耗,则 $A_2=A_1$,

$$a(x,y)=A_2(x,y)/A_1(x,y)=1,$$

于是,在透镜的孔径内

$$\widetilde{t}_L(x,y)=\exp[i\varphi_L(x,y)], \tag{1.3}$$

其中

$$\varphi_L(x,y)=\varphi_2(x,y)-\varphi_1(x,y),$$

称 $\widetilde{t}_L$ 为透镜的相位变换函数.

严格求透镜的相位变换函数是困难的,下面在傍轴条件下计算薄透镜的相位变换函数.由于透镜很薄,入射点与出射点的坐标相近,光程可近似地沿平行于光轴方向计算.如图 1-2(b),有

$$\varphi_L(x,y)=\frac{2\pi}{\lambda}[\Delta_1+\Delta_2+nd(x,y)]^① $$

$$=\varphi_0-\frac{2\pi}{\lambda}(n-1)(\Delta_1+\Delta_2), \tag{1.4}$$

其中

$$\varphi_0=\frac{2\pi}{\lambda}nd_0,$$

φ_0 是与 x,y 无关的常数,它不影响波前上相位的相对分布,常可略去不写.式(1.4)中重要的是第二项,在傍轴条件下其中的 Δ_1 和 Δ_2 可写为

$$\Delta_1(x,y)=r_1-\sqrt{r_1^2-(x^2+y^2)}\approx\frac{x^2+y^2}{2r_1},$$

$$\Delta_2(x,y)=(-r_2)-\sqrt{(-r_2)^2-(x^2+y^2)}\approx-\frac{x^2+y^2}{2r_2},$$

式中 r_1,r_2 分别是透镜前后两表面的曲率半径②.代入式(1.4),略去 φ_0 不写,得

---

① 按照我们以前的约定(第二章 1.3 节),相位落后为正.

② 按照第一章 5.1 节的约定(Ⅲ),此处曲率半径 $r_1>0,r_2<0$.

$$\varphi_L(x,y) = -\frac{2\pi}{\lambda} \cdot \frac{n-1}{2}\left(\frac{1}{r_1} - \frac{1}{r_2}\right)(x^2 + y^2)$$

$$= -k\frac{x^2 + y^2}{2F}, \tag{1.5}$$

式中

$$F = \frac{1}{(n-1)\left(\dfrac{1}{r_1} - \dfrac{1}{r_2}\right)}, \tag{1.6}$$

而 $k = 2\pi/\lambda$. 于是透镜的透过率函数(相位变换函数)为

$$\tilde{t}_L(x,y) = \exp\left[-ik\frac{x^2 + y^2}{2F}\right]. \tag{1.7}$$

我们看到,式(1.6)中给出的 F 正是以前用几何光学理论导出的透镜焦距[①].

下面我们将利用表 V-1 由已知相因子求后场中波的类型和特征.

例题 1 平行于光轴的单色平行光束入射在透镜上,试用屏函数公式(1.7)判断后场中波的类型和特征.

解 对于正入射的平面波, $\tilde{U}_1(x,y) = A_1$(常数),故

$$\tilde{U}_2(x,y) = \tilde{U}_1(x,y)\tilde{t}_L(x,y)$$

$$= A_1 \exp\left[-ik\frac{x^2 + y^2}{2F}\right],$$

从相因子看,这是会聚到透镜后距离为 F 处的球面波[②].以上正是几何光学理论所预期的. ▋

例题 2 试用透镜的屏函数导出透镜的物像距公式.

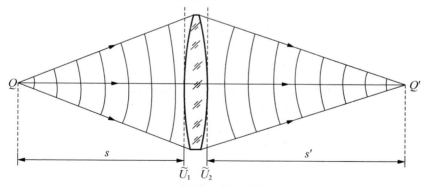

图 1-3 例题2——利用透镜屏函数推导物像距公式

解 如图 1-3,设想在透镜前距离为 s 处有一发光物点 Q,它发出的球面波在透镜上造成的波前为[③]

---

① 参见第一章 6.1 节磨镜者公式(6.5).本章中我们将用 f 代表空间频率(见 §2),故透镜焦距改用 F 表示.

② 见表 V-1(3).

③ 见表 V-1(2).

$$\widetilde{U}_1(x,y) = A_1 \exp\left[\mathrm{i}k\frac{x^2+y^2}{2s}\right].$$

故从透镜输出的波前为

$$
\begin{aligned}
\widetilde{U}_2(x,y) &= \widetilde{U}_1(x,y)\,\widetilde{t}_L(x,y) \\
&= A_1 \exp\left[\mathrm{i}k\frac{x^2+y^2}{2s}\right]\exp\left[-\mathrm{i}k\frac{x^2+y^2}{2F}\right] \\
&= A_1 \exp\left[-\mathrm{i}k\frac{x^2+y^2}{2}\left(\frac{1}{F}-\frac{1}{s}\right)\right],
\end{aligned}
$$

从相因子看,这是会聚的球面波[①],会聚中心(像点)Q' 在透镜后,距离为

$$s' = \frac{1}{\dfrac{1}{F}-\dfrac{1}{s}},$$

或

$$\frac{1}{s}+\frac{1}{s'}=\frac{1}{F}.$$

这正是几何光学给出的透镜物像距公式. ▌

*1.4 高斯光束经透镜后的变换

在第二章 2.3 节里曾介绍过激光器谐振腔中的高斯光束,在把激光用于准直、定向、聚焦等场合,需要知道透镜对高斯光束的变换作用. 可以用这样的方式提出问题:已知入射高斯光束的腰粗为 w_0,腰与透镜的距离为 z,求出射高斯光束的腰粗 w_0' 和位置 z'(见图 1-4),解决这个问题需用第二章 2.3 节里的公式,首先利用该节的式(2.22)和(2.33)确定入射波面 Σ 的有效半径 $w(z)$ 和曲率半径 $r(z)$,

$$
\begin{cases}
w(z) = w_0\left(1+\dfrac{\lambda^2 z^2}{\pi^2 w_0^4}\right)^{1/2}, \\[2mm]
r(z) = z\left(1+\dfrac{\pi^2 w_0^4}{\lambda^2 z^2}\right).
\end{cases}
$$

薄透镜将球面波面 Σ 变换为另一球面波面 Σ',而波面的有效半径近乎不变,波面的曲率半径 r' 与 r 满足薄透镜的物像距关系,即

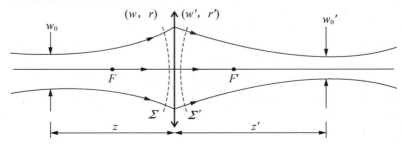

图 1-4 高斯光束经透镜后的变换

---

① 见表 V -1(3).

$$\begin{cases} w' = w, \\ \dfrac{1}{r'} + \dfrac{1}{r} = \dfrac{1}{F}. \end{cases}$$

这里的 w' 和 r' 应理解为 $w'(z')$ 和 $r'(z')$，反之用第二章 2.3 节的上述两式于透镜的像方，可得出射光束的腰粗 w'_0 和位置 z' 如下：

$$\begin{cases} w'_0 = w'\left(1 + \dfrac{\pi^2 w'^4}{\lambda^2 r'^2}\right)^{-1/2}, \\ z' = r'\left(1 + \dfrac{\lambda^2 r'^2}{\pi^2 w'^4}\right)^{-1}. \end{cases}$$

对于短焦距透镜，设 $r \gg F$，于是 $r' \approx F$，但出射光束的腰并不在后焦点，而是在 $z' \approx F(1 + \lambda^2 F^2/\pi^2 w'^4)^{-1}$ 处. 若同时有 $\lambda^2 F^2 \ll \pi^2 w'^4$，才有 $z' \approx F$.

1.5 棱镜的相位变换函数

棱镜的作用不是成像，而是偏折，它将一个方向的平行光束变换为另一方向的平行光束. 因平面波的相因子是线性的，故可预料，棱镜的相位变换函数在指数上的因子将是线性的. 仿照前面的推导，对于楔形薄棱镜可近似认为光线在两个界面上等高. 设楔角为 α，折射率为 n，则相位差为

$$\varphi_P(x, y) = \frac{2\pi}{\lambda}(\Delta + nd) = \varphi_0 - \frac{2\pi}{\lambda}(n-1)\Delta,$$

式中 $\varphi_0 = (2\pi/\lambda)nd_0$，$d_0$ 为中心厚度，$\Delta = \alpha x$（见图 1-5(a)），略去 φ_0 不写，则

$$\varphi_P(x, y) = -k(n-1)\alpha x, \tag{1.8}$$

$$\tilde{t}_P(x, y) = \exp[-ik(n-1)\alpha x]. \tag{1.9}$$

刚才的计算针对棱镜棱边平行于 y 轴的情形，如果交棱在 x-y 面内任意取向，可用斜面法线 $\boldsymbol{N}$（图 1-5(b)）的两个方向角的余角 α_1 和 α_2 来表征，

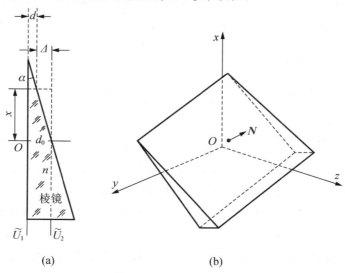

(a)   (b)

图 1-5 楔形薄棱镜的相位变换函数和透过率函数

$$\tilde{t}_P(x,y)=\exp[-ik(n-1)(\alpha_1 x+\alpha_2 y)].\qquad(1.10)$$

例题 3 轴上一物点 Q 与棱镜的距离为 s(图 1-6),求从 Q 点发出的傍轴球面波经棱镜折射后出射波的特征.

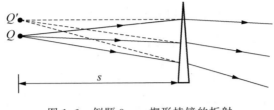

图 1-6 例题 3——楔形棱镜的折射

解 出射波前函数为

$$\tilde{U}_2(x,y)=\tilde{U}_1(x,y)\,\tilde{t}_P(x,y)$$

$$=A_1\exp\left\{ik\left[\frac{x^2+y^2}{2s}-(n-1)(\alpha_1 x+\alpha_2 y)\right]\right\}.\qquad(1.11)$$

参照表 V-1(4)可以看出,它是轴外点源发出的发散球面波,点源 Q' 的位置可由线性相因子的系数定出

$$\begin{cases}x_0=(n-1)\alpha_1 s,\\ y_0=(n-1)\alpha_2 s,\\ z_0=s.\end{cases}$$

我们看到,透镜的相位变换函数是坐标 x,y 的二次函数,而棱镜的相位变换函数则是线性的.有趣的是,我们可以倒过来看问题,波前函数中每出现一个线性的相因子,即可把它看成是受到某个等效棱镜的偏折;每出现一个二次相因子,则可看成是受到某个等效透镜的作用.例如式(1.11)所代表的波,可看成是正入射的平面波(振幅为常数 A_1)经一个焦距 $F=-s$ 的等效凹透镜

$$\tilde{t}_L=\exp[-ik(x^2+y^2)/2F]$$

$$=\exp[ik(x^2+y^2)/2s]$$

和楔角为 α 的棱镜

$$\tilde{t}_P=\exp[-ik(n-1)(\alpha_1 x+\alpha_2 y)]$$

作用的结果.这样一来,我们就可利用较熟悉的几何光学知识去想象出射波的特征. ▍

从以上各例可以看出,根据相因子判断衍射场的分布是一种十分简捷的方法.不过应当指出,表 V-1 中给出的相因子与波的对应关系,只有在波前无穷大时才严格成立.但实际衍射屏上的波前总是有限的,这时衍射场中出现的并非严格的平面波或球面波,边缘的衍射效应将产生一定的衍射弥散角.在衍射屏光瞳较大时,这弥散角很小.作为很好的近似,下面我们将主要使用上述方法来分析衍射场的特征.必

要时,我们也要根据第二章和第四章给出的理论和公式来估算衍射弥散角的半角宽度,作为上述方法的补充.

习　　题

1.设薄透镜由折射率为 n_L 的材料作成,物方和像方的折射率分别是 n 和 n',导出其相位变换函数(用透镜的焦距表示出来).

2.用薄透镜的相位变换函数,导出傍轴条件下的横向放大率公式.

3.用楔形棱镜的相位变换函数式(1.9)导出傍轴光束斜入射时产生的偏向角 δ.

§2　正弦光栅的衍射

2.1　空间频率概念

衍射屏可以是各式各样的,其屏函数的具体形式也各不相同.从傅里叶变换的眼光来看问题,最基本的屏函数是具有空间周期性的函数.描述空间周期函数的重要概念是"空间频率",这概念已在第二章 4.3 节中讨论两光束的干涉场时简单地提到过.鉴于它在变换光学中的重要性,我们在此再作些解说.

读者对时间周期性函数,如简谐交流电,是较为熟悉的.与之对比,空间周期性函数应不难理解.下面我们对二者各举一例,且将对应的概念并列在一起(图 2-1).

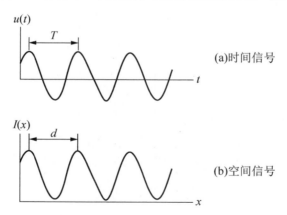

图 2-1　时间周期性信号和空间周期性信息的类比

简谐交流电压

$$U(t)=U_0\cos(\omega t+\varphi_0)$$
$$=U_0\cos(2\pi\nu t+\varphi_0)$$
$$=U_0\cos\left(\frac{2\pi t}{T}+\varphi_0\right).$$

两光束干涉的强度分布

$$I(x) = I_0[1 + \gamma\cos(qx + \varphi_0)]$$
$$= I_0[1 + \gamma\cos(2\pi fx + \varphi_0)]$$
$$= I_0\left[1 + \gamma\cos\left(\frac{2\pi x}{d} + \varphi_0\right)\right].$$

类比 时间周期 $T \leftrightarrow$ 空间周期 d ,

时间频率 $\nu = \dfrac{1}{T} \leftrightarrow$ 空间频率 $f = \dfrac{1}{d}$,

时间圆频率 $\omega = 2\pi\nu \leftrightarrow$ 空间圆频率 $q = 2\pi f$.

对干涉场来说,空间周期 d 就是干涉条纹的间隔,空间频率 f 就是单位长度内的条纹数目.由此可见,空间频率的概念本应比时间频率更为直观具体,但问题的复杂性来自空间的维数.波场是三维的,其中的一个波前也有二维,因此空间频率不应当只是一个标量.上面举的例子是平行于 y 轴的条纹,在一般情况下当它的法线具有倾角 θ 时(见图 2-2),干涉强度分布应写为

$$I(x,y) = I_0[1 + \gamma\cos(q_x x + q_y y + \varphi_0)], \tag{2.1}$$

其中 $q_x = q\cos\theta, q_y = q\sin\theta$ 分别是沿 x,y 方向的空间圆频率,它们可看成是一个二维矢量 $\boldsymbol{q}$ 的分量.沿 x,y 方向的空间频率 f_x,f_y 和条纹间隔 d_x,d_y 分别为

$$f_x = q_x/2\pi, \qquad\qquad f_y = q_y/2\pi,$$
$$d_x = 2\pi/q_x = 1/f_x, \qquad\qquad d_y = 2\pi/q_y = 1/f_y,$$

相邻条纹的最小间隔为

$$d = 2\pi/\sqrt{q_x^2 + q_y^2} = 2\pi/q.$$

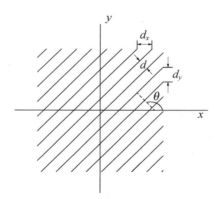

图 2-2　二维空间周期性函数具有两个空间频率

光学中常见的空间分布函数(光学信息)有两类:一是光强分布函数 $I(x,y)$,这是不小于 0 的二维实函数;二是波前上的复振幅分布函数 $\tilde{U}(x,y)$,这是二维的复函数.在不相干成像系统中关心前者;在相干成像系统中关心后者.上面我们只是以第一类的空间分布函数为例来说明空间频率的概念.对于第二类,空间频率的概念也是如此.

2.2 正弦光栅

复振幅透过率具有如下函数形式的衍射屏称为正弦光栅：

$$\tilde{t}(x,y) = t_0 + t_1 \cos(q_x x + q_y y + \varphi_0). \tag{2.2}$$

可以看出,这函数的形式与两光束干涉场的强度分布函数(2.1)十分相似,所以实际制备一块正弦光栅,就是拍摄一张两平行光束干涉条纹的照相底片(具体装置参见图 2-3).不过为了保证振幅透过率函数 $\tilde{t}(x,y)$ 与当初曝光时的光强 $I(x,y)$ 成线性关系,必须进行"线性冲洗".要做到线性冲洗,必须按照底片的类型,适当选择显影液和显影时间,在工艺上是有一番讲究的,此处不去细说了.在线性冲洗后,$\tilde{t}(x,y)$ 与 $I(x,y)$ 具有如下关系：

$$\tilde{t}(x,y) = t_0 + \beta I(x,y),$$

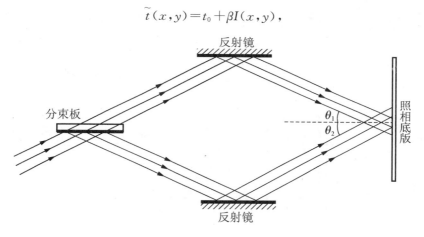

图 2-3　正弦光栅的制备

式中 β 是某个常数.这时若把式(2.1)代入,即可看出 $\tilde{t}(x,y)$ 符合正弦光栅的定义(2.2).

应当指出,理论上正弦光栅应具有无限大的面积,但任何照相底片却都是有限大的,亦即它们不是理论中的正弦光栅.这个差异所带来的后果将在后面谈到.

2.3 正弦光栅的衍射图样

平行光正入射在正弦光栅上,这时入射波前为 $\tilde{U}_1 = A_1$,从而透射波前为

$$\tilde{U}_2(x,y) = \tilde{U}_1(x,y)\tilde{t}(x,y)$$
$$= A_1[t_0 + t_1\cos(2\pi f x + \varphi_0)].$$

利用欧拉公式

$$\tilde{U}_2(x,y) = A_1 t_0 + \frac{1}{2}A_1 t_1\{\exp[\mathrm{i}(2\pi f x + \varphi_0)] + \exp[-\mathrm{i}(2\pi f x + \varphi_0)]\}$$
$$= \tilde{U}_0(x,y) + \tilde{U}_{+1}(x,y) + \tilde{U}_{-1}(x,y).$$

其中

$$\widetilde{U}_0(x,y) = A_1 t_0,$$

$$\widetilde{U}_{+1}(x,y) = \frac{1}{2} A_1 t_1 \exp[\mathrm{i}(2\pi f x + \varphi_0)],$$

$$\widetilde{U}_{-1}(x,y) = \frac{1}{2} A_1 t_1 \exp[-\mathrm{i}(2\pi f x + \varphi_0)].$$

亦即，从正弦光栅输出的是三列波. 根据相因子判断，指数都是线性的. 它们都是平面波，其中 $\widetilde{U}_0$ 是沿原方向的，$\widetilde{U}_{+1}$ 和 $\widetilde{U}_{-1}$ 是一对共轭波，从表 Ⅴ-1(1) 可以看出它们的方向角 θ_{+1} 和 θ_{-1} 分别满足下式：

$$\sin\theta_{\pm 1} = \pm f\lambda. \tag{2.3}$$

如果在透镜的后焦面上接收，我们得到三个亮斑，它们分别是 0 级和 ±1 级衍射斑(图 2-4). 这正好是第四章 1.5 节中计算出的结果，这里我们用简捷得多的方法重新得到了它.

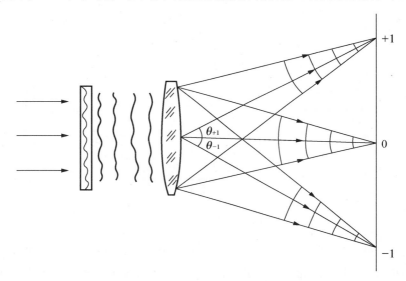

图 2-4　正弦光栅的夫琅禾费衍射

在上面的分析中未考虑光栅的有限宽度 D. 考虑到这一点，后场便是三列孔径受限的平面衍射波，结果是各级衍射斑都有一定的半角宽度. 根据第四章的式(1.10)和(1.11)，半角宽度为

$$\Delta\theta_0 = \frac{\lambda}{D}, \quad \Delta\theta_{\pm 1} = \frac{\lambda}{D\cos\theta_{\pm 1}}. \tag{2.4}$$

从傅里叶分析的角度来看，正弦光栅是任何周期性衍射屏[①]的基本组成部分，因而它的夫琅禾费衍射具有特殊的重要意义. 现把上面得到的结论列成表格，以便今后查考.

---

① 在 §5 中我们将看到，正弦光栅也是非周期性衍射屏的基本组成部分.

表 V-2　正弦光栅夫琅禾费衍射特征

光学信息	衍射斑			
	级别	方向角(θ)	振幅	半角宽度($\Delta\theta$)
$\tilde{U}_2(x)=\tilde{U}_1(x)t(x)$ $=A_1[t_0+t_1\cos(2\pi fx+\varphi_0)]$ 空间频率 f	0 级	$\sin\theta_0=0$	$\propto DA_1t_0$	λ/D
直流成分 A_1t_0 交流成分 A_1t_1	+1 级	$\sin\theta_{+1}=f\lambda$	$\propto DA_1t_1/2$	$\lambda/D\cos\theta_{+1}$
光栅宽度 D	−1 级	$\sin\theta_{-1}=-f\lambda$	$\propto DA_1t_1/2$	$\lambda/D\cos\theta_{-1}$

2.4　正弦光栅的组合

利用上面的表 V-2,可以十分简便地分析由几个不同频率或不同取向的正弦信息的组合所造成的夫琅禾费衍射场. 下面看若干例子.

例题 1　将两正弦光栅 G,G' 纹理平行地叠放在一起(平行密接),设它们的透过率函数分别是

$$\begin{cases} G:t(x)=t_0+t_1\cos2\pi fx, \\ G':t'(x)=t_0'+t_1'\cos2\pi f'x. \end{cases}$$

用平行光正入射,求夫琅禾费衍射场.

解　正入射时 $\tilde{U}_1=A_1$,合成透过率是 $t(x)$ 和 $t'(x)$ 相乘,故

$$\begin{aligned} \tilde{U}_2(x)&=\tilde{U}_1t(x)t'(x) \\ &=A_1[t_0t_0'+t_1t_0'\cos2\pi fx+t_0t_1'\cos2\pi f'x+t_1t_1'\cos2\pi fx\cos2\pi f'x] \\ &=A_1[t_0t_0'+t_1t_0'\cos2\pi fx+t_0t_1'\cos2\pi f'x \\ &\quad+\frac{1}{2}t_1t_1'\cos2\pi(f-f')x+\frac{1}{2}t_1t_1'\cos2\pi(f+f')x]. \end{aligned}$$

上面的推导过程中用了三角函数的积化和差公式. 上式五项中除第一项是常数外,其余四项分别与不同频率的正弦光栅相当,它们总共产生九列平面衍射波,其方向角分别为

$$\sin\theta=\begin{cases} 0 & (0\text{ 级}), \\ \pm f\lambda & (f\text{ 的}\pm1\text{ 级}), \\ \pm f'\lambda & (f'\text{ 的}\pm1\text{ 级}), \\ \pm(f-f')\lambda & (\text{差频的}\pm1\text{ 级}), \\ \pm(f+f')\lambda & (\text{和频的}\pm1\text{ 级}). \end{cases}$$

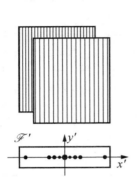

图 2-5 例题 1——正弦光栅平行
密接(相乘)

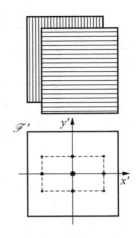

图 2-6 例题 2——正弦光栅正交
密接(相乘)

例题 2 将上题中的两正弦光栅 G,G' 纹理垂直地叠放在一起(正交密接),用平行光正入射,求夫琅禾费衍射场.

解 这时透过率函数应写为

$$\begin{cases} G: t(x)=t_0+t_1\cos2\pi fx, \\ G': t'(y)=t_0'+t_1'\cos2\pi f'y. \end{cases}$$

正入射时 $\tilde{U}_1=A_1$,故

$$\begin{aligned} \tilde{U}_2(x,y) &= \tilde{U}_1 t(x)t'(y) \\ &= A_1[t_0t_0'+t_1t_0'\cos2\pi fx+t_0t_1'\cos2\pi f'y+t_1t_1'\cos2\pi fx\cos2\pi f'y] \\ &= A_1[t_0t_0'+t_1t_0'\cos2\pi fx+t_0t_1'\cos2\pi f'y \\ &\quad +\frac{1}{2}t_1t_1'\cos2\pi(fx-f'y)+\frac{1}{2}t_1t_1'\cos2\pi(fx+f'y)]. \end{aligned}$$

除第一项外,其余的每项相当于一块特定频率的正弦光栅而产生一对平面波,后场共有九列平面衍射波,它们的方向角分别为

$$(\sin\theta_1,\sin\theta_2)=\begin{cases} (0,0) & (0\ 级), \\ (\pm f\lambda,0) & (f\ 的\pm1\ 级), \\ (0,\pm f'\lambda) & (f'\ 的\pm1\ 级), \\ \pm(f\lambda,-f'\lambda) \\ \pm(f\lambda,f'\lambda) \end{cases} \left.\begin{array}{c} \\ \\ \end{array}\right\}(交叉项的\pm1\ 级).\ |$$

例题 3 经分析,一张图片的振幅透过率函数为

$$t(x)=t_0+t_1\cos2\pi fx-t'\cos2\pi f'x,$$

求正入射条件下夫琅禾费衍射场.

解 由于衍射系统是相干光学系统,复振幅满足线性叠加关系,所以这张图片可以看作是两张独立的正弦光栅之和,它们各自有三列平面衍射波,因 0 级是重合在一起的,故后场总共有五列平面衍射波,方向角分别为

$$\begin{cases} \sin\theta_0 = 0 & (0 \ \text{级}), \\ \sin\theta_{\pm 1} = \pm f\lambda & (f \ \text{的} \pm 1 \ \text{级}), \\ \sin\theta'_{\pm 1} = \pm f'\lambda & (f' \ \text{的} \pm 1 \ \text{级}). \end{cases}$$

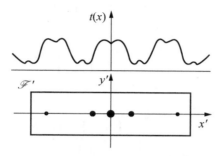

图 2-7 例题 3——不同频率正弦信息相加

本题中两种频率信息相加的这种组合方式可通过两次曝光一次冲洗的方法制备出来.讨论这种相加组合的理论意义在于屏函数的傅里叶展开,即任意周期函数的信息可展开为一系列不同空间频率的正弦信息之和. ▌

2.5 任意光栅的屏函数及其傅里叶级数展开

凡屏函数是严格空间周期性函数的衍射屏(透射式或反射式的),统称为光栅.为简单起见,这里只考虑一维光栅,即其屏函数只依赖于一个坐标变量 x.图 2-8 给出了几种一维光栅的屏函数.普遍地说一个函数具有严格的周期性,是指它有如下性质:对于任意 x,有

$$\tilde{t}(x+d) = \tilde{t}(x).$$

理论上的光栅应是无穷长的,但任何一块实际光栅的有效尺寸 D 总是有限的.换句话说,上式只能在 $|x| \leqslant D/2$ 范围内成立;超出此范围,$t(x) = 0$.不过,只要光栅内包含的单元总数 $N = D/d \gg 1$,我们可近似地把它看成是周期的.这种只在一定的、但较大的范围内具有周期性的函数,称为准周期函数.下面我们在理论上计算时都先把光栅看成具有严格周期性的,然后在必要的时候再考虑有限尺寸 D 带来的修正[①].

数学上处理周期性函数早有一套办法,就是将它作傅里叶级数展开.下面就来介绍这个问题.至于把任意光栅的屏函数展成傅里叶级数的物理依据,我们将在适当的地方详细论述.

---

① 这种作法,正像力学中处理简谐振子时往往先忽略阻尼,而把振荡看成在时间上无限延续一样.

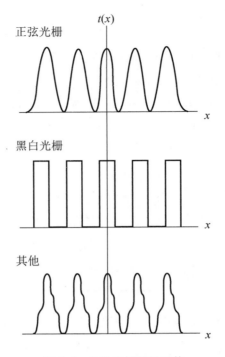

图 2-8　各种光栅的屏函数

傅里叶级数展开式通常有三种写法:

(1)正弦余弦式

$$t(x) = t_0 + \sum_{n>0} a_n \cos 2\pi f_n x + \sum_{n>0} b_n \sin 2\pi f x, \tag{2.5}$$

式中 n 是整数.频率 $f_1 = 1/d$ 是基频, $f_n = nf_1$ 是基频的整数倍,称为 n 次谐波的频率,上式后两项皆对所有正整数求和.傅里叶系数由以下积分式给出:

$$t_0 = \frac{1}{d}\int_{-d/2}^{d/2} t(x)\,\mathrm{d}x, \tag{2.6}$$

$$a_n = \frac{2}{d}\int_{-d/2}^{d/2} t(x)\cos 2\pi f_n x\,\mathrm{d}x, \tag{2.7}$$

$$b_n = \frac{2}{d}\int_{-d/2}^{d/2} t(x)\sin 2\pi f_n x\,\mathrm{d}x. \tag{2.8}$$

(2)余弦相移式(见图 2-9)

$$t(x) = t_0 + \sum_{n>0} c_n \cos(2\pi f_n x - \varphi_n), \tag{2.9}$$

其中: $c_n = \sqrt{a_n^2 + b_n^2}$, $\varphi_n = \arctan\dfrac{b_n}{a_n}$.

图 2-9　a_n, b_n 与 c_n, φ_n 之间的关系.

（3）指数式

$$t(x) = t_0 + \sum_{n \neq 0} t_n e^{i(2\pi f_n x - \varphi_n)}$$

$$= t_0 + \sum_{n \neq 0} \widetilde{t}_n e^{i2\pi f_n x}. \tag{2.10}$$

这里

$$\widetilde{t}_n = t_n e^{-i\varphi_n} = \frac{1}{2}(a_n - ib_n), \tag{2.11}$$

注意，在式（2.10）中的求和已换为对所有非零的整数求和．复数傅里叶系数 $\widetilde{t}_n$ 可直接由以下积分式给出：

$$\widetilde{t}_n = \frac{1}{d} \int_{-d/2}^{d/2} t(x) \exp(-i2\pi f_n x) dx. \tag{2.12}$$

如果 $t(x)$ 为实函数（振幅型屏函数），则

$$\widetilde{t}_n = \widetilde{t_{-n}^*} \quad \text{或} \quad \widetilde{t}_{-n} = \widetilde{t_n^*}.$$

以上三种表示式各有特点，可根据方便任意选用．在我们这里为了处理夫琅禾费衍射问题，选用指数式将是最方便的．

傅里叶系数 $\widetilde{t}_n$ 的集合告诉我们原函数 $t(x)$ 中各种空间频率的成分占多大的比例，通常把这叫做傅里叶频谱，或简称频谱．一般说来，频谱可以是连续的（频率连续取值），也可以是分立的（频率只取某些分立值）．上面看到，周期函数展成傅里叶级数，其频率只取基频 f 整数倍的数值，故周期函数的频谱总是分立的．§5 中将看到，非周期性函数也可作傅里叶分析，但其频谱是连续的．

任意二维周期函数 $t(x,y)$ 的傅里叶级数展开式为

$$t(x,y) = t_0 + \sum_{n,m \neq 0} \widetilde{t}_{nm} \exp[2\pi i(nf_x x + mf_y y)], \tag{2.13}$$

其中 n,m 为非零整数，傅里叶系数为

$$\widetilde{t}_{nm} = \frac{1}{d_x d_y} \int_{-d_x/2}^{d_x/2} dx \int_{-d_y/2}^{d_y/2} dy \, t(x,y) \exp[-2\pi i(nf_x x + mf_y y)], \tag{2.14}$$

式中 $t_0 = \widetilde{t}_{00}$，而 $f_x = 1/d_x$ 和 $f_y = 1/d_y$ 分别是沿 x,y 方向的基频．

例题 4　求黑白光栅屏函数的傅里叶级数展开式．

解　设光栅常数为 d，宽为 a，则

$$t(x) = \begin{cases} 1, & |x| < a/2; \\ 0, & a/2 < |x| < d/2. \end{cases}$$

代入式（2.12），得傅里叶系数为

$$\widetilde{t}_0 = \frac{1}{d} \int_{-a/2}^{a/2} dx = \frac{a}{d},$$

$$\widetilde{t}_n = \frac{1}{d} \int_{-a/2}^{a/2} \exp(-i2\pi f_n x) dx = \frac{a}{d} \frac{\sin \pi f_n a}{\pi f_n a}$$

$$= \frac{a}{d} \frac{\sin n\pi f a}{n\pi f a} = \frac{a}{d} \frac{\sin(n\pi a/d)}{n\pi a/d}. \tag{2.15}$$

我们看到,上式与我们熟悉的单缝衍射因子在形式上相当接近,其中的联系即将在下面看到.

例题 5　用傅里叶分析的手段重新处理黑白光栅的夫琅禾费衍射.

解　当平行光正入射时,$\tilde{U}_1 = A_1$,

$$\tilde{U}_2(x) = \tilde{U}_1 \tilde{t}(x) = A_1 \tilde{t}(x) = A_1 t_0 + A_1 \sum_{n \neq 0} \tilde{t}_n \mathrm{e}^{\mathrm{i}2\pi nfx},$$

由相因子可以得知,n 级平面衍射波的方向角为

$$\sin\theta_n = nf\lambda = n\lambda/d,$$

这就是我们以前给出的光栅公式.n 级主极强的振幅正比于 $\tilde{t}_n$,光强正比于 $|\tilde{t}_n|^2$,利用式(2.15)可以写成

$$I \propto |\tilde{t}_n|^2 = \left(\frac{a}{d}\right)^2 \left(\frac{\sin\alpha_n}{\alpha_n}\right)^2,$$

这里 $\alpha_n = \pi a \sin\theta_n/\lambda$,上式正是我们熟悉的单缝衍射因子.由于在上面的计算中未考虑光栅的有限尺寸 D,故我们得到的是严格的分立谱(图 2-10).若计及有限尺寸,每个谱斑的振幅正比于 D,但有一半角宽度 $\Delta\theta = \lambda/D\cos\theta$,当 $D \gg d$ 时,$\Delta\theta$ 远小于相邻谱斑的间隔,这时衍射谱仍可近似地看成是分立的,或者说,它是准分立谱.

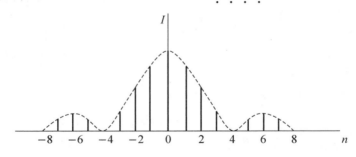

图 2-10　黑白光栅的分立谱

*2.6　过高频信息产生的隐失波

在光栅的衍射系统中,照明光波的波长 λ 和光栅的空间周期 $d = 1/f$ 两个量是互相独立的,不要混淆.对于 $d < \lambda$ 或者说 $f > 1/\lambda$ 的那些过高频信息来说,衍射斑的方向角满足

$$\sin\theta = f\lambda > 1, \tag{2.16}$$

这应如何理解?形式上看,我们可以说上式的 θ 只有虚数解,没有物理意义,从而不存在与之相应的衍射波和衍射斑.但要把这里发生了什么物理过程搞清楚,需要从二维的波前脱出来,回到三维空间的波场中去.波前函数中具有相因子 $\exp[\mathrm{i}k\sin x]$ 的一项,对应衍射场中一列平面波

$$\tilde{U}(x,y,z) = A\exp[\mathrm{i}k(\sin\theta x + \cos\theta z)]$$
$$= A\exp[\mathrm{i}(k_x x + k_z z)], \tag{2.17}$$

这里 $k_x=k\sin\theta$ 和 $k_z=k\cos\theta$ 是波矢 k 的两个分量：

$$k=\sqrt{k_x^2+k_z^2},$$

已知 $k=2\pi/\lambda$ 和 $\sin\theta$，可以求出 k_z 来：

$$k_z=\sqrt{k^2-k_x^2}=k\sqrt{1-\sin^2\theta}$$
$$=\frac{2\pi}{\lambda}\sqrt{1-\sin^2\theta}=\sqrt{1-(f\lambda)^2}.$$

由此可见，$\sin\theta=f\lambda>1$ 意味着 k_z 为纯虚数，令 $k_z=\mathrm{i}\kappa$，代回式(2.17)，其中 $k_xx=k\sin\theta x=kf\lambda x=2\pi fx$，得

$$\widetilde{U}(x,y,z)=A\exp(-\kappa z)\exp(\mathrm{i}2\pi fx),\tag{2.18}$$

它从 x 方向看是行波，沿 z 方向振幅按指数律急剧衰减，从而波不可能达到远场. 这正是我们在第二章10.7节研究全反射时遇到的那种隐失波.

从傅里叶分析的眼光看，一幅图像可能包含从低频到高频各种空间频率的信息. 上面的讨论告诉我们，若用波长为 λ 的光波对此图像的结构进行衍射分析的话，它是不能把 $f>1/\lambda$ 的高频信息携带到衍射场里来的. 换句话说，用衍射方法分析图像结构的空间分辨率只能达到照明波长的数量级. 例如，可见光能达到的空间分辨率为 $10^{-5}\,\mathrm{cm}$ 量级，而用 X 射线则可达到 $10^{-8}\,\mathrm{cm}$ 量级.

2.7 对夫琅禾费衍射的再认识

在数学上可以将一个复杂的函数作傅里叶展开，从这种观点出发，可以认为一张复杂的图片是由许多不同空间频率的单频信息组成的. 如果仅至于此，傅里叶分解只停留在概念上. 为了将这种分解在物理上付诸实现，还需有相应的装置和适当的措施. 这两节的内容告诉我们，理想的夫琅禾费衍射系统是一种傅里叶频谱的分析器. 当单色光正入射在待分析的图像上时，通过夫琅禾费衍射，一定空间频率的信息就被一对特定方向的平面衍射波输送出来. 这些衍射波在近场区彼此交织在一起. 到了远场区它们彼此分离，从而达到"分频"的目的. 不过更常用的作法是利用透镜把不同方向的平面衍射波会聚到后焦面 $\mathscr{F}$ 的不同位置上，形成一个个衍射斑(见图 2-11). $\mathscr{F}$ 上每一对衍射斑代表原图像中一种单频成分，频率越高的成分衍射角越大，在 $\mathscr{F}$ 上离中心越远. 各衍射斑的强度正比于傅里叶系数 $\widetilde{t}_n$ 的平方. 总之一句话，原图像的傅里叶频谱形象而直观地反映在夫琅禾费衍射系统的后焦面上. 这焦面就是原图像的傅里叶频谱面，或简称傅氏面. 所以，夫琅禾费衍射装置就是傅里叶频谱分析器——这就是现代光学对夫琅禾费衍射的新认识. 这种新认识给光学和数学两方面都带来了好处：它给了光学一种强有力的数学手段——傅里叶分析，同时也为数学上进行傅里叶变换的运算创立了一门新技术——光学计算技术.

为什么夫琅禾费衍射系统能够成为傅里叶频谱的分析器？这里必须分析两个条件：第一，系统必须是线性的，这样才有可能把复杂的信息分解成为彼此独立的简单信息，系统对前者的响应(总输出)等于对后者响应的叠加；第二，系统的本征信息必须与傅里叶分解一致，是单频的简谐信息. 夫琅禾费衍射系统的线性一般条件下是不成问题的. 所谓某种系统的"本征信息"，是指这样的一类"简单"信息，它们进入该系统时不再被分解，而

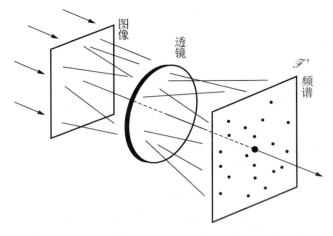

图 2-11　夫琅禾费衍射系统是傅里叶频谱分析器

当其他类型的信息进来时将被分解成这类"简单"信息. 注意:信息是否"简单",是相对系统而言的,不同系统的"简单"信息可以不同. 我们知道,夫琅禾费衍射装置中的透镜把不同方向的平面波分离,并显示在焦面上,而平面波的波前函数是简谐式的,这就决定了所有夫琅禾费衍射系统的本征信息是简谐信息. 上述两个条件具有更为广泛的意义,是现代系统论信息论中的一个重要概念,它指明运用傅里叶分析的数学手段是要有一定的物理条件来保证的.

思　考　题

1. 在本章 §1 开头我们曾对"什么是衍射"问题给出先后几种不同的说法. 在学习了这两节的内容以后,总结一下你在这方面的体会.

2. 单纯的时间信号,如简谐交流电压,可用复数表示为 $\tilde{U}=U_0\mathrm{e}^{\mathrm{i}\omega t}$,或用 $\tilde{U}=U_0\mathrm{e}^{-\mathrm{i}\omega t}$,这里"正频"和"负频"纯粹是个约定,没什么本质差别. 为什么 2.3 节中将正弦光栅的出射波前函数作傅里叶分解时,正频项和负频项具有独立而不同的物理意义? 三维空间里定态光波的复振幅表达式正、负空间频率具有独立而不同的物理意义吗?

3. 正弦光栅在自身所在平面内平移或转动时,对夫琅禾费衍射场或透镜后焦面上的衍射斑有什么影响?

习　　题

1. (1)长长的一行树,相邻两棵的间隔为 10m,这行树的空间频率(基频)为多少? 一架高空摄影机对准这行树拍照,在长度为 10cm 的胶卷上出现 200 棵树的像,胶卷上图像的空间频率为多少?

(2)在一张白纸上等间隔地画上许多等宽的平行黑条纹,设黑条纹宽度 3cm,白地宽度 5cm,这张图案的空间频率(基频)为多少?

2.(1)一列平面波,波长为 6328Å,方向角 $\alpha=30°$,$\beta=75°$,求某复振幅的空间频率 f_x,f_y,f_z.

(2)这列平面波中沿什么方向的空间频率最高?最高空间频率为多少?相应的最短空间周期为多少?

(3)在光谱学中常使用"波数"$\tilde{\nu}=1/\lambda$ 的概念,它与平面波场中的空间频率有什么联系和区别?

3.如图,将一正弦光栅与一薄透镜叠放在一起,试写出此组合系统的屏函数,并分析此装置的正入射夫琅禾费衍射.

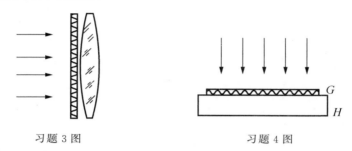

习题 3 图　　　　　　　　　习题 4 图

4.设正弦光栅的复振幅透过率函数为

$$t(x,y)=t_0+t_1\cos(2\pi fx+\varphi_0),$$

(1)一束平行光正入射于这正弦光栅上,求透射场复振幅分布函数 $\tilde{U}_2(x,y)$ 的空间频率.

(2)求透射场强度分布函数 $I_2(x,y)=\tilde{U}_2^*\,\tilde{U}_2$ 的空间频率.

(3)利用图 2-3 所示的装置制备正弦光栅,所用照明光波的波长为 6328Å,$\theta_1=\theta_2=30°$,算出这样制出的正弦光栅在(1)和(2)两问中空间频率的具体数值.

(4)用此正弦光栅按图所示方法再制备一张新的光栅:将记录介质(感光底片)H 紧贴在正弦光栅 G 的下面,用一束平行光照明(见图),然后对曝了光的记录介质进行线性冲洗,这张新光栅的复振幅透过率函数包含有几种空间频率成分?

5.讨论上题中复制光栅 H 的正入射夫琅禾费衍射.

6.一正弦光栅的屏函数为

$$t(x,y)=t_0+t_1\cos2\pi fx,$$

现将它沿 x 方向分别平移 $\Delta x=d/6,d/4,d/2,d,3d/2$,写出移动后的屏函数表达式.

7.正弦光栅的屏函数为

$$t(x,y)=t_0+t_1\cos(2\pi f_x x+2\pi f_y y),$$

现将它沿斜方向平移 $\Delta r=(\Delta x,\Delta y)$,写出移动后的屏函数表达式.

8.讨论斜入射的正弦光栅夫琅禾费衍射,证明衍射斑方向角的公式与正入射时的差别仅在于把 $\sin\theta$ 换为 $\sin\theta-\sin\theta_0$,这里 θ_0 为入射光的倾角.

9.如图(a),制备正弦光栅时所用的两束平行光的波长为 λ_1,其中一束正入射,另一束

倾角为 θ_1. 用此制成的光栅作夫琅禾费衍射实验时, 照明光束正入射, 波长为 λ_2(图(b)),

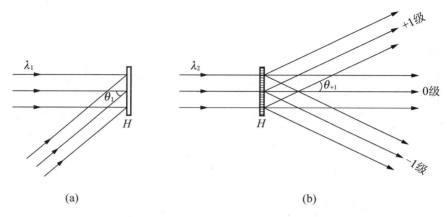

习题 9 图

(1)证明

$$\frac{\sin\theta_{+1}}{\sin\theta_1}=\frac{\lambda_2}{\lambda_1},$$

其中 θ_{+1} 是 +1 级衍射斑的方向角.

(2)如果两光束干涉时用红外光 $\lambda_1 = 10.6\mu m$(CO_2 激光), 衍射时用可见光 $\lambda_2 = 6328Å$(He-Ne 激光), $\theta_1 = 20°$, 求 θ_{+1} 值.

10. 设光栅的复振幅透过率函数为

$$\tilde{t}(x)=t_0+t_1\cos 2\pi fx+t_1\cos\left(2\pi fx+\frac{\pi}{2}\right),$$

这块光栅的夫琅禾费衍射场中将出现几个衍射斑? 各斑的中心强度与 0 级斑的比值是多少?

11. 算出下列黑白光栅的前 10 个傅里叶系数: $t_0, \tilde{t}_1, \cdots, \tilde{t}_9$.

(1)$a:d=1:3$; (2)$a:d=1:2$.

§3 阿贝成像原理与相衬显微镜

3.1 阿贝成像原理

一百多年前, 德国人阿贝(E. Abbe, 1874 年)在蔡司光学公司任职期间研究如何提高显微镜的分辨本领问题时, 提出了关于相干成像的一个新原理. 现在看来, 当初的阿贝成像原理已为现代变换光学中正在兴起的空间滤波和信息处理的概念奠定了基础. 因为任何图像都可作傅里叶展开, 最基本的图像是正弦光栅. 下面我们就以正弦光栅为物, 说明并论证阿贝成像原理.

如图 3-1, 用平行光照明傍轴小物 ABC, 使整个系统成为相干成像系统, 像成于 $A'B'C'$. 如何看待这个系统的成像过程呢?

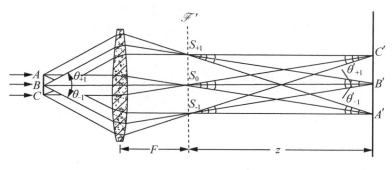

图 3-1 阿贝成像原理

一种观点着眼于点的对应：物是点 A,B,C 等的集合，它们都是次波源，各自发出球面波，经透镜后会聚到像点 A',B',C' 等. 物与像成点点对应关系：

$$物\begin{cases}A \to A'\\ B \to B'\\ C \to C'\end{cases}像$$

这是几何光学的观点.

另一种观点着眼于频谱的转换：物是一系列不同空间频率信息的集合，相干成像过程分两步完成，第一步是入射光经物平面 (x,y) 发生夫琅禾费衍射，在透镜后焦面 $\mathscr{F}'$ 上形成一系列衍射斑；第二步是干涉，即各衍射斑发出的球面次波在像平面 (x',y') 上相干叠加，像就是干涉场. 此种两步成像的理论是波动光学的观点，这就是阿贝成像原理.

下面我们用单频信息的物（即正弦光栅）作为特例，论证上述两种观点的等效性. 设物光波前为

$$\tilde{U}_O(x,y) = A_1(t_0 + t_1\cos 2\pi f x), \tag{3.1}$$

如果由它产生三列平面衍射波能被透镜接收，则在其后焦面上形成三个衍射斑 S_{+1}，S_0，S_{-1}.

下一步我们把 S_{+1}，S_0，S_{-1} 看成三个点源，考察它们在像平面上产生的干涉场 $\tilde{U}_1(x',y')$. 从表 V-2 可以查出，这三个次波点源的振幅分别为：$A_{\pm 1}\propto A_1 t_1/2$，$A_0\propto A_1 t_0$. 关于它们的相位，则需追溯到第四章 1.5 节，那里指出，$\varphi(\theta)=kL_0(\theta)$，$L_0(\theta)$ 是光栅中心（这里是 B 点）到衍射场点的光程，即 $\varphi(\theta_{\pm 1})=k(BS_{\pm 1})$，$\varphi(\theta_0)=k(BS_0)$. 于是三个次波点源 S_{+1}，S_0，S_{-1} 的复振幅可以写成

$$\begin{cases}\tilde{A}_{+1}\propto \dfrac{1}{2}A_1 t_1\exp[ik(BS_{+1})];\\[2mm] \tilde{A}_0\propto A_1 t_0\exp[ik(BS_0)];\\[2mm] \tilde{A}_{-1}\propto \dfrac{1}{2}A_1 t_1\exp[ik(BS_{-1})].\end{cases} \tag{3.2}$$

计算三个球面次波在像平面 (x',y') 上的波前 $\tilde{U}_{+1}(x',y')$，$\tilde{U}_0(x',y')$ 和 $\tilde{U}_{-1}(x',y')$ 时，我

们假设傍轴条件,这时可利用第二章 2.2 节和 2.3 节的现成公式(2.10)和(2.16′),在其中 $z=(S_0B')$,$r_0'=(S_{\pm1}B')$,(x,y) 是点源的坐标,对于 $S_{\pm1}$,$(x,y)\approx(z\sin\theta_{\pm1}',0)$;对于 S_0,$(x,y)=(0,0)$. 于是

$$\widetilde{U}_0(x',y')\propto\widetilde{A}_0\,\mathrm{e}^{ik(S_0B')}\exp\left(\mathrm{i}k\frac{x'^2+y'^2}{2z}\right)$$

$$\propto A_1t_0\,\mathrm{e}^{ik(BS_0B')}\exp\left(\mathrm{i}k\frac{x'^2+y'^2}{2z}\right).$$

$$U_{\pm1}(x',y')\propto\widetilde{A}_{\pm1}\,\mathrm{e}^{ik(S_{\pm1}B')}\exp\left(\mathrm{i}k\frac{x'^2+y'^2}{2z}\right)\exp(-\mathrm{i}k\sin\theta_{\pm1}'x')$$

$$\propto A_1t_1\,\mathrm{e}^{ik(BS_{\pm1}B')}\exp\left(\mathrm{i}k\frac{x'^2+y'^2}{2z}\right)\exp(-\mathrm{i}k\sin\theta_{\pm1}'x').$$

由于物像之间的等光程性,$(BS_0B')=(BS_{+1}B')=(BS_{-1}B')\equiv(BB')$,故上面的第一个相位因子是相同的. 第二个相位因子 $\exp\left(\mathrm{i}k\dfrac{x'^2+y'^2}{2z}\right)$ 本来已是相同的,现把这两个共同相位因子归并在一起,写成 $\exp[\mathrm{i}\varphi(x',y')]$. 于是三波叠加,得像面上的干涉场

$$\widetilde{U}_1(x',y')=\widetilde{U}_0(x',y')+\widetilde{U}_{+1}(x',y')+\widetilde{U}_{-1}(x',y')$$

$$=A_1\mathrm{e}^{\mathrm{i}\varphi(x',y')}\left\{t_0+\frac{t_1}{2}\left[\exp(-\mathrm{i}k\sin\theta_{+1}'x')+\exp(-\mathrm{i}k\sin\theta_{-1}'x')\right]\right\}.$$

根据阿贝正弦条件[①]

$$\frac{\sin\theta_{\pm1}'}{\sin\theta_{\pm1}}=\frac{y}{y'}=\frac{1}{V},$$

V 是成像系统的横向放大率,于是有

$$k\sin\theta_{\pm1}'x'=k\sin\theta_{\pm1}x'/V,$$

这里 $k=2\pi/\lambda$,$\sin\theta_{\pm1}=\pm f\lambda$[②],故

$$k\sin\theta_{\pm1}=\pm2\pi f,$$

代入 $\widetilde{U}_1$ 的表达式,得

$$\widetilde{U}_1(x',y')\propto A_1\mathrm{e}^{\mathrm{i}\varphi(x',y')}\left[t_0+t_1\cos(2\pi fx'/V)\right]\tag{3.3}$$

$$\propto A_1\mathrm{e}^{\mathrm{i}\varphi(x',y')}\left[t_0+t_1\cos(2\pi fx'/V)\right].\tag{3.4}$$

将物面上的波前 $\widetilde{U}_0(x,y)$ 与像面上波前 $\widetilde{U}_1(x',y')$ 对比一下,可以看出两表达式是相似的. 公共的相因子 $\mathrm{e}^{\mathrm{i}\varphi(x',y')}$ 不反映在强度分布中,由其余部分可得到如下结论:

(1)空间频率 $f\to f/V$,或者说空间周期 $d\to Vd$,这表示几何放大,不影响像质.

(2)决定像质的是衬比度 γ,它可由交流成分和直流成分系数之比求出,对于物和像都有

$$\gamma_0=\gamma_1=\frac{t_1}{t_0},$$

---

①　见第一章 10.4 节式(10.1),这里取 $n=n'=1$.
②　见表 V-2.

故

$$\frac{\gamma_1}{\gamma_0}=1,$$

这就是说,像的衬比度没有下降.

附带说明一下,以上的结果似乎十分理想,这是因为我们未考虑衍射斑的半角宽度.计及这一点,干涉场仍然是严格的单频信息,但衬比度要下降一些.

这样,我们就以正弦光栅为例,证明了阿贝成像原理. 对于更复杂的物的图像,我们可用傅里叶分析的方法把它展成单频信息的叠加.

3.2 空间滤波概念

用频谱语言来表达,阿贝成像原理的基本精神是把成像过程分成两步:第一步衍射起"分频"作用,第二步干涉起"合成"作用. 许多有意义的事就将发生在这频谱一分一合的过程之中.

过去我们熟悉的一大类成像光学仪器(如显微镜、照相机)要求图像尽可能还原,亦即我们希望所成的像除几何尺寸放大或缩小外,尽可能与原物相似. 从阿贝成像原理的眼光来看,这要求在分频与合成的过程中尽量不使频谱改变. 如果物平面包含一系列从低频到高频的信息,由于实际透镜的口径总是有限的,频率超过一定限度的信息将因衍射角过大而从透镜边缘之外漏掉(见图 3-2),所以透镜本身总是一个"低通滤波器". 丢失了高频信息的频谱再合成到一起时,图像的细节将变得有所模糊.因此要提高系统成像的质量,就应该扩大透镜的口径. 这是在第二章 §8 中分析光学仪器的像分辨本领时早已得到的结论,不用阿贝成像原理我们也知道它[①]. 然而图像还原并非所有光学仪器的要求,人们还有更积极的需要,那就是改造图像. 阿贝成像原理的真正价值在于它提供了一种新的频谱语言来描述信息,启发人们用改变频谱的手段来改造信息. 现代变换光学中的空间滤波技术和光学信息处理,就概念来说,都起源于阿贝成像原理.

空间滤波的具体作法如下. 阿贝成像原理告诉我们,物信息的频谱展现在透镜的后焦面(傅氏面)上. 我们可在这平面上放置不同结构的光阑,以提取(或摒弃)

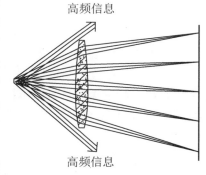

高频信息

高频信息

图 3-2 光瞳的低通滤波作用

某些频段的物信息,亦即我们可主动地改变频谱,以此来达到改造图像的目的. 用频谱分析的眼光来看,傅氏面上的光阑起着"选频"的作用. 广义地说,凡是能够直接改变光信息空间频谱的器件,通称空间滤波器,或光学滤波器. 图 3-3 是一组具有不同频率特性的简单空间滤波器. 下面我们介绍一些简单的空间滤波实验.

---

① 在第二章 §8 中分析的是不相干成像系统中衍射效应带来的影响,而阿贝成像原理是对相干成像系统而言的,二者稍有区别. 运用频谱的语言去分析不相干成像系统的问题,见本章 §7.

(a) 低通　　　　(b) 高通　　　　(c) 带通

图 3-3　简单的空间滤波器

3.3　阿贝-波特空间滤波实验

空间滤波实验是对阿贝成像原理最好的验证和演示.

用一块黑白光栅作物,将这置于前焦面附近. 用一束强的单色平行光照明光栅,经透镜在较远处形成一个实像. 在透镜的后焦面 $\mathscr{F}'$ 上安置一个可调的单缝作为光阑,以提取不同的衍射斑(见图 3-4). 借助于目镜观测像面上图像的变化.

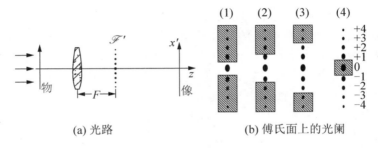

(a) 光路　　　　　　　　　(b) 傅氏面上的光阑

图 3-4　空间滤波实验装置

黑白光栅的振幅透过率函数 $\tilde{t}(x)$ 及其频谱是我们早已熟悉的(见图 3-5(a),(b)),前者是方波,后者是准分立谱,各级主极强受单缝因子的调制. 我们按以下步骤作观察实验:

(1)调整傅氏面上单缝的宽度,只让 0 级通过(见图 3-4(b)(1)),则像面上呈现一片均匀照明,丢失了全部周期性的交流信息.

(2)展宽单缝,让 0 级和 ±1 级通过,挡掉其余衍射斑,则像面上的振幅分布 $\tilde{U}_1(x')$ 如图 3-5(c)左所示,是基频和直流成分的叠加,二者的比例与光栅中 a(缝宽)与 d(间隔)之比有关. 当交流成分的振幅大过直流成分时,就会出现负值. 此时像面上强度分布 $I(x')$ 如图 3-5(d)左所示. 在相邻的亮纹之间出现另一套细小的亮纹. 条纹的黑白界限没有原物那样明锐.

(3)再展宽单缝,让 0 级,±1 级和 ±2 级通过,挡掉其余衍射斑,则二倍频信息也参加成像,振幅分布更接近方波形状,黑白界限比实验(2)清晰.

(4)设法挡掉 0 级,而让其他所有衍射斑通过. 这时像面上的振幅分布差不多仍是方波,只是没有直流成分(见图 3-5(c)右),由于很高次的谐波实际上被透镜边缘挡掉,波形的棱角或多或少变得圆滑了一些. 强度分布如图 3-5(d) 右所示,除原物透光部分仍是亮的外,原来不透光部分也是亮的. 在一定的 a 与 d 的比例下,后者比前者还可能更亮. 这种现象叫做衬比度反转[①].

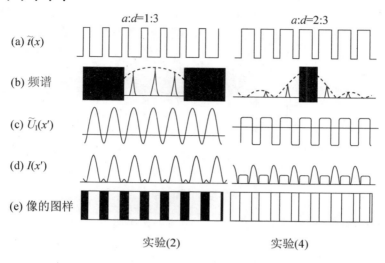

图 3-5　频谱、复振幅和强度的变化

上述一类实验首先是阿贝于 1874 年报道的,后来波特(A. B. Porter,1906 年)也报道了这类实验. 这些实验以其简单的装置十分明确地验证了阿贝成像原理,而且为光学信息处理提供了深刻的启示. 但由于它属于相干光学的范畴,在实际中推广需要有强的单色光,故而直到 1960 年激光问世后,它才重新振兴起来. 从那时起空间滤波技术和光学信息处理才得以迅速发展,并成为现代光学中的一个热门.

例题　设黑白光栅 50 条/mm,入射光波长 6328Å,为了使傅氏面上至少能够获得 ± 6 级衍射斑,并要求相邻衍射斑的间隔不小于 2mm,透镜焦距及直径至少要有多大?

解　相邻衍射斑的角间隔为 $\Delta\theta \approx \lambda/d$,线距离为 $\Delta l \approx \Delta\theta F$,所以焦距应为

$$F \geqslant \frac{\Delta l}{\Delta\theta} = \frac{\Delta l d}{\lambda} \approx 64\,\text{mm}.$$

6 级衍射斑的衍射角为

$$\sin\theta_6 = 6\lambda/d \approx 0.2.$$

由于物平面在前焦面附近,要使 6 倍频信息进入透镜,其直径 D 应满足

$$D \geqslant 2F\sin\theta_6 \approx 26\,\text{mm}. \quad \blacksquare$$

3.4　相衬显微镜

如果样品是无色透明的生物切片或晶片,它们的透过率函数是相位型的:

$$\tilde{t}(x,y) = e^{i\varphi(x,y)}, \tag{3.5}$$

---

① 这里的衬比度反转是不完全的,即原来亮的地方未变得全暗. 衬比度完全反转的例子见 §6.

其绝对值的平方为 1，用普通的显微镜观察这类样品时，图像的反衬很小，难以看清楚。泽尼克(F. Zernike, 1935 年)基于阿贝成像原理提供的空间滤波概念，提出一个方法——相位反衬法(简称相衬法)以改善透明物体的像的衬比度。具体的作法，是在一块玻璃基片的中心滴上一小滴液体，设液滴的光学厚度为 nh，从而引起零级相移 $\delta = 2\pi nh/\lambda$。这就制成了一块相位板，将它放置在显微物镜的后焦面 $\mathscr{F}'$ 上，当作空间滤波器使用(图 3-6)[①]。

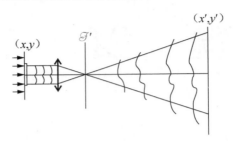

图 3-6 相衬法原理性光路

先分析不加相位板时的光场。在正入射的相干光照明下，物平面的复振幅分布为

$$\widetilde{U}_O(x,y) = A_1 \tilde{t}(x,y) = A_1 \exp[i\varphi(x,y)]$$
$$= A_1 \left[1 + i\varphi - \frac{1}{2!}\varphi^2 - \frac{i}{3!}\varphi^3 + \cdots \right]. \tag{3.6}$$

第一项是直流成分，代表沿光轴传播的平面衍射波，它在傅氏面 $\mathscr{F}'$ 上是集中于焦点的 0 级衍射斑。式(3.6)级数中其他各项代表复杂的波前，它们的频谱弥漫在傅氏面上各处。在加入相位板后，傅氏面上的 0 级斑(从而像面上的直流成分)相移 δ，而其他频谱成分改变不大，可以忽略。所以像面上的复振幅分布与式(3.6)的差别，除了将 $\varphi(x,y)$ 改成 $\varphi(x',y')$ 外，仅仅是第一项 1 改为 $e^{i\delta}$[②]：

$$\widetilde{U}_1(x',y') = A_1 \left[e^{i\delta} + i\varphi - \frac{1}{2!}\varphi^2 - \frac{i}{3!}\varphi^3 + \cdots \right]$$
$$= A_1 \{ (e^{i\delta} - 1) + \exp[i\varphi(x',y')] \}.$$

于是像面上的光强分布为

$$I(x',y') = \widetilde{U}_1(x',y') \cdot \widetilde{U}_1^*(x',y')$$
$$= A_1^2 \{ 3 + 2[\cos(\varphi - \delta) - \cos\varphi - \cos\delta] \}$$
$$= A_1^2 [3 + 2(\sin\varphi\sin\delta + \cos\varphi\cos\delta - \cos\varphi - \cos\delta)]. \tag{3.7}$$

显然，这时像面上不再是一片均匀照明了，出现了与物的相位信息相关的黑白图像。在 $\varphi(x',y') \ll 1$ 的情况下，$\cos\varphi \approx 1$，$\sin\varphi \approx \varphi$，上式化为

$$I(x',y') = A_1^2 [1 + 2\sin\delta\varphi(x',y')], \tag{3.8}$$

---

① 图 3-6 所示的方法适用于激光照明。过去在没有这样强的平行光束时，显微镜都是用会聚照明的，相衬显微镜的实际结构与图 3-6 有些不同，限制照明光的光阑和相位板都做成环形。

② 在讨论这类问题时，照例总是设横向放大率为 1，把注意力集中在分布函数及其衬比度的变化上。

这时像面上的强度分布与样品的相位信息成线性关系,即样品的相位分布调制了像面上的光强分布,式中的线性系数 $2\sin\delta$ 反映了调制的程度. 但是应当注意,当 $\varphi\ll1$ 时式(3.8)中第二项远小于第一项,即像面上仍然有较强的本底. 不过在工艺上还可想些办法来减弱本底以提高底片的衬比度.

一般书上往往强调 δ 应等于 $\pi/2$,诚然,此时上述线性系数最大,但从式(3.8)不难看出,为了实现相位信息对像面强度的线性调制,对 δ 的取值实在不必苛求.

图 3-7(a),(b)分别是用普通显微镜和相衬显微镜拍摄的硅藻的照片比较,这里衬比度的变化是明显的.

泽尼克的相衬法用改变频谱面上相位分布的手段,巧妙地实现了强度的相位调制,成为实际应用信息处理的先声,因此而获得了 1935 年度的诺贝尔物理学奖金.

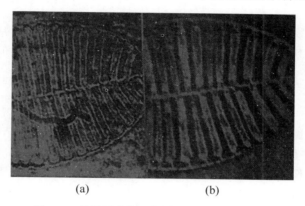

(a)　　　　　　　(b)

图 3-7　普通显微镜和相衬显微镜拍摄的照片

思　考　题

1. 如图,设透镜理想成像. 证明在成像光束中任意几个次波源(如图中的 a,b,c)在像点 Q' 产生的扰动是同相位的. 如果在光路中设有衍射屏,以上结论是否成立?

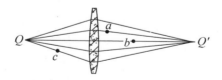

思考题 1 图

2. 证明在傍轴条件下傅氏面上 $\pm n$ 级衍射斑相对 0 级的相位为

$$\varphi_{\pm n}=-k\frac{(na)^2}{2z},$$

式中 z 是傅氏面到像面的距离,a 为相邻衍射斑中心间的距离.

3. 通常在一台光栅光谱仪的焦面上获得的光谱是时间频谱还是空间频谱?

4. 仿照图 3-3,但把 a 与 d 的比例左右对调一下,画出相应的各种曲线.

5.经空间滤波器改造了的频谱是否为像场函数的空间频谱?试论证你的结论.

6.(1)在相衬法中 $\varphi(x,y)\ll1$ 这个条件有什么好处?

(2)为了保证 $\varphi(x,y)$ 小,是否要求样品厚度 d 必须很小?在什么条件下样品可以比较厚,同时又能做到 $\varphi(x,y)\ll1$?

(3)一厚度均匀折射率不均匀的相位型物体,$n(x,y)=n_0+\Delta n(x,y)$,最大相对起伏 $\Delta n/n_0\approx0.01$.为使 $\varphi\ll1$ 满足,允许该样品的厚度有多大?

7.(1)若相位板中心液滴的光学厚度为 $3\lambda/4$,写出任意大小的 φ 和 $\varphi\ll1$ 时像面函数的表达式.

(2)这时像的图样与液滴的光学厚度为 $\lambda/4$ 时有何不同?

(3)若考虑液滴对光的吸收,设其强度透射率为 $\tau<1$,像面上强度分布有何变化?衬比度有何变化?

8.观察相位型物体的另一种方法是"中心暗场法",即在傅氏面的中心设置一个细小的不透明屏.假定物体的相位变换函数 $\varphi\ll1$,写出像面上强度的分布,并与相衬法的优劣作一比较.

习　　题

1.在一相干成像系统中,镜头(作为入射光瞳)的相对孔径为 $1/5$,求此系统的截止频率(mm^{-1}).设物平面在前焦面附近,照明波长为 $0.5\ \mu\mathrm{m}$.

2.利用阿贝成像原理导出在相干照明条件下显微镜的最小分辨距离公式,并同非相干照明的最小分辨距离公式比较.

*§4　夫琅禾费衍射场的标准形式

应该说,通过上面三节的学习,我们已经确立了现代变换光学中的许多重要概念,如简谐信息是夫琅禾费衍射的本征信息,物信息的傅里叶级数展开,夫琅禾费衍射场是物信息的频谱面,相干成像是两步成像,空间滤波和信息处理等等,这已经体现了相干光学信息处理的主要精神,并包含了分析问题所需的基本概念和手段.但是,由于前面我们讨论了周期性的物信息,这在理论上是不够普遍的;此外,对不相干成像的问题尚未触及.本章今后各节将讨论这些问题,为此本节和下节分别在光学和数学上先作些准备.光学上的准备主要是对夫琅禾费衍射再深入一步的讨论,数学上的准备是傅里叶积分变换.

4.1　接收夫琅禾费衍射场的实验装置

通常按光源、衍射屏、接收场三者之间的距离是有限远还是无限远,将衍射装置分为菲涅耳和夫琅禾费两大类.其实,由平面波照明衍射屏,并在无限远接收的装置,只能算作夫琅禾费衍射的定义装置.还有其他几种装置,它们在一定条件下接收到的同样是夫琅禾费衍射场.

　　在图 4-1 中①,装置(a)是定义装置,它在概念上倒是朴素的,能直观地将夫琅禾费衍射与菲涅耳衍射区别开来,但在实验上却是抽象的. 其意义是强调衍射场的角分布,把复杂的衍射场分解成一系列平面衍射波,它给出夫琅禾费衍射积分的标准形式. 装置(b)由平面波照明衍射屏,在远场条件下接收衍射场. 它是定义装置的近似体现. 这种装置比较简单,自从有了激光光源以后,它已在教学实验中经常使用. 装置(c)也用平面波照明衍射屏,在透镜后焦面接收衍射场. 这是我们很熟悉的装置,与装置(b)相比,其优点是可以大大缩短装置的长度. 不过严格说来,此装置对透镜的要求是较高的,当然若只是为了教学上的演示,对透镜无需苛求. 装置(d)和(e)都用球面波照明,在点光源的像面上接收衍射场. 衍射屏既可置于透镜后方(如图(d)),也可置于透镜前方(如图(e)). 这种装置只要求傍轴条件,无需远场条件,装置也还紧凑. 第二章 8.3 节中我们曾用几何光学的方式论证过,这类装置接收到的也属于夫琅禾费衍射场.

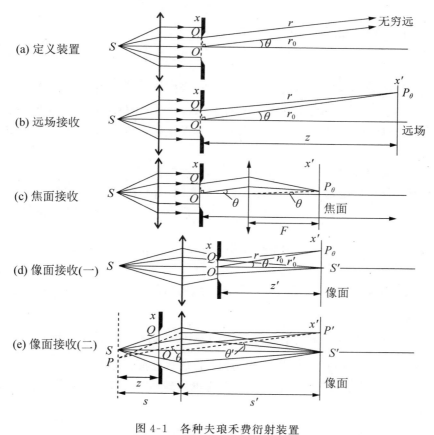

图 4-1　各种夫琅禾费衍射装置

----

　　①　为了简单,我们把图 4-1 画成一维衍射装置,在 4.2 节中推导公式时,我们需要把这些图想象成相应的二维衍射装置.

我们把以上各种装置统归之于夫琅禾费衍射,是因为它们的衍射场具有相同的函数形式,因而也就具有相同的衍射图样. 下面对它们逐个加以证明.

4.2 夫琅禾费衍射积分的标准形式

在普遍情形下,衍射场由菲涅耳-基尔霍夫衍射积分公式给出[1]:

$$\widetilde{U}(x',y') = -\frac{i}{2\lambda} \iint (\cos\theta_0 + \cos\theta) \widetilde{U}_2(x,y) \frac{e^{ikr}}{r} dxdy,$$

式中 $\widetilde{U}_2(x,y) = \widetilde{U}_1(x,y)\widetilde{t}(x,y)$ 是衍射屏上的透射波前. 以上几种实验装置都满足傍轴条件,故有 $\cos\theta_0 \approx 1, \cos\theta \approx 1, 1/r \approx$ 常数,于是上式简化为

$$\widetilde{U}(x',y') \approx C \iint \widetilde{U}_2(x,y) \ e^{ikr} dxdy. \tag{4.1}$$

在定义装置(a)中,平行光正入射,$\widetilde{U}_1(x,y) = A_1$. 对于一束平行的衍射线有[2]

$$kr = kr_0 - k\sin\theta_1 x - k\sin\theta_2 y,$$

无限远处的衍射场是衍射角 θ_1,θ_2 的函数

$$\widetilde{U}(\theta_1,\theta_2) = CA_1 e^{ikr_0} \iint \widetilde{t}(x,y) \exp[-i(k\sin\theta_1 x + k\sin\theta_2 y)] dxdy, \tag{4.2}$$

这便是夫琅禾费衍射积分的标准形式,它的特征是被积函数由两个因子组成:反映衍射屏的透过率函数 $\widetilde{t}(x,y)$ 和线性相因子 $\exp[-i(k\sin\theta_1 x + k\sin\theta_2 y)]$. 今后不论什么装置、怎样照明、何处接收,只要衍射场的积分表达式具有这种形式,我们就称之为夫琅禾费衍射.

装置(b)中会聚到接收屏幕上同一点 P 的衍射线虽不是严格的平行光,但当衍射屏不太大时,所有物点满足远场条件. 按照第二章式(2.17),有

$$\widetilde{U}(x',y') = CA_1 e^{ikr_0} \iint \widetilde{t}(x,y) \exp\left[\frac{-ik}{z}(xx'+yy')\right] dxdy, \tag{4.3}$$

式中 $r_0 = z + (x'^2 + y'^2)/(2z)$. 因衍射角 $\sin\theta_1 \approx x'/z, \sin\theta_2 \approx y'/z$,式(4.3)与(4.2)是一致的.

装置(c)我们很熟悉,会聚于接收屏幕同一点的衍射线是严格平行的,故衍射场可以写为

$$\widetilde{U}(\theta_1,\theta_2) = CA_1 e^{ikL_0} \iint \widetilde{t}(x,y) \exp[-i(k\sin\theta_1 x + k\sin\theta_2 y)] dxdy, \tag{4.4}$$

式中 L_0 是衍射屏中心 O 点到场点 P 的光程. 它显然也符合标准形式(4.2).

需要着重讨论的是装置(d)和(e). 由于这里是球面波照明,衍射屏不再是入射波的等相面. 设

$$\widetilde{U}_1(x,y) = A_1 \exp[i\varphi_1(x,y)],$$

---

① 参见第二章 5.2 节式(5.10).

② 这里和下面有关二维夫琅禾费衍射线光程差的计算,参考第二章 7.3 节(矩孔衍射)和那里的图 7-6,这里所用的符号,如 θ_1,θ_2 的意义与那里相同.

在傍轴条件下,上式里忽略了振幅 A_1 随 x,y 的变化,$\varphi_1(x,y)$ 是点光源 S 与衍射屏上任一点 $Q(x,y)$ 之间的相位差[①]. 先考虑装置(d),在傍轴条件下按照第二章式(2.16′)应有

$$\widetilde{U}(x',y')=C\iint\widetilde{U}_1(x,y)\widetilde{t}(x,y)\exp\left[\mathrm{i}k\left(r_0'+\frac{x'^2+y'^2}{2z'}\right)\right]\times\exp\left[\frac{-\mathrm{i}k}{z'}(xx'+yy')\right]\mathrm{d}x\mathrm{d}y$$

$$=CA_1\exp\left(\mathrm{i}k\frac{x'^2+y'^2}{2z'}\right)\iint\widetilde{t}(x,y)\exp[\mathrm{i}\varphi_1(x,y)+\mathrm{i}kr_0']$$

$$\times\exp\left[\frac{-\mathrm{i}k}{z'}(xx'+yy')\right]\mathrm{d}x\mathrm{d}y,$$

式中 z' 是衍射屏到像面的距离. 注意,$\varphi_1(x,y)=k(SQ)$,而 $r_0'=(QS')$,故上式中

$$\varphi_1(x,y)+kr_0'=k[(SQ)+(QS')]=k(SQS').$$

由于物像间的等光程性,光程 (SQS') 与 $Q(x,y)$ 点的位置无关,可把它写成一个常数 L_0,并将这个相因子从积分号内提出来,于是有

$$\widetilde{U}(x',y')=CA_1\exp(\mathrm{i}kL_0)\exp\left(\mathrm{i}k\frac{x'^2+y'^2}{2z'}\right)$$

$$\times\iint\widetilde{t}(x,y)\exp\left[\frac{-\mathrm{i}k}{z'}(xx'+yy')\right]\mathrm{d}x\mathrm{d}y. \tag{4.5}$$

不难看出,式(4.5)中的积分与式(4.3)中的一样,从而它也符合标准形式. 式(4.5)也适用于装置(e),不过其中 z' 应换为衍射屏到物面的距离 z,(x',y') 换为 $(x',y')/V$(V 为横向放大率). 这一结论请读者自己论证. 总之,这里我们通过傍轴条件下光程的具体计算,从波动理论上严格地证明了第二章8.3节的结论:球面波照明、像面接收的装置也是夫琅禾费衍射装置.

4.3 结论和意义

(1)确认了夫琅禾费衍射积分的标准形式(4.2):被积函数是屏函数乘以线性相因子. 这给了实际衍射装置一个统一的判断标准,将夫琅禾费衍射与菲涅耳衍射从本质上区别开来.

(2)分析了多种可在一定条件下实现夫琅禾费衍射场的衍射装置,使我们可以根据不同需要,灵活安排光路. 图 4-1 所示的五种装置,可统一地概括成在照明光源的像面上接收到的衍射场就是夫琅禾费衍射场,与衍射屏插在什么地方无关. 所以无论望远镜和显微镜的中间像都是由物点经物镜后的夫琅禾费衍射斑组成的,它们的像分辨本领都要用夫琅禾费圆孔衍射公式来计算.

(3)熟悉傅里叶积分变换的人一眼就可看出,夫琅禾费衍射积分的标准形式(4.2)就是傅里叶变换,这表明夫琅禾费衍射场是屏函数的傅里叶变换式[②]. 由此深入下去,可导致现代光学成像系统中引进一整套傅里叶分析的手段.

---

① 也可以是相对另一参考点(例如像点 S')的相位差,这里重要的是 $x\text{-}y$ 平面上的相位分布.

② 严格地说,这里与傅里叶变换式相比,在积分号外多了一个与场点坐标 x',y' 有关的相因子. 这问题可暂时不必计较,§6 再详细交待.

思 考 题

1. 装置如图所示,在后焦面 $\mathscr{F}'$ 上接收衍射场.

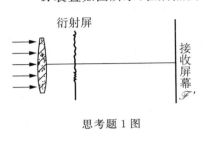

衍射屏

接收屏幕 $\mathscr{F}'$

思考题 1 图

(1)这种装置能否接收夫琅禾费衍射场? 如果能,需要什么条件? 夫琅禾费衍射场的范围有多大?

(2)前后移动衍射屏,对衍射图样有何影响?

(3)此装置与衍射屏放置在透镜前时有何不同?

2. 在式(4.4)中积分号外有一个与场点的坐标 (x',y') 有关的相因子 $\exp(ikL_0)$,用什么方法可使这个相因子成为与场点坐标无关的常数?

习 题

1. 采用远场装置(图 4-1(b))接收单缝的夫琅禾费衍射场,设单缝宽度约为 $100\ \mu m$,入射光波长 6328Å,

(1)接收屏幕至少应放在多远?

(2)在接收屏幕的多大范围内才算是夫琅禾费衍射场?

(3)0 级半角宽度为多少?

(4)在接收屏幕上 0 级的线宽度有多少?

2. 采用像面接收装置(图 4-1(d)或(e))接收单缝的夫琅禾费衍射场,设单缝宽度约为 1mm,入射光波长 4880Å,物距 40cm,像距 80cm.

(1)如果单缝置于透镜后方,要求在像面 1cm 范围内准确地接收到夫琅禾费衍射场,单缝距像面至少多远?

(2)如果单缝紧贴透镜后侧,求 0 级半角宽度和接收屏幕上 0 级的线宽度;

(3)如果单缝离透镜 40cm 远,求 0 级半角宽度及它在幕上的线宽度;

(4)如果单缝置于透镜前方,紧贴在其左侧,情形如何?

3. 对图 4-1(e)所示装置,推导出傍轴条件下它的衍射场表达式,并论证它符合夫琅禾费衍射场的标准形式.

【提示:利用场点 P' 的共轭点 P(见图 4-1(e)).】

^{*§5} 傅里叶变换 δ 函数

这一节我们将以简明的格式较全面地罗列傅里叶变换和 δ 函数的主要性质,着重分析这些数学公式和数学定理的物理背景,并通过若干例子加以示范. 至于公式的推导和定理的证明,请读者查阅有关的数学书籍. 当然,这些公式和定理之间是互相关联的,承认前者也有可能导出后者.

5.1 傅里叶积分变换

本章 2.5 节中已介绍过周期函数的傅里叶级数展开,非周期函数相当于频率 $f\to 0$

的周期函数. 2.5 节中介绍过傅里叶级数的三种形式:正弦余弦式,余弦相移式和指数式,这里我们采用指数式进行 $f \to 0$ 的过渡.

设函数 $g(x)$ 为周期函数,空间周期为 L. 在图 5-1 中只画了它在 $\pm L/2$ 之间一个周期内的曲线. 按照 1.4 节式(1.17),我们把它展成指数式的傅里叶级数:

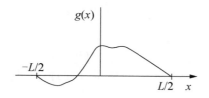

图 5-1 非周期函数是周期 $L \to \infty$ 的极限

$$g(x) = g_0 + \sum_{n \neq 0} \widetilde{g}_n \mathrm{e}^{\mathrm{i}2\pi nfx} = \sum_{n=-\infty}^{\infty} \widetilde{g}_n \mathrm{e}^{\mathrm{i}2\pi nfx}, \tag{5.1}$$

式中 $f = 1/L$ 是基频,傅里叶系数为

$$\widetilde{g}_n = \frac{1}{L} \int_{-L/2}^{L/2} g(x) \mathrm{e}^{-\mathrm{i}2\pi nfx} \, \mathrm{d}x. \tag{5.2}$$

改换一下变量,令 $f_n = nf = n/L$,$G(f_n) = L\widetilde{g}_n$,则上两式分别化为

$$g(x) = \sum_{n=-\infty}^{\infty} G(f_n) \, \mathrm{e}^{\mathrm{i}2\pi f_n x} \Delta f, \tag{5.3}$$

$$G(f_n) = \int_{-L/2}^{L/2} g(x) \mathrm{e}^{-\mathrm{i}2\pi f_n x} \, \mathrm{d}x. \tag{5.4}$$

式中 $\Delta f = f_{n+1} - f_n = 1/L$,现取 $f \to 0$,即 $f \to \infty$ 的极限,此时 $\Delta f \to 0$,把 f_n 看成连续变量 f,式(5.3)中的求和可化为积分,两式分别化为[①]

---

① 在各种书籍和文献中,傅里叶变换式(5.5)和逆变换式(5.6)往往还有以下几种不同写法,如

$$\begin{cases} g(x) = \dfrac{1}{2\pi} \displaystyle\int_{-\infty}^{+\infty} G(q) \mathrm{e}^{\mathrm{i}qx} \mathrm{d}q, \\ G(q) = \displaystyle\int_{-\infty}^{+\infty} g(x) \mathrm{e}^{-\mathrm{i}qx} \mathrm{d}x; \end{cases}$$

或

$$\begin{cases} g(x) = \dfrac{1}{\sqrt{2\pi}} \displaystyle\int_{-\infty}^{+\infty} G(q) \mathrm{e}^{\mathrm{i}qx} \mathrm{d}q, \\ G(q) = \dfrac{1}{\sqrt{2\pi}} \displaystyle\int_{-\infty}^{+\infty} g(x) \mathrm{e}^{-\mathrm{i}qx} \mathrm{d}x; \end{cases}$$

或

$$\begin{cases} g(x) = \displaystyle\int_{-\infty}^{+\infty} G(q) \mathrm{e}^{\mathrm{i}qx} \mathrm{d}q, \\ G(q) = \dfrac{1}{2\pi} \displaystyle\int_{-\infty}^{+\infty} g(x) \mathrm{e}^{-\mathrm{i}qx} \mathrm{d}x. \end{cases}$$

式中 $q = 2\pi f$. 在各种不同的写法中 $G(q)$ 的定义彼此相差一个常数因子.

$$\begin{cases} g(x) = \displaystyle\int_{-\infty}^{+\infty} G(f) e^{i2\pi f x}\,\mathrm{d}f, & (5.5) \\[4mm] G(f) = \displaystyle\int_{-\infty}^{+\infty} g(x) e^{-i2\pi f x}\,\mathrm{d}x. & (5.6) \end{cases}$$

式(5.5)叫做傅里叶积分变换,或傅里叶变换;式(5.6)称为傅里叶逆变换. 为了书写方便,$g(x)$ 和 $G(f)$ 之间的这种关系常缩写为

$$\begin{cases} G(f) = \mathscr{F}\{g(x)\}, \\[2mm] g(x) = \mathscr{F}^{-1}\{G(f)\}. \end{cases} \tag{5.7}$$

意即 $G(f)$ 是 $g(x)$ 的傅里叶变换式,$g(x)$ 是 $G(f)$ 的傅里叶逆变换式. 或索性再简单一些,写成

$$g(x) \Longleftrightarrow G(f).$$

傅里叶变换式 $G(f)$ 在物理中代表原函数的频谱. 频谱函数的形式取决于原函数,反之亦然. 在下面 5.2 节中我们将给出一些重要函数的频谱,这里先指出傅里叶变换的两点共同特征:

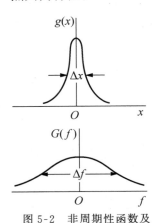

图 5-2　非周期性函数及
其连续谱的有效宽度

(1)非周期性函数有连续谱(f 连续取值). 频谱的有效宽度 Δf 与原函数有效宽度 Δx 成反比:

$$\Delta f \cdot \Delta x = 常数, \tag{5.8}$$

此常数的数量级为 1. 这意味着原函数越窄,其频谱就越宽. 所以时间的脉冲信号或空间的点信息有很宽的频谱.

(2)频谱 $G(f)$ 一般是复函数. 若原函数 $g(x)$ 是实函数,则 $G(f)$ 有如下的对称性:

$$G(-f) = G^*(f). \tag{5.9}$$

这一点不难从式(5.6)看出. 式(5.9)表明,频谱的模是 f 的偶函数,相对 $f=0$ 的点左右对称,辐角是 f 的奇函数,相对 $f=0$ 的点左右反对称,即数值相等,正负号相反.

最后给出二维的傅里叶变换及其逆变换的写法:

$$\begin{cases} g(x,y) = \displaystyle\int_{-\infty}^{+\infty}\int_{-\infty}^{+\infty} G(f_x,f_y)\exp[\mathrm{i}2\pi(f_x x + f_y y)]\,\mathrm{d}f_x\mathrm{d}f_y. & (5.10) \\[4mm] G(f_x,f_y) = \displaystyle\int_{-\infty}^{+\infty}\int_{-\infty}^{+\infty} g(x,y)\exp[-\mathrm{i}2\pi(f_x x + f_y y)]\,\mathrm{d}x\mathrm{d}y. & (5.11) \end{cases}$$

简写为

$$\begin{cases} G(f_x,f_y) = \mathscr{F}\{g(x,y)\}, \\[2mm] g(x,y) = \mathscr{F}^{-1}\{G(f_x,f_y)\}, \end{cases} \tag{5.12}$$

或

$$g(x,y) \Longleftrightarrow G(f_x,f_y).$$

5.2　几种典型函数的频谱

下面把几种典型函数 $g(x)$ 及其频谱 $G(f)$ 的表达式、图形、有效宽度 Δx,Δf 列成表

Ⅴ-3[1].

现在对表 Ⅴ-3 中所列的函数作些解释.

方全函数(1)相当于平行光正入射于单缝上时造成的复振幅分布,其频谱是单缝衍射因子. 函数(1′)相当于平行光线入射于单缝,它的频谱与正入射相比,整个曲线沿 f 坐标平移. 这一特点不限于单缝,它具有普遍意义.

准单色函数(2)相当于一段有限长波列在某一时刻的瞬时空间分布. 这里波长 $\lambda_0 = 1/f_0$ 应远小于波列长度 L. 如果将此函数看作定态波场的复振幅,则不要忘记,按照我们第二章 1.3 节里的约定,波的瞬时值的复数表示还应乘以 $e^{-i\omega t}$,即

$$A\cos 2\pi f_0 x e^{-i\omega t} = \frac{A}{2}\{\exp[-i(\omega t - 2\pi f_0 x)] + \exp[-i(\omega t + 2\pi f_0 x)]\},$$

上式两项分别代表向正、反两个方向传播的波. 频谱函数在 $\pm f_0$ 处的两个尖峰恰好反映了这两列波. 总之,定态波场中的正负空间频率成分代表沿不同方向传播的波. 但是,若准单色函数所代表的是与时间无关的纯空间信息,或与空间无关的纯时间信号,则正负两支频谱无独立的物理意义,我们应把它们合起来看作一支. 频谱的有限宽度 $\Delta f = 1/L$ 表明,有限长波列必然是非单色的,其谱线宽度与波列长度成反比. 如果用波长 $\lambda = 1/f$ 来表示谱线宽度,则 $\Delta f = \Delta\lambda/\lambda^2$(只管数值,不管正负号),故有

$$L = \frac{\lambda^2}{\Delta\lambda}, \tag{5.13}$$

这正是第三章中的式(4.14).

正向准单色函数(3)相当于正弦光栅上的复振幅分布,它是方全函数(1)与准单色函数(2)之和,故有 $f = 0, \pm f_0$ 三支频谱,这正好与正弦光栅的三个衍射斑对应. 在 §1, §2 中分析这些衍射斑的半角宽度时,还需借助第四章的结果. 现在我们看到,有了非周期性函数的傅里叶变换,就可自动给出因光栅有限尺寸引起的谱线宽度.

表 Ⅴ-3 典型函数的傅里叶变换*

原函数	频谱	有效宽度
(1)方全函数 $g(x) = \begin{cases} A, & \text{当} |x| < a/2 \\ 0, & \text{当} |x| > a/2 \end{cases}$ 	$G(f) = Aa\dfrac{\sin\alpha}{\alpha}$ $a = \pi f\alpha$ 	$\Delta x = a$ $\Delta f = 1/a$ $\Delta f \Delta x = 1$

[1] 这里有效宽度 Δx 和 Δf 没有一个确切的定义,其确切的定义参看下面例题.

原　函　数	频　　谱	有效宽度
(1′) $g(x)=\begin{cases}Ae^{i2\pi f_0x},\ 当|x|<a/2\\0,\ 当|x|>a/2\end{cases}$ 	$G(f)=Aa\dfrac{\sin\alpha'}{\alpha'}$ $\alpha'=\pi(f-f_0)a$ 	
(2)准单色函数 $g(x)=\begin{cases}A\cos2\pi f_0x,\ 当|x|<L/2\\0,\ 当|x|>L/2\end{cases}$ 	$G(f)=\dfrac{1}{2}AL\left(\dfrac{\sin\alpha_+}{\alpha_+}+\dfrac{\sin\alpha_-}{\alpha_-}\right)$ $\alpha_\pm=\pi(f\mp f_0)L$ 	$\Delta x=L$ $\Delta f=1/L$ $\Delta f\Delta x=1$
(3)正向准单色函数 $g(x)=\begin{cases}A(1+\gamma\cos2\pi f_0x),\ 当|x|<L/2\\0,\ 当|x|>L/2\end{cases}$ 	$G(f)=AL\left[\dfrac{\sin\alpha_0}{\alpha_0}+\dfrac{\gamma}{2}\left(\dfrac{\sin\alpha_+}{\alpha_+}+\dfrac{\sin\alpha_-}{\alpha_-}\right)\right]$ $\alpha_0=\pi fL,\ \alpha_\pm=\pi(f\mp f_0)L$ 	$\Delta x=L$ $\Delta f=1/L$ $\Delta f\Delta x=1$
(4)高斯函数 $g(x)=A\exp(-ax^2)$ 	$G(f)=A\sqrt{\dfrac{\pi}{a}}\exp(-\pi^2f^2/a)$ 	$\Delta x=2/\sqrt{a}$ $\Delta f=2\sqrt{a}/\pi$ $\Delta f\Delta x=4/\pi$

续表

原 函 数	频　　谱	有效宽度
(5)洛伦兹函数 $g(x)=\dfrac{A}{a^2+x^2}$ g 峰值 A/a^2	$G(f)=\dfrac{A\pi}{a}\exp(-2\pi a\,|f\,|)$ G 峰值 $A\pi/a$	$\Delta x=2a$ $\Delta f=1/a\pi$ $\Delta f\Delta x=2/\pi$
(6)角形函数 $g(x)=\begin{cases}A\left(1-\dfrac{|x|}{a}\right),\text{当}|x|<a\\0,\text{当}|x|>a\end{cases}$ g 峰值 A，范围 $-a$ 到 a	$G(f)=Aa^2\left(\dfrac{\sin\alpha}{\alpha}\right)^2$ $\alpha=\pi fa$ G 峰值 Aa^2，零点 $-1/a$，$1/a$	$\Delta x=a$ $\Delta f=1/a$ $\Delta f\Delta x=1$
(7)椭圆形函数 $g(x)=\begin{cases}A\sqrt{a^2-x^2},\text{当}|x|<a\\0,\qquad\quad\text{当}|x|>a\end{cases}$ g 峰值 Aa，范围 $-a$ 到 a	$G(f)=A\pi a^2\,\dfrac{J_1(\alpha)}{\alpha}$ $\alpha=2\pi fa$ J_1 为一阶贝塞耳函数 G 峰值 $A\pi a^2/2$	$\Delta x=2a$， $\Delta f=0.6a$ $\Delta f\Delta x=1.2$
(8)阻尼振荡函数 $g(x)=\begin{cases}Ae^{-\tau x}\cos 2\pi f_0 x,\text{当}x>0\\0,\text{当}x<0\end{cases}$ g 峰值 A	$G(f)=\dfrac{A}{2}\left[\dfrac{1}{\tau+i2\pi(f-f_0)}\right.$ $\left.+\dfrac{1}{\tau+i2\pi(f+f_0)}\right]$ G 峰值 $A/2\tau$	$\Delta x=1/\tau$ $\Delta f=\tau/2\pi$ $\Delta f\Delta x=1/2\pi$

续表

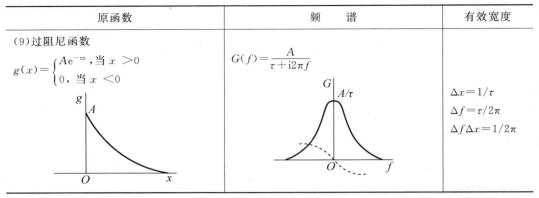

原　函　数	频　谱	有效宽度
（9）过阻尼函数 $g(x)=\begin{cases} Ae^{-\tau x}, & \text{当 } x>0 \\ 0, & \text{当 } x<0 \end{cases}$	$G(f)=\dfrac{A}{\tau+\mathrm{i}2\pi f}$	$\Delta x=1/\tau$ $\Delta f=\tau/2\pi$ $\Delta f\Delta x=1/2\pi$

＊虚线代表辐角，实线代表模量.

　　高斯函数（4）的频谱仍是高斯型的，这是唯一一个经傅里叶变换后形式不变的独特函数，它与洛伦兹函数（5）都是重要的光谱线型，因温度造成的谱线展宽是高斯型的，阻尼谐振子发射的谱线是洛伦兹型的.

　　阻尼振荡函数（8）的频谱在 $f=\pm f_0$ 处各有一个尖峰，而过阻尼函数（9）的频谱只在 $f=0$ 处有一个尖峰. 这些峰的线型都是洛伦兹型的.

　　以上九种函数大体上可以分为两类：前五种算一类，后四种算另一类. 前一类的共同特点是原函数在有限远的地方被"切断"，它们的频谱都是衰减振荡型的. 后一类原函数在远处连续衰减到 0，没有硬性的棱角，它们谱线的两侧都是单调下降的. 前一类谱线的高频部分所以会出现多次起伏，其作用正是为了反复矫正原函数中的棱角. 因而当一部分高频信息遭到损失时，各傅里叶分量再次合成后，原函数中的棱角将被"磨掉"一些.

5.3　傅里叶变换的性质

　　设有两个原函数 $g(x)$ 和 $h(x)$，它们的频谱分别为 $G(f)$ 和 $H(f)$，即
$$g(x) \Longleftrightarrow G(f),$$
$$h(x) \Longleftrightarrow H(f).$$

　　（1）线性定理（即傅里叶变换是线性变换）
$$ag(x)\pm bh(x) \Longleftrightarrow aG(f)+bH(f), \tag{5.14}$$
式中 a,b 是常数，它们可以是实数或复数.

　　（2）守恒定理
$$\int_{-\infty}^{+\infty}|g|^2\mathrm{d}x = \int_{-\infty}^{+\infty}|G|^2\mathrm{d}f. \tag{5.15}$$

现在对此定理的物理意义作些说明.

　　如果原函数是时间信号，例如电流 $i(t)$，则 $i^2(t)$ 具有瞬时焦耳功率的意义，$i^2\mathrm{d}t$ 具有能量 $\mathrm{d}W$ 的意义，即
$$W \propto \int i^2\mathrm{d}t,$$

守恒定理告诉我们,能量也可以按频谱来计算:

$$W \propto \int |G|^2 \mathrm{d}f,$$

这里 G 是 $i(t)$ 的频谱:$i(t) \rightleftharpoons G(f)$. 上式表明,$|G|^2$ 相当于单位频率间隔内的能量,亦即能量的谱密度. $|G|^2$ 的曲线称为能谱(图).

如果原函数是空间信息,例如定态波前上的复振幅分布,则 $|\tilde{U}|^2$ 代表光强(即光功率密度),二维的守恒定理告诉我们,光强也可以按频谱来计算:

$$I \propto \iint |\tilde{U}|^2 \mathrm{d}x \mathrm{d}y = \iint |G|^2 \mathrm{d}f_x \mathrm{d}f_y,$$

这里 $\tilde{U}(x,y) \rightleftharpoons G(f_x,f_y)$. $|G|^2$ 相当于单位频率范围内的光强,亦即光功率的谱密度.

不过,在不相干系统中原函数常是光强分布函数,此时 I^2 和它的谱函数平方 $|G|^2$ 没有直观的物理意义,守恒定律成为单纯的数学形式.

(3)尺度缩放定理

$$g(ax) \rightleftharpoons \frac{1}{|a|} G(f/a), \tag{5.16}$$

即当原函数曲线在横方向上的尺度压缩若干倍时,频谱曲线在横方向上扩大同一倍数,且在纵方向上压低同一倍数.

(4)相移定理

$$g(x \pm x_0) \rightleftharpoons \exp(\pm \mathrm{i}2\pi f x_0) G(f), \tag{5.17}$$

反之,

$$\exp(\pm \mathrm{i}2\pi f_0 x) g(x) \rightleftharpoons G(f \mp f_0), \tag{5.18}$$

即当原函数平移时,频谱产生线性相移;反之,当原函数有线性相移时,频谱产生平移. 表 V-3 中的 (1′) 就是式(5.18)的一个例子.

(5)共轭关系

$$g^*(x) \rightleftharpoons G^*(-f), \tag{5.19}$$

$$g^*(-x) \rightleftharpoons G^*(f). \tag{5.20}$$

(6)微积分运算

$$\frac{\mathrm{d}g(x)}{\mathrm{d}x} \rightleftharpoons \mathrm{i}2\pi f G(f), \tag{5.21}$$

$$\int g(x) \mathrm{d}x \rightleftharpoons \frac{1}{\mathrm{i}2\pi f} G(f). \tag{5.22}$$

由此可见,运算操作 $\mathrm{d}/\mathrm{d}x \rightleftharpoons \mathrm{i}2\pi f$,$\int \mathrm{d}x \rightleftharpoons 1/\mathrm{i}2\pi f$.

(7)卷积定理

函数 $g(x)$ 和 $h(x)$ 的卷积定义为

$$g(x) * h(x) = \int_{-\infty}^{+\infty} g(x')h(x-x')\mathrm{d}x'$$

$$= \int_{-\infty}^{+\infty} g(x-x')h(x')\mathrm{d}x' = h(x) * g(x). \tag{5.23}$$

可见卷积运算服从交换律,可以证明,卷积的频谱等于频谱的乘积,即

$$g(x) * h(x) \Longrightarrow G(f)H(f), \tag{5.24}$$

反之,乘积的频谱等于频谱的卷积,

$$g(x)h(x) \Longrightarrow G(f) * H(f). \tag{5.25}$$

以后会看到,我们常常需要计算两个函数的卷积.这时先求每个函数的频谱,并相乘,然后再作傅里叶逆变换即可.这是求卷积的一种较方便的方法.

(8)相关定理

函数 $g(x)$ 和 $h(x)$ 的相关函数定义为

$$g(x) \bigstar h(x) = \int_{-\infty}^{+\infty} g^*(x')h(x+x')\mathrm{d}x'$$
$$= \int_{-\infty}^{+\infty} g^*(x'-x)h(x')\mathrm{d}x'. \tag{5.26}$$

$g(x)$ 的自相关函数定义为

$$g(x) \bigstar g(x) = \int_{-\infty}^{+\infty} g^*(x')g(x+x')\mathrm{d}x'$$
$$= \int_{-\infty}^{+\infty} g^*(x'-x)g(x')\mathrm{d}x'. \tag{5.27}$$

可见相关运算不服从交换律.可以证明,相关函数的频谱与原函数的频谱有如下关系:

$$g(x) \bigstar h(x) \Longrightarrow G^*(f)H(f), \tag{5.28}$$

$$g(x) \bigstar g(x) \Longrightarrow |G(f)|^2. \tag{5.29}$$

如何把以上各定义和定理推广到二维情形是显而易见的,这里从略.

例题 1 由有限个单元排列成的周期函数称为栅函数(图 5-3(a)).求栅函数的振幅频谱.

解 设单元函数为 $g(x)$,由 N 个这样的函数以空间周期 d 排列而成的栅函数可写成

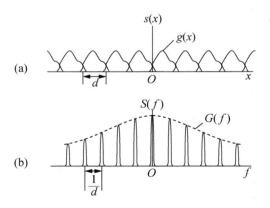

图 5-3 例题 1——栅函数及其频谱

$$s(x) = \sum_{n=-(N-1)/2}^{(N-1)/2} g(x + nd).\ ①$$

设

$$g(x) \Longrightarrow G(f),$$

据相移定理

$$g(x + nd) \Longrightarrow e^{i2\pi fnd} G(f),$$

所以栅函数的频谱为

$$s(x) \Longrightarrow S(f) = G(f) \sum_{n=-(N-1)/2}^{(N-1)/2} e^{i2\pi fnd}$$

$$= G(f) \frac{\sin N\beta}{\sin\beta}, \tag{5.30}$$

式中 $\beta = \pi fd$，前后两因子恰好相当于光栅中的单元衍射因子和 N 元干涉因子. $S(f)$ 的曲线参见图 5-3(b).

为了让读者对相关和卷积有个较形象化的理解,我们安排下面一组例题.

例题 2　设 $g(x)$ 为单位方垒函数(图 5-4(a))

$$g(x) = \begin{cases} 1, & \text{当 } |x| < a/2, \\ 0, & \text{当 } |x| > a/2. \end{cases}$$

求自相关函数 $g(x) \bigstar g(x)$.

解　对于实函数,$g^* = g$. $g^*(x' - x) = g(x' - x)$ 代表 $g(x')$ 的函数曲线平移距离 x. 自相关函数

$$g(x) \bigstar g(x) = \int g(x' - x)g(x')\mathrm{d}x'$$

在 x 处的数值是 $g(x')$ 和 $g(x' - x)$ 两曲线重叠区的宽度(见图 5-4(b)). 当 $|x| > a$ 时, 它等于 0,当 $|x| < a$ 时,它等于 $a - |x|$,故 $g(x)$ $\bigstar g(x)$ 为图 5-4(c)所示的角形函数,尖峰在 $x = 0$,即两曲线完全重合处.

例题 3　$g(x)$ 的定义同上题,$h(x)$ 的定义为

$$h(x) = \sum_i g(x - x_i),$$

其中 x_i 是若干个在 x 轴上离散分布的固定点(见图 5-5(b)),求相关函数 $g(x) \bigstar h(x)$.

解　g, h 都是实函数,

$$g(x) \bigstar h(x) = \int_{-\infty}^{+\infty} g(x' - x)h(x')\mathrm{d}x'$$

$$= \sum_{i=1}^{N} \int_{-\infty}^{+\infty} g(x' - x)g(x' - x_i)\mathrm{d}x'.$$

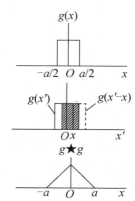

(a)

(b)

(c)

图 5-4　例题 2——方垒函数的自相关

<hr>

①　这里设 N 为奇数,对于偶数 N,下面的推导只需稍作修改.

作变量代换:$x''=x'-x_i$,则

$$g(x)\bigstar h(x) = \sum_{i=1}^{N}\int_{-\infty}^{+\infty}g(x''+x_i-x)g(x'')\mathrm{d}x''$$

$$= \sum_{i=1}^{N}\int_{-\infty}^{+\infty}g[x''-(x-x_i)]g(x'')\mathrm{d}x''$$

$$= \sum_{i=1}^{N}c(x-x_i),$$

其中 $c(x)=g(x)\bigstar g(x)$,即上题中得到的那个角形函数. 上述相关函数的图形如图 5-5(c)所示,凡原来在 $h(x)$ 中有一个方垒的地方,$g(x)\bigstar h(x)$ 中就有一个尖峰. 尖峰位置正是各离散点的中心.

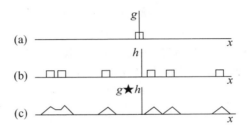

图 5-5　例题 3——相关函数的"搜索"作用

　　例题 2 表明,粗略地说,相关函数是两函数重叠程度的描述. 在完全重合处,相关有一极大值. 一般说来,由于相同的函数曲线才能完全重叠,故它们的自相关往往比不同函数间的互相关强得多. 例题 3 表明,当 $h(x)$ 代表一些相同信息 $g(x)$ 的离散排列时,相关函数 $g(x)\bigstar h(x)$ 的意义类似于用 $g(x)$ 在 $h(x)$ 中去搜索. 凡遇到与自身相同的信息之处记录下来一个信号峰.

　　以上图像可推广到二维的开孔函数

$$g(x,y)=\begin{cases}1,\text{当}(x,y)\text{在 }R\text{ 内},\\0,\text{当}(x,y)\text{在 }R\text{ 外}.\end{cases}$$

这里 R 是 x-y 平面内的一个区域(窗口). 如图 5-6(a),将 R 由原点平移至 (x,y) 点,把平移后的区域叫 R',则自相关 $g(x,y)\bigstar g(x,y)$ 等于 R 和 R' 重叠的面积.

　　开孔函数与自身卷积 $g(x,y)*g(x,y)$ 的意义与自相关类似,差别仅在于平移之外还要反转(即在平面内绕自身中心转 $180°$),然后再计算重叠面积(见图 5-6(b)). 为什么是这样? 请读者自己考虑.

　　以上各题中的原函数都是黑白型的(取值非 0 即 1),其他类型函数的卷积或相关的情况要更复杂一些,这里不讨论了.

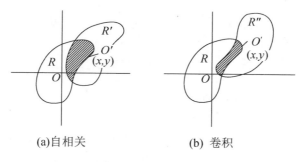

(a)自相关   (b) 卷积

图 5-6   二维开孔函数的自相关和卷积

5.4   δ 函数

δ 函数是狄拉克在量子力学中首先引用的一种广义函数,其定义为[①]

$$\delta(x) = \begin{cases} \infty, x=0, \\ 0, x \neq 0. \end{cases} \tag{5.31}$$

$$\int_{-\infty}^{+\infty} \delta(x)\mathrm{d}x = 1. \tag{5.32}$$

同时具备上述性质的"函数",称为 δ 函数,可以看出 δ 函数不是普通意义下的函数,而是一系列单脉冲型函数的极限. 如图 5-7,设有一单脉冲函数 $\delta(x,p)$,这里 p 是个参量. 随着 p 值的无限增大,或趋于 $0,\delta(x,p)$ 在 $x=0$ 处的峰值无限增大,但宽度无限缩小,而保持曲线下的面积为 1:$\int_{-\infty}^{+\infty} \delta(x,p)\mathrm{d}x = 1$(归一化条件). 对于任何具有上述性质的单脉冲函数 $\delta(x,p)$,都可认为,δ 函数是它们在 $p \to \infty$ 或 0 时的极限

$$\delta(x) = \lim_{p \to \infty \text{或} 0} \delta(x,p). \tag{5.33}$$

函数 $\delta(x,p)$ 的选取可以有多种多样,下面举些典型例子.

(1)单缝衍射因子

$$\delta(x,p) = \frac{1}{\pi} \frac{\sin px}{x};$$

$$\delta(0,p) = \frac{p}{\pi}; \frac{1}{\pi} \int_{-\infty}^{+\infty} \frac{\sin px}{x}\mathrm{d}x = 1.$$

当 $p \to \infty$ 时它满足上述所有条件,故可以认为

$$\delta(x) = \frac{1}{\pi} \lim_{p \to \infty} \frac{\sin px}{x}. \tag{5.34}$$

值得注意的是,上面的 $\delta(x,p)$ 可以写成积分形式

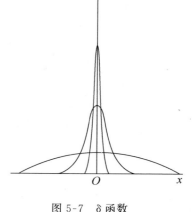

图 5-7   δ 函数

[①]   今后更常遇到的 δ 函数形式为 $\delta(x-x_0)$,这只不过是把式(5.31)中的坐标原点移至 $x=x_0$ 处.

$$\delta(x,p) = \int_{-p/2\pi}^{p/2\pi} e^{\pm i2\pi fx} \, df,$$

因此 δ 函数可写为

$$\delta(x) = \lim_{p\to\infty}\delta(x,p) = \int_{-\infty}^{+\infty} e^{\pm i2\pi fx} \, df, \tag{5.35}$$

即 $\delta(x)$ 是常数频谱 $G(f)=1$ 的傅里叶逆变换式. 反之,常数 $g(x)=1$ 的傅里叶变换式为 $\delta(f)$,即

$$1 \Longrightarrow \delta(f), \delta(x) \Longrightarrow 1. \tag{5.36}$$

(2)方垒

$$\delta(x,p) = \begin{cases} p, & \text{当} |x| < 1/2p, \\ 0, & \text{当} |x| > 1/2p. \end{cases}$$

此函数显然满足上述条件,故而 δ 函数也可看作是它在 $p\to\infty$ 时的极限.

(3)高斯函数

$$\delta(x,p) = \sqrt{\frac{p}{\pi}}\exp(-px^2);$$

$$\delta(0,p) = \sqrt{p/\pi}; \sqrt{p/\pi}\int_{-\infty}^{+\infty}\exp(-px^2)\mathrm{d}x = 1.$$

故可认为

$$\delta(x) = \lim_{p\to\infty}\sqrt{\frac{p}{\pi}}\exp(-px^2). \tag{5.37}$$

(4)洛伦兹函数

$$\delta(x,p) = \frac{p}{\pi}\frac{1}{p^2+x^2};$$

$$\delta(0,p) = \frac{1}{\pi p}; \frac{p}{\pi}\int_{-\infty}^{+\infty}\frac{\mathrm{d}x}{p^2+x^2} = 1.$$

故可认为

$$\delta(x) = \lim_{p\to 0}\frac{p}{\pi}\frac{1}{p^2+x^2}. \tag{5.38}$$

(5)尖脉冲

$$\delta(x,p) = \frac{p}{2}e^{-p|x|};$$

$$\delta(0,p) = \frac{p}{2}; \frac{p}{2}\int_{-\infty}^{+\infty}e^{-p|x|}\mathrm{d}x = 1.$$

故可认为

$$\delta(x) = \lim_{p\to\infty}\frac{p}{2}e^{-p|x|}. \tag{5.39}$$

我们知道,物理学中许多领域的基本原理都建筑在点模型的基础上,如力学中的质点,电学中的点电荷,光学中的点光源、物点及像点等等皆是. 从上面的讨论可以看出,δ 函数正是这类点模型的数学写照. 在 §1—§3 中研究过的分立谱,也可用 δ 函数来描

述. 故有了 δ 函数的概念, 使傅里叶变换的应用范围扩大, 它把这些带有"奇异性"的物理模型也包括进去.

5.5 δ 函数的性质

(1) δ 函数是偶函数, 即

$$\delta(x) = \delta(-x). \tag{5.40}$$

(2) δ 函数的选择性, 即对于任意连续函数 $f(x)$, 有

$$\int_{-\infty}^{+\infty} \delta(x) f(x) \mathrm{d}x = f(0),$$

更普遍些, 有

$$\int_{-\infty}^{+\infty} \delta(x - x_0) f(x) \mathrm{d}x = f(x_0). \tag{5.41}$$

(3) 与 δ 函数的卷积

$$f(x) * \delta(x) = \int_{-\infty}^{+\infty} f(x') \delta(x - x') \mathrm{d}x' = f(x). \tag{5.42}$$

故任意函数 $f(x)$ 可看成是它自身与 δ 函数的卷积. 同理可以导出

$$f(x) * \delta(x - x_0) = f(x - x_0), \tag{5.43}$$

这相当于 δ 函数具有"扫描性能".

(4) 尺度的缩放

$$\delta(ax) = \frac{1}{|a|} \delta(x). \tag{5.44}$$

5.6 δ 函数的傅里叶变换

δ 函数的傅里叶频谱是常数

$$\delta(x) \Longleftrightarrow 1. \tag{5.45}$$

这一点已在式 (5.35) 中反映出来. 表 V-4 中给出一些与 δ 函数有关的傅里叶变换公式和相应的图解.

例题 4 求无限长正弦光栅透过率函数的频谱

解
$$t(x) = t_0 + t_1 \cos 2\pi f_0 x$$

$$\Longleftrightarrow t_0 \delta(f) + \frac{t_1}{2} [\delta(f + f_0) + \delta(f - f_0)].$$

这是没有半角宽度的严格分立谱. ▌

例题 5 证明例题 1 中栅函数的谱在 $N \to \infty$ 时的极限为

$$S(f) = G(f) \frac{1}{d} \sum_{n=-\infty}^{\infty} \delta\left(f - \frac{n}{d}\right), \text{①}$$

式中 $G(f)$ 是单元函数 $g(x)$ 的傅里叶变换式

$$g(x) \Longleftrightarrow G(f).$$

证 在 $\beta = n\pi$ 处 $\sin N\beta / \sin\beta = N$, 这里有个半宽度 $\Delta\beta = \pi/N$ 的尖峰. 计算表明, 每个尖峰下的面积为 π:

---

① 这就是表 V-4(7) 所给的公式.

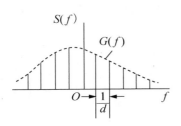

图 5-8 例题 5——无限长
光栅的严格分立谱

$$\int_{n\pi-\Delta\beta}^{n\pi+\Delta\beta} \frac{\sin N\beta}{\sin\beta}d\beta = \pi,$$

故当 $N\to\infty$ 时,这里出现一个 δ 函数. 所以

$$\lim_{N\to\infty}\frac{\sin N\beta}{\sin\beta} = \sum_{n=-\infty}^{\infty}\pi\delta(\beta - n\pi),$$

因 $\beta=kd/2$,利用 δ 函数的尺度缩放公式(5.44),得

$$\lim_{N\to\infty}\frac{\sin N\beta}{\sin\beta} = \sum_{n=-\infty}^{\infty}\frac{1}{d}\delta\left(f - \frac{n}{d}\right).$$

从而式(5.30)化为

$$s(x)\Longleftrightarrow S(f) = G(f)\frac{1}{d}\sum_{n=-\infty}^{\infty}\delta\left(f - \frac{n}{d}\right).$$

即 $N\to\infty$ 时准分立谱过渡到严格的分立谱. 这结果和用傅里叶级数展开是等价的.

表 Ⅴ-4　δ 函数的傅里叶变换[·]

原　函　数	频　谱
(1) $\delta(x)$	1
(1′) $\delta(x\pm x_0)$	$\exp(\pm i2\pi f x_0)$
(2) 1	$\delta(f)$
(2′) $\exp(\pm i2\pi f_0 x)$	$\delta(f\mp f_0)$

原 函 数	频 谱
(3) $\dfrac{1}{2}\left[\delta(x-x_0)+\delta(x+x_0)\right]$ 	$\cos 2\pi x_0 f$ 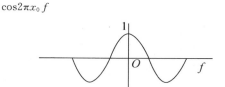
(4) $\cos 2\pi f_0 x$ 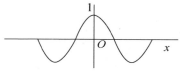	$\dfrac{1}{2}\left[\delta(f-f_0)+\delta(f+f_0)\right]$
(5) $\delta(x)+\dfrac{1}{2}\left[\delta(x-x_0)+\delta(x+x_0)\right]$ 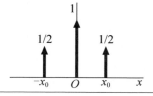	$1+\cos 2\pi x_0 f$ 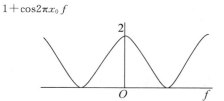
(6) $\displaystyle\sum_{n=-\infty}^{\infty}\delta(x-nx_0)$ 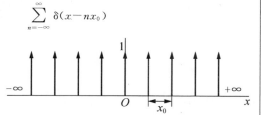	$\dfrac{1}{x_0}\displaystyle\sum_{n=-\infty}^{\infty}\delta\left(f-\dfrac{n}{x_0}\right)$ 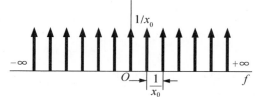
(7) $\displaystyle\sum_{n=-\infty}^{\infty}g(x-nx_0)$ 单元 $g(x)$	$\dfrac{1}{x_0}G(f)=\displaystyle\sum_{n=-\infty}^{\infty}\delta\left(f-\dfrac{n}{x_0}\right)$ 包络 $G(f)$ 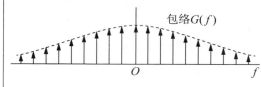

* 用竖直箭头代表 δ 函数,高度代表其积分值.

例题 6　证明傅里叶变换中原函数的有效宽度与频谱的有效宽度成反比.

证　原函数 $g(x)$ 和它的频谱函数 $G(f)$ 的有效宽度 Δx 和 Δf 可分别定义为

$$\Delta x = \frac{1}{g(0)} \int_{-\infty}^{+\infty} g(x)\,\mathrm{d}x,$$

$$\Delta f = \frac{1}{G(0)} \int_{-\infty}^{+\infty} G(f)\,\mathrm{d}f.$$

因

$$G(f) = \int_{-\infty}^{+\infty} g(x)\mathrm{e}^{-\mathrm{i}2\pi fx}\,\mathrm{d}x, \quad g(x) = \int_{-\infty}^{+\infty} G(f)\mathrm{e}^{\mathrm{i}2\pi fx}\,\mathrm{d}f,$$

故

$$G(0) = \int_{-\infty}^{+\infty} g(x)\,\mathrm{d}x, \quad g(0) = \int_{-\infty}^{+\infty} G(f)\,\mathrm{d}f,$$

于是

$$\Delta x = G(0)/g(0), \quad \Delta f = g(0)/G(0),$$

故

$$\Delta f \Delta x = 1.$$

即 Δx 与 Δf 成反比. 这正是 5.1 节中已指出的傅里叶变换的普遍特性之一.

习　　题

1. 证明(1)当 $g(x)$ 为实函数时,

$$\widetilde{G}(f) = \widetilde{G}^*(-f),$$

$$\widetilde{G}^*(f) = \widetilde{G}(-f).$$

（2）当 $\widetilde{g}(x)$ 为偶函数时,

$$\widetilde{G}(f) = 2\int_0^\infty \widetilde{g}(x)\cos(2\pi fx)\,\mathrm{d}x,$$

$$\widetilde{g}(x) = 2\int_0^\infty \widetilde{G}(f)\cos(2\pi fx)\,\mathrm{d}f.$$

2. 尽你的可能计算表 V-3 中给出的各种函数的频谱函数.

3. 证明式(5.21),(5.22),以及

$$-\mathrm{i}2\pi x g(x) \Longleftrightarrow \frac{\mathrm{d}G(f)}{\mathrm{d}f},$$

$$\frac{g(x)}{-\mathrm{i}2\pi x} \Longleftrightarrow \int G(f)\,\mathrm{d}f.$$

4. 证明 $g \bigstar g = g * g^*$.

5. 如图, $g(x)$ 和 $h(x)$ 是宽度分别为 a 和 b 的单位方垒函数,求它们的卷积.

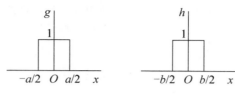

习题 5 图

6. 证明两高斯函数

$$g(x)=\sqrt{\frac{a}{\pi}}\exp(-ax^2),\quad h(x)=\sqrt{\frac{b}{\pi}}\exp(-bx^2)$$

的卷积仍为高斯函数

$$g(x)*h(x)=\sqrt{\frac{c}{\pi}}\exp(-cx^2),$$

其中 $c=ab/(a+b)$.

7. 证明两洛伦兹函数

$$g(x)=\frac{a}{\pi}\frac{1}{a^2+x^2},\quad h(x)=\frac{b}{\pi}\frac{1}{b^2+x^2}$$

的卷积仍为洛伦兹函数

$$g(x)*h(x)=\frac{c}{\pi}\frac{1}{c^2+x^2},$$

其中 $c=a+b$.

8. 试推导卷积和相关函数的傅里叶变换公式(5.24)和(5.26).

9. 一质量为 m 的质点位于空间 (x_0,y_0,z_0) 处,试用 δ 函数写出空间里的密度分布函数 $\rho(x,y,z)$.

10. 点电荷 q 位于坐标原点,写出静电场所满足的泊松方程.

11. 导出 5.5 节罗列的 δ 函数性质(1)—(5).

12. 求 $\mathscr{F}\{\delta(x-x_0)+\delta(x-2x_0)\}$ 及其模的平方 FF^*.

13. 求 $\mathscr{F}\{\delta(x-x_0)+\delta(x-2x_0)+\delta(x-3x_0)\}$ 及 FF^*.

14. 大量点源无规地分布在 x 轴上,其振幅分布可写为

$$\tilde{U}(x)=\sum_{n=1}^{N}\delta(x-x_n),$$

(1)求 $\mathscr{F}\{\tilde{U}(x)\}$,

(2)试论证 $FF^*=N$.

*§6 空间滤波和信息处理

6.1 用夫琅禾费衍射实现屏函数的傅里叶变换

在本章 2.7 节中已指出,夫琅禾费衍射装置就是傅里叶频谱分析器. 不过在那里只

讨论了空间周期函数及其分立谱,而且没有强调相位频谱. 在 §4 和 §5 两节我们分别从物理上和数学上讨论了普遍情况下的夫琅禾费衍射和傅里叶变换,现将两者进行比较. 夫琅禾费衍射积分的标准形式为

$$\tilde{U}(\theta_1,\theta_2) = CA_1 \exp[i\varphi(\theta_1,\theta_2)]$$

$$\times \iint_{-\infty}^{+\infty} \tilde{t}(x,y) \exp[-i(k\sin\theta_1 x + k\sin\theta_2 y)] \, dxdy,$$

或

$$\tilde{U}(x',y') = CA_1 \exp[i\varphi(x',y')]$$

$$\times \iint_{-\infty}^{+\infty} \tilde{t}(x,y) \exp\left[\frac{-ik}{z}(xx'+yy')\right] dxdy.$$

而屏函数的傅里叶变换式为

$$T(f_x,f_y) = \mathscr{F}\{\tilde{t}(x,y)\}$$

$$= \iint_{-\infty}^{+\infty} \tilde{t}(x,y) \exp[-i2\pi(f_x x + f_y y)] \, dxdy.$$

对比一下,可以看出,两者积分的形式是一样的,它们的被积函数都是屏函数与线性相因子的乘积. 如果让它们相因子指数上的线性系数相等,即

$$2\pi(f_x,f_y) = (k\sin\theta_1, k\sin\theta_2) \text{ 或 } 2\pi(f_x,f_y) = \frac{k}{z}(x',y'), \tag{6.1}$$

则有

$$\tilde{U}(\theta_1,\theta_2) = CA_1 \exp[i\varphi(\theta_1,\theta_2)]\mathscr{F}\{\tilde{t}(x,y)\}, \tag{6.2}$$

或

$$\tilde{U}(x',y') = CA_1 \exp[i\varphi(x',y')]\mathscr{F}\{\tilde{t}(x,y)\}. \tag{6.3}$$

式(6.2)和(6.3)中的常系数 CA_1 对于衍射场的相对分布是无关紧要的,今后除非必要,我们总将它略去不写,此外,积分前面还有一个与场点位置有关的相因子 $\exp[i\varphi(\theta_1,\theta_2)]$ 或 $\exp[i\varphi(x',y')]$,这并非在任何时候都是无关紧要的. 它的存在表明,夫琅禾费衍射场中的复振幅分布尚不完全是屏函数的傅里叶频谱函数. 对此,应分以下两种情况区别对待.

如果我们在一次衍射后就直接接收夫琅禾费衍射场的强度分布,则上述相因子不起作用,即夫琅禾费衍射场的强度分布等于屏函数的功率谱.

$$I(x',y') = \tilde{U}(x',y')\tilde{U}^*(x',y')$$

$$= \mathscr{F}\{\tilde{t}(x,y)\}\mathscr{F}^*\{\tilde{t}(x,y)\}. \tag{6.4}$$

换句话说,对于一次衍射问题,例如不相干成像问题,对衍射屏的位置勿须严格限制.

如果我们的问题涉及二次衍射(相干系统的两步成像过程就是如此),则傅氏面上的相位分布在第二次相干叠加时是要起作用的. 在普遍的情况下当此相因子与场点坐标

(x', y') 有关时, 问题就比较复杂, 为了避免这个困难, 应该设计一个等光程的光路, 使从衍射屏中心到达不同场点的衍射线等光程:

$$\varphi(x', y') = kL_0(x', y') = 常数.$$

如图 6-1, 把衍射屏放在透镜的前焦面 $\mathscr{F}$ 上即可满足上述要求. 这时式(6.3)积分前的常数相因子也可略去不写了, 后焦面上的复振幅分布准确地成为屏函数的傅里叶频谱:

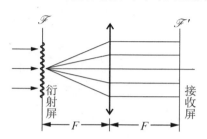

图 6-1 等光程的夫琅禾费衍射装置

$$\tilde{U}(x', y') = \mathscr{F}\{\tilde{t}(x, y)\}. \tag{6.5}$$

这时傅里叶变换式中的变量 f_x, f_y 为[①]

$$(f_x, f_y) = \frac{k}{2\pi F}(x', y') = \frac{1}{\lambda F}(x', y'). \tag{6.6}$$

其中 F 为透镜的焦距, λ 为照明光波长.

总之, 把衍射屏放在透镜的前焦面上, 在后焦面上的夫琅禾费衍射场就准确地实现屏函数的傅里叶变换, 其中空间频率与场点坐标满足替换关系式(6.6). 这一点, 无论从数学上看还是从物理上看, 都是一件有重要意义的事情. 从数学上看, 抽象的数学运算变成了实实在在的物理过程, 由此开拓出来一个新的技术领域——相干光学计算技术. 从物理上看, 为分析夫琅禾费衍射找到了一种有力的数学手段, 有关傅里叶变换的许多数学定理就可以直接移植过来作为分析夫琅禾费衍射场以及光学信息处理的理论指导.

例题 1 求下列各情形里的 $\tilde{U}(x', y')$ 和 $I(x', y')$.

(1) $\tilde{t}(x, y) = \delta(x)\delta(y)$;

(2) $\tilde{t}(x, y) = \delta(x+x_0)\delta(y+y_0)$;

(3) $\tilde{t}(x, y) = \delta(x+\frac{d}{2})\delta(y) + \delta(x-\frac{d}{2})\delta(y)$.

它们各代表什么意思?

解 (1) $$\tilde{U}(x', y') = \mathscr{F}\{\delta(x)\delta(y)\} \infty 1,$$
$$I(x', y') \infty 1.$$

此题表示置于前焦点的点源产生正向平面波, 均匀照明后焦面(图 6-2(a)).

---

① 见式(6.1), 其中 $z = F$.

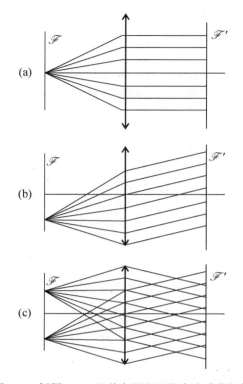

图 6-2 例题 1——几种点源配置的夫琅禾费衍射

(2)
$$\tilde{U}(x',y')=\mathscr{F}\{\delta(x+x_0)\delta(y+y_0)\}$$
$$\propto\exp[\mathrm{i}2\pi(f_x x_0+f_y y_0)],$$
$$I(x',y')\propto 1,$$

式中$(f_x,f_y)=(x',y')/\lambda F$. 此题表示置于前焦面上$(-x_0,-y_0)$处的点源产生斜向的平面波,均匀照明后焦面(见图 6-2(b)).

(3)
$$\tilde{U}(x',y')=\mathscr{F}\left\{\left[\delta\left(x+\frac{d}{2}\right)+\delta\left(x-\frac{d}{2}\right)\right]\delta(y)\right\}$$
$$\propto\exp(\mathrm{i}\pi f_x d)+\exp(-\mathrm{i}\pi f_x d)$$
$$\propto\cos(\pi f_x d)=\cos(\pi d x'/\lambda F),$$
$$I(x',y')\propto\cos^2\left(\frac{\pi d}{\lambda F}x'\right).$$

此题表示置于前焦面上$(\mp d/2,0)$处的两个相干点源在后焦面上的干涉条纹(见图 6-3(c)). ▌

以上例题形象地告诉我们,5.6 节表 Ⅴ-4(1),(1′)和(3)给出的傅里叶变换公式可以具有怎样的物理意义.

复振幅频谱的模和辐角分别称为振幅频谱和相位频谱. 从以上例题的(1),(2)两问可以看出相位频谱的重要意义,因为有些差别,如点源的平移,并不反映在振幅频谱中,只有从相位频谱中才看得出来.

例题 2 求正交网格的夫琅禾费衍射场的 $\tilde{U}(x',y')$ 和 $I(x',y')$.

解 如图 6-3(a),正交网格相当于两块黑白光栅的正交密接,透过率函数是二者相乘:

$$\tilde{t}(x,y)=\tilde{t}_1(x)\tilde{t}_2(y),$$

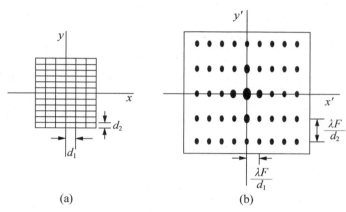

(a)   (b)

图 6-3 例题 2——正交网格的夫琅禾费衍射

其中

$$\begin{cases} \tilde{t}_1(x)=\displaystyle\sum_{n=-(N_1-1)/2}^{(N_1-1)/2} g_1(x+nd_1),\\[2mm] \tilde{t}_2(y)=\displaystyle\sum_{m=-(N_2-1)/2}^{(N_2-1)/2} g_2(y+md_2). \end{cases}$$

式中 g_1,g_2 分别为宽度等于 a_1,a_2 的方垒函数. 在傅里叶频谱面上

$$\tilde{U}(x',y')=\mathscr{F}\{\tilde{t}(x,y)\}=\mathscr{F}\{\tilde{t}_1(x)\}\mathscr{F}\{\tilde{t}_2(y)\}$$

$$=G_1(f_x)\frac{\sin N_1\beta_1}{\sin\beta_1}=G_2(f_y)\frac{\sin N_2\beta_2}{\sin\beta_2},[①] \tag{6.7}$$

其中

$$\begin{cases} G_1(f_x)=\mathscr{F}\{g_1(x)\}=\dfrac{\sin\alpha_1}{\alpha_1},\\[3mm] G_2(f_y)=\mathscr{F}\{g_2(y)\}=\dfrac{\sin\alpha_2}{\alpha_2}, \end{cases}$$

① 见 §5 式(5.30).

$$\begin{cases} \alpha_1 = \pi a_1 f_x = \dfrac{\pi a_1}{\lambda F} x', \\[2mm] \alpha_2 = \pi a_2 f_y = \dfrac{\pi a_2}{\lambda F} y', \end{cases}$$

$$\begin{cases} \beta_1 = \pi d_1 f_x = \dfrac{\pi d_1}{\lambda F} x', \\[2mm] \beta_2 = \pi d_2 f_y = \dfrac{\pi d_2}{\lambda F} y', \end{cases}$$

$$I(x',y') = \left(\frac{\sin\alpha_1}{\alpha_1}\frac{\sin N_1\beta_1}{\sin\beta_1}\right)^2\left(\frac{\sin\alpha_2}{\alpha_2}\frac{\sin N_2\beta_2}{\sin\beta_2}\right)^2. \tag{6.8}$$

衍射图样如图 6-3(b)所示,是正交的二维点阵,衍射斑在 x',y' 方向的间隔分别与 d_1,d_2 成反比. ∎

例题 3　如果用斜入射的平行光照射图 6-1 中的衍射屏,式(6.5)应作怎样的修改?

解　若入射的是斜向的平面波,

$$\widetilde{U}_1(x,y) = A_1\exp[ik(\sin\theta_{10}x + \sin\theta_{20}y)].$$

在式(6.5)的 $\widetilde{t}(x,y)$ 上应乘以上式中的线性相因子:

$$\begin{aligned} \widetilde{U}(x',y') &= \mathscr{F}\{\widetilde{t}(x,y)\exp[ik(\sin\theta_{10}x + \sin\theta_{20}y)]\} \\ &= \mathscr{F}\{\widetilde{t}(x,y)\} * \mathscr{F}\{\exp[ik(\sin\theta_{10}x + \sin\theta_{20}y)]\} \\ &\propto \mathscr{F}\{\widetilde{t}(x,y)\} * \delta\left(f_x - \frac{1}{\lambda}\sin\theta_{10}\right)\delta\left(f_y - \frac{1}{\lambda}\sin\theta_{20}\right), \end{aligned}$$

上式中 $\mathscr{F}\{\widetilde{t}(x,y)\} = \widetilde{U}_{正}(x',y')$ 为正入射时的衍射场,因 $(f_x,f_y) = (x',y')/\lambda F$,故又可写为

$$\begin{aligned} \widetilde{U}(x',y') &= \widetilde{U}_{正}(x',y') * \delta(x' - F\sin\theta_{10})\delta(y' - F\sin\theta_{20}) \\ &= \widetilde{U}_{正}(x' - F\sin\theta_{10}, y' - F\sin\theta_{20}), \end{aligned} \tag{6.9}$$

从而光强分布为

$$\begin{aligned} I(x',y') &= \widetilde{U}(x',y')\widetilde{U}^*(x',y') \\ &= \widetilde{I}_{正}(x' - F\sin\theta_{10}, y' - F\sin\theta_{20}), \end{aligned} \tag{6.10}$$

亦即斜入射的效果仅仅是把衍射波前上的复振幅 $\widetilde{U}$ 和强度 I 分布函数中的自变量 (x',y') 换成 $(x' - F\sin\theta_{10}, y' - F\sin\theta_{20})$. 有时用衍射角 (θ_1,θ_2) 来表达更方便,因 $x' = F\sin\theta_1$,$y' = F\sin\theta_2$,我们的结论又可表达为斜入射的效果是把 $(\sin\theta_1,\sin\theta_2)$ 换为 $(\sin\theta_1 - \sin\theta_{10}, \sin\theta_2 - \sin\theta_{20})$. 上述代换意味着,衍射图样随着几何像点 $(F\sin\theta_{10}, F\sin\theta_{20})$ 作整体平移.

　　本例题的结论我们不应感到陌生,在第二章 §7 的习题 1 中就遇到过斜入射的单缝夫琅禾费衍射问题. 那里的结论是正入射时的单缝因子 $\sin\alpha/\alpha$ 中的 $\alpha = \pi a\sin\theta/\lambda$ 应换为 $\alpha' = \pi a(\sin\theta - \sin\theta_0)/\lambda$. 这正是本题的一个特例. 本题利用傅里叶变换、$\delta$ 函数和卷积定

理等概念对这种代换作了普遍的证明[1]，今后我们就可把它运用到所有夫琅禾费衍射的问题上了．

6.2 相干光学图像处理系统(4F 系统)

正如在§3 中已看到的，用夫琅禾费衍射来实现图像的频谱分解，最重要的意义是为空间滤波创造了条件．由于衍射场就是屏函数的傅里叶频谱面，空间频率(f_x, f_y)与衍射场点位置(ξ, η)一一对应[2]，使得人们可以从改变频谱入手来改造图像，进行信息处理．为此设计了图 6-4 所示的图像处理系统．

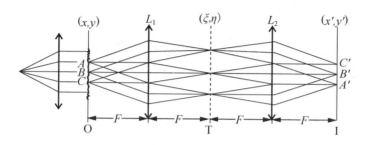

图 6-4　4F 图像处理系统

在此系统中，两个透镜 L_1, L_2 成共焦组合，L_1 的前焦面(x, y)为物平面 O，图像由此输入．L_2 的后焦面(x', y')为像平面 I，图像在此输出．共焦平面(ξ, η)称为变换平面 T，在此可以安插各种结构和性能的屏(空间滤波器)．

当平行光照射在物平面上时，整个 OTI 系统成为相干成像系统．由于变换平面上空间滤波器的作用，使输出图像得以改造，所以 OTI 系统又是一个相干光学信息处理系统．这里先研究它的成像问题．

§3 中我们已介绍过阿贝成像原理，OTI 系统的情况完全类似．着眼于光的波动行为，服务于光学信息处理这个目的，我们将相干光学系统的成像过程看作两步：第一步，从 O 面到 T 面，是第一次夫琅禾费衍射，它起分频作用．第二步，从 T 面到 I 面，又一次夫琅禾费衍射，它起合成作用，即综合频谱输出图像．在这样的两步中，变换平面 T 处于关键地位，若在此处设置光学滤波器，就能起到选频作用．要想做到图像的严格复原，T 面必须完全畅通无阻．此处的 4F 系统，每次衍射都是从焦面到焦面，如 6.1 节所述，这就保证了复振幅的变换是纯粹的傅里叶变换，从而使计算比§3 简单得多，下面先来证明，如果光波能够自由通过变换平面 T，图像将完全还原．

如图 6-5，在物平面 O 上，$\widetilde{U}_O(x,y) \propto \widetilde{t}_0(x,y)$；设在变换面 T 上 $\widetilde{t}_T(\xi,\eta) = 1$，从而 $\widetilde{U}_2(\xi,\eta) = \widetilde{U}_1(\xi,\eta)$，记作 $\widetilde{U}_T(\xi,\eta)$；在像平面 I 上复振幅分布为 $\widetilde{U}_I(x',y')$．如 6.1 节所述，在两次夫琅禾费衍射过程中，复振幅的变换都是傅里叶变换：

----

① 用经典光学中的常规手段完全可以作出这个普遍证明．不过既然我们为了学习现代光学已引进了那么多的"现代化武器"，我们就不妨多用用，以便熟悉它们．

② 见式(6.6)，这里的(ξ, η)相当于该式中的(x', y')．

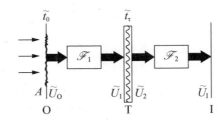

图 6-5 相干成像滤波系统工作原理方框图

$$\tilde{U}_T(\xi,\eta)=\mathscr{F}_1\{\tilde{U}_O(x,y)\},$$

$$\tilde{U}_I(x',y')=\mathscr{F}_2\{\tilde{U}_T(\xi,\eta)\}.$$

略去一切数值系数不写,上两式的具体表达式为

$$\tilde{U}_T(\xi,\eta)\propto\iint\limits_{-\infty}^{+\infty}\tilde{t}_O(x,y)\exp\Big[\frac{-ik}{F}(x\xi+y\eta)\Big]\mathrm{d}x\mathrm{d}y,$$

$$\tilde{U}_I(x',y')\propto\iint\limits_{-\infty}^{+\infty}\tilde{U}_T(\xi,\eta)\exp\Big[\frac{-ik}{F}(\xi x'+\eta y')\Big]\mathrm{d}\xi\mathrm{d}\eta.$$

将前式代入后式,得

$$\tilde{U}_I(x',y')\propto\iiint\limits_{-\infty}^{+\infty}\tilde{t}_O(x,y)\exp\Big\{-\frac{ik}{F}\big[\xi(x+x')+\eta(y+y')\big]\Big\}\mathrm{d}\xi\mathrm{d}\eta\mathrm{d}x\mathrm{d}y$$

$$=\iint\limits_{-\infty}^{+\infty}\tilde{t}_O(x,y)\Big\{\int\limits_{-\infty}^{+\infty}\exp\Big[\frac{-ik(x+x')}{F}\xi\Big]\mathrm{d}\xi\Big\}$$

$$\times\Big\{\int\limits_{-\infty}^{+\infty}\exp\Big[\frac{-ik(y+y')}{F}\eta\Big]\mathrm{d}\eta\Big\}\mathrm{d}x\mathrm{d}y$$

$$\propto\iint\limits_{-\infty}^{+\infty}\tilde{t}_O(x,y)\delta(x+x')\delta(y+y')\mathrm{d}x\mathrm{d}y\ ^{①}$$

$$=\tilde{t}_O(-x',-y')\propto\tilde{U}_O(-x',-y').$$

$$(6.11)$$

亦即输出图像与输入图像完全一样,上式中 x',y' 前的负号只表示像是倒立的.

上面的计算表明,连续两次的傅里叶变换,函数的形式基本复原,只是自变量变号,即图像倒置. 我们也可以说,上述第二次傅里叶变换 $\tilde{U}_I=\mathscr{F}_2\{\tilde{U}_T\}$ 是一次傅里叶逆变换加图像倒置. 其实这个结论无需上述运算,只把傅里叶变换和逆变换放在一起对比一下即可得到:

---

① 参见 §5 式(5.35).

$$\tilde{U}_{\mathrm{O}}(x,y)=\mathscr{F}_1^{-1}\{\tilde{U}_{\mathrm{T}}(\xi,\eta)\}$$

$$=\iint\limits_{-\infty}^{+\infty}\tilde{U}_{\mathrm{I}}(\xi,\eta)\exp[\,\mathrm{i}2\pi(f_x x+f_y y)\,]\mathrm{d}f_x\mathrm{d}f_y$$

$$\propto\iint\limits_{-\infty}^{+\infty}\tilde{U}_{\mathrm{T}}(\xi,\eta)\exp\Big[\frac{\mathrm{i}2\pi}{\lambda F}(\xi x+\eta y)\Big]\mathrm{d}\xi\mathrm{d}\eta. \tag{6.12}$$

$$\tilde{U}_{\mathrm{I}}(x',y')=\mathscr{F}_2\{\tilde{U}_{\mathrm{T}}(\xi,\eta)\}$$

$$=\iint\limits_{-\infty}^{+\infty}\tilde{U}_{\mathrm{T}}(\xi,\eta)\exp[-\mathrm{i}2\pi(f_x'\xi+f_y'\eta)]\mathrm{d}\xi\mathrm{d}\eta$$

$$=\iint\limits_{-\infty}^{+\infty}\tilde{U}_{\mathrm{T}}(\xi,\eta)\exp\Big[\frac{-\mathrm{i}2\pi}{\lambda F}(x'\xi+y'\eta)\Big]\mathrm{d}\xi\mathrm{d}\eta. \tag{6.13}$$

式中 $(f_x,f_y)=\dfrac{1}{\lambda F}(x,y)$，$(f_x',f_y')=\dfrac{1}{\lambda F}(x',y')$. 可以看出，将式(6.12)右端的积分作如下变量代换

$$(x,y)\rightarrow(-x',-y'),$$

它就与式(6.13)右端的积分一样，因此得知

$$\tilde{U}_{\mathrm{I}}(x',y')\propto\tilde{U}_{\mathrm{O}}(-x,-y),[①]$$

这便是上面的式(6.11).

在上述未经滤波的特例里，在频谱面上

$$\tilde{U}_2=\tilde{U}_1,$$

在有滤波器的情况下

$$\tilde{U}_2=\tilde{U}_1\tilde{t}_{\mathrm{T}}\neq\tilde{U}_1,$$

这里 $\tilde{t}_{\mathrm{T}}$ 为滤波器的透过率函数，这时经第二次傅里叶变换后，函数形式不再是复原加图像倒置，但我们仍可对 $\tilde{U}_2$ 作傅里叶逆变换，然后将图像倒置，以此来代替第二次傅里叶变换的运算. 从物理概念上可以这样理解：对 $\tilde{U}_2$ 作傅里叶逆变换，是寻求这样一个假想的物波前，它可不经滤波，在频谱面上直接给出 $\tilde{U}_2$. 此物波前的倒置就应是像面上的波前.

在今后的运算中，我们将根据情况，傅里叶正、逆两种变换的方法交替使用.

例题 4　如果如图 6-4 所示的 4F 系统变换平面 T 上放一块正弦光栅，会产生什么后果？

解　采用上面的符号，这里的区别仅在于 $\tilde{t}_{\mathrm{T}}(\xi,\eta)\neq1$. 从而 $\tilde{U}_2(\xi,\eta)\neq\tilde{U}_1(\xi,\eta)$. 复振幅的逐次变换如下：

———————————

①　由于我们从头起就把菲涅耳衍射积分公式中的比例系数省略未写，故这里只能用正比符号"∝". 其实若计及原有的和计算中所出现的所有比例系数，可以证明这式中的比例系数就是 1.

$$\widetilde{U}_1(\xi,\eta)=\mathscr{F}_1\{\widetilde{U}_0(x,y)\},\text{其中}\widetilde{U}_0(x,y)=\widetilde{t}_0(x,y),$$

$$\widetilde{U}_2(\xi,\eta)=\widetilde{U}_1(\xi,\eta)\widetilde{t}_T(\xi,\eta),\text{其中}\widetilde{t}_T(\xi,\eta)=t_0+t_1\cos2\pi f_0\xi,$$

$$\widetilde{U}_I(x',y')=\mathscr{F}_2\{\widetilde{U}_2(\xi,\eta)\}=\mathscr{F}_2\{\widetilde{U}_1(\xi,\eta)\widetilde{t}_T(\xi,\eta)\}$$

$$=\mathscr{F}_2\{\widetilde{U}_1(\xi,\eta)\}*\mathscr{F}_2\{\widetilde{t}_T(\xi,\eta)\}.$$

上面最后一步运算利用了式(5.25)这条性质:原函数乘积的频谱是频谱的卷积. 第一个因子 $\mathscr{F}_2\{\widetilde{U}_1(\xi,\eta)\}$ 与自由通过频谱面时一样,故而直接引入上面的结果 $\mathscr{F}_2\{\widetilde{U}_1(\xi,\eta)\}\propto\widetilde{t}_0(-x',-y')$.

正弦光栅的频谱可引用 §5 例题 4 的结果,注意那里的 f 相当于这里的 $x'/\lambda F$,于是

$$\mathscr{F}_2\{\widetilde{t}_T(\xi,\eta)\}\propto t_0\delta\left(\frac{x'}{\lambda F}\right)+\frac{t_1}{2}\left[\delta\left(\frac{x'}{\lambda F}-f_0\right)+\delta\left(\frac{x'}{\lambda F}+f_0\right)\right].$$

故

$$\widetilde{U}_I(x',y')\propto\widetilde{t}_0(-x',-y')*\left\{t_0\delta\left(\frac{x'}{\lambda F}\right)+\frac{t_1}{2}\left[\delta\left(\frac{x'}{\lambda F}-f_0\right)+\delta\left(\frac{x'}{\lambda F}+f_0\right)\right]\right\}.$$

利用 δ 函数卷积的性质(5.43),得

$$\widetilde{U}_I(x',y')\propto t_0\widetilde{t}_0(-x',-y')\qquad\text{(0 级像)}$$

$$+\frac{t_1}{2}\widetilde{t}_0(-x'+\lambda Ff_0,-y')\qquad\text{(+1 级像)}$$

$$+\frac{t_1}{2}\widetilde{t}_0(-x'-\lambda Ff_0,-y')\qquad\text{(-1 级像)},$$

上式中的三项代表三个像,0 级像仍在中心,±1 级像分别沿 x' 方向移位 $\pm\lambda Ff_0$. ▎

以上结论其实也可经过简单的推论得到:物平面的图像可看成是点源的集合,每个点源发出的波经正弦光栅衍射后在像面上产生 $0,\pm1$ 级三个斑,故所有物点发出的波在像面上集合为 $0,\pm1$ 级三个像.

例题 5　若将上题中的正弦光栅沿 ξ 方向平移一个距离 Δ,会产生什么后果?

解　与例题 3 唯一的差别是 $\widetilde{t}_T(\xi,\eta)$ 的表达式应改为

$$\widetilde{t}_T(\xi,\eta)=t_0+t_1\cos2\pi f_0(\xi-\Delta),$$

从而在其傅里叶变换式中出现附加相因子 $\exp\left(-\dfrac{\mathrm{i}kx'}{F}\Delta\right)$[①]:

$$\mathscr{F}_2\{\widetilde{t}_T(\xi,\eta)\}\propto\left\{t_0\delta\left(\frac{x'}{\lambda F}\right)+\frac{t_1}{2}\left[\delta\left(\frac{x'}{\lambda F}-f_0\right)+\delta\left(\frac{x'}{\lambda F}+f_0\right)\right]\right\}\exp\left(\frac{-\mathrm{i}kx'}{F}\Delta\right).$$

取卷积后,得

---

① 参见式(5.17),那里的 f 相当于这里的 $x'/\lambda F$.

$$\tilde{U}_1(x',y') \propto t_0 \, \tilde{t}_0(-x',-y') \qquad\qquad\qquad (0 \text{ 级像})$$

$$+ \frac{t_1}{2} \tilde{t}_0(-x'+\lambda F f_0, -y') \exp(-i2\pi f_0 \Delta) \qquad (+1 \text{ 级像})$$

$$+ \frac{t_1}{2} \tilde{t}_0(-x'-\lambda F f_0, -y') \exp(i2\pi f_0 \Delta) \qquad (-1 \text{ 级像}),$$

上式表明,正弦光栅平移的后果是引起相移. 0级无相移,±1级相移量等值反号,量值为 $2\pi f_0 \Delta$. ▌

对于非正弦光栅,还将出现更高级的像. 可以证明 ±n 级像的相移为

$$\Delta\varphi = \mp 2\pi n f_0 \Delta. \qquad\qquad (6.14)$$

这些相因子的出现并不影响像面上的强度分布. 这一点是我们比较熟悉的,甚至是印象较深的. 但在必要的时候请不要忘记,滤波器(光栅)的平移要在各级衍射斑的复振幅中引起不同的相移.

6.3　空间滤波实验

3.3节中我们曾介绍过一些空间滤波实验,这里再介绍几类更有趣的空间滤波实验. 这些实验都可在 4F 系统中作出.

(1)网格实验

输入图像是一正交的网格(正交密接黑白光栅). 在变换平面 T 上的频谱如图 6-6(a)所示,是二维的矩形点阵(准分立谱)[1]. T 面上无阻挡时像面上输出的网格图像完全复原[2]. 如果按图 6-6(b)所示,遮掉 T 面上除中央一纵列外所有其余的衍射斑,则输出面上只剩下横向网纹. 反之,若按图 6-6(c)所示,只让中央一横行衍射斑通过,则输出的只有纵向网纹. 保留中央一斜排的情况(图 6-6(d))也类似. 这些现象如何说明的问题,留给读者自己考虑.

最有趣的是图 6-6(e)所示实验. 这里输入图像除正交网格外,还有散乱的若干污点. 我们的任务是通过信息处理的手段去识别或抹掉这些污点.

由于污点的空间信息是无规的非周期分布,它们的频谱弥漫地分布在傅氏面 T 上;而网格的频谱如前所述,是二维的矩形点阵,它是准分立谱.

设想我们先用一纯净的同样网格为物,在傅氏面上直接安放照相底片,将它的频谱拍摄下来,得到一张负片(即黑点阵). 再以这张负片为光学滤波器,去处理有污点网格的图像. 这时网格的准分立频谱就被全部滤掉;但污点的频谱经负片滤波虽也丢失一些,但因它是弥漫分布的,绝大部分被保留下来. 这样,在输出像面上网格全部隐去,只剩下污点的信息. 用这种方法,我们可以从网格图像中把散乱的污点大体识别出来. 如果我们把负片翻印为正片(即白点阵),用它作光学滤波器去处理那个有污点的网格图像,在输出的像面上我们将得到去掉污点的较为纯净的网格.

---

① 见本节例题 2.

② 严格说来,由于透镜的有限孔径,高频信息总要被截掉一些,输出的网格图像的黑白边界会变得不如原来清晰.

　　总之,如果从输入图像中提取或排除某种信息,就要事先研究这类信息的频谱特征,然后针对它制备相应的空间滤波器置于变换平面.经第二次衍射合成后,即可达到预期的效果.光学信息处理的精神大体就是如此.

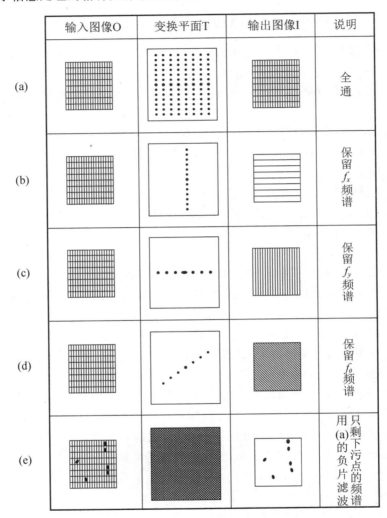

图 6-6　网格的空间滤波实验

　　(2)θ调制实验(分光滤波实验)

　　这是一类用白光照明透明物体,而在输出平面上得到彩色图像的有趣实验.透明物由几块不同形状的光栅片拼成,这些光栅片是在 50/mm 或 100/mm 的一张光栅上剪裁下来的.拼图时利用光栅的不同取向把准备"着上"不同颜色的部位区分开来.当一束白光照射到这透明物上时,在变换平面上呈现的是沿不同方向铺展的彩色斑.用黑纸或熏烟的玻璃板遮在变换平面上,并在适当的地方开些透明窗口,把所需颜色的±1级衍射斑提取出来．这样，在输出平面上得到的就是符合我们期望的彩色图像（图 6-7）．

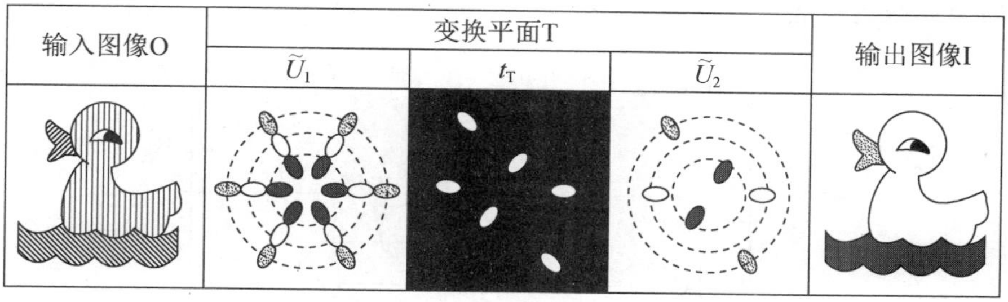

输入图像O
变换平面T
$\widetilde{U}_1$
t_T
$\widetilde{U}_2$
输出图像I

深色表示蓝，浅色表示红，白色表示黄。

图 6-7　θ 调制实验

（3）衬比度反转实验（加减法运算）

如图 6-8，以正弦光栅作为滤波器，将它插在频谱面 T 处．物平面 O 上有两块光屏，其中 A 代表待处理的图像，B 是一个开孔．按照本节例题 1 的分析，在像平面 I 上应呈现每个光屏的三个像：A_0，A_{+1}，A_{-1} 和 B_0，B_{+1}，B_{-1}．调节物面上 A，B 的距离，使像面上 A_{+1} 与 B_{-1} 重合．如果两者之间没有相位差，则此处实现了相加的运算．要进行相减的运算，需要设法使两者之间产生相位差 π．这可通过正弦光栅的平移来实现．如本节例题 2 中所分析的，正弦光栅平移时，+1 级和 −1 级像的位置不变，但产生相反的相移，当滤波器平移的距离 Δ 合适，例如 $\Delta = d/4$（d 为光栅常数），使 A_{+1} 与 B_{-1} 分别产生 $\pm\pi/2$ 的相移时，两者的振幅就相减了．相减的结果，原来 A 内振幅大的地方变小了，振幅小的地方变大了（见图 6-9），实现了衬比度的完全反转．如果我们继续移动光栅，每隔 $d/2$ 的距离就重复出现一次这种景象．

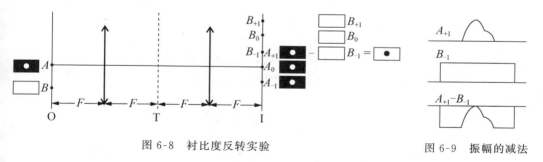

B_{+1}
B_0
B_{-1}
A_{+1}
A_0
A_{-1}
A
B
F
O
T
I

图 6-8　衬比度反转实验

A_{+1}
B_{-1}
$A_{+1}-B_{-1}$

图 6-9　振幅的减法

作本实验时若不易获得正弦光栅，也可用一块 $d/a=2$ 的黑白光栅代替．

思　考　题

1. 讨论图 6-3 所示的相干光学图像处理系统：

（1）如果 L_1，L_2 两透镜的焦距不等，系统的性能有什么变化？

（2）如果两个透镜不是共焦组合，系统的性能有什么变化？

2.如图所示的系统是否成为一个相干光学图像处理系统？它与 4F 系统比较有什么不同？哪个系统的性能更好？

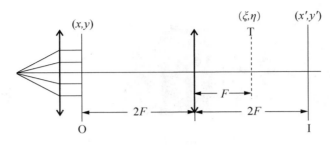

思考题 2 图

3.解释正文中的网格实验.

4.解释正文中的 θ 调制实验.

5.如图，一张图上画有一只小鸟关在牢笼中，用怎样的光学滤波器能够去掉栅网，把它"释放"出来？

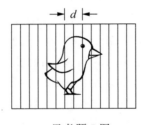

思考题 5 图

6.一张底片的本底有灰雾，用什么样的光学滤波器可以使之改善？

7.(1)以一张黑白图案作光学滤波器，并在黑的地方开个孔. 这张滤波器的透过率函数是图案与孔的透过率函数的积还是和？

(2)若在上述图案中白的地方点上一点黑，其透过率函数是图案与黑点的透过率函数的积还是和？

8.如果读者熟悉滤波器电路，将相干成像系统中的空间滤波与它作一比较，看看两者之间有什么共同和不同之处？

习　　题

1.在透镜的前焦面上有一系列同相位的相干光源等距排列在 x 轴上，形成一维点阵(见图). 用傅里叶变换法求后焦面上的夫琅禾费衍射场.

2.设透镜直径 $D=5\mathrm{cm}$，焦距 $F=60\mathrm{cm}$，图像(衍射屏)线度 $l=2\mathrm{cm}$，入射光波长 $\lambda=0.6\mu m$.

(1)分别算出后焦面上 $(x',y')=(0,0),(0,1),(1,0),(\sqrt{2}/2,$ $\sqrt{2}/2),(-\sqrt{2}/2,\sqrt{2}/2),(0.5,2),(3,-5),(-10,-15)$(单位皆为 mm)等地点所对应的空间频率 (f_x,f_y) 的具体数值(单位皆为 mm^{-1}).

(2)计算系统的截止频率.

3.用一块正弦光栅(或 $d:a=2:1$ 的黑白光栅)作为 4F 系统

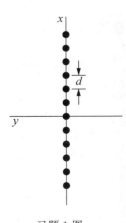

习题 1 图

的滤波器,设物波前为 $\tilde{U}_0$。

(1)经过变换平面中心的是不透光的黑条纹(见图),求像面上的复振幅分布.

(2)在光栅的正中央黑条纹上开一个小洞,求此时像面上的复振幅分布.

(3)这一装置能否实现衬比度完全反转?

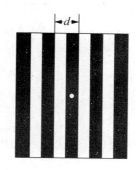

习题 3 图

*§7 点扩展函数与光学传递函数

7.1 光学系统的像质评价问题

对于显微镜、望远镜、照相机一类光学仪器,人们要求它们尽可能完善地成像,即要求像面上的光强分布尽可能准确地反映物面上的光强分布. 怎样评价像质的优劣,这是一个很复杂的问题. 在几何光学中,人们用光线追迹的手段,研究各种几何像差. 但在实际成像过程中,即使是较简单的三级像差理论给出的五种像差,也是同时并存的. 人们又曾在波动光学中根据衍射的理论讨论过仪器的像分辨本领,用能分辨测试板上两条刻线的最小极限距离来衡量镜头的好坏. 然而实际问题是复杂的,镜头某一两个简单的指标都不足以全面地评价它的性能. 例如影响仪器能否分辨两刻线的因素是多方面的:图像的反衬,照明的方式(相干与否),接收器的性能等. 又如物平面上有一黑白图案,在仪器的像面上可能出现几种状态:黑白边缘依然分明,或相当模糊,或边缘有细微毛刺,或图案变形等等. 显然上述这些情况的出现及其评价,已经越出分辨两条刻线的那种范畴了.

总之,在传统光学中虽已在一定程度上触及像质的评价问题,但尚缺少一个综合的客观的统一标准. 一个好的像质评价标准应既能反映像的本质特征,又能为人们在各种实际需要中提高像质作出有效的指导,而它本身又是可以被测量的. 从二十世纪五十年代开始,人们开始用光学传递函数来评价像质. 光学传递函数抓住了不相干成像系统在等晕区内是一个空间不变性的光强线性系统这一本质特征,将电信网络理论中的一套概念、术语和研究方法移植过来,它不仅把像质评价工作向前推到一个崭新的阶段,而且对整个现代光学的兴起来说,也起了不可磨灭的促进作用.

7.2 点扩展函数[①]

理想成像要求物面和像面点点对应,像质的变坏都是由点物不能成点像引起的,系统对点物的响应由点扩展函数来描述. 用 (x,y) 和 (x',y') 分别代表物面和像面上点的坐标. 在物面上位于 (x,y) 处的一个点源造成的像面强度分布 $I(x',y')$,就是物点的扩展函数,我们将它记作 h. 由于不同位置物点的扩展函数不一定相同,h 除了是 x',y' 的函数外,还依赖于 x,y,故应写成 $h(x,y;x',y')$. 使用点扩展函数的概念时,常给它加上归一化条件:

$$\iint h(x,y;x',y')\mathrm{d}x'\mathrm{d}y' = 1. \tag{7.1}$$

这相当于说,h 是光功率为一个单位的点源造成的点扩展函数. 显然,这里不考虑系统的光能流损耗.

一般地计算点扩展函数 h 是困难的. 如果不考虑因波面畸变而引起的几何光学像差,仅考虑光瞳的衍射效应,我们可以给出在傍轴条件下透镜点扩展函数的普遍表达式,具体推导如下.

本章 §4 证明了,凡是像面上接收的衍射,皆为夫琅禾费衍射. 6.1 节中又论证了,在一次衍射后就直接接收夫琅禾费衍射场的强度分布,则对衍射屏的位置没有特殊要求,像面上的强度 $I(x',y')$ 由式(6.4)决定,在这里衍射屏就是光瞳,它所在平面即透镜平面,其上点的坐标用 (ξ,η) 表示(见图 7-1),设屏函数为 $\tilde{t}(\xi,\eta)$. 按照定义,式(6.4)中的 $I(x',y')$ 就是轴上物点 Q 的点扩展函数. 故有

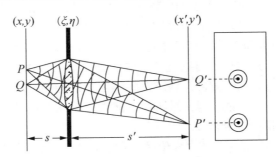

图 7-1 透镜光瞳衍射的点扩展函数

$$h(0,0;x',y')=\mathscr{F}\{\tilde{t}(\xi,\eta)\}\mathscr{F}^*\{\tilde{t}(\xi,\eta)\}. \tag{7.2}$$

在傅里叶变换中空间频率为[②]

$$(f_\xi,f_\eta)=\frac{1}{\lambda s'}(x',y'),$$

其中 s' 为像距. 将式(7.2)具体写明,则有

---
① 点扩展函数(Point Spread Functions). 相当于无线电技术中的脉冲响应函数. 在有的文献中用缩写 PSF 表示.
② 参见式(4.5),该式中的 z' 相当于这里的 s'.

$$h(0,0;x',y') = \left| \iint\limits_{-\infty}^{+\infty} \widetilde{t}(\xi,\eta) \exp\left[-\frac{\mathrm{i}2\pi}{\lambda s'}(x'\xi + y'\eta)\right] \mathrm{d}\xi\mathrm{d}\eta \right|^2. \tag{7.3}$$

对于轴外物点 P，仿照本节例题 3 的办法可以证明，将式(7.3)作如下变量代换即可，

$$(x',y') \to (x'-Vx, y'-Vy), \tag{7.4}$$

其中 $V = s'/s$ 为横向放大率. 于是得到

$$h(x,y;x',y') = \left| \iint\limits_{-\infty}^{+\infty} \widetilde{t}(\xi,\eta) \exp\left\{-\frac{\mathrm{i}2\pi}{\lambda s'}\left[(x'-Vx)\xi + (y'-Vy)\eta\right]\right\} \mathrm{d}\xi\mathrm{d}\eta \right|^2. \tag{7.5}$$

以上便是傍轴区域内光瞳衍射造成的点扩展函数的一般表达式.

在光学仪器中，光瞳一般为开孔型的，即

$$\widetilde{t}(\xi,\eta) = \begin{cases} 1, & \text{瞳内}; \\ 0, & \text{瞳外}. \end{cases}$$

圆形光瞳的公式已在第二章 8.1 节中给出，不过该处的式(8.3)只限于轴上物点. 对于轴外物点，可通过变量代换(7.4)得到. 下面给出结果：

$$h(x,y;x',y') \propto \left[\frac{2\mathrm{J}_1(\alpha)}{\alpha}\right]^2, \tag{7.6}$$

式中 J_1 是一阶贝塞耳函数，

$$\alpha = \frac{2\pi a}{\lambda s'}\sqrt{(x'-Vx)^2 + (y'-Vy)^2}, \tag{7.7}$$

式中 a 为圆孔半径.

从上面的讨论可以看出，即使对理想透镜这种简单的情形，点扩展函数 $h(x,y;x',y')$ 的表达式已较复杂，要求在各种实际情况下写出它的具体表达式是难以做到的，因为光瞳的衍射效应仅是使像点扩展的一个因素，而光学系统中导致像点扩展的因素是多种多样的. 如透镜本身造成的波面畸变(即过去所说的各种几何像差)，镜头的内部不均匀，表面的沾污，长程传输途中大气的不稳定等等. 点扩展函数 h 是所有这些因素的综合反映. 下面我们的任务不是去求 h 的具体表达式，而是以笼统的 h 函数为出发点去研究光学系统成像的性能，看看它与 h 函数将是一种怎样的关系.

7.3 等晕区内像面与物面上强度分布的卷积关系

在不相干的线性成像系统中，各物点在像面上造成的强度分布是直接叠加的. 设物面上的强度分布为 $I_0(x,y)$，面元 $\mathrm{d}x\mathrm{d}y$ 发出的光功率为 $I_0(x,y)\mathrm{d}x\mathrm{d}y$. 按照点扩展函数的定义，这面元在像面上引起的强度分布为

$$I_0(x,y)h(x,y;x',y')\mathrm{d}x\mathrm{d}y.$$

从而整个物面在像面上造成的强度分布为

$$I_1(x',y') = \iint\limits_{(\text{物面})} I_0(x,y)h(x,y;x',y')\mathrm{d}x\mathrm{d}y. \tag{7.8}$$

为了把理论向前推进一步，现在我们引进一个重要概念——空间平移不变性(简称

空不变).对于像质评价的问题,像的大小、正倒是无关紧要的,因此今后我们总取 $V=+1$,这意味着,我们设想可以把物面和像面叠在一起对比.若真是能够理想成像,则二者点点对应,两张图像完全重合.实际上对应于每个物点 (x,y),在像面上形成一个晕斑.当我们把 1:1 的物像两张图像叠在一起时,每个物点引起的晕斑分布在它的周围(见图 7-2).

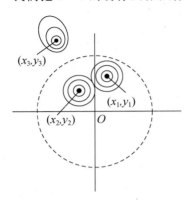

图 7-2　等晕区

我们要问,当物点处在平面上不同位置时,它周围晕斑的形状和强度分布是否一样?如果一样,我们就说这是空间平移不变的;否则,我们就说是"空变的".共轭面上空不变的区域称为等晕区.一般说来,透镜的傍轴区往往是等晕的,在此区域内围绕任意两点(如图 7-2 中的 (x_1,y_1) 和 (x_2,y_2))周围的晕斑分布形式相同;此区域以外的点 (x_3,y_3) 周围的晕斑就可能不同了.

　　点扩展函数 $h(x,y;x',y')$ 是描述物点 (x,y) 周围晕斑分布情况的.空不变条件如何反映在 h 函数中?为了更好地描述晕斑在物点周围的分布,我们把 h 函数中的独立变量换为相对于中心(即几何光学像点)的坐标 $(x'-x,y'-y)$ 和中心坐标 (x,y).如果是空不变的,则 h 只依赖于前者,它不随后者而变,即我们可以把点扩展函数写为 $h(x'-x,y'-y)$[①].其实,$V=+1$ 时式(7.5)和(7.6)中的 h 函数就具有此种形式.因此在等晕区内式(7.8)化为

$$I_1(x',y')=\iint I_0(x,y)h(x'-x,y'-y)\ \mathrm{d}x\mathrm{d}y=I_0*h. \tag{7.9}$$

亦即,在等晕区内像面强度(输出信息)是物面强度(输入信息)与点扩展函数的卷积.这一结论具有深刻的意义,它为像质评价工作带来重大的简化.

7.4　简谐信息是空不变系统(等晕区)的本征信息

　　设物信息是衬比度为 γ_0 的正弦光栅:

$$I_0(x,y)=1+\gamma_0\cos2\pi(f_xx+f_yy), \tag{7.10}$$

在等晕区内,像面上的强度分布可写成如下卷积:

$$I_1(x',y')=\iint_{-\infty}^{+\infty} h(x,y)\{1+\gamma_0\cos2\pi[f_x(x'-x)+f_y(y'-y)]\}\mathrm{d}x\mathrm{d}y.$$

因

$$\begin{aligned}
&\cos2\pi[f_x(x'-x)+f_y(y'-y)]\\
&=\cos2\pi(f_xx'+f_yy')\cos2\pi(f_xx+f_yy)\\
&\quad+\sin2\pi(f_xx'+f_yy')\sin2\pi(f_xx+f_yy),
\end{aligned}$$

故

---

　　① 换过自变量后,从数学上看,这已是一个新函数(它是二元函数,而不再是四元函数了),本应用不同的符号代表,但因它仍代表同一物理量,我们将不改变符号 h.

$$I_1(x',y')=1+\gamma_0[H_c\cos2\pi(f_xx'+f_yy')+H_s\sin2\pi(f_xx'+f_yy')]$$
$$=1+\gamma_0H[\cos\Phi\cos2\pi(f_xx'+f_yy')+\sin\Phi\sin2\pi(f_xx'+f_yy')]$$
$$=1+\gamma_1\cos[2\pi(f_xx'+f_yy')-\Phi].$$

$$(7.11)$$

其中

$$\begin{cases} H_c=H_c(f_x,f_y)=\iint h(x,y)\cos[2\pi(f_xx+f_yy)]\mathrm{d}x\mathrm{d}y, & (7.12)\\ H_s=H_s(f_x,f_y)=\iint h(x,y)\sin[2\pi(f_xx+f_yy)]\mathrm{d}x\mathrm{d}y, & (7.13) \end{cases}$$

$$\begin{cases} H=H(f_x,f_y)=\sqrt{H_c^2+H_s^2}, & (7.14)\\ \Phi=\Phi(f_x,f_y)=\arctan\dfrac{H_s}{H_c}. & (7.15) \end{cases}$$

从而

$$H_c=H\cos\Phi,\ H_s=H\sin\Phi,\qquad(7.16)$$

此外

$$\gamma_1=H\gamma_0,\qquad(7.17)$$

在导出式(7.11)的运算中还用到了归一化条件(7.1),式(7.14)到 (7.16)中各量的关系见图 7-3.

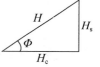

图 7-3　H_c,H_s 与 H,Φ 的关系

　　式(7.11)表明,不管点扩展函数具有何种形式,只要满足空不变性,像面上输出的仍然是简谐信息,且它们的空间频率和取向与输入的物信息相同. 这就是说,简谐信息是任何空不变系统的本征信息. 若整个光学系统并非空不变的,则至少在等晕区内如此. 广义上说,不论是光学成像系统还是电学通信网络,只要它们是线性不变系统,则简谐函数是其本征函数.

　　上面的卷积运算可通过图 7-4 形象地表现出来. 图中(a),(b),(c)代表三个不同 h 函数的情形. 所谓卷积 I_0*h,就是将 h 函数的曲线平移,乘以当地的 I_0 值,得到一个放大或缩小的曲线图形. 最后把所有这样的图形叠加起来. 此图再一次显示,不管 h 函数如何,当输入信息为简谐时,输出信息的确仍保持简谐的形式.

　　输出信息与输入信息相比,可能有两点变化:一是衬比度变化(衰减);另一是当 h 不对称时(见图 7-4(c))会发生相移(即图形平移). 式(7.14)中的 H 描述的是各种空间频率下衬比度(或者说调制度)的衰减[①]:

$$H(f_x,f_y)=\frac{\gamma_1}{\gamma_0},\qquad(7.18)$$

它称为调制传递函数(Modulation Transfer Function,缩写为 MTF);相移量 $\Phi(f_x,f_y)$ 称为相位传递函数(Phase Transfer Function,缩写为 PTF).

---

① 见式(7.17).

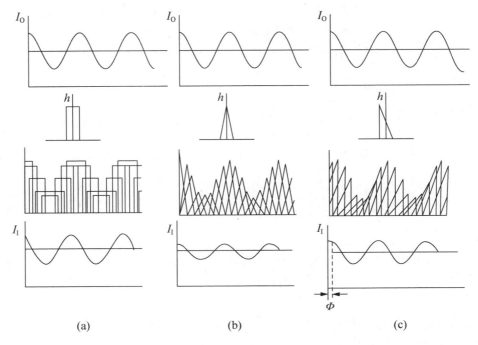

图 7-4　各种 h 函数下的卷积运算

7.5　光学传递函数

看到卷积,我们本应立即想到,下一步该作傅里叶变换了. 式(7.9)是个卷积公式,现取式中各量的傅里叶变换式:

$$\widetilde{I}_O(f_x,f_y)=\mathscr{F}\{I_O(x,y)\},$$

$$\widetilde{I}_I(f_x,f_y)=\mathscr{F}\{I_I(x,y)\},$$

$$\widetilde{H}(f_x,f_y)=\mathscr{F}\{h(x,y)\}.$$

则卷积公式(7.9)化为傅里叶变换式的乘积:

$$\widetilde{I}_I(f_x,f_y)=\widetilde{H}(f_x,f_y)\widetilde{I}_O(f_x,f_y),$$

或

$$\widetilde{H}(f_x,f_y)=\frac{\widetilde{I}_I(f_x,f_y)}{\widetilde{I}_O(f_x,f_y)}. \tag{7.19}$$

$\widetilde{H}(f_x,f_y)$ 称为光学传递函数(Optical Transfer Function,缩写为 OTF). 它是像面强度分布与物面强度分布的频谱比值. 按定义,它是点扩展函数 $h(x,y)$ 的傅里叶变换式:

$$\widetilde{H}(f_x,f_y)=\mathscr{F}\{h(x,y)\}$$

$$=\iint h(x,y)\exp[-\mathrm{i}2\pi(f_xx+f_yy)]\mathrm{d}x\mathrm{d}y$$

$$= \iint h(x,y)[\cos 2\pi(f_x x + f_y y) - i\sin 2\pi(f_x x + f_y y)]\mathrm{d}x\mathrm{d}y$$

$$= H_c(f_x, f_y) - iH_s(f_x, f_y),\tag{7.20}$$

可见,分别由式(7.12),(7.13)定义的 H_c 和 $-H_s$ 是 OTF 的实部和虚部,从而分别由式(7.14),(7.15)定义的 H 和 $-\Phi$ 分别是 OTF 的模量和辐角:

$$\widetilde{H}(f_x, f_y) = H(f_x, f_y)\exp[-i\Phi(f_x, f_y)].\tag{7.21}$$

即 MTF 是 OTF 的模量,PTF 加负号是 OTF 的辐角.

"光学传递函数"这一术语,是从线性网络理论中借用而来的. 如图 7-5 所示,当一个单频的简谐信号输入一个线性的四端网络时,输出的将是同频的简谐信号. 令 $\widetilde{U}_入(\nu)$ 和 $\widetilde{U}_出(\nu)$ 分别代表频率为 ν 的输入和输出的复电压,则它们之比

$$\widetilde{T}(\nu) = \frac{\widetilde{U}_出(\nu)}{\widetilde{U}_入(\nu)}\tag{7.22}$$

定义为网络的电压传递系数,它是时间频率 ν 的函数. 式(7.19)和(7.22)的相似性是明显的,"传递函数"一词就源于此,如果说 $\widetilde{T}(\nu)$ 是电路的时间频率响应函数,则 $\widetilde{H}(f_x, f_y)$ 就是光学系统的空间频率响应函数. 光学系统与网络的对比还可再发展一步. 当我们在电路中输入一个非简谐的时间信号

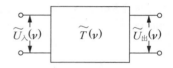

图 7-5　与四端网络的类比

$u_入(t)$ 时,输出的也将是一个非简谐的时间信号 $u_出(t)$. $u_出(t)$ 与 $u_入(t)$ 两者有什么关系? 我们可将时间信号作频谱分解:

$$u_入(t) = \int \widetilde{U}_入(\nu)\mathrm{e}^{i2\pi\nu t}\mathrm{d}\nu,$$

$$u_出(t) = \int \widetilde{U}_出(\nu)\mathrm{e}^{i2\pi\nu t}\mathrm{d}\nu.\quad ①$$

亦即 $u_入(t) = \mathscr{F}^{-1}\{\widetilde{U}_入(\nu)\}$,$u_出(t) = \mathscr{F}^{-1}\{\widetilde{U}_出(\nu)\}$,利用式(7.9),有

$$u_出(t) = \mathscr{F}^{-1}\{\widetilde{T}(\nu)\widetilde{U}_入(\nu)\} = \mathscr{F}\{\widetilde{T}(\nu)\} * \mathscr{F}^{-1}\{\widetilde{U}_入(\nu)\}$$

$$= \int u_入(t')T(t-t')\mathrm{d}t'.\tag{7.23}$$

其中 $T(t) = \mathscr{F}^{-1}\{\widetilde{T}(\nu)\}$ 是电压传递系数的傅里叶逆变换式. 此式与式(7.8)一样,以卷积的形式出现,两者的相似性也是明显的②. 这就是说,$T(t)$ 与光学系统中的点扩展函数 $h(x,y)$ 对应. 为了进一步阐明 $T(t)$ 的物理意义,设输入信号为极短的脉冲,即 $u_入(t) = \delta(t)$. 代入式(7.23),得输出信号为

---

① 通常的习惯,作时间傅里叶变换与空间傅里叶变换时,指数取相反的正负号.

② 式(7.8)成卷积形式,是因为有空不变条件,式(7.23)也成卷积形式,是因为网络有时间的稳定性,即其中各参量(如电阻、电容等)不随时间变化.

$$u_{出}(t) = \int \delta(t')T(t-t')\mathrm{d}t' = T(t) , \tag{7.24}$$

可见，$T(t)$ 的物理意义为"脉冲响应". 因此，光学系统的点扩展函数 $h(x,y)$ 相当于电路的脉冲响应.

例题 1 设透镜理想成像（即不考虑几何像差），试给出仅由衍射效应引起的 OTF.

解 7.2 节中已得到圆形光瞳的点扩散函数公式(7.6)，本题只需对该式进行傅里叶变换即可. 但这样计算并不简单，我们采取另外更加直接的方法. 按照 6.1 节的式(6.4)，物面中心点源在像面上造成的分布为

$$\begin{aligned} h(x',y') &= \tilde{U}(x',y')\tilde{U}^*(x',y') \\ &= \mathscr{F}\{\tilde{t}(\xi,\eta)\}\mathscr{F}^*\{\tilde{t}(\xi,\eta)\} \\ &= \mathscr{F}\{\tilde{t}(\xi,\eta)\bigstar\tilde{t}(\xi,\eta)\} , \end{aligned}$$

傅里叶变换中 $(f_\xi, f_\eta) = \dfrac{1}{\lambda F}(x',y')$，这就是未经归一化的点扩展函数. 再次对它进行傅里叶变换，则函数形式复还，自变量加负号（见 6.2 节），故 OTF 实为光瞳屏函数的自相关：

$$\tilde{H}(f_x,f_y) \propto \tilde{t}(\xi,\eta)\bigstar\tilde{t}(\xi,\eta) ,$$

其中 $(f_x, f_y) = -\dfrac{1}{\lambda s'}(\xi,\eta)$. 设 $\tilde{t}(\xi,\eta)$ 是圆孔函数：

$$\tilde{t}(\xi,\eta) = \begin{cases} 1, & 当\ \xi^2 + \eta^2 < a^2; \\ 0, & 当\ \xi^2 + \eta^2 > a^2. \end{cases}$$

如 5.3 节所述，$\tilde{t}(\xi,\eta)\bigstar\tilde{t}(\xi,\eta)$ 是两圆心错开距离 $\rho = \sqrt{\xi^2+\eta^2}$ 时的重叠面积（图 7-6(a)），考虑到归一化条件，得

$$\tilde{H}(f_x,f_y) = \begin{cases} \dfrac{2}{\pi}\left[\arccos\dfrac{\rho}{2a} - \dfrac{\rho}{2a}\sqrt{1-\left(\dfrac{\rho}{2a}\right)^2}\right], & 当\ \rho < 2a; \\ 0, & 当\ \rho > 2a. \end{cases}$$

其中 $\rho = \sqrt{\xi^2+\eta^2} = \lambda s'\sqrt{f_x^2+f_y^2}$. 函数形式示于图 7-6(b). ▌

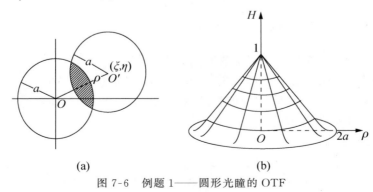

(a)　　　　　　　　　(b)

图 7-6 例题 1——圆形光瞳的 OTF

例题 2 计算矩形光瞳的 OTF(仅考虑衍射效应).

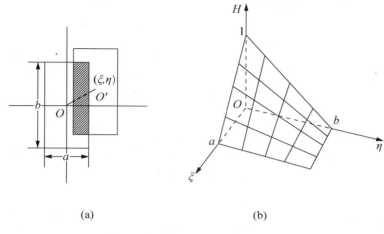

(a)   (b)

图 7-7 例题 2——矩形光瞳的 OTF

解
$$\tilde{t}(\xi,\eta)=\begin{cases}1,\text{当}|\xi|<a/2,\ |\eta|<b/2;\\0,\text{其余地方}.\end{cases}$$

$$\tilde{H}(f_x,f_y)\propto\tilde{t}(\xi,\eta)\bigstar\tilde{t}(\xi,\eta),$$

$$\tilde{H}(f_x,f_y)=\begin{cases}\left(1-\dfrac{|\xi|}{a}\right)\left(1-\dfrac{|\eta|}{b}\right),\text{当}|\xi|<a,\ |\eta|<b,\\0,\text{其余地方},\end{cases}$$

其中 $\xi=-\lambda s' f_x,\eta=-\lambda s' f_y$. 函数形式示于图 7-7(b). ▌

7.6 传递函数在像质评价上的意义

如 7.1 节所述,单纯靠一两个指标,如最小分辨距离,是不能全面评价像质的. 这里我们举个例子. 图 7-8 所示是两个光学系统 Ⅰ,Ⅱ 的 MTF 曲线(为了简化我们的讨论,只考虑一维问题). 每条 MTF 曲线有一个截止频率 f_c,它的倒数大体上相当最小分辨距离. 我们说"大体上"相当,因为两条刻线是否能分辨,还取决于刻线的衬比度,而输出信息的衬比度除与 MTF 有关外,还依赖于输入信息的衬比度. 此外,对衬比度的要求有多高还依赖于光能接收器的性能,例如对于肉眼,按瑞利标准,要求 γ_1 不小于 22%. 单纯从截止频率 f_c 来看,图 7-8 中的曲线 Ⅱ 优于曲线 Ⅰ,但对于较低的频率,曲线 Ⅰ 比曲线 Ⅱ 给出较高的衬比度. 究竟孰优孰劣,要根据系统的使用目的来权衡. 例如对电视摄像用的镜头,它并不需要很高的分辨本领,却要求能对较低衬比度的景物获得层次尽可能丰富的像,为此以曲线 Ⅰ 所代表的镜头为好. 但是对用于光刻的镜头,因它的目的物都是衬比度很高的黑白线条或图案(如印刷电路),而对于像的要求主要是期望分辨本领尽可能地高,为此,用曲线 Ⅱ 所代表的镜头为宜.

实际的像质评价问题是很复杂的,需要在二维的频谱空间来进行,这些自有专门的书籍讨论. 我们只想通过上述简单的例子来说明,光学传递函数使用人们在电路理论中早已熟悉的"频谱"语言,为全面的客观的像质评价工作提供了一个统一的标准和有力的手段.

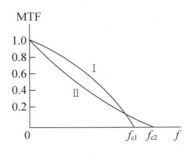

图 7-8　MTF 与像质评价

7.7　小结

(1)点扩展函数和光学传递函数互为傅里叶变换式,它们是评价像质的两种不同但是等价的描述方法. 但用光学传递函数有独特的优点.

(2)用 OTF 评价像质的主要优点,是它将光学系统的分析工作提高到信息论的水平. 信息要用频谱的语言来描述才是准确的,像质用频谱之比来评价才反映本质.

(3)笼统地要求光学系统在很宽的频段内都有很高的 OTF 值是不现实的,但光学系统的设计者可参照 OTF 曲线,按实际用途把注意力集中于最关切的频段内,研究如何提高和改善系统的性能.

(4)OTF 还有一些其他的优点,如便于处理联合光学系统和光电结合系统(如电视)的像质评价问题,因为联合系统的 OTF 是相乘的.

(5)OTF 概念只适用于空不变系统,或者说光学系统的等晕区. 如何评价空变系统的像质问题,仍需进一步研究,目前的一种做法是"分区等晕处理",在像面上的不同区域用不同的 OTF.

思 考 题

1.如果光学系统真的实现了点物成点像,其 OTF 曲线应该怎样?

2.是否凡线性系统的本征信息都是简谐信息? 线性系统可以是空变的吗?

3.为什么例题 1 和 2 中给出的 $\tilde{H}(f_x, f_y)$ 在 $f_x = f_y = 0$ 处都等于 1? OTF 的值可能大于 1 吗?

习 题

1.具体推导出式(7.5).

2.试利用式(7.19)证明简谐信息是空不变系统的本征信息.

3.画出正方形光瞳的一组 OTF 曲线,以 ρ/a 为横坐标($\rho = \sqrt{\xi^2 + \eta^2}$, a 为光瞳边长),$\theta = 0°, 30°, 45°$(参考例题 2).

4. 具体推导例题 1 给出的圆形光瞳的 OTF 表达式.

5. 写出双缝光瞳(尺寸与间隔见图)的 OTF 的表达式,并画出沿 ξ 方向的 OTF 曲线.

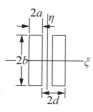

6. 实际上像点的扩展不仅发生在光波通过光学系统的传输过程中,而且也发生在最后的接收器件上,如乳胶底片、荧光屏、光学纤维面板等. 设透镜系统的 OTF 为 $\tilde{H}_0$,像面接收器的点扩展函数为 h_1,求这台光学仪器总的 OTF.

习题 5 图

7. 点扩展函数 h 的概念不仅可以用于非相干系统的光强,也可用于相干系统的复振幅. 如图,由一个波前 $\tilde{U}_0(x,y)$ 求另一个波前 $\tilde{U}(x',y')$ 本是光的传播的基本问题,这问题要由惠更斯-菲涅耳原理来计算.

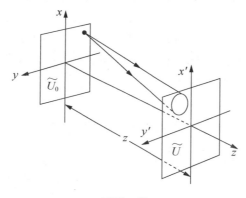

习题 7 图

(1)试说明,菲涅耳衍射积分公式可以写成如下形式:

$$\tilde{U}(x',y')=\iint \tilde{U}_0(x,y)h(x,y;x',y')\mathrm{d}x\mathrm{d}y.$$

(2)这里的点扩展函数 $h(x,y;x',y')$ 满足等晕条件吗? 保证空不变性需要什么条件?

(3)写出在傍轴区域内 h 函数和 OTF 的表达式.

第六章　全息照相

　　早在激光出现以前,1948 年伽伯(D. Gabor)为了提高电子显微镜的分辨本领而提出全息原理,并开始了全息照相的研究工作,但在五十年代里这方面工作的进展一直相当缓慢.1960 年以后出现了激光,它的高度相干性和大强度为全息照相提供了十分理想的光源,从此以后全息技术的研究进入了一个新阶段,相继出现了多种全息方法,不断开辟了全息应用的许多新领域.最近十多年全息技术的发展非常迅速,它已成为科学技术的一个新领域.伽伯也因此而获得 1971 年度的诺贝尔物理学奖金.

　　全息照相可以再现物体的立体形象,并具有其他一系列独特的优点,无论拍摄和观察方法,还是基本原理,都与普通照相根本不同.在本章中我们主要介绍两点,全息照相的过程和全息照相的原理.这里充分利用前几章学习过的干涉衍射作为基础,着重于物理本质的说明,尽量避免复杂的数学推导.

§1　全息照相的过程与特点

　　全息照相分两步:记录和再现.

　　第一步全息记录.实验装置略图如图 1-1.将激光器输出的光束分为两束:一束投射到记录介质(即感光底片)上,称为参考光束 R;另一束投射到物体上,经物体反射或透射以后,产生物光束 O,也到达记录介质,参考光束同物光束的相干叠加,在记录介质上形成干涉条纹,这就是一张全息图(见图 1-2(a)和图 1-3(a)).可见全息图不是别的,就是一张干涉花样图,它不同于普通照相的底片,用肉眼直接观察全息底片,它只是一张灰蒙蒙的片子,并不直接显示被照物体的任何形象.在显微镜下可观察到它上面布满细密的亮暗条纹,这些条纹形状与原物形象也没有任何几何上的相似性.但是,全息图已经通过干涉的方法微妙地记录了物光波前上各点的全部光信息,包括振幅和相位,这就是所谓波前的全息记录.

　　第二步波前再现.如图 1-2(b)和图 1-3(b),用一束同参考光束的波长和传播方向完全相同的光束 R'[①]照射全息图,则用眼睛可以观察到一幅非常逼真的原物形象,悬空地再现在全息图后面原来的位置上.全息图如同一个窗口,当人们移动眼睛从不同角度观察时,就好像面对原物一样看到它的不同侧面的形象,甚至在某个角度上被物遮住的东西也可以在另一个角度上看到它(如图 1-4).可见,全息图再现的是一幅逼真的立体图

―――――――――――

　　①　实际上再现时用的照明光束的波长和传播方向不一定与参考光束相同,这时仍然能观察到一幅逼真的立体形象,再现在全息图后面,但再现像的大小、位置将与原物不同,而且将带来一定的像差.

像.更有意思的是,如果挡住全息图的一部分,只露出另一部分,这时再现的物体形象仍然是完整的,并不残缺.因此,即使它碎了,拿来其中一片,仍然可使整个原物再现.

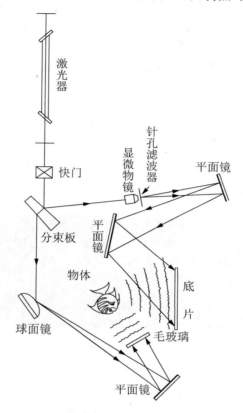

图 1-1　全息照相装置

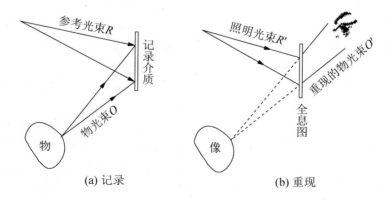

(a) 记录　　　　　　　　(b) 重现

图 1-2　用球面波进行全息照相

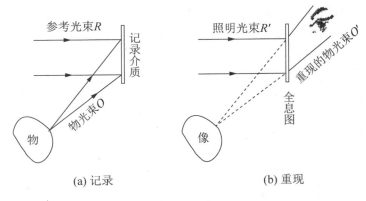

(a) 记录　　　　　　　　　(b) 重现

图 1-3　用平面波进行全息照相

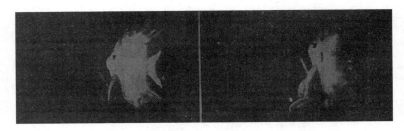

图 1-4　从不同角度观察到的全息再现像

在再现过程中,布满干涉条纹的全息图起一块复杂光栅的作用,照明光束经全息底片衍射以后,产生了复杂的衍射场,其中包含有原物的波前,人们在全息图前面看到的就是这个再现波前所产生的虚像.可见,波前再现过程就是衍射过程.所有这些问题我们还要在下面讲全息原理时详细论述.

有了上述对全息照相过程的一般了解以后,我们可以拿它同普通照相进行对比,概括出它们各自的特点:

(1)普通照相过程是以几何光学的规律为基础的.全息照相过程分记录、再现两步,它是以干涉衍射等波动光学的规律为基础的.

(2)普通照相底片所记录的仅是物体各点的光强(或振幅),而全息图所记录的是物体各点的全部光信息,包括振幅和相位.

(3)普通照相过程中物像之间是点点对应的关系,即一个物点对应像平面中的一个像点.而全息照相过程中物体与底片之间是点面对应的关系,即每个物点所发射的光束直接落在记录介质整个平面上.反过来说,全息图中每一局部都包含了物体各点的光信息.

(4)普通照相得到的只能是二维的平面图像,而全息图能完全再现原物的波前,因而能观察到一幅非常逼真的立体图像.

(5)两者对光源的要求不同.普通照相只是像的强度记录,并不要求光源的相干性,用普通光源就可以了. 全息照相是干涉记录,要求参考光束与各个物点的物光束彼此都是相干的. 因此要求光源有很高的时间相干性和空间相干性. 光源的相干长度越长、波前上的相干区越大,就能越有效地实现全息照相,尤其在被照物体很大的情况下更是如此. 激光,作为一种有很高相干性的强光光源,十分理想地满足了这些要求.

下面将要讨论全息原理,并介绍全息应用. 回过头来,将会使我们对这里所列举的全息照相一系列特点的由来和意义有更深刻的理解.

§2　全息照相的原理

2.1　惠更斯-菲涅耳原理的实质——无源空间边值定解

为了更好的领悟全息原理,让我们再一次重温大家已经相当熟悉的惠更斯-菲涅耳原理. 惠更斯-菲涅耳原理的内容是波前上次波的相干叠加决定着光场的分布,其实质是无源空间边值定解.

运用惠更斯-菲涅耳原理时的通常作法是用一个闭合曲面 Σ(波前)把源点 S 和场点 P 隔开(图 2-1),把波前上每个面元 $d\Sigma$ 看成是次波中心,由此发出的次波在场点相干叠加,决定着场点的振动. 这个思想集中地凝聚在菲涅耳-基尔霍夫衍射积分公式中[1]:

$$\widetilde{U}(P) = \frac{-\mathrm{i}}{2\lambda} \iint\limits_{(\Sigma)} (\cos\theta_0 + \cos\theta) \widetilde{U}_0(Q) \frac{\mathrm{e}^{\mathrm{i}kr}}{r} \mathrm{d}\Sigma,$$

式中 Q 代表波前 Σ 上的任意点, $\widetilde{U}_0(Q)$ 是波前上的复振幅分布函数,简称波前函数或波前. 上式充分说明,被波前 Σ 隔开的那部分无源的场空间里,任一点 P 的振动 $\widetilde{U}(P)$ 由波前上 $\widetilde{U}_0(Q)$ 的分布唯一地确定. 用数学的语言来说,这就是无源空间的边值定解问题. 以上所述意味着:

(1)一旦波前 $\widetilde{U}_0(Q)$ 发生改变,即边值条件有了改变,则无源空间内的光场就有一个重新分布. 这就是衍射的实质(见第五章 1.1 节).

(2)一旦波前再现,即使原物不复存在,根据边值定解的唯一性,无源空间中的光场也就再现. 这就是说,在光场中一切观测的效果将会如同实物存在时那样逼真. 如图 2-2(a)所示,原物上每一点 S 发出一列球面波,整个物体发出(经常是反射出)一个复杂的光波,传入我们的眼睛,使我们观察到它的位置和形状. 现用一个波前 Σ 把物和观察者隔开,并设法把物光波在波前上造成的分布记录

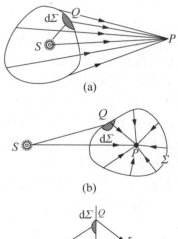

(a)

(b)

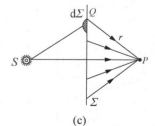

(c)

图 2-1　波前的分布决定着无源空间里波场的分布

---

① 第二章式(5.10).

下来,并在移去原物时使波前上的振动分布重现出来,观察者将会在原来的地方看到与原物一模一样的形象(图 2-2(b)).产生这种奇异的效果,就是波前再现的深刻意义.

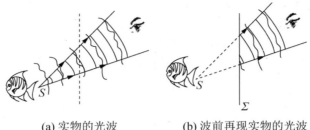

(a) 实物的光波　　　　　(b) 波前再现实物的光波

图 2-2　波前的再现意味着一切观测效果的再现

下面我们顺次介绍波前的记录和再现的方法.

2.2　波前的全息记录

全息记录就是要记录波前上光波的全部信息.照明波经物体反射或透射后,变成复杂的波场.这种波场可以看作是以物体上各点为中心的大量球面波的叠加.它可用一个复变函数来描述:

$$\tilde{U}_O(Q) = \sum_{\text{物点}n} \tilde{u}_n(Q) = A_O(Q)\mathrm{e}^{\mathrm{i}\varphi(Q)},$$

式中 Q 是波前上的点,其位置可用坐标(x,y)来表示.$\tilde{U}_O$ 包含振幅 A_O 和相位 φ 两部分.传统照相术是以不相干光照明的,记录的是光强,即振幅的平方,它只反映物体的明暗,但不包含物点立体分布的信息.物点位置的信息包含在波前的相因子中,我们从第五章2.1节开始多次使用的相因子判断法,就说明了这一点.仅仅根据波前上相因子的函数形式,我们就可以判断它是平面波还是球面波,判断平面波的传播方向和球面波的发散或会聚中心的位置.一句话,相因子告诉我们波源之所在.由此可见相位信息的重要性.可惜的是,在传统的照相技术中把它们都丢掉了.我们必须设法把波前上的这类信息记录下来,才有可能使物光波前完整地再现.

记录波前的办法靠干涉.如图 2-3,用一束参考光波 R 和物光波 O 作相干叠加,在波前 Σ 上形成干涉条纹.干涉条纹的形状、间隔等几何特征反映了相位分布,条纹的衬比度反映着振幅的大小.

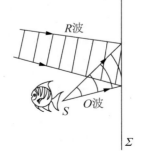

图 2-3　波前的记录

设波前上物光波 O 的复振幅为$\tilde{U}_O$,参考光波 R 的复振幅为$\tilde{U}_R$,前者往往是个很复杂的光波,后者多采用平面波或球面波.二者相干叠加后,在波前上造成的强度分布为

$$I(Q) = (\tilde{U}_O + \tilde{U}_R)(\tilde{U}_O^* + \tilde{U}_R^*)$$
$$= \tilde{U}_R\tilde{U}_R^* + \tilde{U}_O\tilde{U}_O^* + \tilde{U}_R^*\tilde{U}_O + \tilde{U}_R\tilde{U}_O^*$$
$$= A_R^2 + A_O^2 + \tilde{U}_R^*\tilde{U}_O + \tilde{U}_R\tilde{U}_O^*, \qquad (2.1)$$

其中 A_R 和 A_O 分别是 R 波和 O 波的振幅. 上式表明,光强 $I(Q)$ 中包含了 $\tilde{U}_O$ 和 $\tilde{U}_O^*$,亦即包含了物光波及其共轭波的全部信息.

现将记录介质(感光底版)放在波前 Σ 的位置上进行曝光,把干涉条纹拍摄下来,进行线性冲洗[1]后,就得到一张全息图. 全息图的透过率函数 $\tilde{t}(Q)$ 与曝光时的光强 $I(Q)$ 成线性关系:

$$\tilde{t}(Q) = t_0 + \beta I(Q)$$
$$= t_0 + \beta(A_R^2 + A_O^2 + \tilde{U}_R^* \tilde{U}_O + \tilde{U}_R \tilde{U}_O^*). \tag{2.2}$$

对于负片,$\beta<0$;对于正片,$\beta>0$. 上式表明,通过干涉曝光和线性冲洗两步,我们确实把物光波前 $\tilde{U}_O$ 及其共轭波 $\tilde{U}_O^*$ 的全部信息记录下来了. 但事情并不那么单纯,即全息图并不那么"干净",除物光波外,其中还混杂着参考光波的许多信息. 如何将它们理清楚,并在再现时把物信息分离出来的问题,下面接着讨论.

2.3 物光波前的再现

如图 2-4,用一束光波 R'(照明波)照明全息底片. 设入射的照明波波前为 $\tilde{U}_R'$,则从全息图输出的透射波前为

$$\tilde{U}_T = \tilde{U}_R' \tilde{t}$$
$$= (t_0 + \beta A_R^2 + \beta A_O^2)\tilde{U}_R' + \beta \tilde{U}_R' \tilde{U}_R^* \tilde{U}_O + \beta \tilde{U}_R' \tilde{U}_R \tilde{U}_O^*$$
$$= (t_0 + \beta A_R^2 + \beta A_O^2)\tilde{U}_R' + \beta A_R' A_R \{\exp[i(\varphi_R' - \varphi_R)]\tilde{U}_O$$
$$+ \exp[i(\varphi_R' + \varphi_R)]\tilde{U}_O^*\}. \tag{2.3}$$

上式中各项都代表怎样的波场? 这可由波前函数、特别是它的相因子作出判断.

通常参考波采用均匀照明,亦即它为平面波或傍轴球面波,A_R 与波前上场点的位置无关,从而式(2.3)中 $A_R^2 =$ 常数,故前两项 $(t_0 + \beta A_R^2)\tilde{U}_R'$ 与照明波前 $\tilde{U}_R'$ 只差一个常数因子,它们代表照明波 R' 按几何光学直线前进的透射波,我们称之为 0 级波. A_O^2 是拍摄全息图时物光波在底片上造成的强度分布,它是不均匀的,故 $\beta A_O^2 \tilde{U}_R'$ 一项代表振幅受到调制的照明波前,由于衍射,它表现为杂散的"噪声"信息. 但可预期,在通常的条件下 R' 波的衍射角不致太大,即此波的能流分布不会偏离 0 级波太远[2],从物光波前再现的角度来看,以上三项都是我们不感兴趣的,在下面的讨论中暂且不去管它们.

---

① 见第五章 2.2 节.

② $|A_O|^2$ 是物体上各点发出的球面波在波前上相干叠加造成的强度分布,故它是极复杂的干涉条纹. 不过它所包含空间频率的上限,可按物体上相距最远的两点在波前上产生的干涉条纹间隔来估计. 按杨氏实验来计算,干涉条纹的间隔 $d \approx \lambda/\alpha$,其中 α 为物体上最远点,或者说整个被拍摄物的横向线度对场点所张的角度(视场角). 最大衍射角可用正弦光栅的衍射公式来计算:$\sin\theta \approx \lambda/d \approx \alpha$,即杂散噪声的衍射角数量级不超过被拍摄物体的视场角,在离轴的全息装置中是可以将它躲开的.

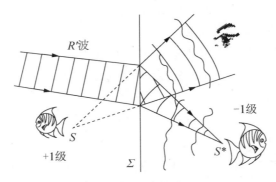

图 2-4　波前的再现

现在看式（2.3）中的最后两项．一项正比于物光波前 $\tilde{U}_O$，另一项正比于它的共轭 $\tilde{U}_O^*$．通常照明波 R' 也是平面波或傍轴的球面波，即 A_R'＝常数，从而 $\beta A_R A_R'$ 是个常数因子，较麻烦的倒是相因子 $\exp[i(\varphi_R'-\varphi_R)]$ 和 $\exp[i(\varphi_R'+\varphi_R)]$．不过适当地选择参考波 R 和照明波 R'，可使这些相因子之一或二者全部消失，那时式（2.3）中最后两项的物理意义就比较单纯了．正比于 $\tilde{U}_O$ 的一项称为 ＋1 级波，它是发散波，在拍摄的原位置上形成物体的虚像．正比于 $\tilde{U}_O^*$ 的一项称为 −1 级波，它是会聚波，在与原物对称的位置上形成实像．2.4 节中我们将看到，附加在波前函数 $\tilde{U}_O$ 和 $\tilde{U}_O^*$ 前相因子的作用是使像的位置和大小发生变化．这里先看看不存在这些相因子的条件．

（1）当 R 波和 R' 波都是正入射平面波时，$\varphi_R=\varphi_R'=0$，±1 级波中都无附加的相因子．

（2）当 R' 波与 R 波相同时[①]，$\varphi_R'=\varphi_R$，＋1 级波中无附加相因子，−1 级波中有相因子 $\exp(i2\varphi_R)$．

（3）当 R' 波是 R 波的共轭波时，$\varphi_R'=-\varphi_R$，−1 级波中无附加相因子，＋1 级波中有相因子 $\exp(-i2\varphi_R)$．

上述三种情况是最简单的，但实际中对 R 波和 R' 波的选择不必有什么限制和联系，它们可以一个是平面波，另一个是球面波，甚至用不同的波长．这样产生的效果不过是再现的虚像和实像移位和缩放．重要的是下列事实，即全息图的衍射场中有三列波：照明光照直前进的几何光学透射波（0 级波）和产生一对孪生虚、实像的 ±1 级衍射波．这个特点是带有普遍意义的．从实际的角度看，需要设法使三列波在空间上分离，互不干扰，以利于观测．为此应该采用离轴装置实现全息记录，让 R 波与 O 波有较大的夹角．图 1-1 是一种反射物的离轴全息记录装置，图 2-5 是一种透射物的离轴全息记录装置[②]．

最后，有兴趣地指出，我们并非在本章中第一次遇到全息照相．第五章 2.2 和 2.3 节

---

① 关键是 $\tilde{U}_R'$ 和 $\tilde{U}_R$ 具有相同的相因子，振幅是否相等是无关紧要的．

② 1962 年出现了离轴全息装置，解决了原先共轴系统所存在的许多麻烦问题，是六十年代中全息技术迅速发展的一个重要原因．离轴全息装置要求光源的相干性好，使用激光是一很有利的条件．

内讲的正弦光栅的制备和衍射,实际上就是全息照相的一个简单特例.如图 2-6(a)是制备正弦光栅的装置,也可以说是全息记录装置,这里物光波是个平面波.图 2-6(b)是制成的正弦光栅,也可以说是记录了平面物光波的全息图.图 2-6(c)是正弦光栅的衍射,也可以说是全息图的再现装置,其中 0 级是照明光波 R' 的几何光学透射波,$+1$ 级衍射波相当于物光波的再现,而 -1 级衍射波正是它的共轭波.

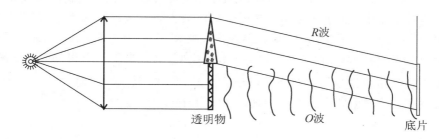

图 2-5 离轴全息记录装置

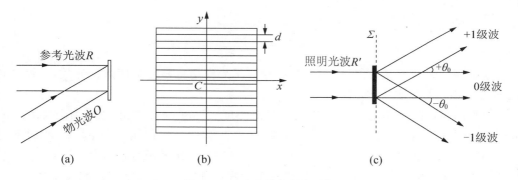

图 2-6 正弦光栅与全息照相

从过去学过的内容中间,我们还可以再找出一个与全息术有关的事例.如图 2-7(a),以轴上物点发出的球面波为物光波,参考波 R 是正入射的平面波.这样拍摄的全息图如图 2-7(b)所示,是一系列同心圆.读者可以计算一下,它们半径的比例与菲涅耳波带片[①]一致.图 2-7(c)是这张全息图的再现装置,照明光波 R' 仍为正入射的平面波,± 1 级的衍

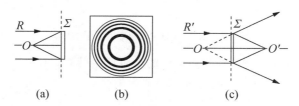

图 2-7 菲涅耳波带片与全息图

① 见第二章 6.4 节.

射波所成的像正好是菲涅耳波带片的虚、实焦点.在第二章6.4节中我们曾说,菲涅耳波带片有一系列虚的和实的焦点,但这里只出现一对焦点.造成这区别的原因何在?原来第二章6.4节讨论的是"黑白"菲涅耳波带片,而这里的波带片(干涉条纹)是正弦型的.

2.4　线性和二次相位变换函数的作用

前面在讨论全息图物光波的再现时遇到这样一类问题:乘在一个波前函数 $\tilde{U}$ 上的附加相因子起什么作用?波前函数本身相因子的涵义我们应该比较熟悉了,因为自从第五章1.2节引入相因子判断法以来,我们曾多次反复使用它.现在面临的问题是再乘上一个相因子,这是什么意思?正如第五章1.4节指出的,这相当于一个相位型的屏函数,其作用等效于让已知的波 $\tilde{U}$ 通过某个相位型的衍射屏,如透镜、棱镜等.

第五章式(1.10)告诉我们,一个楔形棱镜的相位变换函数为

$$\varphi_P = -k(n-1)(\alpha_1 x + \alpha_2 y), \tag{2.4}$$

它是 x,y 的线性函数.因此任何一个线性相因子的作用就等效于一个棱镜,棱镜的参量 $(n-1),(\alpha_1,\alpha_2)$ 可由相应的线性系数定出.

第五章1.3节中给出的薄透镜相位变换函数为

$$\varphi_L = -k\frac{x^2+y^2}{2F}, \tag{2.5}$$

这是 x,y 的二次函数.任何一个二次相因子的作用将与一个薄透镜等效,透镜的焦距 F 可由相应的二次系数定出.

上面的讨论是泛泛而论的.若结合全息图的再现问题,可以看出,因平面的 R 波或 R' 波引起的附加相因子是线性的,其作用等效于一个楔形棱镜,使光束产生离轴的偏折.球面波在傍轴条件下的相因子在一般情况下包含线性和二次两部分,从而它等效于一个棱镜和一个透镜的联合作用(图2-8),既使光束产生离轴的偏折,又使它发散或会聚.

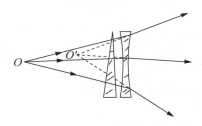

图2-8　球面 R 波或 R' 波相因子的作用

例题　图2-9(a)所示是一种共面照明的全息记录装置,其特点是再现时 $0,\pm1$ 三级衍射波都是平面波,可用一个透镜同时会聚到后焦面上(图2-9(b)).试论证这个结论.

解　按式(2.3)再现 ±1 级像的波前函数为

$$\begin{cases} \tilde{U}_{+1} = \beta\tilde{U}'_R\tilde{U}_R^* \ \tilde{U}_O = \beta A_R A'_R \exp[\mathrm{i}(\varphi'_R-\varphi_R)]\tilde{U}_O, \\ \tilde{U}_{-1} = \beta\tilde{U}'_R\tilde{U}_O^* = \beta A_R A'_R \exp[\mathrm{i}(\varphi'_R+\varphi_R)]\tilde{U}_O^*. \end{cases}$$

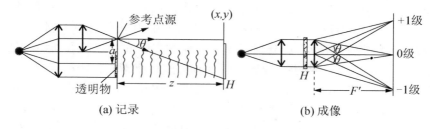

图 2-9　例题——共面照明全息装置

如图所示,R 波的中心与物共面,设它在此面内的坐标为$(a,0)$. 在傍轴条件下,R 波在底片 x-y 面上的波前函数为

$$\varphi_R = \frac{k}{2z}(a^2 + x^2 + y^2) - \frac{k}{2}ax.$$

因照明波 R' 是正入射的平行光,$\varphi'_R = 0$,从而摆在$\tilde{U}_O$、$\tilde{U}_O^*$ 前面的相因子分别为 $\exp(\mp i\varphi_R)$,若无此相因子,再现的$+1$ 级像本应在物的原始位置及其镜像对称位置上.$\tilde{U}_O$ 前相因子 $\exp(-i\varphi_R)$的作用有二:二次项$-k(x^2 + y^2)/2z$ 相当于焦距为 $F = z$ 的凸透镜,原来的物平面是它的前焦面,于是$+1$ 级衍射波经它作用成像于无穷远;一次项 kax/z 相当于一个顶角在下的棱镜,把光束向上偏折一个角度 θ,其中 $\sin\theta = a/z$.(常数项 $ka^2/2z$ 无关紧要.)$\tilde{U}_O^*$ 前相因子 $\exp(i\varphi_R)$的作用恰好相反,它等效于一个凹透镜和一个顶角在上的棱镜,本来是会聚的-1 级波所成的实像成了这个等效联合光具组的虚物,经过此光具组后成像于无穷远,且向下偏折同一角度 θ,所以如果我们采用图 2-9(b)装置,在全息图右侧再放置一个实际的会聚透镜,则上述出现于无穷远的±1 级衍射波将成像于透镜的后焦面.这样我们便得到原物的两个实像. ▌

*2.5　体全息

最后,简单提一下广为应用的体全息图.我们知道,全息图是落在记录介质上的,全息图中的干涉条纹有一定的间距 d,而记录介质的感光层也有一定厚度 l. 当 $d \gg l$ 时,记录介质就相当于一薄层,在其厚度方向没有干涉条纹,所以这时构成一幅平面全息图.当 $d \ll l$ 时,在记录介质的厚度方向就将布满干涉条纹,于是就构成一幅体全息图.体全息图内部由于感光而析出的银粒分布也将是三维的,如同晶体点阵一样,它对于照明光束的衍射就是一块三维光栅的作用,只有满足布拉格条件 $2d\sin\theta = k\lambda$ 时才存在"再现"像.这里需要区别下述两种情况.当照明光束为单色光时,只有在某些特定的角度才能观察到再现像.或者,当照明光束为白光时,固定观察方向,可以有某些特定的波长满足布拉格条件而产生再现像.这就是通常所说的体全息图的角度选择性和波长选择性,以及体全息图的白光再现问题.

2.6　小结

(1)全息照相过程分全息记录和波前再现两步.

(2)全息记录依据的是干涉原理,物光波与参考光波相干叠加而产生了干涉条纹,干涉条纹的衬比度记录了物光波前的振幅分布,干涉条纹的几何特征(包括形状、间距、位置)记录了物光波前的相位分布.就是说,全息图上的强度分布记录了物光波的全部信息——振幅分布和相位分布,它们分别反映了物体的亮暗和位置等方面的特征.应当指出,任何感光底片都只能记录振幅(或者说强度)的分布,而不能直接记录相位分布.全息照相之所以能够记录相位分布,是利用了参考光波把它转化成了干涉条纹的强度分布.假如没有参考光波,或者它与物光波不相干,波前上的相位分布是不可能记录下来的,所以确切地说,全息照相记录下来的是两光波之间相位差的分布,或者用无线电技术的术语来说,全息图的记录过程是通过物光波对参考光波的调制来完成的.要想再现物光波前,还需进行解调.全息图再现过程,实质上就是这种解调过程.

(3)波前再现的过程是光的衍射过程,照明光波经全息图衍射后出现一个复杂的光波场.在干涉底片作线性处理的条件下,全息图的衍射场总含有三种主要成分,即物光波的再现(+1级波),物光波的共轭波(−1级波),照明光波的照直前进(0级波).在离轴记录和重现的全息照相装置中,这三列衍射波在空间彼此分离,互不干扰,便于人们用眼睛或镜头观测物光波的虚像或其共轭波的实像.

(4)无源空间边值定解是惠更斯-菲涅耳原理的实质,它是理解全息图衍射波引起观测效果的理论基础.波前函数的相因子判断法,也是分析全息图衍射场的一种有效手段.

(5)作为一门技术,全息照相还有许多重要问题值得研究讨论,如成像质量问题,放大率问题、体全息图、二次曝光全息图、时间平均全息图以及拍摄一张高质量的全息图所必须保证的一系列实验条件等,这里就不作介绍了.

思　考　题

1.试将全息图波前的再现与平面镜成像进行比较,其中有何相同和不同之处?

2.为什么全息术对光源的时间相干性有较高的要求?在布置全息记录的光路时,人们常常注意让参考光路与物光路到达记录介质的光程尽量相近,这是为什么?为什么全息台要有很好的防震设备?

3.全息图破损就意味着丢失了一些信息,为什么再现的像仍然完整无缺?这时再现像中包含的信息没有减少吗?如果残留的全息图太小了,对再现像有什么影响?试说明理由.

4.若制备全息图时未能做到线性冲洗,非线性效应会造成什么后果?

5.怎样配置参考光波与再现时用的照明光波,才能使再现的±1级像与原物大小一样,位置相对全息图面成镜像对称?

6.一对孪生波均为发散波(两个虚像)或均为会聚波(两个实像)是可能的吗?试设计出现此种情况的照明条件.

习　　题

1.如图(a),参考光束 R 和物光束 O 均为平行光,对称地斜入射于记录介质 Σ 上,即

$\theta_R = -\theta_O$,二者间的夹角 $\theta = 2\theta_O$.

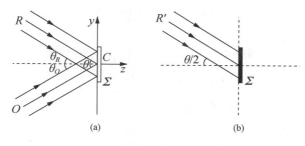

习题 1 图

(1)试说明全息图上干涉条纹的形状.

(2)试分别写出物光波和参考光波在 Σ 平面上的相位分布 $\varphi_O(y)$ 和 $\varphi_R(y)$.

(3)试证明全息图上干涉条纹的间距公式为

$$d = \frac{\lambda}{2\sin(\theta/2)}.$$

(4)试计算,当夹角 $\theta = 1°$ 时,间距 d 为多少? 当夹角 $\theta = 60°$ 时,间距 d 为多少?(采用 He-Ne 激光记录,$\lambda = 6328\text{Å}$.)

(5)某感光胶片厂生产一种可用于全息照相的记录干版,其性能为:感光层厚度 $8\mu\text{m}$,分辨率为 3000 条/mm 以上.利用题(4)所得数据,试说明:当夹角 $\theta = 60°$ 时,用该记录干版是否构成一张体全息图? 当夹角 $\theta = 60°$ 时,该记录干版的分辨率是否匹配?

(6)如图(b),采用与参考光束 R 同样波长同样倾角的照明光束 R' 照射该张全息图,试分析 0 级,$+1$ 级,-1 级三个衍射波都出现在什么方向上,并在图上画出.

2.若在上题中改为用正入射的平面波再现,± 1 级衍射波各发生什么变化?

3.如图(a),用正入射的平面参考光波记录轴外物点 O 发出的球面波,

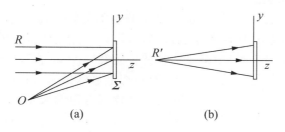

习题 3 图

(1)如图(b)所示,用轴上的点源 R' 发出的球面波来再现波前,求 ± 1 级两像点的位置.

(2)用与记录全息图时不同波长的正入射平面波照明,求 ± 1 级两像点的位置.

4.(1)求图 2-7(a)所示装置制备的全息图中各级干涉条纹的半径,并证明它们与一张菲涅耳波带片相符.

(2)验证用图 2-7(c)方式再现的两个像点 O,O' 确是菲涅耳波带片的一对焦点.

5.图所示是全息术的创始者伽伯最初设计的一类共轴全息装置.设物是高度透明的,其振幅透过率函数为

$$\tilde{t}(x,y)=t_0+\Delta\tilde{t}(x,y),$$

其中 $\qquad\qquad\qquad |\Delta\tilde{t}|\ll t.$

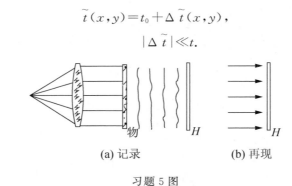

(a) 记录   (b) 再现

习题 5 图

(1)求记录时全息底片 H 上的振幅与光强分布,

(2)线性冲洗后全息图的振幅透过率函数,

(3)分析再现的波场,

(4)讨论这种共轴系统的缺点与局限性.

*§3　全息术应用简介

全息照相根本不同于普通照相,它具有一系列独特的优点.全息照相可能应用的范围很广,潜力很大,但目前多数还处于实验阶段,到直接应用还有大量的工作要做.下面简单地介绍几种可能的应用.

3.1　全息电影和全息电视

由于全息照相再现像的立体感很强,因此很自然地就想到把它应用到电影和电视中去.利用体全息图的角度选择性和颜色选择性,可以在一张体全息图中贮存许多景物信息,这只须在拍摄每一景物时,把全息照片的位置转动一下.再现时,只须将全息照片放在激光光束中转动,便能把各景物互不干扰地相继显示出来,在照片的后面就可以看到活动的立体景物,这就是立体电影.观众就不必像观看用偏振光效所摄制的立体电影那样,戴上一付讨厌的偏振眼镜了.

假如把全息图记录在电视摄像机的感光面上,然后电视台把信号发射出去,当电视接收机收了这些信号,并用激光照明时,就能再现所摄的景象,这就是立体电视.

3.2　全息显微技术

在科学实验中常常遇到要测量样品中浮动粒子的大小、分布及其他性质.由于这些粒子在不停地运动,所以观测时根本来不及将显微镜调焦到这些粒子上.有的还要求在某一时刻把体积中的粒子全部拍摄下来.一般这类问题是无法直接观测的,只能用统计的方法进行推算.应用全息照相,就能很方便地解决这个问题.如果用短脉冲激光来照明

样品,拍摄一定体积内粒子的运动状况,再现时就可以将粒子的大小、粒子的瞬时分布状况用显微镜层层聚焦、逐次观察.这方面的发展就是全息显微技术.全息照相的想法当初就是为了改进电子显微镜的分辨本领而提出的.

3.3 全息干涉技术

利用二次曝光或连续曝光全息图可以将物体变化状况记录在同一张全息照片上(图3-1).再现时就得到相互交叠的像,这两个或多个光波就会发生干涉,从干涉条纹的分析中可以得出物体的变化情况.这方面的发展就是全息干涉技术.利用这一技术,可以研究物体的微小形变或微小振动、高速运动的现象、封闭容器内的爆炸过程,等等.利用全息干涉技术于精密计量工作中,可以克服以前干涉计量技术只能分析简单的干涉图案的限制,也不需要很规则的测量对象和高质量的光学部件,而可对任意形状、任意表面进行研究,例如可以对凝聚物、岩石样品、金属物件、电子元件以及在风洞中的冲击波和流线等高速运动现象进行干涉计量研究.

图 3-1 提琴振动的连续曝光全息照相

3.4 红外、微波及超声全息照相技术

全息照相在军事观察、侦察和监视上具有重要意义.我们知道,一般的雷达系统只能探测到目标的距离、方位、速度等,而全息照相则能提供目标的立体形象,这对于及时识别飞机、导弹、舰艇等有很大作用,因而受到人们的重视.但是可见光在大气及水中传播时衰减较大,在不良的气候条件下甚至无法工作.为了克服这个困难,发展出红外、微波及超声全息技术,也就是用相干的红外光、微波及超声波拍摄全息照片,然后用相干可见光再现物像.这种全息技术在原理上和可见光全息照相完全一样,技术上的关键问题是寻找灵敏的记录介质和合适的再现方法.

超声全息照相能再现潜伏于水下物体的三维图像,可以用来进行水下侦察和监视(如图3-2),因而受到极大重视.由于对可见光不透明的物体往往对超声波"透明",超声全息照相也能用于医疗透视诊断,还可以在工业上用作无损探伤.

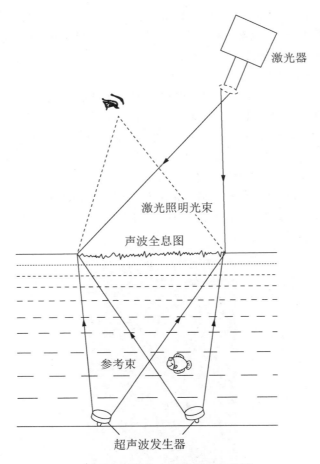

激光器

激光照明光束

声波全息图

参考束

超声波发生器

图 3-2　用激光束再现超声全息图

3.5　全息照相存储技术

存储器是电子计算机中的重要部分.它在计算机中的作用,就像人的大脑那样,起记忆数字、信息、中间结果的作用.计算技术发展很快,运算速度达每秒 10^8 次,而且容量也很大.这就要求有高速度、大容量而且可靠性很高的存储器与之相配合.全息存储器是目前正在大力发展的几种存储器之一.体全息具有很大的信息存储量,在一张全息图上可以并存许多全息图,利用角度选择性可以依次读出不同的信息.目前已试制成的全息照相存储器,可在 $1cm^2$ 的胶片上存 10^7 个信息,比目前使用的其他存储器要高一到两个数量级.工作周期约为 50ns.由于这种存储器是用照相的方法将信息固定在全息图上的,所以保存信息的可靠性很高,不易失去.

全息照相用于信息处理和信息显示,也是目前正在大力发展的一个重要的应用方向.

＊§4 傅里叶全息图及其应用举例

4.1 傅里叶全息图

物体或图像的光信息既直接表现在它的波前函数上，也包含在它的频谱中．对物光波波前的全息记录和再现手段，同样可以用来记录和再现物光波的频谱，这就是所谓傅里叶变换全息图．

物频谱的全息记录装置可按图 4-1 所示安排，将透射物置于透镜的前焦面上，用正入射的平行光照明．由于透镜的傅里叶变换功能，在后焦面上获得物频谱．在透射物所在的平面内设置一个参考点源，它提供一个斜入射平面参考光波，照射在底片 H 上与物频谱波相干叠加，实现物频谱的全息记录．经线性冲洗，即得到一张傅里叶变换全息图．

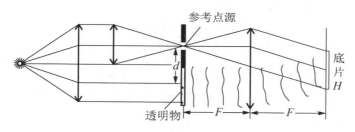

图 4-1 物频谱的全息记录装置

4.2 特征字符识别

下面介绍一个傅里叶全息图的应用——特征字符识别．

在一张图片上可能存在我们感兴趣的某种特征信息．例如一页纸上有许多字母（图 4-2 左），现欲将其中某个特定的字母 A 鉴别出来．为此我们先按图 4-1 的方式制备这个特征信息（字母 A）的傅里叶全息图，然后将此傅里叶全息图插入 4F 系统（见第

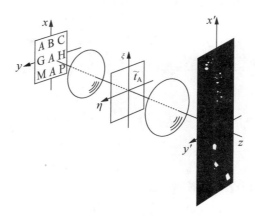

图 4-2 特征字符识别

五章6.2节)的变换平面,作滤波器使用(匹配滤波器).待识别的图像置于 $4F$ 系统的输入平面,经系统信息处理的结果,在输出平面上除了几何光学像和一些杂乱的斑块外,还可能出现若干离散的亮斑.这些亮斑的分布反映了物平面上存在特征信息(字母 A)的部位.

特征字符识别的原理简述如下.先分析匹配滤波器的透过率 $\tilde{t}_A$,设图 4-1 中参考点源在 x-y 平面内的坐标为 $(d, 0)$.特征字符的信息为 $a(x, y)$,它们的频谱分别为

$$\delta(x-d, y) \Longleftrightarrow \exp(-\mathrm{i}2\pi f_x d), \tag{4.1}$$

$$a(x, y) \Longleftrightarrow A(f_x, f_y), \tag{4.2}$$

其中 $(f_x, f_y) = (x', y')/\lambda F$.后焦面上的记录介质经线性冲洗后,其透过率函数 $\tilde{t}_A(x', y')$ 正比于干涉强度 $I(x', y')$

$$\begin{aligned}
\tilde{t}_A(x', y') &\propto I(x', y') \\
&= [\exp(-\mathrm{i}2\pi f_x d) + A(f_x, f_y)][\exp(\mathrm{i}2\pi f_x d) + A^*(f_x, f_y)] \\
&= 1 + AA^* + A\exp(\mathrm{i}2\pi f_x d) + A^*\exp(-\mathrm{i}2\pi f_x d). \tag{4.3}
\end{aligned}$$

现将此全息图置于 $4F$ 系统的变换平面上.设物信息为 $\tilde{U}_O(x, y)$,入射在变换平面上的衍射场为 $\tilde{U}_1(\xi, \eta) = \mathscr{F}\{\tilde{U}_O(x, y)\}$,经匹配滤波器透射出来的波前为

$$\begin{aligned}
\tilde{U}_2(\xi, \eta) &= \tilde{U}_1(\xi, \eta)\tilde{t}_A(\xi, \eta) \\
&= \tilde{U}_1(\xi, \eta)[1 + AA^* + A\exp(\mathrm{i}2\pi f_x d) + A^*\exp(-\mathrm{i}2\pi f_x d)], \tag{4.4}
\end{aligned}$$

其中 $(f_x, f_y) = (\xi, \eta)/\lambda F$.

最后我们求 $4F$ 系统像面上的输出,这既可求上式的傅里叶变换式,又可求它的傅里叶逆变换式,二者只在坐标变量上相差一正负号,它反映了 $4F$ 系统是横向放大率 $V = -1$ 的成像系统(参看第五章 6.2 节).这里我们采用傅里叶逆变换,回到物平面去讨论问题.利用傅里叶变换的卷积定理和相关定理,式(4.4)中各项的傅里叶逆变换为

$$\mathscr{F}^{-1}\{\tilde{U}_1(\xi, \eta)\} = \tilde{U}_O(x, y), \tag{4.5}$$

$$\mathscr{F}^{-1}\{\tilde{U}_1(\xi, \eta)AA^*\} = \tilde{U}_O(x, y) * a(x, y) \bigstar a(x, y), \tag{4.6}$$

$$\begin{aligned}
\mathscr{F}^{-1}\{\tilde{U}_1(\xi, \eta)A\exp(\mathrm{i}2\pi f_x d)\} &= \tilde{U}_O(x, y) * a(x, y) * \delta(x+d) \\
&= \tilde{U}_O(x, y) * a(x+d, y), \tag{4.7}
\end{aligned}$$

$$\begin{aligned}
\mathscr{F}^{-1}\{\tilde{U}_1(\xi, \eta)A^*\exp(-\mathrm{i}2\pi f_x d)\} &= \mathscr{F}^{-1}\{\tilde{U}_1(\xi, \eta)[A\exp(\mathrm{i}2\pi f_x d)]^*\} \\
&= [a(x, y) * \delta(x+d)] \bigstar \tilde{U}_O(x, y) \\
&= a(x+d, y) \bigstar \tilde{U}_O(x, y). \tag{4.8}
\end{aligned}$$

式(4.5)反映到像面上就成为几何光学像;式(4.6)是叠加在其上的一些杂散分布;式(4.7)和(4.8)分别是卷积项和互相关项,由于当初参考点源是离轴的,致使目前这两项分别出现在像面的上部和下部.其中最重要的是互相关项,它将给出反映特征字符位置的亮斑.理由大致可用第五章 §5 例题 3 中所说相关函数的"搜索"作用来解释.因为对于

黑白字符,相关的意义就是重叠面积的大小.只有相同字符才能完全重合,即它们的相关最强,不同字符的相关要弱得多.式(4.8)中的相关函数意味着用特征字符 A 的信息在物平面的复杂信息中搜索,一旦遇到与自身相同的字符时,就给出一个强烈的信号(亮斑)[①].

---

① 式(4.7)中的卷积相当于用倒转的特征字符去搜索,一般已不能与原字符完全重合了.

第七章　光在晶体中的传播

本章讨论光在各向异性介质中的传播.在各向异性介质中我们主要讨论晶体,但也不完全限于晶体.对于光本身,在这里突出的是它的偏振态的改变问题.

§1　双　折　射

1.1　双折射现象和基本规律

取一块冰洲石(方解石的一种,化学成分是$CaCO_3$),放在一张有字的纸上,我们将看到双重的像(见图 1-1 左方).平常我们把一块厚琉璃砖放在字纸上,我们只看到一个像(图 1-1 右方).这个像好像比实际的物体浮起了一点,这是因为光的折射引起的,折射率越大,像浮起来的高度越大.我们可以看到,在冰洲石内的两个像浮起的高度是不同的,这表明,光在这种晶体内成了两束,它们的折射程度不同.这种现象叫做双折射.下面我们通过一系列实验来说明双折射现象的特点和规律.

图 1-1　冰洲石双折射现象的照片

(1)o 光和 e 光　如图 1-2,让一束平行的自然光束正入射在冰洲石晶体的一个表面上,我们就会发现光束分解成两束.按照光的折射定律,正入射时光线不应偏折.而上述两束折射光中的一束确实在晶体中沿原方向传播,但另一束却偏离了原来的方向,后者显然是违背普通的折射定律的.如果进一步对各种入射方向进行研究,结果表明,晶体内的两条折射线中一条总符合普通的折射定律,另一条却常常违背它.所以晶体内的前一条折射线叫做寻常光(简称 o 光),后一条折射线叫做非常光(简称 e 光)[1].应

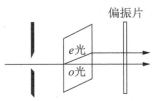

图 1-2　o 光和 e 光及其偏振
状态的演示

---

[1]　o 和 e 源于英语 ordinary(寻常)和 extraordinary(不寻常)两字第一字母.

当注意,这里所谓 o 光和 e 光,只在双折射晶体的内部才有意义,射出晶体以后,就无所谓 o 光和 e 光了.

(2)晶体的光轴 在冰洲石中存在着一个特殊的方向,光线沿这个方向传播时 o 光和 e 光不分开(即它们的传播速度和传播方向都一样),这个特殊方向称为晶体的光轴[①]. 为了说明光轴的方向,我们稍详细地研究一下冰洲石的晶体.冰洲石的天然晶体,如图 1-3 所示,它呈平行六面体状,每个表面都是平行四边形.它的一对锐角约为 78°,一对钝角约为 102°.读者对照冰洲石晶体的实物或其模型可以看出,每三个表面会合成一个顶点,在八个顶点中有两个彼此对着的顶点(图中的 A,B)是由三个钝角面会合而成的.通过这样的顶点并与三个界面成等角的直线方向,就是冰洲石晶体的光轴方向.我们总是强调"方向"二字,因为"光轴"不是指一条线,晶体中任何与上述直线平行的直线,都是光轴.光轴代表晶体中的一个特定方向.如图 1-4 所示,如果我们把冰洲石晶体的这两个钝顶角磨平,使出现两个与光轴方向垂直的表面,并让平行光束对着这表面正入射,光在晶体中将沿光轴方向传播,不再分解成两束.

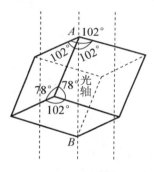

图 1-3 冰洲石的光轴

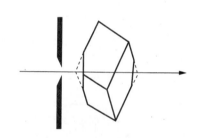

图 1-4 晶体光轴的演示

(3)主截面 光线沿晶体的某界面入射,此界面的法线与晶体的光轴组成的平面,称为主截面.当入射线在主截面内,即入射面与主截面重合时,两折射线皆在入射面内;否则,非常光可能不在入射面内.

(4)双折射光的偏振 如果在图 1-2 所示的实验中用检偏器来考察从晶体射出的两光束时,就会发现它们都是线偏振光,且两光束的振动方向相互垂直.

1.2 单轴晶体中的波面

除冰洲石外,许多晶体具有双折射的性能.双折射晶体有两类,像冰洲石、石英、红宝石、冰等一类晶体只有一个光轴方向,它们叫做单轴晶体;像云母、蓝宝石、橄榄石、硫黄等一类晶体有两个光轴方向,它们叫做双轴晶体.光在双轴晶体内的传播规律比 1.1 节描述的更为复杂,将在 1.6 节介绍,这里只讨论单轴晶体.

在第一章§2 中我们利用惠更斯的波面作图法讨论了光束在各向同性介质中传播和折射的规律.要研究光在各向异性的双折射晶体中传播和折射的规律,也需要知道波面

---

① 注意不要与几何光学中透镜的光轴混淆起来,这完全是两回事.

的情况.

我们知道,在各向同性介质中的一个点光源(它可以是真正的点光源,也可以是惠更斯原理中的次波中心)发出的波沿各方向传播的速度 $v=c/n$ 都一样,经过某段时间 Δt 后形成的波面是一个半径为 $v\Delta t$ 的球面.

在单轴晶体中的 o 光传播规律与普通各向同性介质中一样,它沿各方向传播的速度 v_o 相同,所以其波面也是球面(图 1-5(a)).但 e 光沿各个方向传播的速度 v 不同.沿光轴方向的传播速度与 o 光一样,也是 v_o,垂直光轴方向的传播速度是另一数值 v_e.在经过 Δt 时间后 e 光的波面如图 1-5(b)所示,是围绕光轴方向的回转椭球面.把两波面画在一起,它在光轴的方向上相切(见图 1-6).

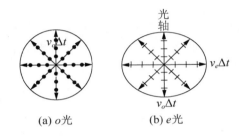

(a) o光　　　　(b) e光

图 1-5　单轴晶体中的波面

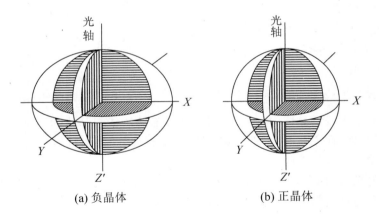

(a) 负晶体　　　　(b) 正晶体

图 1-6　负晶体与正晶体

为了说明 o 光和 e 光的偏振方向,我们引入主平面的概念.晶体中某条光线与晶体光轴构成的平面,叫做主平面.图 1-5 的纸平面就是其上画出各光线的主平面. o 光电矢量的振动方向与主平面垂直, e 光电矢量的振动方向在主平面内.

单轴晶体分为两类:一类以冰洲石为代表, $v_e>v_o$, e 光的波面是扁椭球,这类晶体叫做负晶体.另一类以石英[1]为代表, $v_e<v_o$, e 光的波面是长椭球,这类晶体叫做正晶体.

---

①　石英晶体中波面的性质比这里描述的情况要复杂些,详见后面 §5.

我们知道,真空中光速 c 与介质中光速 v 之比,等于该介质的折射率 n,即 $n=c/v$. 对于 o 光,晶体的折射率 $n_o=c/v_o$. 但对 e 光,因为它不服从普通的折射定律,我们不能简单地用一个折射率来反映它折射的规律. 但是通常仍把真空光速 c 与 e 光沿垂直于光轴传播时的速度 v_e 之比叫做它的折射率,即 $n_e=c/v_e$. 这个 n_e 虽不具有普通折射率的含义,但它与 n_o 一样是晶体的一个重要光学参量. n_o 和 n_e 合称为晶体的主折射率. 下面将看到, n_e 和 n_o 一起,再加上光轴的方向,可以把 e 光的折射方向完全确定下来.

对于负晶体, $n_o>n_e$;对于正晶体, $n_o<n_e$. 冰洲石和石英对于几条特征谱线的 n_o, n_e 值列于表 Ⅶ-1 内.

表 Ⅶ-1　单轴晶体的 n_o 与 n_e

元素	谱线波长	方解石(冰洲石)		水晶(即石英)	
		n_o	n_e	n_o	n_e
Hg	4046.56Å	1.68 134	1.49 694	1.55 716	1.56 671
	5460.72Å	1.66 168	1.48 792	1.54 617	1.55 535
Na	5892.90Å	1.65 836	1.48 641	1.54 425	1.55 336

1.3　晶体的惠更斯作图法

第一章§2中讲过用惠更斯原理求各向同性介质中折射线方向的方法,在晶体中求 o 光和 e 光的折射方向也需用这个方法. 下面我们先把该节中讲的惠更斯作图法的基本步骤归纳一下. 如图 1-7(a)所示:

(1)画出平行的入射光束,令两边缘光线与界面的交点分别为 A, B'.

(2)由先到界面的 A 点作另一边缘入射线的垂线 AB,它便是入射线的波面. 求出 B 到 B' 的时间 $t=\overline{BB'}/c$, c 为真空或空气中的光速.

(3)以 A 为中心、 vt 为半径(v 为光在折射介质中的波速)在折射介质内作半圆(实际上是半球面),这就是另一边缘入射线到达 B' 点时由 A 点发出的次波面.

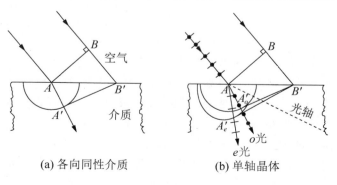

(a) 各向同性介质　　　(b) 单轴晶体

图 1-7　用惠更斯作图法求折射线

（4）通过 B' 点作上述半圆的切线（实际上为切面，即第一章 §2 中所说的包络面），这就是折射线的波面.

（5）从 A 连接到切点 A' 的方向便是折射线的方向.

现在把这一方法应用到单轴晶体上（图 1-7(b)），这里情况唯一不同之处是从 A 点发出的次波面不简单地是一个半球面，而有两个，一是以 $v_o t$ 为半径的半球面（o 光的次波面），另一是与它在光轴方向上相切的半椭球面，其另外的半主轴长为 $v_e t$（e 光的次波面）. 作图法的（1）和（2）两步同前，第（3）步中应根据已知的晶体光轴方向作上述复杂的次波面. 第（4）步中要从 B' 点分别作 o 光和 e 光次波面的切面，这样得到两个切点 A'_o 和 A'_e，从而在第（5）步中得到两根折射线 AA'_o 和 AA'_e，它们分别是 o 光和 e 光的光线.

应当注意，在图 1-7(b) 中给的主截面[①] 与入射面重合（即纸平面），从而切点 A'_o，A'_e 和两折射线都在此同一平面内. 根据定义，这平面也是两折射线的主平面. 这样，我们就可以判知两折射光的偏振方向：o 光的振动垂直纸面，e 光的振动在纸平面内.

下面我们讨论几个较简单但有重要实际意义的特例.

例 1　光轴垂直于界面，光线正入射（图 1-8）.

在正入射的情况下，两边缘光线同时到达界面上的 A，B 点，这时我们需要同时作 A，B 两点发出的次波波面（它们的大小一样），并作它们的共同切面（即包络面），这时切点 A'_o 和 A'_e 重合于 A'，B'_o 和 B'_e 重于合 B'，由切点位置可确定折射线的方向. 由图可以看出，在此情形里，折射线的传播方向未变，仍与界面垂直（即沿光轴方向），且 o 光和 e 光的波面重合（它们都是 $A'B'$），这意味着两折射线的速度一样都是 v_o，也就是说，没有发生双折射（按照光轴的定义，也正应如此）.

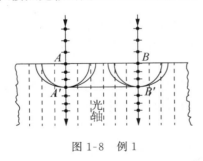

图 1-8　例 1

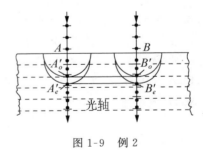

图 1-9　例 2

例 2　光轴平行于界面，光线正入射（图 1-9）.

这时 o 光和 e 光的次波波面与包络面的切点 A'_o 和 A'_e，B_o 和 B'_e 不再重合，两折射线的传播方向虽然仍未变（与界面垂直），但 o 光的波速为 v_o，e 光的波速为 v_e，二者不同. 我们说这时还是隐含了双折射. o 光、e 光波速的差异引起的效果，将在 §2 里提到.

例 3　光线斜入射，光轴垂直于入射面（即纸面，见图 1-10）.

这时由 A 点发出的次波波面在纸平面内的截线是同心圆，o 光、e 光分别以波速 v_o，v_e

---

① 主截面定义为，由晶体表面的法线方向与晶体内光轴方向所组成的平面.

传播.在这特殊情形里两折射线都服从普通的折射定律,只不过折射率分别为 n_o 和 n_e.

在普遍的情形里,光轴既不与入射面平行也不与它垂直,这时 e 光次波面与包络面的切点 A'_e 和 e 光本身都不在入射面内,我们就不能用一张平面图来表示了.

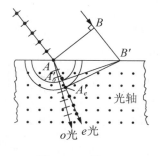

图 1-10 例 3

*1.4 法线速度与射线速度 波法面与射线面

过去我们在研究波在各向同性介质中传播的问题时,有关波面、波的传播方向和传播速度等概念,都只引进了唯一的一种:"波面"是指等相位面;传播方向用波矢 k 来表征,其方向沿波面的法线,它既是波面向前推移的方向,也是波所携带能流的方向;谈到波速,就是指波面沿法向向前推移的速度 $v=\lambda/T=\omega/k$,它称为相速.在各向异性介质中,上述各种概念都复杂化了,我们通过一个例子来说明.

通常在使用双折射晶体时,往往把它磨成前后表面平行的晶片,令平面波从它的一个表面正入射(见图 1-11).下面专门考察 e 光,即振动电矢量在主平面内分量的传播.用惠更斯作图法不难看出,这时晶体内 e 光的波面保持与晶体表面平行,它们向前推移的方向仍沿其法线 $\overrightarrow{ON}$ 和 $\overrightarrow{O'N'}$,但光线的方向沿 $\overrightarrow{OR}$ 和 $\overrightarrow{O'R'}$,这里 R 和 R' 是包络面与次波面的切点.当光轴与法线间的夹角 θ 不为 0 或 90° 时,$\overrightarrow{OR}$ 的方向总与 $\overrightarrow{ON}$ 不同,令其间夹角为 α.用 $d=\overline{ON}$ 代表晶片的厚度,l 代表光线 $\overline{OR}$ 的长度,则 $l\cos\alpha=d$.设波面由 O 传播到 N 的时间为 t,在此同一时间内光线从 O 传播到包络面切点 R.前一传播速度叫法线速度,用 v_N 表示;后一传播速度叫射线速度,用 v_r 表示:

$$v_N=\frac{d}{t},\quad v_r=\frac{l}{t}.$$

二者的关系是

$$v_N=v_r\cos\alpha. \tag{1.1}$$

用电磁理论可以证明,射线的方向沿能流密度矢量 $S=E\times H$ 的方向;在无色散介质中,v_r 等于能量传播的速度.

在各向异性介质中,e 光的法线速度 v_N 和射线速度 v_r 都随相对于光轴的取向而改变.从晶体中任一点 O(次波中心)引各方向的 v_N 矢量,其端点描绘的轨迹,叫做波法面.同样,从 O 引各方向的 v_r 矢量,其端点描绘的轨迹,叫做射线面.使用法线速度和波法面的概念来计算比较方便,但物理意义比较具体的是射线速度和射线面,它们是与能量的传播方向联系在一起的.在 1.3 节惠更斯作图法中使用的次波面(等相位面),正是射线面的几何相似形.

波法面和射线面二曲面的几何关系示于图 1-12,通过波法面每个矢径的端点作一个垂面.这些垂面的包络面即为射线面.或者反过来,通过射线面上每一点作切面,并由中心 O 引切面的垂线,垂足的轨迹即为波法面.理论上可以证明,对于无色散的单轴晶体的 e 光来说,它们的方程分别为

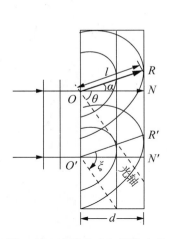

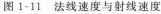

图 1-11　法线速度与射线速度

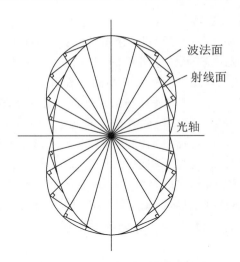

图 1-12　e 光的波法面与射线面

$$\begin{cases} \text{波法面} \left(\dfrac{v_N}{c}\right)^2 = \dfrac{\cos^2\theta}{n_o^2} + \dfrac{\sin^2\theta}{n_e^2}, & (1.2) \\[3mm] \text{射线面} \left(\dfrac{c}{v_r}\right)^2 = n_o^2\cos^2\xi + n_e^2\sin^2\xi. & (1.3) \end{cases}$$

这里 θ 和 ξ 分别是 v_N 和 v_r 与光轴的夹角（$\xi = \theta + \alpha$，图 1-11）. 可以看出，射线面是二次曲面（回旋椭球面）. 波法面是四次曲面（回旋卵形面）[①]. 波法面和射线面在平行和垂直光轴的方向上相切，在这些方向上 v_N 和 v_r 没有区别. o 光和各向同性介质中的光线一样，其波法面和射线面重合在一起，二者都是球面.

　　根据上述波法面和射线面之间的关系，我们不难求出 v_r 的倾角 ξ 和 v_N 的倾角 θ 之间的关系. 图 1-13 所示是射线面在 z-x 面上的剖面图，其中 z 方向是光轴. 射线面是以 v_r/c 为矢径的，把式（1.3）中的 $(v_r/c)\cos\xi = v_{rz}/c$ 和 $(v_r/c)\sin\xi = v_{rx}/c$ 分别写成 z 和 x，则 z-x 剖面的椭圆方程写为

$$n_o^2 z^2 + n_e^2 x^2 = 1,$$

取微分，得

$$\frac{\mathrm{d}x}{\mathrm{d}z} = -\frac{n_o^2 z}{n_e^2 x}.$$

由图 1-13 可知，$z/x = \cot\xi$，$\mathrm{d}x/\mathrm{d}z = \tan\left(\dfrac{\pi}{2} + \theta\right) = -\cot\theta$，代入上式即得

$$\cot\theta = \frac{n_o^2}{n_e^2}\cot\xi. \tag{1.4}$$

此式给出 ξ 和 θ 的对应关系.

---

　　①　实际中 n_e 和 n_o 差别没有图 1-12 中画的那样大，从而波法面与射线面的差别也没有那样突出. 波法面的外貌还是很像一个椭球面的.

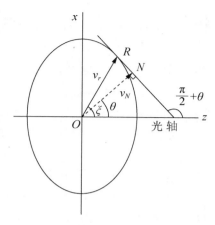

图 1-13 v_r 的倾角 ξ 与 v_N 的倾角 θ 的关系

在各向异性介质中,任意方向 e 光的折射率通常定义为真空中光速 c 与该方向的相速之比[①],因此它是 θ 角的函数

$$n(\theta) = \frac{c}{v_N(\theta)}. \tag{1.5}$$

根据式(1.2),得

$$n^2(\theta) = \frac{n_o^2 n_e^2}{n_e^2 \cos^2\theta + n_o^2 \sin^2\theta}. \tag{1.6}$$

例题 ADP(磷酸二氢铵,$NH_4H_2PO_4$)晶体,是单轴负晶体,$n_o = 1.5246$,$n_e = 1.4792$,切割成如图 1-14 所示的晶片,光轴与表面成 45°角.厚度 $d=1$cm.光线正入射,求(1) e 光的偏向角 α,(2) o,e 两光束穿过晶片后的光程差.

解 (1) $\theta = 45°$,

$$\cot\xi = \frac{n_e^2}{n_o^2}\cot\theta = \left(\frac{1.4792}{1.5246}\right)^2 \cot 45° = 0.9413,$$

故

$$\xi = 46°44', \quad \alpha = \xi - 45° = 1°44'.$$

(2)

$$n(45°) = \frac{1.4792 \times 1.5246}{\sqrt{(1.4792)^2 \cos^2 45° + (1.5246)^2 \sin^2 45°}}$$

$$= 1.5014.$$

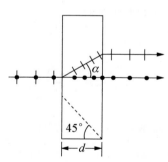

图 1-14 例题——ADP 晶片

e 光的光程 $L_e = n(45°)d$,o 光的光程 $L_o = n_o d$,光程差

$$\Delta L = [n(45°) - n_o]d = (1.5014 - 1.5246) \times 1\text{cm}$$

$$= -0.0232\text{cm}. \quad\blacksquare$$

---

① 有时也用 c/v_r 之比来定义折射率,这种折射率叫做射线折射率,用 $n_r(\xi)$ 表示.

*1.5　折射率椭球

我们不可能在本课中对晶体光学的电磁理论作详尽的介绍,这里只想提及其中某些重要的概念和结论.

在各向同性介质中电位移矢量 $\boldsymbol{D}$ 与电场强度 $\boldsymbol{E}$ 的关系是

$$\boldsymbol{D}=\varepsilon\varepsilon_0\boldsymbol{E},$$

这里 ε 是相对介电常数,光学中的折射率 $n\approx\sqrt{\varepsilon}$ (在光学波段中,总可以假定相对磁导率 μ $=1$). 上式表明, $\boldsymbol{D}$ 与 $\boldsymbol{E}$ 的方向一致. 然而在各向异性介质中, $\boldsymbol{D}$ 与在一般情况下方向是不一致的,它们满足如下张量关系:

$$\begin{cases} D_x=\varepsilon_{xx}\varepsilon_0E_x+\varepsilon_{xy}\varepsilon_0E_y+\varepsilon_{xz}\varepsilon_0E_z, \\ D_y=\varepsilon_{yx}\varepsilon_0E_x+\varepsilon_{yy}\varepsilon_0E_y+\varepsilon_{yz}\varepsilon_0E_z, \\ D_z=\varepsilon_{zx}\varepsilon_0E_x+\varepsilon_{zy}\varepsilon_0E_y+\varepsilon_{zz}\varepsilon_0E_z. \end{cases} \tag{1.7}$$

存在着相互垂直的三个方向,若沿着它们选取坐标系,可使上述张量式"对角化":

$$\begin{cases} D_x=\varepsilon_a\varepsilon_0E_x, \\ D_y=\varepsilon_b\varepsilon_0E_y, \\ D_z=\varepsilon_c\varepsilon_0E_z. \end{cases} \tag{1.8}$$

一般说来 $\varepsilon_a\neq\varepsilon_b\neq\varepsilon_c$ 这就是双轴晶体;若其中两个相等,譬如 $\varepsilon_a=\varepsilon_b$,但与另一个 ε_c 不相等,是为单轴晶体.单轴晶体具有轴对称性,这对称轴(这里是 z 轴)就是光轴[①].

在晶体中麦克斯韦方程也是成立的:

$$\begin{cases} \nabla\times\boldsymbol{E}=-\dfrac{\partial\boldsymbol{B}}{\partial t}, \\ \nabla\times\boldsymbol{H}=\dfrac{\partial\boldsymbol{D}}{\partial t}. \end{cases} \tag{1.9}$$

考虑平面波的解:

$$\begin{cases} \widetilde{\boldsymbol{E}}=\widetilde{\boldsymbol{E}}_0\,\mathrm{e}^{\mathrm{i}(\boldsymbol{k}\cdot\boldsymbol{r}-\omega t)}, \\ \widetilde{\boldsymbol{D}}=\widetilde{\boldsymbol{D}}_0\,\mathrm{e}^{\mathrm{i}(\boldsymbol{k}\cdot\boldsymbol{r}-\omega t)}, \\ \widetilde{\boldsymbol{H}}=\widetilde{\boldsymbol{H}}_0\,\mathrm{e}^{\mathrm{i}(\boldsymbol{k}\cdot\boldsymbol{r}-\omega t)}. \end{cases} \tag{1.10}$$

而 $\widetilde{\boldsymbol{B}}=\mu_0\widetilde{\boldsymbol{H}}$. 代入麦克斯韦方程,得

$$\begin{cases} \mathrm{i}\omega\boldsymbol{B}=\mathrm{i}\omega\mu_0\boldsymbol{H}=\mathrm{i}\boldsymbol{k}\times\boldsymbol{E}, \\ -\mathrm{i}\omega\boldsymbol{D}=\mathrm{i}\boldsymbol{k}\times\boldsymbol{H}, \end{cases} \tag{1.11}$$

这些公式表明, $\boldsymbol{H}\perp\boldsymbol{k}$ 和 $\boldsymbol{D}$, $\boldsymbol{D}\perp\boldsymbol{k}$ 和 $\boldsymbol{H}$,这要求 $\boldsymbol{E}$, $\boldsymbol{D}$ 和 $\boldsymbol{k}$ 共面(图1-15).可以看出,与波法线 $\boldsymbol{k}$ 垂直的电矢量是 $\boldsymbol{D}$ 而不是 $\boldsymbol{E}$, $\boldsymbol{E}$ 不与 $\boldsymbol{k}$ 垂直.坡印亭矢量 $\boldsymbol{S}=\boldsymbol{E}\times\boldsymbol{H}$ 也在同一平面内,其方向与波法线 $\boldsymbol{k}$ 不一致,按照1.4节所述,这是射线的方向.故 $\boldsymbol{E}$ 矢量是与射线垂直的.

---

① 七个晶系中三斜、单斜、正交三晶系是双轴晶体($n_a\neq n_b\neq n_c$),三角、四角、六角三晶系是单轴晶体($n_a=n_b\neq n_c$),立方晶系是各向同性的($n_a=n_b=n_c$).

给定一个波法线方向 k，求双折射晶体中两光束的偏振方向和传播速度（或者说折射率 $n(\theta)$）——这是一个求本征振动的问题. 在这里我们仅介绍一种实际工作中常用的几何作图法，而不给出理论推导. 此法需引进折射率椭球的概念，它由下列方程所描述[①]：

$$\frac{x^2}{n_a^2}+\frac{y^2}{n_b^2}+\frac{z^2}{n_c^2}=1.\qquad(1.12)$$

其中 $n_a=\sqrt{\varepsilon_a}$，$n_b=\sqrt{\varepsilon_b}$，$n_c=\sqrt{\varepsilon_c}$ 称为晶体的主折射率. 对于单轴晶体，$n_a=n_b=n_o$，$n_c=n_e$，式（1.12）化为

$$\frac{x^2+y^2}{n_o^2}+\frac{z^2}{n_e^2}=1,\qquad(1.13)$$

这里 z 是光轴. 用电磁理论可证明折射率椭球具有如下性质：由其中心 O 引任意方向的波矢 k，过 O 点作一平面与 k 垂直，它在折射率椭球上截出一个椭圆（图 1-16）. 这椭圆的长短轴方向 D'，D'' 就是两个本征振动 D 矢量的方向，D' 和 D'' 的长度分别等于它们的折射率. 对于单轴晶体来说，D' 和 D'' 中必有一个与 z 轴和 k 构成的平面（主平面）垂直，这是 o 振动；另一在主平面内，是为 e 振动. 不难从式（1.13）得到验证，这样得出的 $n(\theta)$ 表达式正是式（1.6）.

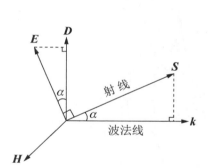

图 1-15　D，E，H，k，S 各矢量的方向

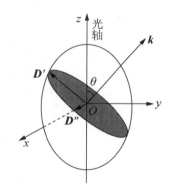

图 1-16　折射率椭球

*1.6　双轴晶体

根据电磁理论可以算出，双轴晶体的波面（射线面）具有如图 1-17 所示的复杂形式. 它在三个坐标面上的剖面都由一个圆和一个椭圆组成（图 1-18）[②]. 在这些图中 x，y，z 轴是按 ε_a，ε_b，ε_c 增大的顺序选取，在 z-x 平面的每个象限内两层波面相交于一点 R_0，波面在此处形成一个"酒窝". 当光线沿 $\overrightarrow{OR_0}$ 方向传播时，各光束的射线速度相同. $\overrightarrow{OR_0}$ 方向叫做晶体的射线轴. 为了在射线面的图中寻找光轴的方向，只需在 z-x 剖面图中作圆和椭圆

---

①　注意，不要把折射率椭球和前面引入的任何一种曲面（波法面、射线面）混淆起来. "折射率椭球"是个抽象的几何概念和运算工具.

②　波法面的剖面图与图 1-18 相似，只是椭圆应换为四次的卵形线. 在 z-x 平面的每个象限内两层波法面也相交于一点，中心到此点连线的方向正是光轴.

的公切线（见图 1-19），令它与圆的切点为 N_0，$\overrightarrow{ON_0}$ 方向称为晶体的光轴，因为当波法线 k 沿此方向时，各光束的相速相同.可以看出，在 z 轴两侧各有一条光轴和射线轴，故晶体具有两条光轴和两条射线轴.

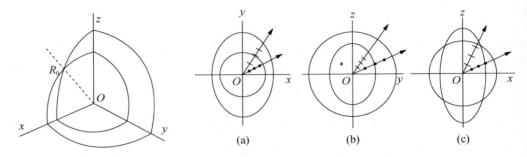

图 1-17　双轴晶体的波面（$\varepsilon_a < \varepsilon_b < \varepsilon_c$）　　　　图 1-18　双轴晶体波面的剖面图

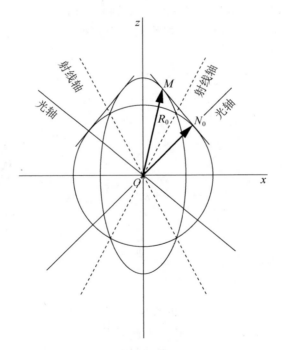

图 1-19　射线轴与光轴

特别有趣的是在晶体内当波法线沿光轴传播时光线的传播方向.从 $z\text{-}x$ 剖面图中看，公切面与波面切于 N_0 和 M 两点，亦即有两条光线，分别沿 $\overrightarrow{ON_0}$ 和 $\overrightarrow{OM}$ 方向传播.但是在三维空间里，这公切面与波面在"酒窝"R_0 周围的整个一个圆上接触.若如图 1-20，垂直于光轴切割出一块晶片来，当自然光正入射于其上时，折射线不是两条，而是连续分布在一个空心的圆锥面上.这种现象叫做锥形折射①.

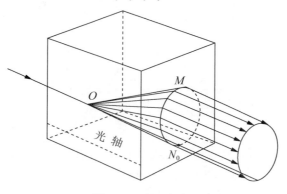

图 1-20　锥形折射

双轴晶体中两折射光束的偏振方向也可用折射率椭球来定.不过这时折射率椭球的三个主轴都不等长.解析几何会告诉我们,用通过中心的平面去切割这种椭球时,得到的截面一般是椭圆,只在两个特殊方向上截面退化为圆.这两个特殊方向就是晶体的光轴.对于任意的 k 方向来说,图 1-16 中椭圆截面长短轴的方向 D', D'',已没有像单轴晶体中那样的简单规律.

思 考 题

1. 在白纸上画一个黑点,上面放一块冰洲石,即可看到两个淡灰色的像,其中一个的位置比另一个高.转动晶体时,一个像不动,另一个像围绕着它转.试解释这个现象.在这个实验中哪个像点是看起来较高的?

2. 当单轴晶体的光轴与表面成一定角度时,一束与光轴方向平行的光入射到晶体表面之内时(见图),它是否会发生双折射?

3. 在图中虚线代表光轴,试根据图中所画的折射情况判断晶体的正负.

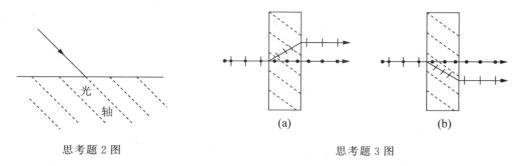

思考题 2 图

(a)　　　　　　　(b)

思考题 3 图

4. 用单轴晶体制成三棱镜三块,光轴方向分别由图(a),(b),(c)所示,图中 A 代表顶

---

① 这是内锥形折射.当在晶体内沿射线轴传播的光线透射出晶体时也会发生锥形折射,称为外锥形折射.

角. 若采用最小偏向角法测折射率,使用哪块棱镜可测得 n_e,哪块可测得 n_o?

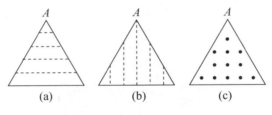

思考题 4 图

5. 图 1-20 所示锥形折射光束中各光线在晶体中经历的光程相等吗?

6. 令 $\hat{s}$ 和 $\hat{k}$ 分别代表光线和法线(波矢)方向的单位矢量. 通常把平面波写成:

$$E = E_0 \exp\left[-\mathrm{i}(\omega t - \boldsymbol{k} \cdot \boldsymbol{r})\right]$$
$$= E_0 \exp\left[-\mathrm{i}\omega\left(t - \frac{\hat{\boldsymbol{k}} \cdot \boldsymbol{r}}{v_N}\right)\right],$$

这里 v_N 是法向速度. 把此式写成

$$E = E_0 \exp\left[-\mathrm{i}\omega\left(t - \frac{\hat{\boldsymbol{s}} \cdot \boldsymbol{r}}{v_r}\right)\right],$$

式中 v_r 为射线速度,对吗? 为什么?

习 题

1. 一束线偏振的钠黄光垂直射入一块方解石晶体,振动方向与晶体的主平面成 $20°$ 角,试计算 o,e 两光束折射光的相对振幅和强度.

2. 两大小相同的冰洲石晶体 A,B 前后排列,强度为 I_0 的自然光垂直于晶体 A 的表面入射后相继通过 A,B(见图). A,B 的主截面之间夹角为 α(图中 α 为 0),求 $\alpha = 0°,45°$, $90°,180°$ 时由 B 射出光线的数目和每个的强度(忽略反射、吸收等损失).

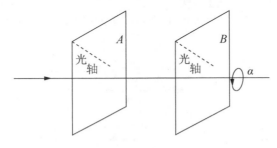

习题 2 图

3. 一水晶平板厚 $0.850\mathrm{mm}$,光轴与表面平行. 用水银灯的绿光($5461\mathring{A}$)垂直照射,求 (1)o,e 两光束在晶体中的光程;(2)二者的相位差(用度表示).

4. 一束钠黄光以 $50°$ 的入射角射到冰洲石平板上,设光轴与板表面平行,并垂直于入射面,求晶体中 o 光和 e 光的夹角.

5.一束钠黄光掠入射到冰的晶体平板上,光轴与入射面垂直,平板厚度为 4.20mm,求 o 光和 e 光射到平板对面上两点的间隔.已知对于钠黄光冰的 $n_o = 1.3090$, $n_e = 1.3104$.

6.用 ADP 晶体制成 50°顶角的棱镜,光轴与折射棱平行,n_o 和 n_e 数据参见本节例题.试求(1) o 光和 e 光的最小偏向角,(2)二者之差.

7.设一水晶棱镜的顶角为 60°,光轴平行于折射棱.钠黄光以最小偏向角的方向在棱镜中折射,用焦距为 1m 的透镜聚焦,o 光和 e 光两谱线的间隔为多少?

8.求冰洲石晶体中光线和波法线间的最大夹角.

9.图 1-7(b)中,设入射光是钠黄光,晶体为方解石,光轴与晶体表面成 30°角,入射角为 45°,求(1) o 光和 e 光的方向;(2) e 光的折射率.

§2　晶体光学器件

2.1　晶体偏振器

双折射现象的重要应用之一是制作偏振器件.因 o 和 e 光都是 100％的线偏振光,这一点比前面讲过的几种偏振器(偏振片和玻片堆)性能更优越.利用 o 光和 e 光折射规律的不同可以将它们分开,这样我们就可以得到很好的线偏振光.用双折射晶体制作的偏振器件(双折射棱镜)种类很多,我们不打算在这里全面介绍,只举出几种为例来说明其原理.

(1)罗雄棱镜和渥拉斯顿棱镜

图 2-1 是罗雄(Rochon)棱镜的结构和光路.它是由两块冰洲石的直角三棱镜粘合而成的.光轴的方向如图所示,相互垂直.当自然光正入射到第一块棱镜上时,由于光轴与晶体表面垂直(属于 1.3 节中例 1 的情形),各方向振动的波速都是 v_o,不发生双折射.到了第二块棱镜,由于光轴与入射面垂直(属于 1.3 节中例 3 的情形),光线将服从普通的折射定律.不过对于 o 光两棱镜的折射率都是 n_o,它仍沿原方向前进;但对于 e 光,折射率由 n_o 变到 n_e,因

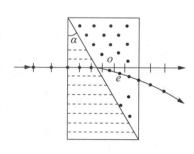

图 2-1　罗雄棱镜

为在冰洲石(负晶体)内 $n_e < n_o$,它将朝背离第二块棱镜的底面方向偏折.于是最后 o 光和 e 光分开了.遮掉其中一束(譬如 e 光),即得到一束很好的线偏振光.

图 2-2 所示是渥拉斯顿(W. H. Wollaston)棱镜,它和罗雄棱镜不同之处只在于第一块冰洲石棱镜的光轴与入射界面平行.o 光和 e 光在棱镜内折射的情况已在图中画出,为什么是这样,留给读者自己分析.

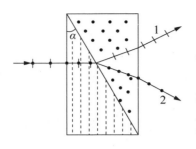

图 2-2　渥拉斯顿棱镜

（2）尼科耳棱镜

尼科耳棱镜（W. Nicol, 1828 年）是用得最广泛的双折射偏振器件，对它的结构我们介绍得稍详细一些. 如图 2-3（a），取一冰洲石晶体，长度约为宽度的三倍. 按定义，包含光轴和入射界面法线的平面为主截面. 若以端面 $ABCD$ 为入射界面，$ACC'A'$ 便是一个主截面. 在天然晶体中此主截面的对角 $\angle C$ 和 $\angle A'$ 原为 71°，将端面磨去少许，使得新的对角 $\angle C''$ 和 $\angle A''$ 变为 68°（见图 2-3（b））. 将晶体沿垂直主截面 $ACC'A'$ 且过对角线 $A''C''$ 的平面 $A''EC''F$ 剖开磨平，然后再用加拿大树胶粘合. 加拿大树胶是一种折射率 n 介于冰洲石 n_o 和 n_e 之间的透明物质. 对于钠黄光，$n_o = 1.65836$，$n_e = 1.48641$ 而 $n = 1.55$. 按照上述设计，平行于棱边 AA' 的入射光进入晶体后，o 光将以大于临界角 $\arcsin(n/n_o) \approx 69°$ 的入射角投在剖面 $A''EC''F$ 上，它将因全反射而偏折到棱镜的侧面，在那里或者用黑色涂料将它吸收，或者用小棱镜将它引出. 至于 e 光，由于它与光轴的夹角足够大，在晶体内的折射率仍小于加拿大胶内的 n，从而不发生全反射. 于是从尼科耳棱镜另一端射出的将是单一的线偏振光.

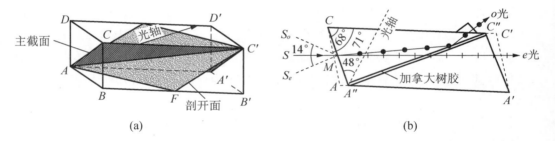

（a）　　　　　　　　　　　　　　　　（b）

图 2-3　尼科耳棱镜

尼科耳棱镜的一个缺点是入射光束的会聚角不得过大. 设想图 2-3（b）中的入射线 SM 向上偏离，则 o 光投在剖面上的入射角减小. 当入射线达到某一位置 S_oM 时，o 光将不发生全反射；若 SM 向下偏离，则 e 光与光轴的夹角变小，从而折射率变大，且投在剖面上的入射角也增大. 当入射线达到某一位置 S_eM 时，e 光也被全反射掉. 计算表明，入射光线上、下两方的极限角 $\angle S_oMS \approx \angle SMS_e = 14°$[①]，使用尼科耳棱镜时，入射光束的会聚角不能超过此限.

由于加拿大树胶吸收紫外线，故尼科耳棱镜对此波段不适用，这时可使用罗雄棱镜或渥拉斯顿棱镜.

2.2　波晶片——相位延迟片

用双折射晶体除了可以制作偏振器外，另一重要用途是制作波晶片. 波晶片是从单

---

① 上述将晶体端面磨掉一些的目的，便是为了保证上、下两个极限角差不多大小. 这样可使入射会聚光束的中心光线平行于 AA' 棱，调节起来较方便.

轴晶体(如石英[①])中切割下来的平行平面板,其表面与晶体的光轴平行(见图 2-4).这样一来,当一束平行光正入射时,分解成的 o 光和 e 光传播方向虽然不改变,但它们在波晶片内的速度 v_o,v_e 不同[②],或者说波晶片对于它们的折射率 $n_o=c/v_o,n_o=c/v_e$ 不同.设波晶片的厚度为 d,则 o 光和 e 光通过波晶片时的光程也不同:

$$o \text{ 光的光程} \quad L_o=n_o d,$$
$$e \text{ 光的光程} \quad L_e=n_e d.$$

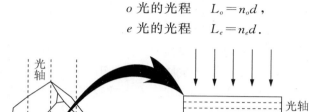

图 2-4　波晶片

同一时刻两光束在出射界面上的相位比入射界面上落后:

$$o \text{ 光} \quad \varphi_o=-\frac{2\pi}{\lambda}n_o d, \qquad e \text{ 光} \quad \varphi_e=-\frac{2\pi}{\lambda}n_e d,^{③}$$

这里 λ 是光束在真空中的波长.这样一来,当两光束通过波晶片后 o 光的相位相对于 e 光多延迟了

$$\Delta\equiv\varphi_o-\varphi_e=\frac{2\pi}{\lambda}(n_o-n_e)d. \tag{2.1}$$

Δ 除与折射率之差 (n_o-n_e) 成正比外,还与波晶片厚度 d 成正比.适当地选择厚度 d,可以使两光束之间产生任意数值的相对相位延迟 Δ.在无线电技术中起这种作用的器件叫相位延迟器,所以波晶片也可以叫相位延迟片.在实际中最常用的波晶片是四分之一波长片(简称 $\lambda/4$ 片),其厚度 d 满足关系式 $(n_e-n_o)d=\pm\lambda/4$,于是 $\Delta=\pm\pi/2^{④}$;其次是二

---

　　① 云母很容易按其天然解理面撕成薄片,它虽是双轴晶体,但两光轴都和解理面差不多平行,所以波晶片常用云母片来做.

　　② 参见 1.3 节中的例 2.

　　③ 由于在本章我们不采用偏振波函数的复数描述,故在相位差与光程的关系上回归到物理的直观上来,即沿波的传播方向相位逐点落后.

　　④ 更确切地说,是 $(n_e-n_o)d=(2k+1)\lambda/4,\Delta=(2k+1)\pi/2$,这里 k 是任意整数.$\lambda/2$ 片和全波片的情况也是这样.因此,对于一块 $\lambda/4$ 片,其附加的有效相位差有 $\pm\pi/2$ 两种可能,这与晶体的正负并没有必然的联系.

分之一波长片(简称 λ/2 片)和全波片,它们的厚度分别满足 $(n_e-n_o)d=\pm\lambda/2$ 和 λ,即 $\Delta=\pm\pi$ 和 2π.

现在来考察 o 光和 e 光的振动方向.如前所述,折射线与光轴构成的平面叫主平面(图 2-4(a),(b)的纸平面就是主平面),o 振动与主平面垂直,e 振动与主平面平行.在波晶片的特定条件下(光轴平行于表面,光线正入射),e 振动与光轴在同一方向上.为了更清楚地说明 o 振动、e 振动和光轴的方向,我们作波晶片的正面投影图 2-4(c),三者都在此图纸平面内,e 振动与光轴一致,o 振动与光轴垂直.今后我们就在此平面内以 e 振动为横轴、o 振动为纵轴取一直角坐标系.沿任何方向振动的光正入射到波晶片表面上时,其振动都按此坐标系分解成 o 分量和 e 分量,两分量各有各的速度和光程,最后出射时彼此间产生附加相位延迟.

思 考 题

1. 分别就下列三种情形确定自然光经过图中的棱镜后双折射光线的传播方向和振动方向.设晶体是负的,玻璃的折射率为 n.

(1)$n=n_o$;(2)$n=n_e$;(3)$n_o>n>n_e$;(4)$n>n_o$.

2. 确定自然光经过图中的棱镜后双折射光线的传播方向和振动方向,设晶体是正的.

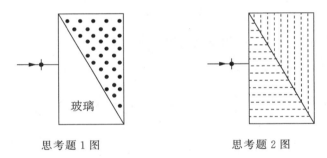

思考题 1 图   思考题 2 图

3. 分析渥拉斯顿棱镜(见图 2-2)中双折射光线的传播方向和振动方向.

习 题

1. 当图 2-2 中渥拉斯顿棱镜的顶角 $\alpha=15°$ 时,两出射光线间的夹角为多少?

2. 设图 2-3(b)所示的尼科耳棱镜中 $\angle CA''C''$ 为直角,光线 SM 平行于 $A''A'$.计算 $\angle S_oMS$.

3. 用方解石和石英薄板作对钠黄光的 $\lambda/4$ 波片,它们的最小厚度各为多少?

4. 两尼科耳棱镜主截面的夹角由 $30°$ 变到 $45°$,透射光的强度如何变化? 设入射自然光的强度为 I_0.

5. 单色线偏振光垂直射入方解石晶体,其振动方向与主截面成 $30°$ 角,两折射光再经过置于方解石后的尼科耳棱镜,其主截面与原入射光的振动方向成 $50°$ 角,求两条光线的相对强度.

6.经尼科耳棱镜观察部分偏振光,当尼科耳棱镜由对应于极大强度的位置转过 60°时,光强减为一半,求光束的偏振度.

§3 圆偏振光和椭圆偏振光的获得和检验

在第二章 9.5,9.6 节里我们已引进圆偏振光和椭圆偏振光的概念.那里曾看到,它们都可看成是相互垂直并有一定相位关系的两个线偏振光的合成.为了进一步详细研究这两种偏振光,必须对垂直简谐振动的合成问题比较熟悉.读者可能已在力学课中学过这个问题,下面我们用一小节的篇幅结合光学内容复习一下将是有益的.

3.1 垂直振动的合成

在光波的波面中取一直角坐标系,将电矢量 E 分解为两个分量 E_x 和 E_y,它们是同频的,设 E_y 相对于 E_x 的相位差为 δ,即

$$\begin{cases} E_x = A_x\cos\omega t, \\ E_y = A_y\cos(\omega t + \delta). \end{cases} \tag{3.1}$$

下面讨论不同情况下的合成振动.

(1)$\delta = 0$ 或 π 情形

$$\begin{cases} E_x = A_x\cos\omega t, \\ E_y = \pm A_y\cos\omega t. \end{cases}$$

由此得

$$E_y = \pm\frac{A_y}{A_x}E_x.$$

这是直线方程.由于 E_x 和 E_y 的变化范围分别限制在 $\pm A_x$ 和 $\pm A_y$ 之间,电矢量端点的轨迹是以 $E_x = \pm A_x$,$E_y = \pm A_y$ 为界的矩形的对角线.$\delta = 0$ 时取正号,轨迹是一、三象限的对角线(图 3-1(a));$\delta = \pi$ 时,取负号,轨迹是二、四象限的对角线(图 3-1(b)).在这两种情况下,合成的偏振态仍是线偏振的,其振幅为

$$A = \sqrt{A_x^2 + A_y^2},$$

振动方向由下式决定:

$$\tan\theta = \pm\frac{A_y}{A_x}.$$

(2)$\delta = \pm\pi/2$ 情形

$$\begin{cases} E_x = A_x\cos\omega t, \\ E_y = \mp A_y\sin\omega t. \end{cases}$$

消去 t,得

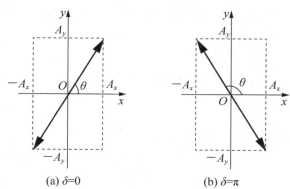

(a) $\delta = 0$　　　　(b) $\delta = \pi$

图 3-1 垂直振动合成之一

$$\frac{E_x^2}{A_x^2}+\frac{E_y^2}{A_y^2}=1.$$

这是标准的椭圆方程,其主轴分别沿 x,y 方向,与上述矩形框内切(见图 3-2).

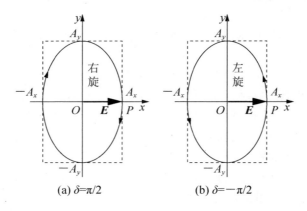

(a) $\delta=\pi/2$　　　　　　　　　　(b) $\delta=-\pi/2$

图 3-2　垂直振动合成之二

当 $A_x=A_y=A$ 时,矩形框变为正方形框,椭圆退化为与此方框内切的圆(见图 3-3).

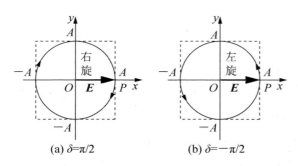

(a) $\delta=\pi/2$　　　　(b) $\delta=-\pi/2$

图 3-3　垂直振动合成之三

虽然 $\delta=\pm\pi/2$ 时的轨迹一样,但旋转方向是相反的.为了考察旋转方向,我们可看 $t=0$ 时刻的情况,这时 $E_x=A_x\cos\omega t=A_x$,$E_y=\mp A_y\sin\omega t=0$,即电矢量的端点处在图 3-2 或图 3-3 中 P 点的位置.我们设想此后过了一短时间 Δt,这时若 $\delta=+\pi/2$,则 $E_y=-A_y\sin\omega\Delta t<0$;若 $\delta=-\pi/2$,则 $E_y=+A_y\sin\omega\Delta t>0$.这就是说,$\delta=+\pi/2$ 时电矢量的端点自 P 点向下移,沿顺时针方向旋转(右旋);$\delta=-\pi/2$ 时电矢量的端点自 P 点向上移,沿逆时针方向旋转(左旋).

(3)普遍情形

由式(3.1)中的两式消去 t,得轨迹方程

$$\frac{E_x^2}{A_x^2}+\frac{E_y^2}{A_y^2}-\frac{2E_xE_y}{A_xA_y}\cos\delta=\sin^2\delta. \tag{3.2}$$

这是个一般椭圆方程,它也与以 $E_x=\pm A_x$,$E_y=\pm A_y$ 为界的矩形相内切,不过其主轴可以是倾斜的(图 3-4).主轴究竟朝哪一边倾斜,以及是左旋还是右旋,与 δ 在哪一象限有关.图 3-4(a)—(d)分别给出 δ 在四个象限里的情形.我们以 δ 在第三象限为例来说明.

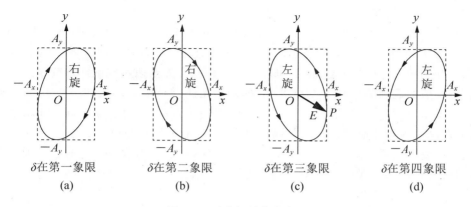

图 3-4　垂直振动合成之四

先看 $t=0$ 的时刻,此时 $E_x=A_x\cos\omega t=A_x$,它表明电矢量端点位置 P 处在椭圆轨迹与 $E_x=A_x$ 的直线相切的切点上.若 δ 在第三象限,则 $E_y=A_y\cos(\omega t+\delta)=A_y\cos\delta<0$,它表明这切点在 x 轴的下方.所以椭圆必如图 3-4(b)或(c)所示,其长轴朝第二、四象限倾斜.现在再考虑过了时间 Δt 以后的情况,这时 $E_y=A_y\cos(\omega\Delta t+\delta)$.由于 δ 在第三象限,在此象限内余弦函数是负的,其绝对值随角度的增加而减小.这就是说,电矢量端点的位置由 P 点向上移,亦即运动是逆时针的(左旋).可见,δ 在第三象限时电矢量端点的运动属于图 3-4(c)而不是 3-4(b)所示的情况.

综合以上所述,我们将 δ 从 $-\pi$ 到 $+\pi$ 整个区间合成运动的变化情况作系列图于图 3-5 中,这便是我们在第二章 §9 中已给过的图 9-10.应当注意,当 $A_x=A_y=A$ 和 $\delta=\pm\pi/2$ 时,椭圆退化为圆.

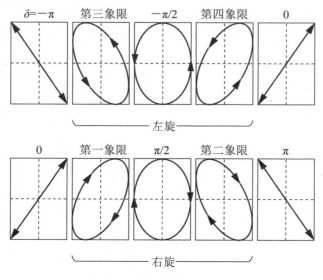

图 3-5　各种相位差的椭圆运动

3.2　圆偏振光和椭圆偏振光的获得

自然界的大多数光源发出的是自然光,但有时也发出圆或椭圆偏振光.例如处在强磁场中的物质,电子作拉摩尔回旋运动,它们发出的电磁辐射就是圆或椭圆偏振的.这里所谓圆或椭圆偏振光的"获得",是指利用偏振器件把自然光改造成圆或椭圆偏振光.

获得一般的椭圆偏振光并不难,只需令自然光通过一个起偏器和一个波晶片即可.如图 3-6 所示,由起偏器出射的线偏振光射到波晶片中去时,被分解成 E_o 和 E_e 两个振动,它们在晶体内传播速度不同,穿过晶片时产生一定附加的相位差 Δ.射出晶片之后两光束速度恢复到一样,合成在一起一般得到椭圆偏振光.只有在一定条件下才成为圆偏振光或仍为线偏振光.保证出射光是圆偏振的条件有二:

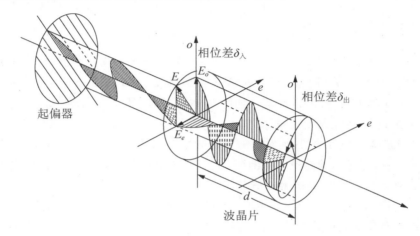

图 3-6　产生椭圆偏振光的装置

(1)E_o 和 E_e 之间的相位差 $\delta' = \delta_入 + \Delta = \pm \pi/2$.这里 $\delta_入$ 是入射到波晶片上线偏振光的电矢量在 e,o 两轴上投影时可能引起的相位差.例如图 3-7 所示,当入射的线偏振光的

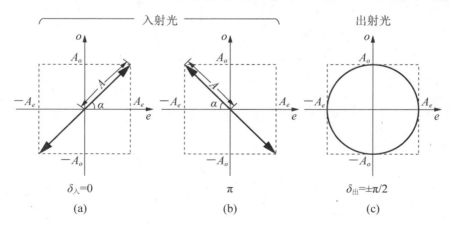

图 3-7　获得圆偏振光的条件

振动在第一、三象限里 $\delta_\lambda=0$（图(a)），在第二、四象限里 $\delta_\lambda=\pi$（图(b)）. $\Delta=(2\theta/\lambda)(n_e-n_o)d$ 是波晶片本身引起的，它与波晶片的厚度 d 有关. 要想使 $\delta=\pm\pi/2$，必须使 $\Delta=\pm\pi/2$[①]，也就是说，我们必须选用四分之一波长片.

（2）$\underset{\centerdot\centerdot\centerdot}{E_e}$ 和 $\underset{\centerdot\centerdot\centerdot}{E_o}$ 的振幅 $A_e=A_o$. 设入射的线偏振光的振幅为 A，其振动方向与 e 轴的夹角为 α，则

$$A_e=A\cos\alpha,\quad A_o=A\sin\alpha.$$

要使 $A_e=A_o$，必须 $\alpha=45°$.

总之，令一束线偏振光通过一波晶片，一般说来我们得到一束椭圆偏振光；只有通过 $\lambda/4$ 片，而且 $\lambda/4$ 片的光轴与入射光的振动面成 $45°$ 角时，我们才得到一束圆偏振光.

3.3　圆偏振光和椭圆偏振光通过检偏器后强度的变化

设有一椭圆偏振光，其半长轴为 A_1，半短轴为 A_2. 在偏振片上取直角坐标系，其 x 轴平行于透振方向，y 轴与透振方向垂直. 当椭圆偏振光射到（作为检偏器用的）偏振片时，电矢量就被分解成 E_x，E_y 两个分量，E_x 分量通过，E_y 分量被阻挡. 这时出射光的强度 $I=A_x^2$（A_x 是 E_x 的振幅）. 如果偏振片转到图 3-8(a)所示的位置，其 x 轴与椭圆长轴平行，则 $A_x=A_1$，强度 $I=A_1^2$. 如果偏振片转到图 3-8(b)所示的位置，其 x 轴与椭圆的短轴平行，则为 $A_x=A_2$，强度 $I=A_2^2$. 当偏振片的 x 轴相对椭圆主轴处于任意倾斜位置时（图 3-8(c)），计算 A_x 的大小是个比较繁的数学问题，但是定性的结论完全可以用下列方法得出. 作一个两边分别与 x，y 轴平行的矩形框同椭圆外切（见图 3-8(c)中的虚线），这矩形两边的长度之半就是椭圆在此坐标系上投影的振幅 A_x 和 A_y. 由图上不难看出，这时 $A_2<A_x<A_1$，从而 $A_2^2<I<A_1^2$.

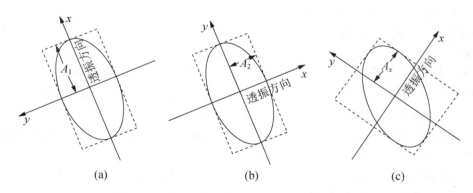

图 3-8　椭圆偏振光通过检偏器后强度的变化

综上所述，如果入射光是椭圆偏振的，转动检偏器的透光方向时，透射光的强度在极大值 $I=A_1^2$ 和极小值 $I=A_2^2$ 之间变化，但不会发生消光现象. 这一特点与部分偏振光相似.

---

①　$\pm\pi/2+0=\pm\pi/2$，$\pm\pi/2+\pi=\pi/2$ 或 $3\pi/2$，而 $3\pi/2=2\pi-\pi/2$，它与 $-\pi/2$ 是一样的.

如果入射光是圆偏振的,转动检偏器的透光方向时,透射光的强度不变,其特点与自然光无异.以上结论请读者自己分析.

由此看来,只靠一个检偏器,我们不能区分椭圆偏振光和部分偏振光,也不能区分圆偏振光和自然光.为了分辨出入射光是否圆偏振光和椭圆偏振光,还需借助于 $\lambda/4$ 片.

3.4　通过波晶片后光束偏振状态的变化

现在让我们系统地分析一下,具有各种偏振结构的光束经过 $\lambda/4$ 片后偏振态的变化.

关于入射光是线偏振光的情况,我们已在 3.2 节里作过初步分析.所用的方法可归结为如下几步,它们对讨论其他偏振态的入射光也大体适用.

(1)将入射光的电矢量按照波晶片的 e 轴和 o 轴分解,求出其振幅 A_e,A_y 和入射点的相位差 δ_λ.对于线偏振光,已如图 3-7 所示,$A_e=A\cos\alpha$,$A_o=A\sin\alpha$,$\delta_\lambda=0$ 或 π.对于椭圆或圆偏振光,如何求 A_e,A_o 和 δ_λ,则需对照 3.1 节中的图 3-5 来分析,详见下面的例题.

(2)由波晶片出射光的振幅仍为 A_e 和 A_o,从而电矢量端点的轨迹与边长为 $2A_e$,$2A_o$ 的矩形框内切,矩形的各边分别与 e,o 轴平行.出射光两分量间的相位差

$$\delta_{出}=\delta_\lambda+\Delta,$$

这里

$$\Delta=(2\pi/\lambda)\times(n_e-n_o)d$$

是波晶片引起的相位差,对 $\lambda/4$ 片它等于 $\pm\pi/2$.出射光电矢量端点的轨迹要根据 $\delta_{出}$ 的大小对照着 3.1 节中的图 3-5 来具体分析.

下面我们举一个例题.

例题　入射光为右旋椭圆偏振光,波晶片为 $\lambda/4$ 片(设 $\delta=+\pi/2$),α 代表其光轴与椭圆长轴的夹角,问 $\alpha=0°,90°,45°$ 时出射光的偏振状态.

解　如图 3-9,作各边分别与 e,o 轴平行的矩形框同椭圆外切,此矩形框的边长即为 $2A_e$ 和 $2A_o$.将图 3-9 中的入射光电矢量端点轨迹与 3.1 节的图 3-5 对比,就可知道,$\alpha=0°,90°,45°$ 时的 δ_λ 分别为 $\pi/2,\pi/2$ 和第二象限内的某个角度.加上 $\Delta=\pi/2$ 后,即得 $\delta_{出}=\pi,\pi$ 和第三象限内的某个角度,再次对照 3.1 节的图 3-5 可判知,出射光的偏振状态将如图 3-9 所示,$\alpha=0°,90°$ 时为第二、四象限内的线偏振光,$\alpha=45°$ 时为左旋斜椭圆偏振光(所谓"正"和"斜",当然是相对于 e,o 坐标轴来说的).请读者自己分析一下,如果入射光是圆偏振的,则无论 $\lambda/4$ 片的光轴方向如何,出射光总是线偏振的. ▌

现在我们把各种偏振光经过 $\lambda/4$ 片后发生的变化总结成表Ⅶ-2.

由于自然光和部分偏振光是一系列偏振方向不同的线偏振光组成的,它们经过 $\lambda/4$ 片后有的仍是线偏振光,有的是圆偏振光,而大部分是长短轴比例各不相同的椭圆偏振光,这时出射光在宏观上仍是自然光或部分偏振光.

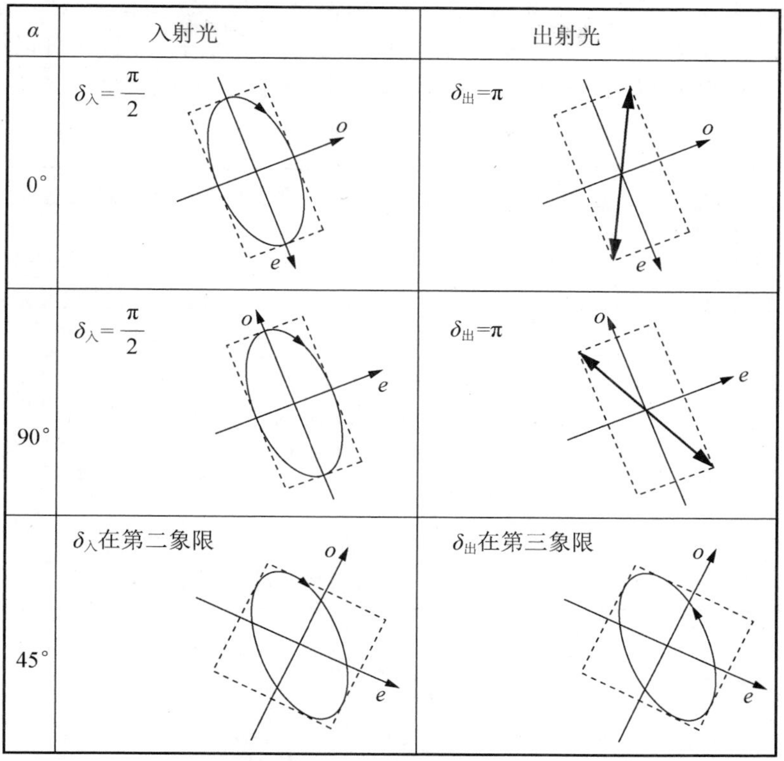

图 3-9 例题——经过 $\lambda/4$ 片后偏振态的变化

表 Ⅶ-2 各种偏振光经过 $\lambda/4$ 片后偏振态的变化

入射光	$\lambda/4$ 片位置	出射光
线偏振	e 轴或 o 轴与偏振方向一致 *	线偏振
	e 轴与 o 轴与偏振方向成 45°角	圆偏振
	其他位置	椭圆偏振
圆偏振	任何位置	线偏振
椭圆偏振	e 轴与 o 轴与椭圆主轴一致	线偏振
	其他位置	椭圆偏振

*由于沿这两个特殊方向振动的线偏振光在波晶片内根本不分解,它们从波晶片射出时仍然是沿原振动方向的线偏振光.

3.5 圆偏振光和椭圆偏振光的检验

现在我们全面地来讨论偏振光的检验方法.假定入射光有五种可能性,即自然光、部分偏振光、线偏振光、圆偏振光、椭圆偏振光.我们已看到,利用一块偏振片(或其他检偏器)可以将线偏振光区分出来,但对于自然光和圆偏振光、部分偏振光和椭圆偏振光不能区分.而利用一块 $\lambda/4$ 片可以把圆偏振光和椭圆偏振光变为线偏振光,但不能把自然光和部分偏振光变为线偏振光.把偏振片和 $\lambda/4$ 片两者结合起来使用,就可以把上述五种光完全区分开来了.检验的步骤通过表Ⅶ-3来说明,装置参见图3-10.

表Ⅶ-3　偏振光的检验

第一步	令入射光通过偏振片Ⅰ,改变偏振片Ⅰ的透振方向 P_1,观察透射光强度的变化(图3-10(a))			
观察到的现象	有消光	强度无变化	强度有变化,但无消光	
结论	线偏振	自然光或圆偏振	部分偏振或椭圆偏振	
第二步	a. 令入射光依次通过 $\lambda/4$ 片和偏振片Ⅱ,改变偏振片Ⅱ的透振方向 P_2,观察透射光的强度变化(图3-10(b))		b. 同 a,只是 $\lambda/4$ 片的光轴方向必须与第一步中偏振片Ⅰ产生的强度极大或极小的透振方向重合	
观察到的现象	有消光	无消光	有消光	无消光
结论	圆偏振	自然光	椭圆偏振	部分偏振

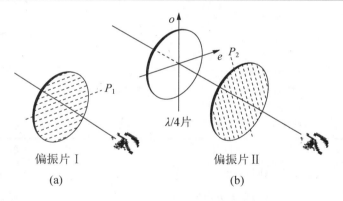

图 3-10　偏振态的检验

对于表Ⅶ-3我们做些简单的说明.如果入射光是线偏振光,经过第一步就已经可以判断出来了,其标示是通过偏振片Ⅰ会产生消光现象.如果第一步观察结果是没有消光现象,入射光有可能是圆或椭圆偏振的.如果确实如此,我们就可能利用 $\lambda/4$ 片把它变成线偏振光.对于椭圆偏振光来说,变成线偏振光的条件是 $\lambda/4$ 片的光轴与椭圆的主轴平行,后者就是第一步中偏振片Ⅰ产生强度极大或极小时的透振方向(对于圆偏振光则无需此条件).经过 $\lambda/4$ 片是否变成线偏振光,是进一步区分椭圆偏振光和部分偏振光(或区分圆偏振光和自然光)的标志,这一点通过偏振片Ⅱ就可以检验出来.

最后应当指出的是,实际上在实验室中用的偏振片和 $\lambda/4$ 片上透光方向和光轴常常是不标明的,这就使我们在第二步判断椭圆偏振光和部分偏振光时发生困难.解决的办法留待读者在实验课中去研究(参见思考题5,6).

思 考 题

1. 圆偏振光中电矢量的大小为 A，它的强度 $I=$？经过偏振片后其强度 I' 变为多少？（设偏振片是理想的，即对沿透振方向分量的透射率为 100%.）

2. 图所示为一椭圆偏振光的电矢量沿波线的瞬时分布图. 此椭圆偏振光是左旋还是右旋的？

3. 画出图中各情形出射光的偏振状态.

4. 将上题中的 $\lambda/4$ 片换成 $\lambda/2$ 片，各情形出射光的偏振状态怎样？

5. 在一对正交的偏振片之间放一块 $\lambda/4$ 片，以自然光入射.

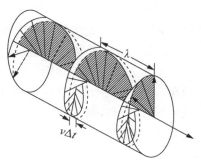

思考题 2 图

$\lambda/4$ 片 $(\delta=+\pi/2)$		$\lambda/4$ 片 $(\delta=-\pi/2)$	
入 射 光	出 射 光	入 射 光	出 射 光

思考题 3 图

（1）转动 $\lambda/4$ 的光轴方向时,出射光的强度怎样变化？有无消光现象？

（2）如果有强度极大和消光现象,它们在 $\lambda/4$ 片的光轴处于什么方向时出现？这时从 $\lambda/4$ 片射出的光的偏振状态如何？

6.如本节末尾指出,在实验中偏振片和 $\lambda/4$ 片上透振方向和光轴方向都未标出,而在检验椭圆偏振光的第二步中需要将 $\lambda/4$ 片的光轴对准椭圆的主轴之一.你能根据上题的原理设计出一个方案,利用两块偏振片和一块 $\lambda/4$ 片做到这一点吗？

7.激光器中的布儒斯特窗口是其法线与管轴夹角等于布儒斯特角（全偏振角）的玻璃窗口.有布儒斯特窗口的激光器发出的光是线偏振的.如图所示,在使用激光器发出的线偏振光进行各种测量时,为了避免激光返回谐振腔,在激光器输出镜端放一块 $\lambda/4$ 片,并且其主截面与光的振动平面成 $45°$ 角.试说明此波片的作用.

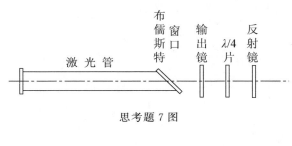

思考题 7 图

习　　题

1.线偏振光通过波晶片,其主截面与起偏器的主截面成 α 角,它产生的相位延迟为 δ,求

（1）所得椭圆偏振光两半轴之比；

（2）波晶片主截面与椭圆半长轴间的夹角.

2.用一块 $\lambda/4$ 片和一块偏振片鉴定一束椭圆偏振光.达到消光位置时,$\lambda/4$ 片的光轴与偏振片透振方向相差 $22°$,求椭圆长短轴之比.

3.两尼科耳棱镜主截面夹角为 $60°$,中间插入一块水晶的 $\lambda/4$ 片,其主截面平分上述夹角,光强为 I_0 的自然光入射,试问：

（1）通过 $\lambda/4$ 片后光的偏振状态；

（2）通过第二尼科耳棱镜的光强.

4.一强度为 I_0 的右旋圆偏振光垂直通过 $\lambda/4$ 片（此 $\lambda/4$ 片由方解石做成,o 光和 e 光在晶片中的光程差刚好是 $\lambda/4$）,然后再经过一块主截面相对于 $\lambda/4$ 片光轴向右旋 $15°$ 的尼科耳棱镜,求最后出射的光强（忽略反射、吸收等损失）.

§4　偏振光的干涉及其应用

偏振光的干涉现象在实际中有许多应用,它的基本原理可以通过一个典型装置——两偏振器间放一块波晶片来说明.

4.1　偏振器间的波晶片

如图 4-1(a)所示,在两偏振片[①]Ⅰ,Ⅱ之间插入一块厚度为 d 的波晶片,三元件的平面彼此平行,光线正入射到这一系统上,直接用眼睛或屏幕观察其强度随各元件取向的变化.图 4-1(b)是各元件的光轴在幕上的投影图.

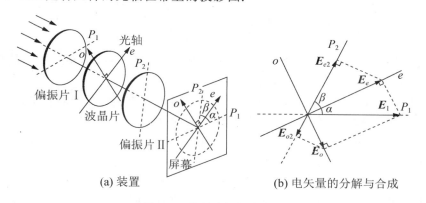

(a) 装置　　　　　　(b) 电矢量的分解与合成

图 4-1　偏振片间的波晶片

我们先在这装置上做几个实验,实验的内容和现象如下:

(1)当波晶片的厚度均匀时,单色光入射,幕上照度是均匀的,转动任何一个元件,幕上的强度都会变化;

(2)白光入射时,幕上出现彩色,转动任何元件时,幕上颜色发生变化;

(3)如果波晶片厚度不均匀(例如是尖劈状的),幕上出现干涉条纹,白光照明时条纹带有彩色;

(4)用一块透明塑料代替波晶片,可能有干涉条纹,也可能没有,但给塑料加应力后,就出现干涉条纹,条纹随所加应力的大小而改变着.下面我们通过计算来解释这些现象.

入射光经偏振片Ⅰ变成沿其透振方向 P_1 振动的线偏振光,设其振动矢量为 $\boldsymbol{E}_1$,振幅为 A_1,此线偏振光投射到波晶片上以后分解为 e 振动 $\boldsymbol{E}_e$ 和 o 振动 $\boldsymbol{E}_o$,设 e 轴与 P_1 轴的夹角为 α,$\boldsymbol{E}_e$ 和 $\boldsymbol{E}_o$ 的振幅分别是

$$A_e = A_1 \cos\alpha, \quad A_o = A_1 \sin\alpha.$$

光线从波晶片穿出射到偏振片Ⅱ上,e 分量和 o 分量中都只有它们在其透振方向 P_2 上的投影 $\boldsymbol{E}_{e2}$ 和 $\boldsymbol{E}_{o2}$ 才能通过.设 P_2 与 e 轴的夹角是 β,则 $\boldsymbol{E}_{e2}$ 和 $\boldsymbol{E}_{o2}$ 的振幅分别为

$$A_{e2} = A_e \cos\beta = A_1 \cos\alpha \cos\beta, \quad A_{o2} = A_o \sin\beta = A_1 \sin\alpha \sin\beta.$$

最后从偏振片Ⅱ射出的光线,其强度应是 $\boldsymbol{E}_{e2}$ 和 $\boldsymbol{E}_{o2}$ 这两个同方向振动相干叠加的结果.设 $\boldsymbol{E}_{e2}$ 和 $\boldsymbol{E}_{o2}$ 的合成振动为 $\boldsymbol{E}_2$ 即

$$\boldsymbol{E}_2 = \boldsymbol{E}_{e2} + \boldsymbol{E}_{o2}.$$

由于两振动之间是有相位差的,设此相位差为 δ,则根据同方向简谐振动合成的原理,$\boldsymbol{E}_2$ 的振幅应为

---

① 　这里可用任何其他的偏振器,如尼科耳棱镜.

$$A_2 = \sqrt{A_{e2}^2 + A_{o2}^2 + 2A_{e2}A_{o2}\cos\delta} ,$$

从而强度为

$$I_2 = A_2^2 = A_{e2}^2 + A_{o2}^2 + 2A_{e2}A_{o2}\cos\delta$$
$$= A_1^2(\cos^2\alpha\cos^2\beta + \sin^2\alpha\sin^2\beta + 2\cos\alpha\cos\beta\sin\alpha\sin\beta\cos\delta). \qquad (4.1)$$

式(4.1)表明，I_2 与 α, β 有关，这就说明了实验(1)中强度与偏振片 I，II 和波晶片的取向有关的事实.

现在我们来分析干涉强度交叉项中的相位差 $\delta_{出}$ 的大小，考虑到入射波晶片的光有各种可能的偏振态，δ 应由三个因素决定：

(1)入射在波晶片上的光 e, o 分量间的相位差 δ_λ. 在本节讨论的装置里，波晶片之前是一个起偏器 P_1，故入射在其上的光总是线偏振的，因而 $\delta_\lambda = 0$ 或 π. 在普遍的情况下，入射光也可能是圆偏振或椭圆偏振的，δ_λ 的值应由 §3 中讲述的方法来判断.

(2)由于波晶片引起的相位差 Δ. $\boldsymbol{E}_e$ 和 $\boldsymbol{E}_o$ 通过波晶片时产生附加相位差 $\Delta = (2\pi/\lambda) \times (n_e - n_o)d$，它与波晶片的厚度成正比.

(3)坐标轴投影引起的相位差 δ'. 若 e 轴和 o 轴的正向对 P_2 轴的两个投影分量方向一致，则 $\delta' = 0$；若两个投影分量方向相反，则 $\delta' = \pi$.

$\boldsymbol{E}_{e2}$ 和 $\boldsymbol{E}_{o2}$ 间总的相位差 δ 是 δ_λ，δ 与 δ' 三者之和，即

$$\delta = \delta_\lambda + \Delta + \delta' = \delta_\lambda + \frac{2\pi}{\lambda}(n_e - n_o)d + \begin{cases} 0, \\ \pi, \end{cases} \qquad (4.2)$$

下面我们看两个简单的特例：(1)P_1 与 P_2 垂直[①]，e 轴为它们的分角线(图 4-2(a))；(2)P_1，e 轴不动，将 P_2 转到与 P_1 平行(图 4-2(b)). 在这两种情形里 $\alpha = \beta = 45°$，但前者 $\delta_\lambda = \pi, \delta' = 0$，后者 $\delta_\lambda = \pi, \delta' = \pi$，所以

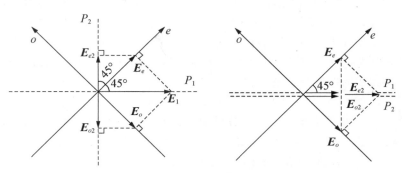

(a)$P_1 \perp P_2$，光轴成45°角   (b)$P_1 /\!/ P_2$，光轴成45°角

图 4-2 两个简单特例的电矢量图

---

① 今后我们把"P_1 与 P_2 的透振方向垂直(平行)"，就说成"P_1 与 P_2 垂直(平行)"，或写成"$P_1 \perp P_2$（$P_1 /\!/ P_2$)".

$$\begin{cases} P_1 \perp P_2 \text{ 时}, I_2 = \dfrac{A_1^2}{2}[1+\cos(\Delta+\pi)] = \dfrac{A_1^2}{2}(1-\cos\Delta), \\ P_1 /\!/ P_2 \text{ 时}, I_2 = \dfrac{A_1^2}{2}(1+\cos\Delta), \end{cases} \tag{4.3}$$

式中

$$\Delta = \frac{2\pi}{\lambda}(n_e - n_o)d$$

是纯粹由波晶片产生的相位差. 影响这个量大小的因素是多方面的, 如 $\lambda, d, n_o - n_e$ 等, 下面我们分别讨论它们的后果.

4.2 显色偏振

白光是各种波长的单色光组成的. 如果其中缺了某种颜色(例如红色)的光, 则呈现出它的互补色(绿色)来.

对于给定的波晶片, 它具有一定的 $(n_e - n_o)$ 和 d, 如果某单色光的波长 λ_1 满足下式时:

$$\Delta_1 = \frac{2\pi}{\lambda_1}(n_e - n_o)d = 2k\pi \quad (k = \text{整数}),$$

这时 $\cos\Delta_1 = 1$, 由式(4.3)可知

$$\begin{cases} P_1 \perp P_2 \text{ 时}, I_2 = 0 \quad (\text{消光}), \\ P_1 /\!/ P_2 \text{ 时}, I_2 = A_1^2 \quad (\text{极大}). \end{cases}$$

但对于另外一种波长为 λ_2 的单色光, 可能

$$\Delta_2 = \frac{2\pi}{\lambda_2}(n_e - n_o)d = (2k+1)\pi \quad (k = \text{整数}),$$

这时 $\cos\Delta_2 = -1$, 由式(4.3)可知

$$\begin{cases} P_1 \perp P_2 \text{ 时}, I_2 = A_1^2 \quad (\text{极大}), \\ P_1 /\!/ P_2 \text{ 时}, I_2 = 0 \quad (\text{消光}). \end{cases}$$

如果入射光中同时包含波长为 λ_1 和 λ_2 的光, 则 $P_1 \perp P_2$ 时显示出波长为 λ_2 的颜色, $P_1 /\!/ P_2$ 时显示出波长为 λ_1 的颜色. 白光中包含各种可能的波长, 随着 P_2 的转动, 将显示出各种色彩的变换来. 这便是实验(2)中描述的现象, 这现象叫做显色偏振.

4.3 偏振光的干涉条纹

以上讨论的几种情况, 幕上的干涉场中只有均匀的亮暗颜色的变化, 但没有出现干涉条纹, 这是因为晶片的厚度是均匀的. 如果换一块厚度不均匀的晶片, 例如一块尖劈形晶片(见图 4-3), 则由于各处厚度 d 不同相位差 δ 也不同, 用透镜将晶片的出射表面成像于幕上则幕上相应点的强度也不同, 于是就出现等厚干涉条纹. 波长为 λ 的单色光正入射且 $P_1 \perp P_2$ 时, 在那些厚度 d 满足

$$\Delta = \frac{2\pi}{\lambda}(n_o - n_e)d = 2k\pi$$

的地方, $\cos\Delta = 1$, $I_2 = 0$, 出现暗纹; 在那些厚度 d 满足

$$\Delta=\frac{2\pi}{\lambda}(n_o-n_e)d=(2k+1)\pi$$

的地方,$\cos\Delta=-1$,$I_2=A_1^2$,出现亮纹.同样不难分析出,把 P_2 转到与 P_1 平行时的情形. 用白光照明时各种波长的光干涉条纹不一致,在某种颜色的光出现暗纹的地方就显示出 它的互补色来,这样,幕上就出现彩色条纹.以上便是实验(3)中观察到的现象.

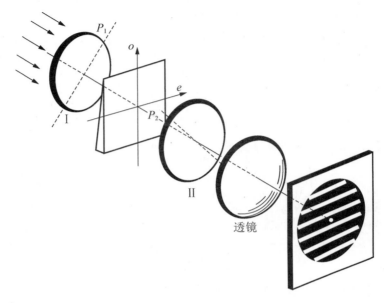

图 4-3　尖劈形晶片的等厚干涉条纹

4.4　光测弹性

折射率之差(n_o-n_e)也是一个影响相位差 Δ 的因素.玻璃或塑料,若经过很好地退 火,是各向同性的.若退火不好,就会有些局部应力"凝固"在里边.内应力会产生一定程 度的各向异性,从而产生双折射.换句话说,这种有内应力的透明介质中 $n_o-n_e\neq0$,它与 应力分布有关.这样一来,把这种介质做成片状插在两偏振片之间,不同的地点因(n_o-n_e)不同而引起 o 光、e 光间不同的相位差 Δ,幕上也会出现反映这种差别的干涉花样来. 制造各种光学元件(如透镜、棱镜)的玻璃中不应有内应力,因为内应力会大大影响光学 元件的性能.以上所述是检查光学玻璃退火后是否有残存内应力的一种有效方法.

如果一块玻璃或塑料,其中本来没有应力.当我们给它一个外加的应力时,它在两偏 振片间也会出现干涉条纹(图 4-4).应力越集中的地方,各向异性越强,干涉条纹越细密. 这就是以上实验(4)中观察到的现象.光测弹性仪就是利用这种原理来检查应力分布的 仪器,它在实际中有很广泛的应用.例如为了设计一个机械工件、桥梁或水坝,可用透明 塑料板模拟它们的形状,并根据实际工作状况按比例地加上应力,然后用光测弹性仪显 示出其中的应力分布来.图 4-5 就是模拟一个火车挂钩的光测弹性照片.又如在矿井中 为了预报可能的冒顶事故,可在坑道的壁上嵌入一块玻璃镜,前面放一偏振片,使入射光和反射光都通过它,因而这一块偏振片就起着光测弹性仪中两块偏振片的作用.在冒顶事故将发生前,玻璃镜中的应力必然很大,我们将从干涉条纹中及时看到,从而可以采取预防措施.近年来我国还将光测弹性仪用于地震预报上.在地震将发生前,岩层内将出现很大的应力集中.在广阔的地区逐点勘测应力集中的区域,工作量是很大的.如果我们在某一地区的边缘上测得岩层应力的数据,然后用透明塑料板模拟该地区的形状和岩层构造,然后在板的边缘上按测得的数据模拟实际的应力分布,即可从光测弹性仪中找到应力最集中的地方,于是便可以在这些地方进行深入细致的实地勘测和考察.

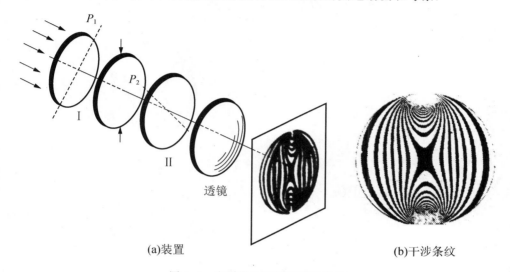

(a)装置　　　　　　　　　　　　　　　(b)干涉条纹

图 4-4　光测弹性装置和干涉条纹

图 4-5　光测弹性照片

4.5　克尔效应与泡克耳斯效应

除了外加应力外,电场也可以使某些物质产生双折射.

如图 4-6 在一个有平行玻璃窗的小盒内封着一对平行板电极,盒内充有硝基苯$(C_6H_5NO_2)$的液体.两偏振片的透振方向垂直$(P_1 \perp P_2)$,极间电场与它们成 45°.电极间不加电压时,没有光线射出这对正交的偏振片,这表明盒内液体没有双折射效应$(\Delta = 0)$.当两极板间加上适当大小的强电场时$(E \sim 10^4 \text{V/cm})$,就有光线透过这个光学系统.这表明,盒内液体在强电场作用下变成了双折射物质,它把进来的光分解成 e 光和 o 光,使它们之间产生附加相位差,从而使出射光一般成为椭圆偏振光.这种现象叫做克尔效应(J. Kerr,1875 年).

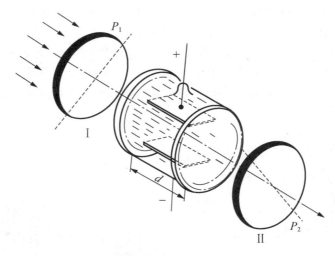

图 4-6　克尔盒

实验表明,在克尔效应中$(n_o-n_e)\propto E^2$,从而

$$\frac{\Delta}{2\pi}=\frac{(n_e-n_o)d}{\lambda}\propto\frac{E^2 d}{\lambda},$$

或写成等式

$$\frac{\Delta}{2\pi}=B\frac{E^2 d}{\lambda},\tag{4.4}$$

比例系数 B 称为该物质的克尔常数.硝基苯对于钠黄光($\lambda=5893$Å)的克尔常数 $B=220\times10^7$CGSE单位.克尔效应不是硝基苯独有的,即使普通的物质(如水、玻璃)也都有克尔效应,不过它们的克尔常数要小 2—3 个数量级.值得注意的是,克尔效应与电场强度 E 的平方成正比,所以 δ 与电场的正、负取向无关.

硝基苯克尔效应的弛豫时间(即电场变化后 Δ 跟随变化所需的时间)极短,约为10^{-9}s的数量级.所以用硝基苯的克尔盒来做高速光闸(光开关)、电光调制器(利用电信号来改变光的强弱的器件),在高速摄影、光束测距、激光通信、激光电视等方面有广泛的应用.

克尔盒有很多缺点,例如对硝基苯液体的纯度要求很高(否则克尔常数下降,弛豫时间变长)、有毒、液体不便携带等.近年来随着激光技术的发展,对电光开关、电光调制的要求越来越广泛、越来越高.克尔盒逐渐为某些具有电光效应的晶体所代替,其中最典型的是 KDP 晶体,它的化学成分是磷酸三氢钾(KH_2PO_4).这种晶体在自由状态下是单轴晶体,但在电场的作用下变成双轴晶体,沿原来光轴的方向产生附加的双折射效应.这效应与克尔效应不同,附加的相位差 Δ 与电场强度的一次方成正比.这效应叫泡克耳斯效应(F. Pockels,1893 年)或晶体的线性电光效应.利用 KDP 晶体来代替克尔盒,除了可以克服上述缺点外,另一优点是所需电压比起克尔效应要低些.

*4.6　会聚偏振光的干涉

迄今为止,我们只讨论了平行偏振光的干涉,那时相位差随晶片的厚度而变.对于厚度均匀的晶片来说,相位差也可随光线的倾角而变,会聚偏振光的干涉条纹就是这样产生的.实验装置如图 4-7 所示,P_1,P_2 是正交偏振片,L_1,L_2,L_3,L_4 是透镜,C 是晶片,其光轴与表面垂直.短焦距的透镜 L_2 把经 P_1 后产生的平行线偏振光高度会聚地射到晶体上,然后再由同样的透镜 L_3 转化为平行光经过 P_2.最后透镜 L_4 把 L_3 的后焦面成像于幕上.换句话说,以相同方向通过晶体 C 的光线最后会聚到幕上同一点.用这种装置产生的干涉图样示于图 4-8.在白光照明下,这些干涉图样都是彩色的.下面对它们作些解释.

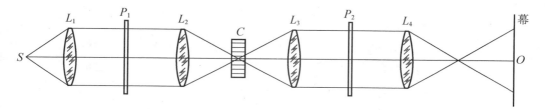

图 4-7　会聚偏振光的干涉装置

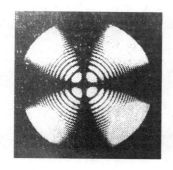

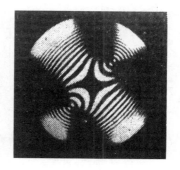

(a)单轴晶体　　　　　　　　　　(b)双轴晶体

图 4-8　干涉图样

看单轴晶体情形.如图 4-9(a)所示,沿光轴中心光线中 o 光 e 光间的相位差 $\Delta=0$,Δ 是随通过晶体 C 时光线的倾角而增大的.如前所述,装置的设计将保证以不同倾角通过 C 的光线落在幕上不同半径的圆周上,从而在幕上 $\Delta=$ 常数的轨迹是同心圆.

考虑射在幕上 Q 点的光线.对这些光线来说,晶体的主平面沿半径方向.射到晶体 C 上的光线中电矢量 E 平行于 P_1,在 C 中 E 分解为 E_o 和 E_e,它们分别沿切线和半径(见图 4-9(b)),振幅分别是 $A_o=A\cos\theta$,$A_e=A\sin\theta$.经 P_2 再次投影时,振幅变为 $A_{o2}=A_o\sin\theta=A\cos\theta\sin\theta$,$A_{e2}=A_e\cos\theta=A\sin\theta\cos\theta$.相干叠加后,幕上的强度分布为

$$I=A_{o2}^2+A_{e2}^2+2A_{o2}A_{e2}\cos(\Delta+\pi)=\frac{A^2}{2}\sin^2 2\theta(1-\cos\Delta),\qquad(4.5)$$

相位差加 π 的原因参见式(4.2).上式中的$(1-\cos\Delta)$因子是 Δ 的周期函数,它说明干涉

条纹应该是同心圆；$\sin2\theta$ 这个因子表明，在 $\theta=0,90°,180°,270°$ 处 $I=0$，这便是干涉图样 4-8(a)中那个黑十字形"刷子"的由来.

双轴晶体的干涉图样 4-8(b)的解释要复杂得多，此处从略. 但应指出，干涉图样中那具有鲜明特征的一对"猫眼"，正是晶体的两条光轴方位之所在.

观察会聚偏振光干涉的方式多种多样，晶体的光轴和偏振器的取向都可与这里所述的不同，所得干涉图样也是千变万化的. 会聚偏振光干涉的最重要应用在矿物学中，人们在偏光显微镜下根据干涉图样来鉴定各种矿物标本.

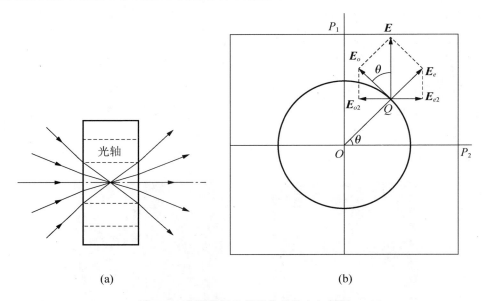

图 4-9　会聚偏振光的相位差和电矢量图

思　考　题

1. 任何干涉装置中都需要有分光束器件，本节所描述的装置中的分光束器件是什么？

2. 以前（第三章）讲过分波前和分振幅的干涉装置，本节所描述的干涉装置，是按什么分割光束的？

3. 本节所描述的干涉装置中，偏振器 I，II 对保证相干条件来说各起什么作用？撤掉偏振器 I 或 II 能否产生干涉效应？为什么？

4. 在 4.1 和 4.2 节描述的实验中并没有干涉条纹，你认为这时是否发生了光的干涉？为什么？

5. 巴比涅补偿器的结构如图所示，它由两个楔形的石英棱镜组成，光轴方向如图.

(1)当单色线偏振光、椭圆偏振光、自然光通过巴比涅补偿器时，通过检偏器观察，将分别看到什么图样？

(2)干涉暗纹的距离与顶角 α 有什么关系?

(3)用白光入射时,观察到的图样如何?

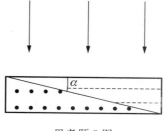

思考题 5 图

6.图所示为杨氏干涉装置,其中 S 为单色自然光源,S_1 和 S_2 为双孔.

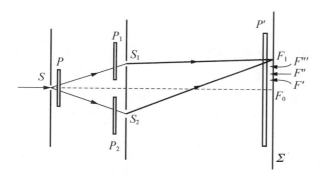

思考题 6 图

(1)如果在 S 后放置一偏振片 P,干涉条纹是否发生变化? 有何变化?

(2)如果在 S_1,S_2 之前再各放置一偏振片 P_1,P_2,它们的透振方向相互垂直,并都与 P 的透振方向成 $45°$ 角,幕 Σ 上的强度分布如何?

(3)在 Σ 前再放置一偏振片 P',其透振方向与 P 平行,试比较在这种情形下观察到的干涉条纹与 P_1,P_2,P' 都不存在时的干涉条纹有何不同?

(4)同(3),如果将 P 旋转 $90°$,幕上干涉条纹有何变化?

(5)同(3),如果将 P 撤去,幕上是否有干涉条纹?

(6)类似(2)的布置,屏幕 Σ 上的 F_0 和 F_1 分别是未加 P_1,P_2 时 0 级和 1 级亮纹所在处,F',F'',F''' 是 F_0F_1 的四等分点.试说明 F_0,F_1 及 F',F'',F''' 各点的偏振状态.

习　　题

1.平行于光轴切割一块方解石晶片,放置在主截面成 $35°$ 角的一对尼科耳棱镜之间,晶片的光轴平分此角,求

(1)从方解石晶片射出的 o 光和 e 光的振幅和光强;

(2)由第二个尼科耳棱镜射出时 o 光和 e 光的振幅和光强.

设入射自然光的光强为 $I_0 = A^2$，反射和吸收等损失可忽略.

2. 强度为 I_0 的单色平行光通过正交尼科耳棱镜. 现在两尼科耳棱镜之间插入一 $\lambda/4$ 片，其主截面与第一尼科耳棱镜的主截面成 60° 角. 求出射光的强度（忽略反射、吸收等损失）.

3. 一块 0.025mm 厚的方解石晶片，表面平行于光轴，放在正交尼科耳棱镜之间，晶片的主截面与它们成 45° 角，试问：

(1)在可见光范围内哪些波长的光不能通过？

(2)如果将第二个尼科耳棱镜的主截面转到与第一个平行，哪些波长的光不能通过？

4. 楔形水晶棱镜顶角 0.5°，棱边与光轴平行，置于正交尼科耳棱镜之间，使其主截面与两尼科耳棱镜的主截面都成 45° 角，以水银的 4047Å 紫色平行光正入射，

(1)通过第二尼科耳棱镜看到的干涉图样如何？

(2)相邻暗纹的间隔 d 等于多少？

(3)若将第二尼科耳棱镜的主截面转 90°，干涉图样有何变化？

(4)维持两尼科耳棱镜正交，但把晶片的主截面转 45°，使之与第二尼科耳棱镜的主截面垂直，干涉图样有何变化？

5. 将巴比涅补偿器（见思考题 5）放在正交偏振片之间，光轴与它们的透振方向成 45° 角，你将看到什么现象？ 若楔角 $\alpha = 2.75°$，用平行的钠黄光照明，求干涉条纹的间隔. 转动补偿器的光轴，对干涉条纹有什么影响？

6. 以线偏振光照在巴比涅补偿器上（见思考题 5），通过偏振片观察时在中央两楔形棱镜厚度 $d_1 = d_2$ 处有一暗线，与中央暗线距离 a 处又有一暗线. 今以一同样波长的椭圆偏振光照在此巴比涅补偿器上，发现暗线移至离中央 b 处.

(1)求椭圆偏振光在补偿器晶体中分解成的两个振动分量的初始相位差与 a, b 的关系.

(2)如果椭圆的长短轴正好分别与两楔形棱镜的光轴平行，试证此时 $b = a/4$.

(3)设已知偏振片的透振方向与补偿器一楔的光轴夹角为 θ，找出 θ 与(2)问中椭圆长短轴比值的关系.

§5　旋　　光

5.1　石英的旋光现象

如 §1 所述，在普通的单轴晶体（如冰洲石）中光线沿光轴传播时不发生双折射，即 o 光和 e 光的传播方向和波速都一样，因此，如果我们在这种晶体内垂直于光轴方向切割出一块平行平面晶片（图 5-1(a)），并将它插在一对正交的偏振片 I，II 之间（图 5-1(b)），由于从偏振片 I 透射出来的线偏振光经过此晶片时偏振状态不发生任何改变，在偏振片 II 后面仍然消光. 但是若用石英代替冰洲石来做上述实验（图 5-2），我们就会发现，把这样一块垂直于光轴的平行平面晶片插入正交偏振片 I，II 之间，在单色光的照射下从偏

振片 Ⅱ 后看去视场变亮了(图 5-2(b)). 这时若把偏振片 Ⅱ 透振方向向左或右旋转一个角度 ψ 时. 又复消光(图 5-2(c)). 这表明, 从石英晶片透射出来的光仍是线偏振的, 不过其振动面向左或向右旋转了一个角度 ψ. 这种现象叫做旋光.

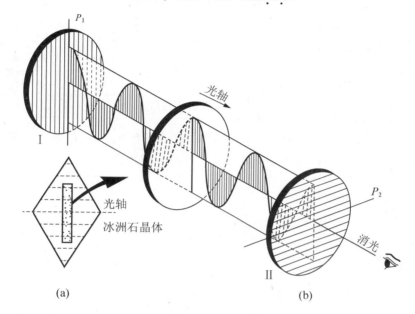

图 5-1　冰洲石无旋光效应

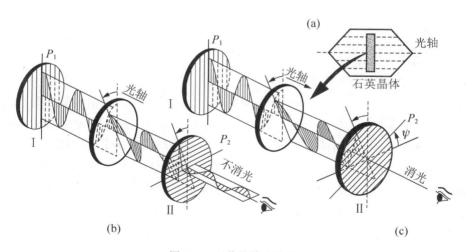

图 5-2　石英的旋光效应

实验表明, 振动面旋转角度 ψ 与石英晶片的厚度 d 成正比:

$$\psi = \alpha d, \qquad (5.1)$$

比例系数 α 叫做石英的旋光率. 旋光率的数值因波长而异(见表 Ⅶ-4), 因此在白光照射下,不同颜色的振动面旋转的角度不同.由于各种颜色的光不能同时消光,我们在偏振片Ⅱ后面观察到的将是色彩的变化.这种现象叫做旋光色散.

表Ⅶ-4 石英的旋光率与波长的关系

波长/Å	7947.6	7604	7281	6708	6562	5890	5461
α/(°(度)/mm)	11.589	12.668	13.924	16.535	17.318	21.749	25.538
波长/Å	4861	4307	4047	3820	3441	2571	1750
α/(°(度)/mm)	32.773	42.604	48.945	55.625	70.587	143.266	453.5

振动面究竟向左还是向右旋转,与石英晶体的结构有关.石英晶体有左旋和右旋两种变体,它们的外形完全相似,只是一种是另一种的镜像反演(图5-3).两种晶体使振动面旋转的方向相反.

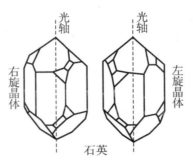

图 5-3 石英的右旋与左旋晶体

5.2 菲涅耳对旋光性的解释

(1)直线上的简谐振动可以分解成左、右旋圆运动

为了说明旋光现象是怎样产生的,需要先讲一点预备知识.在4.1节中我们讨论了两个同频的垂直简谐振动合成为一个圆运动的问题.或者反过来说,一个圆运动可以分解成一对相互垂直的同频简谐振动.这里我们要讨论的问题是一个直线简谐振动可以分解一对圆运动.如图5-4,E_L和E_R是两个大小相等(皆为A)而不变的旋转矢量,它们的角速度($\pm\omega$)大小相等方向相反.设在$t=0$时刻它们沿某一方向重合(图5-4(a)),由于过任意时间t后两个矢量的角位移($\pm\omega t$)也大小相等方向相反,它们的合矢量E总保持在原来的方向上(图5-4(b)).这时E的瞬时值为

$$E=2A\cos\omega t.$$

由此可见,E_L,E_R两个旋转矢量合成一个沿直线作简谐振动的矢量E,其振幅为$2A$,方向永远在E_L,E_R瞬时位置的分角线上.

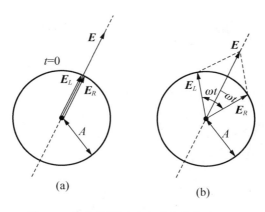

图 5-4 左右旋圆运动合成直线简谐运动

上述结论也可以反过来叙述,即一个沿直线作简谐振动的矢量 E 可以分解成一对左、右旋的旋转矢量 E_L 和 E_R,它们的大小是矢量 E 的振幅之半,角速度的大小是矢量 E 的角频率 ω.

运用这原理到光学,就是线偏振光可以分解成左、右旋圆偏振光,而左、右旋圆偏振光可以合成为线偏振光.

(2)旋光性的解释

为了解释旋光性,菲涅耳作了如下假设:在旋光晶体中线偏振光沿光轴传播时分解成左旋和右旋圆偏振光(L 光和 R 光),它们的传播速度 v_L,v_R 略有不同,或者说二者的折射率 $n_L=c/v_L$,$n_R=c/v_R$ 不同,因而经过旋光晶片时产生不同的相位滞后:

$$\varphi_L=\frac{2\pi}{\lambda}n_Ld, \qquad \varphi_R=\frac{2\pi}{\lambda}n_Rd,$$

式中 λ 为真空中波长,d 为旋光晶片的厚度.下面我们就根据这个假设来解释旋光现象.

应注意,圆偏振光的相位即旋转电矢量的角位移,相位滞后即角度倒转.当圆偏振光经过晶片时,在出射界面 Ⅱ 上电矢量 E_L,E_R 的瞬时位置(见图 5-5(b))比同一时刻入射界面 Ⅰ 上的位置(图 5-5(a))分别落后一个角度 φ_L 和 φ_R.对于 L 光,E_L 在界面 Ⅱ 上的位置处于同一时刻在界面 Ⅰ 上位置的右边,即它需要经过一段时间向左转过 φ_L 的角度才是此时刻界面 Ⅰ 上的位置.同理,R 光中 E_R 在界面 Ⅱ 上的位置处于同一时刻在界面 Ⅰ 上位置的左边,相差一个角度 φ_R.这一点请读者密切注意,不要搞错!

为了简便,设入射的线偏振光的振动面在竖直方向,并取它在入射界面 Ⅰ 上的初相位为 0,即在 $t=0$ 时刻入射光中电矢量 E 的方向朝上并具有极大值.因此将它分解为左、右旋圆偏振光后,E_L,E_R 此时刻的瞬时位置都与 E 一致,也是朝上的(图 5-5(a)).现在我们来考虑同一时刻出射界面 Ⅱ 上的情形,在这里 E_L 和 E_R 分别位于竖直方向的右边和左边一个角度 φ_L 和 φ_R(图 5-5(b)).当光束穿出晶片后左、右旋圆偏振光的速度恢复一致,我们又可以将它们合成起来考虑.如前所述,它们合成为一个线偏振光,其偏振方向在 E_L,E_R 瞬时位置的分角线上.从图 5-5(b)不难看出,此方向相对于原来的竖直方向转过

了一个角度 ψ，其大小为

$$\psi = \frac{1}{2}(\varphi_R - \varphi_L) = \frac{\pi}{\lambda}(n_R - n_L)d. \tag{5.2}$$

上式表明，偏振面转动的角度 ψ 是与旋光晶片的厚度 d 成正比的。当 $n_R > n_L$ 时，$\psi > 0$，晶体是左旋的；当 $n_R < n_L$ 时，$\psi < 0$，晶体是右旋的。这样，晶体的旋光性便得到了解释。

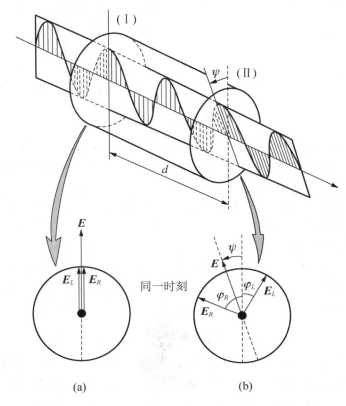

图 5-5　旋光性的解释

（3）菲涅耳假设的实验验证

菲涅耳在提出上述假设的同时，设计了如图 5-6 所示的复合棱镜验证了它。他起初企图用单个石英棱镜来观察石英中线偏振光分解为左、右旋圆偏振光的双折射现象，但由于 n_R 与 n_L 的差别太小而未获成功。于是他就用左、右旋晶体制成棱镜，交替排列起来，成为图 5-6 中的复合棱镜，其中横线代表光轴方向。如果线偏振光在石英晶体中确实分解为速度不同的左、右旋圆偏振光，在这种装置中光线每次遇到倾斜的棱镜界面时，R 光和 L 光传播方向的差别都会进一步增大（这一点留给读者自己分析）。最后用 §3 所述的办法来检验出射的两光束的偏振状态，证明它们确是左、右旋的圆偏振光。

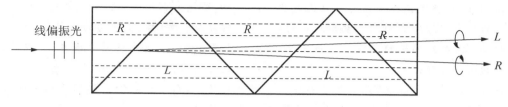

图 5-6　菲涅耳复合棱镜

5.3　旋光晶体内的波面

在§1中讲过,石英是一种正的单轴晶体,实际上作为旋光物质,其中波面的形状和电矢量的本征振动情况,与该节中描述的还有些不同:(1)两层波面在与光轴交点处并不相切.(2)只有垂直于光轴传播时两光线才是线偏振的,即前面所说的 o 光和 e 光;沿光轴传播时,它们分别是左、右旋圆偏振光,即 L 光和 R 光.(3)当光线沿任意倾斜方向传播时,两光线都是椭圆偏振光.图 5-7 所示为一右旋石英晶体中两波面上偏振态随传播方向的逐渐演化,这里 R 光是快光,它经 R_o(长轴垂直主平面的椭圆光)过渡到较快的 o 光; L 光是慢光,它经 L_e(长轴在主平面内的椭圆光)过渡到 e 光.在左旋石英中情况与图中所示相反, L 光是快光,它经 L_o 过渡到 o 光; R 光是慢光,它经 R_e 过渡到 e 光.

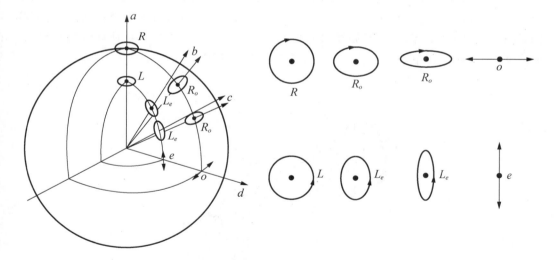

图 5-7　石英晶体中的波面

由此可见,若将石英晶体切成垂直光轴的晶片,它具有旋光性;切成平行于光轴的晶片,它与普通无旋光的晶体无异,可制成 $\lambda/4$, $\lambda/2$ 等相位延迟器.如果倾斜切割,我们将获得椭圆偏振的双折射光.

读者也许会发生这样的疑问:有时要把圆和椭圆偏振光分解成线偏振光(o 光、e 光),有时又要把线偏振光分解成圆偏振光(L 光、R 光).究竟是纯粹为了处理问题的方便,还是其中有什么客观依据?我们说,这不是主观任意的数学游戏,而是以光和物质相互作用的具体规律为依据的.在第二章§10和本章各节中介绍的许多光学器件都有这样的特性,即某两种特定偏振状态的光束通过它们时,其偏振状态不变.如沿 p 方向或 s 方向线偏振的光束经透明介质表面反射或折射后,仍分别为沿 p 方向或 s 方向的线偏振光;沿 o 方向或 e 方向线偏振的光束经波晶片后,仍分别为沿 o 方向或 e 方向的线偏振光;左旋或右旋的圆偏振光经旋光晶片,仍分别为左旋或右旋的圆偏振光,等等.经某种光学器件后怎样的光不改变偏振状态,是光学器件本身固有的特征,而不是我们主观任意规定的.所以我们可以把这种经某光学器件后不发生变化的振动方式,叫做该光学器件的本征振动.如两种透明介质的界面的本征振动是 p 振动和 s 振动,波晶片的本征振动是 o 振动和 e 振动,旋光晶片的本征振动是 L 振动和 R 振动,及上面说的 R_o 和 L_o 振动,R_e 和 L_e 振动等等,都是在一定条件下的本征振动.入射光的振动方式符合光学器件的本征振动之一,它就能够通过它而不发生变化,否则其振动方式(偏振状态)就要起变化.为了讨论那些不符合光学器件本征振动的入射光经过该器件后发生怎样的变化,我们总是在刚进入器件之前将它按照该器件的两个本征振动分解,出射后再将两个分量合成,看它变成了怎样的偏振状态.读者可以回顾一下,我们在讨论偏振态的变化时,许多地方处理问题的方法都是沿着这一线索进行的.

5.4　量糖术

除了石英晶体外,许多有机液体或溶液也具有旋光性,其中最典型的是食糖的水溶液.如图 5-8 所示,在一对偏振器之间加入一根带有平行平面窗口的玻璃管,管内充糖溶液,这种装置叫做量糖计.从偏振器可以检验出来,光线经过管内溶液时有旋光现象.实验表明,振动面的转角 ψ 与管长 l 和溶液的浓度 N 成正比:

$$\psi = [\alpha]Nl, \tag{5.3}$$

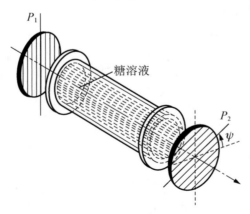

图 5-8　量糖计

比例系数 $[\alpha]$ 叫做该溶液的**比旋光率**.通常 l 的单位用 dm(1dm＝10cm),N 的单位用 g/cm³,于是 $[\alpha]$ 的单位是°(度)/dm·(g/cm³).蔗糖的水溶液在 20℃ 的温度下对于钠黄光的比旋光率$[\alpha]=66.46°/\text{dm}\cdot(\text{g/cm}^3)$（$[\alpha]>0$ 表示右旋[①]）. 测得比旋光率后, 我们就可以根据量糖计测得的转角 ψ 求出溶液的浓度 N 来. 这种测浓度的方法既迅速又准确, 在制糖工业中有广泛的应用.

除糖溶液外, 许多有机物质（特别是药物）也具有旋光性, 并且和石英晶体一样, 同一种物质常常有左、右两种旋光异构体. 例如氯霉素本是从一种链丝菌培养液中提出的抗菌素, 天然品为左旋. 工业上主要用人工合成, 合成品为左、右旋各半的混合旋化合物, 通常称为"合霉素". 在两种旋光异构体中只有左旋有疗效, 故合霉素的效价仅为天然品的一半. 从合霉素中分出的左旋品也称"左霉素", 效价与天然品同. 驱虫药四咪唑也有同样的问题, 直接生产出来的是左、右旋的混合物, 而其中有效的是左旋成分. 分析和研究液体的旋光异构体, 也需要利用量糖计, 相应的方法通常都广义地叫做"量糖术". 所以量糖术在化学、制药等工业中也有广泛的应用.

5.5 磁致旋光——法拉第旋转

正如用人工的办法（应力、电场等）可以产生双折射一样（参见§1）, 用人工办法也可以产生旋光效应, 其中最重要的是磁致旋光效应, 通常称为法拉第旋转效应（M. Faraday, 1845 年）.

观察法拉第旋转的装置如图 5-9 所示, 由起偏器 P_1 产生线偏振光, 光线穿过带孔的电磁铁（或螺线管）, 沿着（或逆着）磁场方向透过样品. 当励磁线圈中没有电流时, 令检偏器 P_2 的透振方向与 P_1 正交, 这时发生消光现象, 它表明, 振动面在样品中没有旋转. 通入励磁电流产生强磁场后, 则发现必须将 P_2 的透振方向转过 ψ 角, 才出现消光. 这表明, 振动面在样品中转了角度 ψ, 这就是磁致旋光或法拉第旋转效应.

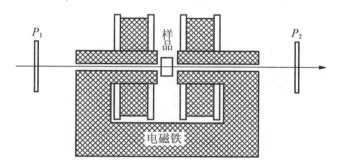

图 5-9 磁致旋光

实验表明, 法拉第旋转效应有如下规律:

(1)对于给定的介质, 振动面的转角 ψ 与样品的长度 l 和磁感应强度 B 成正比

$$\psi=VlB, \tag{5.4}$$

比例系数 V 叫做维尔德(Verdet)常数. 一般物质的维尔德常数都很小, 相对来说, 液体中

---

① 在量糖术中习惯上规定旋角 ψ 的正负与通常采用的极坐标系相反, 它以顺时针（右旋）为正, 逆时针（左旋）为负, 故比旋光率$[\alpha]>0$ 和<0 分别代表右旋和左旋.

V 值较大的有二硫化碳（CS_2），$V = 0.042'/cm \cdot Gs$，固体中某些重火石玻璃的 V 可达$0.09'/cm \cdot Gs$.

（2）光的传播方向反转时，法拉第旋转的左右方向互换. 这一点是与自然旋光物质很不同的，那里左右旋是由旋光物质决定的，与光的传播方向是否反转无关. 举例来说，例如当线偏振光通过右旋的自然旋光物质时，无论光束沿正反方向传播，迎着传播方向看去，振动面总是向右旋转. 因此如果透射光沿原路返回，其振动面将回到初始位置（参见图 5-10(a)）. 但是当线偏振光通过磁光介质时，如果沿磁场方向传播，振动面向右旋；当光束沿反方向传播时，迎着传播方向看去振动面将向左旋. 所以，如果光束由于反射一正一反两次通过磁光介质后，振动面的最终位置与初始位置比较，将转过 2ψ 的角度（参见图 5-10(b)）.

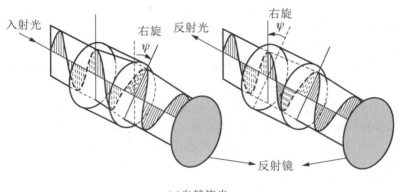

(a)自然旋光

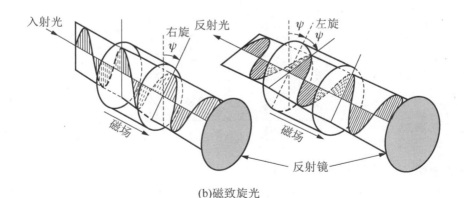

(b)磁致旋光

图 5-10 自然旋光与磁致旋光的比较

利用法拉第旋转的以上特点可制成光隔离器，即只允许光从一个方向通过而不能从反方向通过的"光活门". 这在激光的多级放大装置中往往是必要的，因为光学放大系统中有许多界面，它们都会把一部分光反射回去，这对前级的装置会造成干扰和损害，装了光隔离器就可避免这一点.

思　考　题

1. 图(a)所示的棱镜叫做科纽(M. A. Cornu)棱镜,它是两半个石英晶体做成,一半是右旋晶体,另一半是左旋晶体,光轴如图中虚线所示.这种石英晶体棱镜是为摄谱仪设计的,它有什么优点? 实际的摄谱仪中多采用图(b)所示的半个科纽棱镜,中垂面上镀银或铝,将光束沿原路反射回去.这样的装置是否能达到整个科纽棱镜的作用? 为什么?

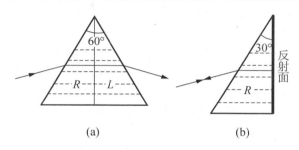

(a)　　　　　　　　　　(b)

思考题 1 图

2. 法拉第旋转隔离器的装置就是在一磁光介质棒的前后各放置一个偏振器 P_1 和 P_2,为了达到光隔离的目的,通过磁感应强度的大小和介质棒长度的选择,应使振动面的偏转角 ψ 等于多少? 两偏振器 P_1,P_2 的透振方向应有多大夹角? 为什么?

3. 有四个滤光器件,Ⅰ 是各向同性的滤光片,使各种偏振态的光强都滤掉一半;Ⅱ 和 Ⅲ 都是线起偏器,透振方向分别为水平方向(x 轴)和 $+45°$(见图);Ⅳ 是圆起偏器,它让右旋圆偏振光全部通过,把左旋圆偏振光全部吸收掉.把各滤光器件分别放在要研究的光路中,测量透射出来的光强,设入射光强为 I_0,透过 Ⅰ,Ⅱ,Ⅲ,Ⅳ 的光强分别为 I_1,I_2,I_3,I_4,斯托克斯引入下列四个参量来描述电磁波的偏振状态:

$$\begin{cases} S_0 = 2I_1, \\ S_1 = 2(I_2 - I_1), \\ S_2 = 2(I_3 - I_1), \\ S_3 = 2(I_4 - I_1). \end{cases}$$

思考题 3 图

这便是斯托克斯参量的操作定义(G. Stokes,1852 年).人们还常把这些参量归一化,即用 I_0 除一下,把得到的四个数 $S_0/I_0,S_1/I_0,S_2/I_0,S_4/I_0$ 写成一组,用来描写入射光的偏振状态.例如对于自然光,$I_1 = I_2 = I_3 = I_4 = I_0/2$,故描述它的归一化斯托克斯参量为(1,0,0,0).写出下列偏振态的斯托克斯参量:(1)水平(x 方向)线偏振;(2)垂直(y 方向)线偏振;(3)$+45°$线偏振;(4)$-45°$线偏振;(5)右旋圆偏振;(6)左旋圆偏振;(7)部分偏振,极大在 x 方向,偏振度 50%;(8)部分偏振,极大在 y 方向,偏振度 50%.

习 题

1.已知水晶对钠黄光的旋光率 $\alpha=21.75°/\mathrm{mm}$,求左、右旋圆偏振光折射率之差 Δn.

2.在两尼科耳棱镜之间插一块石英旋光晶片,以消除对眼睛最敏感的黄绿色光($\lambda=5500\text{Å}$),设对此波长的旋光率为 $24°/\mathrm{mm}$,求下列情形下晶片的厚度:

(1)两尼科耳棱镜主截面正交;

(2)两尼科耳棱镜主截面平行.

3.一石英棒长 5.639cm,端面垂直于光轴,置于正交偏振器间,沿轴方向输入白光,用光谱仪观察透射光.

(1)用一大张坐标纸,画出可见光范围(4000—7600Å)振动面的旋转角与波长的曲线,旋光率数据可参照表Ⅶ-4.

(2)从这曲线看,哪些波长的光在光谱仪中消失?

(3)在这些丢失的波长中,振动面的最大和最小旋转角各是多少?

4.一块表面垂直光轴的水晶片恰好抵消 10cm 长浓度 20％的麦芽糖溶液对钠光振动面所引起的旋转.对此波长水晶的旋光率 $\alpha=21.75°/\mathrm{mm}$,麦芽糖的比旋光率 $[\alpha]=144°/\mathrm{dm}\cdot(\mathrm{g/cm}^3)$,求此水晶片的厚度.

5.15cm 长的左旋葡萄糖溶液使钠光的振动面转了 25.6°,已知 $[\alpha]=-51.4°/\mathrm{dm}\cdot(\mathrm{g/cm}^3)$,求溶液浓度.

6.将 14.50g 的蔗糖溶于水,得到 60cm³ 的溶液,在 15cm 的量糖计中测得钠光振动面旋转角为向右16.8°,已知 $[\alpha]=66.5°/\mathrm{dm}\cdot(\mathrm{g/cm}^3)$.这蔗糖样品中有多少比例的非旋光性杂质?

7.钠光以最小偏向角条件射入顶角为 60°的石英晶体棱镜中,棱镜中光轴与底平行.求出射的左、右旋偏振光之间的夹角(所需数据在本章给出的表格中查找).

第八章 光的吸收、色散和散射

以上各章主要讨论的是光的传播,自本章起将更多地讨论光和物质的相互作用.研究这类现象,一方面有助于对光的本性的了解,另一方面还可得到许多有关物质结构的重要知识.

§1 光 的 吸 收

除了真空,没有一种介质对电磁波是绝对透明的.光的强度随穿进介质的深度而减少的现象,称为介质对光的吸收.仔细的研究表明:这里还应区分真吸收和散射两种情况,前者是光能真被介质吸收后转化为热能,后者则是光被介质中的不均匀性散射到四面八方.

1.1 吸收的线性规律

令单色平行光束沿 x 方向通过均匀介质(图1-1).设光的强度在经过厚度为 $\mathrm{d}x$ 的一层介质时,强度由 I 减为 $I-\mathrm{d}I$.实验表明,在相当广阔的光强范围内,$-\mathrm{d}I$ 正比于 I 和 $\mathrm{d}x$,有

$$-\mathrm{d}I=\alpha I\mathrm{d}x, \tag{1.1}$$

式中 α 是个与光强无关的比例系数,称为该物质的吸收系数.

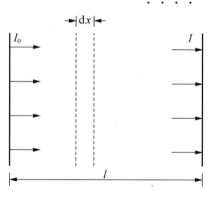

图 1-1 光的吸收

为了求出光束穿过厚度为 l 的介质后强度的改变,只需将上式改写如下:

$$\frac{\mathrm{d}I}{I}=-\alpha\mathrm{d}x,$$

并在 0 到 l 区间对 x 积分,即得

$$\ln I-\ln I_0=-\alpha l,$$

或

$$I = I_0 e^{-\alpha l}, \tag{1.2}$$

式中 I_0 和 I 分别为 $x=0$ 和 $x=l$ 处的光强. α 的量纲是长度的倒数, α^{-1} 的物理意义是光强因吸收而减到原来的 $e^{-1} \approx 36\%$ 时所穿过介质的厚度. 式(1.2)称为布格尔定律(P. Bouguer,1729 年)或朗伯定律(J. H. Lambert,1760 年). 因式(1.1)中的 α 与 I 无关,该式是光强 I 的线性微分方程,故布格尔定律是光的吸收的线性规律. 在激光未被发明之前,大量实验证明,这定律是相当精确的. 然而激光的出现,使人们能够掌握的光强比原来大了几个乃至十几个数量级,光和物质的非线性相互作用过程显示出来了,并成为人们研究的重要领域. 在非线性光学领域内,吸收系数 α 将和其他许多系数(如折射率)一样,依赖于电、磁场或光的强度,布格尔定律不再成立.

实验证明,当光被透明溶剂中溶解的物质所吸收时,吸收系数 α 与溶液的浓度 C 成正比

$$\alpha = AC, \tag{1.3}$$

其中 A 是一个与浓度无关的新常数. 这时式(1.2)可以写成

$$I = I_0 e^{-ACl}. \tag{1.4}$$

这规律称为比尔定律(A. Beer,1852 年). 比尔定律表明,被吸收的光能是与光路中吸收光的分子数成正比的,这只有每个分子的吸收本领不受周围分子影响时才成立. 事实也正是这样,当溶液浓度大到足以使分子间的相互作用影响到它们的吸收本领时,就会发生对比尔定律的偏离. 在比尔定律成立的情况下,可根据式(1.3)来测定溶液的浓度. 这就是吸收光谱分析的原理.

1.2　复数折射率的意义

透明介质折射率的本意是 $n = c/v$,即真空光速 c 与介质中光速 v 之比. 在介质中沿 x 方向传播的平面电磁波中电场强度可写作如下复数形式:

$$\widetilde{E} = \widetilde{E}_0 \exp[-i\omega(t - x/v)] = \widetilde{E}_0 \exp[-i\omega(t - nx/c)], \tag{1.5}$$

这里 n 是实数,电磁波不随距离衰减. 如果我们形式地把折射率看成是复数,并记作

$$\widetilde{n} = n(1 + i\kappa), \tag{1.6}$$

其中 n 和 κ 都是实数,则式(1.5)化为

$$\begin{aligned}
\widetilde{E} &= \widetilde{E}_0 \exp[-i\omega(t - \widetilde{n}x/c)] \\
&= \widetilde{E}_0 e^{-n\kappa\omega x/c} \exp[-i\omega(t - nx/c)],
\end{aligned} \tag{1.7}$$

而光强则为

$$I \propto \widetilde{E}^* \widetilde{E} = |E_0|^2 e^{-2n\kappa\omega x/c}, \tag{1.8}$$

此式和式(1.2)形式相同,代表一个随距离 x 衰减的平面波,故 κ 称为衰减指数. 将式(1.8)与(1.2)加以比较,即可看出,衰减指数 κ 与吸收系数 α 的关系是

$$\alpha = 2n\kappa\omega/c = 4\pi n\kappa/\lambda, \tag{1.9}$$

这里 λ 是真空中波长. 由此可见,介质的吸收可归并到一个复数折射率 $\widetilde{n}$ 的概念中去, $\widetilde{n}$ 的

虚部反映了因介质的吸收而产生的电磁波衰减.

1.3 光的吸收与波长的关系

若物质对各种波长 λ 的光的吸收程度几乎相等,即吸收系数 α 与 λ 无关,则称为普遍吸收.在可见光范围内的普遍吸收意味着光束通过介质后只改变强度,不改变颜色.例如空气、纯水、无色玻璃等介质都在可见光范围内产生普遍吸收.

若物质对某些波长的光的吸收特别强烈,则称为选择吸收.对可见光进行选择吸收,会使白光变为彩色光.绝大部分物体呈现颜色,都是其表面或体内对可见光进行选择吸收的结果.

从广阔的电磁波谱来考虑,普遍吸收的介质是不存在的.在可见光范围内普遍吸收的物质,往往在红外和紫外波段内进行选择吸收,故而选择吸收是光和物质相互作用的普遍规律.以空气为例,地球大气对可见光和波长在 3000Å 以上的紫外线是透明的,波长短于 3000Å 的紫外线将被空气中的臭氧强烈吸收.对于红外辐射,大气只在某些狭窄的波段内是透明的.这些透明的波段称为"大气窗口".这里的主要吸收气体是水蒸气,所以大气的红外窗口与气象条件有密切关系.

制作分光仪器中棱镜、透镜的材料必须对所研究的波长范围是透明的.由于选择吸收,任何光学材料在紫外和红外端都有一定的透光极限(参见表Ⅷ-1).紫外光谱仪中的棱镜需用石英制作,红外光谱仪中的棱镜则常用岩盐或 CaF_2,LiF 等晶体制成.

表Ⅷ-1 常用光学材料的透光极限

物 质	透光极限(波长)/Å	
	紫外	红外
冕玻璃	3500	20 000
火石玻璃	3800	25 000
石英(SiO_2)	1800	40 000
萤石(CaF_2)	1250	95 000
岩盐($NaCl$)	1750	145 000
氯化钾(KCl)	1800	230 000
氟化锂(LiF)	1100	70 000

1.4 吸收光谱

观察物质对光的选择吸收的装置如图 1-2 所示,令具有连续谱的光(白光)通过吸收物质后再经光谱仪分析,即可将不同波长的光被吸收的情况显示出来,形成所谓"吸收光谱".

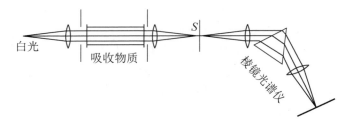

图 1-2 观察吸收光谱的实验装置

物质的发射光谱有多种——线光谱、带光谱、连续光谱等.大致说来,原子气体的光谱是线光谱,而分子气体、液体和固体的光谱多是带光谱.吸收光谱的情况也是如此.值得注意的是,同一物质的发射光谱和吸收光谱之间有相当严格的对应关系.图 1-3 所示是铁的发射光谱和吸收光谱.可以看出,发射光谱(a)中的亮线与吸收光谱(b)中的暗线一一对应.这就是说,某种物质自身发射哪些波长的光,它就强烈地吸收那些波长的光.

图 1-3 铁的发射光谱与吸收光谱

太阳光谱是典型的暗线吸收光谱,在其连续光谱的背景上呈现有一条条的暗线.这些暗线是夫琅禾费首先发现并用字母 A,B,C,…来标志的,称为夫琅禾费(J. von Fraunhofer)谱线(参见表Ⅷ-2).这些谱线是处于温度较低的太阳大气中的原子对更加炽热的内核发射的连续光谱进行选择吸收的结果.将这些吸收谱线的波长与地球上已知物质发射的原子光谱对比一下,就可知道太阳表面层中包含哪些化学元素.现已查明,这些元素主要是氢(体积占 80%),其次是氦(18%),此外还有钠、氧、铁、钙等 60 多种元素.

表Ⅷ-2 较强的夫琅禾费谱线

代号	波长/Å	吸收物质	代号	波长/Å	吸收物质
A	7594—7621*	O_2	b_4	5167.343	Mg
B	6867—6884*	O_2	c	4957.609	Fe
C	6562.816	H	F	4861.327	H
α	6276—6287*	O_2	d	4668.140	Fe
D_1	5895.923	Na	e	4383.547	Fe
D_2	5889.953	Na	G'	4340.465	H
D_3	5875.618	He	G	4307.906	Fe

代号	波长/Å	吸收物质	代号	波长/Å	吸收物质
E_2	5269.541	Fe	G	4307.741	Ca
b_1	5183.618	Me	g	4226.728	Ca
b_2	5172.699	Mg	h	4101.735	H
b_3	5168.901	Fe	H	3968.468	Ca*
b_4	5167.491	Fe	K	3933.666	Ca*

* 实为地球大气中氧分子的吸收带.

特别有趣的是氦元素的发现. 1868 年法国人严森(J. P. Jensen)在太阳光谱中发现一些不知来源的暗线;英国天文学家洛克厄(J. N. Lockyer)把这一现象解释为存在一种未知的元素,并将它取名为 helium(氦),词源于希腊文,helios 为太阳之意. 此元素直到 1894 年才为英国化学家莱姆赛(W. Ramsay)从钇铀矿物蜕变出的气体中发现,说明地球上也存在氦.

由于原子吸收光谱的灵敏度很高,混合物或化合物中极少量原子含量的变化,会在光谱中反映出吸收系数很大的改变. 历史上就曾靠这种方法发现了铯、铷、铊、铟、镓等多种新元素,近几十年来,原子吸收光谱在化学的定量分析中有着广泛的应用.

由于光的吸收与色散有密切的联系,有关它们的理论解释,将在下节内一并介绍.

习　　题

1. 有一介质,吸收系数 $\alpha = 0.32 \text{cm}^{-1}$,透射光强分别为入射光强的 10%,20%,50% 及 80%时,介质的厚度各若干?

2. 一玻璃管长 3.50m,内贮标准大气压下的某种气体. 若这气体在此条件下的吸收系数为 0.1650m^{-1},求透射光强的百分比.

§2　色　　散

2.1　正常色散

光在介质中的传播速度 v(或者说折射率 $n = c/v$)随波长 λ 而异的现象,称为色散. 1672 年牛顿首先利用三棱镜的色散效应把日光分解为彩色光带. 他还曾利用交叉棱镜法将色散曲线非常直观地显示出来. 交叉棱镜装置如图 2-1 所示,棱镜 P_1 和 P_2 的棱边相互垂直,从 S 发出的白光经透镜 L_1 变为平行光束,通过 P_1 后沿水平方向偏折. 如果在光路中不放置棱镜 P_2,光束由 P_1 经透镜 L_2 后将在幕上形成水平的彩色光带 ab. 插入棱镜 P_2 时,各色光束还要向下偏折,但偏折的程度随波长而异,于是幕上显现倾斜的光带 $a'b'$. 如果制做棱镜 P_1 和 P_2 材料的色散规律(即 n 与 λ 的依赖关系)不同,倾斜光带 $a'b'$ 将是弯曲的,它的形状直观地反映了两种材料色散性能的差异.

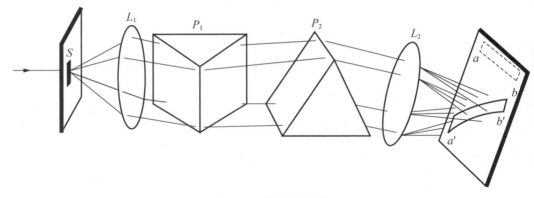

图 2-1 交叉棱镜装置

测量不同波长的光线通过棱镜的偏转角,就可算出棱镜材料的折射率 n 与波长 λ 之间的依赖关系曲线,即色散曲线.实验表明:凡在可见光范围内无色透明的物质,它们的色散曲线形式上很相似(见图 2-2),其间有许多共同特点,如 n 随 λ 的增加而单调下降,且下降率在短波一端更大,等等.这种色散称为正常色散.

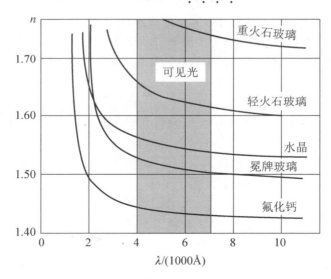

图 2-2 几种光学材料的色散曲线

1836 年柯西(A. L. Cauchy)给出一个正常色散的经验公式:

$$n = A + \frac{B}{\lambda^2} + \frac{C}{\lambda^4}, \tag{2.1}$$

式中 A, B, C 是与物质有关的常数,其数值由实验数据来确定.当 λ 变化范围不大时,柯西公式可只取前两项,即

$$n = A + \frac{B}{\lambda^2}. \tag{2.2}$$

2.2　反常色散

实验表明,在强烈吸收的波段,色散曲线的形状与正常色散曲线大不相同,伍德(R. W. Wood,1904 年)曾用交叉棱镜法观察了钠蒸气的色散.他的装置如图 2-3 所示,其中钠蒸气的棱镜 V 由水平钢管制成,两端装有水冷的玻璃窗,此容器底部堆放一些金属钠,并抽成真空.如果从下部加热此容器,金属钠就会蒸发.钠蒸气扩散到管的上部遇冷而凝结,从而在管内形成下部密度大上部密度小的水平钠蒸气柱,它和一个棱边在上(与管轴垂直)底部在下的"棱镜"等效.令一束白光从水平狭缝 S_1 穿出,经透镜 L_1 变为平行,再由透镜 L_2 聚焦在分光仪的竖直狭缝 S_2 上.这分光仪由狭缝 S_2,透镜 L_3,L_4 和棱镜 P 组成,P 的棱边是竖直的.当钢管 V 未加热时,其内只有均匀气体,光线经过它时不发生偏折.由 S_1 发出的白光经 S_2 进入分光仪后,在焦面上形成一水平光谱带.当钠被蒸发时,由于管 V 内蒸气的色散作用,不同波长的光不同程度地向下偏折,在钠的吸收线附近,分光仪焦面上的水平光谱带被严重扭曲和割断,变成图 2-3 中所示的样子.这种现象叫做反常色散.

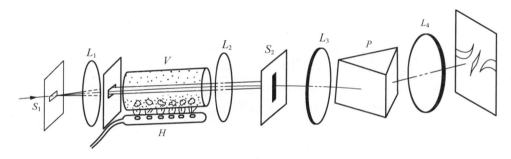

图 2-3　观察钠蒸气反常色散的实验装置

"反常色散"的名称是历史上沿用下来的[①],其实反常色散是任何物质在吸收线(或吸收带)附近所共有的现象,本来无所谓"正常"和"反常".图 2-4 所示为一种在可见光区域

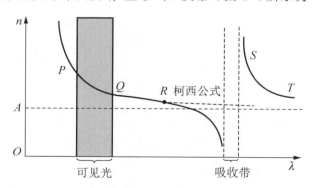

图 2-4　一种透明物质(如石英)在红外区域中的反常色散

---

① "反常色散"的名称是 1862 年勒鲁(Le Roux)提出的,一直沿用至今.

内透明的物质(如石英)在红外区域中的色散曲线.在可见光区域内色散是正常的,曲线(PQ 段)满足柯西公式.若向红外区域延伸,并接近吸收带时,色散曲线开始与柯西公式偏离(见图中 R 点).在吸收带内因光极弱,很难测到折射率的数据.过了吸收带,色散曲线(ST 段)又恢复正常的形式,并满足柯西公式,不过式中的常数 A,B,C 等换为新的数值.

2.3 一种物质的全部色散曲线

虽然各种物质的色散曲线各不相同,若考察它们从 $\lambda=0$ 到几百米的广阔范围内的全部色散曲线(图 2-5),就会发现它们有些共同的特性:在相邻两个吸收线(带)之间 n 单调下降,每次经过一个吸收线(带),n 急剧加大.总的趋势是曲线随 λ 的增加而抬高,即各正常色散区所满足的柯西公式中常数 A 加大.$\lambda=0$ 时,任何物质的折射率 n 都等于 1,对于极短波(γ 射线和硬 X 射线)n 略小于 1,它表明这时从真空射向其外表面的电磁波可以发生全反射.

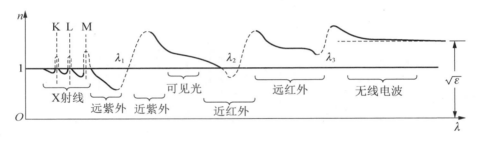

图 2-5 一种介质的全部色散曲线

*2.4 经典色散理论

光的发射、吸收与色散是紧密相关的.下面我们以原子气体为例来说明它们的关系.

我们知道,气体原子光谱的主要特征是它由一系列细锐的分立谱线组成,从经典的电磁理论看来,能够发射单一频率电磁波的体系只有靠准弹性力维系的电偶极子,它有一定的固有圆频率 ω_0.这种电偶极子一旦被外部能源所激发后,将以固有圆频率 ω_0 作简谐振动,并向周围空间发出同一频率的单色电磁波,因此,在经典理论中很自然地要把原子看成是一系列弹性偶极振子的组合,其中每个振子的固有频率对应一条光谱线,这就是原子的经典振子模型.

用经典振子模型可以说明,为什么同一物质的发射光谱和吸收光谱中谱线的波长(或者说频率)一一对应.这是因为当包含各种频率的白光照射在原子上时,只有那些频率与原子的固有频率一致的电磁波会引起谐振.电磁波中的电场对于偶极振子来说是一个周期性的策动力,使它作受迫振动.频率满足谐振条件的那些电磁波比起其他频率的电磁波,电场对振子作的功突出得多,这时能量大量由电磁波传递给振子,从而满足谐振条件的电磁波本身的强度大大减小,也就是说,这些频率的电磁波被原子强烈地吸收了,于是在吸收光谱中形成一根根频率与原子固有频率对应的暗谱线.

除了光的发射和吸收外,经典振子模型也可以说明色散现象(正常色散和反常色

散），这要做些定量的推导．振子在无外场时的运动方程为

$$m\ddot{r} + g\dot{r} + kr = 0.$$

式中 m 为电子质量，r 为位移，第三项为弹性恢复力，第二项为阻尼力，它正比于速度 $\dot{r}$．当 $g \to 0$ 时，电子以固有圆频率 $\omega_0 = \sqrt{k/m}$ 作简谐振动；$g \neq 0$ 时作阻尼振动．有圆频率为 ω 的外来电磁波时，振子的运动方程为

$$m\ddot{r} + g\dot{r} + kr = -eE_0 \mathrm{e}^{-\mathrm{i}\omega t},$$

其中 $-e$ 为电子电荷，E_0 为电场的幅值．上式又可写为

$$\ddot{r} + \gamma\dot{r} + \omega_0^2 r = -\frac{eE_0}{m}\mathrm{e}^{-\mathrm{i}\omega t}, \tag{2.3}$$

其中 $\gamma = g/m$ 称为阻尼常数．式（2.3）的特解为

$$r = \frac{eE_0}{m}\frac{1}{\omega^2 - \omega_0^2 + \mathrm{i}\omega\gamma}\mathrm{e}^{-\mathrm{i}\omega t}, \tag{2.4}$$

此式描述的是电子所作的受迫振动，振幅是复数表明位移 r 与场强 E 之间有一定的相位差．共振时，$\omega^2 - \omega_0^2 = 0$，$r = (-\mathrm{i}eE_0/\omega\gamma)\mathrm{e}^{-\mathrm{i}\omega t}$，此时位移的相位与力 $-eE_0\mathrm{e}^{-\mathrm{i}\omega t}$ 差 $\pi/2$，速度 $\dot{r} = (-eE_0/\gamma)\mathrm{e}^{-\mathrm{i}\omega t}$ 的相位与力相同，这些特征应是读者在力学中已熟悉的内容．下面我们要把位移 r 与折射率联系起来，以便解释色散现象．

电子的位移将引起介质的极化．设介质单位体积内有 N 个原子，每个原子有 Z 个电子，因每个位移为 r 的电子产生电偶极矩 $-er$，故介质的极化强度为

$$\widetilde{P} = -NZer = -\frac{NZe^2}{m}\frac{\widetilde{E}}{\omega^2 - \omega_0^2 + \mathrm{i}\omega\gamma}, \tag{2.5}$$

式中 $\widetilde{E} = E_0\mathrm{e}^{-\mathrm{i}\omega t}$．

因电极化率 $\widetilde{\chi}_\mathrm{e} = \widetilde{P}/\varepsilon_0\widetilde{E}$，（相对）介电常数 $\widetilde{\varepsilon} = 1 + \widetilde{\chi}_\mathrm{e}$ [①] 由式（2.5）得

$$\widetilde{\varepsilon} = 1 - \frac{NZe^2}{\varepsilon_0 m}\frac{1}{\omega^2 - \omega_0^2 + \mathrm{i}\omega\gamma}. \tag{2.6}$$

因折射率 $\widetilde{n} = \sqrt{\widetilde{\varepsilon}}$ [②]，故上式也是 $\widetilde{n}^2$ 的表达式．按式（1.6）我们应有 $\widetilde{n}^2 = n^2(1 - \kappa^2) - \mathrm{i}2n^2\kappa$，代入式（2.6）的左端，然后把右端的实部与虚部也分开，令它们分别与左端的相等，得

$$\begin{cases} n^2(1 - \kappa^2) = 1 - \dfrac{NZe^2}{\varepsilon_0 m}\dfrac{\omega^2 - \omega_0^2}{(\omega^2 - \omega_0^2)^2 + (\omega\gamma)^2}, \\[3mm] 2n^2\kappa = \dfrac{NZe^2}{\varepsilon_0 m}\dfrac{\omega\gamma}{(\omega^2 - \omega_0^2)^2 + (\omega\gamma)^2}. \end{cases}$$

我们可以假定，振子的阻尼是很小的，即 $\gamma \ll \omega_0$，在此情况下 $\kappa \ll 1$，上式可简化为

$$\begin{cases} n^2 = 1 - \dfrac{NZe^2}{\varepsilon_0 m}\dfrac{\omega^2 - \omega_0^2}{(\omega^2 - \omega_0^2)^2 + (\omega\gamma)^2}, & (2.7) \\[3mm] 2n^2\kappa = \dfrac{NZe^2}{\varepsilon_0 m}\dfrac{\omega\gamma}{(\omega^2 - \omega_0^2)^2 + (\omega\gamma)^2}. & (2.8) \end{cases}$$

---

① 参见赵凯华、陈熙谋，《电磁学》，人民教育出版社，上册第二章 §3.

按光谱学的习惯，将上式改用真空中的波长 $\lambda = 2\pi c/\omega$ 和 $\lambda_0 = 2\pi c/\omega_0$ 来表示：

$$\begin{cases} n^2 = 1 + \dfrac{NZe^2}{\varepsilon_0 m} \dfrac{\lambda_0^2 \lambda^2 (\lambda^2 - \lambda_0^2)}{(2\pi c)^2 (\lambda^2 - \lambda_0^2)^2 + \gamma^2 \lambda_0^4 \lambda^2}, & (2.9) \\[4mm] 2n^2 \kappa = \dfrac{NZe^2}{\varepsilon_0 m} \dfrac{1}{2\pi c} \dfrac{\gamma \lambda_0^4 \lambda^3}{(2\pi c)^2 (\lambda^2 - \lambda_0^2)^2 + \gamma^2 \lambda_0^4 \lambda^2}. & (2.10) \end{cases}$$

在共振波长 λ_0 附近 n 和 $2n^2\kappa$ 变化的情况示于图 2-6. 可以看出，它们具有实验中观察到的反常色散与共振吸收的一切特征. 由于强烈的吸收，色散曲线中间那段陡然上升的部分（虚线）是很难观察到的，如前所述，$2n^2\kappa$ 与吸收系数 α 成正比. 由式(2.10)不难证明，吸收峰的高度反比于 γ，而半值宽度 $\Delta\lambda$ 正比于 γ.

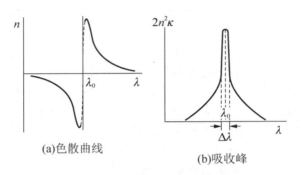

(a)色散曲线　　　　(b)吸收峰

图 2-6　振子的色散与共振吸收曲线

在上面的讨论中我们把问题过于简化了，即认为介质中电子只有一个固有频率. 更正确的模型应是每个原子中有多种振子. 设它们的固有圆频率和阻尼常数分别为 $\omega_1, \omega_2,$ $\cdots$ 和 $\gamma_1, \gamma_2, \cdots$，它们的数目为 $f_1, f_2, \cdots$. 这样一来，式(2.5)应推广为如下形式：

$$\widetilde{P} = -\frac{Ne^2}{m} \sum_j \frac{f_j \widetilde{E}}{\omega^2 - \omega_j^2 + i\omega\gamma_j}. \tag{2.11}$$

这里下标 j 是振子类型的标号，$\sum\limits_j$ 是对一个原子中所有振子的类型求和. 显然应有

$$\sum_j f_j = Z. \tag{2.12}$$

下面的推导与上述单个谐振频率情形完全类似，这里直接给出相应的结果：

$$\widetilde{n}^2 = \widetilde{\varepsilon} = 1 - \frac{Ne^2}{\varepsilon_0 m} \sum_j \frac{f_j}{\omega^2 - \omega_j^2 + i\omega\gamma_j}. \tag{2.13}$$

$\kappa \ll 1$ 时，上式的实部与虚部分别为

$$\begin{cases} n^2 = 1 - \dfrac{Ne^2}{\varepsilon_0 m} \sum_j \dfrac{f_j (\omega^2 - \omega_j^2)}{(\omega^2 - \omega_j^2)^2 + (\omega\gamma_j)^2}, & (2.14) \\[4mm] 2n^2 \kappa = \dfrac{Ne^2}{\varepsilon_0 m} \sum_j \dfrac{f_j \omega \gamma_j}{(\omega^2 - \omega_j^2)^2 + (\omega\gamma_j)^2}. & (2.15) \end{cases}$$

改用 λ 和 $\lambda_j = 2\pi c/\omega_j$ 表示，

$$\begin{cases} n^2 = 1 + \dfrac{Ne^2}{\varepsilon_0 m} \sum_j \dfrac{f_j \lambda_j^2 \lambda^2 (\lambda^2 - \lambda_j^2)}{(2\pi c)^2 \, (\lambda^2 - \lambda_j^2)^2 + \gamma_j^2 \lambda_j^4 \lambda^2}, & (2.16) \\[4mm] 2n^2 \kappa = \dfrac{Ne^2}{\varepsilon_0 m} \dfrac{1}{2\pi c} \sum_j \dfrac{f_j \gamma_j \lambda_j^4 \lambda^3}{(2\pi c)^2 \, (\lambda^2 - \lambda_j^2)^2 + \gamma_j^2 \lambda_j^4 \lambda^2}. & (2.17) \end{cases}$$

在每个共振波长 λ_j 附近,上式求和号内各项中只有一项起主要作用. 曲线的行为都与图 2-6 所示类似. 这样一个一个的共振吸收曲线衔接起来,就成了图 2-5 所示的那种样子.

为了导出正常色散区域的柯西公式,可忽略式 (2.11) 中的 γ_j,于是 n^2 的表达式可写为

$$n^2 = 1 + \sum_j \frac{a_j \lambda^2}{\lambda^2 - \lambda_j^2}. \tag{2.18}$$

其中 $a_j = \dfrac{Ne^2}{\varepsilon_0 m} \dfrac{f_j \lambda_j^2}{(2\pi c)^2} > 0$ 是与 λ 无关的常数.

现在讨论两种典型情况:

(1) 入射波段处于两条吸收线之间. 我们设

$$\lambda_1, \lambda_2, \cdots, \lambda_{j-1} \ll \lambda_j \ll \lambda \ll \lambda_{j+1}, \lambda_{j+2}, \cdots,$$

上式可近似写成

$$n^2 \approx 1 + a_1 + a_2 + \cdots + a_{j-1} + \frac{a_j \lambda^2}{\lambda^2 - \lambda_j^2}$$

$$\approx 1 + a_1 + a_2 + \cdots + a_{j-1} + a_j \left[1 + \left(\frac{\lambda_j}{\lambda} \right)^2 + \cdots \right],$$

开方后再作近似展开,得

$$n \approx A + \frac{B}{\lambda^2} + \cdots,$$

其中 $A = \sqrt{1 + a_1 + a_2 + \cdots + a_j}$,$B = a_j \lambda_j^2 / 2A$,以上便是柯西公式,这里还证明了常数 A 随 j 增大的特点.

(2) 在极短波段,即 λ 远小于所有共振波长 $\lambda_1, \lambda_2, \cdots$ 时,式 (2.18) 可近似写成

$$n^2 = 1 - \frac{a_1 \lambda^2}{\lambda_1^2} < 1,\ \text{从而}\ n < 1.$$

当 $\lambda \to 0$ 时,

$$n^2 \to 1,\ n \to 1,$$

这些也都是我们在 2.3 节中描述过的色散曲线的一般特征. 如果用频率来表示这一特征的话,就是当 ω 远大于所有共振频率 ω_j 时,式 (2.13) 或 (2.14) 化为

$$\varepsilon = n^2 \approx 1 - \frac{Ne^2}{\varepsilon_0 m} \sum_j \frac{f_j}{\omega^2} = 1 - \frac{NZe^2}{\varepsilon_0 m \omega^2}$$

$$= 1 - \frac{\omega_p^2}{\omega^2}, \tag{2.19}$$

这里 $\omega_p = \sqrt{NZe^2 / \varepsilon_0 m}$ 是该介质的等离子体振荡角频率. 式 (2.19) 清楚表明,在此高频波

段,当 $\omega > \omega_p$ 时,$0 < \varepsilon < 1$,$0 < n < 1$,电磁波将在超过一定临界角 $i_c = \arcsin n$ 时在介质外表面发生全反射.式(2.19)还表明,$\omega \to \infty$ 时 $\varepsilon \to 1$,$n \to 1$.

上面的推导不仅适用于电介质(绝缘体),也适用于导体(例如金属).导体的特点是其中有一部分电子是自由的.在式(2.13)中我们可形式上令 $\omega_1 = 0$,用 $j = 1$ 的项代表自由电子:

$$\tilde{\varepsilon} = 1 - \frac{Nf_1 e^2}{\varepsilon_0 (\omega^2 + \mathrm{i}\omega\gamma_1)} - \frac{Ne^2}{\varepsilon_0 m} \sum_{j>1} \frac{f_j}{\omega^2 - \omega_j^2 + \mathrm{i}\omega\gamma_j}. \tag{2.20}$$

对于稳恒电场,$\omega \to 0$,我们有

$$\tilde{\varepsilon} = 1 + \frac{Ne^2}{\varepsilon_0 m} \sum_{j>1} \frac{f_j}{\omega_j^2} + \mathrm{i} \frac{Nf_1 e^2}{\varepsilon_0 m \gamma_1 \omega} = \varepsilon + \mathrm{i} \frac{\sigma}{\varepsilon_0 \omega}. \tag{2.21}$$

其中

$$\varepsilon = 1 + \frac{Ne^2}{\varepsilon_0 m} \sum_{j>1} \frac{f_j}{\omega_j^2} \tag{2.22}$$

是 $\tilde{\varepsilon}$ 的实部,它代表束缚电子对介电常数的贡献,而

$$\sigma = \frac{Nf_1 e^2}{m\gamma_1} \tag{2.23}$$

组成 $\tilde{\varepsilon}$ 的虚部,它实际上是自由电子的电导率[①].$\omega \to 0$ 时 $\tilde{\varepsilon}$ 的虚部按 $1/\omega$ 的方式趋于无穷,这便是人们有时说的,金属的介电常数为 ∞,应注意,采用这种说法时,已经把自由电子和束缚电子等同起来,这已与我们通常在静电学中采用的定义不同了,如果撇开自由电子不算,则金属在稳恒场下的介电常数由式(2.22)给出,它和普通电介质的介电常数在数量级上没什么区别.

对于极高频场,即 ω 远大于所有 ω_j 时,自由电子和束缚电子的区别已不重要,所有的项合并起来给出式(2.19),从物理机制上看,这是因为在高频策动力的作用下,电子只在平衡点附近作极小幅度的振动,此时准弹性束缚力可以忽略,所有电子都可看成是自由的了,由此可见,对于极高频场,区分自由电子和束缚电子的作法是没有意义的.这时我们必须把静电学中介电常数的概念加以扩大,把自由电子包括进去,用一个复数介电常数 $\tilde{\varepsilon}$ 来描述电介质的行为.

以上是有关色散和共振吸收的经典电子论.这理论是个半唯象的定性理论,它不能正确地告诉我们某种介质中应有怎样的共振频率 ω_j 和相应的振子数目 f_j,准弹性振子的图像也不符合原子的有核模型,对上述问题的正确回答要靠量子力学,不过经典理论给出的 $\tilde{\varepsilon}$ 的表达式(2.13)在形式上是正确的,量子力学给出同一形式的表达式,只是对

---

① 金属经典电子论给出电导率的公式为:$\sigma = \dfrac{ne^2 \bar{\lambda}}{m \bar{v}} = \dfrac{ne^2}{m \bar{\nu}}$,式中 $\bar{\nu} = \bar{v}/\bar{\lambda}$ 是电子的平均碰撞频率,n 相当于式(2.23)里的 Nf_1,是自由电子的数密度,这里我们撇开了一个可能出现的因子 $1/2$.统计平均的方法不同,它也可以不出现,式(2.23)表明,自由电子的阻尼常数 γ_1 应与 $\bar{\nu}$ 相当.

ω_j, γ_j, f_j 等参量的理解与经典理论不同. 实际上原子中的束缚电子并不作简谐振动, ω_j 应是两个量子能级间共振跃迁的频率, f_j 亦非整数, 它正比于跃迁几率, 从而正比于谱线强度. 人们喜欢用"振子强度"一词来称呼它, 不再叫它做"振子数". 有关量子论的初步概念, 将在下一章介绍.

习　　题

1. 一块光学玻璃对水银灯蓝、绿谱线 $\lambda = 4358\text{Å}$ 和 5461Å 的折射率分别为 1.65 250 和 1.62 450, 用此数据定出柯西公式 (2.2) 中的 A, B 两常数, 并用它计算对钠黄线 $\lambda = 5893\text{Å}$ 的折射率 n 及色散率 $\mathrm{d}n/\mathrm{d}\lambda$.

2. 利用第一章表 I -2 中冕玻璃 K9 对 F, D, C 三条谱线的折射率数据定出柯西公式 (2.1) 中的 A, B, C 三常数, 用它计算该表中给出的其他波长下折射率数据, 并与表中实测数值比较.

3. 一棱镜顶角 $50°$, 设它的玻璃材料可用二常数柯西公式 (2.2) 来描写, 其中 $A = 1.539\ 74, B = 4.6528 \times 10^5\ \text{Å}^2$. 求此棱镜对波长 5500Å 调到最小偏向角时的色散本领.

4. 根据式 (2.10) 证明吸收峰的高度反比于 γ_j, 半值宽度 $\Delta\lambda$ 正比于 γ_j.

5. 一块玻璃对波长 0.70Å 的 X 射线的折射率比 1 小 1.600×10^{-6}. 求 X 射线能在此玻璃外表面发生全反射的最大掠射角.

6. 估计一下铜的等离子体振荡角频率 ω_p 的数量级.

§3　　群　　速

第一章 2.3 节中曾提到, 根据光的微粒说, 光在两种介质界面上折射时, $\sin i_1 / \sin i_2 = v_2 / v_1$, 而根据光的波动说 (惠更斯原理), $\sin i_1 / \sin i_2 = v_1 / v_2$, 傅科 (J. B. L. Foucault, 1862 年) 做实验测定空气和水中光速之比近于 4 : 3, 此数值与空气到水的折射率相符, 从而判定光的波动说的正确性. 虽然在傅科实验完成之前, 光的波动说已为大量事实 (如干涉、衍射、偏振等) 所证明, 但傅科的实验仍被认为是对惠更斯原理最直接和最有力的支持. 然而随着测定光速方法的改进, 问题又复杂化了. 1885 年迈克尔孙 (A. A. Michelson) 以较高的精密度重复了傅科实验的同时, 还测定了空气和 CS_2 中光速之比为 1.758, 但是用折射法测定的 CS_2 折射率为 1.64. 两数相差甚大, 绝非实验误差所致. 这矛盾直到瑞利 (Lord J. W. S. Rayleigh) 提出"群速"的概念之后才解决.

迄今为止, 对于各向同性介质本书在提到波速时, 都指的是波面 (等相位面) 传播的速度, 即相速. 在惠更斯原理中如此, 在波函数的表达式中也如此. 本节中将用 v_p 代表它.

在真空中所有波长的电磁波以同一相速 c 传播. 在色散介质中只有理想的单色波具有单一的相速. 然而理想的单色波是不存在的, 波列不会无限长. 在第五章 5.2 节中已看到, 一列有限长的波相当于许多单色波列的叠加, 通常把由这样一群单色波组成的波列叫做波包.当波包通过有色散的介质时,它的各个单色分量将以不同的相速前进,整个波包在向前传播的同时,形状亦随之改变.我们把波包中振幅最大的地方叫做它的中心,波包中心前进的速度叫做群速,记作 v_g.下面来推导有关群速的公式.

为简单起见,我们考虑由两列波组成的"波包".设两列波分别为

$$\begin{cases} U_1(x,t) = A\cos(\omega_1 t - k_1 x), \\ U_2(x,t) = A\cos(\omega_2 t - k_2 x). \end{cases}$$

令

$$\Delta\omega = (\omega_1 - \omega_2)/2, \ \omega_0 = (\omega_1 + \omega_2)/2;$$
$$\Delta k = (k_1 - k_2)/2, \ k_0 = (k_1 + k_2)/2.$$

并设

$$|\Delta\omega| \ll \omega_0, \ |\Delta k| \ll k_0,$$

即两波的频率(或波长)很接近,它们合成的波列为

$$U(x,t) = U_1(x,t) + U_2(x,t)$$
$$= 2A \underbrace{\cos(\Delta\omega t - \Delta k x)}_{\text{低频包络}} \underbrace{\cos(\omega_0 t - k_0 x)}_{\text{高频波}}. \tag{3.1}$$

此波的瞬时图像如图 3-1 所示,是振幅受到低频调制的高频波列.这调制波列有一系列的最大值,因而它还算不得是一个典型的波包.要得到一个真正的波包,需有更多频率和波长相近的波叠加在一起[①].不过由上述两列波合成的调制波已可推导出正确的群速公式了.式(3.1)中高频波的传播速度为 ω_0/k_0,它相当于"波包"的相速 v_p;低频包络的传播速度为 $\Delta\omega/\Delta k$,这就是"波包"的群速 v_g 了.将 $\Delta\omega, \Delta k$ 改写成微分,我们有

$$v_g = \frac{\mathrm{d}\omega}{\mathrm{d}k}. \tag{3.2}$$

这便是最常用的群速表达式.

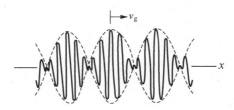

图 3-1　相速与群速

较严格地推导群速公式(3.2),应将波包 $U(x,t)$ 展成傅里叶积分:

$$\widetilde{U}(x,t) = \frac{1}{2\pi} \int_{k_0-\Delta k}^{k_0+\Delta k} A(k) \mathrm{e}^{-\mathrm{i}(\omega t - kx)} \mathrm{d}k. \tag{3.3}$$

对于准单色波包,频谱范围 Δk 很小,上式中可取

$$A(k) \approx A(k_0),$$

---

① 参见下面.

把它当作常数提到积分号外. $\omega = \omega(k)$ 是 k 的函数,令 $k' = k - k_0$,将 $\omega(k)$ 作泰勒展开,只保留前两项:

$$\omega \approx \omega(k_0) + \left(\frac{\mathrm{d}\omega}{\mathrm{d}k}\right)_{k=k_0} k'.$$

式(3.3)中的指数可写为

$$\exp\left[-\mathrm{i}(\omega_0 t - k_0 x)\right] \exp\left[-\mathrm{i}\left(\frac{\mathrm{d}\omega}{\mathrm{d}k} t - x\right)k'\right],$$

其中 $\omega_0 = \omega(k_0)$. 于是

$$\tilde{U}(x,t) = A(k_0)\exp\left[-\mathrm{i}(\omega_0 t - k_0 x)\right]$$
$$\times \int_{-\Delta k}^{+\Delta k} \exp\left[-\mathrm{i}\left(\frac{\mathrm{d}\omega}{\mathrm{d}k} t - x\right)k'\right]\frac{\mathrm{d}k'}{2\pi}$$
$$= \frac{A(k_0)}{\pi} \underbrace{\frac{\sin\left[\left(\dfrac{\mathrm{d}\omega}{\mathrm{d}k} t - x\right)\Delta k\right]}{\dfrac{\mathrm{d}\omega}{\mathrm{d}k} t - x}}_{\text{包络因子}} \underbrace{\exp\left[-\mathrm{i}(\omega_0 t - k_0 x)\right]}_{\text{高频波}}. \tag{3.4}$$

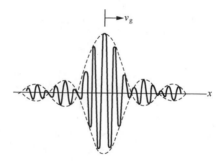

图 3-2　波包及其群速

这一波包的瞬时图像如图 3-2 所示,由式(3.4)可以看出,它的包络因子的最大处前进的速度为 $\mathrm{d}\omega/\mathrm{d}k$,这便是波包的群速 v_g.

　　下面我们推导群速与相速之间的一个关系式. 因 $\omega = k v_p$ 取对 k 的微商,我们有

$$v_g = v_p + k\frac{\mathrm{d}v_p}{\mathrm{d}k} = v_p - \lambda\frac{\mathrm{d}v_p}{\mathrm{d}\lambda}, \tag{3.5}$$

最后一步运算用到了 $k = 2\pi/\lambda$ 的关系[①]. 式(3.5)是瑞利的群速公式,它表明 $\mathrm{d}v_p/\mathrm{d}\lambda > 0$ 时,$v_g < v_p$,群速小于相速;$\mathrm{d}v_p/\mathrm{d}\lambda < 0$ 时,$v_g > v_p$,群速大于相速;无色散时,$\mathrm{d}v_p/\mathrm{d}\lambda = 0$,$v_g = v_p$,群速与相速没有区别.

　　群速的公式还可表示为一些其他形式,如因 $v_p = c/n$,代入式(3.5),得

---

　　① 　应注意,通常我们用 λ 代表真空中的波长,但 $k = 2\pi/\lambda$ 中的 λ 是介质中的波长,故式(3.5),(3.6)中的 λ 也是如此.

$$v_g = \frac{c}{n}\left(1 + \frac{\lambda}{n}\frac{dn}{d\lambda}\right), \tag{3.6}$$

若已知折射率的色散关系 $n = n(\lambda)$，可用此式计算群速.

除了根据惠更斯原理用折射率法测出介质中的光速是相速外，大多数其他方法测出的都是光的信号速度，或者粗略地说，是能量传播速度. 我们知道，波动携带的能量是与振幅的平方成正比的，故波包中振幅最大的地方，也是能量最集中的地方. 可以认为，群速代表能量的传播速度，或信号速度[①]. 这样，上述傅科和迈克尔孙实验的矛盾就得到了解释：原来他们所测的都是空气和介质中光的群速之比，而折射率等于相速之比，由于水的色散率不大，群速与相速的差别不明显，但 CS_2 的色散率较大，测量的结果就发生了较大的分歧. 群速公式(3.6)可近似地写成

$$\frac{c}{v_g} \approx n - \lambda\frac{dn}{d\lambda},$$

可以看出，用钠黄光($\lambda = 5893\text{Å}$)对 CS_2 作精确的测量表明：速度法给出 $c/v_g = 1.722$，折射率法给出 $n = c/v_p = 1.624$，色散率的测量给出 $\lambda dn/d\lambda = -0.102$，于是 $n - \lambda dn/d\lambda =$ $1.624 + 0.102 = 1.726$. 这些实验数据与上式符合得相当好，这是对群速理论的一个有力的支持.

最后指出，相对论原理要求：任何信号速度不能超过真空中的光速 c，否则因果律会遭到破坏. 波的相速并不受此限制. 在有的场合，波的相速 v_p 是会大于 c 的，但波的信号速度(它经常等于群速)总小于 c.

思 考 题

投石于平静的湖面，激起一列波澜. 设想一下，如果水面波的色散规律分别是 $dv_p/d\lambda$ > 0 和 $dv_p/d\lambda < 0$，你能观察到什么现象？实地观察一下，水面波的色散属于哪种情况.

习 题

1. 求 §2 习题 2 中冕玻璃 K9 对 D 双线的群速.

2. 试计算下列各情况下的群速：

(1) $v_p = v_0$ (常数)(无色散介质，如空气中的声波).

(2) $v_p = \sqrt{\dfrac{\lambda}{2\pi}\left(g + \dfrac{4\pi^2 T}{\lambda^2 \rho}\right)}$ (水面波，g 为重力加速度，T 为表面张力，ρ 为液体的密度).

(3) $n = A + \dfrac{B}{\lambda^2}$ (正常色散介质中光波的柯西公式).

(4) $\omega^2 = \omega_c^2 + c^2 k^2$ (波导中的电磁波，ω_c 为截止角频率).

[①] 严格说来，信号速度、能量传播速度、群速三者之间还有一些细微的差别. 群速的概念只适用于吸收系数很小的介质. 理论上可以证明，这时它和能量传播速度相等. 光的反常色散经常伴随着强烈的吸收，这时群速的概念失去意义，能量传播速度不能再用本节给出的群速公式来计算.

§4 光 的 散 射

4.1 散射与介质不均匀性尺度的关系

光线通过均匀的透明介质(如玻璃、清水)时,从侧面是难以看到光线的.如果介质不均匀,如有悬浮微粒的浑浊液体,我们便可从侧面清晰地看到光束的轨迹.这是介质中的不均匀性使光线朝四面八方散射的结果.光的散射与不均匀性的尺度有很大关系,下面我们就这个问题作稍细的解释.

我们知道,按照几何光学,光线在均匀介质中沿直线传播,除了正对着光线的方向外,其他方向应是看不到光亮的.从分子理论来看,当入射光波射在介质上时,将激起其中电子作受迫振动,从而发出相干的次波来.注意,这与惠更斯-菲涅耳原理中所假设的次波稍有不同,这里的次波有真实的振源.理论上可以证明,只要分子的密度是均匀的,次波相干叠加结果,只剩下遵从几何光学规律的光线,沿其余方向的振动完全抵消.从微观的尺度(10^{-8}cm)来看,任何物质都由一个个分子、原子组成,没有物质是均匀的.这里所谓"均匀"分布,是以光波的波长(10^{-5}cm)为尺度来衡量的,即在这样大小的范围内密度的统计平均是均匀的.

如果介质的均匀性遭到破坏,即尺度达到波长数量级的邻近介质小块之间在光学性质上(如折射率)有较大差异,在光波的作用下它们将成为强度差别较大的次波源,而且从它们到空间各点已有不可忽略的光程差,这些次波相干叠加的结果,光场中的强度分布将与上述均匀介质情形有所不同.这时,除了按几何光学规律传播的光线外,其他方向或多或少也有光线存在,这就是散射光.由此可见,尺度与波长可比拟的不均匀性引起的散射,也可看作是它们的衍射作用.如果介质中不均匀团块的尺度达到远大于波长的数量级,散射又可看成是在这些团块上的反射和折射了.例如,图 4-1 右方的小障碍物使波发生散射,左方的较大物体使波发生反射,边缘部分发生衍射.

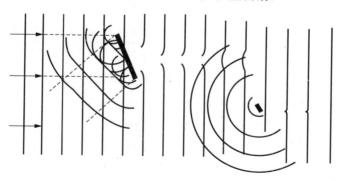

图 4-1 散射、衍射和反射

按不均匀团块的性质、散射可分为两大类:

(1)悬浮质点的散射:如胶体、乳浊液、含有烟、雾、灰尘的大气中的散射属于此类.

(2)分子散射:即使十分纯净的液体或气体,也能产生比较微弱的散射.这是由于分子热运动造成密度的局部涨落引起的.这种散射,称为分子散射.物质处在临界点时密度涨落很大.光线照射在其上,就会发生强烈的分子散射.这种现象叫做临界乳光.

4.2 瑞利散射定律

为了解释天空为什么呈蔚蓝色,瑞利研究了细微质点的散射问题,提出了散射光强与 λ^4 成反比的规律,这就是有名的瑞利散射定律(Lord Rayleigh,1871 年).瑞利定律的适用条件是散射体的尺度比光的波长小.在这条件下作用在散射体上的电场可视为交变的均匀场,散射体在这样的场中极化,只感生电偶极矩而无更高级的电矩.按照电磁理论,偶极振子的辐射场强 E 正比于 $\omega^2 p/r$(ω 为角频率,p 为偶极矩,r 为距离),故辐射功率$\propto E^2 \propto \omega^4 p^2/r^2$.瑞利认为,由于热运动破坏了散射体之间的位置关联,各次波不再是相干的,计算散射时应将次波的强度而不是振幅叠加起来.于是感生偶极辐射的机制就导致了正比于 ω^4 或 $1/\lambda^4$ 的规律.

较大颗粒对光的散射不遵从瑞利的 λ^4 反比律.米(G. Mie,1908 年)和德拜(P. Debye,1909 年)以球形质点为模型详细计算了电磁波的散射.他们的计算适用于任何大小的球体.图 4-2 给出了计算的结果,这里球的半径 a 和波长 λ 之比是用参量 ka 来表征的($ka=2\pi a/\lambda$).米-德拜的散射理论证明:只有 $ka<0.3$ 时,瑞利的 λ^4 反比律是正确的.当 ka 较大时,散射强度与波长的依赖关系就不十分明显了.

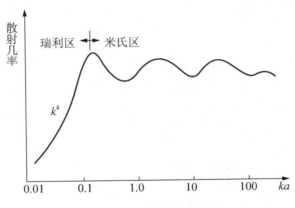

图 4-2　瑞利散射和米氏散射

用以上的散射理论可以解释许多我们日常熟悉的自然现象,如天空为什么是蓝的?旭日和夕阳为什么是红的? 以及,云为什么是白的? 等等.

首先,白昼天空之所以是亮的,完全是大气散射阳光的结果.如果没有大气,即使在白昼,人们仰观天空,将看到光辉夺目的太阳悬挂在漆黑的背景中.这景象是宇航员司空见惯了的. 由于大气的散射,将阳光从各个方向射向观察者,我们才看到了光亮的天穹.按瑞利定律,白光中的短波成分(蓝紫色)遭到的散射比长波成分(红黄色)强烈得多,散射光乃因短波的富集而呈蔚蓝色.瑞利曾对天空中各种波长的相对光强作过测量,发现与 λ^4 反比律颇相吻合.大气的散射一部分来自悬浮的尘埃,大部分是密度涨落引起的分子散射.后者的尺度往往比前者小得多,瑞利 λ^4 反比律的作用更加明显.所以每当大雨初霁、玉宇澄清了万里埃的时候,天空总是蓝得格外美丽可爱.其道理就在这里.

旭日和夕阳呈红色,与天空呈蓝色属于同一类现象.由于白光中的短波成分被更多地散射掉了,在直射的日光中剩余较多的自然是长波成分了.如图 4-3 所示,早晚阳光以很大的倾角穿过大气层,经历大气层的厚度要比中午时大得多,从而大气的散射效应也要强烈得多,这便是旭日初升时颜色显得特别殷红的原因.

白云是大气中的水滴组成的,因为这些水滴的半径与可见光的波长相比已不算太小了,瑞利定律不再适用.按米-德拜的理论,这样大小的物体产生的散射与波长的关系不大,这就是云雾呈白色的缘故.

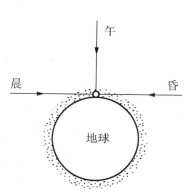

图 4-3 旭日和夕阳的颜色

4.3 散射光强的角分布和偏振状态

如图 4-4 取球坐标的极轴 z 沿入射波的波矢 $\boldsymbol{k}_0$ 方向,散射波波矢 $\boldsymbol{k}_s$ 的方向(即观测方向)用 (θ,φ) 来表征.入射波的电矢量 $\boldsymbol{E}$ 必在 x-y 平面内(横波),设它与 x 轴的夹角为 ψ,与 $\boldsymbol{k}_s$ 的夹角为 Θ.按照电磁理论,$\boldsymbol{E}$ 激发的偶极振子发出的次波中,振幅正比于 $\sin\Theta$,强度正比于 $\sin^2\Theta$(见图 4-5(a)),偏振方向由横波性所决定(图 4-5(b)),若入射光是自然光,散射光强的角分布应对 ψ 平均.因

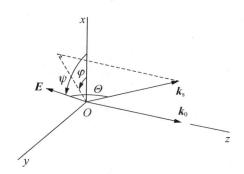

图 4-4 $\boldsymbol{k}_0,\boldsymbol{k}_s,\boldsymbol{E}$ 各矢量的方向

$$\sin^2\Theta = 1 - \cos^2\Theta = 1 - \sin^2\theta\cos^2(\psi-\varphi),$$

故

$$\overline{\sin^2\Theta} = \frac{1}{2\pi}\int_0^{2\pi}[1-\sin^2\theta\cos^2(\psi-\varphi)]\mathrm{d}\psi = \frac{1}{2}(1+\cos^2\Theta),$$

这分布示于图 4-5(c).在此自然光入射情形,偏振态相当于将图 4-5(b)绕 z 轴旋转,取各种可能的方位后重叠在一起(图 4-5(d)只画出两个相互垂直的特殊方位).可以看出,在垂直于入射光的方向上($\theta=\pi/2$),散射光是线偏振的,在原入射方向或其逆方向上($\theta=0$ 或 π),散射光仍是自然光.前者的强度正好为后者的一半,在其他倾斜方向上,散射光是部分偏振的,强度介于前两个极端之间.

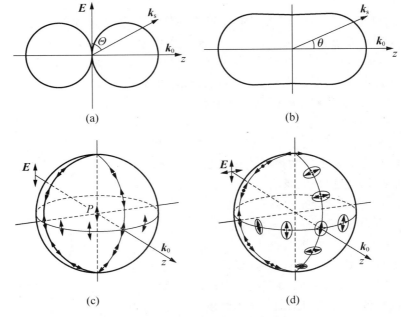

图 4-5　散射光强的角分布与偏振

以上描绘的散射光特点,都可以从大气散射中得到验证.不过当空气中悬浮了过多较大的灰尘颗粒或水滴时,上面的结论将不适用.

4.4　拉曼散射

瑞利散射不改变原入射光的频率.1928 年拉曼(C. V. Raman)和曼杰利什塔姆(Л. И. Мандельштам)在研究液体和晶体内的散射时,几乎同时发现散射光中除与入射光的原有频率 ω_0 相同的瑞利散射线外,谱线两侧还有频率为 $\omega_0 \pm \omega_1, \omega_0 \pm \omega_2, \cdots$ 等散射线存在.这种现象称为拉曼散射(苏联人称之为联合散射).

观察拉曼散射的装置如图 4-6 所示,其中 A 是一水平的汞弧灯,它装在一暗箱内,上部有一与灯管平行的长开口.B 是盛满水的玻璃管,它起一个柱形透镜的作用,把汞弧光聚焦在 C 管的管轴上.C 管充有散射物质(如四氯化碳),散射光经设置在 C 的一端的平面窗口射入摄谱仪进行光谱分析,C 管的另一端拉尖并涂黑,以防反射光进入摄谱仪.在 C 管之上覆盖一反射镜 R 以增强 C 内的照明.

拉曼光谱(图 4-7)的特征可归纳如下:

(1)在每条原始入射谱线(频率 ω_0)两旁都伴有频率差 $\omega_j (j=1,2,\cdots)$ 相等的散射谱线,在长波一侧的(频率为 $\omega_0 - \omega_j$)称为红伴线或斯托克斯线;在短波一侧的(频率为 $\omega_0 + \omega_j$)称为紫伴线或反斯托克斯线[①].

----

① 这名称来源于荧光(光致发光)效应中的斯托克斯定则(G. Stokes,1852 年):发射的荧光波长比入射光的波长要长些.

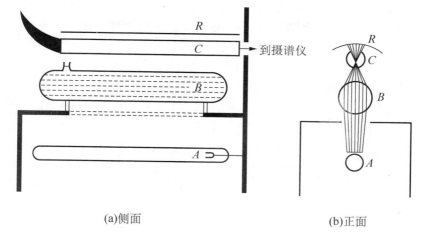

(a)侧面　　　　　　　　　　　　(b)正面

图 4-6　拉曼散射实验装置

图 4-7　氢的拉曼光谱

（2）频率差 $\omega_j(j=1,2,\cdots)$ 与入射光的频率 ω_0 无关，它们与散射物质的红外吸收频率对应，表征了散射物质的分子振动频率.

拉曼效应也可用经典理论解释. 在入射光电场 $E=E_0\cos\omega_0 t$ 的作用下，分子获得感应电偶极矩 p，它正比于场强 E：

$$p=\alpha\varepsilon_0 E,$$

α 称为分子极化率. 如果分子极化率 α 是一与时间无关的常数，则 p 以频率 ω_0 作周期性变化，这便是上面讨论过的瑞利散射. 如果分子以固有频率 ω_j 振动着，且此振动影响着极化率 α，使它也以频率 ω_j 作周期性变化[①]：

$$\alpha=\alpha_0+\alpha_j\cos\omega_j t,$$

于是

$$p=\alpha_0\varepsilon_0 E_0\cos\omega_0 t+\alpha_j\varepsilon_0 E_0\cos\omega_0 t\cos\omega_j t$$

$$=\alpha_0\varepsilon_0 E_0\cos\omega_0 t+\frac{1}{2}\alpha_j\varepsilon_0 E_0[\cos(\omega_0-\omega_j)t+\cos(\omega_0+\omega_j)t],$$

---

①　这是一种参量效应，在某种意义下也可说是一种非线性效应，以交流电路作对比，当电容器的极板以频率 ω_j 振动时，电容值 C（这是电路中的一个参量）将类似这里的 α，有周期性变化，此时输入一个频率为 ω_0 的信号时，被调制的输出信号中将出现和频与差频 $\omega_0\pm\omega_j$.

即感应电矩的变化频率有 ω_0 和 $\omega_0\pm\omega_j$ 三种,后两种正是拉曼光谱中的伴线.

拉曼散射的经典理论是不完善的,特别是它不能解释为什么反斯托克斯线比斯托克斯线弱得多这一事实.完善的解释要靠量子理论.

如前所述,拉曼散射是有分子振动参与的光散射过程,在晶体中的振动有较高频的光学支和低频的声学支两种,前者参与的光散射就是拉曼散射,后者参与的光散射叫布里渊散射(L. Brillouin,1921 年).其实,任何元激发,如磁介质中的自旋波、半导体中的螺旋波均可参与光的散射过程.也可认为这些都是广义的拉曼散射或布里渊散射过程[①].

拉曼散射的方法为研究分子结构提供了一种重要的工具,用这种方法可以很容易而且迅速地定出分子振动的固有频率,也可以用它来判断分子的对称性、分子内部的力的大小以及一般有关分子动力学的性质.分子的光谱本来在红外波段,拉曼效应把它转移到可见和紫外波段来研究,在很多情形下,它已成为分子光谱学中红外吸收方法的一个重要补充.

在出现激光之前,拉曼散射光谱已成为光谱学的一个分支,激光问世以来,当光强达到一定水平时,还可出现受激拉曼散射等非线性效应.有关问题将在下章 §6 中谈到.

思　考　题

1. 为什么由点燃的香烟冒出的烟是淡蓝的,而吸烟者口中吐出的烟却呈白色?

2. 将一块透明塑料板(如直尺或三角板)立放在光滑桌面或玻璃板上,迎着窗口看它的倒影.有时你会在倒影中看到一些彩色条纹.试解释这个现象.

习　　题

1. 摄影者知道用橙黄色滤色镜拍摄天空时,可增加蓝天和白云的对比.设照相机的镜头和底片的灵敏度将光谱范围限制在 3900Å 到 6200Å 之间,并设太阳光谱在此范围内可看成是常数.若滤色镜把波长在 5500Å 以下的光全部吸收,天空的散射光被它去掉了百分之几?

2. 苯(C_6H_6)的拉曼散射中较强的谱线与入射光的波数差 607,992,1178,1586,3047,3062cm^{-1}.今以氩离子激光($\lambda=4880$Å)入射,计算各斯托克斯和反斯托克斯谱线的波长.

---

① 按习惯,频移波数在 50~1000cm^{-1} 间的叫拉曼散射,在 0.1~2cm^{-1} 间的叫布里渊散射.

第九章 光的量子性 激光

迄今为止,我们一直是按经典物理学的观点来描述光的.本章将从一系列实验事实出发,逐步引入光的量子性的概念.

§1 热 辐 射

1.1 热辐射的一般特征及辐射场的定量描述

把铁条插在炉火中,它会被烧得通红.起初在温度不太高时,我们看不到它发光,却可感到它辐射出来的热量.当温度达到 $500℃$ 左右时,铁条开始发出可见的光辉.随着温度的升高,不但光的强度逐渐增大,颜色也由暗红转为橙红,以上是我们日常生活中熟知的现象,它们反映了热辐射的一般特征,即随着温度的升高,(1)辐射的总功率增大;(2)强度在光谱中的分布由长波向短波转移,热辐射不一定需要高温,实际上,任何温度(室温或更低)的物体都发出一定的热辐射,只不过在低温下辐射不强,且其中包含的主要是波长较长的红外线.用红外夜视仪侦查军事目标,就利用了这个原理.

按照热力学原理,热量要从高温的物体自发地流向低温物体.热量的传递方式有多种,热辐射是其中的一种.在物体和物体之间的空间里总存在一定的辐射场,即各种频率的电磁波.每个物体通过发射与吸收的过程与周围的辐射场交换能量.在非平衡态下,温度较高的物体失多于得,温度较低的物体得大于失,能量便这样通过辐射场由前者传递给后者.

为了定量地描述辐射场和它与物体间发生的各种能量转移过程,下面我们将引入一系列物理量.辐射场中包含各种频率和沿各个方向传播的电磁波.最细致地描述辐射场,需要用一个辐射能的分布函数 $f(\nu,\hat{s},r,t)$,其中 ν 是频率,$\hat{s}$ 代表沿传播方向的单位矢量,r 是空间点的坐标矢量,t 是时间.这函数的物理意义如下:在 t 时刻空间 r 点附近单位体积内的辐射场中,分布在(ⅰ)以 ν 为中心的频段 $d\nu$ 内(ⅱ)以 $\hat{s}$ 方向为轴的立体角元 $d\Omega$ 内的能量为

$$f(\nu,\hat{s},r,t)d\nu d\Omega. \tag{1.1}$$

若辐射场是均匀的,f 与 r 无关;若辐射场是稳恒的,f 与 t 无关;若辐射场是各向同性的,f 与 $\hat{s}$ 无关.

利用分布函数 f 可导出许多物理量,它们各自以不同的细致程度描述着辐射场某些方面的性质.描述辐射场本身的物理量有:

(1)辐射场的能量密度 U(单位体积内的辐射能)及其谱密度 $u(\nu)$

$$U(r,t) = \int u(\nu,r,t)d\nu, \tag{1.2}$$

$$u(\nu,\boldsymbol{r},t)=\oiint f(\nu,\hat{\boldsymbol{s}},\boldsymbol{r},t)\mathrm{d}\Omega \tag{1.3}$$

$$=4\pi f(\nu,\boldsymbol{r},t) \quad (\text{各向同性情形}). \tag{1.3'}$$

$U(\boldsymbol{r},t)$ 的单位是焦耳/米^3(J/m^3)或尔格/厘米^3(erg/cm^3).

(2)辐射场的亮度 B(沿 $\hat{\boldsymbol{s}}$ 方向单位立体角内的辐射能流密度)及其谱密度 $b(\nu)$

$$B(\hat{\boldsymbol{s}},\boldsymbol{r},t)=\int b(\nu,\hat{\boldsymbol{s}},\boldsymbol{r},t)\mathrm{d}\nu, \tag{1.4}$$

$$b(\nu,\hat{\boldsymbol{s}},\boldsymbol{r},t)=cf(\nu,\hat{\boldsymbol{s}},\boldsymbol{r},t) \quad (c \text{ 为光速}). \tag{1.5}$$

$B(\hat{\boldsymbol{s}},\boldsymbol{r},t)$ 的单位是瓦/米^3·球面度(W/m^3·sr)或瓦/厘米^3·球面度(W/cm^3·sr).

(3)通过面元 $\Delta\boldsymbol{S}$ 的辐射能量 $\Delta\Psi$ 及其谱密度 $\Delta\psi(\nu)$

$$\Delta\Psi(\boldsymbol{r},t)=\int\Delta\psi(\nu,\boldsymbol{r},t)\mathrm{d}\nu, \tag{1.6}$$

$$\Delta\psi(\nu,\boldsymbol{r},t)=\iint\limits_{(2\pi)}b(\nu,\hat{\boldsymbol{s}},\boldsymbol{r},t)\hat{\boldsymbol{s}}\cdot\Delta\boldsymbol{S}\mathrm{d}\Omega$$

$$=\iint\limits_{(2\pi)}cf(\nu,\hat{\boldsymbol{s}},\boldsymbol{r},t)\hat{\boldsymbol{s}}\cdot\Delta\boldsymbol{S}\mathrm{d}\Omega \tag{1.7}$$

$$=\pi cf(\nu,\boldsymbol{r},t)\Delta\boldsymbol{S} \quad (\text{各向同性情形}). \tag{1.7'}$$

上式中对立体角的积分局限于面元 $\Delta\boldsymbol{S}$ 的一侧(2π). 为了得到式(1.7'),可取以面元的法线方向 $\Delta\boldsymbol{S}$ 为极轴的球坐标,用 θ,φ 来表示传播方向 $\hat{\boldsymbol{s}}$,于是 $\hat{\boldsymbol{s}}\cdot\Delta\boldsymbol{S}=\Delta S\cos\theta$,$\mathrm{d}\Omega=\sin\theta\mathrm{d}\theta\,\mathrm{d}\varphi$,在 2π 立体角内积分后即得(见图 1-1).

$\Delta\Psi(\boldsymbol{r},t)$ 的单位为瓦(W).

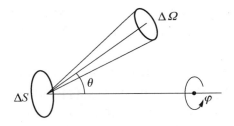

图 1-1 辐射场的描述

描述辐射场与物体间能量交换关系的物理量有:

(1)辐射本领 R(从物体单位表面积发出的辐射通量)及其谱密度 $r(\nu)$

$$R=\int r(\nu)\mathrm{d}\nu, \tag{1.8}$$

$$r(\nu)=\frac{\mathrm{d}\psi(\nu)}{\mathrm{d}S}, \tag{1.9}$$

这里 $\mathrm{d}\psi(\nu)$ 是从面元 $\mathrm{d}S$ 发出的辐射通量谱密度. R 的单位为瓦/米^2(W/m^2)或瓦/厘米^2(W/cm^2).

(2)辐射照度 E(照射在物体表面单位面积上的辐射通量)及其谱密度 $e(\nu)$

$$E = \int e(\nu) \, d\nu, \tag{1.10}$$

$$e(\nu) = \frac{d\psi'(\nu)}{dS}, \tag{1.11}$$

这里 $d\psi'(\nu)$ 是照射在面元 dS 上的辐射通量谱密度. E 的单位亦为瓦/米^2（W/m^2）或瓦/厘米^2（W/cm^2）.

比较一下式（1.3′）和（1.7′）可以看出,在各向同性情形里我们有

$$e(\nu) = \frac{c}{4} u(\nu). \tag{1.12}$$

（3）吸收本领 $a(\nu)$

$$a(\nu) = \frac{d\psi''(\nu)}{d\psi'(\nu)}, \tag{1.13}$$

这里 $d\psi'(\nu)$ 和 $d\psi''(\nu)$ 分别是照射在物体上和被它吸收的辐射通量谱密度. $a(\nu)$ 是无量纲的量. 按定义显然总有

$$0 \leqslant a(\nu) \leqslant 1.$$

1.2 基尔霍夫定律

上面引进各个描述辐射场的量无论对热平衡和非热平衡情况都适用. 下面着重研究热平衡态下的辐射场.

同一物体的辐射本领 $r(\nu)$ 和吸收本领 $a(\nu)$ 之间有着内在联系. 图 1-2(a) 是一块白底黑花瓷片的照片,图(b)是它在高温下发出热辐射的情况. 可以看出,原来是黑花纹的地方（$a(\nu)$ 大）发的光强（$r(\nu)$ 大）,原来的白底（$a(\nu)$ 小）发的光弱（$r(\nu)$ 小）. 上面比较的是不同温度下的 $r(\nu)$ 和 $a(\nu)$,在此情况下二者间没有普遍的定量关系. 然而在同一温度下它们是严格成正比的,这规律称为基尔霍夫热辐射定律（G. Kirchhoff,1859 年）. 定律的表述如下:

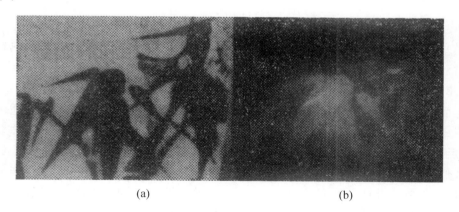

(a)   (b)

图 1-2　辐射本领与吸收本领的关系

任何物体在同一温度 T 下的辐射本领 $r(\nu, T)$ 与吸收本领 $a(\nu, T)$ 成正比,比值只与 ν 和 T 有关,即

$$\frac{r(\nu,T)}{a(\nu,T)} = F(\nu,T), \tag{1.14}$$

$F(\nu,T)$是一个与物质无关的普适函数.

基尔霍夫的热辐射定律可通过图1-3所示的理想实验从热力学原理导出. 设想在密封容器C内放置若干物体$A_1,A_2,\cdots$,它们可以是不同质料做成的. 将容器内部抽成真

图1-3 基尔霍夫定律的推导

空,从而各物体间只能通过热辐射来交换能量. 设容器壁为理想反射体,如是则包含在其中的物体$A_1,A_2,\cdots$和辐射场一起组成一个孤立系. 按照热力学原理,这体系的总能量守恒,且经过内部热交换,最后各物体一定趋于同一温度T,即达到热力学平衡态.

首先看热平衡态下的辐射场,此时它应是均匀、稳恒和各向同性的,其能谱密度$u_T(\nu)$在各处应具有相同的函数形式和数值,亦即$u_T(\nu)$必为ν,T唯一地决定,不可能因与之平衡的物体质料而异,否则这辐射场是不可能与不同质料的物体共处于平衡态的. 这就是说,$u_T(\nu)$是一个与物质无关的普适函数,它称为热辐射的标准能谱.

其次看各物体与辐射场之间的能量交换. 在平衡态下从每个物体单位面积上发出的能量$r(\nu,T)$和吸收的能量$a(\nu,T)e(\nu,T)$相等,即

$$r_1(\nu,T) = a_1(\nu,T)e_1(\nu,T),$$
$$r_2(\nu,T) = a_2(\nu,T)e_2(\nu,T),$$
$$\cdots.$$

此外,按式(1.12),我们有

$$e_1(\nu,T) = e_2(\nu,T) = \cdots = \frac{c}{4}u_T(\nu),$$

于是

$$\frac{r_1(\nu,T)}{a_1(\nu,T)} = \frac{r_2(\nu,T)}{a_2(\nu,T)} = \cdots = \frac{c}{4}u_T(\nu). \tag{1.15}$$

这便是基尔霍夫定律. 式(1.15)告诉我们,式(1.14)中的普适函数$F(\nu,T)$就是热辐射标准能谱$u_T(\nu)$的$c/4$倍.

1.3 绝对黑体和黑体辐射

上面的讨论告诉我们,在平衡态下热辐射的能谱具有标准形式$u_T(\nu)$. 这普适函数的具体形式是怎样的? 这是下面我们要研究的中心问题. 首先是如何用实验方法来测量它,然后是如何从理论上来说明实验的结果.

我们设想这样一种物体,它在任何温度下都把照射在其上任何频率的辐射能完全吸收,亦即这物体的吸收本领$a(\nu,T)$与ν,T无关,恒等于1. 这种物体称为绝对黑体. 令基尔霍夫定律(1.15)中的$a(\nu,T)=1$,得绝对黑体的辐射本领$r_0(\nu,T)$为

$$r_0(\nu,T) = \frac{c}{4}u_T(\nu), \tag{1.16}$$

即$r_0(\nu,T)$与标准能谱$u_T(\nu)$之间只差一个常数因子$c/4$. 若能测得$r_0(\nu,T)$,即可知道

$u_T(\nu)$. 问题是怎样获得绝对黑体.

绝对黑体是理想化的物体,实际中任何物质都不是真正的绝对黑体.譬如我们可以做这样一个实验,用墨将一个纸盒子的表面涂黑,然后用各种颜色的光照射它,我们或多或少地还能够分辨出照射在上面光的颜色.这表明盒子表面还是反射了一些光.此外,即使我们用肉眼看起来是黑色的物体,只表明它对可见光强烈吸收,还不能说它对不可见光(红外线、紫外线)都强烈吸收.实际上很多看起来是"黑色"的物体在红外、紫外波段并不全吸收.这是否说我们就没办法制造一个绝对黑体了呢?办法还是有的.还拿上面谈到的那个纸盒来说吧,我们在盒子上开一个小孔,看上去这是漆黑的一个洞.再用颜色光照上去时,它比周围涂了墨的盒子表面显得"黑"得多,这里再也不能分辨出入射光的颜色了.这说明,用任何物体做的空腔,在它很小的开口处就是一个相当理想的"绝对黑体".这是因为当光线射进这个小孔后,需经过内壁的很多次反射,才有一些可能从小孔重新射出(见图 1-4(a)).这样,不管内壁的吸收本领怎样,经过多次反射,重新射出小孔的光是十分微弱的,孔越小越是这样.为了加强吸收的效果,人们还在空腔器壁上装有许多带孔的横壁(见图 1-5 中的空腔辐射器),使得自小孔射入的光线更不容易直接反射出去.用这种办法人们可以制造出非常理想的"绝对黑体".当我们将这样的辐射器维持在一定的温度 T 时,由此容器内壁发出的辐射也是经过多次反射才从小孔射出的.这样,在小孔处观察到的已不是器壁材料的辐射谱 $r(\nu, T)$,按照基尔霍夫定律,它应是绝对黑体的辐射谱 $r_0(\nu, T)$[①].

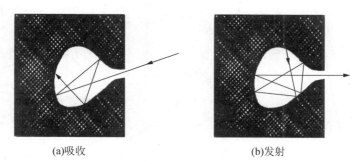

(a)吸收   (b)发射

图 1-4 空腔小孔

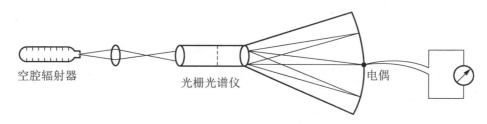

空腔辐射器   光栅光谱仪   电偶

图 1-5 空腔辐射的测量装置

---

① . 参看图 1-4(b)和习题 1.

实际测量的装置如图 1-5 所示,空腔辐射器是用耐火材料做成的,可以用电炉加热到各种温度.由小孔发出的辐射经分光系统(光栅)按频率(或者说波长)分开,用涂黑的热电偶探测各频段辐射能的强度,并记录下来.因为实际测量黑体辐射谱时都用的是空腔辐射器,黑体辐射又称空腔辐射.

在光谱学中习惯于用真空中的波长 λ 来表示,而不常用频率 ν. 所有上面的谱表示都需改写一下.例如 $R = \int r(\nu)\,d\nu$ 应改写成 $R = \int r(\lambda)\,d\lambda$. 因 $\nu = c/\lambda$, $d\nu = -(c/\lambda^2)\,d\lambda$, 将 $r(\nu)$ 换算成 $r(\lambda)$ 时,除宗量代换外,还应乘以 c/λ^2.

图 1-6 是在各种温度下实测的黑体辐射谱 $r_0(\lambda, T)$, 它们都是用 λ 来表示的.曲线下的面积代表辐射本领 R. 可以看出,它们是符合 1.1 节中所总结的一般特征的,即:(1)R 随着 T 单调地增加;(2)T 增高时,光谱中能量的分布由长波向短波转移.下面的两条定律正好定量地概括了这两个特征.

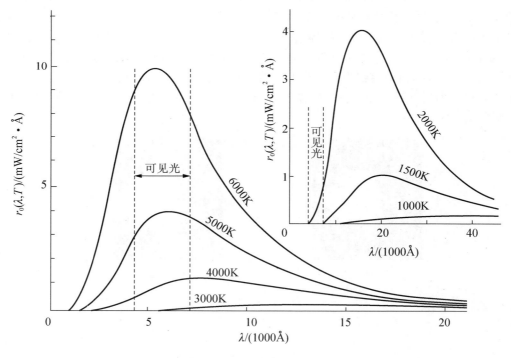

图 1-6 黑体辐射谱

1.4 斯特藩-玻尔兹曼定律和维恩位移定律

在实际测得黑体辐射谱后,建立其函数表达式的问题,在历史上是逐步得到解决的.维恩根据热力学原理证明,黑体辐射谱必有如下的函数形式:

$$r_0(\nu, T) = c\nu^3 \phi\left(\frac{\nu}{T}\right) \quad \text{或} \quad r_0(\lambda, T) = \frac{c^5}{\lambda^5}\varphi\left(\frac{c}{\lambda T}\right), \tag{1.17}$$

其中 ϕ 和 φ 的函数形式尚不能最终确定.利用式(1.17),可得以下两条定律(具体推导留

作习题）:

（1）黑体辐射的辐射本领 $R_T = \int r_0(\lambda, T) d\lambda$ 与绝对温度 T 的四次方成正比，即

$$R_T = \sigma T^4, \tag{1.18}$$

实验测得上式中的比例常数为

$$\sigma = 5.67 \times 10^{-12} \, \text{W/cm}^2 \cdot \text{K}^4,$$

它是个普适常数. 这规律叫做斯特藩-玻尔兹曼定律.（J. Stefan, 1879 年；L. Boltzmann, 1884 年）, σ 叫做斯特藩-玻尔兹曼常数.

（2）图 1-6 中的曲线表明，任何温度下 $r_0(\lambda, T)$-λ 曲线都有一极大值，令这极大值所对应的波长为 λ_M，则 λ_M 与 T 成反比：

$$\lambda_M T = b, \tag{1.19}$$

实验测得

$$b = 0.288 \text{cm} \cdot \text{K},$$

b 也是个普适常数. 这规律称为维恩位移定律（W. Wien, 1893 年）, b 称为维恩常数. 此定律表明，随着 T 的增高，λ_M 向左方位移. 下表给出不同温度下 λ_M 的数值.

表 Ⅸ-1 维恩位移定律

T/K	500	1000	2000	3000	4000	5000	6000	7000	8000
$\lambda_M/\text{Å}$	57 600	28 800	14 400	9600	7200	5800	4800	4100	3600

维恩位移定律将热辐射的颜色随温度变化的规律定量化了. 在温度不太高时，热辐射中绝大部分是肉眼不能见的红外线，其中包含一小部分长波的可见光，即红光. 计算表明，当温度达到 3800K 左右时，λ_M 达到可见光谱红端的边缘 7600Å. 当温度在 5000K— 6000K 范围内时，λ_M 位于可见光波段的中部，这时热辐射中全部可见光都较强，它引起人眼的感觉是白色，照明技术中把具有这种光谱的光叫做白光. 太阳光谱中的连续部分极大值位于 $\lambda_M = 4600$Å（青色）的地方，这约相当于 $T = 6000$K 的黑体辐射光谱[①]，所以太阳光是白光. 通常白炽灯丝的温度只有两千多度，λ_M 还在红外波段，所发的光与日光相比，颜色黄得多. 用白炽灯产生接近日光的热辐射是不可能的，必须另寻途径，例如日光灯管是靠气体放电和荧光等非平衡的辐射过程来产生接近日光的白色光的.

1.5 维恩公式和瑞利-金斯公式

单纯从热力学原理出发，而不对辐射机制作任何具体的假设，是不能将式(1.17)中 ψ 和 φ 的函数形式进一步具体化的. 历史上在这个问题获得最终的正确答案之前，有过下列两个公式，它们对揭露经典物理的矛盾起了重大的作用.

（1）维恩假设气体分子辐射的频率 ν 只与其速度 v 有关（这一假设看来是没什么根据的），从而得到与麦克斯韦速度分布律形式很相似的公式：

---

① 由于大气的散射和吸收，地面上看到的太阳的表观温度比这要低些.

$$r_0(\nu,T)=\frac{\alpha v^3}{c^2}e^{-\beta v/T} \quad \text{或} \quad r_0(\lambda,T)=\frac{\alpha c^2}{\lambda^5}e^{-\beta c/\lambda T},\tag{1.20}$$

式中 α,β 为常数. 此公式称为维恩公式（W. Wien, 1896 年）.

（2）瑞利从能量按自由度均分定律出发, 得到以下公式:

$$r_0(\nu,T)=\frac{2\pi}{c^2}\nu^2 kT \quad \text{或} \quad r_0(\lambda,T)=\frac{2\pi c}{\lambda^4}kT,\tag{1.21}$$

式中 k 为玻尔兹曼常数, $k=1.38\times10^{-23}$ J/K. 此公式称为瑞利-金斯公式（Lord Rayleigh, 1900 年; J. Jeans, 1905 年）.

以上两个公式都符合普遍形式（1.17）. 与实验数据比较, 在短波区域维恩公式符合得很好, 但在长波范围则有虽不太大但却是系统的偏离. 瑞利公式与之相反, 在长波部分符合得较好, 但在短波波段偏离非常大（见图 1-7）. 不仅如此, 由式（1.21）可见, 当 $\lambda\to0$ 时, $r_0(\lambda,T)\to\infty$, 亦即波长极短的辐射（光谱的紫外部分）能量趋于 ∞, 从而总辐射本领 R_T 也趋于 ∞. 这显然是荒谬的. 瑞利之后, 金斯作过各种努力, 企图绕过瑞利的结论. 然而他发现, 只要坚持经典的统计理论（能均分定律）, 瑞利公式（1.21）以及上述荒谬结论就是不可避免的. 经典物理的这一错误预言是如此严重, 历史上被人们称为"紫外灾难".

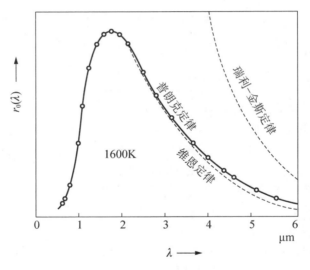

图 1-7　各黑体辐射公式与实验的比较

1.6　普朗克公式和能量子假说

正确的黑体辐射公式是普朗克给出的:

$$r_0(\nu,T)=\frac{2\pi h}{c^2}\frac{\nu^3}{e^{h\nu/kT}-1},\tag{1.22}$$

或

$$r_0(\lambda,T)=\frac{2\pi hc^2}{\lambda^5}\frac{1}{e^{hc/kT\lambda}-1},\tag{1.22'}$$

式中 k 是玻尔兹曼常数, $h=6.626\times10^{-34}$ J·s 为一普适常数, 称为普朗克常数, 式（1.22）

或(1.22′)称为普朗克公式(M. Planck,1900 年).不难看出,普朗克公式也符合(1.17)给出的普遍形式.此外,对于短波,$h\nu\gg kT$,$e^{h\nu/kT}\gg 1$,普朗克公式蜕化为维恩公式(1.20);对于长波,$h\nu\ll kT$,$e^{h\nu/kT}\approx 1+h\nu/kT$,普朗克公式过渡到瑞利-金斯公式(1.21).在所有的波段里,普朗克公式与实验符合得很好(见图 1-7).

普朗克公式的得来,起初是半经验的,即利用内插法将适用于短波的维恩公式和适用于长波的瑞利-金斯公式衔接起来,在得到了上述公式之后,普朗克才设法从理论上去论证它.

由于与任何物体系处于热平衡的辐射场,其能谱皆为标准谱 $u_T(\nu)$,为了推导简单,我们选择由大量包含各种固有频率 ν 的谐振子组成的系统[①],通过发射和吸收,谐振子与辐射场交换能量.仔细计算辐射场与谐振子之间的能量交换,可以证明它们达到热平衡的条件为(证明从略)

$$u_T(\nu)=\frac{8\pi\nu^2}{c^3}\bar{\varepsilon}(\nu,T),\tag{1.23}$$

从而黑体辐射本领为

$$r_0(\nu,T)=\frac{c}{4}u_T(\nu)=\frac{2\pi\nu^2}{c^2}\bar{\varepsilon}(\nu,T),\tag{1.24}$$

这里 $\bar{\varepsilon}(\nu,T)$ 是频率为 ν 的谐振子在温度为 T 的平衡态中能量的平均值.

下面我们来计算 $\bar{\varepsilon}(\nu,T)$.在热平衡态中能量为 ε 的几率正比于 $e^{-\varepsilon/kT}$(玻尔兹曼正则分布律).按照经典物理学的观念,谐振子的能量 ε 在 0 到∞间连续取值,从而

$$\bar{\varepsilon}(\nu,T)=\frac{\int_0^\infty \varepsilon e^{-\varepsilon/kT}\,\mathrm{d}\varepsilon}{\int_0^\infty e^{-\varepsilon/kT}\,\mathrm{d}\varepsilon}=kT,$$

将此结果代入式(1.24),得到的就是导致紫外灾难的瑞利-金斯公式.为了摆脱困难,普朗克提出如下一个非同寻常的假设:谐振子能量的值只取某个基本单元 ε_0 的整数倍,即

$$\varepsilon=\varepsilon_0,2\varepsilon_0,3\varepsilon_0,\cdots,$$

这样一来,

$$\bar{\varepsilon}(\nu,T)=\frac{\sum_{n=0}^\infty n\varepsilon_0 e^{-n\varepsilon_0/kT}}{\sum_{n=0}^\infty e^{-n\varepsilon_0/kT}}=\Big[\frac{\partial}{\partial\beta}\ln\Big(\sum_{n=0}^\infty e^{-n\varepsilon_0\beta}\Big)\Big]_{\beta=\frac{1}{kT}},$$

利用等比级数的求和公式,可得

$$\sum_{n=0}^\infty e^{-n\varepsilon_0\beta}=1-e^{-\varepsilon_0\beta},$$

代入前式,不难求得

---

① 这里的谐振子不一定代表自然界中某种现象的物体,如分子,原子等.既然在这里可以选取任何物体,我们也可以选取抽象化的模型,只要假设它们遵从的物理规律(力学的、热力学的、电磁学的,等等)与现实物体相同即可.

$$\bar{\varepsilon}(\nu,T)=\frac{\varepsilon_0}{\exp(\varepsilon_0/kT)-1},$$

将上式代入式(1.24),得

$$r_0(\nu,T)=\frac{2\pi\nu^2}{c^2}\frac{\varepsilon_0}{\exp(\varepsilon_0/kT)-1},$$

要使此式符合式(1.17)给出的普遍形式,必须令 ε_0 正比于 ν,即 $\varepsilon_0=h\nu$,这里 h 是一个应由实验来确定的比例系数.这样,上式化为

$$r_0(\nu,T)=\frac{2\pi h}{c^2}\frac{\nu^3}{e^{h\nu/kT}-1},$$

这便是普朗克公式(1.22),其中的 h 就是前面已提到的普朗克常数.

综上所述,我们看到,为了推导出与实验相符的黑体辐射公式,人们不得不作这样的假设:频率为 ν 的谐振子,其能量取值为 $\varepsilon_0=h\nu$ 的整数倍,$\varepsilon_0=h\nu$ 称为能量子,这个假设称为普朗克能量子假说.从经典物理学的眼光来看,这个假设是如此的不可思议,就连普朗克本人也感到难以相信,他曾想尽量缩小与经典物理学之间的矛盾,宣称只假设谐振子的能量是量子化的(即不连续取值),而不必认为辐射场本身也具有不连续性,然而正如我们将在 §2 中看到的,许多实验事实将迫使我们承认,辐射场也是量子化的.

普朗克因阐明光量子论而获得 1918 年诺贝尔物理学奖金.

*1.7 光源的发光效率

在结束本节之前,让我们涉猎一下有关热辐射的实际应用方面,首先看照明光源的发光效率问题.

任何光源发出的辐射中,总有相当一部分不在可见光波段内,它们不起照明作用.光源的发光效率 η 定义为它所发射的光通量与辐射能通量之比:

$$\eta=\frac{K_M\displaystyle\int_0^\infty r(\lambda)V(\lambda)\mathrm{d}\lambda}{\displaystyle\int_0^\infty r(\lambda)\mathrm{d}\lambda}, \tag{1.25}$$

式中 $V(\lambda)$ 是视见函数,$K_M=683\ \mathrm{lm/W}$ 是最大光功当量[①],$r(\lambda)$ 是该光源辐射本领的谱密度.

如果光源是绝对黑体,其辐射本领 $r_0(\lambda,T)$ 由普朗克公式(1.22′)所决定.将它代入上式,即可得不同温度下绝对黑体的发光效率(见表Ⅸ-2).

表Ⅸ-2 绝对黑体的发光效率

T/K	2000	3000	5000	6000	8000
$\eta/(\mathrm{lm/W})$	15.2	19.2	74	84	78

可以看出,$T=6000\mathrm{K}$ 左右时黑体的发光效率最高.这是我们可以预料的,因为按照

---

① 见第一章 §11.

维恩位移定律,也正是在这个温度附近,λ_M落在可见光波段的中部(参见表Ⅸ-1).

实际的物体不是绝对黑体,它们的吸收本领$a(\lambda,T)$小于绝对黑体的吸收本领$a_0(\lambda,T)\equiv1$[①],按照基尔霍夫热辐射定律,它们的辐射本领$r(\lambda,T)$也小于绝对黑体(空腔辐射体)在同温度下的辐射本领$r_0(\lambda,T)$. 图1-8给出2000K下钨丝的辐射本领和黑体辐射本领曲线. 可以看出,前者比后者小很多. 但这并不意味着,钨丝的发光效率一定比同温度的黑体小. 由于辐射具有一些选择性,钨丝的发光效率还略高些,但总的说来,在此温度下热辐射的发光效率是很低的. 固体的熔点最高在3000K左右,尽管辐射有一定的选择性,发光效率不超过20 lm/W的量级. 要提高光源的发光效率,必须增大辐射在可见光区的选择性. 某些金属蒸气在可见光波段有很强的谱线,用它们作光源,发光效率可以很高(例如钠光灯的η可达200lm/W). 但这种光源往往是有色的,对有些场合的照明不太适用. 水银蒸气在紫外波段有很强的谱线,利用荧光物质可将紫外线转变为可见光,这样就可使发光效率大大提高. 日光灯就是利用这种原理制成的,它的发光效率很高,所发的光又接近于日光(白色),既可节约电能,又能得到正确的色调,是一种比较理想的照明光源.

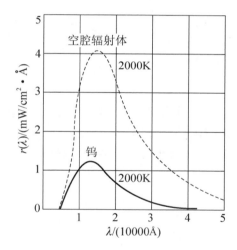

图1-8 钨的辐射本领

*1.8 光测高温法

黑体辐射的规律为我们提供了一种重要的测量高温的方法——光测高温法. 对于2000—3000K以上的高温,这几乎是唯一的方法,天体的温度,差不多都是用光学方法测量出来的.

光测高温的方法有几种,它们都以黑体辐射的某条定律为基础.

(1)色温法:测量辐射能谱中极大值所对应的波长λ_M,利用维恩位移定律求得温度. 用此法测得的温度,称为色温度,记作$T_{色}$.

---

① 若$a(\lambda,T)<1$,且对λ无明显的选择性,则称为灰体.

（2）亮温法：按照黑体辐射定律,温度相同的黑体亮度相同.比较亮度的装置如图1-9所示,将特制的灯丝放在望远镜物镜的像方焦面上,因而它与被测物体的中间像重合.调节灯丝电流,当其亮度与被测物体的亮度一样时,通过目镜看去,灯丝就从被测物的背景中消失(所以这种装置叫做消丝高温计).电流计的读数可以事先按灯丝的温度校准,这样就可将待测物体的温度直接读出.用此法测得的温度,称为亮温度,记作 $T_亮$.

（3）辐射温度法：如图1-10,用光具组将辐射体成像于热电偶的感温端.热电偶接受的辐射能正比于像的辐射照度,而像的辐射照度又正比于物的辐射亮度,即 R_T,按照斯特藩-玻尔兹曼定律,后者又正比于 T^4.只要事先经过校准,用此仪器(称为辐射高温计)可测出物体的温度.用此法测得的温度,称为辐射温度,记作 $T_辐$.

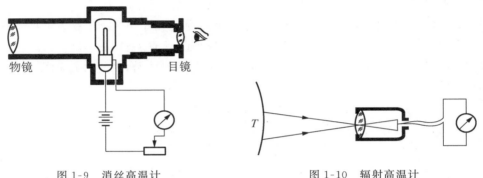

图 1-9　消丝高温计　　　　　　　　　　图 1-10　辐射高温计

以上各种方法都以黑体辐射定律为基础的.对于绝对黑体应有 $T_色 = T_亮 = T_辐 = T$ (物体的实际温度).但被测物体并非绝对黑体,往往是 $T_色 \neq T_亮 \neq T_辐 \neq T$.故无论用上述哪种方法测温,若对测量的精确度要求较高,都需要根据辐射体的性质加一定的修正,才能得到物体的真正温度 T.

思　考　题

1.一块金属在 1100K 发出红色的光辉,而此同样温度下,一块石英毫不发光.这是为什么?

2.猎户α和猎户β是猎户座中最亮的两颗星,看起来前者是橘红色的,后者白中略带蓝色.它们的温度比太阳高还是低?

3.天狼星是天空中最亮的星,温度大约 11 000℃,你能设想它的颜色是怎样的吗?

4.估计一下人体热辐射最强的波长,若人眼对此波长的灵敏度与对绿光差不多,会发生怎样的情况?

5.如果计算一下不同温度下热辐射中可见光所占的百分比,就会发现在太阳的温度（～6000K）下比例最高.此外,太阳光谱中辐射能最大的波长与人眼最灵敏的波长大体相符.你认为这些都是偶然的巧合吗?其中有什么因果关系?

习 题

1.一空腔辐射器的内外器壁一样,在某温度 T 时器壁材料的(单次)辐射亮度为 $b(\nu,T)$,吸收本领为 $a(\nu,T)$.设器壁是理想的漫射体(即朗伯体,见第一章§11).试证明:

(1)由于多次反射,腔内任何面元上的辐射照度 $e_0(\nu,T)$ 和辐射亮度 $b_0(\nu,T)$ 分别为

$$\begin{cases} e_0(\nu,T)=\dfrac{\pi b(\nu,T)}{a(\nu,T)}, \\[2mm] b_0(\nu,T)=\dfrac{b(\nu,T)}{a(\nu,T)}. \end{cases}$$

(2)小孔处辐射场的亮度亦为上式所决定的 $b_0(\nu,T)$,它像绝对黑体一样,比外器壁的亮度 $b(\nu,T)$ 大 $1/a(\nu,T)$ 倍.

【提示:首先证明,不管空腔形状如何,内器壁接收第 n 次反射光的照度 $e_n(\nu,T)$ 与第 $n,n+1$ 次反射光的亮度 $b_n(\nu,T)$,$b_{n+1}(\nu,T)$ 有如下关系(可参考第一章§11习题3的作法):

$$e_n(\nu,T)=\pi b_n(\nu,T),$$
$$b_{n+1}(\nu,T)=\frac{1}{\pi}e_n(\nu,T)[1-a(\nu,T)],$$

而

$$e_0(\nu,T)=\sum_n e_n(\nu,T),\quad b_0(\nu,T)=\sum_n b_n(\nu,T). \qquad 】$$

2.太阳常数(太阳在单位时间内垂直照射在地球表面单位面积上的能量)为 $1.94\mathrm{cal/cm^2\cdot min}$,日地距离约为 $1.50\times10^8\mathrm{km}$,太阳的角半径为 $0.004\,65\mathrm{rad}$,以这些数据来估算一下太阳的温度.

3.设空腔处于某温度时 $\lambda_M=6500\text{Å}$,如果腔壁的温度增加,以致总辐射本领加倍时,λ_M 变为多少?

4.热核爆炸中火球的瞬时温度达 $10^7\mathrm{K}$,

(1)辐射最强的波长;

(2)这种波长的能量子 $h\nu$ 是多少?

5.利用普朗克公式证明斯特藩-玻尔兹曼常数

$$\sigma=2\pi^5k^4/15c^2h^3.$$

$$\left[\text{提示}:\int_0^\infty\frac{x^3\mathrm{d}x}{\mathrm{e}^x-1}=\frac{\pi^4}{15}.\right]$$

6.利用普朗克公式证明维恩常数

$$b=0.2014hc/k.$$

【提示:$\mathrm{e}^{-x}+x/5=1$ 的解为 $x=4.965$.】

§2 光的粒子性和波粒二象性

2.1 光电效应

当光束照射在金属表面上时,使电子从金属中脱出的现象,叫做光电效应.利用光电效应做成的器件,叫做光电管.图 2-1 所示是一种最简单的真空光电管.在一个不大的抽空玻璃容器中装有阴极 K 和阳极 A.阴极 K 的表面涂有感光金属层.在两极之间加数百伏的电压.平时 K,A 之间绝缘,电路中没有电流.当光束照射在阴极 K 上时,电路中就出现电流(称为光电流),这是因为阴极 K 在光束照射下发射出电子来(称为光电子).用于不同波段的光电管,阴极涂不同材料的感光层,如用于可见光的涂碱金属 Li,K,Na 等,用于紫外线的涂 Hg,Ag,Au 等.光电管中往往充有某种低压的惰性气体,由于光电子使气体电离,增大管内的导电性.所以充气光电管的灵敏度较真空光电管大.真空光电管的灵敏度约为 $10\mu A/mW$ 光功率,而充气光电管的灵敏度可大 6—7 倍.

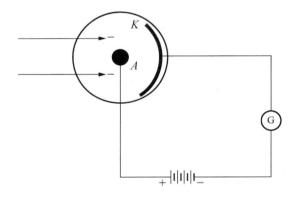

图 2-1 光电管

在上述光电效应中电子逸出金属,所以这种光电效应可以叫做外光电效应.除外光电效应之外,还有另一类所谓"内光电效应",目前的应用更为广泛.半导体材料的内光电效应较为明显,当光照射在某些半导体材料上时将被吸收,并在其内部激发出导电的载流子(电子-空穴对),从而使得材料的电导率显著增加(所谓"光电导");或者由于这种光生载流子的运动所造成的电荷积累,使得材料两面产生一定的电势差(所谓"光生伏特").这些现象统称内光电效应.硫化镉光敏电阻、硫化铅光敏电阻、硒光电池、硅光电池、硅光电二极管等就是利用这种内光电效应制成的器件.

光电效应已在生产、科研、国防中有广泛的应用.在有声电影、电视和无线电传真技术中都用光电管或光电池把光信号转化为电信号,在光度测量、放射性测量时也常常用光电管或光电池把光变为电流并放大后进行测量,光电计数、光电跟踪,光电保护等多种装置在生产自动化方面的应用更为广泛.

研究光电效应的实验装置如图 2-2 所示,K 是光电阴极,A 是阳极,二者封在真空玻璃管内．光束通过窗口照射在阴极上（如果用紫外线，窗口必须用石英来做）．实验结果表明，光电效应有如下基本规律．

（1）饱和电流 光电流 I 随加在光电管两端电压 V 变化的曲线，叫做光电伏安特性曲线．在一定光强照射下，随着 V 的增大，光电流 I 趋近一个饱和值（参见图 2-3）．实验表明，饱和电流与光强成正比，例如图 2-3 中曲线 a 比曲线 b 对应的光强较大．电流达到饱和意味着单位时间内到达阳极的电子数等于单位时间内由阴极发出的电子数．因此上述实验表明，单位时间内由阴极发出的光电子数与光强成正比．

（2）遏止电位 如果将电源反向，两极间将形成使电子减速的电场．实验表明，当反向电压不太大时，仍存在一定的光电流．这说明从阴极发出的光电子有一定的初速，它们可以克服减速电场的阻碍到达阳极．当反向电压大到一定数值 V_0 时，光电流完全减少到零．V_0 叫做遏止电位．实验还表明，遏止电位 V_0 与光强无关，例如图 2-3 中曲线 a,b 对应的光强虽不同，但光电流在同一反向电压 V_0 下被完全遏止．

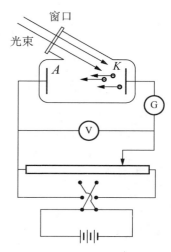

图 2-2 研究光电效应的
实验装置

遏止电位的存在，表明光电子的初速有一上限 v_0，与此相应地动能也有一上限，它等于：

$$\frac{1}{2}mv_0^2 = eV_0, \tag{2.1}$$

其中 m 是电子的质量，$e>0$ 是电子电荷的绝对值．

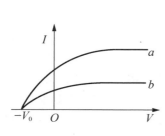

图 2-3 光电伏安特性曲线

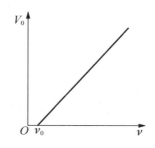

图 2-4 截止频率

（3）截止频率（红限） 当我们改变入射光束的频率 ν 时，遏止电位 V_0 随之改变．实验表明，V_0 与 ν 成线性关系（图 2-4）．ν 减小时 V_0 也减小；当 ν 低于某频率 ν_0 时，V_0 减到零．这时不论光强多大，光电效应不再发生．频率 ν_0 称为光电效应的截止频率或频率的红限[1]（表Ⅸ-3）．截止频率 ν_0 是光电阴极上感光物质的属性，也与光强无关．有时用波长来

---

[1] 红色光是可见光中波长最长、频率最低的光，通常往往用"红"字代表长波或低频，"红限"的意思是长波或低频一端的界限，它不一定真在红色可见光波段内．

表示红限,波长的红限 $\lambda_0 = c/\nu_0$.

表Ⅸ-3　光电效应的红限

金属	钾	钠	锂	汞	铁	银	金
$\lambda_0/\text{Å}$	5500	5400	5000	2735	2620	2610	2650

(4)弛豫时间　当入射光束照射在光电阴极上时,无论光强怎样微弱,几乎在开始照射的同时就产生了光电子,弛豫时间最多不超过 10^{-9} s.

2.2　爱因斯坦光子假说与光电效应的解释

上述光电效应的实验规律是光的波动理论完全不能解释的. 为了说明二者之间的矛盾,我们先分析一下光电子的能量. 每种金属有一定的脱出功(或称功函数)A,电子从金属内部逸出表面,至少要耗费数量上等于 A 的能量. 如果电子从光束中吸收的能量是 W,则它在逸出金属表面后具有的动能 $mv^2/2 < W - A$[①],或者说,动能最多不超过 $mv_0^2/2 = W - A$. 根据式(2.1),$mv_0^2/2$ 可由测量的遏止电位 V_0 算出,故 W 可根据下式来估算:

$$W = \frac{1}{2}mv_0^2 + A = eV_0 + A. \tag{2.2}$$

下面我们将看到,上式根本无法用光的波动理论来解释:

(1)按照光的电磁波理论,当光束照射在金属上时,其中电子作受迫振动,直到电子的振幅足够大时脱离金属而逸出. 电子每单位时间内吸收的能量应与光强 I 成正比. 设光开始照射 t 秒后电子的能量积累到 W 并逸出金属,则 W 应该与 It 成正比. 我们暂且假设光电效应的弛豫时间 t 都一样,则 W 应与光强 I 成正比. 但是实验证明 V_0 与光强无关,根据式(2.2),W 也应与光强无关,这是一个矛盾.

(2)按照光的波动理论,不论入射光的频率 ν 多少,只要光强 I 足够大,总可以使电子吸收的能量 W 超过 A,从而产生光电效应. 但实验表明,光频 $\nu <$ 红限 ν_0,无论光强多大,也没有光电效应. 这又是一个矛盾.

(3)如果放弃弛豫时间 t 不变的假设,而认为光强大时电子能量积累的时间短,光强小时,能量积累的时间长. 那么就来估计一下所需的时间吧! 有人以光强为 0.1pW/cm^2 的极弱紫色光(波长 4000Å)做实验,根据实测的 V_0 求出 W 来,并按照波动理论来估算,得 $t = 50\text{min}$[②]. 但实验中几乎在光束照射的同时(最多不超过 10^{-9} s)即观察到了光电效应.

可以看出,光的波动理论与光电效应的实验结果之间存在着多么尖锐的矛盾!

为了说明上述所有关于光电效应的实验结果,爱因斯坦(A. Einstein)于 1905 年提出了如下假设:当光束在和物质相互作用时,其能流并不像波动理论所想象的那样,是连续

---

①　这里我们完全忽略了电子的热运动动能,因为脱出功 A 的数量级是 eV,而室温下电子的平均热运动动能只有 10^{-2}eV 的数量级.

②　按照电动力学原理,电子能吸收光能的有效截面为波长平方的量级,这里就是这样估算的.

分布的,而是集中在一些叫做光子(或光量子)的粒子上.但对这种粒子仍保持着频率(及波长)的概念,光子的能量 E 正比于其频率 ν,即

$$E=h\nu, \tag{2.3}$$

其中 h 为普朗克常数.爱因斯坦的这个假说,是普朗克假说的发展.普朗克起初把能量量子化的概念局限于谐振子及其发射或吸收的机制,而爱因斯坦却建议,辐射能本身一粒一粒地集中存在.

按照爱因斯坦光子假说,当光束照射在金属上时,光子一个个地打在它的表面.金属中的电子要么吸收一个光子,要么完全不吸收.吸收时式(2.2)中的 W 总等于 $h\nu$,从而

$$h\nu=\frac{1}{2}mv_0^2+A=eV_0+A, \tag{2.4}$$

上式称为爱因斯坦公式.这公式全部解释了上述所有实验结果:入射光的强弱意味着光子流密度的大小.光强大表明光子流密度大,在单位时间内金属吸收光子的电子数目多,从而饱和电流大.但不管光子流的密度如何,每个电子只吸收一个光子,所以电子获得的能量 $W=h\nu$ 与光强无关,但与频率 ν 成正比.于是根据式(2.4)便可说明,为什么遏止电位与频率成线性关系.此外,当 ν 趋于红限 ν_0 时,V_0 趋于 0,这时 $h\nu_0=A$;而当 $\nu<\nu_0$ 时,每个光子的能量 $h\nu<A$,电子吸收后获得的能量小于脱出功,所以光电效应不能发生.值得提起的是,爱因斯坦在 1921 年获得诺贝尔物理学奖金,并非由于他在相对论方面的伟大贡献,而主要是因光电效应方面的工作.

在爱因斯坦公式提出后十余年,1916 年它被密立根(R. A. Milikan)的精密实验光辉地证实了.密立根研究了 Na,Mg,Al,Cu 等金属,得到了 V_0 与 ν 之间严格的线性关系,由直线的斜率测得普朗克常数 h 的精确数值,并与热辐射或其他实验中测得的 h 值很好地符合.密立根因他在测量电子电荷和光电效应方面的研究而获得 1923 年诺贝尔物理学奖金.

2.3 康普顿效应

光子不仅有能量,也有动量.光子的动量 p 与能量 E 之间的关系为

$$p=\frac{E}{c}, \tag{2.5}$$

此式可从相对论或电磁理论导出.因 $E=h\nu$,故

$$p=\frac{h\nu}{c}=\frac{h}{\lambda}. \tag{2.6}$$

虽然经典的电磁理论也预言有光压存在,但光压可更直接地用光子具有动量来解释.

除光电效应外,光量子理论的另一重要实验证据是康普顿效应,对此效应的理论解释涉及光子在电子上散射时能量和动量的守恒定律.

观察康普顿效应的实验装置如图 2-5 所示.经过光阑 D_1D_2 射出的一束单色的 X 射线为某种散射物质所散射.散射线的波长用布拉格晶体的反射来测量,散射线的强度用检测器(如电离室)来测量.实验结果归结如下:

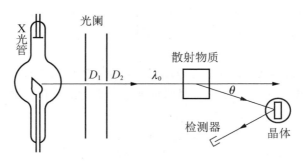

图 2-5 康普顿效应实验装置

(1)设入射线的波长为 λ_0,沿不同方向的散射线中,除原波长外都出现了波长 $\lambda > \lambda_0$ 的谱线.

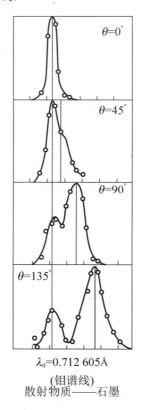

$\lambda_0 = 0.712\ 605\text{Å}$

(钼谱线)

散射物质——石墨

图 2-6 康普顿散射与角度的关系

(2)波长差 $\Delta\lambda = \lambda - \lambda_0$ 随散射角 θ 的增加而增加;原波长谱线的强度随 θ 的增加而减小,波长为 λ 的谱线强度随 θ 的增加而增加(参见图 2-6).

(3)若用不同元素作为散射物质,则 $\Delta\lambda$ 与散射物质无关;原波长谱线的强度随散射物质原子序数的增加而增加,波长为 λ 的谱线强度随原子序数增加而减小(参见图 2-7).

以上现象叫做康普顿效应(A. H. Compton,1923年),康普顿因发现此效应而获得 1927 年诺贝尔物理学奖金.这种 X 射线的散射效应与我们在第八章中讨论过的瑞利散射很不同.按照经典理论,瑞利散射是一种共振吸收和再发射的过程,散射波的频率(波长)总与入射波相同.但在这里,散射线中出现了不同的频率(波长).康普顿散射很容易用光量子理论予以解释[①].

首先我们把散射原子中的电子看成是自由和静止的.康普顿散射可看作是 X 射线中的光子和自由电子间的弹性碰撞过程,在此过程中能量和动量守恒的方程为:

$$\begin{cases} h\nu_0 = h\nu + \dfrac{1}{2}m v^2, & (2.7) \\ \boldsymbol{p}_0 = \boldsymbol{p} + m\boldsymbol{v},^{②} & (2.8) \end{cases}$$

① 在拉曼效应中,散射光谱里也出现了不同频率的光(伴线),但该现象仍可用经典理论作一定的解释.可是康普顿效应里的频移只能用量子理论解释.

② 严格说来,电子的能量和动量的表达式应采用相对论形式.考虑到读者不一定熟悉,这里写成非相对论形式,它们在 $v \ll c$ 的条件下适用.

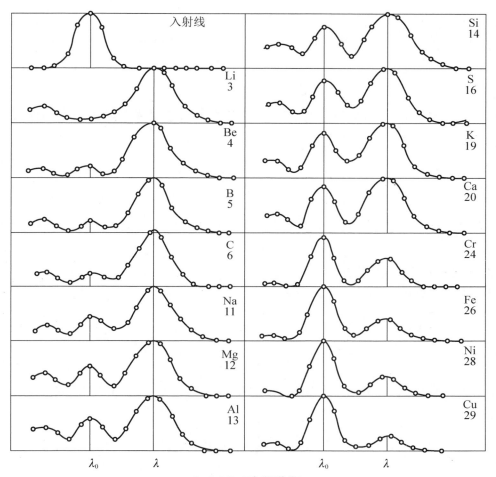

$\lambda_0=0.562\,67\text{Å}(银谱线)$

元素符号下的数字为原子序数

图 2-7 康普顿散射与原子序数的关系

其中 $p_0=|\boldsymbol{p}_0|=h\nu_0/c, p=|\boldsymbol{p}|=h\nu/c, \nu_0$ 和 ν 分别是碰撞前后光子的频率，$\boldsymbol{p}_0$ 和 $\boldsymbol{p}$ 分别是碰撞前后光子的动量，m 为电子的静止质量，v 为碰撞后电子的反冲速度.由上述动量守恒方程(2.8)可得

$$(mv)^2=\left(\frac{h\nu_0}{c}\right)^2+\left(\frac{h\nu}{c}\right)^2-2\left(\frac{h}{c}\right)^2\nu\nu_0\cos\theta, \tag{2.9}$$

式中 θ 为 $\boldsymbol{p}$ 与 $\boldsymbol{p}_0$ 间的夹角(图 2-8).令 $\Delta\nu=\nu_0-\nu$,由式(2.7)得 $v^2=2h\Delta\nu/m$.代入式(2.9),略去 $\Delta\nu$ 平方项,可得

$$\frac{\Delta\nu}{\nu_0\nu}\approx\frac{\Delta\nu}{\nu^2}=\frac{h}{mc^2}(1-\cos\theta)=\frac{2h}{mc^2}\sin^2\frac{\theta}{2},$$

由于 $\lambda=c/\nu, \Delta\lambda=\lambda-\lambda_0=c\Delta\nu/\nu^2$,于是

$$\Delta\lambda = 2\lambda_C \sin^2 \frac{\theta}{2}, \tag{2.10}$$

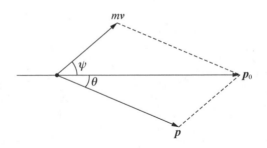

图 2-8　康普顿散射时动量守恒

这里 $\lambda_C = h/mc = 0.0241\text{Å}$，它是一个具有长度量纲的常数，称为康普顿波长. 式(2.10)表明，$\Delta\lambda$ 与物质无关，随 θ 的增大而增大. 它不仅定性地解释了上面的一些实验结果，计算表明，在定量上也是符合的.

若将动量守恒方程(2.8)写成分量形式：

$$\begin{cases} \dfrac{h\nu_0}{c} = \dfrac{h\nu}{c}\cos\theta + mv\cos\psi, & (2.11) \\[3mm] \dfrac{h\nu}{c}\sin\theta = mv\sin\psi, & (2.12) \end{cases}$$

这里 ψ 代表电子反冲的方向与入射线方向的夹角（见图 2-8），由以上两式可以解得

$$\tan\psi = \frac{\nu\sin\theta}{\nu_0 - \nu\cos\theta} = \frac{2\sin\dfrac{\theta}{2}\cos\dfrac{\theta}{2}}{\dfrac{\nu_0}{\nu} - \cos\theta}$$

$$= \left[\left(1 + \frac{\lambda_C\nu_0}{c} \right)\tan\frac{\theta}{2} \right]^{-1}, \tag{2.13}$$

此式在云室实验中得到证实.

以上的计算中认为电子是自由的，实际并不尽然，特别是重原子中内层电子被束缚得较紧. 光子与这种电子碰撞时，实际上是在和一个质量很大的原子交换动量和能量，从而光子的散射只改变方向，能量几乎不变. 这便是散射光中总存在原波长 λ_0 这条谱线的缘故. 波长为 λ_0 和 λ 的两条谱线强度随原子序数消长的情况，也不难由此得到解释.

2.4　波粒二象性

本书用了大部分篇幅介绍光的波动性，目前，显示光的波动性的一些实验现象，如干涉、衍射、偏振，早已成为众所周知的了. 本章以上各节又介绍了一些奇特的现象，特别是光电效应和康普顿散射，为了解释它们，却不得不引入光的粒子模型. 这便是所谓光的波粒二象性.

波粒二象性并非光子所特有,1923 年德布罗意(L. de Broglie)提出,伴随着所有实物粒子,如电子、质子、中子等,都有一种物质波,其波长与粒子的动量成反比:

$$\lambda = \frac{h}{mv},\tag{2.14}$$

式中 h 为普朗克常数.这种波现称为德布罗意波,由上式所决定的波长叫做德布罗意波长.在一定的场合下,微观粒子的这种波动性就会明显地表现出来.例如用电子束轰击晶体表面发生散射时,观察到的电子束强度分布,和 X 光在晶体上发生的衍射图样十分相似(见图 2-9).电子显微镜便是利用电子衍射的原理制成的.

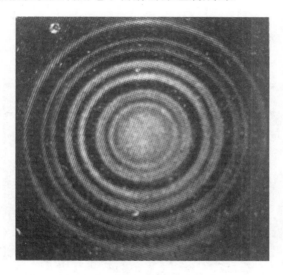

图 2-9　电子在晶体上的衍射图样

在人们的概念里,波动是连续的,扩展于空间的;而粒子是离散的,集中于一点的.如何把这两种截然相反的属性赋予同一个实体? 初看起来,这很难以想象.下面我们用单电子干涉实验来回答这个问题.

杨氏双缝实验(图 2-10)是最典型的干涉实验.这里用的不是光源,而是电子枪.电子束从电子枪 S 射出后经过双缝 S_1 和 S_2 打在屏幕上,实验的结果示于图 2-11,图中给出的一组照片是梅尔立等人于 1976 年发表的[①].在低电子流密度时(图(a))只出现几颗亮点,随着电子流密度的增加(图(c)到(e)),干涉条纹隐约可见,电子流密度很大时(图(f)),可以看到清晰的干涉条纹.这个实验表明,当少量电子通过仪器落在屏上时,其分布看起来毫无规律,并不形成暗淡的干涉条纹,这显示了电子的"粒子性".但大量电子通过仪器时,则在屏上形成了清晰的干涉条纹,这又显示了电子的"波动性".

---

① 参见 P. G. Merli,G. F. Missikoli,G. Pozzi,*Am. J. Phys.* 44(1976),306.他们所作的是电子双棱镜干涉实验,但这在原理上与双缝干涉实验是一样的.

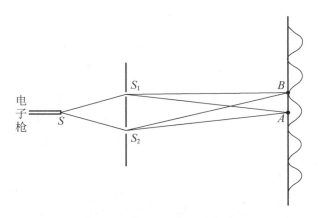

图 2-10　单电子杨氏双缝干涉实验

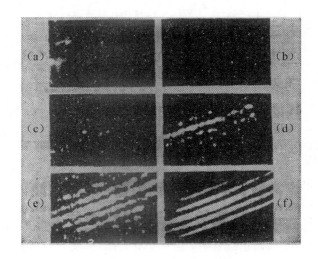

图 2-11　电子的双棱镜干涉图样

　　根据上面所述实验,我们是否可以这样说:正像大量枪弹打在靶上有一定的统计分布一样,屏幕上的干涉图样反映了大量电子的统计分布.但是难于理解的是如下事实:在杨氏实验中如果我们关闭 S_2,让电子束通过 S_1 打在屏幕上,造成一定的密度分布 $n_1(x, y)$.如关闭 S_1,打开 S_2,让电子束通过它打在屏幕上,造成另一密度分布 $n_2(x, y)$.从经典的观点看,两缝同时开放时,屏幕上电子的密度分布应为 $n(x, y) = n_1(x, y) + n_2(x, y)$.但事实并非如此.实验表明,开一条缝,打在屏幕上的电子按单缝衍射的强度因子分布;两缝同时开放,打在屏幕上电子的分布函数还要乘上双缝干涉因子.我们知道,后者不等于前者的叠加.那么,是否可以这样看,分别通过两缝的电子之间发生了某种相互作用(譬如碰撞),致使打在屏幕上的电子密度发生了重新分布?早就有人做过的单电子衍射实验又否定了这种看法. 毕柏曼等人曾用极微弱的电子流作电子衍射实验[①]. 在他们的实验中,就平均而言,相继发射两个电子的时间间隔比电子穿过仪器所需时间大 3×10^4 倍. 几乎可以肯定,电子是一个个地通过仪器的,故而这类实验可称之为单电子衍射实验. 在单电子衍射实验中长时间以后获得的衍射图样,与比它强 10^7 倍的电子流在短时间内得到的衍射图样完全一样. 这表明,衍射图样的产生绝非大量电子相互作用的结果. 上述结论应同样适用于双缝干涉.

单电子干涉、衍射实验表明,波动性是每个电子本身的固有属性,电子的干涉(密度的重新分布)是自身的干涉,而不是不同电子间的干涉. 或者说,波动性和粒子性一样,是每个电子的属性,而不是大量电子在一起时才有的属性. 这点从经典物理学的观点当然是很难理解的,但实验事实迫使我们承认它.

也许会有读者提出更尖锐的问题:干涉是通过两缝的波相干叠加,而单个电子只能通过一个缝,怎么可能自身发生干涉呢? 我们说,实验无法肯定电子究竟通过了哪条缝(也许本来就不该这样提问题),只能说,它通过每条缝的几率各占 50%,干涉正是发生在这两部分"几率波"之间. 一旦我们关闭了一条缝,使电子以 100% 的几率通过另一缝时,缝间的干涉效应也就不存在了. 几率波的干涉这一概念是经典统计学中从未听说过的. 经典的几率可以叠加,但它相当于"强度"的叠加. 但要发生干涉,必须是"振幅"叠加. 什么是"几率振幅"? 这对经典的统计学来说又是一个新鲜的名词. 总之,微观客体的波粒二象性绝不能用经典的概念去理解. 谁这样做,则每当他得到一个似乎可以说服自己的看法时,他就会在新的实验事实面前陷入窘境.

虽然前面我们一直说的是电子,上述各种实验结果和物理图像对光子完全适用. 只是类似图 2-11 所示的那一类记录单个电子打在屏幕上的照片,尚未能在光子实验中获得[②]. 但其他方面的实验佐证还是大量存在的.

综上所述,我们对光的波粒二象性得到如下的物理图像:光是由光子组成的,光子在很多方面具有经典粒子的属性,但它们出现的几率(振幅和强度)却是按照波动光学的预言来分布的. 由于普朗克常数极小,频率不十分高的光子能量和动量很小,在很多情况下个别光子不易显示出可观测的效应. 人们平时看到的是大量光子的统计行为,这将与波动光学所预言的无异. 只有在一些特殊场合,尤其是牵涉到光的发射和吸收等过程时,个别光子的粒子性会明显地表现出来. 因为光子的能量和动量都正比于频率 ν(或者说反比于波长 λ),可以期望,越是短波,粒子性将越明显. 这一点我们已在黑体辐射的问题中看到了. 由于 X 射线和 γ 射线的波长极短,它们的粒子性是相当鲜明的,康普顿散射就是这方面的典型例子.

---

① Л. Биберман, Н. Сушкин, В. Фабрикант, Док. Акад. Наук СССР, LXVI(1949),185.

② 早年(1932—1942)瓦维洛夫(С. N. Вавилов)曾宣称,他所领导的实验小组作过许多微弱光流的涨落实验,用适应于黑暗环境的肉眼观察了个别光子的行为. 遗憾的是,这类实验无法以客观的记录作为凭证公诸于世.

思　考　题

1. 在图 2-3 的光电伏安特性曲线中,当外电压稍微高于遏止电压 $-V_0$ 时,光电流为什么不垂直地上升到它的饱和值?

2. 为什么即使入射光是单色的,射出的光电子却有一定的速率分布?

3. 为什么光电测量对于光电极的表面性质非常敏感?

4. 今有如下一些材料(括号内表示其功函数值):钽(4.2eV)、钨(4.5eV)、铝(4.2eV)、钡(2.5eV)、锂(2.3eV),如果要制造用可见光工作的光电池,应选取哪种材料?

5. 可以用可见光来做康普顿散射实验吗? 为什么?

6. 在康普顿散射实验中的自由电子能够只吸收入射光子而不发射散射光子吗? 为什么光电效应中的电子能够如此?

7. 如图,一束单色光射在半反射镜上之后,一半能流反射到光电池 1 上,另一半能流透射到光电池 2 上.令入射光的频率为 ν,两光电池的截止频率皆为 ν_c,且 $\nu > \nu_c > \nu/2$.每当光电池产生一个光电子时,记录器就会发出卡塔一声.现设想我们利用这一装置做微弱光流实验,即光源如此之弱,同时只有一个光子通过仪器到达光电池.试问:

(1)到达每个光电池的光子能量是多少($h\nu/2$ 还是 $h\nu/2$ 或 0)? 频率是 ν 还是 $\nu/2$?

(2)两光电池是否会同时发出卡塔声? 实际情况应该怎样?

(3)如果把图中两光电池都换为全反射镜,以组成一台迈克尔孙干涉仪,仍让光子一个一个地通过仪器,在照相底版上能否记录到干涉条纹?

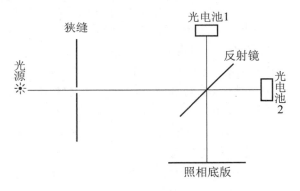

思考题 7 图

习　题

1. (1)从钠中去一个电子所需的能量为 2.3eV.钠是否会对 $\lambda = 6800\text{Å}$ 的橙黄色光表现光电效应?

(2)从钠表面光电发射的截止波长是多少?

2. 波长为 2000Å 的光照到铝表面,对铝来说,移去一个电子所需的能量为 4.2eV,试问:

(1)出射的最快光电子的能量是多少？

(2)出射的最慢光电子的能量是多少？

(3)遏止电压为多少？

(4)铝的截止波长为多少？

(5)如果入射光强度为 $2.0\mathrm{W/m^2}$,单位时间打到单位面积上的平均光子数为多少？

3.某光电阴极对于 $\lambda=4910\mathrm{\AA}$ 的光,发射光电子的遏止电压为 $0.71\mathrm{V}$.当改变入射光波长时,其遏止电压变为 $1.43\mathrm{V}$,今问此对应的入射光波长为多少？

4.有光照射到照相底版上,如果在版上分解出 AgBr 分子,则光就被记录下来,分解一个 AgBr 分子所需的最小能量约为 $10^{-19}\mathrm{J}$,求截止波长(即大于该波长的光将不被记录).

5.一个空腔辐射器处于 6000K 的温度,它壁上小圆孔的直径是 $0.10\mathrm{mm}$,计算每秒从此孔发出的波长在 5500—5510Å 之间的光子数.

6.太阳光以每秒 $1340\mathrm{W/m^2}$ 的辐射率照到垂直于入射线的地球表面上,假如入射光的平均波长为 5500Å,求每秒每平方米上的光子数.

7.在理想条件下正常人的眼睛接收到 5500Å 的可见光时,每秒光子数达 100 个时就有光的感觉,问与此相当的功率是多少？

8.单色电磁波的强度是 $Nh\nu$,其中 N 是每单位时间通过单位面积的光子数.问照射在全反射镜面上的辐射压强是多少？

9.由式(2.11),(2.12)导出式(2.13).

10.试证明,康普顿散射中反冲电子的动能 K 和入射光子的能量 E 之间的关系为

$$\frac{K}{E}=\frac{\Delta\lambda}{\lambda+\Delta\lambda}=\frac{2\lambda_\mathrm{C}\sin^2(\theta/2)}{\lambda+2\lambda_\mathrm{C}\sin^2(\theta/2)},$$

其中 $\lambda_\mathrm{C}=h/mc$ 为康普顿波长,θ 角见图 2-8.

11.今有:(1)波长为 1.00Å 的 X 射线束;(2)从铯^{137}Cs样品得到的波长为 $1.88\times10^{-2}\mathrm{\AA}$ 的 γ 射线束与自由电子碰撞.现从入射方向成 90°角的方向去观察散射线,问每种情况的(1)康普顿波长偏移是多少？(2)给予反冲电子的动能为多少？(3)入射光在碰撞时失去的能量占总能量的百分之几？

§3 玻尔原子模型与爱因斯坦辐射理论

为了下面学习激光原理,必须对原子的结构以及它与电磁辐射相互作用的方式有些初步的了解,本节就来介绍这些方面的问题.

3.1 原子结构经典理论的困难

1909 年卢瑟福(E. Rutherford)和他的合作者做的 α 粒子散射实验证明,原子中心有个很小的核,即原子是由带正电的原子核和带负电的电子组成,它们之间存在着静电的吸引力.按照库仑定律,静电力服从平方反比律,这和天体间的万有引力服从的规律是一

样的. 按照经典力学的原理(牛顿三定律),我们必然得到如下几点结论:

(1)原子中的电子应像太阳系中的行星绕日旋转那样,围绕着原子核沿圆或椭圆轨道不断地旋转.

(2)电子绕核旋转,必须具有一定的动能. 动能越大轨道的半径或半长轴就越大;没有动能时,它就会被静电力吸引到原子核上去.

(3)电子轨道运动的周期 T 正比于半径或半长轴 a 的 3/2 次方,即 $T \propto a^{3/2}$(开普勒第三定律). 轨道越小,周期越短.

经典理论在处理这样一个原子结构模型的电磁辐射问题时,它就漏洞百出了. 因为根据经典的电动力学原理,我们必然还要得到如下几点结论:

(1)任何作加速运动的带电粒子都要发射电磁波. 而电子沿圆或椭圆的轨道旋转是一种加速运动,它必然要不断地发射电磁波.

(2)电磁波要带走一部分能量,这能量来源于带电粒子本身,所以在发射电磁波的同时,带电粒子本身必然会受到阻力而减速. 这阻力叫做辐射阻尼力. 既然电子不断发射电磁波,它必然会在电磁阻尼力的作用下不断减速,其动能不断被消耗掉. 如果没有能量补充,每个电子的轨道都要不断缩小,最后被吸引到原子核上去.

(3)若电子运动的周期是 T,则它发射的电磁波的周期也是 T,或者说,电磁波的频率 $\nu = 1/T$. 在电子轨道不断缩小的过程中周期不断减小,它发射的电磁波的频率要不断增大. 从大量原子平均来看,它们发射的电磁波谱应是连续的.

但是事实上电子可以在核的周围处于无辐射状态,此外原子的光谱不是连续谱,而是线状的分立谱. 这和经典理论直接冲突.

我们在第八章介绍过另一种经典原子模型——振子模型,即假设原子是由一系列偶极振子组成,每个振子的固有频率对应一条谱线. 这个模型可以解释原子光谱中谱线分立的特点,并从受迫谐振的角度说明了吸收光谱与发射光谱中谱线为什么一一对应. 但是这里也有不可克服的困难:

(1)原子中存在着原子核这一点已为实验所证实,而在这情况下电子受到的是 $f \propto 1/r^2$ 形式的库仑力,可是简谐振子的模型要求 $f \propto -r$ 形式的弹性恢复力.

(2)按照数学中傅里叶级数的原理,任何频率为 ν 的周期运动都可分解为一系列频率为 $\nu, 2\nu, 3\nu, \cdots$ 的简谐振动的叠加. 如果仍旧认为电子绕核作圆或椭圆运动,它在每个方向的投影都可作傅里叶分解. 这样似乎可为振子模型找到一些根据,但是下面我们即将看到,实际在原子光谱中观察到的谱线序列并不是整数倍序列,这又是上述理论所无法解释的了.

总之,和黑体辐射、光电效应等问题一样,这里经典理论和实验事实之间也存在着尖锐的矛盾,一个新的理论将在分析大量实验事实的基础上诞生.

3.2 氢原子光谱中的谱线系

实际光谱中的谱线序列有怎样的规律呢? 我们以最简单的原子——氢原子的光谱为例来说明. 在长期的研究中人们首先发现氢原子光谱中可见光波段内有一个谱线序

列,它们的波长 λ 可用下列经验公式表示:

$$\frac{1}{\lambda}=R_\mathrm{H}\left(\frac{1}{2^2}-\frac{1}{n^2}\right),\quad n=3,4,5,6,\cdots.$$

其中 $R_\mathrm{H}=109\,677.6\mathrm{cm}^{-1}$ 为一常数,称为氢的里德伯常数(J. R. Rydberg). 当我们以 $n=3,4,5,6$ 代入上式算出来的波长分别是氢光谱中观察到的 $\mathrm{H}_\alpha,\mathrm{H}_\beta,\mathrm{H}_\gamma,\mathrm{H}_\delta$ 谱线的波长. 此外在紫外线区还拍摄到对应 $n=7,8$ 等几条谱线 $\mathrm{H}_\epsilon,\mathrm{H}_\xi,\cdots$. 下表分别列出由上式计算出的和实验观测出的这一谱线序列的波长值,可以看出二者的数值是符合得很好的.

表 Ⅸ-4　巴耳末线系

n	谱线	$\lambda/\text{Å}$		n	谱线	$\lambda/\text{Å}$	
		计算值	观测值			计算值	观测值
3	H_α	6562.80	6562.81	6	H_δ	4101.78	4101.74
4	H_β	4861.38	4861.33	7	H_ϵ	3970.11	3970.07
5	H_γ	4340.51	4340.47	8	H_ξ	3889.09	3889.06

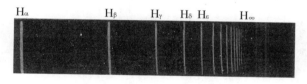

图 3-1　氢原子光谱中的线系

这个谱线序列叫做巴耳末线系(J. J. Balmer).

除上述谱线序列外,在氢原子光谱中还发现另外一些谱线序列,它们的波长可用以下经验公式表示:

莱曼线系: $\dfrac{1}{\lambda}=R_\mathrm{H}\left(\dfrac{1}{1^2}-\dfrac{1}{n^2}\right),n=2,3,\cdots;$　　紫外区

帕邢线系: $\dfrac{1}{\lambda}=R_\mathrm{H}\left(\dfrac{1}{3^2}-\dfrac{1}{n^2}\right),n=4,5,\cdots;$

布拉开线系: $\dfrac{1}{\lambda}=R_\mathrm{H}\left(\dfrac{1}{4^2}-\dfrac{1}{n^2}\right),n=5,6,\cdots;$　红外区

普丰德线系: $\dfrac{1}{\lambda}=R_\mathrm{H}\left(\dfrac{1}{5^2}-\dfrac{1}{n^2}\right),n=6,7,\cdots.$

综上所述,我们可以用一个更普遍的公式来表示氢原子光谱中各线系的波长:

$$\frac{1}{\lambda}=R_\mathrm{H}\left(\frac{1}{m^2}-\frac{1}{n^2}\right),\tag{3.1}$$

其中 m,n 都是正整数,而 $n>m$,为了使式(3.1)具有更鲜明的物理意义,可以将它改写为

$$\frac{1}{\lambda}=T(m)-T(n),\tag{3.2}$$

其中 $T(m)=R_H/m^2$ 和 $T(n)=R_H/n^2$ 称为光谱项. 式(3.2)表明,氢原子光谱中谱线波长的倒数可以表示成一对光谱项之差. 氢原子光谱的这一特点,也为其他原子光谱所共有,只不过光谱项具有更复杂的形式罢了. 按照经典理论,谱线系的这种规律性是根本无法理解的.

3.3　玻尔假说

在前人大量的实验工作和理论工作(特别是普朗克、爱因斯坦的假说和卢瑟福实验)的基础上,1913 年玻尔(N. Bohr)提出如下两点假说,为原子结构的量子理论奠定了基础,为此他获得 1922 年的诺贝尔物理学奖金.

(1)原子存在某些定态,在这些定态中不发出也不吸收电磁辐射能. 原子定态的能量只能采取某些分立的值 $E_1,E_2,\cdots,E_n$,而不能采取其他值. 这些定态能量的值叫做能级.

(2)只有当原子从一个定态跃迁到另一定态时,才发出或吸收电磁辐射.

按照光子假设,电磁辐射的最小单元是光子,它的能量为 $h\nu$. 所以根据能量守恒定律,原子在一对能级 E_m,E_n 间发生跃迁时,只能发出或吸收满足下式的特定频率的单色电磁辐射:

$$h\nu=E_n-E_m \quad 或 \quad \nu=\frac{E_n-E_m}{h}, \tag{3.3}$$

上式称为玻尔频率条件,式中 h 为普朗克常数.

不难看出,用玻尔频率条件就可以解释光谱线系的公式(3.2)了,因为 $\nu=c/\lambda$,代入式(3.3)后,即得

$$\frac{hc}{\lambda}=E_n-E_m \quad 或 \quad \frac{1}{\lambda}=\frac{E_n-E_m}{hc}.$$

将上式与(3.2)式比较一下就可看出光谱项的物理意义,即 $T(m)=-E_m/hc$;$T(n)=-E_n/hc$,它们分别与能级 E_m,E_n 成正比[①].

按照玻尔假说,氢原子的能级应为

$$E_n=-hcT(n)=-\frac{hcR_H}{n^2} \quad (n=1,2,3,\cdots),$$

n 叫做(主)量子数,氢原子光谱中各线系对应的跃迁过程如图 3-2 所示,应分别为

莱曼线系：　$E_2,E_3,\cdots,\rightarrow E_1$;

巴耳末线系：$E_3,E_4,\cdots,\rightarrow E_2$;

帕邢线系：　$E_4,E_5,\cdots,\rightarrow E_3$;

布拉开线系：$E_5,E_6,\cdots,\rightarrow E_4$;

普丰德线系：$E_6,E_7,\cdots,\rightarrow E_5$.

以上是从高能级向低能级的跃迁,它们相当于光的发射过程. 与每个发射过程对应

---

① 负号表示原子中的能级是负的. 这是因为原子的能量包括静电势能(由于电子与原子核带异号电,以二者相距无穷远为基准来计算,它是负的)和电子的动能(是正的),而对于未电离的原子来说电子动能的数值应小于静电势能的绝对值(否则电子就可以摆脱原子核的束缚而电离了),所以原子的总能量是负的.

地都有一个从低能级向高能级的跃迁,即光的吸收过程.两个相反的过程都满足同一频率条件(3.3),这就说明了发射谱和吸收光谱中谱线一一对应的关系.

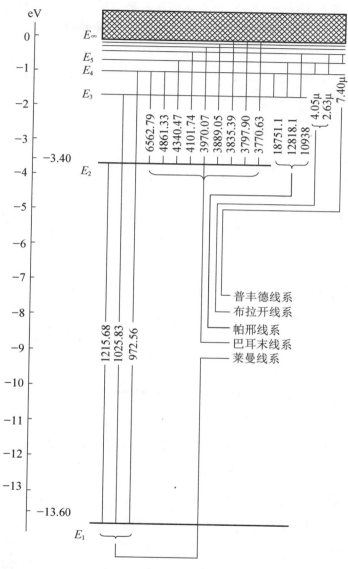

图 3-2　氢原子的能级与谱线系

原子能级中能量最低的叫做基态,其余的叫做激发态,图 3-2 中 E_1 是基态,其余的自下而上依次为第一激发态、第二激发态等等.

以上便是原子结构以及原子与电磁辐射相互作用的量子图像,它能够很好地说明实验事实,但与经典理论不相容.这表明经典理论不适用于原子这样的微观客体,必须用量子理论来代替它.

3.4 粒子数按能级的统计分布

在气体中,个别原子处在哪个能级上,是带有偶然性的,并且通过相互碰撞以及与电磁辐射的相互作用而不断发生跃迁.但是达到热平衡态后,各能级上原子数目的多少服从一定的统计规律.设原子体系的热平衡温度为 T,在能级 E_n 上的原子数为 N_n,则

$$N_n \propto \mathrm{e}^{-\frac{E_n}{kT}}, \tag{3.4}$$

式中 k 为玻尔兹曼常数,这个统计规律叫做玻尔兹曼正则分布律.如图 3-3,它表明,随着能量 E_n 的增高,粒子数 N_n 按指数律递减.

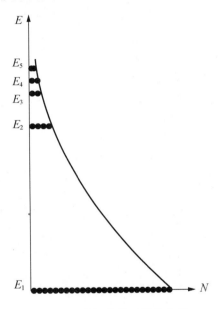

图 3-3 玻尔兹曼正则分布律

设 E_1 和 E_2 为任意两个能级($E_2 > E_1$),按玻尔兹曼分布律,两能级上原子数之比为

$$\frac{N_2}{N_1} = \mathrm{e}^{-\frac{E_2 - E_1}{kT}} < 1, \tag{3.5}$$

这表明,在热平衡态中高能级上的原子数 N_2 总小于低能级上的原子数 N_1,两者之比由体系的温度决定.在给定温度下,$E_2 - E_1$ 这一差值越大,N_2 比 N_1 就相对地越小.例如氢原子的第一激发态 $E_2 = -3.40\mathrm{eV}$,基态 $E_1 = -13.60\mathrm{eV}$,$E_2 - E_1 = 10.20\mathrm{eV}$.在常温 $T = 300\mathrm{K}$ 下($kT \approx 0.026\mathrm{eV}$),$N_2/N_1 = \mathrm{e}^{-10.20/0.026} \approx \mathrm{e}^{-400} \approx 10^{-170}$.可见在常温的热平衡状态下,气体中几乎全部原子处在基态.

3.5 自发辐射、受激辐射和受激吸收

如前所述,从高能级 E_2 向低能级 E_1 跃迁相当于光的发射过程,相反的跃迁是光的吸收过程.两过程都满足同一频率条件

$$\nu = \frac{E_2 - E_1}{h}.$$

进一步的深入研究发现,光的发射过程实际上有两种,一是在没有外来光子的情况下处在高能级的原子有一定的几率自发地向低能级跃迁,从而发出一个光子来,这种过程叫做自发辐射过程(图 3-4(a)).另一发射过程是在满足上述频率条件的外来光子的激励下高能级的原子向低能级跃迁,并发出另一个同频率的光子来,这种过程叫做受激辐射过程(图 3-4(b)).自发辐射是个随机过程,处在高能级的原子什么时候自发地发射光子带有偶然性,所以气体中各原子在自发辐射过程中发出的光子(也可以说是光波),其相位、偏振状态、传播方向都没有确定的联系.换句话说,自发辐射的光波是非相干的.然而受激辐射的光波,其频率、相位、偏振状态和传播方向都与外来的光波相同.

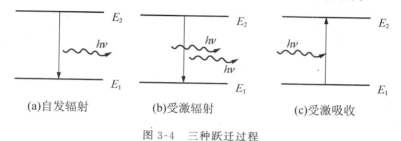

(a)自发辐射   (b)受激辐射   (c)受激吸收

图 3-4   三种跃迁过程

光的吸收过程(参见图 3-4(c))与受激辐射过程一样,都是在满足上述频率条件的外来光子的激励下才发生的跃迁过程,所以吸收过程也叫受激吸收过程,或简称吸收过程.由于气体中原子在各能级上有一定的统计分布,所以在满足上述频率条件的外来光束照射下,两能级间受激吸收和受激辐射这两个相反的过程总是同时存在、相互竞争,其宏观效果是二者之差.当吸收过程比受激辐射过程强时,宏观看来光强逐渐减弱;反之,当受激辐射过程比吸收过程强时,宏观看来光强逐渐增强.具体地回答这个问题必须分析两种过程的几率,下面就来讨论这个问题.

仍考虑任意两个能级 $E_1, E_2(E_2 > E_1)$,设体系在某时刻 t 处于这两个能级的原子数分别是 N_1 和 N_2,既然两个受激跃迁过程是由外来光子引起的,单位时间内每个原子的受激跃迁几率都与满足频率条件的外来光子数密度,或者说原子周围该频率的辐射能密度的谱密度 $u(\nu)$ 成正比.而单位时间内发生的每种跃迁过程的原子数($\mathrm{d}N/\mathrm{d}t$)还应正比于始态的原子数 N.因此对于受激辐射过程($E_2 \to E_1$)

$$\left(\frac{\mathrm{d}N_{21}}{\mathrm{d}t}\right)_{受激} = B_{21} u(\nu) N_2, \tag{3.6}$$

而对于受激吸收过程($E_1 \to E_2$)

$$\left(\frac{\mathrm{d}N_{12}}{\mathrm{d}t}\right)_{吸收} = B_{12} u(\nu) N_1. \tag{3.7}$$

自发辐射过程($E_2 \to E_1$)的几率只与始态 E_2 上的粒子数 N_2 有关,与外来辐射能的密度无关,于是单位时间内发生自发辐射跃迁过程的原子数可写成

$$\left(\frac{\mathrm{d}N_{21}}{\mathrm{d}t}\right)_{自发} = A_{21} N_2. \tag{3.8}$$

　　(3.6),(3.7),(3.8)三式中引入的系数 B_{21},B_{12},A_{21},称为爱因斯坦系数,它们都是原子本身的属性,与体系中原子按能级的分布状况无关.正因如此,我们可以利用细致平衡条件,推导出三者之间的比例关系.所谓细致平衡,是指在每对能级之间粒子的交换都达到平衡.在热平衡态中,$u(\nu)$ 等于标准能谱 $u_T(\nu)$,单位时间内由能级 E_2 跃迁到能级 E_1 的原子数为

$$\left(\frac{\mathrm{d}N_{21}}{\mathrm{d}t}\right)_{受激} + \left(\frac{\mathrm{d}N_{21}}{\mathrm{d}t}\right)_{自发} = B_{21}u_T(\nu)N_2 + A_{21}N_2,$$

由能级 E_1 跃迁到能级 E_2 的原子数为

$$\left(\frac{\mathrm{d}N_{21}}{\mathrm{d}t}\right)_{吸收} = B_{12}u_T(\nu)N_1.$$

达到细致平衡时二者相等

$$\left(\frac{\mathrm{d}N_{21}}{\mathrm{d}t}\right)_{受激} + \left(\frac{\mathrm{d}N_{21}}{\mathrm{d}t}\right)_{自发} = \left(\frac{\mathrm{d}N_{12}}{\mathrm{d}t}\right)_{吸收},$$

或

$$B_{21}u_T(\nu)N_2 + A_{21}N_2 = B_{12}u_T(\nu)N_1,$$

由此解出 $u_T(\nu)$,得

$$u_T(\nu) = \frac{A_{21}N_2}{B_{12}N_1 - B_{21}N_2} = \frac{A_{21}}{B_{12}\dfrac{N_1}{N_2} - B_{21}}. \tag{3.9}$$

按正则分布律和玻尔条件

$$\frac{N_1}{N_2} = \mathrm{e}^{\frac{E_2-E_1}{kT}} = \mathrm{e}^{\frac{h\nu}{kT}}.$$

另一方面,按普朗克公式

$$u_T(\nu) = \frac{4}{c}r_0(\nu,T) = \frac{8\pi h}{c^3}\frac{\nu^3}{\mathrm{e}^{h\nu/kT}-1}.$$

将所有这些代入式(3.9),得

$$\frac{8\pi h\nu^3}{c^3}\frac{1}{\mathrm{e}^{h\nu/kT}-1} = \frac{A_{21}}{B_{12}\mathrm{e}^{h\nu/kT}-B_{21}}.$$

要上式两端对任何 $h\nu/kT$ 之值均成立,必须系数分别相等,即

$$\frac{A_{21}}{B_{12}} = \frac{A_{21}}{B_{21}} = \frac{8\pi h\nu^3}{c^3}.$$

或

$$\begin{cases} B_{12} = B_{21}, \tag{3.10}\\[2mm] A_{21} = \dfrac{8\pi h\nu^3}{c^3}B_{21} = \dfrac{8\pi h\nu^3}{c^3}B_{12}. \tag{3.11} \end{cases}$$

以上便是三个爱因斯坦系数之间的比例关系,它们表明,从下面越难激发上去的能级,从上面自发地跃迁下来的几率也越小.我们再次强调,虽然式(3.10),(3.11)是由细致平衡条件导出的,由于 A_{21},B_{21},B_{12} 与分布状况无关,这些关系式都是普遍成立的.

以上理论是爱因斯坦(A. Einstein)于 1917 年提出来的,它为后来激光(受激辐射的光放大)的发明奠定了理论基础.

3.6 粒子数反转与光放大

如前所述,自发辐射是不相干的,而受激辐射是相干的.要获得相干性很强的光,就得利用受激辐射产生光放大.下面我们来研究光放大的条件.

当一束光射入介质时,受激吸收和受激发射两个过程同时发生,互相竞争.在光束经历一段过程后,若被吸收的光子数多于受激辐射的光子数,则宏观效果是光的吸收;反之,若受激辐射的光子数多于被吸收的光子数,则宏观效果是光的放大.

在时间 dt 内受激辐射的光子数为

$$dN_{21} = B_{21} u(\nu) N_2 dt,$$

受激吸收的光子数为

$$dN_{12} = B_{12} u(\nu) N_1 dt,$$

考虑到 $B_{12} = B_{21}$,两者之差为

$$dN_{21} - dN_{12} = B_{21} u(\nu)(N_2 - N_1) dt \propto N_2 - N_1.$$

由此可见,当高能级 E_2 上的粒子数 N_2 多于低能级 E_1 上的粒子数 N_1 时,$dN_{21} - dN_{12} > 0$,受激辐射占优势,表现出宏观上的光放大.热平衡时,按照玻尔兹曼正则分布律,高能级 E_2 上的粒子数 N_2 总是小于低能级 E_1 上的粒子数 N_1,$dN_{21} - dN_{12} < 0$,此时,光在介质中的传播,总是受激吸收占优势,表现在宏观上总是光的吸收.N_2 大于 N_1 的分布被称为反转分布,以区别于 N_2 小于 N_1 的正则分布.能造成粒子数反转分布的介质称为激活介质(也就是激光器的工作物质),以区别于粒子数呈正则分布的通常介质.

总之,造成粒子数反转分布是产生激光首先必须具备的条件.如何实现这一条件,将在 §4 中介绍.

3.7 能级的寿命

能级寿命的概念对激光的研究也是十分重要的,我们先在这里介绍一下.

设能级 E_2 上的粒子数为 N_2,由于自发辐射 N_2 将随时间减少.设时间 dt 内的 N_2 的改变量为 dN_2,则

$$dN_2 = -dN_{21} = -A_{21} N_2 dt,$$

或

$$\frac{dN_2}{N_2} = -A_{21} dt,$$

积分后得

$$N_2 = N_{20} \exp(-A_{21} t), \tag{3.12}$$

式中 N_{20} 是 $t = 0$ 时的 N_2 值,上式表明,N_2 减少的快慢与几率系数 A_{21} 的大小有关,A_{21} 越大,则 N_2 减少得越快.不难看出,A_{21} 具有时间倒数的量纲,它的倒数为

$$\tau = \frac{1}{A_{21}}. \quad ① \tag{3.13}$$

式(3.12)可改写为

$$N_2 = N_{20} e^{-t/\tau}, \tag{3.14}$$

τ 反映了粒子平均说来在能级 E_2 上停留时间的长短,它叫做粒子在该能级上的平均寿命,或简称寿命(平常更简单些,就说该能级的平均寿命或寿命).按照式(3.12),寿命 τ 也可理解为在能级 E_2 上的粒子数减少到初始时的 $1/e$(约 36%)所经历的时间.

各种原子的各个能级的寿命 τ 与原子的结构有关,一般激发态能级的寿命数量级为 10^{-8} s. 也有一些激发态的能级寿命特别长,可达 10^{-3} s 甚至 1s,这种寿命特别长的激发态叫亚稳态,在下节里将看到,亚稳态在激光的产生过程中起着特殊的重要作用.

以上讲的只是与自发跃迁过程对应的寿命,更确切地应叫它为能级的自然寿命.实际上由于原子间的碰撞或其他外界干扰,都会使原子的跃迁几率大大增加,从而能级的实际寿命一般比自然寿命(10^{-8} s)小几个数量级.在第二章 §3 中讲过,原子每次发射光波持续的时间远小于 10^{-8} s,这里所说的"持续时间",就是相应能级的实际寿命.

习　题

1. (1)不考虑电磁辐射,试证明氢原子中电子以半径 r 绕核作圆周运动时,经典理论给出原子的能量(动能＋静电位能)为(用 MKSA 单位制表示):

$$E = -\frac{e^2}{8\pi\varepsilon_0 r},$$

式中 ε_0 为真空介电常数,e 为基本电荷.

(2)验证一下,普朗克常数 h 具有角动量的量纲.

(3)设(1)中电子绕核的角动量为 p_φ,玻尔的"量子化条件"是 p_φ 取如下分立值:

$$p_\varphi = nh/2\pi \quad (n=1,2,\cdots). \tag{3.15}$$

证明此时电子轨道的半径亦取分立值:

$$r = n^2 a, \tag{3.16}$$

式中 $a = \dfrac{\varepsilon_0 h^2}{\pi m e^2}$($m$ 为电子质量,a 称为玻尔半径).

(4)证明氢原子能级 E_n 和里德伯常数 R_H 的表达式分别为

$$E_n = -\frac{me^4}{8\varepsilon_0^2 n^2 h^2}, \tag{3.16}$$

$$R_H = \frac{me^4}{8\varepsilon_0^2 h^3 c}. \tag{3.17}$$

---

① 这公式只适用于能级 E_2 下面只有一个能级 E_1 的情况,如果它下面有许多能级 $E_1, E'_1, E''_1, \cdots$,令 A_{21}, $A'_{21}, A''_{21}, \cdots$ 分别代表从 E_2 自发跃迁到这些能级的几率系数,则能级 E_2 的寿命为

$$\tau = \frac{1}{A_{21} + A'_{21} + A''_{21} + \cdots}.$$

(5)计算玻尔半径 a 和里德伯常数 R_H 的具体数值.

(6)量子数 $n \to \infty$ 意味着什么?

2.设一个两能级系统能级差 $E_2 - E_1 = 0.01 \text{eV}$,

(1)分别求 $T = 10^2 \text{K}, 10^3 \text{K}, 10^5 \text{K}, 10^8 \text{K}$ 时粒子数 N_2 与 N_1 之比.

(2)$N_2 = N_1$ 的状态相当于多高的温度?

(3)粒子数发生反转的状态相当于怎样的温度?

(4)我们姑且引入"负温度"的概念来描述粒子数反转的状态,你觉得 $T = -10^8 \text{K}$ 和 $T = +10^8 \text{K}$ 两个温度中哪一个更高? $T = -10^4 \text{K}$ 和 $T = -10^8 \text{K}$ 两个温度中哪一个更高?

§4 激光的产生

4.1 激光概述

激光是六十年代初出现的一种新型光源.

我们常见的普通光源有照明用的,如蜡烛、白炽灯、日光灯、炭弧、高压水银灯、高压氙灯、太阳等等;有光谱实验和计量等技术上用的,如钠灯、水银灯、镉灯、氦灯等等. 与普通光源比较,激光具有一系列独特的优点. 激光作为一种方向性好和单色性好的强光光束,它一出现,就引起了人们普遍的重视,并很快在生产和科学技术中得到广泛的应用. 自从 1960 年在实验室中制成第一台激光器(红宝石激光器)以来,各种激光器的研制和各种激光技术的应用突飞猛进地发展,其形势可以同五十年代中半导体技术的发展相媲美. 至今,作为激光器的工作物质已经相当广泛,有固体、气体、液体、半导体、染料等,种类繁多. 各种激光器发射的谱线分布在一个很宽的波长范围内,短至 $0.24 \mu\text{m}$ 以下的紫外,长至 $774 \mu\text{m}$ 的远红外,中间包括可见光、近红外、红外各个波段;输出功率低的到几微瓦(10^{-6}W),高的达几兆兆瓦(10^{12}W). 如高功率的激光器中有 CO_2 激光器,其连续输出功率可达 10^4W;钕玻璃激光器的脉冲输出功率可达 10^{13}W;钇铝石榴石(YAG)激光器,连续输出功率达 10^3W,脉冲输出功率达 10^6W;在计量技术和实验室中经常使用的氦氖(He-Ne)激光器,发射波长为 $6328 \text{Å}, 1.15 \mu\text{m}$ 和 $3.39 \mu\text{m}$,连续输出功率 1—100mW.

为了使读者在讨论激光的产生和特性之前对激光器有一个大概的了解,下面我们先介绍一台红宝石激光器的一些具体知识,其基本结构如图 4-1 所示. 工作元件是一根淡红色的红宝石棒(Al_2O_3 晶体),其中掺 0.05% 的铬离子(Cr^{3+}). 这些铬离子作为激活离子均匀地分布在基质(即 Al_2O_3 晶体)中,浓度大约为 $1.62 \times 10^{19} \text{cm}^{-3}$,它们替代了晶格中一部分铝离子($Al^{3+}$)的位置,红宝石激光器有关的能级和光谱性质都来源于 Cr^{3+}. 红宝石棒长 10cm,直径 1cm,两个端面精磨抛光,平行度在 $1'$(弧分)以内,其中一个端面镀银,成为全反射面,另一个端面半镀银,成为透射率 10% 的部分反射面. 激励能源是光源——螺旋形脉冲氙灯(现经常采用直管氙灯),灯内氙的气压为 125Torr(1Torr 即 0℃

时 1mmHg).氙灯在绿色和蓝色的光谱段有较强的光输出,这正好同红宝石的吸收光谱对应起来.由氙闪光灯发出的光照射到红宝石的侧面,外有聚光器加强照射效果.闪光灯通常一次工作几毫秒,输入能量 1000—2000J,这相当于容量为 $100\mu F$、电压为几千伏的高压脉冲电容器所储存的能量.闪光灯的大部分输入能量耗散为热,只有一部分变成光能为红宝石所吸收,并转移到其中 Cr^{3+} 的相应能级上.当由氙灯输入的能量超过激光器的阈值时,则每激励一次,就有一束相干光从红宝石的半镀银面射出,其波长为 6943Å(红光),谱线宽度小于 0.1Å.

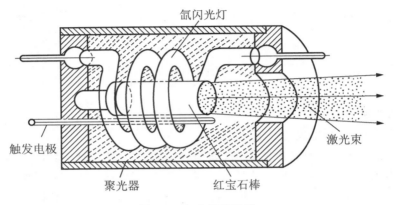

图 4-1　红宝石激光器

　　这样一台激光器的基本结构包括三个组成部分:(1)工作物质(红宝石);(2)光学谐振腔(两个高度平行的镀银面之间形成的空间);(3)激励能源(脉冲氙灯).任何其他激光器,其结构也都是由这样三个基本部分组成(图 4-2).

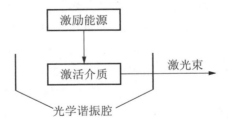

图 4-2　激光器的基本组成部分

　　下面分别介绍各部分(主要是前两部分)的作用.

4.2　激活介质中反转分布的实现

　　对于不同种类的激光器,实现反转分布的具体方式是不同的,但都可以用图 4-3 所概括的基本过程来说明.在图 4-3(a)中,E_1 为基态,E_3 和 E_2 为激发态,其中 E_2 为亚稳态,粒子在 E_2 上的寿命比粒子在 E_3 上的寿命要长得多.一般激发态的寿命在 10^{-11}—10^{-8}s,而亚稳态的寿命长达 10^{-3}s,甚至 1s.

　　在外界能源(电源或光源)的激励下,基态 E_1 上的粒子被抽运到激发态 E_3 上,因而

E_1 上的粒子数 N_1 减少. 由于 E_3 态的寿命很短, 粒子将通过碰撞很快地以无辐射跃迁的方式转移到亚稳态 E_2 上. 由于 E_2 态寿命长, 其上就累积了大量粒子, 即 N_2 不断增加. 一方面是 N_1 减少, 另一方面是 N_2 增加, 以致 N_2 大于 N_1, 于是实现了亚稳态 E_2 与基态 E_1 间的反转分布. 利用处在这种状态下的激活介质, 就可以制成一台激光放大器, 当有外来光信号输入时, 其中频率为 $\nu=(E_2-E_1)/h$ 的成分就被放大[①].

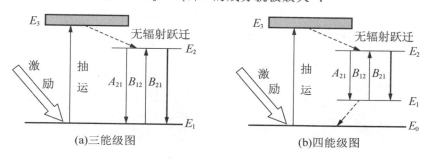

(a)三能级图   (b)四能级图

图 4-3   激活介质的工作模式图

红宝石激光器发射的 6943Å 谱线, 就是红宝石晶体中铬离子(Cr^{3+})的亚稳态与基态之间的反转分布所造成的受激发射. 显然, 要直接造成亚稳态与基态之间的反转分布是比较困难的, 这是因为热平衡时基态几乎集中了全部粒子, 只有当激励能源很强, 进行快速抽运, 才可能实现反转分布. 是否可以使反转分布的下能级 E_1 不在基态, 而在激发态呢? 这个设想现在已经实现, 很多激光器, 例如 He-Ne, CO_2 等激光器, 它们当中出现反转分布的两个特定能级如图 4-3(b)所示, 其中下能级 E_1 不是基态, 而是激发态, 其上的粒子占有数本来就很少, 只要激发态 E_2 上稍有粒子积累, 就较容易地实现反转分布. 当 E_3 上的粒子向 E_2 转移得越快, 以及当 E_1 上的粒子向 E_0 过渡得越快, 则工作效率就越高.

不论三能级图或四能级图, 共同说明一个问题: 要出现反转分布, 必须内有亚稳态, 外有激励能源(也称泵浦), 粒子的整个输运过程必定是一个循环往复的非平衡过程. 激活介质的作用就是提供亚稳态. 所谓三能级图或四能级图, 并不是激活介质的实际能级图, 它们只是对造成反转分布的整个物理过程所作的抽象概括. 实际能级图要比它们复杂, 而且一种激活介质内部, 可能同时存在几对特定能级间的反转分布, 相应地发射几种波长的激光, 例如 He-Ne 激光器就可以发射 6328Å, $1.15\mu m$, $3.39\mu m$ 等多种波长的激光. 又例如氩离子(Ar^+)激光器, 能输出很多种波长, 其中最强的是 4800Å(蓝光)和 5145Å(绿光), 这两个波长目前在激光彩色电视中选为基色.

4.3   增益系数

正像介质对光的吸收能力用吸收系数 a 来描述一样(见第八章 §1), 介质对光的放

---

①   在没有外来光源照射的条件下, 激活介质内部本来就存在 E_1 与 E_2 之间自发辐射(A_{21})所产生的光子, 它们也可以作为"外来光子"而激励粒子, 造成 E_2 与 E_1 之间的受激辐射压倒受激吸收. 不过, 由于没有谐振腔的选择作用, 这种条件下的光放大, 在宏观上仍是随机的.

大能力用增益系数(简称增益)G来描写.如图4-4所示,当一束光射入介质后,设它在x处的光强为I,经历一段距离到达$x+dx$的地方后,光强变为$I+dI$.在吸收的情况下,$dI<0$,我们写成

$$dI=-aIdx,$$

在放大的情况下,我们写成

$$dI=GIdx,\tag{4.1}$$

增益系数G的意义可理解为光在单位距离内光强增加的百分比.

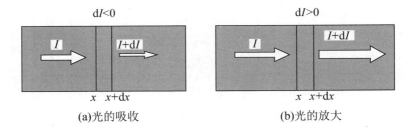

$dI<0$　　　　　　　　　$dI>0$

I　　$I+dI$　　　　　　I　　$I+dI$

x　$x+dx$　　　　　　x　$x+dx$

(a)光的吸收　　　　　　　(b)光的放大

图4-4　吸收与增益

光在激活介质中传播一段距离(从0到x)后,出射光强$I(x)$与入射光强I_0的关系可由式(4.1)经积分得到:

$$\int_{I_0}^{I(x)}\frac{dI}{I}=\ln\frac{I(x)}{I_0}=\int_0^x Gdx.$$

假如这段距离内增益G的变化可忽略,则

$$\int_0^x Gdx=Gx,$$

上式可写成

$$I=I_0 e^{Gx}.\tag{4.2}$$

即$I(x)$随x按指数增长.这公式我们将在下面用到.

增益G的大小与频率ν和光强I都有关系.典型增益曲线的大致轮廓如图4-5,它随光强增加而下降.这一点可解释如下:增益G随粒子数反转程度(N_2-N_1)的增加而上升,在同样的抽运条件下,光强I越强,意味着单位时间内从亚稳态上向下跃迁的粒子数就越多,从而导致反转程度减弱,因此增益也随之下降.

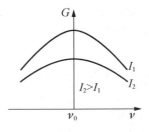

G

I_1

I_2

$I_2>I_1$

ν_0　　ν

图4-5　增益曲线

4.4　谐振腔的作用

实现了反转分布的激活介质,可以做成光放大器,但只有激活介质,本身还不成为一台激光器,这是因为在激活介质内部来源于自发辐射的初始光信号是杂乱无章的,宏观看来传播方向是各向同性的,在这些光信号的激励下得到放大的受激辐射,这一过程总体上看仍是随机的(图 4-6).怎样在其中选取有一定传播方向和一定频率的光信号,使它享有最优越的条件进行放大,而将其他方向和频率的光信号抑制住,最后获得方向性和单色性很好的强光——激光呢? 为了达到这个目的,必须在激活介质的两端安置相互平行的反射面(图 4-7).这对反射面构成了光学谐振腔,它对激光的形成和光束的特性有着多方面的影响,是激光器中一个十分重要的组成部分.

图 4-6　无谐振腔时受激辐射的方向是随机的

在理想的情况下,谐振腔的两个反射面之一的反射率应是 100%,而为了让激光输出,另一个是部分反射的,但反射率也要相当高.一般地说,两反射面既可以是平面,也可以是凹球面,或一平一凹.为了简单起见,在这里我们只讨论平面谐振腔的情况.下面先介绍光学谐振腔对光束方向的作用.

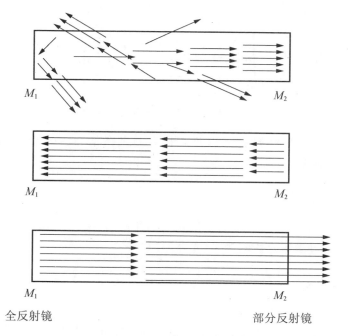

M_1　　　　　M_2

M_1　　　　　M_2

M_1　　　　　M_2

全反射镜　　　　　　　　　　　　部分反射镜

图 4-7　谐振腔对光束方向的选择性

如图 4-7,一对互相平行的反射镜 M_1 和 M_2 组成平面谐振腔.显然,只有与反射镜轴向平行的光束能在激活介质内来回反射,连锁式地放大,最后形成稳定的强光光束,从部分反射镜 M_2 面输出.凡偏离轴向的那些光线,则或者直接逸出腔外,或者经几次来回,最终地要跑出去,它们不可能成为稳定的光束保持下来.总之,谐振腔对光束方向具有选择性,使受激辐射集中于特定的方向,激光光束很高的方向性就来源于此.

当然,即使对于平面谐振腔,其输出的光束也不是绝对的平行光束,它总有一定的发散角,这主要是由端面的衍射而引起的.例如,He-Ne 激光管的发散角只有几分,对于砷化镓(GaAs)激光管,由于受激辐射被局限于只有几微米的 pn 结深范围内,所以其输出光束在相应方向上的发散角达 $10°$ 左右.

现在进一步要问:是不是只要有一块激活介质,两端再装上反射镜,就一定能出激光呢? 不一定.这是因为光在谐振腔内来回反射的过程中,对光强变化的影响存在着两个对立的因素:一个是激活介质中光的增益,它使光强变大;另一个是端面上光的损耗,包括光在端面上的衍射、吸收以及透射,它使光强变小.由于光的损耗,镜面 M_1 的反射率 R_1 总不可能是 100%,而对于输出端 M_2 来说,还有意制成部分透射的,反射率 R_2 有时甚至选为 $70\%—80\%$.所以,要使光强在谐振腔内来回反射的过程中不断地得到加强,必须使增益大于损耗.下面定量地细说一下这个问题.

如图 4-8,考虑一束光在谐振腔内沿轴向往返传播时强度变化的情况(为了便于说明,该图中的光束只好拉开,实际上光束总是在镜面的轴向来回传播,在 M_1,M_2 的同一点反射或透射).

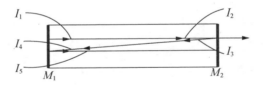

图 4-8　谐振腔内光的损耗与阈值增益

设从镜面 M_1 出发的光强为 I_1.经过腔长为 L 的激活介质的放大,按照式(4.2),到达镜面 M_2 时的光强变为

$$I_2 = I_1 e^{GL}.$$

经 M_2 反射以后,光强降为

$$I_3 = R_2 I_2 = R_2 I_1 e^{GL}.$$

在回来的路上又经过激活介质的放大,光强增加为

$$I_4 = I_3 e^{GL} = R_2 I_1 e^{2GL}.$$

再经 M_1 反射,光强降为

$$I_5 = R_1 I_4 = R_1 R_2 I_1 e^{2GL}.$$

至此光束往返一周,完成一个循环.究竟光强 I_5 与 I_1 相比是变大了,还是变小了? 这要看比值

$$\frac{I_5}{I_1} = R_1 R_2 e^{2GL}$$

大于 1 还是小于 1.若 $R_1 R_2 e^{2GL} > 1$,则 $I_5 > I_1$,即光在谐振腔内来回传播的过程中不断增

强；若 $R_1R_2e^{2GL}<1$，则 $I_5<I_1$，即光在谐振腔内来回传播的过程中不断减弱；若

$$R_1R_2e^{2GL}=1, \tag{4.3}$$

则 $I_5=I_1$，即光在谐振腔内来回传播的过程中强度维持稳定.

对于给定的谐振腔，R_1，R_2 和 L 固定，上述决定光强增减的 $R_1R_2e^{2GL}$ 这个量的大小随增益 G 的增加而增加. 这就是说，只有当增益 G 大过一定的最低数值 G_m 时，才可能使 $R_1R_2e^{2GL}$ 大于 1. 增益 G 必须大过的这个最低数值 G_m，叫做谐振腔的阈值增益，显然阈值增益 G_m 就是满足式(4.3)的 G 值，所以式(4.3)叫做谐振腔的阈值条件，而根据它，阈值增益应为

$$G_m=\frac{1}{2L}\ln\frac{1}{R_1R_2}=-\frac{1}{2L}\ln(R_1R_2). \tag{4.4}$$

只有使激活介质的实际增益 G 大于式(4.4)所给出的谐振腔的阈值增益 G_m，光在谐振腔内来回传播的过程中才能不断增强. 而一台激光器的实际增益 G 取决于激励能源的强弱和激活介质的状态，所以上述阈值条件就给激励能源和激活介质提出了相应的要求. 当然在 $G>G_m$ 时光强也不会无限制地增长下去. 因为随着光强的增大，激活介质的实际增益 G 将下降. 当 G 下降到等于 G_m 值时，光强就维持稳定了.

总之，考虑到激光器中光能的损耗，对激活介质的增益有一个起码的要求. 阈值条件是继反转分布条件之后的又一个产生激光的必要条件. 尽量减少不必要的损耗，就可以降低阈值，这在实际激光器的设计和生产中是必须考虑的.

上面所谓"光能的损耗"，其中包括了一部分从 M_2 透射出去的光能输出，这是必要的，因为这正是我们需要的激光能量. 应当尽量减少的是其余一些不必要的损耗. 在上面的讨论中我们并未把全部损耗考虑进去，在实际的激光器中还有一些其他损耗，如光在激活介质中的散射损耗等. 此外，在外腔式激光器中还多了一重激光管封口的反射损耗. 减少这些损耗，是降低激光器的阈值、提高它的发光效率的关键. 外腔式激光器的布儒斯特窗就是为此而设计的一个典型例子，下面我们专门来谈谈它.

如图 4-9，在外腔式激光器中，作为谐振腔的两个反射镜 M_1 和 M_2 有意识地安置在 He-Ne 激光管的外部，好处是便于调节和进行科学实验. 但是这种装置就多了激光管本身的两个封口 b_1 和 b_2，因而它比内腔式激光器多了一重反射损耗. 如不采取措施，这种损耗是不小的，光束每次经过一片玻璃封口，先后遭遇两次反射，光能损耗至少在 8% 以上. 不过我们知道，光在介质表面反射时，存在一个全偏振角（布儒斯特角）

$$i_B=\arctan\frac{n_2}{n_1}. \tag{4.5}$$

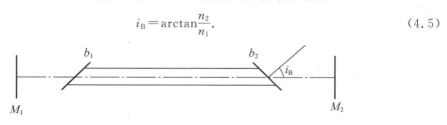

图 4-9 布儒斯特窗

当光线以 i_B 角入射时,反射光中的 p 振动分量为 0,这就是说,对于 p 光反射损耗完全被消除了,它可全部透射过去,对于 s 光,它仍然有较高的反射率,反射损耗可达 14% 左右. 所以,当封口 b_1,b_2 按布儒斯特角 i_B 倾斜时(这叫布儒斯特窗),对于 s 光,由于损耗过大,压倒了增益,从而被抑制,不能成长为激光. 对于 p 光,布儒斯特窗是完全透明的窗口,没有带来新的损耗,其增益容易满足阈值条件. 可见,安置布儒斯特窗的外腔式激光器对光的偏振状态还具有选择性,它所产生的激光是线偏振的,其振动面是窗口法线与管轴所组成的平面.

当然,引进两个窗口,由于角度误差以及表面光洁度和清洁度的影响,总不可能使 p 光的反射率绝对为 0,多少还有些光能损失,从而降低了激光器的输出功率.

总之,产生激光的机理有两方面的问题:光在激活介质内的传播和光学谐振腔的作用,前者产生光的放大,后者维持光的振荡. "激光"一词英文为"laser"(莱塞),是"Light Amplification by Stimulated Emission of Radiation"词组中各词第一字母的缩写,直译应为"辐射的受激发射的光放大". 其实,作为激光器,其中必有谐振腔,所以实际上是一个"受激辐射光振荡器". 放大和振荡两方面合起来,激光器就成为一个光的信号源,向外输出光束.

§5 激光器对频率的选择

激活介质和谐振腔结合在一起,在满足阈值条件下就成为一台激光器,在外界能源的激励下,可以发出激光. 激光有很好的方向性这一特点来源于谐振腔的作用. 那么,激光有很好的单色性这一特点是怎样形成的呢? 有人说,这是由于激活介质内亚稳态的寿命长. 有人说,这是由于谐振腔对振荡频率具有选择性. 其实这两种看法都有一定的道理,但都不全面,激活介质和谐振腔两者,各自从不同方面影响着激光的谱线宽度.

第三章§5中讨论过谐振腔的选频作用. 概括地说,谐振腔的作用使得激光器内可能出现的振荡频率不是任意的,而是有一定间隔 $\Delta\nu_m$ 的准分立谱 $\nu_1,\nu_2,\nu_3,\cdots$(图 5-1(a)),频谱中每条谱线的宽度 $\Delta\nu_c$ 也是由于谐振腔的作用而变得很窄. 频谱中每个谐振频率称为一个振荡纵模[①],$\Delta\nu_m$ 称为纵模间隔,$\Delta\nu_c$ 称为谐振腔作用下的单模线宽,不过,频谱不可能是无限延伸的,因为激活介质本身的谱线有一定的半值宽度 $\Delta\nu$(图 5-1(b)),输出激光的频谱为激活介质的线宽 $\Delta\nu$ 所限制. 一般 $\Delta\nu$ 比 $\Delta\nu_m$ 大得多,因此比值 $N=\Delta\nu/\Delta\nu_m$ 就是输出激光的频谱中包含的纵模个数(图 5-1(c)).

下面我们依次具体地说明由谐振腔决定的纵模间隔 $\Delta\nu_m$ 和单模线宽 $\Delta\nu_c$,以及激活介质本身的谱线宽度 $\Delta\nu$.

---

① 沿轴向(即纵向)传播的振动模式叫做"纵模". 这里我们只讨论纵模.

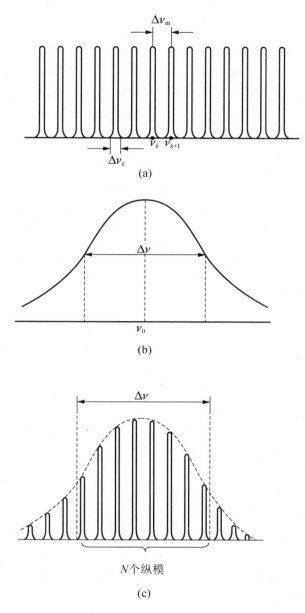

图 5-1 谐振腔的纵模

5.1 由谐振腔决定的纵模间隔和单模线宽

纵模间隔和单模线宽的公式分别由第三章 §5 中的式(5.13)和(5.15)给出，

$$\Delta\nu_m = \frac{c}{2nL},\qquad(5.1)$$

$$\Delta\nu = -\frac{c}{\lambda^2}\Delta\lambda_c = \frac{c(1-R)}{2\pi nL\sqrt{R}},\qquad(5.2)$$

免得与普朗克常数混淆,这里我们把腔长 h 改用 L 代表,并取 $\theta=0$.

式(5.1)给出了腔长 L 对纵模间隔 $\Delta\nu_m$ 的影响. 缩短腔长,将拉开纵模间隔;腔长不稳定,就会引起激光的频率漂移. 在激光测长中对激光的单色性要求很高,所以采用较短的 He-Ne 激光管($L=10$—20cm),而且还需用某些措施来稳定腔长,并进一步选择单模,以便于单模稳频输出.

表Ⅸ-5 中给出 He-Ne 激光器腔长与纵模间隔的某些数据.

表Ⅸ-5　He-Ne 激光器的腔长与纵模间隔

腔长 L/cm　纵模间隔	$\Delta\nu_m = \dfrac{c}{2nL}$／Mc （$n=1.0$）	$\Delta\lambda_m = \dfrac{\lambda^2}{c}\Delta\nu_m$／Å （$\lambda=6328$Å）
100	150	2×10^{-3}
50	300	4×10^{-3}
10	1500	2×10^{-2}

式(5.2)表明,腔长 L 越大,以及反射率 R 越高,单模线宽 $\Delta\nu_c$ 就越窄. 举个数字例子,当 $L=20$cm,$R=98\%$,$n=1.0$ 时,

$$\Delta\nu_c = \frac{3\times10^{10}\times0.02}{2\pi\times1.0\times20\times\sqrt{0.98}}\mathrm{s}^{-1} = 4.8\mathrm{Mc}.$$

对于 He-Ne 激光 $\lambda=6328$Å,$\Delta\nu_c=4.8$Mc,这相当于

$$\Delta\lambda_c = \frac{\lambda^2}{c}\Delta\nu_c = \frac{(6.328\times10^{-5})^2}{3\times10^{10}}\times4.8\times10^6\,\mathrm{Å}$$
$$= 6.4\times10^{-5}\,\mathrm{Å}.$$

最后应当指出,考虑到激光器是一个振荡源,而不是一个无源的法-珀腔,其单模线宽远比仅由法-珀腔决定的单模线宽公式(5.2)所给出的数值小. 例如对于功率大约为 1mW,腔长 $L=100$cm,反射率 $R=98\%$,反转程度 $N_2/(N_2-N_1)=100$ 的 He-Ne 激光器,其单模线宽理论上可达 $\Delta\lambda_c=10^{-12}$Å,目前的技术水平已达到 10^{-8}Å.

5.2　由激活介质辐射决定的线宽

来自激活介质一对能级 E_2 与 E_1 之间的辐射本身就有一定的线宽,谱线中心频率为 $\nu_0=(E_2-E_1)/h$,整个谱线强度曲线轮廓如图 5-1(b)所示,呈覆钟形.

有几个因素影响着物质辐射的线宽 $\Delta\nu$:

(1)自然线宽　粒子在激发态 E_2 上停留的时间总是有限的,其平均寿命 τ 是自发跃迁几率 A_{21} 的倒数,能级寿命 τ 实际上就是持续发射波列的时间,即相干时间(参见第三章 4.6 节):

$$\tau = \frac{L_0}{c} = \frac{\Delta L_M}{c} = \frac{1}{c}\frac{\lambda^2}{\Delta\lambda},$$

而 $\Delta\nu$ 与 $\Delta\lambda$ 的关系是

$$\Delta\nu = \frac{c}{\lambda^2}\Delta\lambda$$

（因为这里只着重数量级的分析，式中的负号可以不管它），故

$$\tau\Delta\nu = 1. \tag{5.3}$$

利用上式我们可以来估算由于能级寿命 τ 引起的谱线宽度 $\Delta\nu$，这线宽叫做自然线宽，上式表明，τ 越长，$\Delta\nu$ 越窄。由于激光是来自亚稳态上的受激辐射，所以其自然线宽较窄。亚稳态的寿命大于 10^{-3} s，故 $\Delta\nu$ 在千周的量级，甚至更小。

（2）碰撞展宽　大量粒子之间的相互碰撞，加速了激发态上的粒子向低能级跃迁，这相当于缩短了能级的寿命，导致谱线展宽，即所谓碰撞展宽。对于气体介质，碰撞的频率取决于压强，所以谱线的碰撞展宽也叫做压力展宽。在 He-Ne 混合气体中，在 1—2mmHg 的压强下，Ne 原子的 6328Å 谱线的碰撞展宽为 100—200Mc，这远远大于其自然线宽。

（3）多普勒展宽　由于热运动，大量粒子的速度具有一定的统计分布，这带来了辐射的多普勒频移效应。也就是说，处于高能级上的粒子，一方面在不停地热运动，一方面又向低能级跃迁而发射光波。所以对接收器，例如光谱仪来说，这些粒子是运动的光源。即使它们发射单一频率 ν_0 的光波，由于多普勒效应，向着接收器方向运动的粒子的辐射，接收到的频率 ν 高于 ν_0，离开接收器方向运动的粒子的辐射，接收到的频率 ν 低于 ν_0，从而接收的频谱展宽了。这就是所谓多普勒展宽。由于气体粒子的热运动服从麦克斯韦速率分布，所以谱线的多普勒展宽的轮廓与麦克斯韦分布函数曲线很相似，是高斯型的。粒子的热运动速率分布取决于温度，在室温下 He-Ne 激光器的 6328Å 谱线的多普勒展宽约为 1300Mc，它比碰撞展宽还大一个数量级。

综上所述，物质的大量粒子在两个特定能级间的跃迁引起的辐射总有一定的线宽，它由自然线宽、碰撞展宽、多普勒展宽几种成分构成。对于不同的光源，其线宽的主要来源可能不同。对于 He-Ne 激光器的 6328Å 线，在室温和 1—2mmHg 的压强下，多普勒展宽是它的线宽 $\Delta\nu$ 的主要来源，这时 $\Delta\nu = 1300$ Mc，这相当于 $\Delta\lambda \approx 1.8\times10^{-2}$ Å。

5.3　小结

最后，我们以 He-Ne 激光器的 6328Å 谱线为例，将其辐射线宽 $\Delta\nu$ 与由谐振腔决定的纵模间隔 $\Delta\nu_m$ 和单模线宽 $\Delta\nu_c$ 作一比较，就可以清楚地看出激活介质和谐振腔各自是怎样影响激光的单色性的（表 IX-6）。

由此可见，$\Delta\nu_m/\Delta\nu \approx 10$，即在辐射线宽 $\Delta\nu$ 中包含近 10 个纵模，当然，考虑到阈值条件的限制，实际中可能出现的纵模个数会比这要少些，包在这些纵模外部的轮廓线是多普勒展宽的高斯线型（参见图 5-1(c)）。尽管每个单模的线宽 $\Delta\nu_c$ 很窄，但如果不采取特别措施，像在一般实验室中那样拿来激光器就用，则输出光束是多模的，其单色性由激活介质的辐射线宽 $\Delta\nu$ 所决定，这并不比普通在同样能级间跃迁的光源的单色性好得太多。须知激光的单色性好表现在其单模上，因此要使激光真正表现出很高的单色性来，在技

术上还需解决两个问题,一是从多模中提取单模,二是稳定住单模的频率,这就是所谓单模稳频技术.在某些方面的应用中(特别是激光测长仪中)对单色性要求很高,就必须采取这些措施.单模稳频这类技术比较专门,这里就不讲了.

表 Ⅸ-6　He-Ne 激光器的各种参数

条件	频率	波长
$T=300\mathrm{K},P=1\text{—}2\mathrm{mmHg}$	辐射线宽 $\Delta\nu=1300\mathrm{Mc}$	$\Delta\lambda\approx1.8\times10^{-2}\,\mathring{\mathrm{A}}$
$L=100\mathrm{cm}$	纵模间隔 $\Delta\nu_\mathrm{m}=150\mathrm{Mc}$	$\Delta\lambda_\mathrm{m}\approx2\times10^{-3}\,\mathring{\mathrm{A}}$
$L=100\mathrm{cm},R=98\%$	单模线宽 $\Delta\nu_\mathrm{c}=1\mathrm{Mc}^*$	$\Delta\lambda_\mathrm{c}\approx1.3\times10^{-5}\,\mathring{\mathrm{A}}$

* 如前所述,这里尚未计及有源谐振腔的影响,这因素还要使 $\Delta\nu_\mathrm{c}$ 进一步缩小好几个数量级.

§6　激光的特性及应用

6.1　激光光束的特性

从前面两节的介绍里,我们已经看到,由于激光产生的机理与普通光源很不相同,使得它具有一系列普通光源所没有的优异特性.激光的特性归纳起来有:

(1)能量在空间高度集中

由于谐振腔对光束方向的选择作用,使激光器输出的光束发散角很小,即光束的方向性很强.激光的这一特性又带来两个后果,一是光源表面的亮度很高,二是被照射的地方光的照度很大.在这方面我们曾在第一章 11.3 节中给过一个 He-Ne 激光器的例子,它以 10mW 的功率产生了比太阳大几千倍的亮度.这样亮的光源在屏幕上形成很小的光斑,可以在幕上得到极大的照度.所以方向性好、亮度高、照度大三者是同一性质的三种表现,它们可归纳为一点,即激光光束的能量在空间高度集中.如果再用调制技术使其能量在时间上也高度集中起来,我们就可获得极高的脉冲功率密度.这将如虎添翼,威力很大.

(2)时间相干性高

如 §5 所述,激光能量在频谱上也是高度集中的,也就是说,它的谱线宽度很窄,单色性很好,或者说,它的时间相干性很高.

在普通光源中,单色性最好的是作为长度基准器的氪灯(^{86}Kr),它的谱线宽度为 $4.7\times10^{-2}\,\mathring{\mathrm{A}}$.激光中单色性最好的是气体一类的激光器产生的激光.如 He-Ne 激光器发射的 6328$\mathring{\mathrm{A}}$ 谱线,线宽只有 $10^{-8}\,\mathring{\mathrm{A}}$,甚至更小.

(3)光束具有空间相干性

从激光器端面输出的光束是相干光束,在其传播的波场空间中,波前上的各点是相干的,也就是说,激光光束与普通光源(它们总是面光源)发出的光束相比,其空间相干性很高.激光的这一特点可通过图 6-1 所示的双缝干涉实验清楚地显示出来.用普通光源(如钠灯、水银灯)作双缝干涉实验时,必须在实际光源与双缝之间加单缝 S 来限制光源的宽度(图(a)). 如取走单缝 S,用普通的光源直接照射双缝,则干涉条纹立即消失(图(b)). 用激光光源(如 He-Ne 激光器)来作双缝干涉实验时,则情况大不相同,可以在没有单缝 S 的条件下让激光直接照射双缝,同样能够出现干涉条纹,而且比普通光源形成的干涉条纹更明亮清晰(图(c)).

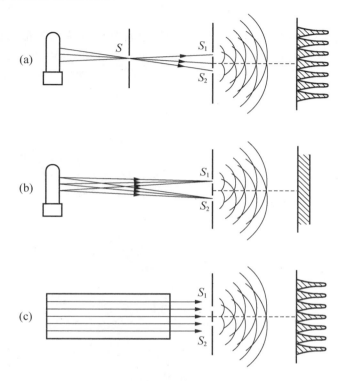

图 6-1 普通光源和激光器空间相干性的比较

激光是相干光束这一特点,是由于产生激光的内部机理所决定的. 在激光器内有一个统一的光信号在激活介质中一边传播一边放大,又经过两个高反射率的端面反射而形成稳定的光振荡,因此在激光器内部各发光中心的自发性和独立性被大大抑制,而相互激励相互强化成为主导方面. 这样,从激光器端面输出的就是一束步调一致的光束,在其波场空间中每一点有确定的传播方向,在其波前上各点之间有固定的相位关系. 因此,激光光束截面上各部分作为次波源是符合相干条件的.

上述激光光束的三条基本特性,从应用的角度还可以进一步概括成两个方面,即一方面它是定向的强光光束,这是指它的能量很集中,功率密度可以很大;另一方面它是单色的相干光束,这是指时间相干性和空间相干性都很高. 激光在各个技术领域中的广泛应用都是利用了这两方面的特性. 例如激光通信、激光测距、激光定向、激光准直、激光雷达、激光切削、激光手术、激光武器、激光显微光谱分析、激光受控热核反应等方面的应用,主要是利用激光第一方面的特性;而激光全息、激光测长、激光干涉、激光测流速等领域,主要是利用激光第二方面的特性.当然激光两方面的特性往往不能截然分开,有的应用(如非线性光学)与激光的两方面特性都有关.由于激光的应用十分广泛,下面只能就一些方面举例介绍.

*6.2　激光的应用

(1)激光测距

根据光束往返的时间可以测定目标的距离.然而普通光束的发散角较大,光强也比较小,距离大了,返回的光束十分微弱.巨脉冲红宝石激光器可在 20ns 的时间内发射 4J 的能量,脉冲功率达 $2\times10^8\,\mathrm{W}$,而发散角经透镜的进一步会聚可小至 5″.利用这样一束定向的强光束已经精确地测定了地球到月球之间的距离,在平均为 40 万公里的距离上测量误差只有 3m,这是以往其他方法所无法实现的.

(2)激光加工

由于激光束高度平行,通过透镜可使之聚焦于很小的一点,在这里产生高温,使材料熔化或汽化,靠急剧膨胀的冲击波还可穿透工件.利用这个原理可进行打孔、切割、焊接等加工工艺.激光加工装置示于图 6-2.

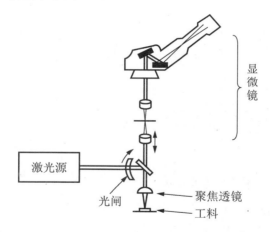

图 6-2　激光加工装置

激光加工有如下特点:(ⅰ)激光加工是无接触加工,加工机可适当地与加工料分离.因此有可能对零件中复杂曲折的微细部分进行加工,在磁场中也能同样加工.(ⅱ)脉冲激光加工消耗的能量较少,而且能量是在短时间内供给的,因此能避免对加工点外的热影响.又由于加工时间短,有可能对运动中的物体加工.(ⅲ)激光加工适用于多种材料的微型加工,与机械加工相比,实现自动控制较容易.

(3)激光在医学上的应用

激光对有机物产生光、热、压力、电磁等多方面的作用,它在医学研究以及医疗上的应用,正广泛地试行着,其中有的已接近实用,多数还处在动物实验等方面的基础研究阶段.比较成熟的是用激光治疗视网膜脱落.为了治这种病,可从外部用很强的光线照射眼睛,利用眼球内水晶体的聚焦作用,将光能集中在网膜的微小点上,靠它的热效应使组织凝结,将脱落的网膜熔接到眼底上.一种红宝石激光的光凝结装置示于图 6-3.

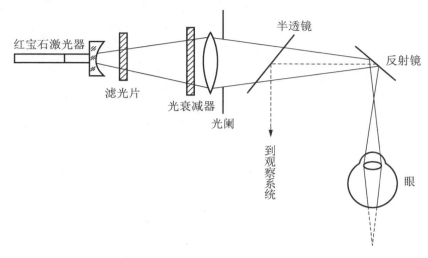

图 6-3 激光光凝结装置

(4)激光核聚变

轻原子核(氢、氘、氚核等)聚合为较重的原子核,并释放出大量核能的反应,称为核聚变反应. 核聚变反应需要在 10^7—10^9 K 以上的高温才能有效地进行.受控核聚变目前有两大途径:磁约束和惯性约束.在各种惯性约束手段中,激光核聚变是研究得较深入的一种.

将激光分成多束,从各个方向均衡地照射在氘、氚混合体作的小靶丸上,巨大的脉冲功率密度使靶丸在很短的时间内高度压缩,并产生高温,在它还来不及飞散之前[1]完成核聚变反应.以上便是激光核聚变的大体过程. 激光核聚变要求激光器有极大的脉冲能量和功率密度,现有的激光器都还有相当差距.

6.3 光速的测量与长度单位"米"的定义

真空中光速 c 不仅是重要的光学常数,也是整个物理学以及天文学中几个最基本的普适常数之一,对其数值的精确测定,无疑是具有十分重大意义的. 光速的测量可以追溯几百年的历史. 早在 1679 年天文学家勒默从观察木星的卫星食第一个测出光的速度. 另一个天文学方法是 1728 年布喇德雷用的光行差法. 在地面上进行光速测定的工作直到十九世纪上半叶才开始,特别值得提起的有斐索的齿轮法,傅科的旋转镜法和迈克尔孙的旋转棱镜法.鉴于光速这一基本常数的重要性,对它的测量工作几十年来从未中断,在此期间方法不断改进,精确度不断提高. 表 IX-7 中列出直到 1958 年光速测量的重要结果.

---

① "惯性约束"之名由此而来.

表 Ⅸ-7　激光出世前的光速测量值

年代	作者	方法	数值(km/s)
1679	勒默(O. Römer)	木卫蚀法	215 000
1728	布喇德雷(J. Bradley)	光行差法	303 000
1849	斐索(A. H. L. Fizeau)	齿轮法	315 000
1862	傅科(J. B. L. Foucalt)	旋转镜法	298 000±500
1902	珀罗汀(Perotin)	齿轮法	299 870±50
1902	迈克尔孙(A. A. Michelson)	旋转棱镜法	299 890±60
1926	迈克尔孙	旋转棱镜法	299 796±4
1935	迈克尔孙,皮斯(F. G. Pease)等	旋转棱镜法	299 774±2
1940	许特(A. Hüttel)	克尔盒法	299 768±10
1941	安德孙(W. C. Anderson)	克尔盒法	299 776±6
1950	玻尔(K. Bol)	谐振腔法	299 789.3±0.4
1950	埃森(L. Essen)	谐振腔法	299 792.5±3.0
1951	伯斯特兰(E. Berstrand)	克尔盒法	299 793.1±0.2
1951	阿斯拉克孙(C. I. Aslakson)	雷达法	299 794.2±1.9
1951	弗鲁姆(K. D. Froome)	微波干涉仪法	299 792.6±0.7
1958	弗鲁姆	微波干涉仪法	299 792.500±0.100

自从1958年弗鲁姆利用微波干涉仪法得到当时公认的光速值 $c=299\ 792.5\pm0.1$ km/s 以来,所有的光速精密测量均以公式 $c=\lambda\nu$ 为基础,即电磁波在真空中的传播速度等于其频率与相应真空波长之乘积.当时的不确定度是 3×10^{-7},其主要原因是使用的波长较长(4mm),因此波长测量的准确度较低,衍射效应带来的误差也较大.

激光器的出现把光速的测量推向一个新阶段.特别是饱和吸收技术的采用,使我们可以得到频率的稳定性和复现性均十分优良的激光辐射.并且由于波长可以比原来微波干涉仪法中用的小三个量级(微米量级),使波长测量的准确度大为提高.甲烷稳定的 $3.39\mu m$ 氦氖激光系统(He-Ne:CH_4)和碘稳定的 633nm 氦氖激光系统(He-Ne:I_2)输出的波长,比现行的"米"定义 ^{86}Kr 辐射波长的复现性高百倍以上,因此这不仅是光速的测量问题了,重新改变"米"的定义问题提上议事日程.

基于各国许多研究所的大量实验结果间的一致性,国际计量局米定义咨询委员会 1973 年第五次会议建议使用 He-Ne:CH_4 和 He-Ne:I_2 两种激光器所产生的单色辐射作为波长基准:前者在真空中的波长为 $3\ 392\ 231.40\times10^{-12}$ m,后者在真空中的波长为 $632\ 991.399\times10^{-12}$ m.该次会议还推荐在主要取自美国标准局(NBS)埃文森(K. M. Evenson)等人测量的 He-Ne:CH_4 激光的频率值 $88\ 376\ 181\ 627\pm50$kHz,并公布了由它的波长和频率之积得到的新光速值:

$$c=299\ 792\ 458\text{m/s},$$

不确定度为 4×10^{-9}.此推荐值立即得到了 1973 年召开的国际天文联合会的承认和

推荐.

　　天文学家是利用光速值作为长度测量的参考的,因此他们希望有一个不变的光速值.为此,米定义咨询委员会保证,不管长度和时间单位的定义将来是否改变,光速值将保持不变.上述光速的推荐值于1975年在第十五届国际计量大会上得到正式通过.从此就有可能利用激光辐射或光速重新定义长度的单位"米".1975年第十五届国际计量大会和1979年第十六届国际计量大会都慎重地讨论了重新定义米的问题.

　　考虑到今后计量学的发展趋势是将物理量的基准建立在基本物理常数的基础上,米定义咨询委员会通过了一项建议,要求国际计量委员会考虑一个新的米定义,于1983年提交第十七届国际计量大会讨论.这个定义是:

　　"米是平面电磁波在(1/299 792 458)秒的持续时间内在真空中传播行程的长度."

*6.4　非线性光学效应

　　激光出现之前的光学基本上研究的是弱光束在介质中的传播、反射、折射、干涉、衍射、线性吸收与线性散射等现象.这些现象是满足波的叠加原理的.现在称之为线性光学.强光在介质中将出现很多新现象,如谐波的产生、光量子振荡、光的受激散射、光束自聚焦、多光子吸收、光致透明和光子回波等,研究这些现象的学科称为非线性光学,在这里波的叠加原理不再成立.光的非线性效应一般是比较弱的,只有激光这样强大的光源出现后,非线性光学研究的大力开展才有可能.下面挑选一些非线性光学效应作简单的介绍.

　　(1)倍频和混频

　　在第八章2.4节中我们已经看到,因折射率$n=\sqrt{\varepsilon}$,介质的光学性质完全由极化率$\chi_e$$=\varepsilon-1$决定.对于各向同性的线性介质,极化强度与电场强度成正比:

$$P=\chi_e \varepsilon_0 E,$$

或简写为$P=\alpha E$.这规律实际上只限场强E不太大的时候,当E很大时,P还与E的高次方有关:

$$P=\alpha E+\beta E^2+\gamma E^3+\cdots,[①] \tag{6.1}$$

式中的系数$\alpha,\beta,\gamma,\cdots$逐次减小,它们的数量级之比约为

$$\frac{\beta}{\alpha}=\frac{\gamma}{\beta}=\cdots=\frac{1}{E_{原子}},$$

其中$E_{原子}$为原子中的电场,其量级为10^8 V/cm.因此,当$E\ll E_{原子}$时,式(6.1)中的非线性质$\beta E^2,\gamma E^3,\cdots$都不重要,介质只表现出线性光学的性质.线性光学的基本性质是输出振荡的频率总与输入的信号相同,不同频率的信号彼此独立,不会混合.但非线性项起作用时便不是这样了.例如我们看式(6.1)中的平方项βE^2,当E为单频的简谐振荡时:

$$E=E_0 \cos\omega t,$$

---

　　①　通常用的非线性光学晶体都是各向异性的,p和E之间遵从很复杂的张量关系.不过倍频、混频等非线性效应已包含在(6.1)这个甚为简化的标量式中了,用它来作些粗浅的说明还是可以的.

则平方项对 P 的贡献为

$$P^{(2)} = \beta E^2 = \beta E_0^2 \cos^2 \omega t = \beta \frac{E_0^2}{2} (1 + \cos 2\omega t),$$

这里出现了直流成分和二倍频项 $\cos 2\omega t$，即二次谐波. 不难看出，从更高次的非线性可以导出更高次的谐波来.

最初的光学二倍频实验是 1960 年夫兰肯（P. A. Franken）等人完成的. 他们的实验装置如图 6-4 所示，光源用的是红宝石激光器，$\lambda = 0.694 \mu m$，聚焦在石英晶体上产生了微弱的 $0.347 \mu m$ 二次谐波光束.

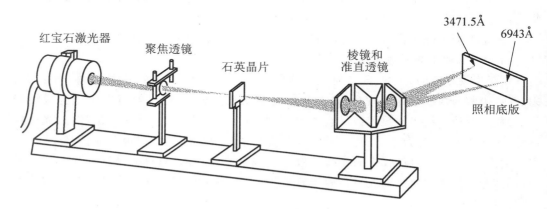

图 6-4 最早的产生二次谐波实验

现在讨论混频问题，设输入的是两种不同频率的振荡：

$$E = E_1 \cos \omega_1 t + E_2 \cos \omega_2 t,$$

则

$$
\begin{aligned}
P^{(2)} = \beta E^2 &= \beta (E_1 \cos \omega_1 t + E_2 \cos \omega_2 t)^2 \\
&= \beta E_1^2 \cos^2 \omega_1 t + \beta E_2^2 \cos^2 \omega_2 t + 2\beta E_1 E_2 \cos \omega_1 t \cos \omega_2 t \\
&= \frac{\beta E_1^2}{2} (1 + \cos 2\omega_1 t) + \frac{\beta E_2^2}{2} (1 + \cos 2\omega_2 t) \\
&\quad + \beta E_1 E_2 [\cos(\omega_1 + \omega_2)t + \cos(\omega_1 - \omega_2)t].
\end{aligned}
$$

这里除了直流成分和二倍频外，还出现了和频项 $\cos(\omega_1 + \omega_2)t$ 和差频项 $\cos(\omega_1 - \omega_2)t$.

倍频和混频在激光技术中有着广泛的应用. 常用的非线性光学晶体有磷酸二氢钾（KDP，KH_2PO_4），磷酸二氢铵（ADP，$NH_4H_2PO_4$），磷酸二氘钾（DKDP，KD_2PO_4）等. 近年来新研制的一些非线性系数更大的晶体，如铌酸锂（$LiNbO_3$），铌酸钡钠（$Ba_2NaNb_5O_{15}$）等，颇引人注目.

（2）受激拉曼散射

第八章 4.4 节讲的拉曼散射是自发拉曼散射，散射光强 I_s 的增加正比于入射光强 I_0，它是不相干的. 当入射光束是很强的相干激光光束时，就有可能产生受激拉曼散射，这时散射光强 I_s 的增加正比于 I_0 和 I_s 的乘积：

$$\mathrm{d}I_s = \alpha I_0 I_s \mathrm{d}x,$$

积分后得 I_s 随距离 x 增长的情况：

$$I_s(x) = I_s(0)\exp(\alpha I_0 x) = I_s(0)\mathrm{e}^{Gx},$$

这里增益 $G=\alpha I_0$ 正比于入射光强，上式描述的与激活介质中的光放大过程无异.可见，受激拉曼散射与自发拉曼散射的差别正如受激辐射与自发辐射的差别一样，受激拉曼散射光具有很高的空间相干性和时间相干性，其强度也比自发拉曼散射光大得多.用这种方法可以获得多种新波长的相干辐射.受激拉曼散射的用途之一是测量大气污染.

（3）自聚焦与光致透明

非线性光学中常出现一些自作用，如自聚焦、自散焦、自相位调制和非线性吸收等.

自聚焦是在强光作用下介质的折射率随光强而增大引起的.激光光束的强度具有高斯分布，轴线上光强最大，若光强大的地方折射率也大，光束就会向轴上会聚.达到平衡时，自聚焦作用与衍射散焦作用抵消.

当激光很强时，物质的吸收系数也与光强有关.如固体激光 Q 开关染料在弱光下不透明，强光下物质中的分子一半处于激发态，吸收系数正比于上、下能级粒子数之差，所以此时吸收系数为 0.这种现象称为光致透明.